概念与类比

模拟人类思维基本机制的灵动计算架构

［美］侯世达　　著
流动性类比研究小组

刘林澍　魏军　译

FLUID CONCEPTS
AND
CREATIVE ANALOGIES

机械工业出版社
CHINA MACHINE PRESS

自《哥德尔、埃舍尔、巴赫：集异璧之大成》面世以来，侯世达在许多作品中一再强调他的哲学：人类伟大创造性的核心机制在于类比。类比即流动性概念间的转换，这些概念从一个复杂的多层架构中涌现出来，该架构中交织着诸多"自下而上"和"自上而下"的影响。作为侯世达与"流动性类比研究小组"多年实践工作的集大成之作，本书对一系列旨在模拟创造与类比的计算模型进行了清晰的解读，既延续了侯世达早期作品的核心主旨与创作风格，又进一步揭示了人类思维的古怪与精妙之处，充斥着对人类创造性本质的深刻洞见。

This edition published by arrangement with Basic Books, an imprint of Perseus Books, LLC, a subsidiary of Hachette Book Group, Inc., New York, New York, USA. All rights reserved.

This title is published in China Machine Press with license from Basic Books. This edition is authorized for sale in China Mainland only, excluding Hong Kong SAR, Macao SAR and Taiwan. Unauthorized export of this edition is a violation of the Copyright Act. Violation of this Law is subject to Civil and Criminal Penalties.

本书由Basic Books授权机械工业出版社在中国大陆地区（不包括香港、澳门特别行政区及台湾地区）出版与发行。未经许可之出口，视为违反著作权法，将受法律之制裁。

北京市版权局著作权合同登记 图字：01-2019-6287号。

图书在版编目（CIP）数据

概念与类比：模拟人类思维基本机制的灵动计算架构/（美）侯世达（Douglas Hofstadter），流动性类比研究小组著；刘林澍，魏军译. —北京：机械工业出版社，2021.12（2024.6重印）

书名原文：Fluid Concepts And Creative Analogies: Computer Models Of The Fundamental Mechanisms Of Thought

ISBN 978-7-111-69895-1

Ⅰ. ①概… Ⅱ. ①侯… ②流… ③刘… ④魏… Ⅲ.①认知心理学 Ⅳ. ①B842.1

中国版本图书馆CIP数据核字（2021）第275822号

机械工业出版社（北京市百万庄大街22号　邮政编码100037）
策划编辑：坚喜斌　　责任编辑：坚喜斌　廖　岩
责任校对：李　伟　　责任印制：李　昂
北京联兴盛业印刷股份有限公司印刷
2024年6月第1版第3次印刷
160mm×235mm・45.5印张・3插页・683千字
标准书号：ISBN 978-7-111-69895-1
定价：198.00元

电话服务　　　　　　　　网络服务
客服电话：010-88361066　　机　工　官　网：www.cmpbook.com
　　　　　010-88379833　　机　工　官　博：weibo.com/cmp1952
　　　　　010-68326294　　金　书　网：www.golden-book.com
封底无防伪标均为盗版　　　机工教育服务网：www.cmpedu.com

给丹尼和莫妮卡

FLUID CONCEPTS AND CREATIVE ANALOGIES

COMPUTER MODELS OF THE FUNDAMENTAL MECHANISMS OF THOUGHT

致谢

部分内容来源说明

本书第 2 章（"Jumbo 的架构"，作者侯世达）的同名精简版论文最初发表于 1983 年的《国际机器学习研讨会会议公报》（*Proceedings of the International Machine Learning Workshop*），第 161 至 170 页，编者 R. 米查尔斯基（R. Michalski）、J. 卡沃内利（J. Carbonell）和 T. 密契尔（T. Mitchell），伊利诺伊大学出版社（伊利诺伊州乌尔巴纳）出版。这一章的意大利文完整版（L'architettura del Jumbo）曾收录于 1985 年的《复杂性的挑战》（*La Sfida della Complessita*），第 298 至 333 页，编者 G. 博奇（G. Bocci）和 M. 塞鲁蒂（M. Ceruti），由菲尔特瑞奈利出版社（米兰）出版。

本书第 3 章（"Numbo：关于认知与认识的一项研究"，作者丹尼尔·德法伊）的同名论文最初发表于《人工智能、认知科学和应用认识论综合研究杂志》（*The Journal for the Integrated Study of Artificial Intelligence, Cognitive Science, and Applied Epistemology*）1990 年第 7 期第 2 号，第 217 至 243 页。

本书第 4 章（"高层知觉、表征和类比：人工智能方法论批判"，作者大卫·查尔莫斯，罗伯特·弗兰茨和侯世达）的同名加长版论文最初发表于《实验与理论人工智能杂志》（*The Journal of Experimental and Theoretical Artificial Intelligence*）1992 年第 4 期第 3 号，第 185 至 211 页。

本书第 5、6 章（"Copycat：关于心智流动性与类比的模型"和"看待 Copycat 的不同视角：与新近研究的比较"，作者侯世达，麦莱尼亚·密契尔）最初作为一篇论文（与第 5 章同名），发表于 1993 年的《连接主义与神经计算理论进展（第 2 卷）：类比连接》（*Advances in Connectionist and Neural Computation Theory, Vol. 2: Analogical Connections*），第 31 至 112 页，编者 K. 霍利约克（K. Holyoak）和 J. 巴登（J. Barnden），Ablex

概念与类比
模拟人类思维基本机制的灵动计算架构

出版公司（新泽西州诺伍德）出版。重印已获 Ablex 出版公司批准。

本书第 7 章（"未来的元类比模型导论"，作者侯世达）原本是为 1993 年麦莱尼亚·密契尔的著作《作为知觉的类比》（*Analogy-Making as Perception*）所作的后记（见原书第 235 至 244 页），该书由麻省理工学院出版社（马萨诸塞州剑桥）出版。

本书第 8 章（"Tabletop、BattleOp、Ob-Platte、Potelbat、Belpatto、Platobet"，作者侯世达和罗伯特·弗兰茨）部分系根据弗兰茨于 1992 年在密歇根大学计算机科学和工程学院提交的博士论文《Tabletop：一个涌现式、随机化的计算机类比模型》（*Tabletop: An Emergent, Stochastic Computer Model of Analogy-making*）修改扩充而成。

本书结语（"关于计算机、创造力、荣誉归属、大脑机制和图灵测试"，作者侯世达）中有六个小节系由 1993 年的《纪念艾伦·图灵的论文集（第 2 卷）：连接主义、概念和大众心理学》（*Essays in Honour of Alan Turing, Vol. 2: Connectionism, Concepts, and Folk Psychology*）中《类比、流动性概念和大脑机制》（*Analogy-making, Fluid Concepts, and Brain Mechanisms*）一文整理而来。该书编者为 P. 米利肯（P. Millican）和 A. 克拉克（A. Clark），由牛津大学出版社（英格兰牛津）出版。

插图致谢

关于 Jumble 游戏的漫画（图 2-1），其转载已获论坛报业集团（Tribune Media Services）首肯。

关于鄂布-普拉特类比的漫画（图 8-4），原作者为德纳·弗雷登（Dana Fradon），版权属于纽约客杂志公司（The New Yorker Magazine, Inc.）。

计算机素描作品《亚当和夏娃》（图 E-1）的转载已获 W. H. 弗里曼（W. H. Freeman）首肯。

前言

本书的时间、地点、人物和缘由

"法尔戈"小组及其成员简史

这本书旨在呈现一众人士于认知科学领域所取得的一系列成果，这些工作前后跨越大约 15 个年头。故事始于 1977 年，彼时我刚刚成为印第安纳大学计算机科学专业的助理教授，并正式开始了人工智能领域的研究工作。

我要先聊聊"人工智能"（artificial intelligence）这个术语。在 20 世纪 70 年代，我曾热情地认同这个极具煽动性的词汇（它常被简写为 AI），因为我相信它恰如其分地描述了我的研究领域和个人抱负。对我，以及当时很多其他人士而言，"人工智能"反映了一个令人兴奋的愿景，即探索人类心智最深刻的奥秘并将其提炼为纯粹的抽象模式。然而，到了 20 世纪 80 年代早期，和许多其他词汇一样，这个术语的内涵逐渐发生了变化，它开始散发出某种商业化的气息，被用于指代各类应用和专家系统，而非关于人类思维与主观意识实质的基础科学研究。然后，事情开始变得更糟了："人工智能"逐渐沦为缺乏深意的时髦词儿，空洞的促销式宣传铺天盖地。结果，不论是提到还是写到"人工智能"，都开始让我觉得不舒服了。幸运的是，当时一个新的术语正开始流行开来，那就是"认知科学"。由于认知科学强调自身纯粹的科研属性，且忠于人类心智/大脑中真实发生的事件，我开始更乐于在描述自己的研究兴趣时使用这个词了。时至今日，我很少自称为"人工智能研究者"，而是使用"认知科学家"的头衔活动。但是，"人工智能"这个术语还是会偶尔（once in a blue

概念与类比
模拟人类思维基本机制的灵动计算架构

moon）偷摸着钻进我的演讲或作品中来。

我的第一个人工智能科研项目是以序列外推（sequence extrapolation）为主题的。以此为起点，我开始接触一系列相关科研项目，并在那段岁月里与很多研究生合力推进它们。早年间——大约在20世纪70年代末到80年代初——玛莎·梅雷迪斯（Marsha Meredith）和格雷·科罗斯曼（Gray Clossman）是我最亲密的合作伙伴，而他们最终也都在我门下获得了博士学位。值得一提的是，玛莎开发了 Seek-Whence 程序，该程序能够"觉知"线性模式并对其实施外推。Seek-Whence 也成为了我们首个在研究方法上有代表性的大型科研项目。

到了1983年，承蒙马文·明斯基（Marvin Minsky）的好意，我在麻省理工学院著名的人工智能实验室度过了一个意义非凡的公休年假。在那里，我幸运地结识了另一位"MM"，也就是麦莱尼亚·密契尔（Melanie Mitchell），随后她开始追随我攻读博士学位。她所投身的 Copycat 项目在很大程度上源于 Seek-Whence，但其旨在对创造性的类比思维进行建模。在麻省理工学院与我共事的还有大卫·罗杰斯（David Rogers），他当时在做博士后项目，我们的合作在那之后又延续了好几年。此外，研究生马雷克·卢戈夫斯基（Marek Lugowski）也加入了我们的团队。

在麻省理工学院的公休接近半程时，密歇根大学提供给我一个令人垂涎的职位。于是，我于1984年秋迁居于彼。文学、科学与艺术学院院长皮特·施泰纳（Peter Steiner）和心理学系主任艾尔·凯恩（Al Cain）让我在密歇根宾至如归，而最吸引我的则莫过于约翰·霍兰德（John Holland），他的渊博学识和深厚情谊让我度过了硕果累累、难以忘怀的四年岁月。

对我而言，于1984年秋迁往密歇根标志着"流动性类比研究小组"（Fluid Analogies Research Group, FARG）的正式启动。作为小组成员，我

前言　本书的时间、地点、人物和缘由

们一般都叫它"法尔戈",并戏谑地自称"法尔戈人"⊖。这个听起来有些傻乎乎的首字母缩略词其实多少是有意为之的。

说到"流动性",这个词时不时地引起一些人的疑惑,但我认为,它相当清晰地传递了某种意象:它所修饰的对象是灵活的、多变的、非刚性的、适应性的、精微的、柔顺的、连续的、顺畅的、滑溜溜的、有韧性的……碰巧在输入上一句话的时候,我注意到在这间位于意大利的颇有些阴冷的办公室中,自己的指关节开始变得有些不那么灵活顺畅了。我想既然写到了这儿,将这种不适视为一个让自己重新认识"流动性"本质的机会,似乎也无不可。于是,我顺着走廊来到了洗手间,往一个水池中放满热水,将双手浸泡进去。随着十指渐渐暖和过来,我开始思考液体有何特殊之处,以及它们是以何种方式运动的:液体只要受到外界压力,就会以改变形状的方式做出反应,这种变形是灵活而流畅的——既非如固体般僵化而坚硬,又非如气体般变动不居、给人以虚幻之感。这种特殊的性质从何而来?当然是源于其不可见的分子基质了。

想到这儿,"闪动簇团"(flickering clusters)这个概念跳进了我的脑海——在有过涉猎的科学领域中,这是我最喜欢的意象和术语之一。它颇具诗意地描绘了一个关于水的著名理论:H_2O 分子彼此间持续不断地建立短暂的联系,这种联系是通过一个分子中的氢原子和另一个分子中的氧原子之间非常弱的氢键实现的。如果这两个原子碰巧离得足够近,就会形成这种氢键(见图 P-1)。如果水的"闪动簇团"模型是正确的(我读到的关于这个模型的最新材料显示,其正确性开始有争议了),那么在每一滴小水珠之中,每一毫秒内都有数以万亿计复杂的、随机形成的水分子簇团产生和解体,这一切都在我们所看不见的微观世界中静悄悄地进行。而正是在这种不可思议的不稳定、动态、随机的基质之上,涌现出了我们所熟悉的物质——"水"所具有的一系列看似极其稳定的特质。

⊖ 原文 FARGonauts,类比于 Argonauts,即古希腊神话中陪同伊阿宋搭乘阿尔戈号(Argo)出海寻找金羊毛的一众英雄人物。——译者注

概念与类比
模拟人类思维基本机制的灵动计算架构

在我看来,这一意象能够很好地描绘我们的研究工作背后的哲学理念:人们对思维过程的流动性已经见惯不惊了,这种看似稳定的特质正是在海量微观的、不可见的、彼此独立且并行发生的亚认知活动的基础上涌现出来的。概念就具有这种流动性,而类比则是其典型表现。这就是我们自称为"法尔戈人"的初衷,也是本书如此命名的原因。

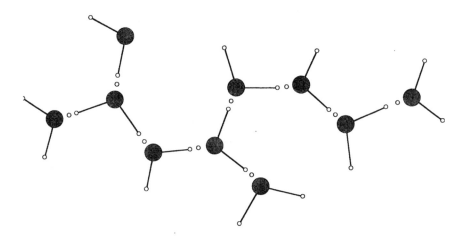

图 P-1 一个典型的"闪动簇团",它是由几个水分子通过氢键彼此短暂联系形成的。每一个水分子都由居于中间位置的氧原子(灰色的大圆圈)和两个氢原子构成,两个氢氧键呈 107 度夹角。不同水分子借由十分脆弱的"氢键"彼此连接,所谓氢键是一个水分子的氢原子和另一个水分子的氧原子之间暂时性的联系。在这幅图中,氢键是用一个独立的点来描绘的,它代表一个电子正为自己应该属于哪个原子而深陷纠结——这个电子犹疑多久,该氢键的寿命便有多长。由于所有的氢键都是彼此独立的,它们解扣的时间也互不相关,因此,簇团的解体是非同步性的,有时簇团内部某些部分散开时,另一些部分正在形成新的联系,因此在旧簇团的残体上又形成了新簇团。在每一滴水中,每一毫秒内都有数以万亿计的这类簇团在生成与消失。

让我们继续讲述"法尔戈"小组的故事。在安阿伯,一批新成员加入了团队,包括罗伯特·弗兰茨(Robert French)、亚历杭德罗·洛佩兹(Alejandro Lopez)、格雷格·胡伯(Greg Huber)和罗伊·勒班(Roy Leban)。在这些新鲜血液之外,麦莱尼亚·密契尔和大卫·罗杰斯也从

前言 本书的时间、地点、人物和缘由

麻省理工学院随我来到此地。然后，莫大伟（David Moser，当时的正式身份是一名学中文的研究生）以自由顾问的角色加入了团队，来自比利时的访问学者丹尼尔·德法伊（Daniel Defays）教授也与我们共事了一年。在那段时间，古色古香的老佩里大楼（Perry Building）中的"法尔戈"小组是极为活跃的，平日里的讨论话题范围极广且趣味盎然。我们的研究工作也推进得十分顺利，其中麦莱尼亚依旧负责 Copycat 项目；罗伯特编制了一个执行类比任务的新程序 Tabletop；丹尼尔则独自开发了程序 Numbo。

时间到了 1988 年。令我吃惊的是，印第安纳大学联系我返校任教，邀约条件优渥，让人无法回绝。尽管要离开密歇根出色的同事们让人十分伤心，但对当年秋天能够与布鲁明顿的许多同僚再度聚首，我又感到非常欣喜。艺术和科学学院院长莫特·洛文格鲁（Mort Lowengrub）安排"法尔戈"小组入驻校园核心区边缘一幢别致的独栋小楼，新办公地显然需要一个称谓，因此，我们把它唤作"概念与认知研究中心"（Center for Research on Concepts and Cognition, CRCC）。但 CRCC 显然不及"法尔戈"那般动听，因此我们提到自己和新总部时仍倾向于沿用后者。

麦莱尼亚、罗伯特和莫大伟与我一同从安阿伯来到了布鲁明顿。在这里，团队中很快又多了一些新面孔，包括大卫·查尔莫斯（David Chalmers）、加里·麦格劳（Gary McGraw）和吉姆·马歇尔（Jim Marshall）。海尔加·凯勒（Helga Keller）几乎一开始就担任我们的行政助理，并以其充沛的精力、超高的效率和饱满的热情为研究小组贡献良多；严勇、刘皓明和紧随其后的王培从北京来到布鲁明顿，致力于将我的作品《哥德尔、艾舍尔、巴赫》翻译成中文——这是一项非常迷人的挑战（这么说一点儿也不夸张）；唐·伯德（Don Byrd）、大卫·利克（David Leake）、皮特·萨伯（Peter Suber）和史蒂夫·拉尔森（Steve Larson）在"法尔戈"小组迁至布鲁明顿的头一年也参与进来，并分别作为博士后和访问学者，带来了他们在音乐、幽默和哲学等多个领域深刻而生动的见解；与此同时，麦莱尼亚和罗伯特继续努力开发他们各自负责的程序，最终，

XI

他们都在与我于印第安纳共事期间取得了密歇根大学的博士学位。

"法尔戈"研究小组如今由我和几位研究生构成，包括加里和吉姆（这两位正在努力撰写他们的博士论文），以及约翰·雷林（John Rehling，他的博士论文也已动笔）。着手撰写本文时，我刚刚开始另一个公休年假，这一次是在意大利北部著名的科学技术研究中心（Istituto per la Ricerca Scientifica e Tecnologic, IRST）——该机构位于塔兰托城外的坡地葡萄园间，四周为优美的群山所环绕。"法尔戈"此次远渡重洋，多有赖 IRST 及其负责人路易吉·斯特林加（Luigi Stringa）的慷慨相助，我们由衷地希望这颗种子再度在异乡结出累累硕果。

"法尔戈"的双重研究愿景

打从最初建立时起，"法尔戈"小组的愿景和研究工作便包含两大彼此独立的主题。其一是在仔细设计、高度限制的微领域内为概念和类比思维建立具体的计算模型；其二则是对完整的、无限制的心智过程进行观察、归类和思索。双重愿景中的后者为前者提供了源源不断的理念和灵感，特别是，我们关于概念流动性和类比思维及其具体机制的许多最为重要的直觉便来自于小组成员平日里全身心投入的多种智力活动，包括诗歌翻译，双关游戏，对最为精妙的语言如何揭示概念结构的探索，对言语失误和其他自然语言相关现象的搜集、整理和理论化，对物理和数学领域创造性发现过程的细致观察，对反事实条件句和"框架融合"的研究，艺术字体的创造和其他富有想象力的基于字母的设计，对笑话的归类及对其深度结构的分析，以及音乐感知和创作行为，等等。

比如说，罗伯特·弗兰茨、亚历杭德罗·洛佩兹、莫大伟、严勇、刘皓明和王培深入参与了对《哥德尔、艾舍尔、巴赫》（GEB）一书的多语种翻译出版工作——罗伯特将其译成法语，亚历杭德罗将其译成西班牙语，其他四人则致力于将其译成中文。这些杰出的译本颇有赖于他们的努力。GEB 的翻译工作是一项艰巨的挑战，因为书中充斥着大量双关游戏及其他与语言结构高度相关的表达技巧。围绕这项翻译工作我们展开了无数次讨论，并由此发表了数篇文章（French & Henry, 1988; Moser, 1991; Hofstadter, 1987c, 1995），以描绘当人们寻求对作品进行创造性翻译时所仰仗的那些机制——结果并不十分意外：我们发现这与人们实施创造性类比时的情况相当接近。

另一个例子是，当我们还在密歇根时，莫大伟和我写了一篇文章（Hofstadter & Moser, 1989），想要传达我们对多种言语/行为过失现象的看法——从低层级的首音误置到高层级的概念错误均有涉及，而人们往往很难将后者与某些独创性的构造进行明确的区分。相较我们对所搜集到的错误和其他语言现象进行归类、整理，并从中提炼出理论的长期努力而言，这篇文章只是冰山一角：由彼时上溯，相关工作已持续了整整数十年。

就在这会儿，我忍不住要与读者分享我们所大感兴趣的那类错误中一个小小的例子了。在对这篇前言进行修订时，我决定将短语"偶尔地"（的英文表达）由原本的"once in a while"替换成更为生动的"once in a blue moon"。因此，我选定了单词 while 并开始输入其替代品。还没等我意识到，"once in a bloom"这个短语就随着我的指尖敲击一路溜到了屏幕上。察觉这个错误后，我一下子停了下来。（说实话，真希望我当时的反应没那么快！因为现在我真的特别好奇自己接下来本来会输入些什么。）这本是一个无伤大雅的拼写错误，我大可不必费什么周章，便可直接返回将它修改过来，但这个小失误以某种方式吸引了我的注意。我想："为什么这样一个错误会发生在此刻，在这里？"显然，"moon"这一单词中的"oo"在这场从大脑到指尖的竞赛中抢跑了。但抢跑的为什么是"oo"，而不是"m"或"n"？显然，"oo"和"ue"编码的元音是一致的，但我的手指头怎么可能聪明到知道这一点？更准确地说，语音相似性通过何种机制促成了这种预期错误？这很有意思，但在我看来，幕后发生的事情并不仅止于此。毕竟，"m"确实也抢跑了——它跳过了原本存在的空格，将自己挂在了拼写错误的"blue"一词结尾。这又是为什么？

是这样的——在输入这些文字以前，我一直在写自己在安阿伯和布鲁明顿的工作经历，"布鲁明顿"（Bloomington）这个单词无疑还徘徊在我的脑海中，尽管正逐渐淡化消逝。我几乎可以肯定这一事实与方才的拼写错误有着千丝万缕的联系！毕竟，我有过那么多次输入"blue moon"的经验，可从未出现过这样的错误。总而言之，底层因素隐秘的汇聚促成了微妙的表层事件——一个多数人甚至根本不会关注到的拼写瑕疵，而这恰恰代表了我们最为着迷的那些现象。

我还可以举出其他的例子，以展示"法尔戈"小组那些更具探究性的工作，但既然只是要传递某种含义，以上两个例子也足够了。对我来说，可以用一个词来代表"法尔戈"小组的这一面，我曾想用这个词命名我们位于布鲁明顿的新总部，但最后还是放弃了——实际上，我曾建议将新总部命名为"概念、认知和创造性研究中心"，但该建议惨遭投票否决：一方面是由于这个名字太长，另一方面则是由于"创造性"这个词含义过于模糊，而且显得过于前卫、过于"新世代"了。尽管如此，深入研究创造性行为及其背后的具体机制无疑是"法尔戈"小组始终致力达成的使命。

本书所含的内容对应"法尔戈"双重愿景中的前一个，也就是我们在计算建模方面的努力。我希望在不久的将来，能够用一卷或几卷的篇幅跟进论述研究小组更具探究性、更为理论化的那一面——这些内容同样非常重要，只是时机尚未成熟，因此并不急于公之于众。

全书内容概括

本书的内容结构实际上是对应时间顺序搭建的。第 1 章尽管最近方才完成，讲述的却是最为久远的往昔。它是关于 20 世纪 70 年代后期，Seek-Whence 程序是如何从我长期以来乐此不疲的一种数学探索活动中搭建起来的——或更确切地说，是如何在我对该活动的反思中发展出来的。"法尔戈"小组探寻心智奥秘的日常工作基于一整套研究方法展开，这一章很好地说明了这套方法，甚至可以说是证实了它，并包含与流动性概念、类比及概括的艺术等相关的诸多主要问题。读者甚至可以发现一些后期项目的蛛丝马迹——关于它们的理念那时刚刚萌芽，还显得十分粗略——这一切都发生在 1977 年到 1983 年之间。（类似的智慧闪光其实在更早时期已经出现，如用于解决邦加德问题的架构，见 GEB 第 19 章图示。）

那以后，故事的主角从 Seek-Whence 变成了 Jumbo。其实，Jumbo 是我们开发的第一个在相当程度上实现了设计意图的计算机程序。在 1982 年，Jumbo 关注的是哪几类认知机制（或更恰当地说，亚个体认知机制）允许人们（特别是专家）快速且几乎是轻而易举地在头脑中解决变位词问题（anagrams）。这一章写于 1983 年，我特意保留了它最初的形式架构和最早的参考文献列表。

第 3 章关注 Jumbo 的姊妹程序 Numbo，它是由比利时列日大学的心理学教授丹尼尔·德法伊在 1986 年至 1987 年于安阿伯与我们共事期间提出并开发的。Numbo 对人们如何探索给定数字"部件"的不同算术组合以获取特定目标值的过程进行了建模，丹尼尔的这件作品优雅而动人。他的文章写于 1987 年，我将其全文收录，未做改动。

第 4 章转变基调，针对人工智能研究工作的开展情况论述某些更为哲学化的问题。在某种意义上，这篇由三位作者（分别是大卫·查尔莫斯、罗伯特·弗兰茨和我自己）合作写成的文章主旨在于，当下的人工智能研究对认知科学与哲学太缺少敬畏。我们在 1989 年完成此文，并于几年后将它发表。本章对很多人工智能项目进行了批评，并在结尾时将 Copycat 引入探讨（事实上，原文的最后一部分就 Copycat 进行了有针对性的论述，但在将文章收入本书时，为避免内容冗余，该部分被有意删去了）。

第 5、6、7 章细致描述了 Copycat 项目所取得的成就，以及一些雄心勃勃的未来目标。第 5 章的作者是麦莱尼亚·密契尔和我自己，这是本书中最为详细的一章，从某种意义上来讲也可认为是全书的核心，因为 Copycat 代表了我们向研究愿景前行的最远距离。本章详细描述了 Copycat 的架构，探讨了它背后的哲学论证，展示了从两个角度（一个十分新近，一个相对久远）运行该程序所得到的结果，最后尝试解释了 Copycat 架构作为认知关键模型所具有的特殊性。这一章记录的工作始于 1983 年（当时我们确定了程序的工作领域、任务挑战，并对其架构进行了相当具体的描绘），终于 1990 年（细致搭建并在计算机上实现该架构着实费了这么长的时间）。第 6 章（也由我们二人写成）将 Copycat 与其他类比方法进行了对照，并试图参照"老派人工智能"和新兴的联结主义取向对我们所采用的方法进行定位。第 7 章是我为麦莱尼亚有关 Copycat 的权威著作（Mitchell, 1993）撰写的后记，指出了一些令人兴奋的新方向，我希望在接下来的几年里能够看到 Copycat 被引向这些方向。

第 8 和第 9 章是关于 Tabletop 的，这是由罗伯特·弗兰茨和我自己在 1986 年至 1991 年间合作开发的程序。其中第 8 章从 Tabletop 所处理的微领域出发，延伸至其他微领域，就微领域的本质和建构类比的认知行为之复杂性进行了哲学探讨。第 9 章专门讨论 Tabletop 模型，指出了它与 Copycat 程序的相似与不同之处，并对其在大量类比问题上的表现进行了总结——这些问题彼此密切相关，但又可归为三个截然不同的系列。

第 10 章描述并展望了加里·麦格劳与我合作推进的项目 Letter Spirit，该程序正处于开发初期，几乎可以肯定是"法尔戈"小组最为雄心勃勃的计算机模型，它试图以比我们先前的项目更大的规模对创造性进行模拟。顾名思义，Letter Spirit 的任务是设计艺术风格一致的字母，即"网格字体"（gridfonts）。让一台机器想出如何为罗马字母表中所含的 26 个小写字母赋予同样的抽象本质——即视觉风格——是我们所能想象的最吸引人的、最具挑战性的任务之一。这一过程充斥着大量极具创造性的微小突破，对其中任何一个进行模拟都将构成相当大的挑战。

最后，结语部分以全局性的视角审视了我们的工作：其就另一些模拟创造性的计算模型进行了讨论，并对相关项目及其通常向公众展示自身的方式提出了一般性的批评。然后，它转向了一个哲学上发人深省的，同时也是极其有趣的问题：我们什么时候才有理由将新发现的荣誉归于计算机程序而非程序的创建者？这一问题引发了一系列探讨，包括构成认知模型的机制的本质和可观性（observability），以及我们对这些问题的看法及其与著名且富有争议的图灵测试的预设前提之间的关联。

本书许多章节都以不同的形式、通过不同的渠道发表过。尽管在编撰本书时，我们已对其中已发表的作品进行了不同程度的修改（改动幅度一般都比较大），但由于这些作品多为独立撰写的，且往往保留了其原始形式，因此章节间难以避免内容上的冗余。我特别要对"代码子"（codelet）、"并行阶梯扫描"（parallel terraced scan）等术语在书中被多次定义而深表歉意。然而，我要顺带指出，这种冗余赋予了本书某种令人满意的特性，即其每一章节都可以独立于其他内容阅读——从这个角度来看，它还是可以接受的。

如果你读一读目录或简单浏览一下全书就会发现，每一章的前面都有一篇"前言"。这些"前言"都是我写的，它们是章节间的"填隙材料"。我这样设置内容结构的一个目的是让章节之间能够更为自然而流畅地过渡，另一个目的则是通过加入不那么正式的论述，引出一些历史和哲学的观点，以及许多轶事和个人印象。在我看来，相对于严肃的章节主调，明快的前言往往是有益且重要的伴奏。

概念与类比
模拟人类思维基本机制的灵动计算架构

一些诚挚的感谢

我要特别感谢鲍勃·博利克（Bob Bolick），他对本书的面世起到了特殊的催化作用。1989年，我意外地收到了鲍勃从英国的来信，信中提到他已建议哈维斯特·惠特谢夫出版社（Harvester Wheatsheaf）推出一部关于我的研究的文章汇编（他当时正任职于那家出版社）。我认为这个主意很不错，对他的提议十分感激。于是在随后的三年里，我们俩一起策划这一作品，整件事情开始步入正轨。后来，鲍勃有了一个难得的机会，能够在另一家出版社独立领导一条产品线，于是他离开了哈维斯特·惠特谢夫出版社。当然，书中仍然留有许多他曾全身心介入的明显痕迹。非常、非常感谢他在其中所发挥的关键作用！

鲍勃离开后，法雷尔·伯内特（Farrell Burnett）接手了他未完成的工作，帮助我继续编撰这本书。她给了我一些很好的建议，我一直铭记在心。在大洋彼岸的美国这边，我的老出版商，基本图书公司（Basic Books）的马丁·凯斯勒（Martin Kessler）也很高兴能参与进来，他的热情让人为之动容。然而，马丁后来幸运地得到了一个特殊的机会，能够在另一家出版社以自己的名义指导一条产品线，因此，就像鲍勃·博利克一样，马丁在这本书即将完成的时候前往高就了。我仍然非常感谢马丁给予本书和我从前作品的兴趣和支持。此时科米特·胡梅尔（Kermit Hummel）介入，以填补马丁离开后留下的空缺，并延续了马丁的优雅和热情。尤其是，科米特做了一个伟大的决策：经由她牵线，来自尖峰艺术设计公司（Acme Art）的西奥·利弗特（Theo Lipfert）和薇薇安·塞尔博（Vivian Selbo）让这本书彻底告别了原本平平无奇的版式。此外，基本图书公司的德纳·施莱辛格（Dana Slesinger）和迈克·穆勒（Mike Mueller）也在期间一系列斡旋工作中扮演了重要的角色。

前言　本书的时间、地点、人物和缘由

本书所描述的项目有许多资金来源，包括国家科学基金会、印第安那大学和密歇根大学。特别要感谢密歇根大学和印第安纳大学的两位院长皮特·施泰纳和莫特·洛文格鲁，感谢他们对研究小组的极大慷慨和无限支持。早些时候，在麻省理工学院人工智能实验室，马文·明斯基在财务和智力上给予的支持也极有帮助。另外，还有四个人在帮助支持我们的理念方面也发挥了非常特殊的作用。早期，密契尔·卡普尔（Mitchell Kapor）和艾伦·波斯（Ellen Poss）通过卡普尔家庭基金会给予我们个人赞助，并通过莲花发展公司提供了企业融资。没有它，"法尔戈"小组就不可能启动——这些帮助至关重要。苹果电脑公司的拉里·特斯勒（Larry Tesler）和芭芭拉·波文（Barbara Bowen）也通过将苹果公司的一些外部研究基金注入我们的团队，来确保在经济不景气的时候，我们能够继续前进。这一切支持堪称无价之宝，我们对此仍无比感激。

多年来，许多朋友和同事一直是我们热情的传声筒、乐于助人的批评者和极有助益的讨论伙伴。当然，他们数量太多了，无法一一列明，但其中一些人确实非常值得提一提。我特别要感谢保罗·斯莫伦斯基（Paul Smolensky）、斯考特·布雷什（Scott Buresh）、丹尼尔·丹尼特（Daniel Dennett）、韦恩·鲁夫博罗（Wayne Loofbourrow）、斯考特·金（Scott Kim）、比尔·卡夫纳（Bill Cavnar）、马克·韦弗（Mark Weaver）、泰瑞·琼斯（Terry Jones）、吉尔斯·福柯尼耶（Gilles Fauconnier）、迈克尔·康拉德（Michael Conrad）、查尔斯·布伦纳（Charles Brenner）、瓦伦蒂诺·布雷滕贝格（Valentino Braitenberg）、贝内代托·西梅尼（Benedetto Scimemi）、扎米尔·巴维尔（Zamir Bavel）、彭蒂·卡内尔瓦（Pentti Kanerva）、安娜·莫斯特林（Ana Mosterin）、玛吉·博登（Maggie Boden）、艾伦·威利斯（Allen Wheelis）、杰瑞·费舍尔（Jerry Fisher）、皮耶·霍恩多斯（Piet Hoenderdos）、阿切利·瓦兹（Achille Varzi）、弗朗西斯科·克拉罗（Francisco Claro）、丹·弗里德曼（Dan Friedman）、迈克·达恩（Mike Dunn）、亨利·利伯曼（Henry Lieberman）、吉文·吉泽德尔（Giiven

概念与类比
模拟人类思维基本机制的灵动计算架构

Güzeldere)、瓦赫·萨基斯（Vahe Sarkissian）、埃里克·迪特里希（Eric Dietrich）、杰伊·麦克莱兰（Jay McClelland）、丹尼尔·卡尼曼（Daniel Kahneman）、里奇·希夫林（Rich Shiffrin）、理夏德·米查尔斯基（Ryszard Michalski）、鲍勃·阿克塞尔罗德（Bob Axelrod）、戴夫·图雷茨基（Dave Touretzky）以及戴德拉·根特纳（Dedre Gentner）。他们都对本书产生了重大而积极的影响。

我的家人——我亲爱的妻子卡罗尔（Carol），还有我们可爱而顽皮的孩子们：五岁的丹尼（Danny）和才满两岁的莫妮卡（Monica）——很长一段时间以来不得不忍受我熬夜工作的怪癖，现在终于可以期待一个更正常些的"爸比"了。在付出了这么多的支持和努力后，他们可以期待与父亲好好放松一下。而不论是否有意，他们的很多想法也确实让本书受益良多。

过去十年间，在思想上对我影响最大的两个人无疑是莫大伟和麦莱尼亚·密契尔。谨以此书献给他们，以表达我满满的爱与感激！

侯世达

意大利博沃

1993 年 9 月

附言

1993 年 12 月 22 日，在意大利维罗纳，我挚爱的妻子卡罗尔·安·布鲁什·霍夫斯塔（Carol Ann Brush Hofstadter）在接受紧急脑部手术 10 天后，于昏迷中辞世。直到术前一个星期，我们都没有怀疑过会出什么问题：当时我们一家人在意大利度过了愉快的三个月，游历了许多美丽的城市，沉迷于南欧绮丽的风景和美味的食物，并享受着亲爱的朋友们的陪伴。卡罗尔的骤然离世残酷地打击了这个家庭,将我们曾确信无疑的幸福如泡沫般粉碎。一夜之间,我们的孩子丹尼和莫妮卡被剥夺了无比宝贵的东西,他们以自己的方式安静地哀悼母亲,却还无法意识到自己真正失去了些什么。至于我,我非常思念卡罗尔——她的温暖,她的聪慧,她的深度,她的潇洒,她迷人的灿烂微笑——但相比自己的悲悼,我更在意她所失去的:她原本可以眼看着心爱的孩子们长大,这个机会如今却消逝如烟;我们本来怀揣着共同的希望和梦想,如今它们都已化作泥尘。任何词句都无法描述这场悲剧带给我的刻骨之痛。

  我只能补充一点:多年来,卡罗尔热切期盼着本书付梓;看到这项旷日持久的计划最终得以实现,她一定倍感欢欣。在伴随她生命余辉洒下的那些沉痛而美好的回忆里,她源源不断的灵感始终鼓励我继续前行,直到如今。

FLUID CONCEPTS
AND
COMPUTER MODELS OF THE FUNDAMENTAL MECHANISMS OF THOUGHT
CREATIVE ANALOGIES

目录

致谢　部分内容来源说明
前言　本书的时间、地点、人物和缘由

序列溯源 /1

智能的核心：模式发现 /2
"四边形"间的"三角形" /3
点–点–点 /5
一窥"数学之神" /6
奇怪的模式开始出现 /9
重启发现之旅 /12
神奇的非周期模式 /15
作为研究项目和课堂作业的模式外推 /18
尝试简化序列 /22
控制搜索的策略 /24
启发式，或深入搜索前加以嗅探的重要性 /27
对不同架构的一瞥 /29
通用智能与专家知识 /30
"数学之神"的小错误 /32
"数学之神"的救赎 /34
美学驱动的知觉 /35
雅致性与一致性对样本序列的揭示 /37
数字理解力与模式敏感度 /39

概念与类比
模拟人类思维基本机制的灵动计算架构

一段滑稽的插曲 /41
分割与统一：模式敏感度缠结的两面 /45
Seek-Whence 壁垒森严的微观世界 /47
回见，数学……你好，音乐！ /48
Seek-Whence 项目的主题曲 /50
研究宗旨间的鸿沟 /52
Seek-Whence 处理的典型序列 /53
如何真实地表征规则：一个深刻的问题 /55
山脉序列 /57
建立秩序之岛 /59
多层知觉的并行并进 /62
类比的关键作用 /64
"山脉序列"的外推：大功告成！ /66
最后的抛光 /69
解码较短和较长的讯息 /71
数学家对明显模式的深层矛盾心理 /73
数学概念的扩展 /75
常识与膨胀的"概念泡泡" /76
泡泡炸裂前能膨胀到何种程度？ /79
"我也是！" /81
在 Seek-Whence 领域中向外概括 /83
一个肖邦主题的变奏 /85
本质的边界是模糊的 /89
绕一大圈回到三角形数和四边形数 /91
从 Seek-Whence 到 Jumbo、Copycat 以及其他 /92

前言 2　心智对象的无意识杂耍　/ 95

第 2 章　Jumbo 的架构　/ 109

前言：Jumbo 不是酱爆　/110

Jumbo 程序和 Jumble 游戏　/111

Jumbo 的任务领域有何意义　/113

Jumbo 所依赖的两个基本类比　/114

Jumbo 与并行结构　/117

"火花"与亲和力　/118

"代码子"和"代码架"　/121

阶梯扫描的概念　/122

字母间的爱情　/125

键、链、团块和膜结构　/126

单一的现实与多重并行的反事实沉思　/128

缺乏幸福感的团块和会哭的孩子　/131

寻找给定 Jumble 问题的替代解　/133

完全理性的决策和基于理性偏向掷硬币　/134

Jumbo 中的变换　/135

保熵变换　/136

流动的数据结构：Jumbo 的主要目标　/138

熵增变换　/142

温度与自我监控　/143

一个自我感知的自驱动系统　/146

结语：Jumbo 的副现象智能　/147

概念与类比
模拟人类思维基本机制的灵动计算架构

前言 3　算术游戏与非确定性　/ 151

第 3 章　Numbo：关于认知与认识的一项研究　/ 157

介绍　/158

Numble 游戏　/159

Numbo 的架构　/163

Numbo 的一个运行范例　/173

讨论　/179

前言 4　根深蒂固的 Eliza 效应及其潜在危害　/ 187

第 4 章　高层知觉、表征和类比：人工智能方法论批判　/ 209

知觉的问题　/210

人工智能，以及表征的问题　/213

类比思维模型　/221

微领域的效用　/233

结论　/236

目　录

前言 5　概念光晕与可滑动性　/239

Copycat：关于心智流动性与类比的模型　/255

Copycat 和心智流动性　/256

Copycat 架构的三个主要成分　/263

Copycat 架构中流动性的涌现　/279

随机性与流动性的密切关联　/287

Copycat 的表现：一个"森林水平"的概览　/291

Copycat 的表现：一个"树木水平"的特写　/309

总结：Copycat 机制的通用性　/330

前言 6　两种关于类比的早期人工智能研究方法　/337

看待 Copycat 的不同视角：与新近研究的比较　/345

如何评价 Copycat？　/346

SME：结构映射引擎　/347

ACME：类比约束映射引擎　/357

所谓"现实类比"有多"现实"？　/362

Copycat 在符号主义/亚符号主义频谱中的位置　/364

因杜尔亚对创造力的见解，以及 PAN 模型　/369

科基诺夫的 AMBR 系统　/372

XXVII

概念与类比
模拟人类思维基本机制的灵动计算架构

前言 7　提取旧类比，创造新类比　/ 375

第 7 章

未来的元类比模型导论　/ 385

流动性、知觉和创造力的初始模型　/386
Copycat：有自我意识，但极为有限　/387
"灰度"沿"意识连续体"的变化　/389
自我监控对创造力的重要影响　/391
一针见血地定义创造力　/393
五大挑战：定义未来的元类比模型　/395

前言 8　咖啡馆里的类比　/ 401

第 8 章

Tabletop、BattleOp、Ob-Platte、Potelbat、Belpatto、Platobet　/ 407

微领域中的类比问题　/408
扩展领域中的类比问题　/416
基于公式的架构所面临的基本障碍　/424
带着这些观点再看 Tabletop　/442
结语　/450

目 录

前言 9　棘手的难题——对人工智能与认知科学研究的评价　/ 451

基于知觉的类比模型 Tabletop 及其"人格"的涌现 / 477

在一个现实的微观领域致力于实现认知通用性　/478

Tabletop 的知觉过程　/480

结构、强度和生存竞争　/483

代码子与相互交织的知觉过程　/485

普遍的动态知觉偏向性　/486

连贯性的逐渐涌现　/488

Tabletop 测量自身的运行进度　/490

Tabletop 和 Copycat 在领域上的一些差异　/491

Tabletop 和 Copycat 在架构上的一些差异　/493

Tabletop 的"人格"：作为一种统计涌现现象　/495

前言 10　令人陶醉的字母世界及其风格　/ 507

Letter Spirit 的美感和创造性活动：在罗马字母表这一内涵丰富的微领域中　/ 515

如何将深刻的风格意识赋予一台机器　/516

"不是早有人做过了吗？"　/516

XXIX

一个没有创造力的字母设计程序 /517
没有自主性，别谈创造力 /520
字母：含义丰富的成熟概念 /521
整体与角色 /524
字母（letter）与精神（spirit）：一对正交范畴 /526
印刷体字母设计：从现实世界转进到微观领域 /529
网格字母和网格字体 /530
网格生成了富有异国情调的字形和堪称狂野的风格 /534
风格决定因素一览 /536
网格字体的四种样例及其内在精神 /537
创造网格字体：全局视野 /543
涌现式加工的实现 /545
四种全局性的内存结构 /548
创造性过程：可预测的不可预测性 /555
四种涌现式智能体及其相互作用 /556
创造力的中央反馈环路 /564
风格：奇特的循环起源 /567
中央反馈环路的实现 /569
浅谈字母识别的相关研究 /573
解决 Letter Spirit 问题的联结主义方法 /576
创造性行为不可避免的时间性 /580
认知的真相：天下没有免费的午餐 /582

结语　关于计算机、创造力、荣誉归属、大脑机制和图灵测试 /587
参考文献 /619
索引 /633
译后记 /689

插图清单

封面：五套网格字体，从"a"到"m"
封底：同样的五套网格字体，从"n"到"z"

前言：
图 P-1：水的"闪动簇团"模型示意图

第 1 章
图 1-1：发现一种数字模式时的历时性思维流动
图 1-2："山脉序列"示意图

前言 2：
图 2-0：读取单词时字母的分层黏连

第 2 章：
图 2-1：一个典型的 Jumble 游戏

第 3 章：
图 3-1：Numbo 的永久性网络（Pnet）一角
图 3-2：Numbo 细胞质中一种可能的结构
图 3-3：Numbo 一次实际运行的轨迹
图 3-4：Numbo 某一次典型运行早期阶段的 Pnet
图 3-5：同一次运行中段时 Numbo 的细胞质状态
图 3-6：求解同一谜题时人类被试与 Numbo 的思维过程对比

第 4 章：
图 4-1：关于两种情况的谓词演算表征

第 5 章：
图 5-1：Copycat 程序在类比问题"abc⇒abd; ijk⇒?"上运行 1000 次结果总结柱状图

概念与类比
模拟人类思维基本机制的灵动计算架构

图 5-2：Copycat 程序在类比问题 "aabc⇒aabd; ijkk⇒?" 上运行 1000 次结果总结柱状图

图 5-3：Copycat 程序在类比问题 "abc⇒abd; kji⇒?" 上运行 1000 次结果总结柱状图

图 5-4：Copycat 程序在类比问题 "abc⇒abd; mrrjjj⇒?" 上运行 1000 次结果总结柱状图

图 5-5：Copycat 程序在类比问题 "abc⇒abd; rssttt⇒?" 上运行 1000 次结果总结柱状图

图 5-6：Copycat 程序在类比问题 "abc⇒abd; xyz⇒?" 上运行 1000 次结果总结柱状图

图 5-7：Copycat 程序在类比问题 "rst⇒rsu; xyz⇒?" 上运行 1000 次结果总结柱状图

图 5-8：Copycat 程序在类比问题 "abc⇒abd; mrrjjj⇒?" 上得出答案 mrrjjjj 的路径截屏

第 6 章：

图 6-1：两种现实情况的图示，SME 会在二者之间创建映射

图 6-2：图 6-1 所示之两种情况的谓词演算表征

图 6-3：一个让问题变得更加复杂的因素，可添加至图 6-2 的谓词演算表征中

前言 8：

图 8-0：在 Tabletop 领域 "翻译" 一个现实类比

第 8 章：

图 8-1：Henry 和 Eliza 隔台对坐

图 8-2：一个简单的 Tabletop 类比问题

图 8-3：一个稍微复杂一些的 Tabletop 类比问题

图 8-4：基于 "鄂毕–普拉特类比" 的漫画

图 8-5：著名的 "九点连线" 游戏

图 8-6：在 Tabletop 领域中朝向"伊利诺伊州的东圣路易斯"问题推进

图 8-7：在 Tabletop 领域中开始接近"伊利诺伊州的东圣路易斯"问题

图 8-8：在 Tabletop 领域中进一步接近"伊利诺伊州的东圣路易斯"问题

图 8-9：Tabletop 领域中一个带有"障碍"的场景

图 8-10：人们对"组内之组内之组"的知觉

第 9 章

图 9-1："周围问题家族"的六个成员

图 9-2："障碍问题家族"的六个成员

图 9-3："布吕丹问题家族"的六个成员

前言 10：

图 10-0：一套名为"正常情况"的网格字体，具有高度理性的风格

第 10 章：

图 10-1：DAFFODIL 程序的转换规则和输出样本

图 10-2：关于小写字母"a"的研究 1：样本展示了概念"a"的抽象水平

图 10-3：将一个字形分解成角色的两种方法

图 10-4：字母/精神矩阵，列代表"字母"而行代表"精神"

图 10-5：Letter Spirit 使用的网格以及三个网格字母的范例

图 10-6：十种人工设计的网格字体，揭示了 Letter Spirit 任务领域的丰富性

图 10-7：关于小写字母"a"的研究 2：展示了网格的约束如何使设计方案更倾向于在字母范畴的边缘游走

图 10-8：三个在"语义"上迥异但在"句法"上接近的网格字母

图 10-9：四种人工设计的网格字体，展示了传播风格或"精神"的各种机制

图 10-10：两个 Benzene 字母"a"和"x"的创造性设计过程图示

概念与类比
模拟人类思维基本机制的灵动计算架构

图 10-11：一个网格字母的认知步骤

图 10-12：柏拉图字母"t"的角色重组，以及重组后得到的一些网格字母样例

图 10-13：对特定字母一系列潜在风格属性的知觉

图 10-14：一条典型的 Letter Spirit 类比谜题

图 10-15：前述谜题两个可能的解

图 10-16：Friz Quadrata 的设计者如何解决同样的类比谜题

图 10-17：一个可能的"种子"字母"f"，其打破常规的方法相当激进

图 10-18：一个非常极端的想法，旨在将与"种子"字母相同的风格赋予概念"t"

图 10-19：前述图形的两种微调

图 10-20：输入 GridFont 网络的 14 个字母，目的是要向系统提示一种被称为"Hunt Four"的人工设计的风格

图 10-21：剩余 12 个 Hunt Four 字母，分别由这套字体的人类设计师和 GridFont 网络设计

图 10-22：赫尔曼·察普夫设计的印刷字体 Optima（字母表的前半套）

结语

图 E-1：《亚当和夏娃》，哈罗德·科恩的程序 Aaron 于 1986 年绘制的作品

图 E-2：证明等腰三角形底角相等的两种方法：标准方法和"帕普斯法"

FLUID CONCEPTS
AND   COMPUTER MODELS OF THE
FUNDAMENTAL MECHANISMS
OF THOUGHT
CREATIVE ANALOGIES

第1章

———————————————————— 序列溯源

侯世达

概念与类比
模拟人类思维基本机制的灵动计算架构

智能的核心：模式发现

13　　1977 年，我在印第安纳大学计算机科学系正式开始了关于人工智能的研究。作为一名新晋教授，我起初为自己设定的目标（至少在数量上）相当保守：发现创造力的基本原理，以及探索主观意识的奥秘。具体做法是用计算机为创造力和主观意识建模。前途一片光明，道路却着实崎岖。

　　早在主修数学专业的大学时期，我便开始坚信一件事：模式发现即便不是智能的核心，也与其相当接近。在那些远去的岁月里，我热衷于设计一些有趣的数字序列问题，然后尝试自己解决它们。这些问题经常将我引向一些新的序列，而这些新序列可能完全出乎我的意料。于是，我会开始计算它们的项。最令人激动的情况莫过于一个序列蹦了出来，明显地含有某种模式，但并非一清二楚。诸如此类的情况就像令人无法抗拒的诱饵，吸引我逐步深入对数字序列隐秘本质的精微探究。

　　一个序列的前几项通常会给我一个线索，我会据此做一番猜测，然后，我会再计算一些后续项，通常这将证实我的猜测，但有时也会出岔子。然后是考虑更多的项，做出新的猜测：其结果或推动我一路前进，或逼我返回原点。这种计算、猜测和修正之间的振荡可以持续任意长的一段时间。但通常，当我脑海中生成的项足够多，将某些想法翻来覆去地摆弄了足够久，我就能够发现其中暗藏的规则——由此揭示序列的本质。

14　　结局有时令人欣喜，有时令人沮丧。这完全取决于规则有多雅致，以及它们藏得有多深。当然，那些最棒的序列有着如此巧妙、复杂的规则，以至于我自己绝无可能设计出来——但矛盾的是，我确实是那个最初设计问题的人，而最终的序列就产生自这些问题，因此，事实上，我确实创造了——尽管是间接地创造了——如此精妙以至于"我自己绝无可能设计出来"的规则！

第 1 章　序列溯源

有鉴于此，我以整数序列的模式及其底层规则为切入点对智能的本质进行研究，也就是自然而然的了。特别是，我决定编制一个计算机程序"为序列溯源"（seek whence a sequence came）——也就是说，这个程序将观察一个由整数组成的、长度有限的模式，并试图发现其基本规则，从而允许有限模式无限扩展。它要做的工作和从前我的工作一样——从几个项开始，做一两个初步的猜测，然后得到更多的项，再返回修改原先的猜测，诸如此类。

为了向读者更生动地展示我曾如此热衷的模式发现活动，以及我希望先前假设的程序所具备的各项功能，我这就通过一个例子进行说明——实际上，这是一个十分典型的例子，因为它是我提出并解码的第一个意料之外的序列，我当时为此非常自豪。

"四边形"间的"三角形"

要展示这个例子，我首先需要定义所谓的"三角形数"——1, 3, 6, 10, 15, 21, 28, 36, 45, 55, 66, 78, 91, …三角形数背后的规则是：该序列的第 n 个元素是前 n 个自然数之和。例如，第 5 个三角形数是 15，即 1+2+3+4+5。三角形数可以追溯到文明早期，它们有不少引人瞩目的特点。而令人惊讶的是，我们更为熟悉的"平方数"（square numbers，直译为"四边形数"）——1, 4, 9, 16, 25, 36, 49, 64, 81, 100, 121, …——也可以用类似的方式来描述：也就是说，第 n 个平方数是前 n 个奇数之和。例如，第 5 个平方数是 25，即 1+3+5+7+9。我们还有"五边形数""六边形数"，等等，但暂且不考虑它们（尽管如此，读者还是可以找些乐子：想想是什么产生了这些序列，以及为什么这些类型的数字都有与多边形相关的名称）。

之所以会引出我的序列，是因为我想知道三角形数和四边形数（平方数）之间的关系——特别是它们是如何沿着数轴交错排列的。为了探究这两个序列的相对密度问题，我做了一件显而易见的事——我简单地

概念与类比
模拟人类思维基本机制的灵动计算架构

按从小到大的顺序写下四边形数和三角形数,当然同时要记住每个数字分别属于哪一类(我将使用两种字体来突出两类数字的区别):

1, 1, 3, *4*, 6, *9*, 10, 15, *16*, …

请注意,序列中"1"出现了两次,因为它既是一个三角形数又是一个四边形数,我将作为四边形数的"1"放在了作为三角形数的"1"的左边。

这两个序列看似融合得相当均匀:并没有出现某个序列占据绝对主导地位的情况。按照我看待事物的方式,接下来最为自然的做法就是数一数四边形数之间夹着的三角形数,就像这样:

1, 1, 3, *4*, 6, *9*, 10, 15, *16*, …
    2   1   2 …

我所感兴趣的是下面的一行:事实上,它是我序列模式探索生涯的开始。正因为此,同时也是因为它引出了许多我希望在本文中提到的问题,我将一步一步地、小心谨慎地分析这个例子——希望我不要做得过头了。

看到一个以"2,1,2"开头的序列时,你会怎么想?往后如何展开看上去最合理?又有哪些展开似乎不可信?如何为其背后可能存在的规则给出假设,以确定序列的第 n 项是什么(不论 n 等于几)?

当然,这个问题处在一个特殊的情境之下。我们都知道这三个项有其"数学渊源",所以相较于从随机数表或证券市场的统计数据中任意摘录的同样一列数字,我们对这些项后续展开方式的期望大不相同。这个序列的数学起源表明,其中确实可能含有某种模式或秩序,但由于数学本身充满了最丰富多样的模式,以上见解仍是相当宽泛的。尽管如此,对于某些概念,即"简单"和"优雅",无论能否定义它们,我们都保有某种内在的偏好。所以,考虑到我们期望找到一个简单而优雅的规则,我们期待接下来会发生些什么？另一方面，我们又不期待接下来发生些什么？为什么不？

点-点-点

如果手头上的证据只有"2, 1, 2"三个项，多数人会觉得其最自然的展开方式是循环式的。用符号表达的话，就像这样：

$$2, 1, 2 \to 2, 1, 2, 1, 2, 1, 2, 1, \ldots$$

箭头意味着"表明"，而结尾处的"点-点-点"则用于表示"以此类推"。"点-点-点"的出现表明，该序列的模式被认为是显明的，至少对任何拥有正常理智的人来说都是如此。不过既然我们讨论的整个主题就是原始模式及其外显规则之间的差异，而我又直接使用原始模式，就好像这种差异根本不存在一样，这就显得有些讽刺了。在本文所讨论的情境中使用"点-点-点"似乎有些自挖墙脚的意思。

不过，我们有一种方法可以证明"点-点-点"的使用是合理的，这样它看起来就不那么具有讽刺性了。可以简单地约定："点-点-点"用于表示某种非常基本的、约定俗成的模式：要么是精确地重复某个已被重复了几遍的、确定而显明的组块（就像前文中大多数人会猜测的那样），要么是某种计数操作，就像关于我们的三角形-四边形数字序列如何展开的以下假设：虽说全然不同，但仍不失为一种可能：

$$2, 1, 2 \to 2, 1, 2, 2, 2, 3, 2, 4, 2, 5, 2, 6 \ldots$$

可以这样理解以上序列：它有一个规则，其模板（template）为$[2n]$，其中有一个不变的元素——左边的 2——和一个"计数元素"，即 n，它逐步取值自然数 1, 2, 3, ...（又见面了，"点-点-点"！）。必须说明的是，只有当我认为一个模式如此显明时，我才会使用"点-点-点"符号（注意，这种显明性是对人类而言，不是对程序而言！）。这个符号是完全无害的，也就是说，既不含糊，也不会自挖墙脚。比如说，我绝不会以如下方式使用它：

$$2, 1, 2, 2, \ldots$$

这似乎暗示由这四个项组成的"开场白"只有一个合理的展开方式——那简直荒谬至极。我甚至会犹豫是否能以这种方式使用"点-点-点"符号：

$$2, 1, 2, 2, 2, 3, 2, 4, \ldots$$

在以上序列中，三个彼此相邻的 2 会严重地搅乱我们的思绪：它让我们心生怀疑，尽管怀疑的余地有限。然而，再加上一个 2 和一个 5，事情就变得相当清楚了。所以，到那时再使用"点-点-点"，就比较合理了。如果再加上一个 2 和一个 6，那么几乎所有对模式的怀疑都会从任何人——至少是任何"理性的人"——的头脑中消失了。

因此，我使用"点-点-点"的目的是向"理性的人"传达以下"元层级"（meta-level）的信息："这个模式显明的外推方式实际上就是正确的外推方式。"这当然不是对"点-点-点"符号的形式定义，因为我还没有将"显明的外推方式"形式化。当然，对某些类型的简单的"显明性"进行形式化定义，然后仅在该定义涵盖的情况下使用"点-点-点"符号，还是相当容易的。但由于这并不是一篇技术逻辑论文，因此我只会非形式化地使用这个符号。

一窥"数学之神"

17　我们对"点-点-点"符号意义的讨论似乎有些离题，既然已经明确了它离经叛道的使用方式（关于这个话题还有许多可说的，但显然不适合

第 1 章　序列溯源

在这里展开来讲），我们就可以回到手头的序列上来了。让我们放轻松些，至少在接下来的一段时间里，我们一次只需要为序列添加一个新的项。毕竟，这是一个非常微妙的阶段。在这个阶段，序列的许多展开方式看上去都是可能的，我们必须仔细考虑在这样一个高度模棱两可的时刻，人类解密者头脑中发生的事情。下面我们添加一个项目：

　　　　　1, 1, 3, *4*, 6, 9, 10, 15, *16*, 21, 25, …
　　　　　　2　1　　2　　　　　1 …

上述第二个假设（其模板为[2*n*]）宣告出局了，但第一个假设（模板为[2 1]）仍运行良好。然而，任何序列理论上都有许多（事实上，是无穷多）可能的展开方式。在目前的情况下，就连"7"或"777"原则上都可以是下一个项，尽管如果真是这样，就连最没有数学头脑的人都会吓得目瞪口呆。那么，3 怎么样？那看起来不算过分，因为模式可能会像这样：

　　　　　2, 1, 2, 1, 3, 1, 3, 1, 4, 1, 4, 1, …

用上一些分组符号，我们就能看得更清楚些：

　　　　(2　1　2　1)　(3　1　3　1)　(4　1　4　1) …

当然公平地说，还没有多少证据支持该序列的这种上行运动。

我要顺便介绍一个术语——"包裹"（packet），以描述在一个序列内部假设的那些分组。包裹意味着一种认知的叠加，一种局部的规律，有助于我们理解序列的某些特定区域。往后我会用圆括号来表示包裹。相比之下，"模板"则意味着对整个序列结构的假设，因此在某种意义上是无限大量包裹的组合。往后我会用方括号来表示模板。

关于事情会如何发展的一个天马行空的有趣猜测可能会是这样：

(2　1　2　1)　(3　1　3　1　3　1)　(4　1　4　1　4　1　4　1) …

概念与类比
模拟人类思维基本机制的灵动计算架构

其特点是：一个整数变量同时在两个层级上有意义——也就是说，它既影响了模板的内容，也影响了模板的形式（特别是其长度）。然而，在没有任何合理迹象的前提下贸然做出这种古怪的假设是愚蠢的。这只是不着边际的猜测。让我们代之以更合理的方式吧——去算出更多的项（至少我会这样做）。下一个三角形数和四边形数就给我们提供了一些宝贵的信息：

$$1, 1, 3, 4, 6, 9, 10, 15, 16, 21, 25, 28, 36, \ldots$$
$$\quad\;\; 2 \quad\; 1 \quad\;\; 2 \quad\quad\;\; 1 \quad\;\; 1 \ldots$$

现在我们可以做一些有趣的推测了，对序列展开方式最显明的猜想大概是：

2, 1, 2, 1, 1 → (2　1)　(2　1　1)　(2　1　1　1)　(2　1　1　1　1) …

在这里，"点-点-点"表示一种不同类型的计数操作。根据我们的假设，从一个模板到下一个模板，不断变化的不是其中的某个数字（numeral，即代表数的符号），而是一个数量（number，它代表一个真实的量或规模）。在这个假设中，数字 1 的数量随模板的更迭每次增加一个。因此我们有两种看待包裹的方式，一是将其看作每次长度都在增加，二是将其看作每次都由两个元素组成——一个 2 后面跟着一组 1（在这种情况下，这组 1 的规模在不断变化）。

同一假设的另一个写法如下：

2, 1, 2, 1, 1 → (2)　(1　2)　(1　1　2)　(1　1　1　2) …

在某种意义上，这只是同一假设先前表达方法的一个微不足道的变体。它只是简单地同时改变所有包裹的边界，让第一个包裹变得相当简并（包含零个 1）。但这两个"等价"观点的心理学意义其实完全不同。你可以试试将它们大声读出来，就会发现它们会让你产生不太一样的感觉。并且，取决于你当时在考虑的是哪一个，如果让你基于该"主题"

创作"变奏",你的头脑中会蹦出不太一样的念头。(在本文的最后,我将详细讨论"主题变奏"游戏,它的重要性怎么强调都不为过。)实施这种知觉重组(perceptual regrouping)的能力尽管看似微不足道,却是发现和创造性行为的一个深层成分。关于这一点我们后面再谈。让我们回到"21211"上来。

既然现在我们只有 5 个项,我想到了另一种似乎可能的展开:

2, 1, 2, 1, 1 →(2)　(1　2)　(1　1　2　2)　(1　1　1　2　2　2)...

这个假设让我唯一不喜欢的地方,是它一开始就出了差错。也就是说,初始包裹"(2)"不符合模式。为了与后续包裹真正实现一致,初始包裹必须由零个 1 和零个 2 组成,而实际上它由零个 1 和一个 2 组成。所以这个猜测似乎有点可疑。

为什么这么说?因为大体上,"数学之神"——执掌数学模式的抽象幕后实体——对无规律和不一致会感到不悦。"数学之神"偏爱完美的模式,而非有瑕疵的。为什么?这只有"数学之神"知道。但任何学过数学的人也都在内心深处或多或少地知道一点。数学中确实有一些模式一开始显得有些跌跌撞撞,但之后它们"恢复了平衡",然后以完美的姿态无限延续下去。它们就像奥运会上的花样滑冰运动员:尽管起初的转体落地时有个趔趄,但那以后的动作却完成得无可挑剔。事实上,我们会在后面见到这样的序列。如无意外,没有缺点的模式比那些略微有瑕的当然更招"数学之神"喜欢。我们之所认为上述猜测有些可疑,也正是这个原因。

奇怪的模式开始出现

够了,不瞎猜了!让我们看看这个序列事实上是怎样展开的。(顺便提一下,36 这个数既是一个三角形数又是一个四边形数,因此在序列中

概念与类比
模拟人类思维基本机制的灵动计算架构

出现了两次，依循先前的原则，我们将作为四边形数的 36 放在作为三角形数的 36 左边。）

1, 1, 3, *4*, 6, *9*, 10, 15, *16*, 21, *25*, 28, *36*, 36, 45, *49*, 55, *64*, 66, *78*, *81*, …
　　 2　 1　 2　 1　 1　 2　 1　 2 …

前面提到的两个最新的假设也出局了。根据现有的 8 个项，我们可以对序列的展开方式提出另一个非常无趣的假设：该序列是包含 5 个项的模板 "[21211]" 的永续重复：

　　　　21211212 → 21211-21211-21211-…

如果我们注意到前 8 个项形成了一个对称的模式（"2121-1212"），就可以提出一个没那么无聊的假设。既然人类心智偏好对称性，将这个对称结构定义为包裹看起来很理想。在这 8 个项以后呢？最明显的可能性，是这个对称包裹的无限重复：

　　　　21211212 → (21-21-12-12)　(21-21-12-12) …

另一种可能性是，包裹在维持对称特征的前提下每次增加一些复杂性，比如取下面两种方式之一：

21211212 → (21-21-12-12)　(21-21-21-12-12-12)　(21-21-21-21-12-12-12-12）…

21211212 → (212-11-212)　(212-111-212)　(212-1111-212) …

这些模式都很漂亮，但它们的处境也有些尴尬：有什么证据支持这些精妙的理论吗？几乎没有。显然我们需要更多的数据。下面，我们为序列添上一项，这直接毙掉了最近的三个假设：

1, 1, 3, *4*, 6, *9*, 10, 15, *16*, 21, *25*, 28, *36*, 36, 45, *49*, 55, *64*, 66, *78*, *81*, 91, *100*, …
　　 2　 1　 2　 1　 1　 2　 1　 2　 1 …

这个序列似乎只由只会单独出现的 2，和时而单独出现时而成双成对的 1 组成。随着展开的继续，以上模式的可能性看上去越来越大了。但是，直接将成对的 1 看作一个个组也有问题，因为模板的边界可能划在对子中间，比如说：

21211212 → 2-121-12121-1212121-…

看上去很雅致，但还是错了，因为序列的下一个项不是 1，而是 2。

从现在起，我不会再给出更多的三角形数和四边形数了。但可以确定的是，接下来将要继续讨论的序列里每一个 2 和每一个 1 都是像上文中那样计算出来的。事实上，当我第一次试图探索这个序列时，辛辛苦苦地徒手算了好几百个三角形数和四边形数，用掉了一大叠纸。在其中某个阶段，我得到了目标序列的如下初始片段：

21211212121121211212121211212112

乍看上去，它似乎很可能是周期性的，但仔细一看，又好像有点可疑。或者说如果它真的带有某种周期性，那到底是什么在一次又一次地重复，显然还不能确定。它肯定不是简单地在"21"和"211"之间交替。

进行到这儿，我已经完全入了迷。为了算出更多的项，我拼命地计算。（在脑子渐渐不够使时，我就开始用父亲的机械台式计算器，他原本用它来计算所得税！）这个越来越长的序列看起来并不像我所见过的任何东西，也就是说，我无法将它与其他已知的事物联系起来。相反，我只能希望它会表现出某种自洽的逻辑。

对这个序列感兴趣的读者可以自己动手尝试寻找隐藏的规则。当然，他们的优势在于，对于"确实存在某种规则，而且还是一个有趣的规则"这一重要的"元层级"（meta-level）信息，他们心知肚明，而显然，当时的我并没有掌握这一元层级信息，这一事实造成了很大的差异。（当然，作为"数学之神"的笃信者，我有一个隐隐的信念：这里面没准儿存在规则，这个规则很可能极为雅致，但这种心态和确定无疑还是不一样的。）不管怎样，我这就要揭晓答案了：如果你打算自己发现它，就先不要往下读。

重启发现之旅

到现在为止，我们已经讨论了几种假设。有些人或许确实会提出这些假设，但尽管我自己也觉得其中一些很有趣，它们却并不是我当时设想过的。相比之下，接下来我将非常忠实地还原自己真实的探索之旅，而不是其中的一些理想化过程。这意味着我将要展示的东西可能在某些方面显得非常笨拙和愚蠢，但这种情况在探索过程中经常出现。在一个人做出了某个发现，并很好地消化了相关理念后，他会希望进行一番回溯，把来时的道路清理干净，让整个过程看上去优雅而清晰。这很容易理解，而且是一个有益的愿望，因为如此一来，新想法当然就能更加容易和更为漂亮地呈现给他人。但另一方面，特别是随着时间的流逝，这种做法也会让人忘记自己当时曾做过多少无谓的标记，以及曾闯进过多少条死胡同。

我经常注意到，在回忆中，我自己的发现似乎都做出得十分迅速、轻而易举，而且通常源于极为普通的观察。但这一印象是错误的。造成这个错误的事实是，当我们几年后在内心中回望某一发现时，我们是在使用完全正确的概念，对完全正确的地方进行完全正确的强调——而这一切在我们努力做出发现时显然是不可能做到的。这正是新发现让人无比欣喜的原因：它让我们能以前所未有的方式看待一些事物！

幸运的是，我一直对心智运行的方式很着迷，因此，我有对自己的发现过程进行详细记录的习惯——甚至早在我 16 岁时就这样做了（我对上述序列的探索就发生在那一年）。当我回过头来重新阅读自己一些发现过程的记录，就它们的实际发生过程"刷新"自己的印象时，我发现这类过程从来不像我的记忆中那般明确清晰——远非如此。它们通常

第 1 章 序列溯源

凌乱不堪、充满困惑，关于以上序列的探索也不例外。我们这就往下进行。

当我列出足够多的项之后，这个序列确实有一种震荡结构这一点就开始变得很明显，也就是说，它会在一个"112"组和一个"12"或一个"1212"组之间来回往复。

212 *112* 1212 *112* 12 *112* 1212 *112* 12 *112* ...

那么开始的"212"又怎么办？我不太确定。我尝试过将它拆成"2"和"12"，但这样一来，最开始的"2"又需要加以解释了。不管怎样，我就是没法将它融入模式中去，这让我十分气恼。

在任何情况下，112 都完全是可预测且有规律的，因此，我的注意力完全转向 12 和 1212 的不太清晰的模式。起初，看起来好像在这个更高的层级上也有振荡——首先是 1212，然后是 12，然后是 1212，然后是 12，等等（当然，我们忽略了最开始的 212）。然而，这一希望在接下来的 10～15 个项出现后破灭了。

212 *112* 1212 *112* 12 *112* 1212 *112* 12 *112* 12 *112* 1212 *112* ...

可恶！这个阶段我完全摸不着头绪。

考虑到大量的不规则性，我决定以非常直观的方式将 12 和 1212 的模式呈现出来：只保留每个组的长度，而不是组本身，因此，"12"用"2"的标签表示，"1212"用"4"的标签表示。最初的"212"再次扮演了讨人厌的角色，我的一部分认为它应该贴上"3"的标签，另一部分则认为它里面的"12"应该贴上"2"的标签，而前面的"2"则是一个不相关的小问题⊖。于是我们有了这个：

212 *112* 1212 *112* 12 *112* 1212 *112* 12 *112* 12 *112* 1212 *112* ...
 (3?)   4   2   4   2   2   4 ...

⊖ 原文为 hiccup 即"嗝"——译者注。

概念与类比
模拟人类思维基本机制的灵动计算架构

我本来希望这个衍生的模式能擦亮我的双眼，让我注意到上面的序列中确实含有的某种规律——它很难被注意到，但可借助下面的序列浮到表面上来。可我的期待似乎落空了。

但是，我坚持下去，继续加长衍生的序列，最后展开到了 15 项左右。为此，对上面的序列我得计算大概 100 项的样子。（想象一下，这意味着我在父亲的弗里登计算器上算出了多少个三角形数和四边形数！）

> 3, 4, 2, 4, 2, 2, 4, 2, 4, 2, 4, 2, 2, 4, 2, ...

令我失望的是，这个序列似乎没有比原来的序列更清晰——它看起来同样毫无规律，充满混乱。

我尝试把最开始的"3"换成"2"：

> 2, 4, 2, 4, 2, 2, 4, 2, 4, 2, 4, 2, 2, 4, 2, ...

这是一个非常简单的变动，但至少消去了一些不一致性，因此是值得的。在某种程度上，这个序列暗示我对它进行某种简化：把所有的项除以 2！我这么做了，得到了一个新的序列：

> 1, 2, 1, 2, 1, 1, 2, 1, 2, 1, 2, 1, 1, 2, 1, ...

从纯数学的角度来看，以上操作完全微不足道。但从心理学的角度来看，它带我跨越的距离是巨大的！特别是，我突然发现这个衍生序列和原始序列之间有一种我以前没有注意到的相似性。它们都只含有 1 和 2，2 总是单独出现，1 则时而单独、时而成对出现，等等。事实上，我很快注意到，如果你愿意忽略衍生序列的初始项"1"（我就愿意！），那么这两个序列看上去就完全一样——难怪它们看起来同样如此不规则、如此混乱！

这对我来说是相当惊人的，但同时我的脑海中也响起了警钟。我知道，在数学和科学领域，人们很容易在证据不足的情况下得出错误的结论，我觉得我尚缺乏足够的证据来证明这种看似不可能的想法是正确的（别忘了，我以前从未见过这样的现象）。所以我前前后后、断断续续地计算了原始序列的 450 个项，这为我提供了衍生序列的 53 个项，每一个都与原始序列相应位置的项一致！现在我对此信心满满了！

解开序列之谜后，我也可以回去反思一下了。于是，我意识到自己可以让上述衍生过程更为简洁、优雅一些——只需要顺次去数被"211"夹在中间的"21"的数量就行了。这个对衍生过程的简单重述关乎两个心理变动：从"12"和"112"变为"21"和"211"，以及新涉及的"夹在中间"这个特性。这两个小变动带来了明显的成效：我不用再为序列起始位置的处理操心了！也就是说，既然原始序列开头的"21"没有被两个"211"夹在中间，我们就不用去搭理它！由此，我摆脱了序列起始位置的滞涩，得到的规则也变得完美无瑕。太棒啦！

顺道提一下，当我对照记录仔细复盘时，发现真实的故事比这还要复杂一些。因为出乎意料的是（对此我已忘得一干二净了），最初我并没有把 1 作为一个三角形数囊括进来，这意味着我的原始序列是以"112112"而非"212112"开始的。这可就麻烦了，因为在序列中后续任何位置，夹在两个连续的"112"之间的不是"12"就是"1212"，但在初始位置我们发现了两个连续的"112"，但它们之间啥都没有！幸运的是，我对自己这个错误的发现和弥补都很早。这也让我们避免了另一个可能搅人神思的瑕疵。

神奇的非周期模式

我从来没有见过这种类型的模式，因此，我觉得它非常可爱，但也非常神秘。尽管其内含的规则有某种令人不安的循环属性（毕竟，它用一个序列自身定义了这个序列！），但和通常所说的"循环定义"不一样

概念与类比
模拟人类思维基本机制的灵动计算架构

的是：它并非空泛无物的，而是有其意义。也就是说，只要给我规则和前几个项，我就可以生成更多的项；有了这些更多的项，我又可以生成再多的项——如此往复以至无穷。感觉就像是凭空造出了某些东西：如同变戏法一般。谁会想到三角形数和四边形数的交错排列中隐藏着这种现象？

对原始序列的正确解读似乎已经很明确了：它表示被连续的"211"夹在中间的"21"的数量。但在新想法正式确定下来以前，我突然想到自己可能忽略了一种更简单，或许也是更自然的计数操作（或许正是因为它过于简单了）：也就是去数被连续的"2"夹在中间的"1"。我立即尝试了一下：

$$2121121212112121121212112121121212112\ldots$$
$$1\ 2\ 1\ 1\ 2\ 1\ 2\ 1\ 1\ 2\ 1\ 2\ 1\ 1\ 2\ \ldots$$

让我失望的是，下面的序列尽管在很多地方和上面的很像，但它们却绝不是一样的东西。遭受挫折后，我尝试用一些方法来让它们彼此吻合，比如说，我注意到如果删去下面的序列开始时的四个项，剩下的就是"2121121212112"——刚好和上面的序列一样！不幸的是，一个不一致很快接踵而来。因此，我的希望（用更简单的计数操作也能如愿以偿）化作了泡影。

我并没有就此放弃这条路径，很快，我又想到，同样的操作可以对下面的序列再使用一次：

$$2121121212112121121212112121121212112\ldots$$
$$1\ 2\ 1\ 1\ 2\ 1\ 2\ 1\ 1\ 2\ 1\ 2\ 1\ 1\ 2\ \ldots$$
$$2\ \ \ \ 1\ \ \ \ 2\ \ \ 1\ \ \ 1\ \ \ \ 2\ \ldots$$

哈！第一行和第三行对上了——至少前 6 个项对上了！为了验证这一点，我又继续展开了很长一溜儿，发现在我"算力所及"之处，原始序列和它的"二次衍生序列"（请允许我这么称呼它）均可逐项对应上。

我没费太大工夫就意识到:"数被'2'夹在中间的'1'"这一操作对原始序列连续运行两次的效果等同于"数被'211'夹在中间的'21'"。因此,现在对于我的序列所含的模式,我有了两个彼此巧妙关联的理解方法。

这个**递归**规则(在那以后我才了解到它的正确描述)如果为真,则意味着原始序列不可能是周期性的,不管周期有多长。因为如果它是周期性的,比如说周期为 100 个项,那么任何通过计数操作衍生出来的序列也将是周期性的:如果我们在长度为 100 个项的周期里数"211"之间的"21",由此衍生的序列将包含大概 12 个项,既然这 100 个项是一再重复的,则从中衍生出来的诸项也将周而复始。通常这将不会造成任何问题,除非递归规则成立,亦即衍生序列与原始序列相同——这样一来,原始序列的周期就必须是 12 个项,而不是定义中的 100 个。当然,数字 100 和 12 并不重要,关键是,无论假设的周期大小是多少,我们都能证明它其实必然比那要短!周期性假设会自挖墙脚,因此必须加以排除。认识到这一点给了我很大的乐趣,因为它告诉我,我发现了一些复杂而难以捉摸的东西,这些东西比简单的重复更难确定。

我很快编写了一个计算机程序(这是我有生以来写的第一个严肃的计算机程序),它验证了原始序列和衍生序列的一致性假设,测试了数千个项。至此,我无疑已经解开了三角形数在四边形数之间的分布模式之谜(过了几个月,在逐渐想出适用的概念后,我也证明了这一结果)。

这项发现标志着我生命中一个持续数年的特殊时期的开启:我开始真正沉迷于整数序列,并陆续发明了数百个序列。其中许多表面上看似平平无奇,却具有复杂的递归属性。而且,这些序列中所含的数学思想也极具多样性。但是,方才的例子作为"初恋"的美妙,其他任何发现都无法比拟。

概念与类比
模拟人类思维基本机制的灵动计算架构

作为研究项目和课堂作业的模式外推

我很感激十几岁时的自己：那个少年对他的发现过程做了相当好的记录。当然，如果我今天再去研究数字序列，我会以甚至更为详尽的方式，记录下自己每一个微小的步骤，不管它是对还是错。但在那些日子里，我主要的热情放在了数学上——毕竟，我当时的目标还是成为一名数学家。尽管那时我已经对创造力很感兴趣，但我从来没有想过有一天我所走的发现之路会像发现本身一样在我的生活中扮演重要的角色！

无论如何，我们方才都经历了一个完整而典型的过程：借助这个过程，我们猜测一个序列的结构，一点一点地揭示真相，最后实现完全的理解。这类过程通常包含大量错误猜测，它们是由奇怪的分组策略和缺乏依据的外推行为造成的。作为一个研究计划刚刚起步的新晋教授，我坚信智力甚至是创造力的本质正包含在这种探索性的心理过程中。因此，我想尝试在计算机上为其建模。

然而，确定我所探寻的过程究竟含有哪些种类的行为花费了很长的时间。起初，我以为自己想为整个模式搜索活动建模（这些模式指由整数构成的数学模式）。前面提到过，在沉迷于数字模式的光荣往昔，我曾探索的序列涉及各种不同的类型，因此我自然而然地认为，一个程序能够适应的领域肯定是越广越好。

因此我为自己的研究设定了很高的目标。我希望写出这样的程序，它能自行理解典型的序列类型，包括：四边形数（平方数）、三角形数、立方数、四次方数，凡此种种；2 的乘方、3 的乘方，诸如此类；质数、斐波那契数（下面将解释）、阶乘（n 的阶乘写作 "$n!$"，表示前 n 个整数的乘积；例如 $3!=1×2×3=6$）；及以上因素（和其他因素）的各种变体和组合。我还希望程序最终能找出上述"三角形数—四边形数序列"中隐藏的递归规则，但这不是我的主要目标，因为我认为该任务的复杂性居于某个更高的层次。尽管到了后来，我完全改变了对"哪种类型的发现更为基本"这一问题的看法。

在为自己的研究项目制订初步计划的同时，我也在教授我的第一门人工智能课程。我非常享受与学生们相处的日子，并对他们抱有极大的尊重。我认为要让他们全身心地投入设计"思维机器"的挑战中来，没有比分享我自己的研究理念，进而让他们参与某种竞争更好的办法了。于是我宣布将在学期末举行一次正式的序列外推竞赛，包括我自己在内的所有人都必须提交自己的程序。在几周的时间里，我展示了待解决的问题，以及他们可能会用到的不同类型的策略，当然，我给了他们许多这类挑战的实例，以说明任务的多样性。

以下是我在课堂上讨论过的各种序列类型的清单，我告诉学生们，竞赛中将要用到的序列就与这些类似。当然，学生们很清楚，课堂上讨论的例子只是他们将要致力于探索的巨大序列空间的一小部分。

1, 2, 2, 3, 3, 3, 4, 4, 4, 4, 5, 5, 5, 5, 5, 6, 6, 6, 6, 6, 6, ...
（n 个 n，n 依序取整数。至于 n 是否包括 0，则取决于你如何看待它）

2, 3, 5, 7, 11, 13, 17, 19, 23, 29, 31, 37, 41, 43, 47, 53, 59, 61, ...
（质数）

2, 3, 3, 5, 5, 5, 7, 7, 7, 7, 11, 11, 11, 11, 11, ...
（n 个 P_n，P_n 代表第 n 个质数）

1, 1, 2, 2, 2, 3, 3, 3, 3, 3, 4, 4, 4, 4, 4, 4, 4, ...
（P_n 个 n，n 依序取正整数）

2, 1, 2, 2, 2, 2, 2, 2, 2, 2, 2, 2, 2, 2, 2, 2, 2, ...
（全部项均为 2，除一项以外）

概念与类比
模拟人类思维基本机制的灵动计算架构

2, 3, 5, 7, 9, 11, 13, 17, 19, 23, 29, 31, ...
　　（质数序列，除一项以外）

2, 3, 5, 7, 9, 11, 13, 15, 17, 19, 21, 23, 25, 27, 29, 31, ...
　　（奇数序列，除一项以外）

1, 0, 0, 1, 0, 1, 0, 1, 1, 1, 0, 1, 0, 1, 1, 1, 0, 1, 0, 1, 1, 1, 0, 1, ...
　　（第 n 项为 0，n 取质数）

2, 1, 2, 4, 2, 9, 2, 16, 2, 25, 2, 36, ...
　　（在相邻的"2"之间依序插入平方数）

2, 1, 3, 4, 5, 9, 7, 16, 11, 25, 13, 36, 17, 49, ...
　　（质数与平方数交错排列）

1, 0, −6, 0, 120, 0, −5040, 0, 362880, 0, ...
　　（0 与其他阶乘交错排列——对应 sin$x$ 的泰勒级数系数）

2, 5, 11, 17, 23, 31, 41, 47, 59, ...
　　（质数依序排列，每项间隔一个质数）

3, 5, 11, 17, 31, 41, 59, 67, 83, ...
　　[$P(P_n)$，即第 2、3、5、7、11……个质数]

3, 4, 6, 8, 12, 14, 18, 20, 24, 30, 32, 38, 42, 44, 48, 54, ...
　　（P_n+1，n 依序取正整数）

1, 4, 27, 256, 3125, 46656, 823543, 16777216, ...
　　（n^n，n 依序取正整数）

1, 1, 2, 3, 5, 8, 13, 21, 34, 55, 89, 144, 233, 377, 610, 987, ...
　　（斐波那契数列，符合递归规则 $F_n = F_{n-1} + F_{n-2}$）

1, 2, 2, 3, 3, 4, 4, 4, 5, 5, 5, 6, 6, 6, 6, 7, 7, 7, 7, 8, 8, 8, 8, ...
　　（a_n 个 n，其中 a_n 是序列本身的第 n 个项——这是一个递归定义的序列）

第 1 章　序列溯源

2, 1, 1, 3, 4, 2, 5, 9, 2, 7, 16, 3, 11, 25, 3, 13, 36, 3, ...
　　（交错排列质数、平方数及本清单中头一个序列的逐项）

1, 2, 3, 5, 7, 8, 11, 13, 17, 19, 21, 23, 29, 31, 34, 37, 41, 43, 47, 53, 55, ...
　　（合并质数序列和斐波那契数列，并非交错排列，而是从小到大排序，且不含重复项）

2, 1, 2, 1, 1, 4, 1, 1, 6, 1, 1, 8, 1, 1, 10, ...
　　（欧拉常数 e 简单连分数展开式的连续分母）

　　质数的频繁出现似乎令人惊讶。但这只是我偏心所致，因为我感觉质数的半混沌分布象征了数学某种精妙的特性。我当然没指望去编写一个程序，能够从零开始自行"发现"质数——那太野心勃勃了！相反，我认为设定一个特定的标准序列库是很有必要的。如此，质数序列（以其前 25 项左右加以表示），以及其他一些著名的序列就可以在库中直接找到，而这些序列是程序无法以任何其他方式加以识别的。（尽管我没有这样做，但我甚至可以把一个著名的"搞笑序列"扔到我的标准库里，就像这样：14, 18, 23, 28, 34, 42, 50, 59, 66, 72, 79, 86, 96, 103, ...之所以叫它"搞笑序列"，是因为它里面没有什么有趣的数学：其各项只对应曼哈顿地铁百老汇—机场线沿线各站。下一站是 110 街，也称为"教堂公园大道"；如果你把这作为序列外推的答案，当然就会博得一阵笑声。）

　　上面显示的许多序列直接或间接地从众所周知的数学现象中产生，如连分数、傅立叶级数和泰勒级数。即使并非如此，对它们代表的模式，数学家们也会自然而然地产生某种感觉。换一种说法，数学家不会在看到大多数序列之后的"点-点-点"时感到奇怪——它们代表着序列的"自然外推"，这一想法似乎完全合乎情理。

　　事后证明，尽管这一系列目标让我的人工智能课程具有了相当程度的挑战性，它们却并非我的研究计划理想的目标——事实上，我也是慢慢地意识到这一点的，而且随着论述的继续，这一点有望变得更为清晰。

概念与类比
模拟人类思维基本机制的灵动计算架构

尝试简化序列

我和学生们同步制定自己的策略,并经常分享彼此的想法。此外,当时所有的终端机都安装在林德利大厅(Lindley Hall)的一间地下室里,所以我们都能看着彼此的程序在几个月的时间里不断演化。看见某个程序在一些最简单的序列任务上栽跟斗不失为一件乐事,但有时同一个程序又能成功地理解某些非常困难的序列,这又让我们感到吃惊。为一次课堂竞赛设计专门针对序列外推任务的程序,而且在这项竞赛中,教授本人只是另一个参赛者,这是我所布置过的最刺激、最成功的课堂作业之一。

我个人参加这场竞赛的动机还是很单纯的——也就是说,我并没有指望它能充分实现我的研究目标。对我而言,这更像是一场热身运动。尽管如此,我对待比赛的态度还是非常认真的,而且极端好胜。

在最初设计自己的程序时,关于如何对序列内含的基本规则进行搜索,我已经有了一个明确的策略。我知道可以使用一些标准类型的操作来产生衍生序列——例如每隔一项筛去一项,或计算重复项的数目——而且,如果能够选择一个富有见地的操作(这有时得靠运气),衍生序列的结构就会比原始序列更为简单。这样看来,要解决序列结构问题,其诀窍似乎只是寻找正确的操作和正确的衍生序列,然后就万事大吉啦!——这个序列从此对你再无秘密可言了。我们可以举一个简单的例子,就用之前提过的四边形数(平方数)序列:

1, 4, 9, 16, 25, 36, 49, 64, 81, 100, ...

发现该序列模式的一个方法是求一阶差分,也就是序列中各相邻项之差,虽说对大多数人来说,这肯定不是一个典型的想法。该操作极为标准化,它将产生如下"子序列":

3, 5, 7, 9, 11, 13, 15, 17, 19, ...

第 1 章 序列溯源

一眼就能看出来,这是奇数序列,只不过第一个元素被省略了。正如我们所希望的那样,它确实比平方数序列简单。如果对于这个序列的规则你并不陌生,或至少能算出来的话,那么要求出平方数序列的第 n 项,你只需要对衍生奇数序列的前 $n-1$ 项求和,然后再加上 1(第一个平方数)即可。例如,第四个平方数是 1+(3+5+7)。因此,"父序列"的规则可以根据子序列的已知规则构建出来。

如果真有人能糊涂到连奇数序列都认不出来(一台计算机就有可能认不出来,尤其是当序列还缺了第一个项的时候!),也没关系:他们还能对子序列再使用一次同样的策略:求一阶差分。当然这个时候,我们求的其实就是原始序列的二阶差分了。结果更加简单:

$$2, 2, 2, 2, 2, 2, 2, 2, \ldots$$

现在,就算是一台计算机,也能毫不费力地看出其中的规则了!

该"孙序列"的内含规则——"每个项都是 2"——允许我们构建子序列第 n 项的算式:取"孙序列"前 $n-1$ 项求和(得到 $2n-2$)并加 3(子序列的首项)。我们还可以将这一策略与上述策略(用奇数之和计算平方数)相结合,这样,即便是榆木脑袋也能纯机械式地构造出平方数序列的第 n 项了:尽管这需要一直做加法,肯定乏味无比。

不消说,这种"求解"平方数的技术有一些特别——因为它本身不关注序列中的任何单个元素!因此,在这种解法中,25 等于 5×5 这一事实完全无关紧要。从人类的角度来看,这似乎很不自然。不可否认的是,人类确实会对与单个数字相关的事实加以关注。如果一个程序忽略了这些数字是平方数这一点,它似乎就有些不得要领!

尽管如此,对目标序列运用各种算子(operators)并尝试寻找"更简单"的序列这一策略在我看来的确非常强大,我希望我的程序能有一个内置此类算子的非常庞大的库,包括求一阶差分、对相邻项求"一阶比率"（与求一阶差分类似，只不过这样会生成两个序列：商序列和余数序列）、对重复出现的项进行计数、每隔一个项（或每隔 n 个项）提取一个，也许还包括取平方根、立方根，甚至每个元素的 n 次方根（对于平方数序列问题，这也是一条解决之道），凡此种种。

我对与序列外推相关的早期研究比较熟悉（如 Simon & Kotovsky, 1963; Pivar & Finkelstein, 1964; Persson, 1966），我对自己能在前人基础上更进一步充满自信。当时，开发出在某些方面胜过我自己（即其创建者）的程序，这一前景让我感到兴奋不已：如果能够实现这个目标，似乎就将有力地证明机器能够拥有智能。尽管内心某一部分对自己的系统能够忠实地反映人类思维的工作方式抱有期待，但我始终受采用某种策略能够实现的纯粹性能所激励，也就不再顾忌这些性能是如何获取的了。因此，我在写代码时将尽可能多的"聪明"机制包含了进去，这样，我所做的事就好比在开发一台运行顺畅的直喷式内燃机，使其载体能在某些（心智）性能方面轻而易举地实现对设计者的超越。

控制搜索的策略

在开发这样一个程序的过程中，一个可能的整体策略（称为 breadth-first search，即"广度优先搜索"）是对给定序列应用每个已知的算子，从而生成（比如说）10 个不同的子序列。如果程序能够识别这些子序列中的任何一个（这意味着它的规则是已知的，并且已经被存储在内存中），那么好——程序将结合关于从目标序列到子序列的算子的知识，及其存储的子序列的规则，为目标序列本身构造一个规则。而后，程序达成了目标，运行中止。（这就是我们上面谈到的，如何根据已知的奇数序列"解"平方数序列的方法。）

另一方面，如果生成的 10 个子序列中没有一个是系统已知的，程序

第 1 章 序列溯源

就将做一次"递归"——这是一个计算机科学术语,其指程序将每一个子序列视同成熟的目标序列加以处理。换言之,它将对每一个子序列再次应用 10 个已知算子,并准备对由此产生的 100 个"孙序列"再来一次。

随着上述搜索的继续,我们将距离最初的挑战越来越远,并引入越来越多的"子挑战"。但只要程序在海量"后代"中识别出了一个,就能循序列"家族树"一路上行返回原点。例如,如果程序在原始序列的某个"玄孙序列"中识别出了规则,它就可以据此为其"父序列"("曾孙序列")制定规则,再使用"曾孙序列"的规则为相应的"孙序列"制定规则……直到返回原始序列。我们上面提到,可以用"孙序列"(2,2,2,…)和"子序列"(3,5,7,…)推得平方数序列的规则。同样的道理,程序可以借助一系列简单序列实现对原始序列规则的"理解"(我把"理解"这个词用引号括起来,是为了强调程序这种"理解"事物的方式可能在心理学意义上有些奇怪:试着想象一下,假如看到平方数序列时,你只会想到它们是从一溜 2 开始做一系列加法得出的结果——这确实有些诡异)。

尽管在理论上具备很强的能力,但广度优先搜索却是一种危险的策略,因为它会造成严重的"组合爆炸"问题:自原始序列一层以下是 10 个"子序列",两层以下是 100 个孙序列,三层以下是 1000 个"曾孙序列"……以此类推。很快,就连需要加以识别的序列数量本身都能让我们计算一阵子了!

幸运的是,对可能生成的巨大的衍生序列家族树,我们有更为高效的策略加以探索。与计算成本高昂的广度优先搜索策略相对应的是深度优先策略(depth-first strategy):以原始序列为出发点,只生成一个"子序列";以"子序列"为出发点,只生成一个"孙序列";再以"孙序列"为出发点,又只生成一个"曾孙序列"……以此类推。如果某个"后代"被识别出来,程序立即停止搜索,然后径直沿原路回返,途中为每个中间序列构建一个规则,直到顶层原始序列,这个过程我们已经很熟悉了。

概念与类比
模拟人类思维基本机制的灵动计算架构

另一方面，如果程序的搜索达到了一个预设的临界深度——比如说下探了 8 个层级——但没有识别出任何规律，那么它不会进一步搜索，而是向上返回一个层级，并尝试其他路径。因此，假设程序一直下探到临界层，即第八层，但没有发现任何已知的东西。那么它不会继续进入第九层，而是返回到第七层，并在那里应用备选算子（从而生成新的第八层）。如果这样还不行，则再次返回第七层，对其应用第二个备选算子。

当然，如果在第七层尝试了全部的 10 个算子，都没有什么结果，那么就要返回第六层再努把力：每每在第六层试用一个新算子，都可以对由此生成的第七层试用全部可用算子。如果在第六层的一切尝试都宣告无效，那么就返回第五层试用新算子，而全部算子都可在其下所有层级再次加以试用……以此类推。

这种在抽象空间中搜索的模式被称为回溯（backtracking），尽管以这种方式进行回溯的深度优先策略理论上可能最终完全遍历序列家族树，但之所以要设计这种方法，就是为了将这种可怕命运的可能性降到最低。诀窍在于，深度优先搜索与广度优先搜索对序列家族树中"子序列"的探索顺序完全不同。事实上，前者的关键是，通过对每个层级的线索保持非常灵敏的响应，它可以将实际生成和查看的序列相对于序列家族树的百分比水平保持在最低。

例如，假设在顶层，系统"嗅探"出算子 F（例如，取一阶差分）与序列 1 可能存在相关性，因此它优先选择运行这个算子，并由序列 1 创建出一个"子序列"——序列 2，希望它比序列 1 简单。假设序列 2 也确实比序列 1 简单，但仍然太复杂，程序无法直接识别，这时它就必须自己扮演"父序列"的角色。这意味着"嗅探器"会在序列 2 上运行，目的是试图据此选出最有希望得到应用的算子。假设嗅探器提出了应用算子 G（计算分组长度）的建议，并将该算子应用于序列 2，就会产生一个"孙序列"——序列 3。也许序列 3 的规律是已知的，出现这种情况，我们就完成任务了。如果没有，就要对其再次应用嗅探器，选定算子，然后再次生成一个新的衍生序列。在每一个新的层次上，程序都会进行快速而仔细的"嗅探"，试图定位最有希望用于产生下一个衍生序列的算子。

启发式，或深入搜索前加以嗅探的重要性

让我们举一个例子，说明为什么"嗅探"如此关键。考虑以下序列：

2, 10, 0, 3, 20, 1, 5, 30, 2, 7, 40, 3, 11, 50, 4, 13, 60, 5, 17, 70, 6, …

尽管我们可能没法一眼看穿其中的模式，但对人类来说，这个序列并不难解。你很快就会被什么东西点醒，每隔两项提取其中元素。换言之，你会将这个序列拆解成三个独立的"子序列"（它们都是"兄弟姐妹"）。

2, 3, 5, 7, 11, 13, 17, …
10, 20, 30, 40, 50, 60, 70, …
0, 1, 2, 3, 4, 5, 6, …

每个都是小菜一碟——质数、10 的倍数、自然数。将它们重新组合在一起也是非常简单的。因此，只要我们用正确的方式加以审视（也就是说，通过应用合适的算子），这就是一个非常简单的序列。然而，想象一下如果程序不由分说地对它取一阶差分，会造成怎样的灾难！我们来试试：

8, −10, 3, 17, −19, 4, 25, −28, 5, 33, −37, 8, 39, −46, 9, 47, −55, 12, 53, −64, …

这样一来，"子序列"非但没有变得比"父序列"简单，反而要复杂得多了，如果我们继续这样下去，事情就会愈发毫无头绪。

实际上，除了"每隔两项提取其中元素"外，没有任何其他的算子能够以任意其他的方式简化这个序列。即使"每隔一项提取其中元素"也无济于事。因此，系统必须能够对该序列应用"每隔两项提取其中元素"这一算子，而且只要有可能，就要将其视作优先算子。

概念与类比
模拟人类思维基本机制的灵动计算架构

另一方面，如果一个程序对我们给它的每一个序列都按部就班地优先应用"每隔两项提取其中元素"这一算子，那得有多离谱啊！事实上，"每隔两项提取其中元素"属于那类我们几乎会一直在心中将它束之高阁的算子，只有在极不寻常的情况下才会用到。

以上选择逻辑适用于几乎每一种类型的算子。一些序列看似要求一阶差分，另一些则要实施计数操作，一些要做减法、一些要做除法、一些要开方，凡此种种。效率要求人们对序列那些"能嗅探得到的"特质（也就是那些能被相当浅层的扫描检测得到的特质）保持敏锐。你当然不会希望浪费时间对我们的老朋友——序列"2121121212112"——求一阶差分或开立方根，更别说每隔 16 个项提取一个了！

归根结底，我们肯定不希望对每一个序列应用每一个算子，因为有限的时间和精力终归经不起这般荒谬的浪费。（对于这种穷举式的策略，有一条更有说服力的反对理由，我在前面本来可以顺带一提，但跳过了。简单地说，算子有无穷多个，这是因为某些类型的算子，如"每隔 n 项提取其中元素"，是以家族的形式存在的：每个 n 值都对应一个不同的算子。显然，我们不可能做到将某一个这样的算子家族中的每一个成员都应用于某个序列。）

因此，穷举法注定行不通了。相反，给定某个序列时，你要做的是：快速扫描它，寻找各种容易检测到的特征，这些特征会排除掉一批算子（当然这只能通过聪明的猜测实现），然后再次在快速扫描得到的信息引导下将剩余的算子合理地排序。快速扫描的典型结果包括：发现序列中各项重复的程度、粗略测量序列的平滑度（smoothness）、大体估计其增长率（rate of growth）、观察其大致存在的周期性，等等。这些都是上面提到的"嗅探器"的工作。

问题在于，尽管正常情况下，直接筛去一批算子几乎总会让程序的表现大幅提升，但偶尔也会造成灾难性的后果：让我们完全错过最合适的方案。聪明的猜测策略（在人工智能领域通常称作启发式）在定义上就无法做到完美。

这就让我们面临两难：压缩搜索空间的好处是明显的，但这样做（有时）会导致眉毛胡子一把"刮"。当然，这并不是什么新鲜事：搜索就有这样的问题——当你面对一个广阔的世界，无法充分探索，有时候就只能去猜，而风险往往是相伴而行的。

对不同架构的一瞥

辅以精心设计的、谨慎的剪枝（pruning）技术，深度优先和广度优先搜索都会是很好的想法：它们代表了在巨大抽象空间中搜索的两种重要的、彼此截然相反的策略。然而，在我设计自己的程序时，它们对我而言都太死板了，而且不太像是人们解决类似问题时真正会做的事。我觉得人们所做的——或至少是我自己所做的——更像是这样：先是进行一次非常浅的广度优先扫描，标注一个局部区域，在该区域进行一些深度优先扫描，然后回到浅层，换用更广阔的视角，再回到某些更深的地方，而后又浮到表层再次简单概览一下，再向别的方向深入进去……简而言之，倾向于深度优先和广度优先的不同片段相互影响，且始终保持跳出任何给定模式、对新选项进行一番尝试的意愿。我们也并不强烈排斥那些已经扫描过一次或多次的区域，有时会带着新的视角重复观察。

戴夫·斯莱特（Dave Slate）参与编制的 Chess 4.6 是当时世界顶尖的棋类程序之一。他有一次到访我所在的计算机科学系，帮助证实了我一些不成熟的直觉。在研讨会上，斯莱特描述了他那大获成功的程序所采用的严格的全幅（即完全不经筛选的）深度优先搜索策略，但在这样做之后，他坦言自己内心深处其实完全反对这种依靠蛮力进行计算的方法。他对理想的棋类程序应如何运作的描述与我对理想的序列知觉程序如何

概念与类比
模拟人类思维基本机制的灵动计算架构

运作的感觉产生了共鸣。这类程序需要进行许多短暂而严肃的深度优先的尝试，但又要具备极大的灵活性，而他并不知道这该如何实现。每一个小的片段都将聚焦棋盘上某个特定区域（当然，其影响会在棋局中广泛传播），这些短暂的尝试需要运用许多关于局部格局的知识。我自己并不是什么棋类程序的设计师，因此只能从他的沉思中得到一个模糊的印象，但和他谈论下棋却帮助我逐渐确定了自己的直觉。

虽然在脑海中确实游动着对一个高度复杂的架构的某些预感，但在课堂竞赛前，我肯定是来不及完全弄清楚了。所以我坚持使用相当直接的深度优先搜索策略，但作为补偿，我又为程序提供了自己能想象得到的最复杂的序列嗅探器、算子、剪枝技术和排序技术，因为这样更有利于思考，也更容易编程。必须指出，以这种方式处理序列外推任务，更像是在思考数学而不是思考思维本身。

课堂竞赛的日子到了，我从自己用了一整个学期搜集整理的序列库中选择了大概 30 个序列，让每个程序对它们"求解"。老实说，那时候我有些紧张，担心自己作为一名人工智能教授的"合法性"会受到挑战：要是我编写的程序成了吊车尾，那可就太打击人了！幸运的是，它表现得还不错——印象中好像只错了三个序列。但是，确实有一位学生打败了我，他就是比尔·刘易斯（Bil Lewis）。他设计的程序比我多解出了一个序列。当然，这个结果对我是一种慰藉而非羞辱。玛莎·梅雷迪斯也参加了那一次课堂竞赛，她后来成了我的研究生，开发了一个复杂得多的程序，名叫"Seek-Whence"，关于这个程序，我们稍后细讲。玛莎在课堂竞赛上同样表现优异，仅以微弱劣势排名在我之后。

通用智能与专家知识

竞赛的压力一解除，我就开始在两点上对自己采用的策略感到不安了。困扰我的第一点在于,我意识到自己已经付出了最大的努力,将数学所含的复杂性尽可能多地塞进我的小程序里。但回顾初心,我真正感兴趣的不是为数学的复杂性编程,而是为智能编程。可以说,我掉进了"专家系统"的陷阱(如果这个术语那时存在)——这是一种理念,其主张智能的所有关键就在于知识、知识和更多的知识。坦率地说,它让我非常反感。

当然,在特定任务起步时,一些领域知识往往是必要的。但是,我有一种非常强烈的直觉,大致是:智能有(而且必然要有)一个强大的、通用的、抽象的、独立于知识的核心。也许这种直觉只是一个偏见,但在我看来,它是有根据的。我认识许多人,他们学富五车,但似乎极为缺乏洞察力;相反,科学史上有许多例子,在某些领域,相对的"新手"却能产生耀目而非凡的洞见(他们通常很年轻,知识储备当然无法与满头白发、满脸皱纹的专家们相比)。因此,我所编写的程序令人不爽的第一个方面,就是它依赖大量的专家知识,而非某种更深刻、更基本和更抽象的智能。

困扰我的第二点在于,在设计课堂作业时,我几乎完全忽略了在个人的序列外推经验中最重要的一个方面,那就是:在那段疯狂沉迷于序列的日子里,我几乎总是只计算出一个序列的前几个项,再加以观察,看看能否从中提取出模式,然后,如果需要的话,我会计算出更多的项,再利用这些额外的信息,尝试去发现某种模式,以此类推。这是一个高度动态的过程,在两种工作状态即"实验"(收集数据)与"理论化"(将数据构造、重组)之间来回振荡。关键在于,我做序列外推时是一点一点地得到序列的,而不是一次性全部得到。相比之下,我的课堂作业是开发一个程序,给它一大批输入项,到此为止!程序无法要求我们输入更多的项,当然,只要它们"脑子还算正常",也绝不会故意忽略我们免费提供给它们的任意一项。所以整个任务其实忽略了时间维度,而那对智能来说相当重要。

"数学之神"的小错误

如果我们思考一下前述序列清单的最后一条（欧拉常数 e 简单连分数展开式的连续分母），一切就会变得更加清楚。这个故事有些复杂，但我觉得很值得一讲，特别是，它里面包含了某种数学之美。以下是该序列的开头几项：

$$e = 2+\cfrac{1}{1+\cfrac{1}{2+\cfrac{1}{1+\cfrac{1}{1+\cfrac{1}{4+\cfrac{1}{1+\cfrac{1}{1+\cfrac{1}{6+\cfrac{1}{1+\cdots}}}}}}}}}$$

莱昂哈德·欧拉（Leonhard Euler）著名的无理常数 e（其值约为 2.71828182845904523536…）可以表示为所谓的简单连分数（任何其他实数也可以）。大体做法是把一个数字——称之为 x——分解成整数部分（在 e 的情况下为 2）和小数部分（本例中为 0.718…）。我们先写下整数部分，称之为 i，然后把小数部分（根据定义小于 1）表示为 $1/y$，其中 y 必然大于 1。用符号表示就是：

$$x = i + 1/y$$

当 $x=e$ 时，y 大概为 1.3922…

现在，你要对 y 重复刚才对 x 做过的事——将其分解为整数部分和小数部分。写下整数部分（称之为 j），并将小数部分重新表征为 $1/z$，以此类推。（对上面的例子来说，显然 $j=1$，其小数部分表示为 $1/z$ 时为

1/2.5496...）用符号表示：

$$y = j + 1/z$$

将其代入上一个等式得：

$$x = i + \cfrac{1}{j + \cfrac{1}{z}}$$

现在，可以预见，你又要对 z 做你方才对 y 做的事，如此重复下去。如果你从任何有理数开始，这个过程最终会终止，但是对于 e 这样的无理数，它会永远持续下去，生成目标数的简单连分数。

用符号表示整个过程的自然方法是构造一个具有无限层级的分数，它永远沿对角线向右下方延伸。上述方案将所有分子都构造为 1，而分母则依序取一路上所有中间阶段的整数部分（$i, j, k, l, m, \ldots$）。因此，该分母的无穷序列唯一地表征了作为其起点的那个实数。

实数的连分数展开式是一种比十进制展开式更为基本的表现形式，因为分母的值不依赖于任何基数（例如 10，它是十进制展开的基数）。因此，研究重要的数学常数（如 π、$\sqrt{2}$、e，等等）的连分数具有重要的数学意义。结果表明，π 的简单连分数完全混乱无序，$\sqrt{2}$ 的简单连分数则是纯周期性的，而 e 的展开则具有某种非常优雅的模式——既非混乱，亦非周期。其分母序列如下：

2, 1, 2, 1, 1, 4, 1, 1, 6, 1, 1, 8, 1, 1, 10, 1, 1, 12, 1, 1, 14, ...

在列出大概 12 个项之后（比如说，当我们列出了"8"），模式就变得很明确了：它能表达为一个模板"[1 1 2n]"，其中 n 取 2, 3, 4, 5, ...之所以我们要花这么长的时间识别这个模式，是因为它在开头处有一个小"瑕疵"。出于某种原因，"数学之神"似乎犯了一个小错误，因为他创造这个序列时没把首项弄成"1"，就像这样：

概念与类比
模拟人类思维基本机制的灵动计算架构

1, 1, 2, 1, 1, 4, 1, 1, 6, 1, 1, 8, 1, 1, 10, 1, 1, 12, 1, 1, 14, …

果真如此的话,模板"[1 1 2*n*]"从一开始就完美地适用于这个序列了!对此我们只能稍有僭越地套用一句老话:数学之神行事神秘。[①]

"数学之神"的救赎

这个小"瑕疵"从我第一次看到 *e* 的连分数展开式时起,就一直困扰着我,因为它在其他方面表达得如此完美。显然,同样的问题也困扰着我的朋友比尔·高斯珀(Bill Gosper),他是一名超级黑客(在这里,"黑客"这个词还是它最初的意思,也就是"见解深刻的计算机专家")、一位对连分数有独到洞见的数学家,同时对"数学之神"的智慧坚信不疑(对他的访谈记录见 Albers, Alexanderson, & Reid, 1990)。在这种奇怪的反常现象刺激下,高斯珀在脑海中不断摆弄 *e* 的连分数,终于有一天,他想出了一种新的写法,并充满热情地与我分享。他的新点子是这样的:

$$e = 1 + \cfrac{1}{0 + \cfrac{1}{1 + \cfrac{1}{1 + \cfrac{1}{2 + \cfrac{1}{1 + \cfrac{1}{1 + \cfrac{1}{4 + \cfrac{1}{1 + \cfrac{1}{1 + \cfrac{1}{6 + \cdots}}}}}}}}}}$$

新表达式除了开头处以外,与旧的表达式完全相同。需要特别注意,它好像含有一个"0"作为分母。但我们知道,今天在一个普通分数中分母是不允许为零的,而且,构造简单的连分数的算法也不会产生零分母,

---

[①] 本句借鉴爱因斯坦的名言:"上帝行事神秘,却无恶意。"——译者注

所以这个"0"乍看起来就更令人震惊莫名了。但这其实没什么问题：这个表达式中没有隐含的"除以0"，看上去作为分母的"0"后面其实还跟着一个非零的量，所以在该层级上除法操作是完全有效的。

关于这一新表达式的合法性问题就不用多说了——但它有什么好处呢？好吧，说实话，我一开始也没看出什么好处。将各分母项展开得到的序列是这样的：

1, 0, 1, 1, 2, 1, 1, 4, 1, 1, 6, 1, 1, 8, 1, 1, 10, 1, 1, 12, 1, 1, 14, ...

在我眼中，这个序列的开头部分还是有瑕疵，虽说这儿的瑕疵和之前的不太一样（是"1, 0"而不是"2, 1, 2"），但它们都破坏了"[1 1 2n]"这一模板的完美。高斯珀怎么会想出这么个表达式？没错，它的瑕疵部分是要稍短一点，但仍然是一个瑕疵。

然后我注意到，如果我们将模板切换为"[2n 1 1]"，并认为 n 在序列中始于 0，那"瑕疵"就会进一步缩短为仅含一个数字，也就是打头的"1"了！这挺好，但还是有瑕疵！

但很快我脑子里什么东西又做了一个内克尔立方式的翻转，彻底颠覆了我的知觉。突然之间，模板的边界又改变了。现在它成了"[1 2n 1]"，而且从序列的一开始就得到了应用：n 始于 0！瑕疵完全被抹去了！此外，新模板具有某种高度对称的美感，这是之前两个模板都缺乏的一种特质。高斯珀对序列的重新解读证明（我确信他的本意就是如此），"数学之神"并没有犯任何错误。对此爱因斯坦或许会说："Raffiniert ist der Zahlengott, aber boshaft ist er nicht."（"数学之神行事神秘，却无恶意。"）

美学驱动的知觉

上面的故事听起来或许冗长而荒谬，但它的主旨是明确的。高斯珀

概念与类比
模拟人类思维基本机制的灵动计算架构

与我分享 e 连分数展开式的新变化之际，正是我深入思考序列外推建模之时。它正好凸显了某些思维过程的重要性，而我最初认为序列外推是一个理想的研究领域，正是因为它包含这些思维过程。根据高斯珀的工作，我们从古典数学的核心推出了一个美丽的模式，但它有一个细小的瑕疵。尽管这个瑕疵很不起眼，但从一个具有强烈审美意识的特定个体的角度来看，它已足够扰人神思，因而鼓励我们重新探索该模式的起源。美学意识，而非广博的领域知识，在这一过程中发挥了核心作用。

我对自己觉知高斯珀新序列的方式也感到好奇。最初，我从中知觉到的序列是：

$$1 - 0 - (1\ 1\ 2) - (1\ 1\ 4) - (1\ 1\ 6) - (1\ 1\ 8) - \ldots$$

在包裹的边界变动后，序列的结构成了：

$$1 - (0\ 1\ 1) - (2\ 1\ 1) - (4\ 1\ 1) - (6\ 1\ 1) - \ldots$$

但出于某种当时我还不知道的原因，将序列的结构调整如下对我来说就比较难了：

$$(1\ 0\ 1) - (1\ 2\ 1) - (1\ 4\ 1) - (1\ 6\ 1) - (1\ 8\ 1) - \ldots$$

然而现在，我想自己已经多少明白过来了一些：答案部分在于"惯性"——毕竟，多年来我一直以"[1 1 2n]"为模板对 e 的"旧版"连分数展开式进行觉知——出于某种默认的美学偏好，我强烈地抵制将连在一起的两个"1"分开！在我看来，两个一模一样的数字会"想要"待在一起，因此若非面临极大的外部压力，我就很难摆脱这种默认的看待事物的方式。

所有这一切都让我想起了多年前探索"三角形数—四边形数序列"规律时一系列微妙的知觉转换。这两个例子中包含的洞见似乎与花哨的搜索技术和各类强大的算子扯不上关系；相反，它们只反映了在美学压力下对结构的感知和再感知。特别是，我们理解模式的能力似乎取决于诸如简单性、一致性、对称性、平衡性和雅致性等普遍存在的，同时公认难以捉摸的本质，而非其他更为复杂的无关因素（通常联系于知识）。

雅致性与一致性对样本序列的揭示

如今回顾我最初认定为"终极序列外推程序"理想目标的所有混乱序列，我可以很清楚地看到，在领域相关的专业知识与领域独立的雅致性和一致性之间，存在某种张力。为了说明这一点，我将以曾经在班上使用过的一个基于数学的序列为例，它解起来并不费劲，但也具有相当的复杂性，足以说明我的观点：

1, 4, 27, 256, 3125, 46656, 823543, 16777216, …

假设你有一定的数学头脑，但决不是一个数学狂热分子或计算天才，你会用什么方法来提取其中的模式？我将在下面画出一条我认为可行的路线（如图1-1所示）。不过，这条路线的具体细节并不重要，我想强调的是狭隘的数学知识和更具通用性的、基于美学的模式敏感度之间的交互作用。我们解码给定序列时采用的任意途径都将反映这种类型的交互作用。对此我们需要一个具体的例子来加以说明，这就开始。

一开始，右边三个非常大的数字看上去极具威胁，因此，它们可能会在很大程度上被忽视，除非它们暗示了某些能够产生特定大数的算术运算。因此，我们最好限制一下自己的分析范围，试想当自己只看到初始片段"1, 4, 27, 256, 3125"时会怎么做。另一种思考方法是，假设一开始我们就只有前五个项可用，以后的项需要付出努力进行计算，或花费金钱、时间等才能获取，因此可以暂且不管，直到我们需要它们。

前两项不太惹人关注，因为整数1和4是非常常见的，缺乏某种突出的、显著的特性。第四和第五项亦然，因为整数256和3125是不常见和不熟悉的（至少对我们所假设的正在做序列外推的人来说）。但27极

概念与类比
模拟人类思维基本机制的灵动计算架构

有可能跳出来抓住我们的眼球,因为整数 27 有且只有一个突出的属性即:它是 3 的立方。因此,以上描述将被"别"到 27 这一项之上。当然,我们不能保证这一描述与我们的目的相关——它完全可能只会混淆视听——但它至少给了我们某种暗示,作为思考的出发点。该局部性暗示的副作用是引发更大规模的主题性暗示,诱导我们将数字描述为幂(或许是立方,或许不是,但归根结底都是幂)。顺便说一句,这与先前的直觉相符,也就是说,序列涉及某些能够产生大数的高次幂运算。

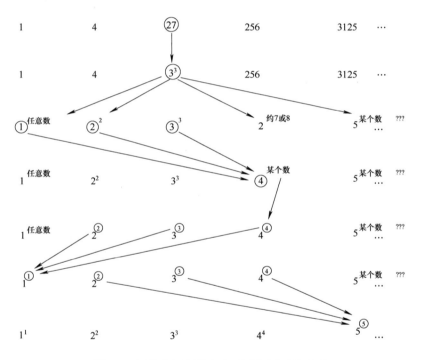

图 1-1 思维在解码数字序列时的历时性流动

有了这个关于幂的想法,又有了序列中的各项,尽管此时一些地方还不太清晰,但我们已经能较为顺利地向前进行了。因此,既然 1 的任意次方都等于 1,我们该怎么描述 1 呢?又如,我们该如何描述 256?当我们在"幂"的框架下审视 256 这个数字,一些模糊的记忆会浮出水面:256 应该能描述为 2 的某个高次幂,或许也是 16 的平方。(这些东西在人们心中总是很模糊的，但算术事实当然是客观事实，只要有这个需要，就可以加以计算。）我们可能会暂时把256简单地想成"2的七次幂或八次幂"。那么3125呢？既然这个数的最后两位是"25"，它看上去就很有可能是5的某次幂，但究竟是几次，谁晓得呢？幸运的是，至少有一件事是明白无疑的——4在此可描述为"2的平方"。

有了上面这一系列试探性的描述，一些倾向——上述描述涉及的模式碎片——就开始出现了。然而，一个令人不安的事实十分明显，我们有1的某次幂，然后是2的某次幂，然后是3的某次幂，然后又是2的某次幂。（趋势逆转了！）幸运的是，任何一个精通数学的人都知道，2的2n次幂就是4的n次幂。于是指令发出："检查256是否4的某次幂！"快速的计算给出了肯定的回答：它确实是4的四次幂。所以这个新的描述被"别"到了"256"这一项之上，取代了先前的描述（"2的某次幂"）。

这会儿，从给定的描述中浮现了另一个趋势——也就是说，该序列连续三项（$2^2, 3^3, 4^4$）都表现出指数与底数相同这一特点。这强烈而清晰地暗示我们将首项1描述为1^1，而不是1^0、1^2或其他指数幂形式。出于同样的理由（指数与底数相同），关于3125我们也开始询问："你有没有可能会是5^5？"快速的计算又一次肯定了我们的直觉，该序列外推至此就盖棺定论了。

数字理解力与模式敏感度

在这个过程中，我们会发现有两种不同类型的活动相互交替。其中一种可称作"数字理解力"，它包含：

- 识别特定的数字，因其在记忆中具有某些显著特征（比如说，27是3的立方）；
- 对数字的特征进行合理猜测（比如说，3125可能是5的某次幂，

概念与类比
模拟人类思维基本机制的灵动计算架构

因其末位是"5"——特别是,它的后两位还是"25");
- 熟悉不同数字特征间的关系(比如说,4 的任意次幂都是 2 的某次幂);
- 能够进行复杂的计算(比如说,计算出 5^5 的值);

凡此种种。

而另一种可称作"模式敏感度",它包含:

- 关注相等性(比如说,底数与指数相等);
- 关注简单关系(比如说,这个数字是那个数字的后继);
- 关注类比(比如说,这个小模式片段看上去和那一个有点像);
- 获得一致性(比如说,我们可以调整一下这个模式片段,这样它看上去和那一个就更像了);
- 构建抽象物(比如说,这个共享的模式片段可总结为一个模板);
- 调整边界(比如说,应该以这种方式,而非那种方式对各项进行分组);
- 追求优美(比如说,我们应该调整一下这个模式片段,因为这样它看上去更平衡些);

及其他许许多多。

很明显,上面两列清单彼此极为不同。其中一个完全是关于领域性知识的,另一个则与这类知识完全无关;一个看上去很狭隘,相对来说也不复杂,另一个十分宽泛,而且充满了神秘。

我们可以采用另一种角度来审视上面的例子,将序列中的每个数字都看作一个"包裹",而任务则是找到包裹间存在的某种模式。特别是,用包裹来表示序列的最初几项,我们得到:

(1 ?) (2 2) (3 3) (2 ?) (5? ?)...

三个独立的问号表明对应该位置的数字尚未确定,附在"5"后面的问号则表示我们不知道 5 本身在这里是不是有效的。"模式敏感度"会让我们在一些包裹之间发现十分简单，但又极为诱人的联系，让我们渴望在条件允许的情况下对某些包裹进行调整——既然这些包裹本身并非直接给出的，而是衍生自我们对序列各项的知觉或解释，它们在一定的压力下就确实是可塑的。然而，关于究竟能够如何调整它们，我们只能求助于自己的"数字理解力"了。因此，当"模式敏感度"询问包裹"(2 ?)"是否可变为"(4 ?)"，"数字理解力"将加以检验，并回答"是"。同样的，当随后"模式敏感度"询问"(5? ?)"是否可变为"(5 5)"，"数字理解力"将再次加以检验，并回答"是"。

以上描述让序列外推听上去很像在用一堆小包裹玩模式游戏，其中小包裹的成分是很小的整数，而要表达小包裹间的关系，我们也仅仅需要一些简单的数学概念，如相等性（equality）、后继性（successorship）、前驱性（predecessorship）等。这种有关序列外推任务本质的见解在我的脑海中逐渐成型，最终，它彻底颠覆了我原先设想的整个研究计划。

一段滑稽的插曲

这会儿，我想为读者们介绍一道极为古怪的序列外推谜题，是我几十年前从一位朋友那儿听来的，而他又是从他的一位朋友那儿听来的……总之，我觉得这既能让我们放松一下，又能引出一些严肃的见解。最初设计这道题的是何方神圣对我而言一直是个谜，或许借由本书的出版，我们倒有望追根溯源呢。

和所有的序列外推任务一样，我们要求出某个序列的下一个数字，现有的几项分别是：

$$0, 1, 2, ...$$

有了我前面的铺垫，你肯定会意识到事情没有看上去这么一目了然。

概念与类比
模拟人类思维基本机制的灵动计算架构

但这个序列看上去真的只能引向那个数字啊！于是你会问下一个数是什么。"好吧，"我会说，"下一项是 720 的阶乘。"

"720 的阶乘？！"我能想象你跳了起来。"是的，"我回答道，"720 的阶乘。""但这怎么可能呢？"你问。——要不怎么说这是道"谜题"呢。换言之，我现在可以这么问你："以下序列的下一项是什么？"

$$0, 1, 2, 720!, \ldots$$

一些对数字足够敏感的人会马上发现，720 本身就是某个数（也就是 6）的阶乘！（据我所知，这是 720 这个数字唯一比较重要的识别特征，尽管它当然也有无数没那么重要的特点，比如说它是 3^6 与 3^2 之差。）所以，这个序列可以写成：

$$0, 1, 2, 6!!, \ldots$$

双感叹号表示连续做两次阶乘。

请注意，以上操作是在尝试将一个硕大无朋的原子化实体（其含有 1747 位数）简化为一个仅包含很小的整数的小包裹。据此，我们重写这个序列：

$$0 \ 1 \ 2 \ (6\ !!) \ \ldots$$

这一步其实不算啥，但它可能给出了一个更大的主旨性暗示——我们可以将序列中的其他数字也变成包裹：

$$(0\ ?) \quad (1\ ?) \quad (2\ ?) \quad (6\ !!) \ \ldots$$

当然啦，上面问号和感叹号表示的意思完全不同。

"模式敏感度"智能体（agent）会让我们首先胡乱猜测一番：或许可以模仿最右边的包裹，将所有的问号都用双感叹号来代替？

$$(0\ !!) \quad (1\ !!) \quad (2\ !!) \quad (6\ !!) \ \ldots$$

我们要动用自身的"数字理解力"来加以检验。首先,这一步看上去很理想,因为 1 的阶乘是 1(因此 1 的阶乘的阶乘也是 1),而且 2 的阶乘的阶乘是 2。但是,依循惯例或根据任何理性逻辑,0 的阶乘都是 1,因此 0 的阶乘的阶乘也是 1。真讨厌!我们的假设一开始明明大有希望,就因为最后一点儿技术细节上的问题,不得不放弃掉了。就像那则著名的禅宗公案:水牯牛过窗棂,头角四蹄全过,唯独尾巴过不得。

虽说如此,我们还是获得了一些很重要的想法。1 和 2 等于它们自身的阶乘,我们的直觉是这一事实与最终的解题路径高度相关,但又无法确定到底哪儿相关。如果不取 0 的阶乘呢?情况会不会好些?

(0)　(1 !!)　(2 !!)　(6 !!) ...

现在,各项的值都对得上了,但序列的模式却不再雅致。另一方面,其实它原本也谈不上多雅致,因为"6"无法得到解释。"这个'6'要是个'3'该多好!"——"模式敏感度"智能体会这么想。"数字理解力"智能体马上反应过来:"对了!6 就是 3 的阶乘,我早就该想到这个的!"(之所以它直到这会儿才反应过来,是因为 6 和 720 不一样,这个整数太小、太常见了,而且除了作为某个数的阶乘外,它还具有其他许多有趣的特征。事实上,6 的一些别的特征比它的"阶乘属性"要显著得多,因此会掩盖它是某个数的阶乘这一事实。)因此,我们的序列变成了这样:

(0)　(1 !!)　(2 !!)　(3! !!) ...

显然,最右侧包裹中的三个感叹号其实可以连在一起:

(0)　(1 !!)　(2 !!)　(3 !!!) ...

还是不太好看:在这个序列里,各包裹中阶乘符号的数量又不一样了。一个包裹里没有感叹号,两个包裹里分别有两个,最右侧的包裹里则有三个……

"模式敏感度"智能体突然回过神:"瞧,按从右到左的顺序,我们

概念与类比
模拟人类思维基本机制的灵动计算架构

先是有 3 个感叹号，然后是 2 个，然后又是 2 个。几乎就是 3-2-1 的顺序嘛。为啥不干脆把第二个包裹中的 2 个感叹号换成 1 个？"于是序列变成了：

(0)　(1 !)　(2 !!)　(3 !!!) ...

各项的值还是对得上，而且这个序列变得相当雅致了。但还存在一个异常情况，让人感到不安：最左边的包裹不符合我们刚才提炼的模式，也就是说，其他三个包裹都含有感叹号，而它没有。我们会不会又遇到了一个以瑕疵开头的序列呢？但是，如果这个序列开始时真的有一个瑕疵，发明者干嘛不直接去掉它？没有人会故意设计本身有问题的问题。（这与追求优美简直是背道而驰！）除非——在这里显然极可怀疑——他想开一个古老的玩笑，最终否定自己的前提（"草都没了，牛还在这里干嘛？"）

突然间，我们产生了最后的顿悟："含有 0 的包裹"包含 0 个感叹号——数量和数字刚好对得上！于是乎，序列背后一个完美无瑕的逻辑浮出了水面：对 0 做 0 次阶乘运算（因此结果还是 0，而非像对 0 做 1 次阶乘运算后得 1）、对 1 做 1 次、对 2 做 2 次、对 3 做 3 次！这样一来，下一个元素是什么已经显而易见了。

正如我开始时所说，这道谜题有一个地方很古怪。它让我们外推序列"0, 1, 2"。我们现在知道命题者心中的答案不是"3"，而是"720 的阶乘"，我们甚至知道如何去为这一诡异的答案进行辩护。但换一个角度来看，当我们说需要为这个答案进行辩护时，已经隐含了从"0, 1, 2"外推将必然得到"0, 1, 2, 3"这一预设——换言之，这道谜题隐含地预设（tacitly assumes）了一个答案，和自己试图坚持的答案不同！因此，作为原题标准答案的"720 的阶乘"以一种极有意思的方式挖了自己的墙脚！这让我们不由得想起了前文中"三角形数—四边形数序列"的周期性假设是如何自我否定的。（顺带说一句，你可以把玩笑开得更过火一些，比如说设定标准答案既不为"3",也不为"720 的阶乘",而是"720 的阶乘"后面再跟着"720 的阶乘"个感叹号!这样一来,当你为这个答案进行辩护时,就隐含地预设了同一道题另外两个不同的答案!)

分割与统一:模式敏感度缠结的两面

刚才的话题既有轻松的一面,也有严肃的一面。轻松的一面就不多说了,严肃的一面则与早先对序列外推任务的界定有关。我们已经知道序列外推任务涉及"数字理解力"智能体和"模式敏感度"智能体的交互,如果将上述分析的两个序列中各项看作包裹而非数字的话,它们其实在本质上是一样的:其模板的形式都为[n n],只不过对其中一个序列来说,该模板中的第二个元素表示连乘因子的数目,而对另一个序列来说其表示阶乘运算的次数罢了。

在某种意义上,上面讨论的两个序列都是这样的:

1 1 2 2 3 3 4 4 ...

(或许我们应该为其中第二个序列在前面加上一对 0?不过这是小事)这个"包裹序列"的样子平平无奇,它也确实没啥特别的——数字明摆着往下顺,如此而已。然而,两个原始序列都含有大整数(如 3125 和 720),必须将它们以某种数学运算的方式分解开来,才能得到上述由小整数构成的包裹。这种分解可谈不上轻而易举,它需要大量的数学知识。另一方面,每一个包裹中都有位置预定的"槽",一个大整数被分解后,其"组件"会被插入对应包裹内相应的"槽"中,因此包裹本身不存在模糊性——哪个组件属于哪个包裹是不可能混淆的。

相比之下,在上面那个没有被括号分组的小整数序列中,包裹不是明摆着的。因此,必须去发现它们(如果你乐意的话,也可以创造它们)。也就是说,我们必须将上面的非结构化数字序列转化为合乎逻辑的包裹

概念与类比
模拟人类思维基本机制的灵动计算架构

序列，就像这样：

(1 1)　(2 2)　(3 3)　(4 4) ...

并不是说对某个给定的小整数序列，必然有唯一"正确"的"打包方式"。举个例子，我们可以用另一种方式将上述整数序列转化为一串包裹，而且同样合乎逻辑：

1 (1 2) (2 3) (3 4) (4 5) ...

该方案有个缺点：序列起始处有瑕疵，但只是个小问题。这些小包裹表征了一连串的接续跳跃，就像鲑鱼在返回出生地产卵的途中跳上一阶阶鱼梯。这种结构解析更严重的问题是美学意义上的——也就是说，人们往往更倾向于选择基于相同性而非后继性创建包裹。

但不管怎么说，以上方案都是符合逻辑的，我们来看一个这方面的反例：

1　((1 2) 2)　(3 3)　(4 4 5)

不管是在某个包裹之内，还是在包裹与包裹之间都找不到明显的逻辑。因此，和前两套方案不同，我没有在此方案后面续上"点-点-点"的符号——前两套方案无疑都能外推（即提炼为模板），而这套"包裹大杂烩"则不能。

由此可见，基于无断点、非结构化的小整数序列创建符合逻辑的一连串包裹，并能理解其内在联系，绝非轻而易举。事实上，在寻找"三角形数—四边形数序列"（其衍生序列只由 1 和 2 构成）背后的规则，及试图理解比尔·高斯珀为什么要以那种方式重写 e 的连分数展开式时，我所做的也是同一回事。

在高斯珀序列的例子中，关键在于意识到我在创建包裹时其实可以违反默认的边界（符合我本能美学偏好的边界），如此便将得到一个无瑕疵的模式。因此，这涉及所谓的分割（segmentation），也就是确定包裹的边界应该在哪儿。

在"三角形数—四边形数序列"的例子中,关键不仅在发现包裹的边界(尽管这也有些棘手),更在于意识到包裹中项的数目能构成一个衍生序列,与原序列一模一样!这涉及所谓的统一(unification),也就是确定包裹间存在的关系。

分割与统一并不是彼此完全独立的,事实上,它们从来都缠结在一起,以至于有时候很难区分开来。但至少在概念上,它们是相辅相成的。它们构成了序列外推任务的一个方面,即纯粹的模式敏感度的关键,且彼此紧密相联。我们将很快回来继续探讨这一话题。

Seek-Whence 壁垒森严的微观世界

这些思考让我逐渐远离原先无比迷恋的"数学知识密集型"任务。我觉得自己终于开始触及序列外推的核心——这是一块只属于"纯粹智能"的领地。

我花了一些时间来确定自己现在感兴趣的任务应该具有怎样的局限性。比如说,我知道幂运算涉及许多专业方法,而这恰恰是我希望尽力避免的。同时,我也不想为程序预置大量关于(比如说)斐波那契数列或阶乘的知识。但尽管如此,在我看来,如果一个序列的定义仅涉及最基本的四则运算(即加、减、乘、除),程序就要能够应付。但我很快发现,即便是这些最基本的运算,一经组合,就能轻而易举地创建极其复杂的序列,其解码必须仰仗强大的数字理解力。

意识到这些后,我的第一个想法是直接放弃基本四则运算中的乘法和除法。但随后我惊讶地发现,即使只使用加法和减法,也能创建大量序列,足以让我现在热衷于的那一类程序(它们不仰仗知识,只基于模式敏感度运行)完全无法识别。(在仅用加法创建数学复杂性方面,斐波

概念与类比
模拟人类思维基本机制的灵动计算架构

那契数列是一个很好的例子，但我们不用怎么想象，就能设计出比它复杂得多的序列。）因此，带着一丝遗憾和一点宽慰，我一并放弃了该领域最后残留的一点儿数学知识——加法和减法，转向了一个新的方向。

但这样一来，我们还剩下什么呢？我是不是做得太过了？好吧，我们有整数本身，它始于0（没有了"减法"的概念，负数也被彻底取消了），还有相等和直接毗邻（含前驱性和后继性）的概念。（没有这些，数字本身就将失去作为数字的一切痕迹了！）此外（在某种程度上），我们还能根据共同特征对数字进行聚类，并懂得将包裹聚类为更大的包裹——换言之，我们有多层知觉架构的观念。最后，我们还能使用数字来计数——比如说，对一个包裹中有多少个数字、一个大包裹中有多少个小包裹，甚至对一个包裹中有多少层级进行计数。

经过简化，序列外推任务在形象上更为精炼，甚至显得壁垒森严。有时候我会想，自己是不是真的走得太远了。但后来我开始关注另一个丰富的灵感来源，那就是音乐中的模式——特别是那些可视同为序列的连贯旋律。

回见，数学……你好，音乐！

我弹了许多年的钢琴，也谱了不少小曲，对调性音乐旋律的基本成分十分熟悉。虽说我自己的音乐微领域还未包含多少构成真正深沉旋律的无法形容的特质，它仍能涵盖旋律创作内核的一些重要部分。如果我们将连贯旋律的基本特征视同为序列，就会发现其中包含"音阶"（既有上升音阶，也有下降音阶）、类似于小组音符的音丛（以及音丛的音丛，等等）、完整的小节，以及由小节构成的乐句，此外还有简单或复杂的节奏，甚至包括大略的对位（两个或多个"声部"间的相互作用，其中不同声部的音符轮流而非同时发声）。因此，告别数学领域后，我们进入了模式化色彩同样鲜明的音乐世界。

我可没说接下来要为真正的音乐理解力编程——那将更加令人生畏。从各种意义上来说，音乐世界都和数学领域一样"知识密集"（即使不至于较后者更甚），哪怕我想要模拟真正的音乐理解力的一小部分，都有可能会陷入另一个专家系统的泥潭。我对此心知肚明。因此，正如在上述精简领域中我所喜爱的不少序列都有其数学源头一样，对乐曲中的旋律，我也将集中关注其模式。

一个常见的音乐现象是，某个特定的音高——比如说中央 C——会在一段特定旋律中相当邻近的位置出现几次，但在这些不同的位置，它会扮演不同的功能角色。某处，它听上去化解了紧张感；下一处，它听上去又营造了紧张感；再下一处，它只是两个音符间的过渡，诸如此类。有时，一小段旋律甚至只是单个音符的重复，其中某几个音符听起来是一种感觉，某几个听起来又是另一种感觉，这就构成了一种幽默感或"双关"，即同一个调子承载了两种不同的意思。通常这种旋律是较长的多音调（"复调"）乐段的一部分，其中两个有效的"声部"（都属同一段乐曲）轮流出现，并且因其具备不同类型的模式，各声部可作为单独实体分别加以聆听。然而，不同声部可能不时彼此交叉，或以某种其他方式在同一音符处终结。因此，如果脱离其"上下文"单独摘录某个乐段，听者就可能一时无法将其中不同的声部分辨出来。

没有例子，上面的描述听起来就不是很清楚。我想表达的意思其实是这样：在下面的旋律片段中，一个声部是一长串重复的 E，另一个声部则是一个缓慢上升的音阶，每个音符演奏两次：A，然后是 A，然后是 B，然后是 B，以此类推。显然，这两个声部很快会"撞在一起"。以下是该片段未经解释时的"原始"表征：

EAEAEBEBECECEDEDEEEEFEF

"碰撞区"位于该片段临近结尾处，是一堆不加区分的 E。如果将其

概念与类比
模拟人类思维基本机制的灵动计算架构

从"上下文"中摘出来，听者是不可能分辨得出哪个 E 属于哪个声部的。然而，我们可以用一个小技巧来区分两个声部：将其中一个用大写字母，另一个用小写字母来表示（你可以理解成两个声部分别在不同的乐器上演奏），这样一来就清楚多了：

EaEaEbEbEcEcEdEdEeEeEfEf

然后，如果我们通过在两个不同的层次结构上构造"音符包裹"，将该片段分割成自然的组块，就可以更清楚地表征听众直观听到的内容：

Ea–Ea　Eb–Eb　Ec–Ec　Ed–Ed　Ee–Ee　Ef–Ef

我们可以进一步推进这种分层式的建构，因为该片段的"上下文"可能已经告诉我们，每一对这样的组块都构成一个单元：

(Ea–Ea　Eb–Eb)　(Ec–Ec　Ed–Ed)　(Ee–Ee　Ef–Ef) ...

这样一来，听众可以认为整个片段就是一个单一结构，并据此建立明确的期望：后续将听到数量大体一致的音符。当他们真的听到预期中的音符后，心智就会自动依循上述表征对其套用现有模式，模式一旦偏离，就将在其直观中引发有趣的张力。

尽管像这样的例子在大多数音乐作品中似乎既不常见也不典型，但事实并非如此。本例中故意玩弄歧义的把戏可能比许多真实的作品更为明目张胆，但歧义和情境依赖在音乐中确实普遍存在，而且是音乐传达意义的核心手段。因此，在我看来，为人们对包含两可元素的模式的实时知觉过程进行建模——正确地知觉这些元素离不开周围情境的辅助——对我们理解人类的艺术和美学认知具有十分重要的意义。

Seek-Whence 项目的主题曲

以上想法于 1977 年初步产生，到 1978 年下半年基本确定下来，我认为这标志着 Seek-Whence 项目真正宣告开始。几乎与此同时，我迎来了两名新研究生——格雷·科罗斯曼和玛莎·梅雷迪斯。最终，两人都在我的指导下完成了博士学业，格雷在神经网络方向上做出了原创性贡献，玛莎则负责 Seek-Whence 项目，或至少可以说，她推动该项目首次从构想化为了现实。在音乐的深刻启迪，及纯粹线性模式的优美和复杂性的不断感召下，我们开始从事一项令人兴奋的任务，那就是在森严的新领域中构想有趣的数字序列。我们的许多序列试图模拟复调、歧义、局部元素的情境关联意义及其他相关现象。后面将给出几个例子。

最终，在对 Seek-Whence 领域的半系统化探索中，出现了该项目的"主题曲"——这是一个对即将成型的 Seek-Whence 程序来说极具挑战性的目标序列（该程序架构与对应领域同步演化）。这个序列结合了上一节提到的音乐片段和前文中 e 的连分数展开式的一些特点，但我们不想把它设计得太复杂——它只要具备足够的难度，让我们能够提出最核心的问题即可。以下是它的前 16 个项：

2, 1, 2, 2, 2, 2, 2, 3, 2, 2, 4, 2, 2, 5, 2, 2, ...

这个序列不会被一股脑儿地"喂"给程序，而是逐项输入，这会让外推任务的难度大得多。显然，最棘手的部分是如何处理开头附近的一堆"2"。随着一个个"2"接连不断地跳出来，我们感到愈发强烈的紧张和不适（记住，你这会儿还不知道很快会出现"3"和"4"）。一看到"3"，似乎就有些希望了；然后，"4"的出现又让事情变得更明白了些。有了这两条线索，我们就不难发现方才看似一模一样的各个"2"之间有何不同了。

2, *1*, 2, 2, *2*, 2, 2, *3*, 2, 2, *4*, 2, 2, *5*, 2, 2, ...

对序列的这种表征意味着一种原始的复调类型：一个声部重复地奏出"2"（确切地说，是"2 2"），与其交替的另一声部则奏出不断上升的音阶。

发现这个结构后，我们的工作就几乎完成了。接下来是对各项打包，并基于包裹创建模板。与 e 的连分数展开式一样，一开始，我们会倾向于让那些看上去十分诱人的"2 2"组块保持完整。但这将导致似曾相识的初始瑕疵——但愿你还没有忘记我一开始是怎么看高斯珀重写的连分数展开式的。唯一的补救方法是系统化地改变边界，在每一对彼此相邻的 2 中间划线，割裂乍看上去最自然的组块，并产生以下结果：

(2 1 2)　(2 2 2)　(2 3 2)　(2 4 2)　(2 5 2) …

违背初衷、割裂自然组块的行为得到了补偿：我们得到了一个对称的模板[2 n 2]，它看上去极为雅致，同时，序列初始位置原先令人疑惑的五个连续的"2"也得到了完美的解释。

研究宗旨间的鸿沟

我必须指出，讽刺的是，哪怕我们只喂给程序前 10 个甚至是前 8 个项，使用最具公式化色彩的序列外推算法，只需一组标准算子，遵循毫无特色的广度优先搜索策略，就能立即解码这个序列。程序只需要（根据某个标准算子）把序列整洁地拆分为三个彼此交错的子序列，就会发现每个子序列都是小儿科。大功告成！但是，这一了不起的成就在人类知觉、模式识别、理论形成、理论修正和美学等方面能教给我们些什么呢？没有——什么都没有。

这不仅仅是一种讽刺，也是一个重要的观点，因为它揭示了表面上看似同属一个领域的不同研究项目间巨大的鸿沟。一些人是结果导向的，他们会从标准技术出发，甚至根本不去质疑它，然后建立一个宏大的系统，解决许多复杂的问题，给很多人留下深刻的印象。另一些人对关于智力和创造力本质的更为抽象的问题感兴趣，他们将花费大量的时间来探索这些现象，并试图以最大的保真度为其本质建模。他们的研究成果可能不那么受人赏识,因为它们可能远没有那么浮华。例如,今天无比强大的棋类程序不会教给我们任何关于通用智能的知识,甚至没法教给我们关于人类棋手智能的知识!

等等,我应该收回刚才那句话。在计算机上运行的棋类程序确实教给了我们一些关于人类棋手的知识——它揭示了人类棋手不会怎样下棋!对于绝大多数人工智能程序而言,同样的观点也是适用的。

Seek-Whence 处理的典型序列

下面我们从 Seek-Whence 的任务域中摘取一个小样,其中一些序列显然是相当复杂的,这说明即使乍看上去平平无奇的领域也可能具有出人意料的丰富性。

2, 2, 2, 3, 3, 2, 2, 2, 3, 3, 2, 2, 2, 3, 3, ...
("双重黑米奥拉节奏":2 的三重奏与 3 的二重奏彼此交替)

1, 0, 0, 1, 1, 1, 0, 0, 0, 0, 1, 1, 1, 1, 1, ...
(n 个复本的 1 或 0 彼此交替)

1, 0, 0, 1, 5, 1, 0, 0, 0, 5, 1, 1, 1, 1, 5, 0, 0, 0, 0, 5, 0, 1, 1, 1, 5, 1, 1, 1, ...
(和上面的序列一模一样,只是将每个第五项替换为 5)

1, 2, 0, 2, 0, 2, 1, 3, 1, 3, 1, 2, 0, 2, 0, 2, 0, 3, 0, 3, 1, 2, 1, 2, 1, 2, 1, 3, 1, 3, ...
(第一、二个序列的彼此交错)

1, 2, 2, 3, 3, 4, 4, 5, 5, 6, 6, 7, 7, 8, ...
(模板是[n n+1]。也可以认为模板是更好看的[n n],但这样第一个项"1"就成了一个瑕疵)

1, 1, 2, 1, 2, 3, 1, 2, 3, 4, 1, 2, 3, 4, 5, 1, 2, 3, 4, 5, 6, ...
(模板是[1 2 ... n–1 n],类似于长度为 n 的上升音阶)

概念与类比
模拟人类思维基本机制的灵动计算架构

2, 1, 3, 1, 2, 4, 1, 2, 3, 5, 1, 2, 3, 4, 6, 1, 2, 3, 4, 5, 7, ...
（模板是[1 2 ... n–2 n]，其中 n 始于2——类似于逐渐加长的上升音阶，其中倒数第二个音符每次都会被略去）

1, 2, 1, 3, 2, 1, 4, 3, 2, 1, 5, 4, 3, 2, 1, 6, 5, 4, 3, 2, 1, ...
（模板为[n n–1 ... 2 1]，类似于长度为 n 的下降音阶）

3, 2, 1, 0, 1, 2, 3, 2, 1, 0, 1, 2, 3, 2, 1, 0, 1, 2, 3, ...
（"锯齿序列"——一个简单的周期性序列，模板是[3 2 1 0 1 2]）

0, 0, 0, 1, 1, 2, 4, 5, 5, 6, 6, 6, 7, 7, 8, 10, 11, 11, 12, 12, 12, 13, 13, 14, 16, 17, 17, ...
（"锯齿台地"——一个不断上升的音阶，每一个音高都由重复的音符构成，其重复次数取决于"锯齿序列"中各对应项的值。有些音高——3、9 和 15 等——不见了，那是因为它们在"锯齿序列"中的对应项等于零）

1, 1, 2, 1, 1, 2, 3, 2, 1, 1, 2, 3, 4, 3, 2, 1, ...
（"山脉"，模板为[1 2 ... n ... 2 1]——换言之，其中每一座山都从 1 升到 n，然后呈对称状再降到1）

1, 1, 2, 3, 1, 2, 2, 3, 1, 2, 3, 3, 1, 1, 2, 3, 1, 2, 2, 3, ...
（"行进倍增器"，对模板[1 2 3]进行了改动，向其中加入了一个"倍增器"并使其在模板内部从左到右循环位移，每移动一位都会创建一个新的包裹）

1, 1, 2, 3, 1, 2, 2, 3, 1, 2, 3, 3, 1, 1, 2, 3, 1, 2, 2, 3, ...
（"反弹倍增器"，很像上一个序列，只是倍增器会在[1 2 3]这个"笼子"里来回反弹）

1, 2, 2, 3, 3, 1, 1, 2, 3, 3, 1, 1, 2, 2, 3, 1, 2, 2, 3, 3, 1, 1, 2, 3, 3, 1, 1, 2, 2, 3, ...
（"行进减半器"，对"行进倍增器"的一种"图形/背景转换"，

模板为[1 1 2 2 3 3]，由成对数字构成，与"倍增器"相反，在其中循环位移的操作会使特定数对减半）

(1-22-33 1-22-3 1-2-33)　　(11-2-3 11-2-33 1-2-33)　　(11-2-3 1-22-3 11-22-3)...

（"倍增器/减半器拼盘"，通过直接标示序列内在结构，我们几乎要把其中的模式直接给您端上桌了：它虽说极为雅致，但确实比较复杂，难以清楚地描述出来。请读者尝试自行总结一下）

将以上序列外推任务清单与先前给出的清单进行对比将是极具启发性的——你会发现二者的差别简直天上地下。如果你自己编制过一些符合 Seek-Whence 程序领域性要求的序列，就会开始逐渐熟悉它们微妙的"艺术形式"，并对此形成自己的"品味"——或许可以说，它们就好比序列外推任务中的俳句或盆栽。

如何真实地表征规则：一个深刻的问题

表征这些序列背后的规则绝非易事。在以上清单中，许多序列都具有动态增长的特点，或含有某些"可移动的部件"，我们使用过的许多简单而直观的模板对此无能为力。以"反弹倍增器"为例，在严格的形式意义上，这个序列没什么特别的——它只是在一味重复以下模板：

[1 1 2 3 1 2 2 3 1 2 3 3 1 2 2 3]

但我们这么看待它，就未免太机械、太缺乏生气了！这个序列认知上的有趣和深刻之处在于以上片段的内部结构——"倍增器"在长度为三个单元的"笼子"里来回反弹。如果一个序列理论忽略了这个结构，它就失去了这个序列的全部要义！

另一个例子是"双重黑米奥拉节奏"，这也是一个周期性的序列，事

概念与类比
模拟人类思维基本机制的灵动计算架构

实上，它的周期更短，因此看起来更加稀松平常。但在心理学意义上，这个序列极为微妙，因为它包含两个对象，一个对应"数字"，一个对应"数量"。然后，二者又反过来互换了角色！如果一个标记系统不能反映这种角色互换，它就没有实现我们的目标。

要想概括一个序列——即将其视作一个主题，并可围绕该主题创作变奏——就必须清晰地认识到它要表达些什么。我的意思是，对于一个序列，我们必须理解什么东西居于核心（因此在任何变奏中都必须保持不变），以及什么东西是次要的（因此是"可滑动的"）。而且，由于我们可以从无数种不同的角度创作变奏，相应地就需要从无数种不同的角度看清该序列的"可滑动性"（slippability，对这一观点的深入探讨见 Hofstadter, 1985，第 12 章）。例如，在人类观察者看来，"反弹倍增器"是"行进倍增器"一个非常简单的变奏，"行进减半器"亦然。但是，一个对"行进倍增器"简单直接的表征不会就其在这些维度上的可变性给我们丝毫提示！

我花了许多年的时间，思考如何表征序列背后的规则。简单直接地使用程序来表征序列的做法是绝不可行的，因为在我看来，即使一个程序能够生成相应的模式，它与我们为表征该模式而在头脑中建构的东西也绝无相似之处。随着时间的推移，这种直觉愈发清晰起来。比如说，我越是仔细地思考人们如何基于特定主题创作变奏，就越是深刻地意识到计算机程序是多么欠缺柔性：某些对人类来说极为自然的变奏对能够生成相应模式的程序而言却是非常不自然的。只要你编制过计算机程序，那么只消想想该如何改动一个原本只能生成"行进倍增器"的程序，让它能够生成其上述几类"姊妹序列"，就能立刻明白我想表达什么意思。一个生成"行进倍增器"的程序中并没有什么指向"图形"或"背景"等概念，而"图形/背景转换"对人类而言却是无比优美而自然的变奏创作法！此外，程序代码中并没有哪一行会标明"我很重要哦，不许碰我"或"我是可滑动的，随便篡改我吧"。所以，既然一个观点可能对应无数个视角，我们又该如何表征这个观点的"核心"或"不可触碰的本质"？

第 1 章 序列溯源

久而久之，我逐渐开发出一些将模板"流体化"的方法，即允许模板带有可移动的，或可在其他部件控制下变化的部件。要忠实地再现那些我认为符合现实的心理过程是极其困难的。幸运的是，这种努力最终让我能够给予大脑中真实发生的事件以最大的尊重，哪怕这些事件只对应着看上去极为简单的任务（比如将某个同类序列大声背诵出来）。我当然不会夸口说借助 Seek-Whence 项目，自己已充分掌握了人类表征的流动性，但经年累月的努力确实带领我深入探索了地图尚未标明的区域。

在本章中，我不会过多地深入探讨 Seek-Whence 程序的符号体系，尽管它确实非常有趣，且在玛莎·梅雷迪斯开创性的程序编制工作中发挥了重大作用。玛莎在有关 Seek-Whence 的作品中对这套符号体系的许多方面进行了详细的论述（Meredith, 1986, 1991），对此有兴趣的读者可自行参阅。

山脉序列

现在，我们将更加仔细地观察这类序列的知觉和外推过程。事无巨细当然无甚必要，只需描绘重点即可。我们将选用一个十分类似于（上述列表中）"山脉"的序列加以详察，构成这个新"山脉"的无数个山头中典型的一个长这样："1, 2, 3, 4, 5, 4, 4, 3, 2, 1"，可简写作"1234544321"（见图 1-2）。

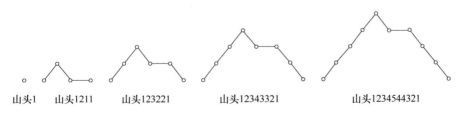

山头1　　山头1211　　山头123221　　山头12343321　　山头1234544321

图 1-2　"山脉序列"示意图

（注意，在接下来的讨论中，我会继续使用上一段中序列的简写方法，即省略项与项之间的逗号和空格。严格地说，这会产生歧义，因为我们将无法区分"11, 2, 3"和"1, 1, 23"这样含有多位数项的片段。但是我们将忽略这个问题，因为接下来的几段只会讨论这个序列最开始的一小部分，该部分只含有一位数项，因此不会导致混淆。）

上面展示的"山头"有些不对称，其"下坡面"近"峰顶"处有一块"出露面"。构成"山脉序列"的所有"山头"都有同样的特点，它们破坏了这些"山头"的对称性。在"1234544321"前边，是小一些的"12343321"，再往前是更小的"123221"。在"123221"前边呢？我们知道那"山头"的"峰顶"一定是 2，然后，要构造"出露面"，比"峰顶"小 1 的那个数字要重复两次，因此我们得到了"1211"——这个"山头"有些"风化"了，但它背后的推理过程还是很清楚的。再往前，"山头"的"风化"就更厉害些："峰顶"只能取 1，而 1 在这个序列中相当于"海平面"，因此，这个山头没有"下坡面"，没有需要重复的数字，没有"出露面"，也没有非对称性。这样一来，第一个"山头"就成了一个小小的瑕疵，毕竟它缺乏"山脉"中其他"山头"所具有的显著特点。所以，我们可以将"山脉序列"依其自然子结构进行分解：

1　1211　123221　12343321　1234544321　123456554321 …

我们甚至可以如图 1-2 那样将其绘制出来，并赋予这些"山头"花哨的名字，灵感就来自举世闻名的"K-2"，即喀喇昆仑山脉的乔戈里峰。

一旦以这种视觉化、图形化的方式呈现出来，该序列就显得极为简单且富有逻辑——甚至有些平淡无奇了。但在我们做序列外推时，看到的序列长这样：

1, 1, 2, 1, 1, 2, 3, 2, 2, 1, 1, 2, 3, 4, 3, 3, 2, 1, 1, 2, 3, 4, 5, 4, 4, 3, 2, 1, 1, 2, 3, …

这里的模式藏得要深得多。假使一开始只给出序列的前 12 项，我们

第 1 章　序列溯源

就更难摸着头脑了：

$$1, 1, 2, 1, 1, 1, 2, 3, 2, 2, 1, 1, \ldots$$

这一小行数字会让我们形成一个起起伏伏的模糊印象，但要提炼出模式，还需克服大量可能产生的歧义和混淆。

建立秩序之岛

要在知觉中组织前 12 项，我们首先需要定位"秩序之岛"，也就是那些看上去"有道理"的片段。换句话说，这些片段有其"内部逻辑"。下面以一些结构作为例子：

- 台地（plateaus）——如"44""111"等，"等同胶水"将这些数字黏连在一起；
- 上坡（up-runs）——如"12""456"等，"后继胶水"将这些数字黏连在一起；
- 下坡（down-runs）——如"21""654"等，"前驱胶水"将这些数字黏连在一起；
- 回文（palindromes）——如"5885""71617"等，其构成项具有镜像对称性。

因此，以下"秩序之岛"可能会在我们眼中凸显出来：

11	2	111	232	2	11 …
台地		台地	回文		台地…

或者像这样：

1	121	11	232	21	1 …
	回文	台地	回文	下坡	…

概念与类比
模拟人类思维基本机制的灵动计算架构

又或者像这样：

11	21	11	23	22	11 ...
台地	下坡	台地	上坡	台地	台地...

对这个序列的前 12 项，我们有很多种方法来建立"秩序之岛"，上面只举了其中三个作为例子——它们碰巧都有些误导性，因为每一种方法下都有一个或几个"秩序之岛"将属于不同"山头"的部分黏连在一起了。这样一来，"秩序之岛"就很难揭示，或根本无法揭示序列背后的规则。但这怎么可能预先知道呢？对秩序的检索必须从某个地方开始，在序列外推任务中，我们似乎别无选择，只能从给定序列的局部区域着手进行。

那么，针对局部区域建立"秩序之岛"的最好策略是什么呢？将不同项黏连为"台地"或"坡地"的"知觉胶水"让不同类型的"岛"在我们的眼中（或指真实的双眼，或指想象中较之肉眼更为敏锐的针对抽象模式的"内部之眼"）具有不同水平的鲜明性。显然，"台地"的凸显程度是最高的，因为等同性是一个相当基本的感知事实。接下来是"坡地"。而"回文"要更微妙些，因为识别"回文"需要注意长距离的关系——"回文"越长，所涉及的跳跃就越大（例如，要将"2743472"视为"回文"，必须跨越五个中间项）。我们可以花费大量时间，研究对人类主体而言不同类型的"岛"分别具备多大程度的知觉吸引力，但这就有些只见树木不见森林的意思了（这里用了一个混合隐喻）。我们只消接受上述直观明显的定性事实即可。

编制一个严格反映这种自然倾向的程序似乎很合理：它总能先识别出"台地"，然后是"坡地"，最后是"回文"。然而，这种基于决定论的检索策略将是非常刻板和低效的——它让人联想到依赖蛮力的深度优先搜索。更糟糕的是，它对几乎所有的序列外推任务都将是致命的。比如说，我们可以回顾一下 Seek-Whence 项目的"主题曲"：

第 1 章 序列溯源

2, 1, 2, 2, 2, 2, 2, 3, 2, 2, 4, 2, 2, 5, 2, 2, …

如果一个策略总是先建立"台地",那么以上序列就会让它掉进陷阱,建立一个知觉上最为直接、最为诱人的"岛"——"22222",然后在这一建构的基础上进行下一步。但在这种情况下,这个"岛"是一个幻觉、一个诱饵——它作为一个知觉对象,尽管在某种意义上极为真实,却与序列的本质毫无关系。事实上,如何避免掉入这种诱人的知觉陷阱,或至少如何避免深陷泥潭,在编程上构成了极为现实的挑战,也成为了我对上述序列产生强烈兴趣的主要原因。

我们希望找到在整个序列中不断回响的那类结构,它们的间隔最好还是有规律的。因此,让不同类型的"岛"在序列各处独立地"冒头",然后看看是否存在某种相关性,这样的做法显然更合理些。各处的"岛"相关性越强,我们就越相信自己的路子是对的。因此,为了高效地产生思想的火花,我们希望建立多种类型而非同质化的"岛"。但另一方面,如果"岛"的类型过多,随机的、不相关的"秩序之岛"就会在序列中扎堆涌现,我们也就不可能再发现什么模式了——毕竟根据定义,模式涉及一致性。因此,我们需要寻求某种平衡,既不使用过分混乱的策略(即鼓励不同类型的"岛"完全随机地"冒头"),又不拘泥于太过死板的方法(即总是先尝试一种类型,再尝试另一种类型,以此类推)。

这种微妙的平衡可以借助有概率偏向的并行处理(parallel processing with probabilistic biases)实现。具体做法是:让不同种类的"知觉胶水"并行地在序列不同区域"冒泡",且"等同胶水"优先级较高,"后继胶水"和"前驱胶水"次之,以此类推。优先级的差异表现为一种倾向性(tendency),但并未固定为规则(rule)。这些胶水将在局部区域产生建立特定类型"秩序之岛"的微小压力。("回文"结构并非由局部性的"胶水"黏合的,因此将以一种相关但更为复杂的方式处理。)这样,系统就对自然的知觉偏向保持了充分的尊重,但又不致受其奴役,而且不同的观点——也可称之为"直觉"——能够彼此独立地产生,并在序列的各个区域同时得到探索。

以下做一些微妙的补充。"岛"并非"胶水"的直接产物，后者只是一条线索或一个暗示，建议我们在某个区域建立某种类型的"岛"。较之任意类型的一小点"胶水"，"岛"的规模更大，也更具全局性，它们对应知觉的下一个阶段，其建成代表我们对与实际模式相关的特定理论产生了某种程度的信奉。然而，一个完全建成的"岛"（如刚才提到的虽诱人但有欺骗性的"22222"）也可以在压力下为更大的利益被牺牲，或者说被摧毁掉。如此一来，其组成成分被释放出来，并得到知觉的重新解释，与那些（有望）更符合全局性秩序的"岛"融合在一起。但是，全局性秩序是如何从微妙的局部线索中产生的？它们是如何向局部区域施加压力，使其顺从的？这是我们的下一个话题。

多层知觉的并行并进

随着"胶水"和"秩序之岛"的不断显现，系统还可以进行第二阶的探索——也就是说，通过提炼存在于不同"岛"之间的规律，构造内含多个层级的包裹，并最终生成一系列模板。然而，这一层知觉的难度要大得多，因为"秩序之岛"是比纯粹数字复杂得多的实体。（我这么说没有任何对数字不敬的意思，相反，我对数字怀有无限的爱和尊重，只是在当前探讨的领域中，数字只是纯粹的形式，被剥夺了几乎所有特征。但事实上，就其数学意义而言，数字可以具有无限制的复杂性。）

即使是对孤立之"岛"的知觉，也暗藏许多微妙之处。比如说，岛"1111111"在人类观察者眼中显然不仅仅是一个"台地"——它还是个由"1"构成的"台地"，且长度为7（尽管这一点未必会被意识到）。与之类似，"23456"在人们眼中不仅仅是一个"上坡"，它还是一个始于"2"止于"6"的"上坡"。此外，人们还可能会注意到它的长度为5，居中的元素为"4"（虽说意识到这一点的可能性已经很小了），甚至其倒数第二个元素为"5"。总而言之，对"秩序之岛"这种小小的结构，我们可以用一个名称及一个或多个参数加以表示，并为这些参数分配不同的兴趣水平，以反映它们被知觉的不同概率。

因此，在抽象的第二层级进行搜索涉及相互交织的两类活动：知觉每个"岛"本身，及知觉不同"岛"之间的关系。某个类别中任意必要的活动都会对另一类别产生影响。比如说，如果某个"岛"的中心元素恰好被关注到了，该事件将增强关注其他"岛"的中心元素的可能性。一旦两个或三个中心元素在观察者眼中凸显出来，那么接下来很自然地就是寻找它们之间的等同、后继或前驱关系。如果真的发现了一个后继关系，这又将反过来增强关注特定"岛"的中心元素，以及普遍意义上的后继关系的倾向。如此循环往复进行。

关键在于，我们要意识到于二阶抽象层级彼此缠结的行为同时也与一阶抽象层级的知觉行为缠结在一起——不同层级的知觉并非某个串行过程彼此分离的不同环节。诸如"胶水"的"涂抹"、"秩序之岛"的建立和标示、"岛"与"岛"之间的类比……多种类型的事件同时进行并相互影响。要形象地描绘这一热闹场面，我们就得想象一大群简单的智能体，其中每个都只搜索自己管辖的一亩三分地，寻找诱人的等同性或其他类型的联系，且对其他智能体一无所知。如果这些描述让你想到了一个蚁群的工作状态，你就正确地抓住了我脑袋里的画面：蚁群整体意义上的行为只是在所有个体微不足道的工作基础上涌现出来的现象，仅此而已。

我们可以在不同的"岛"之间建立许多不同类型的联系，比如说，我们可以想象两个不同的"上坡"初始项都是"4"，也可以想象几个由"0"构成的"台地"，或几个长度为 3 的"回文"。另一种高阶规律是两种不同类型的"秩序之岛"，或不同"秩序之岛"特定参数的稳定震荡（如前述列表中居首的"双重黑米奥拉节奏"，其由"222"和"33"构成）。

以下序列外推任务会让我们的论述更具体些，人类观察者仅凭该序列前四个局部性的"秩序之岛"就能清晰地知觉到其中的模式了：

11 34 22 567...

不论我们是否愿意，"岛"与"岛"间的联系都会在眼中自动凸显出来——而且这些联系绝不是随意的。隐喻地说，不同的"岛"在不同程度上彼此"吸引"。比如说，"11"和"22"这两个"岛"之间明显有着强烈的、天然的"亲和力"（affinity），而"11"和"567"之间则几乎没有或根本没有。两个"岛"之间的关系有多密切取决于许多特征，其中最明显的是：它们在序列中彼此接近、属于同一类型，且共享某些参数。两个"岛"之间的这种关系越是密切，它们就越有可能被明确地联系起来。

类比的关键作用

在头脑中把两个不同的"岛"（如上述序列中的"11"和"22"）联系起来的行为是类比（analogy）的一个非常简单的实例。这种形式的类比都是对特定探索路径可能价值的主观猜测，且不可避免地会产生许多后果。例如，如果一个人在脑海中让这两个"岛"配对了，此举也会强烈地敦促他尝试将"34"和"567"两个"岛"配对。在"11"和"22"之间进行类比的另一个后果是，它会让人们形成一种期望，即在序列中其他区域也将发现由其他项构成的、长度为 2 的"台地"。当然，仅仅看到"11"或"22"，我们也可能产生这种认识上的飞跃，但这两个"岛"之间的类比确实有力地证明了我们的猜测。毕竟，"11"单拎出来完全可以被解释为由 $n+1$ 个 n 构成的"台地"（$n=1$），而"22"单拎出来则完全可以被解释为一个由 n 个 n 构成的"台地"（$n=2$）。无论是基于单个的结构还是结构间的类比，这种简单的"变量化"（variabilizations）操作（即对如何用变量替换常量做出合理猜测）都是模式识别过程的关键成分。

不同类比的显著性水平（salience，即明显程度）存在差异，强度（degree of strength）也彼此有别。比如说，"34"与"567"间的类比就不似"11"和"22"那般显著，但只要我们知觉到前两个"岛"之间的联系，就能在它们间建立起强度很高的类比。"11"和"34"间的类比强度可能更低些，它们的联系仅在于二者长度均为 2（以及在序列中彼此相邻）。当然，如果我们并未关注"岛"的长度特征，这种类比就永远不会登上台面。

上述微类比基于"岛"间的一系列"亲和力"，其强度可表示为后者的函数。对此我们可以用一种简单的方式建模：将每种"亲和力"的强度用一个数值表示，并借助某个过程，使用这些作为组件的"亲和力"的强度值计算特定微类比的强度。尽管这种计算富有趣味且极具挑战性，但这里并不打算过多论述其细节，只需指出它们对理解特定序列的装配方式极为关键即可。

因此，除使用"知觉胶水"将相邻数字黏连在一起，以提示可能存在"秩序之岛"外，系统应同时跨越各"岛"搭建一个高层类比联结的复杂网络。不同类型的"知觉胶水"强度彼此有异，同理，网络中类比联结的强度也各不相同。我们当然可以合理地推测，"岛"间类比的强度越高，它对未来知觉过程的影响程度就越大。

上述对知觉过程的"影响"究竟意味着什么？唯一合理的想法是，它意味着系统更有可能形成与当前认识相似的，而非不同的知觉结构，也就是说指导规律检索的概率偏向会在现有发现的基础上被修正。因此，如果系统最初对（比如说）"回文"的兴趣水平很低，但随后碰巧发现了一两个"回文"构造，则其对继续搜索"回文"的兴趣程度便将陡然激增。此外，如果系统发现了两个"回文"，其长度（比如说）均为 6，它就会产生一种偏向性，后续将特别努力地寻找其他同样长度的，或长度接近的"回文"。显然，如果系统从一开始就产生了这种偏向性，会对其识别模式产生非常不利的影响，毕竟充斥着由六个项构成的"回文"组

概念与类比
模拟人类思维基本机制的灵动计算架构

件的序列确实太过稀缺了。

可见，我们所描绘的知觉始于纯粹自下而上的加工，同时自上而下的影响越来越多地渗透进来。所谓"自下而上"的加工，指的是局部水平的、缺乏情境相关期望的知觉过程，而"自上而下"的加工则致力于引入在序列中发现的概念和模式，并扩展其应用范围（对系统而言，在序列中发现概念和模式这一事实，意味着这些概念和模式与序列的内在规律相关）。"自下而上"因此与"数据驱动"相对应，而"自上而下"则是"理论驱动"的同义语。

明确了以上这些，一个水到渠成的结论就是：做类比的能力居于模式知觉和序列外推的核心。这简直太明显了！结合我先前的主张（智能的核心是模式发现），我们的想法就更直白了：智能的核心在于类比。然而，这个想法虽极其简单，却在认知科学领域鲜有阐述，更不消说得到什么细致的探讨了。主流观点认为，类比只是我们在复杂的问题解决过程中偶尔调用的孤立的"专用工具"，绝大多数专业人士对这一思维过程"更为深奥的成分"和"奢侈的附加装置"敬而远之。可以毫不夸张地说，本书收录的所有研究都是在一些精心设计的微领域中考察上述想法。

"山脉序列"的外推：大功告成！

现在，我们可以返回之前提出的"不平衡山脉序列"，讨论如何领悟该序列的结构了。如果只利用序列最初的 12 个项，提取隐含规则虽说不是完全不可能，但也会十分困难：

1, 1, 2, 1, 1, 1, 2, 3, 2, 2, 1, 1, ...

所以，我们可以再"喂给"程序几个项，让事情变得简单些：

1, 1, 2, 1, 1, 1, 2, 3, 2, 2, 1, 1, 2, 3, 4, 3...

第 1 章　序列溯源

这里边"4"是一个富有魅力的新来者,它很快吸引了我们的关注。其与左边的几项构成了一个非常显著的"上坡"——"1234",它与更早出现的上坡"123"相呼应(我们姑且假设它也被关注到了)。这两个"上坡"间的微类比揭示它们都始于"1",注意到了这一点,我们就会产生强烈愿望回过头去,在更靠近序列初始位置寻找类似的项(也就是说,在恰当的位置寻找相关的"上坡")。可以像下面这样用符号表示我们的发现:

1 1 2 1 1 (*1 2 3*) 2 2 1 (*1 2 3 4*) 3 ...

很明显,最符合我们预期的"上坡"会是"(1 2)",要是能在"(1 2 3)"左方找到一个这样的"岛"就好了!回到原序列,还真是要啥有啥:

1 (*1 2*) 1 1 (*1 2 3*) 2 2 1 (*1 2 3 4*) 3 ...

这个发现着实鼓舞人心!

独立运行的自下而上的规则检索可能在差不多同时发现两个长度均为 2 的"台地"——"(1 1)"和"(2 2)",它们强化了彼此可能具备的正当性:

1 (*1 2*) (*1 1*) (1 2 3) (*2 2*) 1 (1 2 3 4) 3...

两个"台地"间显然具有某种密切联系,这提示我们将它们联系起来,一个新的微类比很快浮出水面,其主张在一系列长度为 2 的"台地"间存在接续关系。这个微类比产生了一种自上而下的压力,促使系统在序列的其他区域寻找更多这类"台地"。如果这个微类比足够细致,它甚至能提示系统具体往哪儿搜索——紧挨着"上坡"的右侧。相反,如果这个微类比产生得太快,没那么细致的话,它产生的压力只会促使系统在序列的任意区域寻找这类"台地"。

我们能看出来,不管系统往哪儿搜寻,它都注定找不到什么东西。有针对性地搜索"上坡"的右侧是没法如愿的,因为预期中的台地"(3 3)"

概念与类比
模拟人类思维基本机制的灵动计算架构

中后一项尚未给出；在序列的任意区域搜索也将徒劳无功，因为所有的项都已被"占用"，即被不同的"秩序之岛"所包含了。要得到更多长度为 2 的"台地"，唯一的选择只能是拆分掉一个或更多个"岛"。若非走投无路，这样做是不推荐的，而现在远未到走投无路的境地。毕竟，我们才刚刚开始搜索，而且看上去这条路子运气还不错！所以，我们只需承认，基于现有的项，已经无法发现更多的"台地"了，需要的只是"喂给"系统更多的项：

1 (1 2) (1 1) (1 2 3) (2 2) 1 (1 2 3 4) (*3 3*) 2 1 (*1 2 3 4 5*) ...

棒极了！目前假设的两个规则都得到了强化：我们发现了一个新的长度为 2 的"台地"，同时得到了一个新的始于 1 的"上坡"。更妙的是，它们都出现在预期的位置！此外还有一点与先前模式相符：截至当下，各"上坡"的"巅峰海拔"平稳上升，各"台地"的构成项大小也具有相似的趋势。因此，一个假设性的，但仍不完整的模板就产生了：

[[1 2...n] [n-1 n-1] ???]

问号代表在该区域发生了什么我们尚不确定。这种不确定性自然会吸引我们重点关注相应区域，正如下面粗体标识的那样：

1 ((1 2) (1 1) ***0***) ((1 2 3) (2 2) ***(1)***) ((1 2 3 4) (3 3) ***2 1***) ((1 2 3 4 5) ...

在第一个包裹中，占据问号位置的是"无效"（可以这么说），这可能让人有些不安，但也未必。毕竟，在系列的初始位置，我们就得预期到某种程度的简并，这里撞见的或许就是一例。我们往下看。在第二个包裹中，占据问号位置的是一个数字"1"；在第三个包裹中，是一个数对"2 1"。如果现在调用类比装置的话（此时类比基于一种理论，也就是说，我们是在以一种自上而下的方式类比），就会发现以上三处粗体标识位置很好地符合"止于 1 的'下坡'"这一抽象理念，且"下坡"的长度等同于其左侧相邻"台地"构成项的前一个数。（就连"无效"也符合这一抽象理念——毕竟，我们可以将其视作一个长度为 0 的"下坡"。）因此，我们可以构建如下完整模板：

$$[[1 ...n]\ [n\text{-}1\ n\text{-}1]\ [n\text{-}2 ...1]]$$

我们"喂给"程序的序列各后继项将一次又一次地证实这个理论，因此"溯源"任务大概圆满完成了。乌拉！

最后的抛光

其实不然。还有最后一处有待解释，那就是序列的首项！这个项几乎要被遗忘了，但它现在转过头来缠住了我们。上面构建的模板显示，序列应该始于一个这样的包裹："((1) (0 0))"，这当然对不上号。（你或许还会纳闷儿：模板的第三部分——那个"下坡"——跑哪儿去啦？但稍微想想就知道，它的存在会破坏一致性，因为包含了一个按规定不能做的减法——也就是 1-2。因此，它便"噗"的一声消失掉了。）

所以（由上述模板表示的）理论指出，序列应始于"１００"，这显然有问题。啊！太痛苦啦！难道我们必须因此抛弃整个理论吗？如果一个起始处的小瑕疵就能说服我们这么做，也太荒唐了吧。然而，如果我们硬生生地将一个理论分成丑陋的两半（也就是说，规定 $n=1$ 时模板为"1"，n 为其他任何数时保持原先的大号模板），事情同样说不过去。

难道我们就不能将理论修补一下吗？嗯，我们可以试试重新构建模板，将原先构成"台地"的两个重复项"n-1"拆分开来，把其中一个合并到紧随其后的"下坡"中去：

$$[[1...n]\ n\text{-}1\ [n\text{-}1 ... 1]]$$

在所有非简并的情况下（即当 n 大于 1 时），修正后的模板和原先的模板都能产生一样的东西，但当 $n=1$ 时则不然。此时修正后的模板将产生包裹"((1) 0)"。（模板的第三个部分再次消失了，但这次是出于不同的

概念与类比
模拟人类思维基本机制的灵动计算架构

原因,也就是说,一个始于 0 终于 1 的"下坡"在概念上是不存在的。)这样看来,我们确实取得了一些进展,但尚未得到一个完美无瑕的理论。还能再进一步吗?

我们能。但这需要我们敢于扩展"下坡"模板的含义。因此,考虑一下,假如我们将两个"$n–1$"都合并到"下坡"中去,会得到什么:

[[1 ... n] [[$n–1$ $n–1$] $n–2$ ... 1]]

我敢打包票你能明白上述符号的含义,但我也敢打包票你是一个人类,不是一台机器。"下坡"应该表现为数字与数字间的,而非结构与结构间的关系。因此,迄今为止没有任何迹象表明一个"下坡"的首项可以是一个数对。一个系统唯有掌握高度流畅的概念,才能优雅地处理这类非正式到近乎草率的符号扩展。

在 n 大于 1 的任何情况下,这个模板生成的东西都和前两个模板完全一样。但在 $n=1$ 时事情开始不一样了:"上坡"部分成为了"1",而"下坡"部分自我消灭了(道理和前面说过的一样,你不能从 0"往下走"得到 1),这样,模板就只剩下了一个孤零零的"1",而这正是我们想要的!瑕疵终于被抹平了,这一次我们真的大功告成了!瞧瞧,为了让一个已经基本正确的理论能够解释序列初始位置一个小小的例外,修正工作是多么的艰辛!我们甚至可以认为它是整个外推中最为微妙的部分。

即使这会儿,我们也有进一步改进的空间。一个抛光得更加精美的模板将呈现出山脉"基本对称"的特点,就像这样:

[1 2 ... $n–1$ n **$n–1$** ... 2 1]

以上近乎对称的符号表达意在传达这样一个过程:首先,你会在内心中构建一个完全对称的模板,其表示山脉序列的各"山头"均由 1 上升至 n,又下降回到 1。然后,你会回过头去,通过将"露出面"位置的"$n–1$"标记为黑体,后验地改变原先模板的对称性。此举意在表明将该项替换为其自身的两个副本，尽管实际操作并没有在上述符号表达中明示出来。这大概与人类设想该序列结构的方法较为接近。

我们甚至还能再进一步！怎么会呢？这是因为在上述符号表达式中还缺少某些非常显著的东西，那就是对模板对称性（或接近对称性）的明确认识。当然，我们确实能看出表达式是对称的，但该表达式中并没有什么明说了这一点——更没有什么告诉你这种对称性是很关键的。所有这一切都表明，即使仅需刻画人类心智理解最简单的线性模式的方法，也是一个难以想象的艰难过程。

解码较短和较长的讯息

前几节已经细致梳理了"山脉"序列的外推过程，现在让我们后退一步，考虑一下当最初"喂给"程序长短不同的序列时会产生何种影响。比如说，假设我们一开始就"喂给"程序一大串项，类似于：

1, 1, 2, 1, 1, 1, 2, 3, 2, 2, 1, 1, 2, 3, 4, 3, 3, 2, 1, 1, 2, 3, 4, 5, 4, 4, 3, 2, 1, 1, 2, 3

在这种情况下，即使草草一瞥，我们也能觉察交替出现的"顶峰"和"山谷"。"山谷"看上去就像一系列"１１"，同时各"山头"的体积和海拔高度都在不断增长。作为"顶峰"的3、4和5特别抓人眼球，我们会很快对它们产生兴趣，将其作为关注的焦点，围绕它们快速建立知觉结构，就像雨滴以尘埃微粒为内核，或郊区在城市周边扩展一样。

"1234544321"作为一个不太对称的"山头"，会自然而然、几乎毫不费力地映入我们的眼帘。唯一的麻烦是这个"山头"的左右边缘，因为我们尚不太清楚各"山头"及与其相邻的"山头"分别始于何处。然而，只要"12343321"和"1234544321"之间实现了"停火"，针对边缘区域各个"1"的任何"领地之争"都将很快得到裁决：当且仅当我们将"谷底"（即"１１"）从中间拆分开来后，各"山头"才能成为强大而合乎

概念与类比
模拟人类思维基本机制的灵动计算架构

逻辑的实体。

这一解决方案可以很容易地朝向序列的初始区域传播，于是"123221"不费多大工夫就会浮现出来。尝到甜头后，甚至"1211"和"1"也不难找了。简而言之，如果我们有了一个很长的初始序列，就有可能从右侧区域开始，赋予知觉活动强大的动力，并一路向左进行分析，问题便随之迎刃而解了。这样一来，我们就能完全规避左侧区域的简并和瑕疵，从而最大限度地降低任务的挑战性。

但要是我们在某处截断"喂给"程序的初始序列呢？比如说：

1, 1, 2, 1, 1, 1, 2, 3, 2, 2, 1, 1, 2, 3, 4, 3, 3

现在，即使初始序列仍包含许多信息，问题也变得更复杂了。"顶峰"和"山谷"还是会浮现出来，但在我们心目中，作为"山谷"的"11"和"111"很容易与作为"台地"（"出露面"）的"22"和"33"并置在一起，而这个诱人的方向最终将被证明是错误的。即使我们没有被序列中的"台地"牵着鼻子走，而是足够明智地追随另一种直觉，即优先关注"山头"的整体轮廓，但由于最大的"山头"没有完整地给出，我们无法依靠它形成一个"典型山头"的类比"模子"，并用它去"套"其他的"山头"。当然，我们还可以在更靠近序列初始位置的区域识别出两个更小的、边界更为模糊的"山头"，只需将"秩序之岛"从两个"山头"的"顶峰"，即"3"与"2"出发，并行地向左右方延展开来即可。如此，三个"山头"结构（最右侧的一个还不完整）可能会同时向外生长，最终彼此接壤，并在"山谷"互相"推搡"起来。如果付出一些努力，我们就有可能从这个较小的样本中提取出一套完整的模式。个中细节不再赘述，我们只需说明这对任何试图再现知觉与洞察力的模型都将是一个更为严格的测试就足够了。

那假如一开始只给出序列的前12项？

1, 1, 2, 1, 1, 1, 2, 3, 2, 2, 1, 1

第 1 章　序列溯源

真是一片混乱！要是某种智能可以用这些项提炼出隐藏的模式，值得给它颁一枚大奖章！

试试将初始序列再截短一点儿：

$$1, 1, 2, 1, 1, 1, 2, 3$$

好吧，我们只能在一堆尝试性的理论中打转儿，对每个都半信半疑，甚至无法确定哪个走对了路子，更别说哪个正确了！

基于初始序列猜测完整模式，和预测一个孩子成年后会变成怎样差不多是同一回事。这孩子是刚满月、蹒跚学步、五岁、十二岁还是已经念了高中？不同情况下的预测显然大有不同。从刚满月的娃娃身上除了性别看不出什么来；一两岁的幼儿提供了相对丰富的线索，但他们整体上依然微妙而模棱两可；至于一个十二岁的少年，由于人格的各方面已基本理清，我们也能够看得比较透彻了。与此类似，如果初始序列很短，有很多模棱两可之处，此时提取模式的挑战是巨大的；而一个足够长的初始序列知觉起来会更加清晰，外推任务的难度也就降低了。（当然，任务其实还是非常复杂的，只是对人类而言，它看上去不那么有挑战性了。）

在任何情况下，以上过程的核心都是类比，但这是一种较为特殊的类比，因为执行者对同一性，也就是说，对作为类比物的不同结构的边界并不十分确定。这高度还原了现实中的类比：真实的生活状况很少是定义清晰的，无数情况与事实通常界限不明，因此类比活动的一个重要作用就是决定何时何地可视为某种状况的结束和其他状况的开始。尽管如此，大多数人工智能类比模型都会将不同情况预先打包，成为紧凑的、边界一目了然的"小捆事实"。不消说，这种做法极不现实。

数学家对明显模式的深层矛盾心理

Seek-Whence 程序并不针对日常任务，它只在某个人造的微领域内针

概念与类比
模拟人类思维基本机制的灵动计算架构

对一系列人为调配的模式运行。在这里，我们不是要发现什么永恒的真相或证明什么普遍的定理，决定我们采取何种方案的仅仅是品味——一种与现实后果不相关联的抽象意义上的品味。但即便在这类人造微领域中，理论化的数学思维还是能够开花结果，因为美学与数学思想始终密不可分。

然而具有讽刺意味的是，一些老成持重的数学家在面对简单的模式扩展任务时往往举棋不定。他们会告诉你，任何有限模式的扩展方法都不是独一无二的，任何序列都有无限种能说得通的外推。有些人甚至会说，在脱离情境的"真空"（正如Seek-Whence的微领域）中实施的序列外推任务根本毫无意义。他们之所以唱这种反调，是因为多年来接触了太多棘手的反例，这些反例教会他们对"明显"的模式持怀疑态度，不管它们看上去有多简单（回顾一下我们之前讨论过的"0, 1, 2"的奇异扩展）；同时，也是因为多年来他们被灌输了这样一种观念：无论观察到的模式多么显著、美丽或令人信服，无论有多少证据支持它，只要它尚未被证明，就作不得数。当然，在我们的微领域中，"证明"这一概念也很难说有什么意义。

但反对归反对，数学家们面对序列外推任务时，往往会比其他人更为迅速地发现其中或简单或复杂的模式。而且，往往只有他们才能发现那些隐藏得最深的模式。和其他人一样，数学家们关于哪种外推方式相对而言更有趣味或更有希望也会形成某种基于美学的感觉。其实，在从事专业工作时，他们也会极为坦然、竭尽可能地利用自身关于模式的美学直观，比如在发明概念、提出假设、设计定理的证明时猜测哪条路子最有可能行得通，诸如此类。模式敏感度为数学家们赋予了某种抽象意义上的嗅觉，使其得以做出所有最为困难的决定。

其实，数学书籍和文章中充斥着关于模式"明显"扩展方式的表达。作者经常会给出一个特定的例子，然后告诉读者一般性的证明留待他们自行完成。另一种常见的情况是，读者被告知特定证明过程的其他实例

"遵循对称原则"或"依照类比",这意味着作者假定具体如何"对称"或"类比"是明显的。表示一个无限序列(如一个连分数展开式对角线上的所有整数)或无限级数(如泰勒级数或傅里叶级数)的方法是:给出开头的几项,然后用"点-点-点"符号说明"其余项明显"。对一张无限图也只需展示其一小块,然后用某种二维意义上的"点-点-点"符号表达剩余部分,就可以认为其意义被传达得足够清晰了。所有这些情况都在(下意识地)要求人们接受他人的模式感知。实际上,在数学家们的交流方式中,预设了某种"客观"或"自然"的模式美学。

数学概念的扩展

数学的进步源于反复的概括。如果非要给数学下一个精确的操作定义,那便是一种艺术:涉及对抽象模式进行最优雅的概括。因此美学居于数学的核心。某个理论能否吸引数学界的关注不仅仅取决于其正确与否,还取决于其是否符合数学界的集体美学意识。

将顶尖数学家与其同行区分开来的一个重要因素是,发现某个新点子后,他们不会拘泥于"我该如何证明这个结果?",还会关心诸如"这个想法有多么有趣?""如果我用各种熟悉的方式处理它,还能得到什么更有趣的点子吗?"之类的问题。就像杰出的作曲家新发现一个看似充满无限可能的主题时会做的那样,这是一种层次很高的模式游戏。

数学家们基于对现有概念进行模式探索,在发明、创造或发现(随便你怎么称呼)新概念的道路上孜孜不倦地前行。过去 1000 年间,数学概念经历了爆炸式的增长,越来越多的模式和模式类型被提炼出来。一个典型的例子是,难以想象的丰富概括推动了"数"这个概念的发展,从自然数到分数、负数、无理数、虚数和复数,再到向量、四元数、矩阵、群/环/场的元素、群本身、集合、超限序数和基数、函数、仿函数、

概念与类比
模拟人类思维基本机制的灵动计算架构

态射、类别……针对"算术运算""点""线""空间""距离"等概念的发展，我们也可以像这样逐项列示出来。数学家们对特定概念（通过概括）演化发展的路径形成了某种默契，若非如此，他们就不可能达成任何共识，而且会不断地彼此质疑："是的，但你为什么要发明那个概念？它看上去太武断了！"

常识与膨胀的"概念泡泡"

隐喻地说，在一个共享的概念空间中，以特定基本概念为核心、范围不断扩展的某个概念家族就是一个不断膨胀的"泡泡"。这种"概念泡泡"在公共空间中的膨胀不仅存在于数学思维领域，事实上，它（令人难以置信地）居于日常思维的中心，而且（在我看来）构成了各类常识的本质。

和前文援引的那些数学概念一样，我们的日常概念也是以一种类似于泡泡膨胀的方式建构起来的。最为典型的例子构成概念泡泡的内核，越向外层考察，例子的典型程度越低。这种气泡状结构让我们得以对任何概念拥有哪些强实例与弱实例产生一种含蓄的感觉。然而，除却在日常生活中围绕概念缓慢建立层次丰富的气泡状结构（这一过程会经年累月地持续下去），我们还能在某些自己经历或听闻的事件（events）或情况（situations）周围迅速建立"概念泡泡"（这一过程可在几秒，甚至几分之一秒内完成）。因此，在无意识层面，每一事件都被所谓的"常识光晕"（commonsense halo，见 Hofstadter, 1988a，及 Hofstadter, 1985 第 12 章）所环绕，或被"隐性反事实泡泡"（implicit counterfactual sphere）所包裹。我们之所以使用这种称谓，是因为构成泡泡的通常是核心事件相互关联的反事实变奏。事件本身通常转瞬即逝，"常识光晕"亦然，一般在我们对事件的记忆消褪之时，它便快速淡化消逝无踪了。这可以用一些实例来具体说明，我们所选择的例子都有些令人不安，这很容易理解：

第 1 章 序列溯源

较之见惯不怪的柴米油盐，那些扰人神思的事件往往会产生更为明显而持久的反事实光晕。

几年前，康涅狄格州一座州际公路桥倒塌，几辆汽车冲进了下面的裂缝，伤亡惨重。人们很快获悉，就在事故发生的几天前，已有当地居民反映说桥梁"发出奇怪的嘎吱声"，但并未引起当局的注意。由于这场悲剧，康涅狄格州州长立即下令对该州所有其他州际公路桥进行检查。他对"如何概括给定事件"的选择是将特定的州际公路桥替换为"州际公路桥"的一般范畴，而不考虑其他所有情况。这种做法显然出于一种自然的、可以理解的人类本能，回顾起来，也确实带有些亡羊补牢和事后诸葛的意思。

为什么只限定检查州际公路桥？甚至可以更进一步质疑说，为什么只检查桥？一套更为复杂而全面的应对策略可能是成立检查小组，关注民众对任何公共基础设施发出的警报。诚然，鉴于任何政府机构臃肿而机械的官僚性质，这样模糊的政策将难以实施，但它显然更好地抓住了这个想法的"本质"。下一步，我们让当前的概念泡泡围绕其核心本质膨胀开来，同时又不失去与该核心本质的联系时，可能会注意到整个事件并非"那么的康涅狄格"。因此，其他州的州长听闻此事后，难道不应该下令立即（至少）检查其所在州的州际公路桥吗？这似乎只是常识性的推论，但我们能一直将推论进行到哪里？

我们来看另一个例子。1993 年，当时风头正劲的网球明星莫妮卡·塞莱斯（Monica Seles）在汉堡比赛时被一名疯狂的球迷刺伤。很快，人们（尤其是其他网球明星）开始担心其他女网球员的赛场安全问题——当然也有人呼吁保护男子选手，但这种声音肯定微弱得多。当然，与其他巡回赛事相比，人们对在德国举办的赛事表达了更多的忧虑。也许还有从事其他项目的体育明星也开始担心自己在公共场合的人身安全问题。但你真的认为会有职业保龄球手或职业高尔夫球员因为塞莱斯遇刺事件开始雇佣保镖吗？反正我对此十分怀疑。

概念与类比
模拟人类思维基本机制的灵动计算架构

话说回来，为什么我们要默认讨论就非得限制在体育界人士身上呢？歌手呢？作家呢？也许作为一名教授，我应该担心自己也可能在什么场合遇刺？当我踏上网球场时（尤其是在德国）？当我在黑板前讲课时？或者……或者什么？如果我是一位女教授，或者名叫"莫妮卡"，或是一个小有名气的业余网球手，抑或三者都是，我就应该更担心些吗？不太可能。离核心主题如此之远的变奏看来就太牵强了。这些想法似乎远在概念泡泡模糊的边缘之外。但我们的直觉怎么能确定这些？

"常识光晕"概念的最后一个例子是 20 世纪 80 年代臭名昭著的芝加哥泰诺谋杀案，很多上了年纪的读者想必都还记得。有疯子设法把有毒的药片塞进泰诺的瓶子里，这些药品一旦分发到商店，就会被顾客随机购买。毫无戒心的顾客服用药片后神秘地死去，他们的死亡被媒体大肆报道，这大概让始作俑者乐此不疲。美国食品药品监督管理局（Food and Drug Administration, FDA）迅速做出反应，为药品生产商制定了一套新的包装法规。药品生产商被要求尽快实施某些规定，其他的则可以稍慢一点，还有一些规定则被给予了相当长的准备期。虽然从未公开声明，但这种步调不一背后的基本道理想必是这样的："我们假设犯罪分子的头脑和普通民众的头脑基本类似。现在，普通民众会无意识地认定某些药物与泰诺'更为类似'，而另一些则'不那么类似'。因此，为了防范类似的犯罪事件，我们将很快对与泰诺'非常相似'的产品实施新的包装法规，对那些'不太相似'的产品则可以暂缓施行——大致来说，只要保证法规的实施速度与药物和泰诺的相似性成正比即可。"换言之，FDA 的应对策略源于以下信念：存在一个内容可预测的概念泡泡，其以可预测的速度膨胀，能够代表那些最有可能受罪案启发并加以模仿的疯子们头脑中的概括过程。

然而有趣的是，FDA 的新规最初没有一条扩展至药品包装领域之外。他们似乎假定泰诺谋杀案唯一可能的概括方向就是其他的药品（最有可能的是那些"类似于"泰诺的药品），而不是番茄酱、辣酱（尽管它们通常也放在旋盖小瓶里）、黄油、芝士或肉食（它们通常只有纸质的包装），以及蔬菜、水果或坚果类商品（它们通常散装出售）……

原则上，泰诺谋杀案概念的扩展是没有界限的——然而从 FDA 只针对药品制定新规的举措来看，他们似乎希望没有人能想到这些其他的可能性。这种希望有何理性可言吗？还是像危险降临时把脑袋埋在沙子里的鸵鸟？他们是不是已经意识到根本不可能针对所有包装制定新规，所以干脆不去提及药品以外的其他食物，希望这样一来就不会提醒潜在的罪犯们往这个方向去想？回顾"泰诺主题的第一个变奏"会很有意思——继泰诺后下一个被投毒的是一类药效很强的阿纳辛，它们属于泰诺的"近亲"；接下来又轮到其他种类的药品（而非食品）。但到了最后，FDA 被迫将新规的实施范围外延，直至其包含（至少某些种类的）食品。

74

泡泡炸裂前能膨胀到何种程度？

你或许还没有意识到，我其实也在一个不断膨胀的概念泡泡内谈论上述可怕的罪行。将核心主题由对泰诺投毒外扩至对其他药品投毒，再外扩至对食品投毒，这两步看上去自然而流畅，但我们仅止于此，似乎外扩到食品投毒时泰诺主题就自然收尾了。但有什么理由认为概念不能继续扩展了？泡泡还能往哪些方向膨胀？比如说，对一个大城市的饮用水下毒看起来怎样？我们可以将任何匿名作案、受害者随机的事件都视作对泰诺谋杀案的概括吗？会不会有些疯子受到泰诺谋杀案的启发，将一台塞满了石块的旧洗衣机放在哪一段铁轨上，希望这样能让火车出轨，随机杀死一群无辜的乘客？（我的一位朋友乘坐火车时就"碰巧"撞上过这样一台"被投毒"的洗衣机，幸运的是无人伤亡。）FDA 会在泰诺谋杀案的基础上想到这种可能性，然后马上联络联邦运输部，合作制定一套防范此类案件发生的有效机制吗？正如我上面所说的，这一切什么时候才是个头？

概念与类比
模拟人类思维基本机制的灵动计算架构

显然，我们也还没有概括"谋杀"这个概念。随机挑选一些汽车，划破它们的轮胎或拆掉它们的号牌，这种行为也在泡泡之内吗？再进一步，如果我们要创作主题的变奏，为什么不迈出一大步，把"做坏事"变成"做好事"？比如说坐在直升机上，飞临一个贫困的街区，然后往下扔几张一万美元的支票，对这个街区"投以好运"？这种对原始主题的奇特变奏有点像用大调写一个小调主题，或转换图形和背景，就像序列"行进倍增器"和"行进减半器"的案例那样。

我一再使用"主题的变奏"这个说法，显然是故意拿音乐作类比。许多伟大的古典音乐家都有关于给定主题的成组变奏作品传世：巴赫有《哥德堡变奏曲》、贝多芬有《迪亚贝利变奏曲》、门德尔松有《d 小调庄严变奏曲》（Variations Serieuses）、肖邦有《降 B 大调莫扎特主题变奏曲》（Variationson Mozart's "La Ci Darem la Mano"）、勃拉姆斯有《海顿主题变奏曲》和《亨德尔主题变奏曲》、柴可夫斯基有《洛可可主题变奏曲》、弗朗克有《交响变奏曲》、拉赫曼尼诺夫有《帕格尼尼主题狂想曲》、科普兰有《钢琴变奏曲》——这还只是其中一些杰出的范例。同一组作品中的每一支变奏曲都贯彻以下理念：在其深层忠实于原先主题的条件下，其表层需尽可能地远离它。通常随着组曲的进行，变奏曲会愈发狂野，而听众仍然能够感受到它们与主题间某种难以触及的联系，尽管这种联系被拉扯得越来越微妙而不可言喻。在某种程度上，"基于主题的变奏"是一种大胆的游戏：作曲家在尝试从给定主题出发到底能够走得多远。是什么构成了一个主题的本质？在失去所有关于原始理念的把握以前，我们能够将这种本质拉扯到何种程度？

同样的问题对任何领域中的概括显然也都适用。比如说，有人可能就会觉得"泰诺谋杀案"主题的"空投支票"变奏走得太远了。尽管任何（音乐的、数学的或任意其他类型的）核心思想的概念泡泡经常能够膨胀到超出我们原先的预期，但它们肯定会有某种模糊的界限——某种"柔性边界"，一旦达到或越过了它，核心概念的变奏就显得不再真实了。

第 1 章　序列溯源

但我们该如何确定边界的位置？

"我也是！"

从概念核心向外概括的过程是自动化、无意识的，它渗透了——实际上是定义了——我们的思维。并不是说在报纸上读到一起绑架案，或听到某人宣扬关于节食的无聊见解时，我们对这些事物的理解只会形成一种刻板的命题或逻辑结构。实际上，关于思维的上述印象简直要多离谱有多离谱！相反，此时我们自己生活经验中的各类相似事件或相关意象都会在不同程度上被激活，并与核心事件本身的不同方面杂拌与混合在一起，形成一个非常复杂、十分主动、极具流动性的结构，其遵循的基本规则与任意类型的形式逻辑都极少相似。我们来看一下对两位刚刚认识的谈话者间简要交流的逐字记录：

卡罗尔：直到现在我还经常忘记自己该冠夫姓了。

皮特：你结婚多久了——九个月？

卡罗尔：差不多吧。

皮特：每年一月我也老犯那种错。

以防你觉得丈二和尚摸不着头脑，皮特说的"那种错"指的是每年一月他签支票或干什么类似的事儿时，都会把年份填成去年。同时，"那种错"指的也是卡罗尔婚后签名时还老写娘家姓。他想要用这个短语将两种情况混合起来，形成一种抽象的中继物，一种它们共同具备的本质。这种本质不可言喻，同时也不言自明。

正如上面的例子所呈现的那样，我们在最寻常不过的交流中也偶尔会混合两种不同的情况，仿佛它们不仅十分类似，而且根本就是同一回事。这种日常类比（日常杂拌）最常见的例子就是那个我们无比熟悉的短语——"我也是"（Me too）。雪莉和蒂姆刚刚在酒店大堂中喝了些东西，

概念与类比
模拟人类思维基本机制的灵动计算架构

他们的交流（同样逐字记录下来）就很典型：

雪莉：我得去给啤酒付账了。
蒂姆：我也是。

蒂姆想表达什么意思？他也想去给雪莉点的啤酒付账？显然不是。他要去给自己点的啤酒付账？这倒有可能，除非你事先知道他点的不是啤酒而是可乐，那时他想要说的其实就会是："我也得去给我的可乐付账了。"

分析皮特和蒂姆的表述实在没什么意思，但正是由于同样的原因，这些表述简直超级精彩！因为它们是人类能以何种超卓的流畅性使用语言以及（在表象之下）使用概念的范例。"'我也是'现象"（请允许我这么称呼它）如此寻常，以至于我们经常对其视而不见。然而其中隐藏着人类智能最为深奥的秘密。再来看一个典型的例子：

玛里琳：你记得伊芙琳吧？她上个月倒了大霉——从自家屋顶上摔了下来，把背给弄伤了。现在躺在医院里，医生说她可能这辈子都站不起来了。可是住院的第一天，她就在病床上吹起了大管！
大卫：天呐，我真不知道自己能不能那样！

我知道你在想什么。不错，这个大卫并不会吹大管，但他会吹小号！只是当他说不知道自己能不能"那样"时，当真想的是演奏乐器不成？更有可能的是，他是在赞叹伊芙琳的刚毅，质疑自己是否和她一样顽强。当然他所指的也有可能是别的东西，包括勇气、面临逆境仍坚持前行的意志力，及诸如此类的可敬特质。谁知道呢——或许还有几分这样的自我怀疑："假如这种不幸降临到我身上，我也能坐在病床上吹我的小号吗？"虽然或许有些模糊，但普通人基本可以毫不费力地听出上面的所有含义。

下面分享"我也是"现象的最后两个实例，它们也都取自真实的

第 1 章 序列溯源

交谈：

计算机科学家：我钻研人工智能，因为它融合了心理学、哲学、语言学和计算机科学。

建筑师：我钻研建筑学也是那个原因。

嗯哼，当然了，清楚明白。

安娜：我爸妈老是叫我"露西"，叫我妹妹"安娜"。

鲍勃：哦，对啊——我爸妈也经常那样，不过是对我家的狗和猫。

你们的父母可能也曾"那样"吧？——曾哪样？

希望上述实例能够传达"我也是"现象的本质，使读者能够在自己及身边人们的话语中意识到它。需要注意的是，有些表达（类似"哦，对啊，那种事我也经历过！"）看似人畜无害，实则标志着其使用者正在以极其流畅的概括将一个特定事件外延开去。他们通过十分随意而自然的修辞姿势传达自己的意思，这在语言表述上几乎易如反掌。然而这种看似随意的操作背后，隐藏着人类心智的所有奥秘。

在 Seek-Whence 领域中向外概括

"但是，"你可能会问，"这一切和前面讲到的的序列溯源——或序列前瞻——有什么关系呢？"这听上去可能有些奇怪，但和日常生活的宏观领域情况类似，Seek-Whence 程序的微观领域同样充斥着单一事件或结构的向外概括，这种概括在序列溯源中扮演关键角色。一个极为简单的例子就是我们曾经讲到的"变量化"操作，它能够将一个像"(3 4)"这样的包裹转化为类似[n n + 1]的模板，如果我们试图基于纯粹的数据组织建构理论，就不可能绕开这类操作。转化一个类比的操作相对而言复杂一些，比如说将包裹"123221"和"12343321"之间的类比转化为模板

概念与类比
模拟人类思维基本机制的灵动计算架构

[1 2 ... n n–1 n–1 ... 2 1]。

但正如我们已经用各种不同的方式所指出的，人类思维的概括比简单地用变量替换常数要丰富得多得多。对人类而言，概括涉及用以下方式在内部重置观念的能力：

- 来回移动内部边界；
- 掉换组件或在不同层级间移动子结构；
- 将两个子结构融合为一，或将一个子结构拆分为二；
- 延长或缩短给定组件；
- 为结构添加新组件或新层级；
- 将一个概念替换为与其高度相关的另一个；
- 在不同概念层级尝试反转，看看有何影响；

我们远未穷举所有可能用于重置观念的手段。Seek-Whence 程序一旦开始质疑某个理论，就会尝试采取上述补救行动，这种情况可以有许多：

- 现有理论无法解释序列中新出现的项，因此已被证伪；
- 尽管现有理论在预测新出现的项时表现很完美，但却无法解释序列初始区域的项；
- 现有理论被认为不符合人们的美学偏好。

然而除却上述情况外，我们希望在 Seek-Whence 领域中概括理论还有一条完全不同的理由——生成有趣的新序列本身就是一个重要的目的，这一目的显然与解决序列外推问题具有完全不同的层级。溯源，或发现特定序列来自何处只是一个开始，接下来就可以从事一项层级更高的活动——即前瞻性地探索该序列会将你引向何方了。

没有什么比自己动手操作更能说明问题，因此，我强烈建议你将下面这个非常简单的序列作为主题，尝试在此基础上创作尽可能多的变奏：

第 1 章 序列溯源

1, 2, 2, 3, 3, 4, 4, 5, 5, 6, ...

你要在此过程中注意自己使用了哪些类型的技巧，以及你能够设想多少彼此确有不同的外延路径，当然同时还要尽可能在某种深层意义上保持原序列的精神。

一个肖邦主题的变奏

接下来，我要向你展示一些我自己对这个主题创作的变奏，一开始是些比较温和的：你绝不会怀疑它们能追溯到主题上来，然后就开始走得比较远了，直到最后，变奏会越来越狂野，读者将完全有理由怀疑主题的本质到底还在不在。（我自己当然更喜欢那些狂野的版本！）

我们以前也见过很相像的序列，只不过那个例子起始时有两个 1。我们会顺便注意到之前那个序列有两种不同的结构解析方式，这点对当前的序列也适用。可以简单地称之为"解析 A"和"解析 B"：

A: 1 (2 2) (3 3) (4 4) (5 5) (6...
B: (1 2) (2 3) (3 4) (4 5) (5 6) ...

A 方案是基于"台地"建构的，我们知道"台地"通常更为凸显，知觉上更引人关注，但这种解析方式在序列的开头留下了一个瑕疵。B 方案则是基于"上坡"建构的，"上坡"通常低调些：它们在知觉上不及"台地"那么显著。这就反映了一种权衡：要么容忍一个没有得到解释的（至多是解释了一半的）首项，要么放弃一个更强的概念，代之以一个更弱的，回报则是获得统一的全局性解释。

以音乐的视角观之，这两种解析方式是完全不同的。肖邦有一支钢琴前奏曲（Op.28，No.12，升 G 小调）开头旋律的模式和我们上面给出的序列完全一样：在不断上升的半音音阶中，除第一个外的每个音符均

概念与类比
模拟人类思维基本机制的灵动计算架构

重复两遍。所以现在有两种弹奏这个模式的方法：你可以将重音分配给偶数序号的音符，也可以分配给奇数序号的：前者相当于解析 A，后者相当于解析 B。从乐谱来看，肖邦本人是更倾向于解析 B 的，因为前奏曲的第一个音符构成了第一小节的强拍，与第二个音符划在了一起。假如他心中的模式类似于解析 A，他就应该相对于小节线把音符整体横移一下，将第一个音符和第二个分开，于是第一个音符就不再是强拍，而是弱拍了。这样一来，你就能弹出这首前奏曲一个奇特（且温和）的变奏，它的变化仅限于节奏，但显然已经严重削弱了原作的力度。（此例中原作较之变奏远为优越这一点恰好说明，我先前声称"台地"在知觉上更引人关注，这一点应该有所保留地看。通常情况下，艺术作品的魅力恰恰源于其打破了某些常规，违背了事情某种自然而简单的做法。既然艺术和知觉都充斥着层次缠结的架构与常规，关于"知觉吸引力"就不可能存在放之四海而皆准的简单经验法则。）

最后，我们来看从这个小小的主题出发能创作出一些怎样的变奏。从解析 A 开始。显然，我们可以首先着手改变"包裹的长度"。如果把该参数的值从 2 调整为 3，就会得到下面的序列：

变奏 A1：1 (2 2 2) (3 3 3) (4 4 4) (5 5 5) ...

至于这个参数的值做其他变动会导致何种后果，就作为练习，留待读者自己去想象了。

或许有人会觉得如果我们放着序列的首项"1"不加处理，会显得有些不太尊重。他们会说既然序列中其他数字的数量都增加了 1，对开头处的"1"也该一视同仁：

变奏 A2：(1 1) (2 2 2) (3 3 3) (4 4 4) (5 5 5) ...

反对者也有自己的理由：我们不会将首项"1"知觉为一个"台地"，它只是一个单独的对象。因此，为啥要像处理"台地"那样处理它？

如果我们将生成上一个变奏的想法推得更加极端，就可能会得到：

变奏 A3：(2 2) (3 3 3) (4 4 4) (5 5 5) (6 6 6) ...

与"台地"长度的系统性增加并行实施的不仅有首项数量的增加，还有首项数值的变动。这种操作需要我们将序列中的一切紧密地关联起来，当然变奏 A3 的创作者或许并没有意识到这种关联。相反，这个极为优雅的转换无疑是可以在某种美学观念的驱动下创作出来的。

上一个变奏暗示我们依同样策略可以走得更远些：

变奏 A4：(1) (2 2) (3 3 3) (4 4 4) (5 5 5) (6 6 6) ...

如此一来，序列开头处的瑕疵就类似于某种"加速"：包裹的尺寸逐渐增加，一旦达到最大值，就稳定下来。这个变奏特别令人满意之处在于，它让我们产生了一种感觉，仿佛原序列的瑕疵并不是一个真正意义上的瑕疵。

我们也可以循着一条完全不同的路径，实施一种奇特的图形/背景转换，就像先前将"行进倍增器"转换为"行进减半器"那样：

变奏 A5：(1 1) 2 3 4 5 6 7 8 ...

在此，"类瑕疵行为"（一个数字单独出现）和"正常行为"（一个数字连续成对出现）玩笑般地彼此换了角色。要想出这个点子，你就得用"图形和背景"思维看待解析 A，这本身就很需要一点创造力。

接下来的几个变奏是基于解析 B 创作的，因此，它们的"味道"会很不一样。首先针对"上坡"，我们只需要将每一个"上坡"的长度增加 1，同时维持各包裹首项不变：

变奏 B1：(1 2 3) (2 3 4) (3 4 5) (4 5 6) ...

反对的声音是可以想见的：原序列每一个"上坡"的首项都是前一个"上坡"的末项，因此从"(1 2)"到"(2 3)"再到"(3 4)"的接续十分

概念与类比
模拟人类思维基本机制的灵动计算架构

流畅。在知觉中，这种"上坡"间的平滑过渡完全可能居于序列本质的核心，果真如此，变奏 B1 就显得十分粗暴了，相比之下，这样要好得多：

变奏 B2：(1 2 3) (3 4 5) (5 6 7) (7 8 9) ...

下一个对解析 B 的变奏在某个意义上极为简单和明显，但在另一个意义上又十分奇特、出人意表：

变奏 B3：(2 1) (3 2) (4 3) (5 4) (6 5) ...

这只是把每一个"上坡"掉了个儿变成"下坡"。我们还可以继续往下走，扩展出这个变奏的简单变奏：

变奏 B4：(3 2 1) (4 3 2) (5 4 3) (6 5 4) (7 6 5) ...

很容易就能注意到，每一个"下坡"中间的数和后一个"下坡"右端的数相等。基于这个特征又可以创建一个类似的序列：

变奏 B5：(5 4 3 2 1) (7 6 5 4 3) (9 8 7 6 5) (11 10 9 8 7) ...

但它确实可以称作原序列的变奏吗？或许我们已经越界太远了。

对原序列而言，虽说解析 A 和解析 B 当然是最为"明显的"，却未必是唯二"合理的"。我们也可以这样看待（或弹奏）原序列：

C：(1 (2 2) 3) (3 (4 4) 5) (5 (6 6) 7) ...

假如原序列在你眼中成了这幅样子，一个简单而自然的调整就能产生下面的变奏：

变奏 C1：(1 (2 2 2) 3) (3 (4 4 4) 5) (5 (6 6 6) 7)...

维持大方向不变，一套更为复杂的调谐方案能产生：

变奏 C2：(1 (2 2 2) (3 3 3) 4) (4 (5 5 5) (6 6 6) 7) (7 (8 8 8) (9 9 9) 10)...

从解析 C 出发创作更多的变奏并不困难，但这里就不展开了。

第 1 章　序列溯源

下一个变奏有些"风牛马不相及"的味道:

变奏 X: 21211211211112111112111112111112…

是不是似曾相识?这个变奏开头几项和前文"三角形数—四边形数序列"居然完全对得上!但它其实要简单得多——只是对应原先主题中每一个项的数值,将其转换成特定长度的一组"1",再用"2"将各组分隔开来罢了。我们甚至可以将其中一半的 2 变成 3,用这种方式来表征解析 B:

变奏 Y: 21211313111121111211113111113111112…

以防上面冗长的论述让人感到疲惫,我们用最后的变奏来刺激一下:

变奏 Z: 21211211131113111311112111112111112…

这就仿佛在用一种全新的节拍弹奏原先的主题:1-2-2, 3-3-4, 4-5-5, 6-6-7, 7-8-8…

本质的边界是模糊的

所以……你的变奏相比于我的这些如何呢?我有没有什么好点子是你漏掉的,或是相反,你有没有一些机巧是我错过的?无疑会有。你会觉得我所创作的每一个变奏都充分地尊重了原主题吗?还是说其中有一些在你看来太诡异了些?既然现在可以做一下对比了,你自己的那些又如何呢?

在所有的变奏中,你最喜欢哪一个?你觉得肖邦会最中意哪一个?那些走得极远,但清楚地保留了原先主题"味道"的变奏很有可能会被认为是最出色的——但我们还不清楚"保留了原先主题的'味道'"到底是怎么一回事。

82

概念与类比
模拟人类思维基本机制的灵动计算架构

这个问题相当微妙，几乎难以捉摸。要体会这一点，只消看看下面这个变奏——它的创作者所列出的一整套变奏在许多方面都与我自己所创作的那些惊人地类似。

史蒂夫变奏：(1) (2 2) (3 3 3) (4 4 4 4) …

我对这个变奏的第一反应是："这个越界有些远了。谁能说它还是原先主题的变奏啊！"

史蒂夫自己也发觉这个变奏不太讨喜——相对于原先的主题它"完美得过分了"。显然，他在创作这个变奏时强烈地希望消除原序列中的瑕疵，于是一时大意，让这个愿望压倒了原本更为深刻的目的，即"尊重主题的核心本质"。他消除瑕疵的技巧是让组的长度无限递增。在我看来，恰恰是这一手让他失去了对主题本质的把握。在事后的反思中，史蒂夫将这个变奏恰如其分地描述为"过犹不及"的典型。

对他的反思我很赞许。只是这个变奏之所以让我觉得不对味儿，主要还不是它有什么地方"过"了。我觉得史蒂夫真正的问题在于，他允许组的长度无限递增，在我看来这一步是对主题本质的严重违背。但史蒂夫认为，这一步虽说有些奇特，但取决于具体的处理方法，却也并非不可接受——他觉得史蒂夫变奏和变奏 A4 区别不大，但我坚信二者完全不同。最终，我们似乎只能搁置争议了，尽管在主题的本质，以及我们（和其他人）所创作的不同变奏的几乎所有方面，史蒂夫和我的见解都相当一致。

经历这一切后，你或许也会认同，根据特定主题创作一组丰富多样的变奏，是一种极富创造性且趣味盎然的智力游戏。这是一个纯粹直观的、由美学驱动的过程，旨在发现新的模式类型，然而所有模式都保有某种无形的"家族相似性"。

我在 Seek-Whence 项目中最为雄心勃勃的目标之一——尽管这一直只是个可望而不可即的梦想——就是教会计算机玩这个游戏。当然，要玩好这个游戏，计算机就要能敏锐地意识到主题的本质什么时候保存了下来，什么时候丢失了。它要能够引入意料之外的概念，将它们往主题上"套"，评估其合适程度，以此形成各种新颖的觉知。最后，它还要能够感觉不同的变奏哪些自然、哪些勉强、哪些优雅、哪些沉闷。这些感觉和能力加在一起，显然与惯常意义上的"直觉"无异，但它们是如此微妙和难以捉摸，难怪许多人会怀疑我们究竟能否让计算机"拥有直觉"。我自己没有太多这样的怀疑，但这并不妨碍我认同他们的以下观点（好吧，是以下直觉）：计算机模型的开发进度迄今距离我们的目标还差得远。

绕一大圈回到三角形数和四边形数

首次发现"三角形数—四边形数序列"的递归模式后，我还不清楚它会将我引向何方。但我确实为这个发现而激动万分，并迫切地渴望再次经历这种喜悦。因此，我在自己最初的主题上尝试创作了一个又一个变奏。一连好几年，我都沉浸在这种对规则之奇与模式之美的孜孜探索中，尽管这种探索边界相当模糊，且定义不甚明朗。

我基本上会采用两种策略。其一，抛开数值序列"212112…"的源头，基于其本身的特性创作变奏——比如说，编写另一个序列，使其具有同样的自定义属性，但1和2的角色互换；编写另一个自定义的序列，使其包含两个以上的不同整数；修改原先的递归规则，使其更为复杂……诸如此类。其二，采用相反的策略，只关注该数值序列的源头，而不关注其本身的特性——比如说，数数"五边形数"间的"四边形数"、立方数间的平方数、双平方数间的平方数、连续奇数的乘积间的阶乘、3 的幂间的 2 的幂……诸如此类。我很快沉迷于这旅途中的风景，一时竟停不下来了。

两种策略看似背道而驰，但都结出了相当丰硕的果实，而且最终以一种惊人的方式殊途同归了。但一段时间后，正如其他"典型"的经历

概念与类比
模拟人类思维基本机制的灵动计算架构

一般,我发觉自己的"概括引擎"亮起了红灯,因为那些最棒的点子似乎已经发掘殆尽,而新点子开始变得越来越复杂,以致我无法维持同样高水平的兴趣了。因此,尽管不存在什么明确的标志性节点,这段旅程还是慢慢走到了尽头。

尽管如此,这则数学探索的长篇传奇并未就此告终,它的回馈发生在我的生命历程中一个完全出乎意料的时间节点:那是在大约十年后,我正努力撰写理论固体物理学方面的博士论文,想要领会描述均匀磁场中高度理想化的二维晶体电子性质所涉及的优雅但困难的数学运算。一个神秘的数学结构在该领域中发挥关键作用,它所含有的深刻递归属性当时无人理解甚至少有关注,而十年前那场数论之旅中一些最为美妙的发现恰好能用来解释这一结构。这令我震惊不已。即使在最为疯狂的梦境中,我也没有想象过自己竟然会重新投入数论的怀抱——或者更确切地说,是数论从固体物理学的后窗翻了进来,重新投入了我的怀抱。但不管怎么说,这都是一场无比幸福的重逢。(技术方面的细节见 Hofstadter, 1976,更为简单通俗的描述见 Hofstadter, 1979,第 5 章。)

我之所以提及上面这些,是因为作为数学及科学研究中完全不可预期的、滚雪球式的发现过程的实例,它虽然相当微观,却也足够典型。事实上,所有创造性的智力活动都具有这种特性,不管是设计、写作、绘画、音乐创作还是其他。这不仅是我人生中一段精彩的插曲,还就创造性过程给我上了难以忘怀的一课。如今,我绝大部分的认知科学研究,都是对那段激动人心的往昔岁月里自己无拘无束的数学探索之智力本质的不懈追寻。

从 Seek-Whence 到 Jumbo、Copycat 以及其他

本章回顾了 Seek-Whence 项目的起源,旨在让读者对那类吸引我们关注的一般认知问题形成一种宽泛的感觉,这些问题在很大程度上逐渐

左右了我使用计算机为心智建模的方法。如果有人要求我为 Seek-Whence 项目（包括其概念基础和计算实现方案）中我自己、玛莎·梅雷迪斯和格雷·科罗斯曼最为核心的研究思路和目标做一番总结，一定会让我深感为难，因为根本不存在什么单一的观点，既足够简单、精练，又琅琅上口且足以概括我们所遵循的哲学理念。如果真有那就好了！可惜事不遂愿。相反，我们所遵循的哲学理念由彼此紧密联系的一系列观点构成，其中一些反复出现的最为重要的主题如下：

(1) 知觉和高层认知具有不可分性，由此可知：一个知觉架构居于认知的核心；

(2) 高层知觉产生方便重构的多层认知表征，彼此由不同类型、不同强度的关系（"键"）松散地联结；

(3) "亚认知压力"的观点——也就是说，一个概念或一个表征越是"重要"，就能（在概率意义上）对加工方向施加越重大的影响；

(4) 依存于情境的以及独立于情境的多种压力的混合，产生了一个非确定性的并行架构，其中自下而上的和自上而下的加工和谐共存；

(5) 系统依据对各方案前景的快速评估同步试探多条潜在路径；

(6) 对特定主题进行类比或创作变奏是高层认知的核心；

(7) 认知表征有其深层方面和浅层方面，前者相对而言不受情境压力影响，后者则相反（更易在情境压力下"滑动"）；

(8) 概念及概念领域的内在结构会对实现上述所有目标——特别是在决定依赖于情境的概念重叠和相似性，以及独立于情境的概念深度方面——产生关键影响。

这些都是从 Seek-Whence 项目中甄选出来的观点，它们的不同组合成就了一系列新的研究项目。其中，Jumbo 和 Numbo 都具有流畅可重组的多层结构，主要解决与上述列表中第一至第五条相关的问题。二者都无法为概念深度建模。相比之下，Copycat 的目标更为远大，它是一个统

概念与类比
模拟人类思维基本机制的灵动计算架构

一的概念、知觉和类比模型（在这里，类比不等于序列外推），其单维工作领域和 Seek-Whence 的情况也相当接近。Copycat 的设计目标是为决定富有洞见和创造力的思维过程的某些机制建模，不论这些活动发生在哪个领域。

Tabletop 和 Letter Spirit 将 Copycat 所倡导的关于知觉和类比的理念带进了两个彼此不同的二维工作领域，并向一些重要的新方向推进了涉及模型结构的观点。其中，Tabletop 特别关注那些更加"含糊"的概念间的类比，其工作领域的典型状况远不及 Copycat 的工作领域那般清晰、优雅和模式化。与此相反，Letter Spirit 主要致力于编写特定主题的变奏，它是在一个高度理想化的艺术领域明确地解释某些难以捉摸的"本质"的一种尝试。

我所坚信的是：模式知觉、外推和概括是创造力的真正核心，在仔细设计且严密控制的微领域中为它们建模，是理解这些基本认知过程的唯一途径。这一信条在过去的 15 年间始终指引着我和我的研究小组，本书剩余部分便是对"法尔戈"研究成果的集中展示。

前言 2
心智对象的无意识杂耍

概念与类比
模拟人类思维基本机制的灵动计算架构

变位词的乐趣

Jumbo 是一个古怪而有趣的程序。它能将一组字母以看似合理的顺序重新排列，让它们形成类似英语单词那样的结构。这种变位词游戏我从记事时起就一直乐此不疲。对我来说，变位词游戏既让人兴奋，又发人深省。在学生时代，报纸会定期刊载 Jumble 游戏（见图 2-1），我每个都玩，而且经常给自己的解题过程计时。还有一次，我和一个朋友将他宿舍里所有学生（整整 100 个！）的名字都做成了变位词来解。直到今天，我还经常发现自己正漫不经心地对一些出现在我视野中的单词做变位词游戏，往往连自己是从什么时候开始的都没有注意到。

由于真心热衷，也因为确实经过了多年的实践，我玩这种游戏的水平相当之高。有时候，我只消扫一眼报纸上的 Jumble 问题，答案就会直接在脑子里跳出来。更常见的情况是，对一个由 5～6 个字母组成的字谜，我在 5～10 秒内就可以解出来。当然也有一些出乎意料的痛苦经历：一个看起来很普通的字谜能让我苦恼好几分钟，这时候我发现自己会诉诸某些人工技术（artificial techniques），比如说把最近的几次尝试记录下来，或者把各个字母按照完全随机的顺序写在纸上，以求摆脱心智的僵局。

我一直很好奇，当心智表演这套把戏时到底发生了什么事。我是故意这么表述的，因为扫一眼随机排列的六个字母，一个单词就立刻在脑海中跳出来，这真的让人感觉很神奇。如果这个过程需要 10～20 秒就更有趣了，因为你能依稀意识到某个地方正在进行某种"洗牌"。然而所有这一切并不在你的主导之下，你只是一个被动的观察者，至少大多数时候是这样。只有为打破僵局而使用某些人工技术时，你才真正在这一过程中发挥了作用。但那时故事就有些无聊了，只有在你袖手旁观的时候，它才更为有趣。

抛起字母，落下单词

我经常使用一个隐喻来描述自己玩变位词游戏时感觉。这就好像有人塞给我一堆字母，我将它们全部抛向空中，它们向上飞得那么高，直到在我眼中消失了。当它们落回到手中时，不知怎地都"黏连"在了一起，而且彼此连接的方式是那么巧妙，以致我们总是能够读出来，而且通常像极了单词。我会看看这个字母的"团块"，判断它是否真的构成一个单词。如果是，事情就这样成了；如果否，我就再将这些字母抛上去，看看它们下一次会怎么落下来。令人惊讶的是，它们似乎从来不会以任何曾经尝试过的顺序掉落下来。

当字母数只有五六个时，我很少犯错（比如遗漏或误加某个字母）。事实上，我不记得自己在解这类较短的字谜时曾经把字母的数量搞错过。然而，如果一道题包括了重复的字母，比如说"toonin"（你可以自己试着解一解!），我就很有可能会想出这样的备选答案，它包含两个"t"而不是两个"n"，或两个"i"而不是两个"o"。但只要不涉及这种情况，我就能非常轻松地应付字母数上限达到 10 个左右的字谜。这当然不是说所有包含 10 个字母的字谜我都能解出来，只是说我能够无意识地抛起字母，再接住落下来的无论什么东西，不至于遗漏或误加，仅此而已。

有一个撩人的现象，我认为用心理学实验加以研究会非常有趣，那便是解题时对（比如说）已知的 10 个字母的最初适应期。我当然不可能一看到 10 个随机乱序的字母（假设没有重复）就将其烂熟于心，立刻就能在脑海中将它们一股脑儿"抛向空中"。要是只有 6 个字母，这没问题；但 10 个？绝对没戏。如果一个字谜塞给我 10 个字母，我会需要让它们"沉淀"几秒到一分钟。在这一过程中，我已经在摆弄它们了，只不过更

概念与类比
模拟人类思维基本机制的灵动计算架构

多的是有意识的，而且会犯许多错误，比如说遗漏掉甚至重复使用某些字母。（我极少引入原始字母集中不存在的字母。）但在某一个时点，一切突然就能自动运行了。于是，我将字母"抛向空中"，它们总会乖乖落回到手上，不增不减。这种感觉就好像对每一个不同的字母，我们都在"适应期"为其创建了某种可触及、可移动的心智对象，自动运行的过程便始于这些心智对象真正建成之时。

让我们具体一点。比如说有一个字谜让我们破译以下八个字母的串"ucilgars"（解一下试试！）。在完全内化这些字母后，如果我在某个时点恰巧注意到里面含有一个单词"girl"，那么余下的四个字母就会立刻在脑海中以一种随机的顺序跳出来——比如说"csua"。我不需要有意识地思考在挑出了"girl"之后原先的串中还剩下什么（类似于在头脑中将八个字母写成一行，然后取走其中四个，看看还剩哪些），相反，剩下的那些字母"就在那儿"，它们就呈现在那里，我不需要付出任何努力就能知道。这种呈现绝非视觉意义上的——我并未在什么"心智银幕"上"看见"它们。我只是能够感知到它们的呈现——"csua"。而我刚刚意识到这个"子字谜"，它就消失无踪了：字母迅速重组为更稳定的结构，诸如"caus"或"suca"，如此循环往复进行。

另一方面，完全内化各字母前的操作会更加理智，也更有意识。比如说，一个字谜给出了这样的字母串"abcelmnrsu"（相当长，但你也可以试试去解它）。我们需要一段时间去适应这 10 个字母。如果我从中提取了"clamber"（比如说），很有可能剩下的字母不会以"uns"，而是以"buns"的方式呈现出来——我无意中把"b"重复使用了一次。我可能会立刻感觉到有什么不对，但会需要几秒钟的时间才能发现具体哪儿出了问题。（我在解谜初期创建心智对象时经常会犯一些更加严重的错误。）如果字谜本身包含了重复的字母，那么制造一对彼此相同的"心智对象"对我来说就要困难得多了——尽管只要有足够长的时间，这也是可以做到的。

一道鸿沟：区别虚拟心智对象及其物质基底

我有一种感觉：创建心智对象的过渡期涉及某种非常重要却仍少有探索的活动，即长时记忆（其中包含构成字母表的 26 个单独的字母"类"，但绝不存在重复）和工作记忆（可包含任意数量的字母"例"，包括任意特定字母的重复例）的相互连接。似乎就在我们"沉淀"一个 10 字母字谜的过渡阶段，心智实际创建了这些短期的"例"。在它们创建完成之前，我只能以某种方式应用长时记忆中的字母"类"，但由于它们不是为了这种快速灵活的"杂耍"而设计的，"洗牌"及重组的过程非常缓慢，而且只能在有意识的前提下进行。在某个中间阶段，一些心智对象在工作记忆中创建起来了，但我还需要依赖另一些长期的"类"，而它们显然不在工作记忆之中。这个阶段奇特而模糊不清——极其复杂，但也极为有趣。

事实上，这个过渡阶段或许比我刚才的描述要更为微妙，因为工作记忆中的"例"很可能不会突然跳出来，而是逐渐出现。某个"例"在工作记忆中的存在状态绝不是非黑（不存在）即白（存在）的。但这些处在创建完成的"例"和长时记忆的"类"之间的，将生未生的"半成品例"又是如何参与心智"杂耍"的过程的？

我认为，这个问题深奥而微妙，它触及了"心智对象到底是什么"这个秘密的核心。毕竟，我们谈论的并不是建构什么物理对象，使其能够如同血细胞那样在大脑内部四处移动；我们关心的是创建虚拟对象，这种"对象""漂浮"在神经硬件之上，但显然无法用神经元和神经网络简单地描述出来。它们存在于虚拟空间（也就是工作记忆），能够在其中自由地四处移动、彼此混合、相互关联、聚类、分离，等等。

关于这幅意象，我们可以使用一个靠谱的类比，那就是视频游戏"三维弹球"中的弹球。这既不是一个物理实体，也不是一组固定的像素，

概念与类比
模拟人类思维基本机制的灵动计算架构

它只是一个具有持续的同一性和特殊行为类型的抽象物，它漂浮在"像素硬件"之上，但又与像素或成组像素截然不同。在这样一个虚拟的视频对象和它漂浮于其上的"事物"之间有着深刻而基本的层次区隔——我相信这与作为"心智对象"的字母和它们漂浮于其上的"神经硬件"之间的层次区隔是同一回事。在我看来，认知科学界很少有人注意到这种层次上的深刻区隔（一个例外见 Dennett, 1991），更不用说对其进行充分的研究了。

不论如何，一旦所有的"例"都在工作记忆中充分成型且安装到位，字母"类"就得到了解放，并会逐渐淡出。此时，创建完全的"类"就成了杂耍演员手中的球：摆弄它们就像摆弄物理对象，绝无凭空增减之理。正如我先前所说的那样，在"洗牌"时我用不着刻意地追踪这些心智对象——它们"就在那儿"。

关于这些"心智杂耍球"模糊的涌现方式，这些大致就是我通过内省式沉思所能得到的全部结论了。但是，一旦这些工作记忆中成型的心智对象被"抛在空中"、从视野中消失以后，它们还会以某种方式黏连在一起。对此我还有许多进一步的直觉，这也正是我们想要通过 Jumbo 搞明白的事。

干嘛要费这许多工夫，来为这样一个欠缺严肃、难称典型的认知活动建模呢？我会在文中试着回答这个问题，但在此还要加上一句：我认为这种"心智杂耍"与变位词游戏间不存在必然的内在联系，反之，它是一种极其重要、分布极其广泛的心智活动。也许在那些几乎从未玩过变位词游戏的人的头脑中进行的缓慢而笨拙的"字母杂耍"谈不上普遍，因此也并不怎么重要，但我们对这种处理过程没有什么兴趣。相反，我认为对那些专家级别的变位词游戏玩家来说，这种"杂耍"是高度自动化且非常快速的，它与深藏在真正创造性思维中的重新组织和重新解释的过程有某些类似之处。当然，这并不是说每一个变位词游戏玩得好的人都是潜在的爱因斯坦，而是说这种游戏所包含的思维活动本身，如果进行得足够流畅的话，具有一种特殊而重要的品质。有研究者（Novick & Cote, 1992）设计了一系列针对新手和变位词游戏专业玩家的心理学实验；他们的工作证实了我的直觉，即并行加工是专家思维的核心，而新手的心智过程具有完全不同的特性。

Jumbo 对"蛮力"

对我个人而言，1982 年至 1983 年间 Jumbo 程序的开发是一个里程碑式的事件，因其标志着我将自己一套有关心智的理念首次严肃地付诸实现，该理念在那以前已缓慢酝酿长达五年之久。Jumbo 是用一种（幸而）现已废弃的 Lisp "方言"写成的，在我所供职的计算机科学系一台 Vax 机器上运行。当输入一个（比如说）含六个字母的字谜时，它会迅速计算一番，然后在屏幕上逐行显示候选单词，这些结果还可以同时被打印出来。

这听起来很了不起，但单纯的运行速度绝非 Jumbo 真正的意义所在。简而言之，在 20 世纪 80 年代，我知道有人针对变位词挑战开发过另一类程序：它们内置了整本词典，凭借蛮力搜索答案，运行速度像火箭一样快。这些程序能够接受困难得多的挑战——比如说输入某人的全名，其可能包含几十个字母——然后调用词典包含的每一个合法词条对其实施变位。结果可能多达上千个，但程序在几秒内就能完成这项艰巨的任务——比 Jumbo 要快得多。但这类程序通常依赖高度数学化的快速搜索技术，它们与认知模型绝非同一码事。出于这个原因，虽说极为景仰其创造者杰出的编程技巧，但我对这类仰仗"蛮力"的程序实在没什么兴趣。

决定性的脚注

致力于实现言语理解的程序 Hearsay II（HS-II）对我工作产生了难以

概念与类比
模拟人类思维基本机制的灵动计算架构

估量的影响。我在 1976 年至 1977 年间了解到这个程序，对其并行架构印象极深：自下而上和自上而下的加工在程序运行过程中并存，且相互影响。而后，我阅读了一系列关于该架构细节的论文（Reddy et al, 1976），对高度特化的各类行动（即"知识来源"，简称"知源"）根据中央数据结构（即"黑板"）的不同状况被调用的具体方式十分着迷。其中一点对我触动良多：调用任一"知源"，都需要"黑板"上有一组相当复杂的条件。我们可以想象：某个"知源""知道"什么时候某一组特定的条件得到了满足，当且仅当此时它才会行动起来。这当然只是一种想象："知源"没有心灵感应功能，要侦测行动的条件是否具备，它们需要凭借某些"感官"。换言之，它们必须能够以某种方式对"黑板"实施积极监控，以便发现适于行动的恰当条件。

因此，所有的"知源"都附带了被称为"前提"的计算测试，每个"前提"运行时，都在检查"黑板"上是否存在调用对应"知源"的适当条件。这样一来，理想状况下对应所有"知源"的全部"前提"将始终并行运行，使得每一"知源"几乎能够立即获悉何时具备自身行动的恰当条件。不幸的是，"前提"本身也是相当复杂的计算。事实上，一份关于这个主题的技术文件显示（Fennell & Lesser, 1975）：

> "前提"本身也有前提，可称之为"元前提"。在 HS-II 程序中，"知源"的"前提"……复杂程度是无上限的。为了避免过于频繁地实施"前提"测试，这些"前提"都有自己的"元前提"，其本质是对相关基本数据库事件的监控……这些基本事件一旦发生，就将唤醒实施监控的"前提"，测试相应"知源"运行的完整条件是否得到了满足。

我觉得上述理念相当引人瞩目，且极其符合我的美学直观。它立刻让我产生了关于某种架构的印象，其包含一个由条件、前提条件、前提—前提条件、前提—前提—前提条件……所构成的完整层级架构——它当然不会是一个无限回归，而是终止于有限数量的层级之后。在这一体系中，

前言 2　心智对象的无意识杂耍

始终并行运行的只有那些最底层的进程（它们前缀的"前提"最多），唯有某一层级发生了特定事件，才能唤醒较高一层的进程。要精准确定何时激活某个特定类型的行动，这无疑是一条极为有效的策略。

在我所读过有关人工智能的资料中，上面这一小段或许称得上是最令人印象深刻的了。但有意思的是，它在原文中一点儿也不抓人眼球——事实上，它只是一条脚注，而且还带有某种遗憾的意味。作者当然没有暗示这一策略可能是并行系统设计的一条重要原则，而且据我所知，在关于 HS-II 公开发表的任何其他材料中都没有强调这一点。然而，对我来说，这条脚注堪称对特异性和运算量彼此有别的大量并行计算进行处理的关键。在使其适应我自己的研究目标，并与我的概率加工思想相结合以后，它就成了我称为"并行阶梯扫描"的策略。

当并行阶梯扫描遭遇联谊纳新

并行阶梯扫描或许是 Jumbo 架构中最为关键的概念，它也深刻地影响了本书所包含的一系列研究。第 2 章将对这一概念进行正式而详细的介绍，但我想在这里先行分享一个有趣的实例，它来自我在印第安纳大学校报上读到的一篇文章，包含与并行阶梯扫描大体相似的思想。

文章就新生如何参与"联谊纳新"做了详细的说明。在美国大学里，"联谊纳新"是一种标准化的仪式，用于在新生与联谊组织（如女生联谊会或同好会）间建立联系。我之前对其中复杂的遴选过程一无所知，直到读过这篇文章——它让我对这种社交活动与某些动物的求偶仪式产生了极为丰富的联想。

印第安纳大学的联谊纳新流程基本如下：联谊开放日会选在 11 月的一个周末，届时有意加入某个联谊会的新生（通常每年多达 1700 人）能够体验所有的 22 个联谊会，每个耗时半小时。而后，各联谊会代表将统

103

概念与类比
模拟人类思维基本机制的灵动计算架构

一决定她们有意邀请哪些"新人"入会。1月初,每位"新人"将陆续收到一系列邀请函,接下来的两晚,她们将拜访对应的联谊会。一些新人会收到"满额"(也就是全部 22 封)邀请函,但只能拜访其中 16 个联谊会,因此,她们就必须做出选择。这些新人可以每晚拜访八个联谊会,每个用时半小时,她们会对各联谊会做出评价,同时接受对方的评价。接下来就是筛选,筛选后,每位新人会收到数量更少的回访邀约。与此同时,她们也会在心目中选出自己最有意加入的对象。接下来,又会组织一轮派对,并派发新一轮邀请函——这一次所有活动都会浓缩在一个晚上举办,即所谓"八派对之夜"。在"八派对之夜",一位新人最多能够参加八个时长 45 分钟的派对,并进行同样的双向评价,只不过这一次派对时间更长些。当然,参加每个派对的新人较之先前会更少,因此联谊会成员和准成员的接触能够更加深入。然后又是双向筛选,筛选后是所谓的"四派对之夜",在"四派对之夜",一位新人最多能够参加四个时长一小时的派对。这轮双向考察较之先前更加细致。然后又是更多的筛选。最终,新人们迎来了"意向之夜",每位新人在"意向之夜"最多参加两个时长 75 分钟的派对。到了 2 月,各联谊会将发出正式邀约,走到这一步的每一位新人都将做出最后的决定。你一定会注意到,每一轮派对持续时间都比上一轮更长,而参与每一轮派对之夜的候选人也都更少,因此,每一轮双向考察的强度都会大大增加。这个过程相当艰苦,只有大概 800 位新人能够历经重重筛选最终找到"归属"。我必须承认,现实中真是再难找到这样生动的例子,能够如此契合并行阶梯扫描的精神了!

"民可使由之不可使知之"

  Jumbo 开发完成一段时间后,我让一位学生重启该项目,将其沿多个方向继续推进。关于程序原理的细节探讨让我意识到,Jumbo 的工作隐含着一种非常基本的日常认知活动,即词语知觉。具体地说,我们只

94

前言 2 心智对象的无意识杂耍

需冻结所有字母的原始排序，Jumbo 的工作就是找出它们该如何"组装"在一起。

阅读时这种多层组块加工显得毫不费力，人们因此对其一无所知。但只消想象一下"distract"这个单词：它可以被看成"di-stract"，也可以被看成"dis-tract"，还可以被看成"dist-ract"。我们是如何在几分之一秒的时间内将它装配起来的？又或者，当屏幕上单独闪现"weeknights"这个单词时，我们是怎样知觉它的（见图 2-0）？

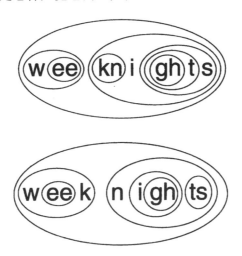

图 2-0 人们读取单词时，其成分即字母在他们眼中迅速以分层的方式黏连起来。上图显示了"weeknights"这个串的两种合理的读取方式，任意两个组块结构（字母或"团块"）中心间的距离代表它们的关系有多紧密（显然，关系越密切，则距离也越近）。

甚至对更为简单的单词"nights"的知觉也涉及相当程度的层次复杂性。看上去这个单词的后四个字母构成一个单独的辅音单位，但这个单位又可以进一步划分为两个部分：在"ght"后面跟着"s"。这还没完："ght"也不是一个基本组块，它由组块"gh"和组块"t"构成。这已经够复杂的了，但知觉"nights"还有一种完全不同的方法。也许个体字母"g"和"h"的"辅音性"会让我们误以为当它们合并为组块"gh"时也只能扮演一个辅音，但是，为什么"igh"就不能是一个大的元音组块，

105

概念与类比
模拟人类思维基本机制的灵动计算架构

就像单词"high"中的情形那样？这样一来，该元音组块将进一步划分为"i"和"gh"（再次见图2-0）。

所以一个读者是怎样流畅地知觉"nights"这个单词的？纯靠内省无法回答这个问题，因为在系统的底层，大量极细粒度的事件正并行发生。我怀疑一个熟练的读者对单词"nights"的知觉包含某种无意识的融合，其中"igh"在某种程度上被视作一个元音单位，而与此同时"ghts"在某种程度上被视作一个辅音单位。这样一来，团块"gh"就必须处于一种不确定的、概率性的或变幻无常的状态，否则这种融合就不可能发生。但这需要在实验室中仔细地加以研究。显然，以现实手段为这种认知现象建模将需要投入无比的机巧与智慧。

这种多层"黏连"遍布我们的日常阅读活动，如果能意识到这一点，就能在此基础上找些乐子。有一次我开车经过密歇根州的康科德（Concord），瞥见路边一块牌子，上书"康科德北城大道"（N. ConcordRd.），这几个字让我脑子猛一激灵，然后我意识到它们可以这么排：NCO—NCO—RD—RD。这很类似于对"hotshots"这个单词的非标准化解析——"hots-hots"，或将"no nonsense"解析为"no-no-nse-nse"。象形文字中也不乏这样的例子——《论语·泰伯》有云：民可使由之不可使知之。对其采用两种断句方式会产生截然不同的意思。因这种简单重组产生的歧义简直浩如烟海，令人惊讶的是，我们很少注意到它们对日常理解与沟通的影响。

我与密歇根大学的一位学生——亨利·韦利克（Henry Velick）合作，花了一些时间对 Jumbo 进行改良，想要开发出变体"Toreador"。"Toreador"不依赖任何内置词典，这个程序使用作为 Jumbo 核心的并行概率"黏连"技术，旨在接收一个冻结顺序的字母序列，并以最有可能的方式对其分层进行组块。尽管不久后亨利的离开让这个项目悬而无果，但在未来它仍然是一个值得付出思考与努力的方向。

与学习无关？

我们在 1983 年春写成了一篇关于 Jumbo 的论文，在同年 5 月于伊利诺伊州蒙蒂塞洛举办的机器学习研讨会上做了展示。然而，受会议公报篇幅所限，我只能大幅删减原文，这样一来许多观点就只能点到为止了。虽然会议公报收录了改动后的论文，但在汇编成书时（Michalski, Carbonell, & Mitchell, 1983）又将其删去了。显然，编者认为 Jumbo 与学习关系不大或干脆与学习无关。我当然对这一评判不以为然，但对他们无视其中关联之举也不感到意外。不论如何，未经删减的原文将在略作补充与调整后，作为本书第 2 章呈现给读者。当年的参考文献列表也原封未动，并未纳入新近的相关研究。

第 2 章

Jumbo 的架构

侯世达

概念与类比
模拟人类思维基本机制的灵动计算架构

> 从猜测报纸刊载的字谜
> 到筹谋帝国推行的政策，
> 一切过程皆归于此类。
>
> ——威廉·詹姆斯，《心理学简编》（1892）

前言：Jumbo 不是酱爆

Jumbo 不是酱爆，而是一个人工智能研究项目，它的意图十分具体，动机又高度抽象。与其并行推进的一系列研究项目分别专注于同一长期目标的多个方面（Hofstadter, 1983b），该长期目标实质上就是证明认知与"深度知觉"的等价性——所谓"深度知觉"，指的是那些不与特定模态（感觉通道）相对应的知觉层级，涉及挖掘一系列高度抽象、通常无法诉诸言语的范畴（Schank, 1980; Hofstadter, 1979, 1981, and 1982c）。本文主张，智能是从海量并行过程的彼此交互中涌现出来的，我们对这些毫秒级的过程无法加以内省。自上述观点可以提炼出一句简单的口号："认知就是认识"（cognition equals recognition）。

当下人工智能领域的绝大部分研究都或明或暗地反对这一理念。赫伯特·西蒙（Herbert Simon）是对立观点最有影响力的倡导者之一。他声称（Simon, 1981）一切值得关注的认知过程都具有 100 毫秒以上的时间尺度，以此为标准是因为一个人认出妈妈（或奶奶）差不多就需要这么长的时间。根据这一见解，大脑中海量低层并行事件构成了认识或知觉，而那些试图分析或再现这些微观事件的认知科学家们完全是在浪费时间。他们本应该关心那些宏观的、可观测（以及可内省访问）的串行加工过程：我们可以毫不费力地在脑海中觉知这些过程，并称之为"思维"。事实上，西蒙曾在一次谈话（Simon, 1982）中指出，知觉涉及的数十亿神经元和二极管中同样巨量的电子所扮演的角色并无本质不同。这一论断无疑表明了西蒙的立场：隐喻地说，关于大脑活动存在一个对应"欧姆定律"的描述水平，因此可以完全合法地回避或忽略思维过程的一切生物基底。

西蒙绝非持这种观点的唯一一人。事实上这种信念一直以来都大行其道，以至于我们必须一再强调，在人工智能领域，深度知觉（Bongard, 1970; Hofstadter, 1982d）仍是一个尚未解决，甚至在很大程度上尚未被触及的问题。深度知觉（即"认知就是认识"这一口号中的"认识"）与低层级视觉和听觉间存在天壤之别，它指的是句法感知与语义范畴相互作用的那块模糊区域。在我看来，这个句法—语义转换区是所有智能的核心奥秘。在我们有能力制造会学习的机器之前，必须首先理解概念是如何构造、处理及相互比较的。因此，Jumbo 只是一个更为雄心勃勃的学习研究项目的前奏而已。

Jumbo 程序和 Jumble 游戏

Jumbo 的具体设计意图是模拟人类的一种能力，我们在玩报纸上一种有名的变位词游戏"Jumble"时就得用到这种能力（Arnold & Lee, 1982）。Jumble 游戏（见图 2-1）要求人类玩家用少量给定字母组成一个英语单词。Jumbo 系统则赋予计算机使用给定字母构造（"类英语单词"的）备选答案的能力。

Jumbo 没有内置的英语词典，它的构造工作完全通过参考其知识储备进行，这些知识包括在英文中字母如何构成元音/辅音音丛、音丛如何构成音节，以及音节如何构成单词。Jumbo 的工作是建构性的：一开始只有孤立的原子单位（字母），它会将这些原料逐渐揉捏成团，形成概念性的分子或组块，它们对应不同的层级，如音丛、音节和单词。

为什么不使用内置词典？因为让程序查询词典和我想要模拟的思维过程一点关系都没有。Jumble 游戏玩得多了你就会发现，"类英语单词"在脑海中的闪现往往极其迅速、毫不费力，且会自发地向其他"类英语单

概念与类比
模拟人类思维基本机制的灵动计算架构

词"流畅地变换。那些老玩家甚至完全意识不到这个过程。他们对其从不加以引领，只袖手旁观。这个游戏的魅力在于，人们想出的大多数备选答案本身并不是真正的英语单词，但它们乍看上去很"对头"。心智如何使用十分有限的知识储备（关于类英语单词的局部构造），自发且无意识地将零碎的部分组装成连贯的整体？我对该构造过程的这个部分非常好奇。

图 2-1　一个典型的 Jumble 游戏，但也有其相当"非典型"的一面

至于这个过程相对次要的部分，也就是验证一个构造出来的"类英语单词"是否在词汇表中真的存在，我就不感兴趣了。将大部头词典加入一个程序的知识库当然没什么问题，但我们的初衷并不是开发一个词

第 2 章　Jumbo 的架构

语游戏专家系统——游戏本身是无足轻重的，值得严肃对待的是玩游戏时的建构和变换等心智过程，Jumbo 的使命便是对这些过程进行模拟。我们希望将这些高度抽象的过程（以及允许其流畅融合的架构）浓缩成某些理念，应用于更为复杂的领域。

Jumbo 的任务领域有何意义

用一种"合乎英文"的方式重新排列几个字母，这事儿有什么意思？事实上，虽说 Jumble 游戏本身无足轻重，但玩 Jumble 游戏的过程却例示了人类智能一个极其重要的方面，那就是我们的心智杂耍般地对众多"碎片"进行有效组织，实验性地将其装配成各种更大的组块，试图令其更新颖、更有意义，也更强有力。（一个简单的例子是我刚才将原文中"更强有力，更有意义，也更新颖"三个短语的顺序调整了一下，这样它们读起来会稍微顺畅些。一个复杂些的例子是，在这篇关于 Jumbo 的论文完成十年后，为了提升其逻辑顺畅度，我将本节全部内容——当然除了括号中的这段注解——与下一节，即"Jumbo 所依赖的两个基本类比"彼此对调了。）多层级的切割、拼接、重组、顺序调整和重新排列——对所有类型的创造性活动而言，这些操作都渗透其中，不论是音乐、艺术、文学作品的创作，还是新科学思想的发明或发现。因此，这些操作对生成最为重要、最具创新性的理念相当关键。

此外，知觉过程的本质也是用碎片建构出较大的单元，心智会在不同层级形成暂时性的结构，并试图用永久性的范畴适配这些结构。因此，摆弄字母、尝试以其构造合乎逻辑的结构，这种活动与知觉密切相关。以下我们将较为细致地解释这一观点。

对任一类型的时间性感知——如听觉（特别是聆听语言或音乐）——而言，虽说感知资料在所有层级都有其固有线性顺序，但其不同成分间的界限并没有直接明示出来。要找到这些界限，系统就必须试误。最低层级（对应最短时间单位）的合理猜测有利于构造较高层级的正确组块。如果系统在每一层都猜对了，就能第一时间装配出其孜孜以求的顶层结构。而另一方面，整个过程必须得到良好的组织，使其能够迅速应对任一层级可能发生的错误，就像应对合理的猜测那样轻松自如。这是一个相当复杂的问题。

而对任一类型的非时间性感知——如静态视觉（对不变的场景，如一幅画或一张照片的知觉）——而言，感知资料不存在固有的扫描顺序，因此决定各层级不同成分的界限就要更为复杂些。尽管如此，本质上这仍然是一个用碎片装配宏观知觉结构的过程。

任何种类的知觉都包含大量往复运动，也就是说，其混杂了暂时性结构的装配、解构和重组。一个系统要执行这种类型的任务，其架构就必须包含海量微观决策，涉及彼此独立的过程如何交互、不同结构如何组合或分解、什么东西构成的结构更加稳定，以及当旧有结构看似不合理时有哪些简单的生成新结构的方法，诸如此类（Lea, 1980; Hanson & Riseman, 1978; Waterman & Hayes-Roth, 1978）。

Hearsay II 言语理解系统（Reddy et al, 1976; Erman et al 1980）便是采用上述架构的一个复杂例子。事实上，这个程序对我的观念产生了有力的影响。Jumbo 是搭建这类架构的另一次尝试，不过它清晰地针对问题的理论层面，而非像 Hearsay 之类的大规模系统那样致力于解决实际问题。聚焦于理论是 Jumbo 的任务领域如此微观的一个原因：毕竟理想化的问题更易于分析。

Jumbo 所依赖的两个基本类比

Jumbo 所采用的策略基于两个类比，其一是活体细胞内复杂分子的合成（Lehninger, 1975），其二是混沌世界中友谊或爱情等人类纽带的建立。我们先来谈谈前者——"生物类比"。

原子是活体细胞功能结构的最低层级，我们可以将不同种类的原子想象成不同的字母。在原子层以上，是许多非常小的原子团和分子，如水分子（H_2O）、氢氧根离子（OH^-）、二氧化碳分子（CO_2），等等。这些小分子是不同原子由最强的化学键——共价键彼此结合形成的，我们可以将其想象成相当紧密的辅音音丛（如"th""ng"或"ck"）。细胞内再往上一层是更大一些的分子，比如说氨基酸，它们的成分包括各种原子和紧密的小分子（H_2O、OH^-以及CO_2等），这些成分彼此结合，但相对没那么紧密，我们可以将其想象成更高一层的音丛，如"thr"（由"th"和"r"构成）、"ngth"或"cks"。再往上走，不同的氨基酸分子借助更弱的"肽键"线性结合为链状，形成多肽链（一条多肽链很多时候就是一个完整的蛋白质分子），我们可以将其想象成音节（一个音节很多时候就是一个完整的单词）。事情还没完：继续往上走，正如许多种类的蛋白质分子是由多条多肽链结合而成的那样，许多单词也含有多个音节。当然，如果我们将这样一个结构置于外部压力之下，其"自然断点"首先会出现在那些更高层级的成分之间，当然在某些不同寻常的情况下，更低层级的"键"也会断裂开来。不同强度的"键"结合出灵活的多层结构，且在压力下存在"自然断点"，这便是Jumbo的核心理念，我们很快就会明白这一点。

细胞中的分子不是在什么"中央工厂"里生产的，而是在细胞质中合成的（细胞质指细胞膜内核区外一切区域的所有物质）。合成任一种类的分子都有标准的化学路径，其可能包含零敲碎打的数十个步骤。特定路径在细胞质中表现为一系列彼此分离、独立、并行的装配过程。这些物理上彼此分离的过程不分阶段，也没有任何同步性，而是完全自行运作，对彼此的进度毫不关心。这很像Jumbo中字母非同步地彼此"黏连"为高层结构的过程。然而，在详细论述这一过程前，我想先简单地描绘一下Jumbo所依赖的第二个类比——"友谊类比"（或许称之为"爱情类

概念与类比
模拟人类思维基本机制的灵动计算架构

比"更合适,因为我在构思这一类比时满脑子都是人与人之间如何建立浪漫关系)。

社会关系的"基本粒子"是人类个体,在这一层级之上,是由两个人类个体组成的"分子单元"即夫妻。再往上走,不同夫妻间会建立良好的社会关系,形成更大的社交群体。然而,这一隐喻的重点不在于社会结构的多层性,而在于任一特定层级的人类纽带("键")是如何形成的。这种形成方式往往与时间相关联。我们将主要以爱情关系为例,基本观点是:两个人类个体需要实施一系列实验(或者用更能唤起共鸣的方式来说,需要经历一段时间的"调情"和"接触"),以决定是否与对方建立爱情关系。

能否迈出第一步,显然在很大程度上取决于所谓的"因缘":这两个个体是否有机会足够接近,以致彼此注意(或至少让一方能注意到另一方)?如果两人始终天各一方,那无疑是没希望了;相反,如果他们的圈子重叠得很厉害,那么最初的注意(假如彼此留下的印象还比较积极的话)就有可能埋下爱情关系的种子:这将擦出一簇"火花",让双方产生进一步了解的愿望。假如这段关系熬过了相互试探和调情的最初阶段,双方就开始彼此"痴迷",但尚未最终确定关系。下一步是频繁的约会("接触"),这能让两人更加严肃地了解到自己与对方待在一块儿是否舒心。经历了这一重考验之后,真正的"爱情关系"就最终确立了。当然,这还没完,再往下一对情侣将修成正果,建立起所谓的"婚姻关系"。

爱情关系并非牢不可破的。一些爱情关系之所以破裂,是由于内在压力所致;而另一些则应归于外因(比如说出现了一个看上去更加称心如意的对象)。当爱情关系的一方面临一个极具魅力的"新选项"时,他/她就必须对许多因素严肃地加以权衡。经过权衡,爱情或婚姻关系有时候会维系下来,有时候则不会。这完全取决于一系列微妙的因素,包括婚姻的内在"幸福感"、潜在对象可能带来的愉悦,以及社会文化对于离异的总体态度。如果社会文化对于离异极不认同,那么无论是夫妻关系不和还是第三者插足都很难动摇婚姻关系的根基；但如果社会文化对离异相对宽容，则柴米油盐的小事也可能成为劳燕分飞的导火索。

在活体细胞中情况也类似。不同层级的分子时常发生裂解，大分子还原成微观成分，这些成分又组装成新的分子。在分子水平，这种分分合合便是生命的关键。分子往往不会自发地组装与裂解，这些过程是通过酶的催化作用介导的。酶本身就是复杂的分子，更有意思的是，它们其实也是蛋白质：同一类型的对象既是建构者也是被建构者，这就构成了一个怪圈，但我们可以暂且忽略这一点。"生物类比"的关键在于以下事实：任意类型的操作都由特定类型的"主体"实现，出于同样的道理，任意类型的分子裂解都由特定种类的酶执行。

Jumbo 与并行结构

Jumbo 是一个并行系统，然而，根据上述"生物类比"，Jumbo 的并行结构与标准意义上的并形结构极为不同。在活体细胞中，许多代谢活动在不同的空间位置同时发生。任一特定代谢活动，不论是合成代谢（涉及化学键的合成）还是分解代谢（涉及化学键的断裂），都是由一种酶执行的。一种典型的合成代谢酶的工作是将两个分子结合在一起，但这些酶是如何找到相应分子的？这种酶的分子上有两个被称为"活性位点"的裂口，它们只与类型正确的分子相匹配。大量酶分子在细胞质中四处游荡，一旦撞上与其活性位点相匹配的分子，就会附着上去，然后，这两个分子就一同晃悠，直到酶分子的第二个活性位点得到类似的随机填充。此时，酶就被激活了。它将执行连接操作并释放相应的化学产物。随后，该化学产物本身又可能成为其他种类的合成代谢酶的潜在材料：它们会将其他东西"嫁接"到它上面去。这样，越来越大的结构就以某种随机的方式从更小的成分中产生出来了。然而，尽管这一过程有其随机性，精细化学路径所定义的特定建构任务（如克氏循环，也被称为"三

概念与类比
模拟人类思维基本机制的灵动计算架构

羧酸循环")还是能够执行得高效而可靠。

Jumbo 的并行结构和活体细胞的这种分布式并行结构很像,一个明显的区别在于 Jumbo 由一台串行计算机运行,因此其并行结构是虚拟的。然而,我们也可以对 Jumbo 进行一些微调,使其适应恰当的分布式并行计算架构。

"火花"与亲和力

一开始,输入 Jumbo 的所有字母都还"单身",它们渴望得到关注。是什么决定了谁将与谁调情、接触、建立关系?本质上,这一切都是随机的,正如真实生活中的情形那样。如果我们想将 Jumbo 的运行机制视觉化,不妨想象一下字母们悬浮在一个充满液体的空间中,该空间便是 Jumbo 自身的"细胞质"。如果两个字母距离足够近,他们就能"发现"彼此,也就有了擦出"火花"的可能性。

那又是什么决定了小小的"火花"有多强的生命力?一开始,当所有的字母都还没有彼此附着时,决定因素是纯粹的"亲和力"(或者说,"化学特性"。这是一个有趣但不失正确的大众化隐喻)。比如说,"s"和"h"(依此顺序)会强烈地彼此吸引,但反过来排列,它们却不会产生任何化学反应。

顺道说一句,千万别以为"h"和"s"能以"hs"的顺序出现在某些英文单词内部(如"withstand""booths"),就误以为按这种顺序排列时它们间也有亲和力。虽说如此,这一现象也挺重要,值得仔细分析。关键不在于毗邻,而在于组块。比如说,以单词"withstand"为例,其中"h"显然是"with"的一部分,而"s"显然属于"stand"。这两个字母间的关系不会比同一家宾馆两间相邻客房中偶然背靠背隔墙而立的两位住客更加紧密。而单词"booths"则是另一种情形:"h"和"s"之所以相

第 2 章　Jumbo 的架构

邻，不是因为它们本身构成了一个组块，而是因为它们都是一个由音丛"th"和字母"s"构成的组块的成分。同样的，在像"gashouse"或"mishap"这样的单词中，"s"和"h"尽管看上去像是构成了一个"sh"组块，但其邻近性完全是巧合，因此并无意义。

和人与人之间的情形类似，亲和力并不是全或无的。一些字母强烈地彼此吸引（"n"和"g"），一些字母间的亲和力较弱（"d"和"w"，如"dwell"中的情形那样），还有一些字母彼此完全"无感"（"j"和"x"）。不同字母（及团块）间存在不同程度的自然亲和力。

Jumbo 关于亲和力的知识存储在一个永久性的静态数据结构中，我们将其笨拙而形象地称作"组块表"。这个表格是我基于对自己玩 Jumble 游戏时将不同字母以特定顺序黏连在一起的倾向程度的个人内省填制的。为帮助读者形成直观印象，我们从中摘取两段展示如下：

sc: initial 2

sh: initial 8, final 8

sk: initial 4, final 4

si: initial 5

sm: initial 5, final 2

sn: initial 2

sp: initial 4, final 2

s-ph: initial 2

sq: initial 3

ss: final 5

st: initial 8, final 4

str: initial 3

sw: initial 3

oa: initial 2, middle 4

oi: middle 4

119

oo: middle 5, final 2

ou: initial 2, middle 3

ow: middle 3, final 3

oy: final 3

其中,"sp: initial 4, final 2"这条记录的意思是,当我们将"sp"视作一个潜在的词首（initial）辅音音丛时（其位于一个音节开始之处,如"spit"中的情形）,赋予其吸引力评级 4；而当其作为一个潜在的词尾（final）辅音音丛时,吸引力评级为 2。与此类似,"ou: initial 2, middle 3"的意思是,"ou"作为潜在词首元音音丛时（如"our"或"out"中的情形）,其吸引力评级为 2；当其作为潜在中间元音音丛时（其位于两个辅音音丛之间,如"flour"或"shout"中的情形）,吸引力评级为 3。

需要注意,一些音丛包含三个字母（表格中甚至还有一些含四个字母的音丛）。比如说这条记录——"s-ph: initial 2",显然指向可能的音节,如"sphere"和"sphinx"。短横线意味着我从概念上将"sph"区别出了两个成分,也就是"s"和"ph",而另一种区别方式（即将其分成"sp"和"h"）是不可能的,即便"sp"和"h"分开来看都没有什么问题。相比之下,"str: initial 3"这条记录中没有短横线,这意味着我们既可以将其视作组块"st"与字母"r"的联合,也可以将其视作字母"s"和组块"tr"的联合。

我需要再次强调,组块表中的数值均源于我自己的直观感受。对于没有使用客观的频率分析或心理学实验来确定这些数值,我并不感到愧疚,这里面有两个原因。其一,正如我先前强调的那样,Jumbo 的设计意图并不是创建一个玩变位词游戏的专家系统,而仅仅是抽象地模拟心智范畴的流畅变换,因此这些数值是否"确实正确"（不管"正确"是什么意思）并不重要。其二,Jumble 游戏的老玩家脑袋里显然不存在一个吸引力评级的精确数值表,相反,他们有的是关于特定字母间亲和力的主观感受,因此,一套我自己的粗略主观评估完全忠于相应的心理学事实。显然，假使我完全随机地分配吸引力评级数值，程序的行为就会完全不可理喻——就像是让火星人玩 Jumble 游戏。那样一来，我们就无法对这一程序进行评价，它也就毫无价值可言了。因此，我尽可能完善地设置了吸引力评级数值，使得程序能够产生看似合理的行为反应，但除此以外的事，我就不再操心了。

"代码子"和"代码架"

不同字母组合的亲和力存在很大的差异，因此一些"火花"生命力较强，一些较弱，还有一些则根本存活不了多久。但"火花"在计算上到底是什么意思呢？

一个"火花"是一个稍纵即逝的简单数据结构，包含了谁与谁"来电"，以及它们擦出火花时具有何种排列顺序的信息。在产生一个火花的同时，与其相关联的一小段代码（即"代码子"）也会产生出来。该特定代码子会被置于"代码架"上，后者是一个队列式结构，一系列代码子在那儿静静地等待被系统选中运行。（术语"代码架"旨在帮助读者建立起一个类似于衣帽架的意象：我们会一直把衣服往上面挂，并不时从架子上说不定什么位置把某一件或某几件衣服取下来。）如果上述特定代码子被选中运行，它会对与其相关联的火花审查一番，评估其生命力，就给定字母组合实验性的"爱情关系"是否值得进一步深入下去提供建议。如果构成当下组合的各个字母在"调情阶段"发现彼此对不上眼，它们就会"和平分手"，每一个又可能与其他字母擦出火花。反之，如果它们两情相悦，代码子就会创造出彼此间的"痴迷"——它们的爱情关系将由此迈入下一个阶段。

代码子的工作可不仅止于此，事实上，Jumbo 中所有的进程都由代码子执行。因此，在任意给定时点，代码架上都能找到所有类型的代码

概念与类比
模拟人类思维基本机制的灵动计算架构

子，问题是要先运行哪一个。每一个代码子都关联于一个数字，也就是它的迫切度。系统对"接下来运行哪个代码子"进行随机的，但同时又是加权式的选择。也就是说，一个代码子的迫切度与其接下来被系统选中运行的概率成比例。因此，如果一个代码子的迫切度是 10，它接下来被选中运行的概率就将五倍于另一个迫切度为 2 的代码子。但系统不保证前者必然先于后者运行：一切都是概率性的，我们只能在统计意义上说那些更"该"发生的确实更"常"发生。

如果代码架上碰巧有 100 个迫切度均为 1 的代码子和一个迫切度为 10 的代码子，那么即使迫切度较高的代码子确实是接下来最有可能被选中运行的一个，它真的被选中运行的概率也只有 1/11。迫切度较低的 100 个代码子之一被选中运行的概率十倍于此，尽管先验地说，它们中任何一个成为那个幸运儿的可能性都微乎其微。

无论何时，只要一个代码子被选中运行，它就将被移出代码架，但会留下两种痕迹：一是它在细胞质中导致的变化，二是它置于代码架上的后续代码子。代码子的这种自蔓延（self-propagating）特性使系统能将漫长的执行过程划为许多彼此分离的步骤，其中每一步都能设定自身可能的延续方向，就像大量彼此独立的步骤构成细胞中的长链式化学反应那样。

阶梯扫描的概念

干嘛要这么麻烦，先是擦出火花，然后彼此痴迷，再（可能是）相互接触，凡此种种？为啥不干脆将所有一切一次性彻底核实？这很难，因为存在实时压力。要确定两个人或两个事物彼此相合的程度，往往需要耗费大量的努力。如果当下的组合是唯一可能的，那时间当然不成问题。但是，如果可能的选项有很多，需要去排序和决策，问题就产生了：

第 2 章 Jumbo 的架构

我们必须在第一时间确定自己要避免的情况——不加甄别地对所有可能的组合施以同样程度的探索，而后才决定其中哪个最合心意。

这就像在逛书店，你会取下书架上第一本书，逐字逐句读完，然后读下一本吗？当然不会。我们绝不能允许自己行此荒谬之事。许多方法都能帮助人们快速忽略自己不感兴趣的图书，同时追踪那些可能更合适的作品。这就是阶梯扫描的理念：并行调查许多可能性，推进至不同深度，尽快抛弃那些不好的，同时高效而准确地追踪那些好的。（阶梯扫描这个术语是我提出来的，但其大致理念已在 Hearsay II 程序中得到了内隐的体现。）

阶梯扫描分步骤运行：首先是非常迅速的浅层测试，只有通过了这些测试的进程才能继续下去。每一个新步骤包含的测试都更为精细，计算成本也更为高昂。不论如何，特定进程都只有通过重重考验才能接受后续步骤的测试。此外，"通过测试"不是一个全或无的概念，每一次测试都会给出一个得分，显示依此路径行至当前步骤时调查所呈现的前景。系统会使用这个得分决定后续代码子的迫切度（如果得分高到确实有必要执行后续代码子的程度）。这就为评估可能组合的质量提供了所需的层次性。

如果系统（在硬件层面）具有真正的并行结构，则项目数量越多，并行测试就需要运行得越快。反之，如果系统在硬件层面是串行的，则构成"并行调查"的一系列测试就必须交错进行，以同步探索诸多可能性，其中一些在测试较早的步骤中，另一些则在扫描过程的后续步骤中进行。这就是 Jumbo 所采用的策略。

在一个具有并行硬件的系统中，如果某个进程被判定为比较重要，系统就应该为其分配较多的算力，这样较之同步运行的其他不那么重要的进程，它就能完成得更快些。因此，在运行一个进程时，如果它看上去很有前景，就能向系统要求得到更多算力；反之如果它看上去没什么

概念与类比
模拟人类思维基本机制的灵动计算架构

特别的，系统又能要求它释放算力。在 Jumbo 的虚拟并行架构中，这种运行速度的动态调整是通过将每一个进程分割成小块（代码子），并为每一段作为其成分的代码子分配不同水平的迫切度来近似地实现的。如前文所述，每一个步骤都设定了后续步骤的迫切度，这样一来，系统就能根据其对当前进展的评估，时刻调节一个（包含多个代码子的）漫长过程的整体运行速度。

因此，Jumbo 的工作方式是，它会以模拟的并行方式检查大量可能性，让那些看似更有前景的运行得更快些，希望精准快速的测试能够剔除明显不合适的组合，让数量更少、运行更为缓慢、探究更为深入的测试出于某些更为微妙的原因剔除另一些组合，以此类推。上述筛选测试可在任意时间尺度上运行，这与爱情关系很相似：堕入情网的双方会以各种方式彼此检验，从十分之一秒级的"一见钟情"（它往往很重要），到持续多年、充满焦虑和怀疑的深度相处。

有些研究者或许会反对阶梯扫描的理念，因为它有时可能达不到预期的目的，这表现在一些极有价值的组合会被仓促的测试过滤掉。就像一篇极有价值的科研论文没准会因为标题中有一个拼写错误而在初审时被直接拿下，或者你逛书店时可能错过一部伟大的作品，只因其选择的字体不太讨喜或封面设计的水平不足。我们有无数种场景佐证上述反对意见。然而，在绝大多数情况下阶梯扫描的原理是有效的，只要它的实现方式足够仔细——也就是说，只要测试不至于过分简单粗暴，或仅专注于细枝末节的话。

对我们来说幸运的是，生活具有许多特性，不仅使得快速过滤成为可能，而且令其相当合理、可靠。要是一篇论文致力于论证大地是平的，编辑立马就能相当自信地发出退稿函。你也能十分合理地确信自己不想为一本书埋单，只要它的主题你从来不感兴趣，或它是用一种你压根不懂的语言写成的。在感情关系中，大多数人都能通过一系列快速而有说服力的测试，根据性别、年龄、外貌、着装风格、生活习惯等能够快速感知的方面，选定极少数可能进一步交往的对象，忽略其他所有的选项。

如果生活不是这样，人们对自身命运的掌控程度就将大大降低。每时每刻，我们都会感受到周遭潜伏着数以百万计丰富的可能性，但却完全没法真正看清什么：不存在有提示意义的浅层线索，只能被动感受，干着急。然而，演化为我们内置了一种机制，保证了快速过滤的有效性。因此，在所有能够加以探索的可能性中，只有一小部分会吸引我们的注意，这让我们得以忽略绝大多数可能占据注意资源的内外部事件。对大多数广告、书籍、人物、音乐、广播和电视节目，乃至国家和地区——简而言之，对世界上大多数事物我们都能做到盈目不视、充耳不闻。我们实在是无法事无巨细、深入探究每一事物，而幸运的是，想要很好地生活下去，我们也用不着这样去做。

字母间的爱情

这就是 Jumbo 背后的理念：一开始，字母们会彼此擦出火花，如果一切顺利的话，火花会转化为痴迷，而痴迷将生成一段代码子，该代码子运行时（假如它有幸被选中运行的话）会将给定的字母们"键合"在一起，形成一种新的结构，也就是一个团块。和字母一样，团块间也会彼此擦出火花、转化为痴迷，并键合在一起形成越来越大的团块。

两个给定项刚刚擦出火花时，另两个项可能已彼此痴迷，或许还有其他两个项已键合在一起形成了团块。尽管任意特定的爱情关系（对彼此相合程度的探究）都已经历了一系列顺序固定、精细程度逐渐提升的测试，但许多探究过程可能是并行的，且无需彼此协调。诸如"痴迷程度评估""火花生命力评估"，以及许许多多其他种类的代码子在代码架上混杂共存，互不冲突。

此外，没有什么能够阻止一个给定项与多个其他项同时擦出火花。

概念与类比
模拟人类思维基本机制的灵动计算架构

因此对一个以上的潜在配对方案实施并行探索是有可能的。在一定程度上，某给定项可以同时追求两段爱情关系，正如一个人也可以脚踏两条船一样——这当然不是说要与两个对象同时约会，而是可以通过交错安排约会时间维系两段感情的并行发展。不过，这种事总归是无法长久的：爱情关系发展到了一定阶段，就需要彼此间的认真承诺。对 Jumbo 而言，这意味着给定项的键合，特别是意味着团块的产生。

键、链、团块和膜结构

键合与黏连的过程旨在创造结构稳定、难以渗透且不易破裂的复合实体。作为这一过程的两个层级，键合与黏连间的区别既微妙又重要。两个相邻的结构通过一个"键"正式地结合在一起，这种结合具有某种强度。键合后，二者就会形成一条短链，这条短链的两端都可能与其他结构彼此键合，并以此方式进一步生长，直至将任意数量的项按线性顺序结合起来。维系一条长链的多个"键"可能强弱不一，且代表着不同类型的亲和力。一条链比一个字母更大，因此在某种意义上其作为实体也具有更高的层级，但它还不是真正独立的新对象，也不具有自身独特的属性。换言之，它并不具有同一性（identity）。造就同一性的是对应键合的另一个过程——黏连。

以外部视角观之，键合为线性链状结构的各个项仍是单独的客体——在一条长链的成分周围并不存在保护性的膜结构。因此，该长链内部彼此键合的各项可以自行对其偶遇的其他外部项"移情别恋"，就像那些漂浮在"细胞质"中的自由项一样。

下一步骤是黏连。一套彼此键合且足够合拍的项会被某种正式的膜结构封装起来，由此构成的团块便具有了更高的层级，其各成分项也不再那么容易"红杏出墙"了。另一方面，虽说此时各成分项相对安分守己,团块本身却能在其自身层级上轻易与其他对象擦出火花或陷入痴迷。截至目前,理解膜结构的含义及其在层级区分中发挥的作用极为关键。

以三个字母——"t""h""e"为例。在英语中,字母"t"与"h"的顺序排列天然具有强度很高的亲和力,因此,它们很容易彼此吸引,并因此键合形成短链"t-h"。由于元音通常倾向于键合辅音且反之亦然,在这条短链尾部的"h"可能继续键合自由项"e",形成三单元链结构"t-h-e"。但是,我们绝不能在该三单元链结构与两单元链"th-e"间划等号。要形成后者,就必须首先构造高层团块"th",然后再将该团块与字母"e"键合在一起(它们之间的键和先前"h"与"e"之间的键完全不同)。也就是说,需要引入额外的关键一步:将"t-h"链升级为一个辅音音丛团块"th"。这一步相当于将"t"和"h"封装在膜中,创建了一个层级较高,且具有自身独特属性的结构。

细胞质中的团块显然也是会与其他结构彼此键合的,一个团块的键合倾向取决于其自然属性,而后者通常无关于它含有哪些字母成分。比如说,音丛"th"的右侧会强烈地吸引字母"r"("组块表"中规定了这种自然属性),而单独的字母"h"对"r"却完全无感。因此,如果成分只是彼此键合成链,没有形成团块的话,要建构像"three"这样的单词是绝无可能的。

虽说一个键总是连接两个项,一个团块可以融合的对象数目就比较灵活了。多于两个对象的结合会产生"自然的"结构。举个例子,一个音节团块(比如说"broach")能够包含至多三个子成分:一个首辅音音丛("br")、一个元音音丛("oa"),以及一个尾辅音音丛("ch")。典型的团块包括元音音丛、辅音音丛、音节和单词。

为赋予团块特定同一性,系统会为细胞质中任何新形成的团块分配一个节点。团块的所有属性——不管是动态的还是静态的——都会被附加到这个节点之上,并可通过这个节点进行访问。这些属性包括成分、

概念与类比
模拟人类思维基本机制的灵动计算架构

类型（它是一个音节，还是一个单词，还是别的什么？）、"幸福感"（它是否完整？其各成分"幸福感"如何？），等等。（我们将在后面详细解释一个团块的"幸福感"是什么意思。）

打个最粗略的比方，如果某个项被封装到一个团块中了，就意味着团块外的事物无法再访问到它，如同正式的婚约（至少在理论上）会限制一个人的行动，不让他/她再去发展另一段感情。在这个意义上，我们可以认为新形成的团块实际上替代了它的成分在细胞质中原本的位置。因此，在一个新团块形成后，那些控制其成分项与其他对象擦出火花、陷入痴迷或彼此键合的代码子都将面临淘汰。不过，新团块的形成并不会触发系统对这些关联于其成分项的代码子实施"大清洗"：系统依然允许这些代码子在新团块附近转悠，只不过就算其中哪个被触发运行，它通常也只会如同风中之烛般转瞬即逝，不会造成什么影响。这个过程就好比你对某人颇有好感，却发现对方已有婚约在身，通常你也只能长叹一声，自行退却了。

当然，一个"幸福的"团块中某个成分与特定外部对象强烈地彼此吸引，因而威胁到团块的维系，这种事情也是可能的。是原有的结构得以留存，还是竞争者最终获胜，取决于现存团块的"幸福感"有多强。如果后一种情况发生了，连接旧团块的键就会瓦解，一个新的团块将建立起来。因此在 Jumbo 系统中就和在现实世界中一样，婚约的订立（团块的黏连）确实会限制其他爱情关系的发展，却无法将其完全禁绝。承诺的维系绝非仅因一纸契约，而是由于彼此的忠诚会带来真实的幸福。

单一的现实与多重并行的反事实沉思

并行的结构创建（黏连）过程让细胞质中团块数量越来越少、单个团块规模越来越大。（想象一个这样的细胞，其中所有酶的总目标是使用一套既有的原子，尽可能地组装出可维系程度最高的"化学雕塑"。这里"可维系程度"是一个复杂的概念，其关乎尽可能同时满足最多的审美标准。）因此，Jumbo 的设计意图是将细胞质的内容物从初始时一系列互不关联的字母转化为单一的最终结构——该结构由不同成分彼此连贯且分层地组建起来，并具备某种"单词性"（wordhood）。

与此类似，Hearsay II 程序也致力于从初始时无定型的一片混沌中创建多层结构，但有一个明显的不同：它会同时创建多个顶层结构，即关于对象所说内容的不同解读。采用相同逻辑的视觉程序将针对一个场景创建多个顶层解释，这一切都是并行实施的。

这种类型的并行处理在我看来极不可信。毕竟，我们从未经验过不同认知状态的叠加，即同时以两种或更多的方式看见（或听见）特定对象。确实有一些刺激会产生视觉歧义，如不断翻转的内克尔立方体、著名的"花瓶—人脸"或"兔—鸭"歧义图形，等等。但它们都无法佐证 Hearsay II 式的并行处理。我们虽然会在对同一幅双歧图像的两种解读间迅速来回切换，但认知系统绝不会将当前刺激的两种可能含义同时呈现出来。

这提示我们，尽管并行处理在将不同成分组装为单一连贯结构的过程中至关重要，但当加工过程的层级水平越来越高时，它与并行性的关联也将越来越小。Jumbo 的工作模式很好地反映了这一观点。随着不同结构的不断结合，系统的运行模式也逐渐从分布式、并行式转向局部化、串行化。最终，细胞质中只会有一个顶层团块。

因此，有一种特定类型的并行处理在 Jumbo 中是不存在的，也就是说，Jumbo 式的并行处理不会让系统在同一时刻有意识地持有两种彼此竞争且非常不同的成熟想法，或在同一时刻对特定对象产生两种彼此矛盾的知觉。在任一时刻，Jumbo 对事态有且只有一个整体解读（也就是它的细胞质当前的内容物）。另一方面，Jumbo 确实一直在对现实的不同备选解读（也就是细胞质的不同备选状态，其彼此间略有差异）进行并

概念与类比
模拟人类思维基本机制的灵动计算架构

行式的尝试和侦查——事实上，这正是 Jumbo 设计思想的核心本质。Jumbo 能够自由地尝试或沉思多种可能的反事实观点，只要它们"接近于"当下的现实，而非与其存在根本性的差异。这些沉思本身不会影响到细胞质的状态，因此它们也仅仅是沉思而已——正如我们常做的那些无果的白日梦。

然而现实生活中，我们确实偶尔会做一些极其诱惑的白日梦，或陷入某些极具感召的沉思，以致它们真能引导我们采取行动。同样，Jumbo 实施的沉思有时候看上去极具前景，以致真的会被系统加以实施。这样一来，我们讨论的过程就不只是沉思了，因为它真的会改变细胞质的先前状态（而不是并行地维持新旧两种状态）。可见，与 Hearsay II 不同，Jumbo 致力于创建对现实的单一理解，而非同时进行多种解读。

我们的两大基本隐喻都支持这一观点。在一个细胞里，同一个氨基酸分子显然不可能同时是两个不同的蛋白质分子的组件；在一段感情中，同一个人（通常）不可能被拆成两半同时履行两份正式的婚约。当然，即使在真正忠贞不二的婚姻关系里，对不同"爱情备选对象"的浅尝辄止（如试探式的挑逗，这甚至可能对许多人同时发出）也是很常见的。

所以，我们要区别两种类型的代码子。"沉思代码子"会思索一种未来的可能性，但不会真的加以实施；"行动代码子"则会改变细胞质以将某个思虑后的可能性付诸实践。因此，可以说"沉思代码子"对细胞质实施的是某种"只读"操作（如对可能产生的"火花"或"痴迷"程度进行评价），而"行动代码子"实施的则是"写入"操作（如创建、拆分、强化或弱化某个键）。

综上所述，在团块创建的早期阶段，Jumbo 的细胞质中充斥着大量零散的碎片，我们可以简单地认为大量互不重叠的处理正在其中同时进行（不管这种同时性是虚拟的还是真实的）；但是，随着团块的出现，以及它们的单个规模越来越大、数量越来越少，细胞质中的并行处理就逐渐让位于串行处理了，尽管对未来可能采取何种行动的并行沉思——也就是阶梯扫描——仍将不受影响地持续进行。

缺乏幸福感的团块和会哭的孩子

在任意阶段，Jumbo 细胞质中诸团块的"幸福感"彼此程度有异。所谓"幸福感"是一个适用于所有团块的数值测度，它由两个成分构成：内部成分指的是该团块作为一个广义概念（如"元音音丛""音节""单词"等）的特定实例在多大程度上满足这个概念的柏拉图式理念：维系其各成分的键有多强？这个团块是紧密而难以分割的，还是存在某些内部结构上的薄弱环节？外部成分指的是该团块相对于细胞质的当下状态：它是某个更大团块的一部分呢（亦即"有所倚仗"），还是不随附于任何结构（亦即"孤独无凭"）？

一个（比如说）居于"音节"层级的团块必须自问："我作为一个音节有多理想？"答案会是一个数值，其大小取决于该团块的完整程度、其各成分扮演预设角色的方式、不同成分间的亲和力（也就是连接它们的键的强度），以及——递归地——各成分的内在"幸福感"几何。

以"音节"层级的候选团块"thic"为例。作为一个可能的音节团块，它首先是完整的："thic"拥有满足"音节性"（syllablehood）要求的全部三个子成分——一个首辅音音丛、一个元音音丛，以及一个末辅音音丛。（其角色有点像婚姻关系中的"妻子"与"丈夫"，区别在于，并不是每一个音节团块都必须含有全部三个子成分，比如说"ing"，这是一个很好的例子，作为一个音节团块它的内在"幸福感"很强，但缺少了一个首辅音音丛。）然而，虽说完整，却并不能保证"thic"的内在"幸福感"足够强，因为其成分"c"尽管本身是一个很好的辅音，但作为末辅音却不是特别典型。相比之下，"thick"是一个内在"幸福感"很强的音节，

概念与类比
模拟人类思维基本机制的灵动计算架构

因为"ck"是一个足够典型的末辅音音丛。

内在"幸福感"不足时,一个团块就会开始"哭闹"。比如说,不完整的音节"thi"渴望变得完整,所以会"发出很大的哭闹声"。完整但"幸福感"不够强的音节"thic"也会"哭闹",但声音没那么大。这种"哭闹声"就好比报纸刊登的征婚启事,寻找配偶的人们会在上面公布自己的个人信息和具体要求。(稍后我们就将解释"哭闹"实际上是什么意思。)

在现实生活中,乔治可能会寻思:"我会成为一个多好的丈夫?"这时他并未同时构思一位特定的妻子。他可能会觉得自己完美地符合"好丈夫"的抽象标准,而不需要想象自己适合一桩什么样的婚姻。对团块来说道理是一样的。比如说短音节团块"in",以内在成分衡量,它的"幸福感"水平很高,但这并不意味着它就一定是"幸福的"——除非它被恰当地包含在一个更大的结构之内,否则依然可能以其他方式感到"不幸"——这就关系到我们前面提过的"幸福感"的外在成分。

任意团块"幸福感"的外在成分都是该团块与细胞质当前状态相合程度的函数。一开始,细胞质中漂浮着的所有字母都并不"幸福",但也谈不上"绝望",因为它们都是一条船上的蚂蚱——都还"孑然一身"。但是,随着一些字母键合成链、黏连成团,而其他还独自晃悠,一种新的"情绪"——嫉妒——就产生了。考虑下面这种情况:起初有四个孤立的字母:"a""b""o""t",如果后三个字母黏连为一个强大的音节"bot",被晾在一边的字母"a"的"幸福感"就将大大降低。一个字母"孑然一身"的时间越长,它的"幸福感"就越低,尤其是在其他字母都渐渐有了主,自己却还单身时。越是如此,它为了表达不满发出的"哭闹声"就越大。当然,这种情况不仅适用于"孑然一身"的字母,也适用于"孑然一身"的高层团块。

在Jumbo的细胞质中,某个对象的"哭闹"是通过增加该对象与其他项"擦出火花"的可能性来实现的。也就是说,系统会赋予一个代码子相当高的迫切度，只要它能让该对象登上"征婚列表"的前排。这对应着现实生活中的一句老话："会哭的孩子有奶吃。"或至少可以将其改写得更具概率色彩："哭得越响的孩子，越可能有奶吃。"

因此，"幸福感"是一个团块对自身实施的度量，包括其自我评估的内在稳定性，及其自我知觉的相对外部环境的"常态性"。Jumbo 的整体目标可以简明扼要地表达为：创建一个"幸福的"顶层团块。在达成这一目标的过程中，系统会不断受其所创建的中层结构的"幸福程度"的指导。

寻找给定 Jumble 问题的替代解

要是一个自下而上随机驱动的创建过程总能给出一个具有足够"单词性"的优秀候选答案就好了！但现实情况通常不尽如人意。因此，一定有什么办法能对已经创建完成的结构做一番处理，来去摆弄一番，以期在不带来太多额外麻烦的情况下发现更好的答案。你肯定不希望建立起一个完整的结构后，一旦发现它有些什么问题，又不得不将它完全拆碎，让创建过程重头开始：那样太低效了。显然，系统在创建次高层结构时已足够谨慎，因此遇见问题不尝试返回修改、直接全盘推倒重来无疑是鲁莽之举。

即使第一轮创建过程后得到的候选答案看上去真的超像英文单词（如"glinced"或"knooddler"或"wrovening"），该程序的人类使用者也可能会想看看用同一套字母组件还能拼出什么其他的东西来。使用者会出于任意评判标准拒绝接受 Jumbo 提出的类单词答案，他们可能不喜欢答案的发音，可能希望得到一个词典中存在的单词，也可能只是单纯地想要看看其他的可能性。不论寻求替代解的理由是什么，时不时地重启 Jumbo 令其重新排列同一组字母都是荒谬之举，因为它已经创建了许多

概念与类比
模拟人类思维基本机制的灵动计算架构

高质量的结构。幸运的是，程序会用各种不同的方式更加聪明、更加高效地摆弄已经创建出来的东西，由此尝试其他富有吸引力的可能性。

完全理性的决策和基于理性偏向掷硬币

Jumbo 架构中的一个关键部分是关于创建一个单词候选项后如何进行下一步操作的。此时，我们想尝试取消某些先前已经做出的决策。对传统的人工智能程序而言，一个关键的阶段就是返回取消某些先前的决策之时，其标准处理策略被称为"智能回溯"（Bobrow & Raphael, 1974）。程序会定位自身的上一个决策，将其取消，然后要么转向决策树在该节点的另一条路径，要么朝向最初决策的方向继续向前回溯，逐个取消先前的决策，直至得到一个看起来足够理想的条件，并在那个节点重启创建过程。

在任一节点选择决策树的哪一条路径当然需要抉择——这种抉择要么随机，要么理性。理性地抉择固然更为可取，但现实情况是，我们往往没有足够的时间或知识储备来理性地决定每一件事。况且，就连决策树上计算最为周全的路径也不能确保一定会导向我们想要的结果，在这种情况下，我们还不如随机决定，如此还能省去用于预测不可预测之事的宝贵时间。这就是随机抉择的优势——你只需快速而有依据地猜测一下，然后继续推进，看看最后将得到些什么。

这就是 Jumbo 的策略。不过，我们可不应该将其等同于"瞎猜"。虽说在决策节点的抉择是随机做出的，但其内置了强大的偏向性。选择每一条路径的概率并不是均分的，事实上，系统为那些相对明智的点子分配的迫切度通常较高，反之则较低。当然，这一点不能绝对保证。但我要再次提醒读者，先前提过，即使那些具有最高迫切度的代码子也不一定会最先运行。毕竟，随机就是随机。只不过，长远来看，事情的发展通常正如我们所期望的那样。无论如何，这就是我们设计 Jumbo 时所怀有的愿望。

上述愿望还有另一方面：如果程序随机选择决策路径运行，即使它选择大多数路径的概率都很小，所有路径也都还是开放的。相反，如果程序的每一步都基于固定的确定性策略运行，那么许多路径就会被先验地关闭。这意味着一个完全仰仗"智能"机制的程序可能根本无法发现许多创造性的点子。在很多情况下，偶然的探索可能柳暗花明，意外发现一些最有趣的路径，而在每个节点都坚持"最佳"方向的策略则未必。

此外，极简主义的控制结构能让系统顺利实施某些特殊的任务，这些任务会将高度复杂的控制体系彻底绕晕。控制机制越是复杂就越是脆弱，相比之下，基于概率的控制更有弹性，也不会过分在意哪些进程以哪种顺序运行。

Jumbo 中的变换

那么，当 Jumbo 创建出一个缺乏"幸福感"的伪单词时，有哪些可能的补救方法呢？基本上有两种类型的变换可供选择：保熵（entropy-preserving）变换和熵增（entropy-increasing）变换。我所说的"熵"指的是"系统知觉到的无序性"。因此，当细胞质中的字母全都"孑然一身"时，它的熵值最大；而当细胞质中只有一个"幸福的"单词团块时，它的熵值最小。保熵变换过程会维持团块数量不变，因此不会造成无序性的提升。反之，熵增变换会拆散团块，将细胞质推向更接近其初始时完全无序的状态。

保熵变换有两种基本形式，其中较为温和的一种称为"重组"（regrouping），也就是调整团块的内部边界，在不重新排列任何东西的情况下形成新的子结构。一些有趣的实例如：将"no-where"调整为

"now-here"、将"super-bowl"调整为"superb-owl"、将"week-nights"调整为"wee-knights",以及将"man-slaughter"调整为"mans-laughter"。另一种补救方法较为激进些,它被称为"重排"(rearrangement),也就是对构成团块的组件实施"洗牌"后,在原先的层级重新创建新的团块(在某种意义上,这与遗传算法中的洗牌过程彼此关联,相关讨论见Holland,1975)。而熵增变换相对于保熵变换要激进得多,它涉及解散(disbanding):系统会拆分居于顶层的键,或许还会对一些层级较低的结构重复这种该操作。最为激进的补救方法是将团块拆成基本单元,让创建过程重来一遍。

保熵变换

假设因缺乏"幸福感"而被系统拒绝的伪单词是"pangloss",它是由两个音节团块"pang"和"loss"构成的。首先考虑重组。一种可能的操作是将"g"从第一个音节移到第二个音节中去,于是就创建了"pan-gloss"。不过,系统不会将第一个音节中的整个尾辅音音丛"ng"挪到后一个音节的开头部位而产生"pa-ngloss",因为"ngl"作为一个首辅音音丛是不可接受的。一个玩Jumble游戏的人绝对不会想到"pa-ngloss"这个答案,Jumbo也一样。

一类更复杂的重组可以是两个音节"融合"为一,或一个音节"分裂"为二,就像两滴水融合为一滴,或一滴水分成两滴那样。我们可以用"pangloss"中的四个字母来举一个简单的例子。假设有两个音节"ap"和"so"这样连接在一起:"so-ap",如此一来,"soap"可能是一个双音节团块(就像"react"或"boa"),但我们更有可能将其知觉为单音节的。因此Jumbo应该能够流畅地实施这种类型的重组。该操作的触发事件可能是系统发现两个刚被并置在一起的元音结合起来能构成一个典型的元音组。另一方面,"分裂"对Jumbo而言应该和"融合"一样自然,就像

第 2 章　Jumbo 的架构

将单音节词"coop"和"soap"转换为双音节词"co-op"和"so-ap"时一样。需要注意,"coax"这个词的内部结构可能会产生歧义:它既有可能是"co-ax"(如"coaxial cable"的简写"coax cable"),又有可能是一个标准的动词"c-oa-x"。然而,人类心智总会将其知觉为某一个——绝不会同时将它看成两者。[这里看起来有一个例外,也就是说,当我们注意到上述歧义时,似乎就在某种意义上同时以两种方式知觉"coax"这个单词了。不过,这是一个错觉:它混淆了使用(use)和指涉(mention)。当我们"指涉""coax"的时候,我们可以同时以两种方式看这个单词;但我们绝不可能同时以两种方式"使用"它。]

保熵变换的下一个选项——重排,提供了更多的可能。其中一种操作被称为"首音误置"(spoonerism):将两个音节的首辅音音丛彼此互换。对"pang-loss"实施这一操作,就会得到一个新的双音节团块"lang-poss"。英语中"首音误置"这个术语源于一位名叫 Reverend Spooner 的圣公会牧师,不过它的词源现在并不重要。我们可以从这个单词与某种餐具在形式上的关系出发,设计出一些形象的英文新词:如"尾音误置"(forkerism,对应操作为将尾辅音音丛彼此互换)和"元音误置"(kniferism,对应操作为将元音音丛彼此互换)。对"pang-loss"实施这两项操作将分别得到"pass-long"和"pong-lass"。"首音误置"的操作对象并不一定是整个音丛,有时候它也可以互换音丛的组件,比如说将"pan-gloss"变换为"gan-ploss"。

重排有时涉及音节的互换(exchange,如将"pang-loss"变换为"loss-pang"),有时也涉及一个音节内部的倒置(reversal),这种倒置可以发生在音丛层级(如将"stan"变换为"nast"),也可以发生在字母层级(如将"stan"变换为"nats")。只不过,不管倒置发生在哪个层级,都可能导致一些棘手的问题。显然,我们不可能对所有音节都实施音丛倒置,因为有些辅音音丛不能放在开头,另一些则不能放在结尾。比如说,要是对"knots"实施音丛倒置的话,就会得到一个无意义的团块"tsokn"

概念与类比
模拟人类思维基本机制的灵动计算架构

——就算是最漫不经心的 Jumble 玩家也不可能想出这样荒谬的答案。

在字母层面倒置也不保证万事大吉：你可能将"thump"变换成"pmuht"，或将"head"变换成"daeh"。这些候选"答案"压根就没法进入一个熟练的 Jumble 玩家的脑子，因此，我们不能允许 Jumbo 随便捡起哪种倒置策略便瞎蒙乱撞一番。在程序构思某种行动时，必须由"沉思代码子"审查可能的后果，依其理想与否做好各项准备。这再一次向我们强调：尽管 Jumbo 中充满了随机性，但这些随机性是建立在海量动态测试基础之上的，正是后者让程序得以保持谨慎与远见。

另一类重排涉及将一个音节的尾辅音音丛与另一个音节的首辅音音丛调换。比如说，在团块"plag-noss"中，"plag"可能会想要将自己末尾处的"g"和"noss"开头处的"n"对调，以此生成"plan-goss"。然而，这种调换的效果取决于现有音丛是否能在新位置发挥合适的作用。我们可以很自然地为这种操作赋予一个术语："首尾误置"（sporkerism），其互补操作则显然可称作"尾首误置"（foonerism）。

一个"沉思代码子"建议系统实施上述某种调换操作，与一支棒球队提出用己方投手交易另一支球队的左外野手没有什么区别。球队如果发现自身体系存在缺陷，便会提出球员交易报价，前提是它认为交易双方都将从调换中获益。一支球队在某个位置越是薄弱，它就越倾向于付出代价来填补短板。Jumbo 的情况也差不多：相关团块越是认为某一笔交易对自己有利，"沉思代码子"生成的相应"行动代码子"的迫切度就越高。这样一来，系统便能与其处于较早前的黏连阶段时一样，在当前阶段应用阶梯扫描的原则了。

流动的数据结构：Jumbo 的主要目标

重组和重排的结合赋予了程序令人吃惊的强大力量：它能够始终保

存大量结构，同时对高层组件进行有效整理和重复洗牌。以下，我们看看程序是怎样在一个伪单词开辟的可能性空间中随机试探的，就从"pang-loss"开始：

pang-loss	（开始）
pong-lass	元音误置
long-pass	首音误置
pass-long	音节互换
pas-slong	重组"s"
sap-slong	音节倒置
slap-song	首音误置
slang-sop	尾音误置
sop-slang	音节互换
slop-sang	首音误置
slos-pang	首尾误置
los-spang	首音误置
loss-pang	重组"s"
pang-loss	音节互换
pan-gloss	重组"g"

显然，程序可以继续这样在候选答案空间中溜达下去，直到永远。

我们来看另一个"保熵洗牌"的小例子：

now-here	（开始）
no-where	重组"w"
on-where	第一个音节字母层倒置
whon-ere	（简并的）首音误置
ere-whon	整个单词音节层倒置

前述操作以无法预期的不同方式将字母整合在一起，因此导致了许

概念与类比
模拟人类思维基本机制的灵动计算架构

多出乎意料的交互作用。纯粹随机地组合字母也能做到这些，只不过效率要低得多。

有人可能会觉得这类重构过程是 Jumbo 的任务域所特有的，而前面谈到的各种变换不仅令人费解，与通用智能也没什么关系。然而，这种印象其实大错特错。读者可以回顾一下，Jumbo 的深层目标就是帮助证实"认知就是认识"这一主题。大量研究业已揭示知觉与概念边界令人难以置信的流动性。字母"A"有上千种不同的写法（见 Hofstadter, 1982a），但我们只需一瞥就能统统辨识出来。对任意心智范畴（从较为具体的"狗"和"游戏"，到较为抽象的"缺点"和"隐喻"），我们都能毫不费力地辨识成千上万个实例，尽管它们间往往大有不同。

想要认识某个事物，也就是说，想要将特定对象与合适的柏拉图抽象匹配起来，该对象的心智表征及相应柏拉图抽象就需要有一定的形变空间，以彼此适应。哪些形变是合理的呢？内部边界的重新调整、连接强度的重新评估，以及各组件的重新排列居于认识过程的核心。思维的流畅性源于表征结构的非刚性（流动性）。表征结构具有强大的适应能力，它们可以灵活地调整自身，呈现出任意形态，这一过程易如反掌。因此，想要对思维过程进行建模，让流动性在高层涌现出来，该计算模型的基础数据结构就必须能够来回滑动，且不费吹灰之力（见 Hofstadter, 1979 第 19 章关于"邦加德问题"的讨论）。

重要的是，这种能力必须被模型内化，即包含在其基础数据结构本身之中：这些结构随时准备就绪，只消以正确的方式"触发"，它们就能在内部重构。这就好像结构本身有许多天然的"铰链点"，因此能屈能伸。相比之下，一些更为被动的数据结构也能重构，但必须由一个复杂的"智能"过程通过外部操纵实现。作为一些人工智能研究项目的目标，"变换表征"通常指的是使用所谓的"推理引擎"将一个表征转换为另一个。而对 Jumbo 来说，可重构性已被结构内化：外力只消推倒第一块多米诺骨牌就行了。

第 2 章　Jumbo 的架构

内在可重构性源于一个事实：在 Jumbo 中的每一个层级，不同的数据结构都由不同强度的键彼此相连，而且它们的内在及外在幸福感通常也各有差异。也就是说，它们绝不是一群同质化的东西。在某些位置，键的"断裂"或结构的"屈伸"较之其他位置要远为容易；一旦被拆散，不同成分又倾向于以某些天然的方式重新黏连在一起。

要想更加直观地理解这些，细胞中有机分子复杂的多层构造是一个很好的类比，因为这些分子含有成千上万不同类型的键：在某些位置，键很容易断裂开来；而在另一些位置，连接又相当牢靠。细胞中许多分子也含有天然的"铰链点"——在这些点上分子很容易弯曲，但不会断。其中一种分子被称为"变构酶"（allosteric enzymes）。这类酶拥有两种高度稳定的，但彼此极为不同的构造，就像前面提到过的那些容易产生歧义的结构一样，比如"nowhere""superbowl""weeknight"和"coax"，等等。特定催化物能让一个酶分子在其两种不同的稳定模式间快速来回变动。

综上所述，或许可以说，作为一个完整的系统，Jumbo 的智能可能主要集中在其数据结构内的海量铰链之中。这是一个关键的思想，它超越了 Jumbo 简单任务域的限制，因此极其重要。

我相信，各种心智结构不同形式的扭转和缠绕——包括内外翻转、前后倒置、重新分组、新层级的插入和擦除及特定对象在不同层级间的来回移动，诸如此类——作为一种背景活动几乎贯穿创造性思维的始终。简而言之，创造性意味着充分利用心智表征的流动性，并对一系列疯狂、古怪、意想不到的连带作用保持高度敏感。

举个例子，假设你偶然瞥见了"astronomer"这个词，然后漫不经心地用它来玩变位词游戏，你会预料到有什么特别的事情将要发生吗？显然不会——没有办法预测其中可能藏着什么——不过如果你碰巧发现隐藏在其中的"moon starer"，那种感觉一定很美妙。（更多令人惊叹的例子

概念与类比
模拟人类思维基本机制的灵动计算架构

见 Bergerson, 1973。）只有一部分人才能时常体验到这种乐趣：他们乐于不断浏览自己的心智表征，随意地将它们颠来倒去、用各种新的方法重新拼装在一起，仿佛孩子们沉迷于色泽鲜艳、形制各异的积木玩具……

熵增变换

如果 Jumbo 中只剩下一个顶层团块，而它又认定该团块不够理想，就会首先尝试创造一些"重组"或"重排"代码子，并赋予其高迫切度。接下来就是几轮洗牌，如前所述。在此过程中，Jumbo 会始终监控细胞质的整体"幸福感"。如果在一段时间后，"幸福感"还是没有达到理想的水平，Jumbo 就将改变其先验，将一批"解散"代码子推上代码架。

"解散"操作的一个例子是：将候选单词拆成音节，然后进一步将音节拆成音丛成分。对"pang-loss"实施这一操作将得到"p""a""ng""l""o"和"ss"。到这一步，系统会希望这些组件重新黏连成一些新鲜的团块，如果这事儿还不成，它就会继续"解散"下去！

"解散"是最后的手段，因为它能够一直将团块拆成基本单元，没有别的操作比它更加激进了。当然，人类玩家有时甚至会更加激进些：他们会彻底跳出系统，这是通过或有意或无意地变更某个既有字母实现的。然而，跳出系统显然超出了 Jumbo 程序的设计意图！

实施"解散"操作的行动代码子被称作"溶剂"。"解散"操作不能过分轻易地实施，因为它有可能摧毁本来"幸福感"很高的团块。因此，首先必须由一个沉思代码子对行动计划进行审查，如果它认为这一操作可行，就会将"溶剂"创造出来——但如果它有理由认为存在某些更为温和，而又有助于提升细胞质整体"幸福感"的补救方法，就将赋予"溶剂"一个较低的迫切度。

"溶剂"分为两种：有针对性的和无针对性的。前者专门处理某个特定的团块（该团块造成的麻烦通常已持续了一段时间），后者的作用范围更大一些：一个无针对性"溶剂"的使命是找到任意一个现存的团块，将其拆解为直接成分。

无针对性"溶剂"适用于哪些情况呢？如果对细胞质中的一个团块，系统无论怎样"洗牌"，它都没有变得更理想些，最为快捷的应对方式就是将一群无针对性"溶剂"推上代码架。顷刻间，这些代码子便会如饥饿的水虎鱼群般将那个恼人的团块撕扯得支离破碎，留下一个完全无序的细胞质以供重新开始。

这里有一个问题，假设你往代码架上推了十个无针对性"溶剂"，运行了其中的五个之后，细胞质中就只剩一堆原始字母了。可这时代码架上还留有五个无针对性"溶剂"，如果它们随后运行起来，就可能将彼时刚刚涌现的秩序彻底摧毁。我们该怎样预防这种情况的发生呢？

温度与自我监控

有一个方法可以保护新涌现的秩序，那就是引入一个被称为"温度"的变量，以描绘细胞质的全局性状况：当顶层团块的"幸福感"较高时，"温度"值低；反之则"温度"值高。我们已经知道，当细胞质中只含有一个十分"幸福"的团块时，其全局性"幸福感"最高。既然我们想要维系这样一种状态，就可以为其分配一个"冻结"温度，也就是说，当细胞质"冻结"之时，不可对其实施"解散"操作。

反之，当细胞质处于"沸腾"状态时，系统允许无针对性"溶剂"拆解任意团块。如果细胞质仅仅是"温热"的，这些代码子的运行就会被抑制（也就是说其运行概率较低），抑制程度与其目标团块的"幸福程度"成比例。因此，Jumbo 中细胞质的"温度"等价于早先提到的社会对离异所持的"态度"："温度"越高，对"解散"或"离异"的宽容乃

概念与类比
模拟人类思维基本机制的灵动计算架构

至鼓励程度就越高；反之，则限制乃至阻力就越大。

细胞质的"温度"是一个十分笼统的概念，它提供了关于系统全局状态的快速反馈，有助于对各类操作的概率实施动态控制。它就像核反应堆中的控制杆一样调控着系统的无序程度。当事情眼看就要朝向不可控发展，你可以降低一些"温度"；反之，当细胞质中的反应趋于平淡，你又可以调高一些，注入某种活力。

保罗·斯莫伦斯基曾建议将"温度"用于调控系统对不同代码子迫切度的演绎。具体而言，他建议当"温度"上升时，代码架上各代码子被选中运行的概率将趋同；反之当"温度"降低时，系统将越来越倾向于选择高迫切度的代码子，直至细胞质"冻结"，不同迫切度的代码子排列顺序将绝对确定下来，系统对代码子的选择也将不再具有概率性，而是完全确定性的了。细胞质"温度"极高时，所有进程都将以差不多同样的速度运行，反之则只有那些由迫切度最高的代码子构成的进程才运行得动，其他代码子迫切度过低，这会使得它们构成的进程像深冬里的糖浆般粘滞（考虑到糖浆变得粘滞是由于温度过低，这是一个十分恰当的隐喻）。

"温度"必须实时更新，否则就毫无用处。评估不够及时，就可能对系统的运行造成损害。由于"温度测量"代码子也要与代码架上的其他代码子竞争，才可能被系统选中运行，因此它们的迫切度必须足够高，才能被足够频繁地选中，但又不能太高，否则系统就会把所有时间都花在测量自身细胞质的"温度"上了！

代码子的功能和数量都如此繁多，而且它们还全都挤在同一代码架上，要如何实现系统的平衡就是一个真正的考验了。任何自组织系统都面临一个很大的危险，那就是自蔓延失控反应，就像核反应堆中无法中止的链式反应和堆芯熔毁。你可能会觉得自蔓延失控反应的决定论色彩太过浓厚，因此不可能在一个充斥着大量随机性的系统中出现，但这不

第 2 章 Jumbo 的架构

是必然的。如果系统为某个代码子分配了一个极高的迫切度,而这个代码子被选中运行后又会将一个自身的复制品(具有同样高的迫切度)推上代码架,系统就会突然发现自己陷入了一个决定主义的,同时又极为致命的循环。还有许多其他的原因可能导致这种致命的循环。比如说,系统可能认为一个居于顶层的候选单词不够理想,于是将其拆成了两个音节,但这两个音节立刻又重新聚合为原先的候选单词。这种"切割—拼接"循环会一轮接一轮地不断反复。更糟糕的是,有时候切割后的两个音节可能会在不同轮次的重新拼接中呈现出不同的顺序(如"pan-gloss"和"gloss-pan")。要监控这种看似循环却并非绝对周期性的行为显然具有更高的难度。

  这种"类循环现象"该如何避免呢?一种方法是让系统监控自己的细胞质和代码架(Hofstadter, 1982b),确保一旦发现疑似循环,立刻采取相应措施。这里涉及的补救方法比较简单,系统只需提高或降低"温度",或改变其他重要全局性变量的值就够了。

  但上述自我监控又该如何实现呢?到目前为止,这还是 Jumbo 中一个尚未探索的领域。大体的思路是,应该有一种用于概括细胞质和代码架内容的简单方法,这样系统就不需要进行非常详细的自我检查了。针对代码架,一个不错的点子是使用某种"普查"来告诉系统它上面都有哪些种类的代码子,以及每一类代码子在总迫切度中的占比。这样一来,如果某个单一的代码子始终在舞台上占据主导地位,系统就能迅速侦测到它。(当然,除非就连自我监控代码子也被彻底冻结,以致无法运行了!)针对细胞质,则可以将顶层团块的外观(即构成这些团块的纯粹的字母序列,不包括键和膜结构的任何相关指标)列成清单。如此,周期性和准周期性的结构拆装也就很容易侦测出来了。但我们还是无法规避棘手的自指涉问题:用于监控细胞质和代码架的结构本身也是代码子,它们要与其他所有的代码子一道,就系统有限的运行时间展开激烈竞争!

  这些纠结的点子还仅限于构想。显然,它们对于 Jumbo 该如何实现

概念与类比
模拟人类思维基本机制的灵动计算架构

自我调适和动态控制十分关键。这些反馈机制可能赋予系统极大的灵活性和超强的能力，但它们也确实相当复杂。在某些方面，它们似乎与人类意识有所关联——今天的人工智能研究在这个诱人的神秘问题上仍步履维艰（Hofstadter, 1979, 1982e; Hofstadter & Dennett, 1981; Smith, 1982）。因此，要进一步改进 Jumbo 的架构，自我监控机制就是一个可能的着力点。

一个自我感知的自驱动系统

在 Jumbo 架构中，代码架上所有类型的代码子都混在一块儿。其中一些代码子负责在某些成分间产生"火花"，另一些代码子对"火花"或"痴迷"程度进行评价，还有一些代码子负责"解散""重组""重排""温度测量"等。比如说，如果一个"解散"代码子被选中运行，作为离别留念，它就会往代码架上插入许多新的代码子，后者用于产生"火花"，加之"解散"操作后细胞质中又有了"单身"的成分，组装过程就能重新开始了。当然，产生"火花"的代码子被选中运行后会被产生"痴迷"的代码子所替代，后者运行后又会被促成键合的代码子所替代，以此类推。

所以，这是一个自驱动的过程。也就是说，没有一个顶层"驱动程序"决定下一步要做些什么。引导任务流程的是大量加权和随机数值，而非在决策树成千微观节点上的深思熟虑。

我们如此强调随机数值，或许会让你产生"Jumbo 其实很笨"的印象，事实并非如此。现实生活中，你经常需要随机地作出一些决策，否则就会陷入无限循环：从考虑结果到考虑结果的结果、从推测原因到推测原因的原因，以此类推，永无止境。在某种程度上，由于时间压力的存在，反思必须让位于反射。但这并非一定会导致麻烦——事实上，它往往是件好事——只要你的反射模式足够考究。系统之所以要为代码子分配不同水平的迫切度，并对全局性的"温度"进行测量，目的就在于此。

迫切度和幸福感共同引导 Jumbo 的运行，系统的整体行为完全就是由这些数值控制的，因此它们的分配方式关系重大。显然，如果说控制流程在某种意义上取决于什么东西的话，那便是迫切度的值。那又是什么决定了这些值呢？某些微观行为，如产生"火花"的代码子，有着固定的迫切度。另外一些，如评价"火花"与"痴迷"程度或促成键合的代码子，其迫切度则是可变的——具体的变化方式取决于系统对所涉团块彼此相合程度的知觉，而这种相合程度又取决于所涉结构的内部亲和力（该特征在英语中是确定的）及这些结构的"幸福水平"。因此，决定"键合"与"解散"代码子迫切度数值的终归是"幸福感"与"亲和力"。

"幸福感"与"迫切度"以这种方式深度缠结，共同产生了系统整体性的、可观测的行为。如此，Jumbo 便成了大量过程的精致集合，该集合能够实现自我感知：它是一个由许多股相互独立又彼此交织的细线织就的连贯整体。（可参考 Hofstadter, 1979：《前奏……蚂蚁赋格》，相关论述见 Hofstadter & Dennett, 1981。另见 Hinton & Anderson, 1981，特别是 Rumelhart & Norman, 1982 之第 1 章，以及 Feldman & Ballard, 1982。）

结语：Jumbo 的副现象智能

Jumbo 的智能，如果说它真的拥有某种智能的话，显然不是通过直接编程实现的。相反，它是许多微小的程序片段彼此交互产生的统计学后果。这就好比一个国际象棋程序，它具有一种微妙的，但在明察秋毫的观察员看来足够显著的倾向性——"喜欢早早地把皇后挪出来"——这可能完全出乎该程序编写人员的意料，因为他们从未有意为它内置这

概念与类比
模拟人类思维基本机制的灵动计算架构

样一个策略。丹尼尔·丹尼特将这种倾向性称为"无意涌现的"（innocently emergent）特征（Dennett, 1978），我则习惯称之为"副现象"（Hofstadter, 1979, 1982d, 1982e）。

因此，关于 Jumbo 的架构，我们可以引入第三个基本类比，即统计力学的类比。它能够解释宏观秩序（热力学一系列大尺度决定论定律）是如何由微观无序的统计学自然涌现的。宏观规律可靠地产生自微观混沌的现象可用一个比喻性的等式加以总结：

$$热力学 = 统计力学$$

Jumbo 的原理与此相类，其不同于传统人工智能研究所持的理念，后者致力于寻找控制思维流程的明确规则（而非统计学意义上的涌现规则）。

按传统理解，人工智能研究的"圣杯"是在思维过程本身的层级之上对其进行解读，而不必诉诸关于思维过程生物学基础水平（即细胞层级）的描述。一方面，这就好像我们想要解释心脏的工作方式，又不希望被迫考虑"心脏由不同种类的肌细胞构成"这一事实。当然，这条路子可能也是走得通的：心脏的"水泵类比"已是众所周知，毋庸置疑，它能够很好地说明心脏是如何工作的。确实，有观点认为这一类比实在强大，以至于它甚至不仅仅是一个类比：心脏"就是"一个泵，完全、彻底、确凿无疑。如果说人类的心智和大脑就像我们的心脏一样，这对传统人工智能研究确实是个好消息。

然而，人工智能研究的"圣杯"好比寻找云朵运动的规律，并希望能够把云当作稳定、坚实、边缘清晰的对象来处理。也就是说，虽然这些缥缈不居、形态不定、边界模糊的细缕或团块都是由到处乱冲乱撞的分子构成的，但我们不愿去考虑这一事实。寻找云朵运动的纯粹规律是一位气象学家值得尊敬的梦想，可是，这种在云朵自身层级之上描述其运动的可靠规律——即所谓"云朵动力学"是否存在，则根本没法先验

第 2 章　Jumbo 的架构

地确定下来。同理，回到人工智能研究领域，在思维自身层级之上描述其运作机制的可靠规律——即所谓"思维动力学"（thinkodynamics）是否存在，一样没法先验地确定下来。

我将传统人工智能研究的"圣杯"称作"布尔之梦"，以致敬乔治·布尔（George Boole），他在 19 世纪 50 年代提出了一个优雅的演算体系，即所谓"思维规律"（Boole, 1855），今天我们称之为"布尔代数"，其中交换律、结合律和分配率都已广为人知。它颇具美学价值，但今天我们已经认识到布尔的形式演算在日常思维中的作用是多么微不足道，即使公正地说，有关公理演绎（现在通常称为命题演算）的数学研究是完全植根于布尔代数的。几十年的研究终于揭示，严格的形式推理不过是人类思维的巨树之上一根毫不起眼的非典型小枝。

或许依然有人会问，"布尔之梦"有可能实现吗？请注意，他们问的并不是布尔代数本身——或任意形式的逻辑演绎——是否构成了思维规律。他们只是在问"有没有什么形式规律能在思维活动本身的层级之上对其进行管理或描述"，这些规律能够体现布尔观点的精神内涵，尽管它们可能在细节上迥异于他那惊人对称的逻辑演算体系。

从事人工智能研究的许多人都希望且坚信这个问题的答案是肯定的，有些人甚至会产生这样一种感觉：任何持否定意见者都是神秘主义、反唯物主义，或至少是反科学的。我的观点则有所不同。在我看来，"人工智能"与"布尔之梦"虽密切相关，但并不是一对同义词。因此，如果"布尔之梦"破灭了，并不意味着人工智能研究的倒退，而是仅仅说明某些高层心智现象确实是"无意涌现"的。那样的话，人工智能研究的宗旨就会从尝试以优雅的数学形式定义"思维规律"转向尝试理解管理亚个体认知事件（subcognitive events）的法则。我们可以将这些低层认知事件所属的领域称作"心智学"（mentalics），"思维动力学"（即思想的动力学）便是由这些微观事件的集合构成的。

概念与类比
模拟人类思维基本机制的灵动计算架构

综上所述，我们可以说，随着人工智能研究宗旨的转向，下面这条用词陈旧，但（希望）依然夺人眼球的"等式"的意义将有望得到进一步的澄清：

$$\text{思维动力学} = \text{统计心智学}$$

或许，如果这一切出现在可敬的布尔博士本人梦中，就连他也会大有感触地赞叹："哦，好个壮丽的梦！"

前言 3
算术游戏与非确定性

概念与类比
模拟人类思维基本机制的灵动计算架构

"Le Compte Est Bon"

1985 年夏,我收到了比利时列日大学数学家和心理学教授丹尼尔·德法伊的一封来信。他在信上解释说自己希望用一个公休年的时间学习人工智能,而且对我的研究套路特别感兴趣。他甚至已经对自己可能要做的研究项目产生了一个初步的想法,而我觉得这个想法很有意思。深感他的计划大有前景,我回信邀请他加入我的研究小组共事。

于是到了 1986 年夏,丹尼尔带着他的家人来到了"法尔戈"当时的驻地安阿伯,正式加入了我们。他的意愿从一开始就很明确,那便是将信中提到的研究项目付诸实施,因此我们两人讨论了几回,确定了一个程序的基本架构,我们希望这个程序能玩"Le Compte Est Bon",这是一个当时广受欢迎的电视游戏,它涉及五个随机选择的很小的整数("砖块")和一个随机选择的较大的整数("靶标"),具体玩法是对"砖块"使用加法、减法、乘法,尝试将"靶标"得出来。在某种意义上这和玩 Jumble 游戏很像——你要将小部件拼凑成组块,然后是更大的组块,以此类推,尝试生成能够满足某些条件的一个顶层组块。另一方面,这个游戏要求玩家所做的组合和实现的目标和 Jumbo 处理的情况又大有不同。

在计划了一两个月之后,丹尼尔有些迫不及待地想要付诸实践,于是乎研究项目在他的热情推进下启动了。出于某些显而易见的原因,在程序(我们很快就给它起了个名,叫"Numbo")的开发工作以外,他选修了几门人工智能和认知科学的课程。考虑到他还特意分配给家人不少陪伴时间,那一年他可真够忙的。

一年的公休结束之时,丹尼尔不仅完成了所有课程的学习、开发出了完整的 Numbo 程序(事实上,还有一些可能的问题留待解决,不过他的工作成果已经足够令人印象深刻了),还用业余时间悄悄地完成了一本

前言3 算术游戏与非确定性

关于人工智能的专著的初稿！他把稿件交给我，我兴致勃勃地一口气读完。（考虑到这本书对"法尔戈"一系列研究项目不吝赞美之辞，以及对他自己的程序出色而细致的描述，我的兴奋之情也是理所应当的。）丹尼尔竟能把他的公休年利用到这个程度，这令我惊叹不已，而他与家人在1987年夏末的离去又让我们都感到十分伤心。不久后，他的著作（Defays, 1988）以 *L'esprit en friche* 为名出版——该书名的字面意思是"荒芜的精神"，但我觉得翻译成"心智的种籽"会更贴切些。

尽管"法尔戈"没有就 Numbo 做什么有针对性的后续研究，但这个项目在我眼中却一直相当优美、充满魅力。它支持了我的观点，那就是原始对象的心智重组并不仅限于 Jumble，而是涉及更为广泛的领域，尽管无可否认，这种活动还是相当类似于玩游戏。不过，我想读者们也会同意，生动的心智活动确实参与到了这类游戏活动之中，并伴随着一种广义的创造性态度。Numbo 帮助我们证实了以下观点：对零碎部件实施"心智杂耍"对创建连贯的整体具有关键作用。

作为随机处理器的人类心智

Numbo 项目完成几年后，牛津大学心理学家安·道克（Ann Dowker）给我来信，随函附有一份很有趣的手稿。道克和她的同事们研究的是估算，也就是人们如何在心中评估算术表达式——比如说"76×89"或"546/33.5"——所表示数量的大小。通过对人类被试（其中包括许多数学家）进行实验，研究揭示：人们会使用许多标准化的技巧，包括向上或向下取整、用更常见的数取代算式中现有的数、分解因子、重组多项连乘、使用分数或乘方，以及应用各种简单的算术恒等式，如$(a+b)(a-b) = a^2-b^2$。

道克的研究中最有意思的一个方面是，她会对同一批被试测试两次，

概念与类比
模拟人类思维基本机制的灵动计算架构

相隔六个月时间，以此观察他们的一致性水平。她感兴趣的并不是答案的一致性，而是被试所采用的方法的一致性。换言之，她关注的核心是，给定被试是否两次都会使用同样的策略。她发现，那些估算成绩更好的被试在两次测试中经常更换策略——他们更换策略的频繁程度显著高于那些估算成绩较差的被试。也就是说，估算技能和选用策略的一致性似乎呈负相关。对这一发现她提出的解释是，那些估算技能更出色的被试根据定义就比那些不那么出色的被试掌握有更多的策略，因此能从一个更为丰富的"调色板"中进行选择。换句话说，专门技能和灵活性是同一枚硬币的两面，正如道克所说的那样：

> 专业数学家和那些仅仅擅长解决某些数学问题的人不一样，他们（似乎十分矛盾地）也擅长应对那些本来并非他们所长的情况。隐喻地说，他们不仅仅学习过特定的算术路径，还拥有整个区域的有效的认知地图。这让他们能够走通一些并不熟悉的路径，而不会迷失方向，或至少不至于迷失后找不回方向。在这个意义上，他们和那些具有有限的"数字灵敏度"的人明显不同：后者需要依循已知的算术路径，否则就会迷路。尽管本研究以数学家为对象，但事实上，愿意取道不熟悉的路径可能是在科学、艺术和其他领域那些拥有创造力的人们的共同特点。

不过，为什么对于两种不同情况下的同一个问题，有人会选择不同的解决方法？这对我们理解思维过程的非确定性有何启发？对这些问题，道克并没有一个明确的表态，不过她引用了两位学者的工作，二人都研究创造力，但对于随机性和非确定性所扮演的角色得出了截然相反的结论。心理学家菲利普·约翰逊-莱尔德（Philip Johnson-Laird）相信大脑中存在某种随机性，而哲学家玛格丽特·博登（Margaret Boden）对大脑需要随机性这一点深表怀疑。但很明显的是，道克自己倾向于相信认知过程，特别是创造性思维过程的某种非确定性，而且她引证了许多思维的计算机模型，其中就包括 Copycat 和 Numbo，这些模型都以不同的

前言 3　算术游戏与非确定性

方式应用了非确定性。

总而言之，安·道克关于技能水平高超的人们如何以灵活的、受概率支配的方式应用数字和数值运算的研究结论，似乎为丹尼尔·德法伊开发 Numbo 程序时许多直观的选择提供了十分理想的后验的理由。

第3章

——Numbo：关于认知与认识的一项研究

丹尼尔·德法伊

概念与类比
模拟人类思维基本机制的灵动计算架构

介 绍

131　　霍布斯曾说过"理性就是计算",而在 300 多年后的今天,这个已然过时的原则还在吸引越来越多的人工智能研究者。相反,"认知就是认识"的箴言代表了人工智能研究的另一种方法和另一股势力,其代表人物包括侯世达、大卫·鲁姆哈特(David Rumelhart)、罗杰·尚克(Roger Schank)及其他人。虽然我们对知觉(即句法感知对恰当语义范畴的激活)和认知(如推理、问题解决和概括)间分野的定义还远远谈不上清晰,但这两种过程还是应该放在一起做一番对比的。知觉通常被认为是并行的、无意识的、独立于特定目标的,而相反,认知通常被认为是串行的、有意识的、由目标驱动的。

　　在 Numbo 项目中,我的目标是澄清知觉和认知的关系,这是通过开发一个计算机程序的方法来实现的,我希望这个程序能玩一个简单的数字游戏,这款游戏的法语名称是"Le compte est bon"(字面意思是"总量正确")。在本文中,我将会把这款游戏称作"Numble",因为它和变位词游戏"Jumble"很像,后者经常会刊载在美国的各大报纸上。(Jumble 会给出一组字母,通常有 5~6 个,它们能够组成一个英语单词,玩家的任务是重新排列这些字母找到那个单词。)我开发的用来玩这个游戏的程序叫"Numbo",它属于一个程序家族(包括 Jumbo、Seek-Whence 和 Copycat),该程序家族致力于模拟人类独立于任何问题解决情境发现模式及流畅建构概念的能力(Hofstadter, 1983a; Meredith, 1986; Hofstadter, Mitchell, & French, 1987)。

132　　当然,认知与认识的关系问题涉及甚广,解决它需要仰仗多学科方法。计算机科学家在其中扮演的角色通常是借由对某个基础架构原则进行测试,探究特定系统是否能让计算机表现出类人行为。我想用 Numbo

第 3 章　Numbo：关于认知与认识的一项研究

程序复制的是人类心智行为的一个方面，即流畅地组合、拆解和重构思想的不同成分，并使用这些结构达成某个目标的能力。

这篇论文分为四个部分。第一部分描述了 Numble 游戏，以及它与上述研究任务有何关系；第二部分提出了一个架构，它让系统能够运用人类玩 Numble 游戏时所使用的某些技能；第三部分分析了程序运行的一个范例，旨在让读者对系统如何工作形成具体观念；第四部分包含 Numbo 与其他研究工作的简单对比，以及对我们所采用的方法之优劣的讨论。

Numble 游戏

Numble 游戏的最终目标是通过对一组共 5 个数字（也就是"砖块"）进行算术处理，得到一个给定的数字（即所谓"靶标"）。"靶标"和"砖块"都是整数，前者是在 1 到 150 之间随机选择的，后者则是在 1 到 25 之间，且与"靶标"的选择互无关联。可用的算术处理只有加法、减法和乘法三种基本运算。你可以尝试"砖块"和运算的任意组合，但某个特定的"砖块"最多只能用一次。为简化处理，本文讨论的所有 Numble 谜题都是有解的。下面是一个例子，我强烈建议读者自行尝试解决：

谜题 1　靶标：114
　　　　砖块：11 20 7 1 6

以上谜题的两个解分别是：20×6 – 7 + 1 以及 (20 – 1) × 6。

对认知科学家来说，Numble 游戏有太多吸引他们的理由了，其中就包括：

- 它显然代表了一大类问题，这些问题有一个良定义的目标、允许问题解决者应用不同的运算法（operations）和运算数（operands），并使用标准化的技巧搜索问题空间。

概念与类比
模拟人类思维基本机制的灵动计算架构

- 人类用于求解 Numble 谜题的心智过程看似需要具备以下重要能力：
    * 使用较小的单元建造较大的单元，对不同层级的临时性结构实施创造和解构。
    * 重排或取消这些结构。
    * 让先验知识、熟悉的概念和输入的明显特征彼此交互。

上面最后一点，关于彼此交互的各种类型的知识，可以举一个例子来说明。假设我们要解以下谜题：

谜题2　靶标：87
砖块：8 3 9 10 7

几乎人人都能立刻想到下面任意一个解：8×10 + 7 或 9×10 – 3。如果要求被试在解题过程中出声思考，他们通常会给出类似这样的报告：

"我看见了一个 10 和一个 8。'靶标'可以分解成 80 + 7。我还需要一个 7。嘿，那儿有一个 7！所以，答案就是 8 ×10 + 7。"

显然，被试更有可能看见某些"砖块"，也更倾向于采用某些路径。而另一些答案，比如说 9×7 + 8×3，就从来没有被提出过。被试经常报告称谜题中一个"句法"上的事实，即"靶标"的十位数 8 本身是一个"砖块"，是推动他们提出 8×10 + 7 这一解法的关键因素。此外，任何给出 9×10 – 3 这一解法的人类被试显然受到了以下事实的影响：90 和 87 很接近。在这个例子中，句法特征（比如说"砖块"中有一个 10，或某个"特定"砖块视觉上也出现在"靶标"之中）和先验知识（比如说 87 很接近 90）的彼此交互共同催化了一个解的快速生成。

与人们反应的分布一样有趣的是那些从来没有（或几乎从来没有）被给出过的解。比如说在谜题 1 中，几乎从来没有人提出过最简洁的解，也就是(20 – 1) ×6。而谜题 2 还有两个可能的解：7×10 + 8 + 9 和 (8 + 3) ×

第 3 章　Numbo：关于认知与认识的一项研究

7 + 10。关于人们找不到哪些解的事实显然为我们认识求解谜题时的心智过程提供了线索。

Numble 游戏还能让我们学习其他许多有趣的认知现象，可以举一些例子来说明：

> 谜题 3　靶标：31
> 砖块：3 5 24 3 14

大多数人解这个谜题时尝试了一条又一条路径，但都无法得出一个解。于是就产生了一个有趣的问题：搜索过程是如何进行的？如果特定被试过了很长一段时间又被要求解这个谜题（假设这样一来他原先探索过的路径就被遗忘得一干二净了），我们会发现他极不可能重复尝试曾经探索过的路径，更别说采用同样的顺序了。

在这种情况下，也就是说，当我们缺乏用于指导系统搜索的相关知识，似乎就会采用某种随机搜索策略。但需要注意的是，我并没有说选择所有路径的可能性都是一样的，所谓的"随机搜索"意思仅仅是：每次搜索在结构上都会有所不同。搜索看上去有多系统取决于被试所使用的知识量——所谓搜索的系统程度，指的是使用彼此嵌套的子目标描述它有多简单（如谜题 2 中的子目标 90），或它的轨迹有多不确定（如谜题 3）。我们可以这样总结上述发现：可用知识的量决定了所采用策略的性质。

还有一些例子：

> 谜题 4　靶标：25
> 砖块：8 5 5 11 2
>
> 谜题 5　靶标：102
> 砖块：6 17 2 4 1

这两个谜题都很简单，但解决它们所需的知识种类看来有所不同。谜题 4 不需要计算：只要发现"砖块"中有两个 5，答案就会从脑海中跳

概念与类比
模拟人类思维基本机制的灵动计算架构

出来。谜题 5 的情况就不一样了，被试很可能会尝试算一算 6 乘以 17 等于多少，但这不是因为他们知道乘积会是 102，而是因为他们"看出"乘积可能会和"靶标"比较接近。这里涉及的知识类型与"大致的量"（approximate size）相关。我们不确定结果是什么，所以进行了计算，而这一算便得到了谜题的解，虽然这只是巧合。这说明 Numble 清楚地呈现了人类思维过程的另一个核心事实：解决 Numble 问题需要用到类型各异的知识，而非确定性则影响了策略的使用。

我们还能举一个例子：

谜题 6　靶标：146
砖块：12 2 5 7 18

在某些（数量很少的）被试眼中，谜题 6 明显地暗示他们寻找 144，也就是 12 的平方。既然 12 已经作为一个"砖块"而存在了，我们就可以创建一个子目标：寻找（或算出）另一个 12。办法很快就有了：5 + 7，于是我们得到了解：$12×(5 + 7) + 2$。谜题 6 的目标暗示了一个自上而下的策略。当然啦，如果被试没有想到先去找 144 这条路子，他就只能更加随机地摆弄"砖块"了。寻找另一个 12 作为子目标而言并不是显明的。这个例子告诉我们：在玩 Numble 游戏的过程中，自上而下的策略和自下而上的策略不但可以共存，而且经常紧密地缠结在一起。

这样看来，我们似乎进入了一个内涵丰富的领域，而且模拟一个人类 Numble 玩家的心智过程也是极具启发性的了。但另一方面，想要完美地模拟人类玩家所遵循的机制无疑是异想天开。在模拟的某些特定方面，我们难以避免地需要使用临时性的解决方案。比如说，不可否认人类在进行算术运算时经常犯错，但这一事实被认为与 Numbo 项目无关。当然，这些处理在某种程度上使得评估模拟的效度变得更复杂了，我将在本文最后部分回过来探讨这个问题。

第 3 章　Numbo：关于认知与认识的一项研究

Numbo 的架构

Numbo 的创建受到了 Copycat 程序（Hofstadter, Mitchell, & French, 1987）的启发，后者的架构在很大程度上来源于 Jumbo（Hofstadter, 1983a）。Numbo 包含三个主要成分：扩展激活网络（它编码了问题解决所需的永久性知识），工作记忆（所有问题解决活动都发生在这里），以及一套所谓的"代码子"，这是一些小算子，编码了问题解决所需的程序性知识。"代码子"能做的工作包括：

- 对工作记忆中的内容实施操作，以创建、访问或修改各种数据结构；
- 创建其他的"代码子"，将它们置于所谓的"代码架"上，等待被选择并运行；
- 提升或抑制网络中特定节点的激活水平。

与 Jumbo 和 Copycat 的情况一样，Numbo 中的所有操作都是由"代码子"实施的，它们在"代码架"上被概率性地选择并运行。程序将每一个"代码子"置于"代码架"上时都会赋予它一个"迫切度"，这个指标与该"代码子"被选择运行的可能性成正比。因此，如果两个给定的"代码子"彼此"竞争"（也就是说，它们同时在"代码架"上等待运行，其"竞争"关系类似于两个人都在同一条大街上等出租车），它们中哪一个会被优先选中是不能保证的。

永久性网络

上面说到，Numble 游戏的玩家会使用各种各样的知识。特别是，我们对一定范围内的算术（如 6 + 1 = 7）已经烂熟于心、可以很好地估计"大致的量"（20 乘以 6 的结果与 114 很接近），而且能够调用程序性算术知识（比如说，我们知道该怎么去计算 6 乘以 19）。在玩 Numble 游戏的

概念与类比
模拟人类思维基本机制的灵动计算架构

过程中，人们能毫不费力地使用以上三种知识，将它们流畅地混搭在一起，没有任何问题。要让人工智能模拟人类的这种能力，一个标准化的套路是将所有不同的知识条目编码为产生式规则，并使用一个适当的控制模块调用这些规则，正如 Soar 系统的工作原理那样（Laird, Rosenbloom, & Newell, 1987）。不过，Numbo 采用了截然不同的方法。

Numbo 使用一个网络来编码死记硬背的陈述性知识，这些知识是问题解决所必须的。永久性网络（简称 Pnet）针对三种基本类型的数字编码了其加法和乘法的运算分解，这三种类型的数字分别是：（1）小整数；（2）"地标数"，如 10、20、30、100 和 150，等等，它们就像"心智标尺"上的刻度；以及（3）显著数，也就是某个个体（如一位计算机科学家）恰好特别熟悉的那些数（如 128）。此外，Pnet 还编码了我们烂熟于心的那些关于基本算术概念和运算算术的知识。图 3-1 展示了 Pnet 的一角，在 Numbo 目前的版本中，Pnet 包含大约 100 个不同的节点。

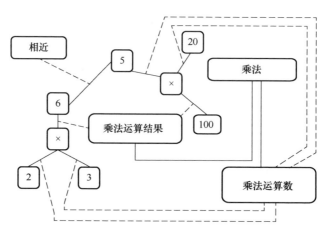

图 3-1 Numbo 的永久性网络（Pnet）一角

人类玩家不会通过运算发现关于小整数的一些事实，比如"6 = 2×3"。相反，它们已经作为陈述性知识被我们记住了。因此，将这样的知识存储在 Pnet 中看上去是很合理的。这个特定的知识条目，也就是 6 的乘法运算分解，对应图 3-1 左下角那个小小的"双足"结构，它的两只脚分别

第 3 章　Numbo：关于认知与认识的一项研究

是因子 2 和 3，腹部是乘法运算符"×"，头部是乘积，也就是 6。（这类双足结构在 Numbo 中扮演十分关键的角色，我们后面还要展开讨论。）其不同节点间的实线是带标签的连接，标签也是 Pnet 的节点，比如"乘法运算结果"和"乘法运算数"，从相应连接中通过虚线牵引出来。

Numbo 使用"地标数"这一关键成分，模拟人类对数值大小的直觉。每一个"地标数"都附带有一个或多个标准化运算分解，比如说，100 这个"地标数"就与乘法运算分解"10×10"以及"5×20"连接在一起。表面上，"100 = 5×20"这个运算分解是严格地关于整数 100、5 和 20 的，但事实上它是关于那些接近 100、5 和 20 的数字的。它告诉 Numbo：如果想得到一个接近 100 的数字，而手头上又有两个"砖块"分别接近于 5 和 20，就可以试试把它们相乘。我们往后会解释这一"建议"具体是如何产生的。

"显著数"（图 3-1 没有展示）及其运算分解是人类关于数字的典型知识的第三个成分。我们的心智记忆了关于特定大数及其特定分解方式的知识，这似乎显而易见。因此将条目"144 = 12×12"以与"3×3 = 9"类似的方式存储在 Pnet 中也合情合理。当然，这种知识储备因人而异，这种差异无疑正是不同个体对同一问题产生多样性反应的原因（至少是一部分原因）。

正如我们所见，Pnet 中不止含有代表整数的节点。在谜题 1 中，当我们看到靶标是 114 时，几乎立刻就会想到要"尝试使用乘法"，而这时我们甚至还没有开始实施任何运算！这就好像"乘法"的概念在心智中某处被"点亮"了一样。为了对人类解谜过程的这个特征进行模拟，Pnet 中还包括了标签为"加法""减法""乘法""相近"（等等）的节点，我们稍后就将谈到它们的功能。

Pnet 中应该含有以及不应该含有什么，当然并非显而易见的。比如说，它应该编码诸如"100 + 7 = 107""20 + 20 = 40""8111 = 888"和

概念与类比
模拟人类思维基本机制的灵动计算架构

"3×21 = 63"等事实吗?我不这么想。虽然这些算术事实我们几乎一眼就能看出来,但它们还是含有一些"人造"的味道——也就是说,它们是由一些更加基本的事实合成的。比如说,"20 + 20 = 40"基本就是"2 + 2 = 4",只不过等号两边都做了微调(之所以说是"微"调,是因为这种调整在很大程度上是句法式的)。对于上面的其他例子也可以这么说。我相信 Pnet 只应表征那些最基本、最直接的东西。意思是,在我们"看来""2×3 = 6"要比"22×3 = 66"更加"基本"。

在加工的任意时刻,每一个节点都有一个激活水平,它反映了 Numbo 当下对该节点的"兴趣"程度。激活会从一个节点扩散到其近邻,但(正如在 Copycat 的 Slipnet 中那样)这种扩散并不是均匀或各向同性的。某些连接较之其他可能更能传递激活,这取决于特定内在因素,也取决于情境背景。我将某个连接传递激活的能力称为它的"权值"。

我们先前提到,每一个连接都带有一个标签,注明了这个连接所编码的关系类型。比如说,在图 3-1 编码的算术事实"5×20 = 100"的双足结构中,"5"与"×"之间的连接标签为"乘法运算数",和"20"与同一个"×"间的连接一样。另一方面,"100"与"×"之间的连接标签为"乘法运算结果"。需要注意的是,这些标签本身也是 Pnet 的节点,它们是通过虚线与相应的连接相连的。因此在某种意义上,虚线就是"元连接"。Pnet 中含有不同的标签节点,用于表征不同种类的连接。

连接的标签和权值关系密切:一个特定标签被激活的程度越高,它所标记的各连接权值就越大。因此在图 3-1 中,如果 Pnet 节点"乘法运算结果"开始"激动"(被高度激活),则节点"100"及其相邻节点"×"间的连接就将具备很强的传递激活的能力。可见,Pnet 节点的整体激活模式会随着加工过程的进行而不断改变,且其事实上能够(部分地)指导加工过程。

下面是 Pnet 激活模式如何影响加工过程的一个简单例子:如果"靶

第 3 章　Numbo：关于认知与认识的一项研究

标"与 100 大小相近，则节点"100""乘法"和"乘法运算结果"都将被激活，激活由此会被传递给"×"节点，它构成了将"100"与"5"和"20"连接起来的双足结构的"腹部"，这实际上暗示了"靶标"可能的乘法运算分解——"先试试用 5 乘以 20"。

显然，这里的关键概念是"联想"（它是通过传递激活来模拟的）。但是，完全仰仗激活的盲目传递可能导致网络无序的混沌行为。因此，节点的激活模式需要具备更加明确的目标。比如说，如果 5 是待解谜题中的一个"砖块"，一些激活就会被周期性地传递给这个节点。类似的，如果 146 是待解谜题的"靶标"，相近的"地标数"节点（如"140"和"150"）以及显著数节点（如"144"）就会接收到周期性爆发的激活。（请注意，Numbo 中没有"146"这个节点，这反映出它的一个信念：通常，146 这个数字被人们用到的情况太少了，因此不值得为它留存一个永久性的档案。）

这种对死记硬背的陈述性知识进行联想式存储的方法好处多多，其中就包括：

- 不同类型的知识由此能够以统一的方式进行存储；
- 允许给定"靶标"同时唤醒许多不同的点子和策略，由此为每个节点都添加了"内涵意义"的"光晕"；
- 由于以非常普遍的方式改变注意焦点成为可能，加工过程的控制被赋予了极大的灵活性；
- 知识存储能够独立于任务；
- 该网络结构的有用性业已得到许多过往人工智能研究的证明。

细胞质

和 Jumbo 的情况一样，对应特定谜题的临时性结构的创建和拆解过程完全在所谓的"细胞质"中进行。我们可以认为"细胞质"是"工作记忆"或"黑板"的同义词，不过这个术语的生物学内涵反映了该架构

概念与类比
模拟人类思维基本机制的灵动计算架构

139　背后的某些重要直觉，因此更能说明问题。基本意象是一个活细胞，其中含有大量的酶（其角色由代码子扮演），它们孜孜不倦地忙活着，检查一些结构、修改一些结构、创造或分解另一些结构，凡此种种。活细胞内的这些活动就在细胞质中发生。因此，这是一幅分布式并行计算，而非串行计算的图景（尽管代码子确实只能一个接一个地运行）。

我们可以这样考虑 Numbo 的细胞质实际上的并行结构：既然细胞质中可能含有任意数量且彼此互不关联的结构，那么对它们执行的操作具有何种顺序就无关紧要了——这样，几个互不影响的行为就可以视作在不同位置同时发生的了。细胞质中的结构就像许许多多的分子，它们受大量相互独立的酶所操纵——这儿两个分子正被连接起来，那儿一个分子正四分五裂，远处还有一个分子内部结构正被改动……"细胞质"这个术语原本便旨在唤起这样一个意象：成群的酶正并行实施诸如此类的微操作。

细胞质中漂浮着小块的"网络碎片"，它们是由代码子创建的，而代码子又在 Pnet 的影响下运行。事实上，我们可以将这些碎片结构看作 Pnet 特定部分的临时性拷贝，新的节点和连接可以被添加上去，而这一切都源于代码子的运行。与 Pnet 不同的是，细胞质中不断出没着各色节点和连接，它们被各种参数（类型、地位、吸引力，等等）所描述，并通过代码子彼此交互。

在一个操作运行之初，代表"靶标"的节点会被添加到细胞质中去。而后系统会以随机顺序读入"砖块"，并为每个"砖块"添加一个新的节点。"砖块"节点随之开始彼此交互，并与"靶标"节点相互作用。

这些交互作用都有哪些类型呢？其中最为重要的大致有：①"砖块"分组，形成"区块"（blocks）；②将"区块"拆解为更为基本的成分；③创建新"靶标"，即所谓"二级靶标"；以及④"砖块""区块"和"靶标"之间的键合。代码子执行了所有的这些操作。

第 3 章　Numbo：关于认知与认识的一项研究

图 3-2 展示了 Numbo 的一部分细胞质，它对应求解前文中谜题 2 时重要的一步。

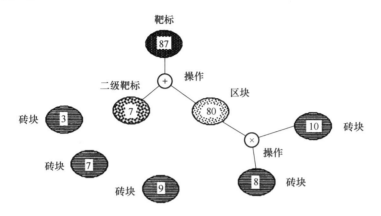

图 3-2　Numbo 细胞质中一种可能的结构

如前所述，网络式的知识表征好处多多。还应强调以下事实：Numbo 的细胞质和 Pnet 具有相同类型的成分。事实上，这种结构共享很有意思，原因如下：

- Pnet 能通过"下载"其结构片段的方式轻易影响细胞质。这样，永久性知识使用前就不需要重组了。
- 只要实施了一个操作，陈述性和程序性算术知识间的差别就消失了。事实上，如果操作是基于一条陈述性的知识开始运行的，结果存储的方式会与其原本应有的形式完全相同。
- 我们可以将学习视为一个"上行"迁移的过程，它会将材料从细胞质传送至 Pnet。

有时候，由于 Pnet 和细胞质都含有节点（以及连接），可能发生混淆。在需要明确区别时，我们会使用特别的称谓（对应 Pnet 的为"网节点"，对应细胞质的则为"质节点"），以标明特定节点的位置。

描述任意"质节点"的参数中最为重要的三个分别是类型、地位和吸引力。它们分别对应节点最为重要的三个特征。

概念与类比
模拟人类思维基本机制的灵动计算架构

- "类型"有五个不同的取值:"靶标""二级靶标""砖块""区块"和"操作"。这样一来,我们就可以在细胞质中定义不同的层级,或至少是不同的水平了。类型的区分也能帮助我们部分地定义"子目标"这一概念。
- "地位"有两个可能的取值:"占用"和"闲置"。在图 3-2 中,"砖块"10 和 8 已被"占用",因为它们与一个操作连接了。与其相反,"砖块"3 和 7 则仍处于"闲置"状态。
- "吸引力"则是一个数量值,每一个"质节点"都带有一个这样的值,它会影响该节点被调用的可能性。(Numbo 中大多数机制是概率化的,但这并不是说"一切可能皆均等",后者是一种盲目的随机。因此节点必须要附带有一系列参数,就像"吸引力"水平,这些参数将提升或降低操作过程依循某些路径的可能性。)

"吸引力"的概念至关重要。对一个表征特定数字的节点而言(它可以是一个"靶标",一个"砖块",也可以是一个"区块"),它的"吸引力"基本上就是其数量值的函数。比如说,5 的倍数——如果是 10 的倍数就更好了——会被先验地认定为比其他数字更"有趣",因此可能会更常用到。(这类偏向无疑也存在于人类玩家中。)但其他因素也会影响一个节点的"吸引力"水平。举个例子,任意新近创建的"区块"都会被自动分配一个高"吸引力"值。不过,如果始终没被使用,它的"吸引力"水平就会逐渐下降。相反,假如一个节点被纳入了一个组之中(也就是说被"占用"了),系统就会暂时冻结它的"吸引力"水平。

某些代码子能够调节节点的"吸引力"。比如说,有一种代码子会检查各节点,寻找它们间句法上的(即简单的和浅层的)相似性。如果这种代码子注意到"砖块"11 和"靶标"114 都含有某些数字,它就会创建另一个代码子(并将其置于代码架上),以提高"砖块"11 的吸引力水平。

细胞质作为一个整体是有一个"温度"的(类似观点见 Hinton & Sejnowski, 1983; Hofstadter, 1983a; Kirkpatrick, Gelatt, & Vecchi, 1983;

第 3 章 Numbo：关于认知与认识的一项研究

Smolensky, 1983b）。系统越是感到接近答案（后面会谈到它具体如何感知），其细胞质的"温度"就越低。"温度"越低，细胞质中现有结构剧烈变动的可能性就越小。相反，当"温度"较高时，系统会创建出一些代码子用于拆解"区块"和"二级靶标"。这是系统的一种"回溯"方法，当然我们必须指出，此"回溯"不同于标准类型的"回溯"，后者包括依循特定路径返回原先状态，而后开启一个新的探索分支。相比之下，我们在这里讲的"回溯"涉及对现有成就的放弃（具体怎样放弃或多或少是随机的），而后从一个（很可能是从未有过的）更加无序的状态重新开始。

细胞质的"温度"是其整体状态的函数，它的计算需要考虑以下因素：节点的"吸引力"水平、"闲置"节点的数量、"二级靶标"的数量，等等。本质上，当事态看起来很有希望时，"温度"就低。所谓"很有希望的事态"可能具有一些典型特征：存在几个"二级靶标"，多数节点都很有"吸引力"，以及某些节点仍然"闲置"。相反，如果某些节点的"吸引力"水平很低，抑或"闲置"节点的数目太少，事态看上去就没那么有希望了，系统计算得出的"温度"值也会更高。"温度"升高的一个后果是，"拆解"代码子会被挂上代码架。系统会随机选择待拆解的结构，但这种选择并不是等概率的：一个节点的"吸引力"水平越低，它被选中拆解的可能性就越大。显然，这一切背后的道理是，应该首先淘汰那些没什么前途的节点。

代码子

Numbo 中的所有操作都是由小段代码执行的，如前所述，这些小段代码叫做"代码子"。在 Numbo、Jumbo、Seek-Whence 和 Copycat 的语境下，代码子的意义都是类似的。它们有两个描述指标："使命"和迫切度。一旦某个代码子被置于代码架上，它随后被选中运行的概率在任何情况下都与其迫切度成正比（更确切地说，某个代码子被选中运行的概率就是其迫切度与代码架上所有代码子迫切度总和之比）。创建一个代码

概念与类比
模拟人类思维基本机制的灵动计算架构

子的可以是 Pnet、细胞质，或是其他的代码子。

代码子有不同的分类方式。我们首先可以根据其作用点来区别三种类型：①修改 Pnet 的代码子；②修改细胞质的代码子；以及③执行某种测试，而后要么将新的代码子摆上代码架，要么（通过改变迫切度）修改代码架上现有代码子的代码子。

另一种分类依据是代码子的作用类型。创建结构的代码子应区分于摧毁结构的代码子。创建结构的代码子的一个简单的例子，是所谓"节点创建"代码子，每当一个"砖块"或"靶标"被读取，或一个新"区块"被建成，"节点创建"代码子都会在细胞质中创建一个相应的节点。摧毁结构的代码子的一个典型的例子，是所谓"消灭二级节点"代码子，它会摧毁先前创建的"区块"或"二级靶标"，将其构成节点"释放"出来。

在可能的范围内，我试图让代码子的作用尽量简单和"愚笨"。比如说，一个代码子可能会注意到"靶标"和"砖块"都含有某些数字（这是一个稀松平常的句法检测——对人类玩家来说，它是一个显而易"见"的事实），但代码子不会对该"靶标"是否"砖块"的某个倍数进行检测（这个任务太过"语义化"，或者说，它需要的代码子过于"聪明"了）。代码子的典型作用包括：创建一个"质节点"、将激活传递给一个"网节点"、比较给定"质节点"和给定"靶标"，诸如此类。代码子作用于不同抽象层级之上（如比较数字、创建节点，等等），不存在一个智能体对其活动进行监督。这意味着系统能够并行探索不同的路径。在更为传统的人工智能范式中，一旦设定了某个子目标（即某个"二级靶标"），系统就会为实现它投入所有的资源。而在 Numbo 中，各个可能的目标间存在持续的竞争。比如说，在系统完成一项探索工作前，如果它发现了一条更有希望的路径，当下的子目标就会被直接放弃。

代码子不仅"愚笨"，而且"短视"（也就是说，它们既不会通览全局，也无法思虑长远）。因此，（比如说）系统不能使用一个代码子系性地扫描细胞质，确定是否存在某个给定数字。代码子没有"计划"，也不会"合计"，它们只能在一种意义上"合作"：一个给定代码子的"后代"很可能会执行一个操作，在方向上延续"父辈"前进的轨迹。

Numbo 的概率性架构还会导致一个简单的后果，那便是系统几乎不会陷入无限循环。随着重复次数的增加，一再探索同一条错误路径的可能性将呈指数级下降至零。因此我们不需要什么复杂的回溯机制。

总而言之，不论 Numbo 表现出何种"智能"，它都只是大量短视而愚笨的进程的副产品，这些进程彼此竞争，在不同抽象层级上并行推进。

Numbo 的一个运行范例

我们已经描述了 Numbo 的架构，接下来要展示的是 Pnet 和细胞质如何通过代码子彼此交互，解决前面提到的"谜题 1"。

谜题 1　靶标：114
砖块：11 20 7 1 6

如前所述，这个谜题很有意思，因为几乎没有人会给出最简单的答案，也就是(20-1)×6。Numbo 会怎么做呢？图 3-3 展示了一次实际运行的轨迹（附有注释）。

图中最后三行是 Numbo 给出的总结，这是关于它如何使用给定"砖块"创建"靶标"的。下面我们来更加细致地研究一下 Numbo 找到这个解决方案的过程。

（1）读取"靶标"。Pnet 中最接近"靶标"的"地标数"——也就是网节点"100"——被激活，它现在成了一座灯塔，或一个关注焦点。此外，网节点"乘法""减法"和"加法"也被激活了。系统知道当"靶标"数值较大时，最有希望的路径涉及乘法，

概念与类比
模拟人类思维基本机制的灵动计算架构

而既然"靶标"114远大于最大的"砖块","乘法"节点的激活程度较另外两个节点要更高。

创建"靶标"114	Numbo读取"靶标",创建一个表征该"靶标"的质节点。
创建"砖块"11 创建"砖块"20 创建"砖块"1 创建"砖块"6 创建"砖块"7	Numbo以随机顺序读取各"砖块",创建表征各"砖块"的质节点。
创建"11乘以7" 创建"区块"77	Numbo尝试用11乘以7,并在细胞质中创建一个新"区块"。
创建"20乘以6" 创建"区块"120	创建另一个乘法"区块",该操作由Pnet建议实施。
创建"120减114"	通过做减法,Numbo注意到新创建的"区块"与原始"靶标"很接近。
创建"靶标"6	因此,Numbo创建了一个"二级靶标"。
消除"区块"77	"区块"77没用上,因此被拆解。
消除"11乘以7"	作为"砖块"的节点11和节点7不用继续建构"区块"77,因此重新回到"闲置"状态
创建"7减1" 创建"区块"6	在Pnet的压力下,用"砖块"-7和"砖块"-1创建了一个新的"区块",它等于"二级靶标"。
完成!	对"砖块"20和"砖块"6应用"操作"乘法,以创建"区块"120。 对"砖块"7和"砖块"1应用"操作"减法,以创建"区块"6。 对"区块"120和"区块"6应用"操作"减法,以创建"区块"114。

图 3-3 Numbo 一次实际运行的轨迹

(2) 读取一个"砖块",也就是11。系统碰巧运行了一个"句法比较"代码子,它比对了"靶标"和这个"砖块",发现它们有两个数

第 3 章　Numbo：关于认知与认识的一项研究

字相同。这个发现产生了一个新的代码子,这个新的代码子运行时提高了"砖块"11的吸引力水平。

（3）读取剩余"砖块"。请注意,由于代码子的选择具有随机性,"砖块"并不是从左到右依序读取的。比如说,在这次运行中最后的"砖块",也就是 6,先于居中的"砖块"7 被读取。和读取第一个"砖块"时一样,一群"句法比较"代码子被推上了代码架,有可能被系统选中运行,它们的使命是将相应的"砖块"与"靶标"进行比对。

（4）代码架上始终包含某些迫切度相对较低的代码子,它们执行随机的数学操作。一个这样的代码子碰巧被选中运行了,它随机选择了两个"砖块"（但它当然更偏向于选择那些"吸引力"水平较高的）以及一个算术"操作"（同样,它偏向于选择那些激活程度较高的网节点）。我们回顾一下,此时"砖块"11 被认为具有较高的"吸引力"水平,同时"操作"乘法的激活程度较高。因此,这个代码子选中了 11,将其与另一个同样是随机选中的"砖块"（也就是 7）相乘。结果创建了"区块"77,代码子将这个"区块"与其基础结构"11×7"一同置于细胞质中。

（5）Pnet 中激活会从已激活的节点向相邻节点传递。注意,现在双足结构"100 = 20×5"的头部和双足都被激活了（"地标数"节点 100 因接近"靶标"114 而被激活,"地标数"节点 20 因与"砖块"20 相等而被激活,小整数节点 5 因接近"砖块"6 而被激活）。于是来自三个彼此独立的源头的激活汇聚至节点"×"（乘法）,也就是双足结构的腹部。因此,这个算术操作节点的激活水平突然大幅提升。这种高度激活的"腹部"节点非常重要,因为它表征了创建等于或接近于"靶标"的"区块"的可能性。

为了实现这种可能性,一个"寻求合理摹本"代码子被推上了代码架,它被选中运行时,会尝试创建一个新的"区块",

概念与类比
模拟人类思维基本机制的灵动计算架构

具体方法是搜索一个 20 的"合理摹本"和一个 5 的"合理摹本",然后将它们相乘。就像 Numbo 中大多数搜索工作一样,对"合理摹本"的搜索也是概率性的。在本例中,运行"寻求合理摹本"代码子可能要么得到 20×6,要么得到 20×7,尽管前者概率更高,因为相较于 7,6 作为 5 的摹本要更"合理"些。当然,不保证这个代码子一定会被选中运行,因为其他的代码子——甚至有可能是那些同类型代码子——会与它展开竞争。事实上,在本例中,代码架上确实有一个对手,它也是一个"寻求合理摹本"代码子,只不过它想要通过寻找类似于"10×10"的乘积来尽可能地接近"靶标"114。(然而,这个对手代码子要是被选中运行,结果会是徒劳无益的,因为当前细胞质中根本不存在两个足够接近于 10 的节点。)

运行第一个"寻求合理摹本"代码子("20×5")会让一个"测试可能性与可取性"代码子上架,后者运行时会检查拟采取操作的可行性:作为成分的"砖块"(或"区块")得是"闲置"的,拟创建的新"区块"得被认定为值得创建。为确定上述第二点,代码子会检查 Pnet。如果它发现对应网节点(也就是在算术上最接近拟创建"区块"的网节点)激活程度足够高,就会将一个高迫切度的、用于创建拟创建"砖块"的代码子推上代码架,因为这个代码子迫切度足够高,它很有可能立刻就会被选中运行。当然,在实施所有这些考量的同时,系统也会探索其他竞争性的路径,甚至可能会通过"占用"所需的"区块"堵塞当前的路径——这是 Numbo 采用并行结构所必须付出的代价。

幸运的是,在本次运行中,"区块"120 确实被创建出来了("20×6")。图 3-4 展示了创建"区块"120 之前 Pnet 的一角,其中只包含那些激活程度最高的网节点。(激活程度越高,节点的网格就越密。)

第 3 章　Numbo：关于认知与认识的一项研究

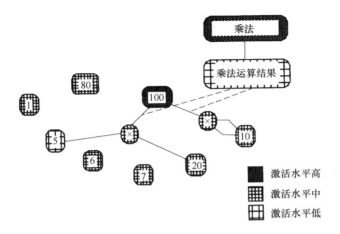

图 3-4　Numbo 某一次典型运行早期阶段的 Pnet

（6）现在，（另一个代码子）将新创建的"区块"120 与"靶标"进行比对。因为它们很接近，创建一个"二级靶标"就有了可能。于是，一个"创建靶标"代码子上架了，其运行时会用 120 减去 114 得 6，这样就将一个新的"二级靶标"节点插入了细胞质。这个新的质节点（"区块"6）向网节点"6"传递了新的一波激活，和读取新"砖块"时的情况很类似。图 3-5 展示了这一时刻细胞质的状态。

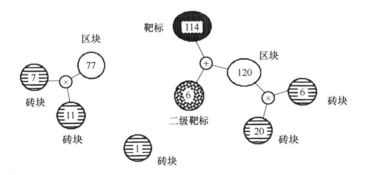

图 3-5　同一次运行中段时 Numbo 的细胞质状态

（7）由于"区块"77 一直没用上，它的"吸引力"水平下滑了，这导致了"温度"值的升高。回顾一下，"温度"升高的一个后果是,"拆解"代码子会被挂上代码架。这使任意"区块"(特别是那些"吸引力"水平不够的)遭受攻击并随之被拆解的可能性开始增长。在本次运行中,"区块"77 首当其冲。

(8) 网节点"1""7"和"6"(分别源于"砖块"1 和 7,以及"二级靶标"6)的同时激活促使系统创建了一个新的"寻求合理摹本"代码子,如前所述,在不同代码子实施各项常规测试后,这一新代码子的运行导致了新"区块"6 的创建("7 – 1")。由于将这个"区块"与当前"靶标"进行比对后发现二者相等,一个代码子会检查整体目标是否已经实现。确认目标达成后,系统会将解决方案打印出来,作为本次运行的最终结论。

148　　Numbo 对任何问题的处理都可以分解为四个粗略的"阶段",对应于四种不同类型的操作。各阶段依序呈现如下,但如果只从字面上理解这个顺序就大错特错了。Numbo 的概率化控制结构(其负责推送和选择代码子)意味着在现实情况下,不同的阶段可能发生严重的重叠,有时彼此间甚至难以辨别。然而,下列有关 Numbo 工作套路的时序性分析仍然具有启发式层面的意义。

阶段 1: 读取谜题。基本代码子上架;它们读取"靶标"和"砖块",安装合适的质节点,在质节点之间以及对应的网节点之间设置连接,激活相应的网节点。

阶段 2: 比对"靶标"。比对"砖块"与"靶标",负责这一步操作的代码子能够检测出等值性、数量的相近性或数字的相同性。基于这些比对的结果,可能就潜在的算术分解方式提出建议。

阶段 3: 根据 Pnet 的建议搜索有用的联想。随着激活在 Pnet 中传播,一些算术操作网节点(双足结构的腹部)可能会被足够强烈地唤醒,导致"寻求合理摹本"代码子上架。这些代码子会在细胞质中搜索与构成上述双足结构的双足相近的闲置数

第3章 Numbo：关于认知与认识的一项研究

字，以创建接近于该双足结构中第三个数字的新"区块"。

阶段4：砖块间的背景式联想。Numbo 中存在一种背景活动，它在来自 Pnet 的压力不太强烈（也就是说，当系统没有强烈的动机执行特定操作）的时候十分有用。代码子会随机地挑选两个闲置的"砖块"（在概率上偏好那些更有"吸引力"的）和一个算术"操作"（在概率上偏好那些激活水平更高的）。执行这个操作会提出一个新的"区块"，而后使用一个"测试可能性与可取性"代码子对它进行检测。如果随机选定的算术"操作"生成的数字看上去很有前景（也就是说它与某些"靶标"在语义或数量上足够接近），系统就会建议创建这个新的"区块"。

讨 论

对比其他计算机模型

关于 Numbo 我们已经谈了足够多，可以将它与其他系统联系起来了。Numbo 的基本工作机制在很大程度上来源于侯世达和他的团队所做的早期研究（Jumbo、Seek-Whence 和 Copycat）。但在许多方面，Numbo 无疑也和另外一些程序颇为接近。比如说，它似乎使用了"手段—目的分析"的某种变体，来减少"砖块"和"靶标"间的差异。特别是在阶段2，如果一个"砖块"和"靶标"很接近，就会暗示系统取它们的差值，这样就创建了一个"二级靶标"——本质上就是一个子目标。因此，有人可能会认为 Numbo 不过应用了20多年前就已提出的"通用问题解决模型"（Ernst & Newell, 1969），如此而已。

可是，只要我们仔细对比一下，就会发现在 Numbo 和 GPS（即"通用问题解决模型"英文全称 General Problem Solver project 之首字母简写）

概念与类比
模拟人类思维基本机制的灵动计算架构

间存在许多重大的区别。比如说，GPS 直接使用启发式搜索范式：一个问题会用对象和运算符来表示，而后操作流程会在一个中央处理器的引导下进行，实体被表征的方式将取决于它们在特定任务中扮演何种角色：不存在永久性的、独立于任务的知识表征（换言之，GPS 中没有 Pnet 的对应物）。系统会就所有已纳入考量的对象和所有已加以尝试的目标保存记录。本质上，GPS 的套路就是不断尝试实现子目标，所有的加工过程都是目标导向的。这意味着那些不受特定子目标激励的"联想"不可能在"砖块"间建立起来。一旦选定了某个子目标，系统就会全力探索其实现方式，并在此过程中保持心无旁骛。

在方法论的选择上，GPS 与 Numbo 形成了鲜明的对比。要将 Numbo 的套路解释为"在问题空间中搜索"可得费一番工夫，毕竟它不涉及中央控制，而且死记硬背的知识是以独立于任务的方式表征的。一个目标只是特定局面的许多特征之一。Numbo 中不存在系统性的探索过程，代码子的彼此竞争和随机性因素让系统能从一个想法跳到另一个想法，有时这种跳跃看上去相当无序（但也与人类十分相似）。

另一个不容忽视的相似系统当属安德森（Anderson）开发的 ACT*（Anderson, 1983）。在它与 Numbo 的系统架构之间似乎存在明显的映射关系：

陈述性记忆⇔Pnet
产生式记忆⇔代码架

ACT*的陈述性记忆（declarative memory）是一个激活扩散网络，在这个意义上，它与 Numbo 的 Pnet 很像。但 ACT*的节点类型要更加多样化（包括时序系列、空间意象以及抽象命题等）。ACT*的产生式记忆（production memory）类似于 Numbo 中所有可能的代码子"类"的加总（这个概念和"代码架"还不太一样，后者是由许多代码子"例"构成的库存，且其内容在不断变化中。因此，代码架不是生成性记忆足够理想的类比）。但 Numbo 对任务结构的约束不像 ACT*那样强：它无需依赖

第 3 章　Numbo：关于认知与认识的一项研究

C-A 规则，即所谓"条件—行动产生式规则"。

然而，Numbo 和 ACT*最大的区别在于加工过程的整体控制。ACT*使用一个复杂的模式匹配程序选择产生式规则，而在 Numbo 中，决定下一步执行什么任务的过程没有那么强烈的符号化色彩，而且这一操作是分两阶段实施的。第一阶段，某给定任务（代码子）被推上代码架；第二阶段，该代码子真正被系统选中运行。Numbo 之所以要采用这种策略，是因为将构成大探索路径的一系列小任务交错布置后，就有可能实现一种有概率偏向性的并行探索了。这个被称为"并行阶梯扫描"的理念在 ACT*中不存在对应。

还需注意：Numbo 检测模式的手段更具随机性：由于代码子选择过程的概率性和代码子扫描相关结构的随机性，Numbo 有时候可能会对一些明显的解视而不见。最后，ACT*的学习机制在 Numbo 中也是没有对应物的。

我们可以继续将 Numbo 与其他系统进行对比。构造 Pnet 时使用的基本机制具有某种"联结主义"的味道。鲁姆哈特和麦克莱兰等人的研究在这一点上和 Numbo 很像：他们也认为自下而上的统计涌现过程是认知研究的基础（见 McClelland, Rumelhart, & Hinton, 1986）。

或许还可以对比 Numbo 和列纳特（Lenat）开发的 AM 程序（Lenat, 1979, 1983a）。AM 的"任务日程"就和我们的"代码架"概念很像，但 AM 也没有使用基于优先级对任务进行随机选择的套路，这是因为列纳特和安德森一样，不追求多路径的并行探索。此外，列纳特的网络大量使用高层控制机制（启发式和元启发式），在这一点上它与 Numbo 存在根本性的差异——后者几乎完全仰仗非常基本的行为（在"砖块"间建立尝试性的联想、对路径实施初步探索、提出可能的子目标，诸如此类）。

要想对 Copycat、Jumbo 和 Seek-Whence（因此也是 Numbo）的架构形成更为全面的理解，读者可参阅侯世达、密契尔和弗兰茨的文献（1987）。

概念与类比
模拟人类思维基本机制的灵动计算架构

对比人类表现

Numbo 程序的设计意图之一就是帮助我们理解人类被试玩 Numble 游戏时表现出的心智流动性。Numbo 的解密过程会给人一种"带有人类风格"的印象,以下是它与人类表现的相似之处:

(1) 能立刻发现明显的解。

(2) 不一定系统性地探索某些想法,事实上,一些想法常常在充分检验前被抛弃。

(3) 促成组合的并不总是强烈的目标驱动,因此一些路径的开启有时看似动机不明。

(4) 提出的解经常能以看似符合逻辑的方式将一系列算术运算串起来。

尽管如此,本文不会对人类被试玩 Numble 游戏时的表现进行严格分析。当然,我并不认为这无关紧要。在创建 Numbo 程序的一年中,我使用好几道不同的谜题测试了一些人类被试,让他们出声思考并保存相关记录。而后,我仔细地检查了他们的思维过程,以此决定了 Numbo 架构中的某些方面。但我认为,要就 Numbo 与人类被试的对比得出实质性结论,仍需进行大量的后续研究。

之所以无法严格对比 Numbo 与人类被试的解密表现,至少有以下三个原因:

(1) Numbo 的知识储备非常贫乏,一个典型成年人类被试算术知识背景的某些主要方面并未被 Pnet 囊括在内。

(2) 人类被试求解特定谜题的方法具有某些特点,而这些特点被 Numbo 刻意忽略了。比如说,Numbo 不会注意到谜题中"砖块"的原始排列顺序,而人类被试则经常受其影响(多在潜意识层面)。

第 3 章 Numbo：关于认知与认识的一项研究

（3）在 Numbo 架构的设计中，有必要针对一些重要而困难的问题给出专门的解决方案（如怎样衡量两个给定数字是否相似及其相似程度几何、怎样设定"温度"，等等）。

还有一个因素无疑也会影响 Numbo 与人类的对比，那便是人类被试的思维过程记录本身极可怀疑。我不止一次听被试说，他们很难（或是根本不可能）完整地记录自己的解密过程。这里似乎无法避免某种后验的重建。

只要我们承认存在上述差别，就能粗略对比人类被试的思维过程与 Numbo 的解密路径。图 3-6 展示了一个对比的实例，左边一列是 Numbo 的解密过程，右边一列来自人类被试的出声思考记录（各步骤实际顺序未必如图所示）。图中一些符号意义如下：随着某个子目标的确定，接在数字后的问号实际上意味着"我知道如何得到这个数字吗？"同样，"no"的意思是抛弃一个给定的方法。我们选择的是前文中提到过的谜题 3：

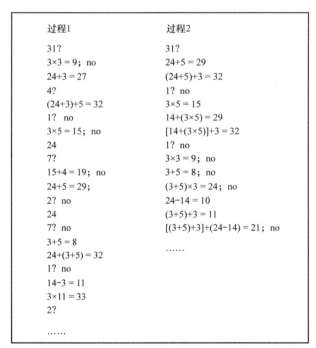

图 3-6 求解同一谜题时人类被试与 Numbo 的思维过程对比

概念与类比
模拟人类思维基本机制的灵动计算架构

谜题 3：靶标：31
砖块：3 5 24 3 14

我们会注意到，Numbo 和人类被试最终都没有成功。（虽说这个谜题有四种不同的解法！）Numbo 解密过程中的摇摆不定看上去"很人类"，但显然不能仅凭这一点就说 Numbo 是一个具有效度的人类心智模型。

结论

我想要创建的是一个这样的系统：对一条谜题，它能够识别明显的重组和解决方案（就像我们一样），也能将不同操作串在一起以实现特定目标（也像我们一样）。Numbo 实现了我的某些初衷，接下来我就将展示它在求解一些谜题时的表现，这些谜题难易程度不一。第一条非常简单：

谜题 7：靶标：6
砖块：3 3 17 11 22

Numbo 立刻得出了答案——3 + 3（它不会给出 17 – 11 这个解，更不用说 17 + 11 – 22 了）。换言之，它迅速发现了对人类而言显而易见的东西，并没有浪费时间去尝试那些人类被试不会尝试的路径。类似地，如果我们让 Numbo 解以下谜题（它同样很简单）：

谜题 8：靶标：11
砖块：2 5 1 25 23

它立刻就会回答 2×5 + 1。系统很快"嗅出" 2 乘以 5 这步操作很有前景，于是就不在其他路径上浪费时间了，虽说也确实存在别的路径，比如 23 – 2×(5 + 1)。

上面两个例子显示 Numbo 能很快找到显而易见的解。下面的例子表明它也有能力解决更为复杂的问题：

谜题 9：靶标：116
砖块：20 2 16 14 6

第3章 Numbo：关于认知与认识的一项研究

Numbo 找到了那个十分巧妙的解：6×20 − 2 − (16 −14)。

那 Numbo 的现有架构都有哪些优劣呢？相关意见有三：

（1）Numbo 所展现的流动性在很大程度上源自概率化的、基于代码子的架构（其意象又源于活细胞中酶的分布式活动），其特点是对不同路径的并行探索和替代解决方案之间的持续竞争，二者都是强大的机制。如果系统正在探索的路径缺乏前景，很快就会产生一个提示，让它同时开始检验另一条路径，后者可能更为理想。此外，系统还会时不时地尝试一些看似前景不明确的组合。这或许会开辟一些新的可能，它们本身也值得勘探一番，虽说与此同时还存在其他更加显而易见的路径。比如下面这个例子：

> 谜题 10：靶标：127
>
> 砖块：6 4 22 5 7

Numbo 偶尔会尝试用 6 乘以 5。一旦它创建了 30 这个"区块"，距离得到 4×30 + 7 的解就不远了。Numbo 也确实能够得到这个解，虽说也存在一些更加明显的方案（涉及 5×22 或 6×22）。

（2）编码在 Pnet 中的知识十分关键。当前，Numbo 还不能很好地应付一些其实很简单的谜题，比如下面这个：

> 谜题 11：靶标：41
>
> 砖块：5 16 22 25 1

这是因为程序不"知道" 40 = 20 + 20，因此无法很好地识别可能存在的合理摹本（如 16 + 25 或 22 + 25）并加以尝试。知识的匮乏导致了几乎是随机的搜索：Pnet 建议的组合太少了，系统只能逐个尝试其背景活动偶然发现的组合。

（3）由于 Pnet 中的节点密度很大，每个节点几乎总处于低水平的激

概念与类比
模拟人类思维基本机制的灵动计算架构

活状态。这种"背景噪声"常常使网络架构的优势得不到完全发挥。Pnet 的优势在于唤醒"直接含义",但对一长串联想提出暗示则并非其所长。

Numbo 程序已经表明,一个合适的架构能让系统(至少在有限的领域中)以一种高度流畅的、与人类极为接近的方式自动自发地感知组块、创建分组,并通过将不同的运算串在一起实现目标。

当然,Numbo 的能力还有大幅提升的空间。一个非常困难但十分重要的待解决问题涉及如何组合 Pnet 中的知识,以产生新的洞见。(比如已知两条事实"144 = 12×12"和"12 = 3×4",如何得知新的事实"144 = 9×16"?)另一个待解决问题是如何将一个任务的结果应用于另一个任务。我相信与其尝试将系统延伸至新领域,以这种方式来探索其通用性,倒不如对它的底层机制展开深入研究。路漫漫其修远兮,Numbo 才踏出第一步。

前言 4
根深蒂固的 Eliza 效应及其潜在危害

概念与类比
模拟人类思维基本机制的灵动计算架构

那些看似非凡的程序

155   本文最初起草于1989年年中，公平地说，它源于我们的研究小组日益加剧的愤怒和担忧。原因如下。彼时，Copycat 的创建工作已接近完成，程序实现了一些预想的功能（详见第 5 章）。同期，Tabletop 也开始正常运行（见第 8 章和第 9 章）。这些成就让团队中弥漫着一种兴奋感，因为我们的研究理念正在开花结果，精心设计的微领域的魅力和复杂性也得到了展现。然而与此同时，许多人工智能程序得到了媒体大量不加批判的大肆宣传。表面上，这些程序能为现实世界创造非常复杂的类比，或做出非凡的科学发现，其洞察力堪与伽利略、开普勒以及欧姆等先贤相匹敌。而反过来，在这种有偏的舆论风向中，我们所取得的进展就显得过于微观了。但对我们的研究下这种结论当然是肤浅和毫无根据的——这让研究小组心怀芥蒂实在是再正常不过了。

　　密契尔·瓦尔德罗普（Mitchell Waldrop）在著名的《科学》（Waldrop, 1987）杂志上发表了一篇文章，报告了这类人工智能程序的典型之一——结构映射引擎（Structure Mapping Engine, SME，见 Falkenhainer, Forbus, & Gentner, 1990），并对其在类比方面的功能不吝赞美之辞。这个程序的理论基础是心理学家戴德拉·根特纳的"结构映射理论"（Gentner, 1983）。在简要介绍该理论后，瓦尔德罗普的文章援引了一个实例，展示 SME 如何将金属棒传导的热流和通过管道的水流进行类比，从而推断热流是由温度差引起的，就像水流是由水压差引起的一样。讲完这个例子后，瓦尔德罗普接着写道：

156　　　　迄今为止，结构映射引擎已经在 40 多个不同的实例中得到了很好的应用。这些例子包括在太阳系和卢瑟福原子模型之间，以及在情况类似但角色各异的不同寓言故事间进行类比。这个程序也能在一个科学发现模型之中扮演特定的模块。

前言 4　根深蒂固的 Eliza 效应及其潜在危害

但如此描述一个程序将无可避免地带来一些潜在的问题。当我们写到或读到类似于"SME 将金属棒传导的热流和通过管道的水流进行类比"这样的句子时，会形成一种默认的看法，仿佛计算机真的在处理关于热流或水流的思想，以及热、水、金属棒、管道等诸如此类的概念。不然，说它在"进行类比"又能是什么意思呢？毫无疑问，如果要断言一台计算机会就什么东西（比如说水流）进行类比，最起码的先决条件是：计算机得"知道"水是什么——它得知道水是液态的、无色的、受重力影响、会让接触到它的东西变得湿润、会从一处流向另一处（且流向别处后不再位于原处），它得知道水有时会变成一滴一滴的、会自动呈现为其所在容器的形状，它还得知道水是无生命的，可以容纳物体、承载木块，可以保持热量、失去热量、获得热量……凡此种种以至于无穷。如果程序不像这样"知道"某些事物，那我们又有什么理由能说程序会"将水流与这个那个（无论哪个）进行类比"呢？

不消说，SME 程序对这些事实一无所知。实际上，它既没有任何概念，也没有关于任何事物的永久性知识。对应于它所进行的每一个单独的类比（我们很难避免使用类似的说法，尽管这样太过宽容了），只需给它输入一个简短的"断言"列表，例如"Liquid (water)""Greater(Pressure (beaker), Pressure (vial))"，等等。但在这些断言背后，不存在其他东西。你在程序里找不到关于断言中任一单词有什么意义的表征，不管是 Liquid "液体"，Greater than "比……更大"，还是 beaker "烧杯"或 vial "小瓶"。事实上，只要在排列的相应位置保持相同的单词，断言中的单词就可以随机地洗牌。也就是说，如果你不给程序输入原先的"Greater(Pressure (beaker), Pressure(vial))"，而是喂给它" Beaker(Greater(pressure), Greater(vial))"或什么其他乱七八糟的东西，都没什么区别，尽管这样一行代码译成人话后完全是胡说八道。你会得到下面的句子——The greater of pressure is beaker than the greater of vial（压力的更大比小瓶的更大烧杯），但程序可不关心这句话有没有意义，因为它没有一个知识库，无法

概念与类比
模拟人类思维基本机制的灵动计算架构

将这个断言中的单词与什么其他的事物关联起来。对计算机来说,这些术语只是具有英文单词形式的空洞标记,仅此而已。

尽管单词可能让我们产生程序会进行类比的意象,但在这个实例中,计算机在任何意义上都没有处理水或水流、热或热流的概念,对前面的讨论中提到的任何概念也都是如此。由于缺乏概念背景,计算机并没有真正地进行类比。它充其量是在两个分散的、无意义的数据结构之间建立了一个对应关系。如果我们仅因为这些数据结构中一些字母数字字符串与英语单词"heat""water"等拼写相同,就称之为"将热流和水流进行类比",对事实的这种描述无疑过于随意、过于宽容了。

滑向 Eliza 效应

尽管如此,我们还是很容易在不知觉间开始使用这种类型的描述,特别是在程序的创建者就这一实例所涉及的两种物理情况提供了绘制精美的图片之时(见图 6-1)。图片显示一只玻璃烧杯和一个装满水的玻璃小瓶以一根弯曲的小管彼此相连,以及一只盛满热腾腾咖啡的马克杯中插着一根金属棒,金属棒的一头连着一块正在滴水的冰砖。人们会产生一种难以抗拒的趋向,要将这幅图画所唤起的丰富意象与印在它下面的计算机数据结构混为一谈(见图 6-2)。毕竟对人类来说,这两种表征在内容上感觉极为相似,所以我们在无意中把事情描述为"计算机将这种情况和那种情况进行类比"——不然还能怎么说?

这当然是图片提供者的无心插柳,而非有意歪曲。但只要他这么做了,就会让许多(即使不是大多数)读者受到一系列微妙暗示的影响而产生错觉,诸如:计算机——至少是某些计算机——能够理解水、咖啡之类的概念;计算机能够理解物理世界;计算机会进行类比;计算机会抽象地推理;计算机能做出科学发现;计算机作为有洞察力的主体与我

前言 4　根深蒂固的 Eliza 效应及其潜在危害

们共存于这个世界。

人们常把这种错觉称为"Eliza 效应",它的意思是,人们在面对由计算机串成的符号串(尤其是字词串)时常常表现得过分敏感,能够从中读出较其本来所具有的多得多的意义。随便举个例子,一些人真的会觉得自动柜员机在收到存单时会心怀感激,只因为它们会在屏幕上显示出"谢谢"。这种误解当然不太常见,因为几乎所有人都知道,程序员可以将这个词写入机器,让它在恰当的时候显示出来,这完全是一个机械的过程,就像杂货店的自动门在有人走近时会自动开启一样。我们通常不会混淆电子眼的功能和真正的视觉,可一旦事情变得稍微复杂一些,人们很快就会陷入混淆,其程度也会深得多。

"Eliza 效应"得名于程序 ELIZA,后者由约瑟夫·魏曾鲍姆(Joseph Weizenbaum)于 20 世纪 60 年代中期创建。这个程序名声不是太好,它的编制初衷是模拟一位使用非指导性罗杰斯疗法的心理治疗师,用非常平淡的问题回应病人键入的抱怨和哀叹。在用词上,程序的回复与患者的主诉彼此呼应。大多数情况下,程序只是鼓励患者继续倾诉下去("请继续"),偶尔也会建议换一个话题。这种极为肤浅的句法上的技巧让一些与 ELIZA"交流"的人们相信,这个程序真能理解他们所说的一切,支持他们,甚至与他们共情。

从那时起,关于"Eliza 效应"的分析资料可谓汗牛充栋(如 Boden, 1977;Weizenbaum, 1976 以及 McDermott,1976),但人们对机器输出的字符过度敏感这一点并没有改变。"Eliza 效应"就像一种不断变异的顽强的病毒,在人工智能时代一次又一次地出现,带着不断更新的伪装,其形式也变得更加微妙。

请读者理解,我之所以要谈论这些,并不是为了批评 SME 的创建者,甚至也不是为了反对瓦尔德罗普的观点。我所针对的是一种普遍意义上的心态,它对我们称为"人工智能"的复杂智力活动不加防范的程度令

概念与类比
模拟人类思维基本机制的灵动计算架构

人吃惊：受其影响，在领域内外，人们对一系列关于"计算机正在做什么"的拟人化描述都接受得过于轻易了。

"仅此一次"

举个例子，1993 年 7 月 2 日，《纽约时报》在头版头条刊登了一篇引人注目的文章，标题是《电脑诞下的盈利文学》（Potboiler Springs From Computer's Loins），讲述了硅谷程序员斯考特·弗兰茨（Scott French）的故事。十年前，弗兰茨曾与一群朋友打赌，声称自己能为计算机编程，让机器创作出有杰奎琳·苏珊（Jacqueline Susann）风格的通俗小说，一如畅销书《纯真告别》（Valley of the Dolls）那样。在那以后，弗兰茨埋头苦干了大约八年，最终在《纽约时报》刊文的同一周，一本名为《仅此一次》（Just This Once）的小说（French, 1993）出版面世。封一书名下方如是写道："这是一部计算机写成的小说，它的创作程序就像其编制者斯考特·弗兰茨所了解的、举世闻名的畅销书作家那样思考。"

《纽约时报》刊文的作者是史蒂夫·洛尔（Steve Lohr），根据文章的说法，弗兰茨为一台 Macintosh 机器编程，并给程序起了个绰号"Hal"。正如洛尔所说，"弗兰茨使用了所谓的'人工智能'，这是一种试图模仿人类思维的高级编程形式"。以下是洛尔对程序功能的描述：

> 对一个场景的描写过程大致相当于弗兰茨先生和他的软件之间的一场对话。计算机会问问题，他来回答，于是机器就把故事讲出来，每次讲几句话。他会这里改一个词、那里纠正一个拼写错误，就像这样。然后，根据先前的情况，计算机会问更多的问题，由弗兰茨先生作答，以此类推。

"它不可能一次创作一整段，"弗兰茨先生说，"我们不可能站起身来，出去走两步，然后回来时发现机器把一章都写好了。它没

前言4 根深蒂固的Eliza效应及其潜在危害

那么先进。"

弗兰茨先生将数千条规则写入程序之中,这是一些公式,来源于他对苏珊女士两本名作——《纯真告别》和《梦断星河》(*Once is Not Enough*)的仔细分析。正是这些规则决定了作品大致的风格和情节。

比如说,当两个关键的女性角色相遇时,计算机会询问弗兰茨先生该场景应使用的"刻薄因子"。它会提出选项1至10。如果弗兰茨输入8——这代表"高刻薄水平"——计算机就会搜索它的内存,创造出一个句子,其中很可能带有"高声嚷嚷"或"尖声喊叫"之类的词。

出版商为斯考特·弗兰茨和他的程序所做的宣传,以及《纽约时报》不加批判的报道,都是这种松懈心态的典型表现。洛尔的文章甚至援引了人工智能最为重要、最具创造力的先驱之一马文·明斯基,后者评论称:"这听起来很棒……他似乎比其他人更了解计算机是如何生成语言的。"当时,明斯基刚刚与人合著完成了一部小说,我不知道他为什么要附和这种言论,仿佛他真的相信计算机程序能写成一部作品。他当然知道,一部小说,即便是一部最为平庸的小说,其创作过程也包含大量理解、意象和人类经验,要让一个程序拥有这些,显然是难以想象的。

可是,《纽约时报》不仅刊载了这个"人工智能的突破",还将它登在头版头条!这有些激怒了我。当天晚上,我花了几个小时,给《纽约时报》的编辑写了一封信,试图平息怒火,并且第二天我就把信寄了出去。不幸的是,他们没有刊载我的作品。但编辑的疏忽是不会埋没它的!以下就是我那通小小的发泄。

致编辑部:

在不到一周的时间里,《纽约时报》的头版报道了两项杰出的学术成就:其一,数学中最为重要的问题之一终于得到了解决,而此前人们已经为之奋斗了几个世纪;其二,一台机器创作了一部小

概念与类比
模拟人类思维基本机制的灵动计算架构

说,而数千年来人们一直将机器视作非生命体的典型。曾几何时,相关领域的绝大多数专业人士都认为这两个项目毫无希望可言,但在历经七到八年的艰苦努力后,它们的成果最终凝聚为长达数百页的材料,而且很快就将发表。一些专家开始转而为它们摇旗呐喊,在《纽约时报》的刊文中将其誉为前所未有的进展。

人们可能会想,同时面世的这两项成就构成了一种多么美妙的并行,我们生活在一个多么神奇的时代!然而问题是,就其真正的科学重要性而言,它们其实处于相反的两极。费马最后定理(Fermat's Last Theorem)的证明(假设该证明确实成立)的确是不朽的,也的确配得上《纽约时报》的头版祝贺。但相比之下,所谓"计算机创作了"一部小说的说法不仅严重地歪曲了事实,而且极具误导性。报道对斯考特·弗兰茨的程序到底能做些什么语焉不详,但它给出了清晰的暗示,那便是计算机能够处理诸如"嫉妒""性""竞争"等复杂概念,更不用说像"女人""喉咙"和"跳跃"之类的日常范畴了。总而言之,一个天真的读者很容易形成这样一种印象:计算机操纵的对象与杰奎琳·苏珊等人类畅销作家头脑中的概念体系并无不同。

但事实是,今时今日任何程序对哪怕区区一个概念的理解,其复杂程度都不可能达到普通人类个体所具备的水平。这并不是说计算机无法在特定的任务中有出色表现,如拼写检查和下棋,因为这些任务不涉及操纵真正的概念。但是,要理解人们如何感受、如何交谈、如何相互影响,以及他们行为背后的动机,凡此种种,仍远在今天的技术所能企及的范围以外——它们位于认知科学最为前沿的理论和推测勉强触碰的边缘地带。

尽管文章暗示在小说《仅此一次》的创作过程中,人与机器的协作方式与两个人类的协作方式有些类似,但毫无疑问,这种协作是完全不对称的。弗兰茨本人对物理世界和人类世界的理解是所有真正决策的基础,而计算机仅仅提供了一组约束条件,以及关于情

前言 4　根深蒂固的 Eliza 效应及其潜在危害

节发展可能依循哪些路径的建议。

一些读者可能会认为，弗兰茨故意选择让程序模仿一位畅销书作家的风格，是因为盈利文学的任务域范围相对有限，计算机有望在其中获得成功，但要创作一部真正伟大的作品，程序就无能为力了。这完全是自欺欺人。即便最为平庸的人类通俗作家，其内心也充溢着鲜活的生命体验，其复杂和微妙程度难以衡量。相较于杰奎琳·苏珊的内心和现存任何计算机程序的微观心智间的差异，（类似）维克拉姆·塞斯（Vikram Seth）和杰奎琳·苏珊女士之间只存在十分细微的区别。

也就是说，现在的情况是有人用计算机玩了一把散文游戏，玩得还不赖，以至于媒体决定花钱精心策划一个宣传噱头。这事儿有点意思，但绝不至于登上头版，也肯定配不上与费马最后定理的证明一样的尊敬。事实上在我看来，《纽约时报》将这两个话题等同视之，此举几乎令人愤慨。弗兰茨的研究并不像文章所渲染的那样堪称"文学人工智能的前沿"，其充量只是"空洞的句法游戏的前沿"罢了。

要更为深入地了解人类心智的工作方式，科研人员还有很长的路要走。在那以前，我们建造的计算机或许连一条像样的笑话都编不出来，就更别说创作一部完整的小说了。

侯世达

计算机能理解莎士比亚和柏拉图的隐喻吗？

在某种意义上，斯考特·弗兰茨的"计算机小说"是很容易受到攻击的，因为即使是大多数局外人也会对类似于"计算机能写小说"的观点持怀疑态度。相比之下，计算机已经做到的另一些事与我们人类的成就在表面上确有相似之处，以至于就连一些认知科学教授都无法区分或

概念与类比
模拟人类思维基本机制的灵动计算架构

不愿区分它们。比如说，有观点称程序读懂了报纸上一篇有关经济学家如何预测利率走势的文章（Riesbeck & Schank, 1989）、重新发现了开普勒行星运动定律（Langley et al, 1987），或创造了足球比赛的一种新战术（Riesbeck & Schank,1989），这些案例都是个中典型。但当我们仔细审视这些"成就"时，最后经常会发现它们也没啥了不起——程序的创建者声称它们能操纵现实概念，但我们会发现程序对这些概念的了解其实十分有限。这还不够：创建者通常会"恰好"将那些符合需要的概念（而且是在"稀释"到难以想象的程度之后）提供给程序，而与任务无关的其他概念，他们又提供得极少。

著名的英国哲学家玛格丽特·博登的《创造性思维：神话与机制》（*The Creative Mind: Myths and Mechanisms*，Boden, 1991）一书虽极富争议，但整体上是值得赞扬的。不幸的是，她在创作过程中多次受到"Eliza效应"的影响，这损害了作品的准确性，并掩盖了一些她始终致力于澄清的事实。例如，书中有一章涉及计算机的艺术和文学成就，谈到了一个非常简单的程序"ACME"，并认为它有几乎不可思议的理解力。这个程序是由心理学家基斯·霍利约克（Keith Holyoak）和哲学家保罗·萨加德（Paul Thagard）开发的（Holyoak & Thagard, 1989，本书第 6 章也有描述和讨论）。作为这出大戏的开场，博登首先引用了麦克白的诗句：

> 将劳心纠结的衣袖编结整齐的睡眠，
> （Sleep that knits up the ravelled sleeve of care, ）
> 那白日生命的死亡，酸楚劳碌后的沐浴，
> （The death of each day's life, sore labour's bath, ）
> 抚慰神伤的香膏，大自然的第二道菜肴，
> （Balm of hurt minds, great nature's second course, ）
> 生命筵席的主要滋养。
> （Chief nourisher in life's feast. ）

而后，她又提到了柏拉图作品中一个复杂的类比：苏格拉底将自己

前言 4　根深蒂固的 Eliza 效应及其潜在危害

描述为"真知的助产士"（midwife of ideas）。博登的原文是这样的：

> 苏格拉底已垂垂老矣，无法再产生新的哲学思想。但他的学生们可以，而他又能帮助他们。他可以减轻泰阿泰德"分娩的疼痛"（他正痴迷于一个看似无法解决的哲学问题）；他能鼓励真知的诞生，并导致谬见的流产；他甚至可以做一个很好的媒人，把"未有身孕"（心无困惑）的青年介绍给聪明的成年人，后者会让他们开始思考。他说，他的技术要比真正的助产士更为高超，因为在哲学上区分真理和谬论要比判断一个新生婴儿能否存活下来更加困难。

我们都能看到，这一段中蕴含了极为丰富的思想，它们彼此交织，要理解这些思想，就需要理解衰老的过程、哲学思考的目标和性质、关于人类繁衍后代和婚配习俗的许多事实、教育的行当、青年与智慧之间的关系，等等。事实上，很明显，博登的目标正是就文学隐喻的深度和复杂性给读者留下深刻的印象。然后，她开始进入正题：

> 睡眠和编织、哲学和助产术。且不说能否创造这些言语的想象，计算机能理解它们吗？
>
> 事实上，它们能。一个叫做"ACME"（"M"指的是"Mapping"即"映射"）的计算机程序就会进行类比式的思考，它能很好地解释苏格拉底的主张，也就是他**究竟如何**将"助产士帮助婴儿出世"和"哲学家诱导新知产生"联系在一起——以及二者有何差异。
>
> 据我所知，人们还没有用麦克白关于睡眠的感叹考验过这个程序。但我敢打赌，ACME 一定能有所作为。因为它会使用高度抽象的步骤识别（和评估）**一般类比**。

（**强调**部分系原文。）

博登对 ACME 的描述是热情洋溢的，如果我们补充一下，看看让程序执行任务需要输入些什么（摘自 Holyoak & Thagard, 1989）就更能说明问题了。以下是 ACME 关于助产士（midwife，因此每一行代码的序号前

概念与类比
模拟人类思维基本机制的灵动计算架构

缀都为"m")的全部"知识"(所有输入都以谓词逻辑符号的形式提供给程序,其中"midwife"等谓词居于左边,后面跟着主语和宾语):

m1: (midwife (obj-midwife))　助产士（obj-midwife）

m2: (mother (obj-mother))　母亲（obj-mother）

m3: (father (obj-father))　父亲（obj-father）

m4: (child (obj-child))　孩子（obj-child）

m5: (matches (obj-midwife obj-mother obj-father))　配对（obj-midwife obj-mother obj-father）

m6: (conceives (obj-mother obj-child))　孕育（obj-mother obj-child）

m7: (cause (m5 m6))　原因（m5 m6）

m8: (in-labor-with (obj-mother obj-child))　分娩（obj-mother obj-child）

m10: (helps (obj-midwife obj-mother))　帮助（obj-midwife obj-mother）

m11: (give-birth-to (obj-mother obj-child))　生产（obj-mother obj-child）

m12: (cause (m10 m11))　原因（m10 m11）

我们可以认为代码的第二行 m2 编码了"'obj-mother'是一个'mother'",m6 则可以解读为"'obj-mother' conceive 了 'obj-child'"。类似于"obj-midwife""obj-child"的项只是一些哑名（dummy names）,它们就和没有特定数值的代数变量一样。不发音的前缀"obj"想必指"对象"（object）,只是为了将名词与谓词区分开来。

关于苏格拉底（Socrates,因此每一行代码的序号前缀都为"s"),输入 ACME 的代码长这样（当然,正如博登所说,它们无论如何都没法还原成"苏格拉底的话"）:

s1: (philosopher (Socrates))　哲学家（Socrates）

s2: (student (obj-student))　学生（obj-student）

s3: (intellectual-partner (obj-partner))　智慧的伙伴（obj-partner）

前言 4　根深蒂固的 Eliza 效应及其潜在危害

s4: (idea (obj-idea))　真知（obj-idea）

s5: (introduce (Socrates obj-student obj-partner))　介绍（Socrates obj-student obj-partner）

s6: (formulates (obj-student obj-idea))　形成（obj-student obj-idea）

s7: (cause (s5 s6))　原因（s5 s6）

s8: (thinks-about (obj-student obj-idea))　思考（obj-student obj-idea）

s9: (tests-truth (obj-student obj-idea))　检验真伪（obj-student obj-idea）

s10: (helps (Socrates obj-student))　帮助（Socrates obj-student）

s11: (knows-truth-or-falsity (obj-student obj-idea))　辨明是非（obj-student obj-idea）

s12: (cause (s10 s11))　原因（s10 s11）

这些代码看上去很空泛。但不幸的是，它们比"空泛"程度更甚——你也可以说它们甚至还谈不上"空泛"。我们必须时刻牢记，代码中的英文单词完全是空洞的。它们的背后没有任何意象，不仅如此，程序的创建者也并未像编制词典那样赋予它们什么定义。（博登在书中认为这些单词是有定义的，但她其实把 ACME 和 ARCS 搞混了，后者是同一批研究者创建的另一个程序。）类似于 "knows-truth-or-falsity"（辨明是非）之类的复合词对英语读者来说意思简直再明显不过，但在计算机看来，它和 "xjs-beuglh?" "doesn't-give-a-damn-about"（关我啥事）、单独的数字 "8" 或其他任意字母数字字符串没有什么不同。

计算机的任务是发现代码 m1 到 m12 能在多大的程度上与代码 s1 到 s12 相对应，对它而言，这两套代码都只是无意义的形式模式而已。需要注意的是，两套代码在行数方面存在差异：有 s9，但不存在与之相对应的 m9。如果这些代码只是空洞的模式，那这点差异就是唯一使它们不能彼此完全互换的原因了。为了实现两套代码间的映射，计算机不会关注它们所编码的任何"思想"，因为对它来说不存在什么"思想"。它所处理的只是模式，无意义的模式，仅此而已。

概念与类比
模拟人类思维基本机制的灵动计算架构

我们可以把事情讲得再清楚一点：将 m1 到 m12 中的所有英文单词替换成大写字母，计算机对此是绝不会有所察觉的。当然，这种替换必须是系统性的。也就是说，如果 m1 被替换成了（比如说）"(A (B))"，那么在这套代码中所有"obj-midwife"形式呈现之处，我们都得将其替换为"B"。（你可能已经发现，"A"在这套代码中的任意其他位置都没有再出现过，它也不会在计算机内存中的任意其他位置出现。）这样一来，我们就能得到第一种"情况"，也就是原先设定为定义了"助产士"这一概念的，计算机所掌握的"知识"（行序列号已省略）：

(A (B)), (C (D)), (E (F)), (G (H)), (I (BDF)), (J (DH)), (K(LM)), (N (DH)), (P(BD)), (Q(DH)), (K(RS))

那第二种"情况"呢？计算机关于"苏格拉底"这一概念的"知识"系统性变换后又将如何？我们再一次将单词替换成字母，只不过这一次——纯粹出于好玩——我们用小写字母。来试试！

(a (b)), (c (d)),(e (f)), (g (h)), (i (bdf)), (j (dh)), (k (lm)), (n (dh)), (o(dh)), (p(bd)), (q(dh)), (k(rs))

通过创建大量的映射（事实上，计算机需要在某些简单的约束下创建每一个可能的映射），包括那些在"A"与"a"、"B"与"b"等元素间划等号的映射，并让这些映射彼此竞争，ACME 最终会发现这两个串在结构上的相似性，而正是这种将字母与字母彼此对齐的行为，构成了计算机对苏格拉底和助产士之间微妙文学隐喻的所谓"理解"。这种通过蛮力计算发现字符串的对应关系，就是博登所吹捧的"高度抽象的过程"，它能够对"一般类比"进行处理。

下面是另一套断言（它们是我自己编的），与关于苏格拉底的断言同构。（我甚至保留了单词"cause"和"helps"，只为让这种同构更强一些。）

q1: (neglectful-husband (Sluggo))　疏忽大意的丈夫（Sluggo）

前言 4　根深蒂固的 Eliza 效应及其潜在危害

q2: (lonely-and-sex-starved-wife (Jane-Doe))　欲求不满的孤独妻子（Jane-Doe）

q3: (macho-ladykiller (Buck-Stag))　性感的情场高手（Buck-Stag）

q4: (poor-innocent-little-fetus (Bambi))　无辜而可怜的婴儿（Bambi）

q5: (takes-out-to-local-bar (Sluggo Jane-Doe Buck-Stag))　带去泡吧（Sluggo Jane-Doe Buck-Stag）

q6: (somehow-or-other-conceives (Jane-Doe Bambi))　糊里糊涂地怀孕（Jane-Doe Bambi）

q7: (cause (q5 q6))　原因（q5 q6）

q8: (unwillingly-gives-birth-to (Jane-Doe Bambi))　不情愿地生下（Jane-Doe Bambi）

q9: (wraps-in-burlap-sack-and-throws-off-high-bridge (Jane-Doe Bambi))　包进麻袋扔下高桥（Jane-Doe Bambi）

q10: (helps (Sluggo Jane-Doe))　帮助（Sluggo Jane-Doe）

q11: (neatly-solves-the-problem-of (Jane-Doe Bambi))　利索地解决问题（Jane-Doe Bambi）

q12: (cause (q10 q11))　原因（q10 q11）

通过这套代码，计算机会"了解"到：有个叫斯鲁戈（Sluggo）的哥们带着太太简（Jane）和好兄弟巴克（Buck）一块儿去泡吧，然后有什么事情自然而然地发生了，简怀上了巴克的孩子班比（Bambi），但她不想要，所以在丈夫的帮助下，她把孩子扔进了河里，于是"问题"就"利索地解决"了！

因为这两种情况实在是太过相似——抑或是因为我们为这两种情况编码时选择的两套表述完全是同构的——ACME 会设法找出苏格拉底和斯鲁戈之间"令人信服的文学类比"，从而以另一种方式证明了其理解复杂世界的"非凡造诣"。

概念与类比
模拟人类思维基本机制的灵动计算架构

跨域类比的可疑主张

博登不是唯一一个为 ACME 的现实类比能力高唱赞歌的人。正如你可能预料的那样，这个程序的创建者在他们发表的文章中罗列了 ACME 关于复杂现实类比的许多成就，其中包括一个政治方面的类比（涉及尼加拉瓜、匈牙利和以色列的恐怖主义）、许多科学方面的类比（含前文提到的水流与热流的实例）、不少"嫉妒的动物的故事"，还有一些类比能将截然不同的知识领域联系在一起。事实上，让程序能够进行跨域类比显然是霍利约克和萨加德最引以为豪的成就之一。他们用了一整段的篇幅来评论那些只能进行"域内类比"的程序，认为那些程序"几乎平平无奇"。（他们顺带提到，Copycat 所做的事情——我们将在第 5 章中详细描述——就是一种"域内对应"。）这些对其他程序的抨击包括以下内容：

> 那些局限在单一领域内部的映射，只是 ACME 和 SME 在跨域类比的过程中所使用的更为复杂的过程的一个非常简单的特例。

但是，让 ACME 所处理的"情况"看似充满意义，其实只是一系列英文单词和短语。如果我们剥去这层外皮就会发现，霍利约克和萨加德的程序只是在将"(A (B))"映射到"(a (b))"而已——看上去与"跨域类比"这类宏大术语所描绘的令人印象深刻的认知成就毫不沾边。

令人遗憾的是，少有人工智能研究者如此细致地思考过，这就迫使我们认真面对关于意义何时产生、存在于何处的深刻问题——这些问题涉及符号如何承载，以及何时真正承载意义。举个例子，ACME 构建"科学类比""政治类比""寓言间的类比"这种说法是否准确？是什么让一个类比真的关乎于科学，而非（比如说）政治？难道不是字词的内容，也就是它们所承载的意义吗？如果单词和孤立的字母一样空洞，类比又怎么可能"关乎于"什么东西？

前言 4　根深蒂固的 Eliza 效应及其潜在危害

在输入 ACME 的一个"政治"类比问题中，使用了"(aim-to-overthrow (Contras Sandinistas))"这一印符表达。关于这个表达，霍利约克和萨加德写道：

> 这个结构只包含最少量的信息：尼加拉瓜反政府游击队（Contras）试图推翻（aim to overflow）尼加拉瓜政府（Sandinistas，即"桑地诺民族解放阵线"）。至于美国是否应该支持他们，以及他们是应该被视为恐怖分子还是自由斗士，这些问题仍悬而未决。

但我们不该忘了，对程序而言代码中的字符串是"aim-to-overthrow"还是"holds-one-teaspoonful"（舀一勺）或"bling-blang-blotch"（亮闪闪），都没有任何区别。这样一来，以上结构中是否真的包含了游击队或别的什么东西试图要做些什么事情的"信息"（information），就很值得怀疑了。事实上，就连"信息"这个单词用在这里也有夸大之嫌。程序没有得到任何信息——我们提供给它的只是一串标点和字符。因此，它不会形成任何观点、不会查询任何知识，也不会产生任何意象。然而，仅仅是因为字符串中嵌入的英文单词太容易唤起某些记忆，便能让我们一头撞进这种伪装巧妙的认识论陷阱。

霍利约克和萨加德急于证明自己的作品具有心理现实意义，因此，他们对程序实施了许多实验，旨在展现它与人类的能力有多么相似，并排除一些细枝末节的影响。比如说，在其中一项实验中，他们对"助产士隐喻"的输入进行了修改，抛给程序十来个"诱饵"式的表达，包括以下三行：

(drink (Socrates obj-hemlock))　饮（Socrates obj-hemlock）

(matches (obj-soc-midwife obj-soc-wife Socrates))　配对（obj-soc-midwife obj-soc-wife Socrates）

(give-birth-to (obj-soc-wife obj-soc-child))　生产（obj-soc-wife obj-soc-child）

概念与类比
模拟人类思维基本机制的灵动计算架构

然后，他们声称这组表达"包含的信息有：苏格拉底饮下了毒芹汁（hemlock juice）……产婆撮合苏格拉底本人和他的妻子，并帮助苏格拉底的妻子生下了孩子"。但这种说法缺乏任何依据：既然程序对苏格拉底、古时婚育、饮用毒芹等事物的意义一无所知，我们又怎么可能给它传递所有这些"信息"呢？

他们进一步解释道，在这个混入了"诱饵"的试次中，"苏格拉底本人映射到父亲"。这话到底是什么意思？不可否认的是，程序会将字符串"Socrates"与字符串"obj-father"关联起来，但这种字符串之间的映射与"苏格拉底本人"有什么关系吗？当然，在很多人看来，这样质疑是有些吹毛求疵了。他们会说，很明显霍利约克和萨加德只是想避免一系列复杂而拗口的表达转换，因此说得好像输入 ACME 的字符串中的项真的指代现实世界中的实体和关系——这当然是一步有益无害的操作，没有人会产生误解！

原来如此！但且慢。事实是，即便如博登和瓦尔德罗普等专业人士也会产生这种误解，而且他们一直在产生这种误解！霍利约克和萨加德自己难道就不知道他们所使用的符号意义有多空洞吗？我们姑且相信他们知道。但诚若如此，他们为什么还要声称 ACME 能做"跨域类比"，我就实在搞不明白了。ACME 压根儿不会处理任何"领域性"的知识——它会的只是摆弄字符串而已。

Copycat：翻跟斗的娃娃

我想，如果用操作术语形容霍利约克和萨加德的主张，那就是一种"炒作"。然而他们的炒作在我看来可能是无意的。很明显，所有的人工智能研究者，包括我在内，都想吹嘘自己创建的程序具有多么强大的功能；但另一方面，我们也都知道彻底的拟人化是难免的。通常，这会迫

前言 4　根深蒂固的 Eliza 效应及其潜在危害

使我们采用某种中层描述：措辞要较为谨慎，但也要留下大量模棱两可的空间，因此读者仍然可以自由地得出结论，这些结论往往会导致某种 Eliza 效应——不消说，这对研究人员是有利的。本书在讨论我们自己的工作成果时很可能也存在这样的问题，但有一点不同：我们会刻意精简任务领域，这样，就不至于提出非常宏大的主张。

恰恰是这一点不同导致了问题，这个问题早在 1989 年时就已经对我们造成了困扰，它今天仍在困扰着我们——或许程度更甚。许多研究团队处理的任务领域（如热力学、国际恐怖主义、粒子物理、计算机系统配置、超大规模集成电路芯片设计、经济预测，等等）似乎复杂到令人类专家都能感受到威胁，相比之下，"法尔戈"却固守在微观领域，以致我们的一些程序所取得的成就看上去几乎不值一提。毕竟，当一个娃娃第一次尝试翻跟斗，而他旁边就是一个技术纯熟的体操运动员在平衡木上华丽地翻转回旋，又有谁会注意到那娃娃呢？至少在表面上，我们那些运行在微观领域的程序就会让人产生一种印象，仿佛它们只是些"翻跟斗的娃娃"。就连"Copycat"这个名称也是为了故意淡化该程序的"专家色彩"，而突出其"孩子气"。

当一些备受尊敬的报纸、杂志、专业期刊和图书作品完全采信这样的说法：当今的人工智能程序已经能够轻而易举地为科学发现的过程建模、理解隐喻性的语言、在高度复杂的领域内部（或在这些领域之间！）进行深刻的类比，胜任烹饪、培训、文创、空想、经济分析和工程设计，凡此种种；人们干吗还要关注一个程序，它所做的仅限于发现像 abc 和 xyz 这样的小字符串之间的联系？

我们因此感到有些气馁，担心很难说服同行（更不用说公众）相信"法尔戈"所做的事情有任何价值。这种担心最终让我们产生了写一些什么的欲望，于是就有了下面的文章（实际上，最初发表的是它的加长版，其中包含几页关于 Copycat 的讨论，但为避免与第 5 章的内容重合，它们大都被删去了）。在某种意义上，这篇文章是对"法尔戈"哲学理念的基

概念与类比
模拟人类思维基本机制的灵动计算架构

本陈述,称之为"宣言"或许有些过了,但它绝对算得上是对我们工作作风的一种号召。

文章是我与大卫·查尔莫斯和罗伯特·弗兰茨合著的,他们当时都是我的研究生,后来也都获得了博士学位,并因出色的工作而声名远播。他们在哲学和认知科学方面的造诣让这篇论文具有了某种哲学视角和相应的语言风格。大卫和罗伯特都受康德思想的影响,我还知道罗伯特曾一度被康德那部标题堪称耸人听闻的《未来形而上学导论》所震撼——只是不确定这种震撼是正面还是负面的。

FLUID CONCEPTS AND CREATIVE ANALOGIES

COMPUTER MODELS OF THE FUNDAMENTAL MECHANISMS OF THOUGHT

第 4 章

—— 高层知觉、表征和类比：人工智能方法论批判

大卫·查尔莫斯
罗伯特·弗兰茨
侯世达

概念与类比
模拟人类思维基本机制的灵动计算架构

知觉的问题

169 　　认知科学最为深刻的问题之一，在于人们如何理解大量原始数据。这些数据源于环境，不断轰炸着我们的感知外围，而大脑从这一片混沌中挖掘秩序的能力，正是人类知觉的本质。这一过程包括简单地探测视野中的运动、识别出他人的语调中的悲伤、觉察到棋局上的威胁，以及从"水门事件"的角度理解"伊朗门事件"。

　　人们早就认识到，感知是在多个层级上进行的。康德把心灵的感知工作分为两部分：感性能力（faculty of Sensibility）和知性能力（faculty of Understanding），前者的工作是收集原始的感知信息，后者则致力于将这些数据组织成连贯的、有意义的关于世界的经验。康德认为感性能力索然无趣，但在论述知性能力方面颇费了一番努力。他甚至提出了知性能力所涉高层知觉过程的详细模型，为人的知性列出了12项先验范畴。

170 　　今天看来，康德的模型似乎有些巴洛克风，但他的基本观点还是有效的。感知过程构成了一个完整的频谱，为方便起见，我们可以将其分为两个部分。低层知觉（感觉）大体对应于康德所说的感性能力，包括多个感知通道的早期信息加工；相比之下，高层知觉（知觉）则包括以全局视角审视这些信息、使用概念从原始材料中提取意义，以及在概念水平理解各种情况——从认识客体、抽象关系到连贯地把握全局。

　　低层知觉绝非索然无趣，但高层知觉与认知的核心问题关系最为密切。对高层知觉的研究将我们直接引向心理表征问题。表象是知觉的果实。为了将原始数据形塑成一个连贯的整体，它们必须经过过滤和组织，产生一个大脑可用于实现任何目的的结构化表征。表征的一个主要问题，也是目前是许多争论的主题，涉及它们的精确结构。同样重要的问题是，从原始数据开始，通过知觉过程，表征一开始如何形成？表征的形成过

第 4 章 高层知觉、表征和类比：人工智能方法论批判

程问题又进一步引出了许多重要的疑问：情境如何影响表征？必要时我们对某种情况的看法如何彻底地自我重塑？在知觉的过程中概念从何处获取？意义从何而来？我们在哪儿实现，又如何实现理解？

本文的主要论点是，高层知觉与其他认知过程紧密缠结在一起，因此，人工智能的研究者必须在其认知建模工作中融入知觉加工。人工智能领域的许多研究项目都试图使概念加工模型独立于知觉过程，但我们认为，这种方法无助于很好地理解人类心智。为支持这一主张，我们将考察一些关于科学发现和类比思维的现有模型，并将论证这些模型之所以具有严重的局限性，正是由于它们将知觉过程排除在外了。我们将深入探究类比思维和高层知觉间的密切联系，并为开发替代性的架构指明方向（这将在本书接下来的几章中展开）。

低层知觉和高层知觉

最低层的知觉就是不同感受器对原始感知信息的接收，包括视网膜接受光照、声波导致鼓膜震动，等等。沿信息加工链路上行，我们也可以将一系列其他过程有选择性地归为"低层"，这种归类是有意义的。以视觉为例，信号沿视神经上行传递，外侧膝状体核、初级视皮质和上丘承担了许多基本的信息加工任务，这些信息包括视野中的亮度对比、明暗分界、边缘和角，也许还包括位置。

本文不太关注低层知觉，因为它与表征和意义这两个认知色彩更为浓厚的问题相距甚远。尽管如此，它仍然是一个重要的研究课题，一个完整的知觉理论必然包括低层知觉——它是基本成分之一。

从低层知觉到高层知觉的转化是边界模糊的，但我们可以大致描述如下。当概念开始在加工中扮演重要角色，高层知觉就产生了。接下来，高层知觉的过程又可以再细分为从具体到抽象的频谱。对象识别位于其最具体的一端，如识别桌子上的苹果，或在麦田里劳碌的农民。然后是掌握关

系的能力，这让我们能够确定飞艇和地面（"above"，即"在……之上"），或游泳选手和泳池（"in"，即"在……之中"）间的关系。当我们沿频谱继续移动，愈发靠近更为抽象的关系时（"George Bush is in the Republican Party"，即"乔治·布什是共和党的一员"），距离特定的感官模态就越来越远了。最为抽象的知觉是对复杂的完整情况的处理，比如战争与爱情。

高层知觉最为重要的特性之一，是其极为灵活。一套给定的传入刺激可能会以多种不同的方式被知觉，这取决于情境和知觉主体的状态。由于这种灵活性（flexibility），我们不能将知觉认定为联系特定情况与固定表征的过程：受情境因素和自上而下的认知过程影响，这一过程一点儿也不刻板。知觉高度灵活的一些原因如下所述。

知觉可能受信念影响。在20世纪50年代的"新观察运动"中，一众心理学家设计了许多实验（如 Bruner, 1957）证明期望在很大程度上决定了我们将知觉到什么。期望的影响能一直渗透到知觉的低层，而它对较高层知觉，即关于完整情况的知觉产生的影响就更是无处不在了。举个例子，一位丈夫走进家门，发现妻子与一个陌生男子坐在沙发上。如果他的先验信念是妻子对自己不忠，或许便会以某种方式看待这种情况；而如果他事先知道一位保险推销员当日要来拜访，对眼前事态的理解很可能又会完全不同。

知觉可能受目标影响。如果我们在林荫道上漫步，可能会将一根倒下的圆木知觉为必须绕开的障碍；如果我们试图生火，又可能会将同一根木头知觉为有用的燃料。另一个例子是：阅读给定的文本可能会产生非常不同的感觉，这取决于我们的阅读是为了了解其内容还是为了对其进行编校。

知觉可能受外部情境影响。即便低层知觉也是如此。上下文能在很大程度上影响我们的视觉意象，这一点已众所周知。比如说，一个既像是"A"，又像是"H"的两可图形在"C_T"中和在"T_E"中会被看作不同的字母。高层知觉的例子就更多了。我们会以不同的方式看待一位

第 4 章　高层知觉、表征和类比：人工智能方法论批判

身穿燕尾礼服、打着蝴蝶领结的绅士,这取决于他是出现在鸡尾酒会还是海滨浴场。

必要时,对特定情况的知觉可从根本上重塑。在一则著名的"双绳实验"(two-string experiment,见 Maier,1931)中,实验者提供给被试一把椅子和一把钳子,要求将悬挂在天花板上的两根绳子系在一起。这两根绳子相距太远,无法同时抓住。起初,被试们纠结于一系列失败的尝试,但几分钟后,一些人找到了解决办法:他们把钳子系在一根绳子上,让它来回摆动,就像一只钟摆那样。这些被试一开始将钳子视为一件特殊的工具,就算他们知觉到了钳子的重量,它在相当程度上也只居于知觉的"背景"之中。为完成实验任务,被试必须在根本上改变他们对钳子的知觉的重点:在这种情况下,它作为一件工具的功能要被搁置一边,其重量则作为一个关键特征凸显出来。

高层知觉最为明显的标志是语义性:它涉及从特定情况中提取**意义**。加工过程涉及的语义越丰富,**概念**在其中发挥的作用就越大,高层认知自上而下的影响范围也越大。因此,对完整情况的理解是知觉中最为抽象的类型,也是最为灵活的。

近年来,派利希恩(Pylyshyn,1980)和福多(Fodor,1983)都拒绝相信知觉过程中存在自上而下的影响,他们声称知觉过程在认知上是"不可渗透的",相关信息是被"严格密封的"。这些论点引发了许多争议,但无论如何,它们大都适用于相对低层的知觉(感觉)。情境化的、自上而下的作用对更高层的、概念水平的知觉具有明显的影响,这一点几乎不容质疑。

人工智能,以及表征的问题

当一组原始数据被组织成一个连贯的、结构化的整体时,就产生了

概念与类比
模拟人类思维基本机制的灵动计算架构

表征。表征是知觉过程的最终产物。在人工智能领域，表征一直是人们研究和争论的对象，近年来，关于"表征的问题"的讨论越来越多。传统上，这个问题可表述为"心理表征的真实结构是怎样的"。人们探索了许多可能性，从谓词演算，到框架和脚本，再到语义网络，等等。我们可以将表征分为两类：一类是被动存储在系统某处的长期知识表征，另一类是在特定心智加工或计算过程中的某一时刻处于活跃状态的短期表征。（对应于长时记忆和工作记忆之间的区别。）当前，我们将主要关注短期的、活跃的表征，因为它们正是知觉过程的直接产物。

表征的结构问题当然很重要，但还有一个相关的问题没有得到足够的重视，那便是从环境数据出发，一个特定的表征将如何实现。即便我们有可能发现一种最优的表征结构，两个重要的问题也依然悬而未决，它们分别是：

关联问题：我们如何确定表征结构的各个部分应用了海量环境数据的哪些子集？自然，最低层知觉的多数信息内容与最高层表征之间的关联性很低。为了确定数据的哪些部分与给定表征相关，需要一个复杂的过滤过程。

组织问题：为实现表征，如何将这些数据组织为正确的形式（put into the correct form）？即使我们已精准地确定了哪些数据与表征相关，并已经确定了表征所需的结构——例如，基于框架的表征——我们仍然面临如何以一种有用的方式将数据组织为表征形式的问题。数据不会预先打包成空槽和填料（slots and fillers），将它们组织成一个连贯的结构可能是一项极为困难的任务。

这些问题加在一起，实质上就是高层知觉的问题，对它的回答决定了人工智能的结构。

人工智能研究的传统方法是：不仅一开始就要选定系统所偏好的高层表征结构，而且还要选择设定为与当前问题相关的数据。这些数据的

第 4 章　高层知觉、表征和类比：人工智能方法论批判

组织工作交由人类程序员进行，他们会将数据恰当地放入选定的表征结构中。通常，研究人员会利用他们对问题本质的先验知识，以接近最优的形式对数据的表征进行手工编码。只有在所有这些手工编码都完成后，他们才允许机器操纵表征。这样一来，表征的形成问题，亦即高层知觉问题就被忽略了。（当然，这些批评对机器视觉、语音处理和其他以知觉过程为对象的研究并不适用。然而，这些领域的研究很少对概念水平的加工进行建模，因此与我们对高层认知建模的批评也没有直接关系。）

构造合适表征的能力居于人类高层认知能力的核心。我们甚至可以说，人工智能研究的核心任务——理解智能主体如何从现实世界中提取意义，可等同于解决高层知觉问题。有一种或许并不过分的说法是：人工智能研究很少跨越"意义的界限"。在界限的一侧，一系列低层知觉的模型已经能够创建环境的初级表征，但这些表征还不够复杂，不能称之为"有意义的"。而在其另一侧，许多针对高层认知过程的建模都是从概念水平的表征开始的，如谓词逻辑中的命题或语义网络中的节点（在语义网络中，任何现存的意义都是内置的）。很少有研究能拉近二者之间的距离。

客观主义与传统人工智能

只要人工智能研究者开始认真地考虑表征的形成问题，下一步他就将面对人类高层知觉过程显而易见的灵活性。我们已经提到，智能主体会以不同的方式理解特定对象和情况，这取决于情境和自上而下的影响。我们必须设法保证人工智能系统的表征也具有相应的灵活性。威廉·詹姆斯（William James）早在 19 世纪末就对认知表征的这一方面有了清楚的认识（James, 1890, pp. 222-224）：

> 事物没有什么属性在"绝对意义"上是本质性的。同一属性在某一场合被视为事物的本质，在另一场合又可能成为一个非常边缘的特征。写作时，我会把纸张看作用于书写的表面……但如果想要

概念与类比
模拟人类思维基本机制的灵动计算架构

生火,而手头又别无他物,我就会将纸张看作一种燃料……事物的本质是它的属性之一,该属性对我的当前利益如此重要,以至于与它相比,我可能会忽略其余属性……重要的属性因人而异,因时而异……许多日常用品,如纸张、墨水、黄油、大衣等,对人们都有着持久如一的重要性,而且都有着刻板的模式化名称,这让我们最终相信自己当前看待它们的方式就是唯一真实的方式。但它们其实并不比其他看待这些事物的方式要真实多少,对我们来说,它们只是通常更为有用罢了。

175　　詹姆斯说的是,实际上,我们在不同的时间对同一对象或情况会形成不同的表征。表征的过程对特定情境的压力具有适应性。

尽管以詹姆斯为代表的哲学家和心理学家已经有了这样的见解,早期人工智能研究对于知觉,以及有关对象、情况和范畴的表征所持的观点依然是客观主义的。正如认知语言学家乔治·莱考夫(George Lakoff)所说:"以客观主义的观点来看,现实在实体、属性和关系方面具有独特的、真实的、完整的结构。这种结构独立于任何人类理解而存在。"(Lakoff, 1987, p159)尽管这种立场在哲学界已经过时了几十年(尤其是在维特根斯坦证明语言和现实间不存在严格意义上的对应关系以后),但它们却被大多数人工智能早期研究隐含地接受了。

"物理符号系统假说"(The Physical Symbol System Hypothesis,见 Newell & Simon, 1976)是许多传统人工智能研究的基石,它假设思维是通过操纵由基本符号原语(atomic symbolic primitives)构成的符号化表征来实现的。本质上,这些符号化表征是黑白分明的实体,它们颇有些刻板,很难随情境的变化而微妙地改变其表征的内容。结果——不论这是否该框架最初支持者的意图——这样构建起来的现实就像上面提到的客观主义立场一样固定和绝对化。

到了 20 世纪 70 年代中期,少数人工智能研究人员开始认为,为了

第4章 高层知觉、表征和类比：人工智能方法论批判

在这一领域取得进展，他们将不得不放弃这种刻板的表征结构。大卫·马尔（David Marr）是这种意见最有力的早期倡导者之一，他指出（Marr, 1977, p44）：

> 知觉某个事件或对象必然包括对它的几种不同描述同时进行计算，这些描述表现该事件或对象不同方面的用途、目的或状况。

近年来，一系列复杂的联结主义模型开始出现，它们的分布式表征具有高度的情境相关性（Rumelhart & McClelland, 1986），标志着这一领域正为实现表征的灵活性而稳步前进。这些模型的内部加工过程不依赖表征原语，系统的每个表征都是一个居于特定多维空间的向量，其位置不是锚定的，而是可以灵活地适应环境刺激的变化。因此，一个范畴的成员并不都由相同的符号结构来表征；相反，对单个对象的表征会因其呈现情境的不同而产生微妙的差异。在递归连接的网络中（Elman, 1990），表征甚至会对模型当前的内部状态保持敏感。霍兰德及同事们的"分类器系统模型"（classifier-system models，见 Holland et al., 1986）是采用灵活方式进行表征的另一个例子，它会使用遗传算法创建一整套"分类器"，对各种情况的不同方面进行响应。

知觉过程是高度灵活的，行动具体如何依赖于表征内容也是灵活的，这些模型将二者整合在一起，因此在对不同情况做出响应的同时仍能保持鲁棒。而传统的方法就很难做到这一点。虽说这些模型仍然有些原始，它们的表征也不像传统模型中手工编码、具有多层结构的表征那样复杂，但这一步的方向应该是走对了。至于更为传统的人工智能范式如何应对挑战，它们的表征是否会朝向灵活性、鲁棒性更高的形式发展，还有待观察。

"表征模块"的可能性

考虑到高层知觉问题的困难性，人工智能研究人员从一种"定制化"的表征形式入手，似乎是可以原谅的。他们可能合理地宣称，表征形成

概念与类比
模拟人类思维基本机制的灵动计算架构

这一难题最好留待日后解决。但我们必须意识到，这种观点背后有一个隐含的默认假设，即对高层认知过程的建模可能独立于知觉过程进行。根据这一假设，目前大部分人工定制的表征最终将交由一个单独的低层装置（一个"表示模块"）构建，该装置的任务是将数据汇集到表征之中。表征模块将扮演当前认知过程模型"前端"的角色，为模型提供适当的定制化表征。

但是，我们对这种将知觉与其他认知过程分离的做法是否可行深表怀疑。一个能为给定情况产生单一"正确"表征的表征模块将很难模拟人类知觉过程所具有的灵活性。要产生这种灵活性，表征过程得对所有可能使用该表征的认知过程的需求保持高度敏感，而单一的表征要满足所有的这些目的似乎极不可能。我们已经看到，为了建构准确的认知模型，让给定情况的表征应不同情境和自上而下的影响而灵活地变化是很有必要的。然而，这与"表征模块"的理念相冲突，根据后者，表征的形成与后续认知过程完全分开，其创建完成后才会被提供给"任务处理"模块。

177　　我们相信，不可能将表征的创建与高层认知任务隔离开来。要产生人类水平的灵活性，任何完整的认知模型或许都需要让创建表征和操纵表征的过程持续性地相互影响。诚若如此，使用手工编码定制表征的研究人员就不仅是在将表征形成这一重要问题"留待日后解决"：长远来看，他们正在一条注定失败的道路上越走越远。

在讨论类比思维建模的研究现状时，我们会更深入地考虑这个问题。现在，我们将详细分析一个著名的人工智能程序，研究人员已就此提出了一系列主张。而我们认为，这些主张恰恰反映了他们并未认识到高层知觉的重要性。

BACON：案例分析

BACON 是程序设计者回避表征问题的典型。这个程序据称能做出准

第 4 章　高层知觉、表征和类比：人工智能方法论批判

确的科学发现（Langley et al, 1987），因此声名远扬。设计者认为这个系统"能在多个描述水平上表征信息，这使它能够发现包含许多术语的复杂规律"。BACON 的"发现"包括波义耳理想气体定律、开普勒行星运动第三定律、伽利略匀加速运动定律和欧姆电阻定律等。

这种说法显然需要仔细审查。我们将特别关注程序是如何"发现"开普勒行星运动第三定律的。经审查，程序的发现几乎完全依赖于它所得到的数据——程序员通过使用事后知识，已将这些数据以近乎最优的形式表征了出来。

在 BACON 推导开普勒第三定律时，输入程序的数据只有行星与太阳的平均距离及其公转周期。这些数据正是推导定律所需要的。正如 BACON 的一位创建者所说，这个程序当然不会"从与科学规律的人类发现者基本相同的初始条件着手推导"（Simon, 1989, p375）。创建者声称 BACON 虽然使用了"原始数据"，但这当然并不意味着它所使用的就是开普勒当年做出发现时所有可用的数据：那位先贤所拥有的数据绝大多数是不相关的、误导性的、分散注意的，甚至根本就是错误的。

这种对数据的预选看似合情合理：毕竟，对一位天文学家和数学家来说，有什么能比距离和周期更重要的呢？但事后知识对我们产生的误导正表现在这里。回顾一下开普勒生活的年代，那是在遥远的 17 世纪之交，哥白尼伟大的《天体运行论》(*De Revolutionibus Orbium Coelestium*) 面世不久，其影响尚未深入人心。另外，在那个年代人们对造成行星运动的力量还没有概念：他们知道太阳会发光，但并不认为它还会影响行星的运行。事实上，在近代科学出现以前，就连用数学等式表达自然规律的观念都相当罕见。开普勒早年成名于以下发现：五大行星公转轨迹的"球体"之间正好能嵌入五种正多面体，他认为行星与太阳间的距离正是由此决定的。但这只是一个令人惊讶的巧合：虽然十分诱人，却极具误导性。

概念与类比
模拟人类思维基本机制的灵动计算架构

揭示行星运动规律的相关因素是圆锥曲线而非柏拉图固体（Platonic solids），是代数而非几何，是椭圆而非亚里士多德式的"完美的"圆，是行星与太阳的距离而不是它们的运行拟合的多面体。考虑到开普勒所处的"情境"，他花了13年的时间才意识到这些，就一点也不令人吃惊了。要做出他的发现，开普勒必须抛弃一整套（就他所知）适用于行星运行的概念框架，如宗教象征主义、迷信观念、基督教宇宙学和目的论，他必须实现这些创造性的飞跃。当然，BACON就没有这些麻烦：程序员会直接输入数据，它们恰好是推导定律所需要的（即便其中某些变量的值不那么理想）。此外，程序员也赋予其正确的偏向性，以归纳这些定律的代数形式：程序知道理想的推导结果是产生某种数学定律，它们是如今被物理学家公认为标准的类型——这完全被认为是理所当然的。

假如开普勒使用的所有数据能很方便地列成一个清单，其中每一条都注明了"行星X：与太阳的平均距离Y、公转周期Z"，很难想象他做出同样的发现要用13年。假如有人进一步告诉他，任务是"找出与这些变量相关的多项式方程"，他可能只要几个小时就完事儿了！

关于为什么开普勒做出发现用了13年，而BACON只用了几分钟，Langley等人（1987）将这种耗时上的差距归因于"睡眠、日常琐事"以及其他因素，如设置实验条件，以及人类神经系统硬件运行的缓慢性（天哪！）。几年后，一项有趣的并置研究（Qin&Simon, 1990）指出大学生从BACON所使用的数据入手，能在约一个小时的时间内做出基本相同的"发现"。研究者（其中一位曾参与BACON的开发）声称，这一发现证明将BACON视为一个能做出准确科学发现的模型是合理的。这个结论下得有些奇怪，更为合理的解释应该是，这项研究是对BACON方法论的归谬：它其实证明了BACON和开普勒所面临的任务在难度上存在巨大的差异。

开普勒可用的数据如此繁杂，对这些数据的解释方法又如此多样，相比之下，开发者为BACON输入的数据种类之单一、形式之整洁，就

第 4 章 高层知觉、表征和类比：人工智能方法论批判

很难不归结为某种不经意的事后诸葛了。简而言之，BACON 只会在一个由手工拣选的、预先构造的数据组成的世界里运行，这个世界中绝不存在开普勒、伽利略或欧姆在他们做出最初发现时所面临的那些问题。类似结论也适用于 STAHL、GLAUBER，以及 BACON 的创建者所开发的其他据称能做出科学发现的模型。在所有这些模型中，对环境刺激的过滤和组织会让人忽略高层知觉在科学发现中扮演的关键角色。

值得注意的是，"范式转移"这一概念作为许多科学发现的核心（Kuhn, 1970），通常被认为是一种以完全不同的方式看待世界的过程。也就是说，科学家原本用于表征世界知识的框架被打破了，他们的高层知觉能力会以完全不同的方式重新组织可用的数据，形成一种新的数据表征。新的表征可用于得出不同的重要结论，而这对旧表征而言相当困难，或根本不可能。与 BACON 所遵循的逻辑不同，对真正的科学发现模型而言，高层知觉过程注定居于核心。

BACON 绝不是孤例，它采用的是许多人工智能研究的典型套路，这些研究对创建表征的过程经常缺乏重视。在下一部分，通过分析如何为类比思维建模，我们将更加深入地认识这一点。

类比思维模型

类比思维以非常直接的方式依赖于高层知觉。人们进行类比时，会认为两种情况结构的某些方面——在某种意义上，它们是这些情况本质性的方面——是相同的。当然，这些结构均产生于高层知觉过程。

两种情况间类比的质量几乎完全取决于一个人对这些情况的知觉和认识。如果有人将美国在尼加拉瓜扮演的角色和苏联在阿富汗扮演的角色进行类比，罗纳德·里根（Ronald Reagan）无疑会认为这个类比糟透了，但其他人却可能深以为然。这种差异源于不同的评估者对这些情况

概念与类比
模拟人类思维基本机制的灵动计算架构

本身的不同看法,以及由此产生的不同表征。里根对尼加拉瓜局势的内部表征肯定与丹尼尔·奥尔特加(Daniel Ortega)的截然不同。

关于我们知觉能力的灵活性,类比思维提供了最明确的证据。进行类比需要突出某个情况的不同方面,而被突出的方面往往不是这个情况最明显的特征。此外,根据我们所做的类比,对一种情况的知觉可能会发生根本性的改变。

我们来看两种关于 DNA 的类比。其一是将 DNA 类比为拉链。当我们看到这个类比时,脑海中浮现的 DNA 意象是两股成对的核苷酸(为了复制,它们可以像拉链一样分开)。其二是将 DNA 类比为计算机程序的源代码(即非可执行的高级代码)。这个类比会让我们想到 DNA 中的信息被"编译"(通过转录和翻译过程)成酶,酶对应于机器代码(即可执行的代码)。后一个类比让我们对 DNA 形成了完全不同的知觉——本质上,它被表征为一个承载信息的实体,其物理特征虽然对前一个类比而言极为关键,在这里却几乎不重要。

在这种情况下,我们头脑中发生了什么似乎无法用单一、刻板的表征描绘出来。当然在长时记忆中,我们对 DNA 可能确实有一种单一、丰富、被动的表征。然而,对应不同的类比映射,特定情境的压力会选择这种宏观表征结构的不同方面,认定其与当前任务相关。不论关于 DNA 被动的长期表征是怎样的,大脑在特定时间加工哪些活跃的内容都会由一个灵活的表征过程所决定。

类比过程依赖高层知觉,而反过来的情况也一样:人们知觉到什么经常取决于他们做了哪些类比。根据对某种情况的知觉认识另一种情况,对人类而言这种思维方式再寻常不过了。例如,如果有人将尼加拉瓜视为"另一个越南",这种类比就会让他对尼加拉瓜的表征更为有血有肉。类比思维提供了一个强大的机制,让我们能够丰富对特定情况的表征。那些优秀的教育家和作家都是驾驭此道的高手,他们很清楚没有什么比

第4章 高层知觉、表征和类比：人工智能方法论批判

一个巧妙的类比更能让学生或读者对某种情况形成生动的意象了。类比无时无刻不在影响着我们的知觉：例如，热恋中的人们很难不去注意当下的亲密关系与过往情史间的某种关联，而这种关联往往会改变他们对现状的觉知。无论明显与否，这种类比式的知觉——即根据某种情况理解另一种情况——是如此普遍，以至于我们经常忘记了自己其实正在进行类比：足见类比与知觉捆绑得多么紧密。

认清类比思维的两个基本成分是有意义的。第一个基本成分是知觉某个给定的情况，包括获取与该情况相关的数据，并以各种方式对其进行过滤和组织，以形成该情况的恰当表征。第二个基本成分是创建映射，包括取两种情况的表征，并在一种表征的成分与另一种表征的成分之间发现恰当的对应关系，从而形成匹配，我们称之为"一个类比"。这两个过程显然是不可分离的：它们似乎以一种深刻的方式相互作用。鉴于知觉是类比的基础，人们可能会倾向于将类比思维的过程按顺序划分：首先知觉情况，然后建立映射。但是我们已经看到，类比对知觉过程也会产生很大的作用。因此，对特定情况的知觉很可能涉及深层的映射。如果我们将类比思维的两个基本成分区分得过于清楚，就可能产生误导：它们彼此缠结的紧密程度，我们稍后就会谈到。

对情况的知觉和映射的过程对做类比来说都是不可或缺的，相比之下，前者的作用更为基础。原因很简单：映射需要在表征之间进行，而表征又是高层知觉的产物。知觉过程产生表征后，表征将参与类比式的映射。但对每一个映射过程而言，必有一个知觉过程先于它进行，反之，并非每一个知觉过程都必然依赖于映射。因此知觉在概念上先于映射，尽管在时序上这两个过程通常交织在一起。如果已经形成了恰当的表征，映射的过程通常可以非常简单直接。在我们看来，类比最为核心和最具挑战性的部分就是知觉过程：这一过程将情况塑造为对应特定情境的恰当表征。

相比之下，映射过程是一个重要的研究对象，因其即时、自然地使

概念与类比
模拟人类思维基本机制的灵动计算架构

用了知觉过程的产物。知觉为表征某种情况而产生了一个特定的结构，映射的过程则对该结构的某些方面加以强调。类比为我们提供了一个能够直接观察高层知觉过程的窗口。人们会认为哪些情况彼此相类？深入思考这个问题将对我们了解人类如何表征这些情况大有助益。同样，类比的计算模型也为高层知觉理论提供了一个理想的测试平台。综上所述，研究类比思维对于我们理解高层知觉有着重大的意义。

现有类比思维模型

根据上述见解，当我们获悉当前几乎所有针对类比思维的计算建模工作都完全回避了知觉过程时，确实有理由感到沮丧。如今，主要的研究方法大都始于固定的、预设的表征，并通过一个映射过程探索表征之间恰当的对应关系。对这些模型来说，映射不仅居于一切过程的核心，而且实际上就是唯一的过程。它们对知觉过程漠不关心，表征的创建甚至不成其为问题。这些研究隐含的假设是正确的表征已经（以管他什么方式）被创建出来了。

结构映射引擎（Structure Mapping Engine, SME）也许是这些类比计算模型中名声最为响亮的一个（Falkenhainer, Forbus, & Gentner, 1990），它以戴德拉·根特纳（1983）的结构映射理论为基础，我们将在前述评论的基础上考察这个模型。其他的例子——如伯斯坦（Burstein, 1986）、卡沃内利（1983）、霍利约克和萨加德（1989）、凯达尔-卡贝利（Kedar-Cabelli, 1988a）以及温斯顿（Winston, 1982）开发的模型——虽然在许多方面与SME有所不同，但有一个共同的特点，那便是它们都回避了表征的形成问题。

考虑这项研究的标准案例之一：创建者声称SME程序发现了原子和太阳系之间的类比。此例中，他们为程序输入的是这两种情况的表征，如图4-1所示。SME从这些表征入手，逐项检查第一个表征中各元素和第二个表征中各元素之间许多可能的对应关系，并根据它们在多大程度

第 4 章 高层知觉、表征和类比：人工智能方法论批判

上保留了表征中明示的高层结构来评估这些对应关系。最终，程序会选择得分最高的对应关系，作为两种情况的最佳类比映射。

如果我们对图 4-1 稍作审查就会明白，发现图示表征之间结构上的相似性很容易。这些表征设置的方式决定了它们具有哪些共同的结构几乎是显而易见的。即使让一个相对简单的计算机程序将这种共同的结构提取出来也不是很难。

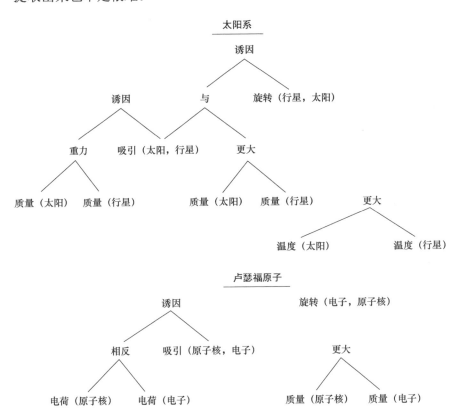

图 4-1　关于两种情况的谓词演算表征，SME 能对它们创建映射

根特纳指出，类比中的映射应该保留高层结构，对此我们大体赞同（尽管映射过程的细节还有争论的余地）。但是，如果说一个程序之所以能够发现两种情况之间的对应关系，直接源于人们明确地给予了它适用

概念与类比
模拟人类思维基本机制的灵动计算架构

于解决这一问题的结构，它在创建类比中取得的"胜利"就变得有些空洞了。既然表征是（或许是无意识地）针对手头的问题量身定制的，结构上正确的对应关系不难发现，这显然不足为奇。诚然，研究者有时也会给程序提供一些不相关的信息作为诱饵，但这只会让映射的过程略微复杂一些。关键是，如果我们为程序预设了恰当的表征，就相当于帮它完成了类比任务最为困难的那个部分。

183　　我们可以想象一下，该如何设计关于太阳系或原子的表征，如果该表征独立于特定问题所提供的任何情境的话。可用的数据太多了：比如说，你可以将关于卫星围绕行星旋转的信息、关于质子和电子电荷相反的信息、关于相对速度的信息、关于对象与其他天体间接近程度的信息、关于卫星数量的信息、关于太阳或原子核成分的信息、关于行星在一个平面上公转以及每个行星都在绕轴自转的信息统统囊括进来，而且永无止境。相比之下，鉴于程序所寻找的类比的性质，SME 所使用的关于两种情况的表征只在以下因素间存在对应关系："吸引""旋转""重力""相反"和"更大"（以及更加基本的"诱因"），也就不奇怪了。在很大的程度上，这些对应关系恰好存在于太阳系—原子类比的相关因素之间。前
184　　述针对 BACON 的批评意见也适用于此：这两个程序所使用的表征都是事后诸葛式地设计出来的。

　　根特纳关于对象、属性和关系的区分也会造成一个问题。这种区分对于 SME 的运行是至关重要的，SME 的工作方式是：对象只能映射到对象，关系只能映射到关系，属性则很少关注。在原子—太阳系类比中，诸如原子核、太阳和电子等会被标记为"对象"，而质量和电荷则被视为"属性"。但我们不清楚这种对表征的区分在人类思维中是否也如此干净利落。在心理学中，许多概念似乎在"对象"和"属性"之间来回漂移。以一个经济学模型为例：我们是该把"财富"看作是从一个主体流向另一个主体的"对象"，还是将其看作特定主体的"属性"，会随每次交易而变化？这似乎无法以什么**先验的**方式决定。

第4章 高层知觉、表征和类比：人工智能方法论批判

SME 对"关系"的处理也有类似的问题。程序将"关系"视作 n 位谓词。比如说，3 位谓词只能映射到 3 位谓词，而不能映射到 4 位谓词，无论这些谓词在语义上多么接近。因此，各表征中每一个"关系"都要使用恰好正确的谓词结构来表示，这对 SME 来说是至关重要的。然而，人类的大脑对 3 位谓词和 4 位谓词的划分似乎不会如此刻板——其实，这种界限经常是很模糊的。

因此，程序员在为 SME 设计表征时必须做出大量的选择，而且在某种意义上，这些选择是专断的。它们会直接影响程序的任务表现。分析公开发表的、由 SME 所做的每个类比示例，我们都会发现其中的表征是为进行类比而以恰好正确的方式设计出来的。很难避免得出这样的结论：至少在一定程度上，为 SME 输入的表征就是在考虑到思维过程中具体类比的情况下创建的。这又会让人联想起 BACON。

要维护 SME 设计精神的合理性，设计者必须认定映射过程本身就很有意义。与 BACON 的创建者不同，SME 的设计人员并未对程序的"洞察力"大加吹捧。但遗憾的是，他们对 SME 能够如何形成表征的问题也没有多加关注。类比过程最有意思的部分就是从两种情况中提取结构上的共性，发现二者共同具有的某些"本质"。SME 的运行始于对表征的处理，输入程序的表征是针对特定情况预先创建的，这样，高层知觉的问题就被掩盖了。这些情况的"本质"在表征形成以前就被提取出来，留给程序的就只剩下发现正确的映射这个相对简单的任务了。这并不是说 SME 所做的一定是**错误**的：它只是并未解决类比过程真正困难的那个部分罢了。⊖

这种批评同样适用于类比建模的大多数其他研究。有意思的是，托

⊖ 免责声明：自本文撰写以来，SME 的创建者之一肯·福伯思（Ken Forbus）一直在致力于创建对"定性物理"形成表征的模块。在使用这些表征作为 SME 的输入方面也做了一些工作。尽管程序在架构方面取得了一些概念上的进步，其形成和处理表征的两个过程仍然不像它们（据我们所知）在人类思维过程中那样相互交织、相互依存。

概念与类比
模拟人类思维基本机制的灵动计算架构

马斯·埃文斯（Thomas Evans）开发的 ANALOGY（Evans, 1968）作为类比行为最早的计算模型之一，其实会试图创建自己的表征，即便其创建表征的方式十分刻板。而在那以后，几乎所有主要的类比程序都忽略了表征创建的问题。凯达尔-卡贝利（1988a）的研究在这个方向上迈出了有限的一步，他的程序会使用"目的"的概念来指导相关信息的选择，但其处理工作仍然是从预先创建的表征开始的。其他的研究者，如伯斯坦（1986）、卡沃内利（1983）和温斯顿（1982），他们的模型在一些重要的方面区别于上述研究，但也都没有解决知觉问题。

霍利约克和萨加德（1989）的 ACME 程序使用一种联结主义网络，让映射过程符合一系列"软约束"的要求，以确定最佳的类比对应关系。然而，这一程序所使用的依然不是依赖情境的灵活表征。ACME 的表征是基于谓词逻辑的一系列预定性的、冻结的结构，因此它也回避了高层知觉的问题。尽管联结主义网络具有一定的灵活性，但程序无法在压力下改变其表征。这严重阻碍了霍利约克和萨加德试图模拟人类类比思维灵活性的努力。

融合高层知觉与更抽象认知加工的必然性

虽说目前大多数关于类比思维的研究都忽略了表征形成问题，但这个批评未必有多致命：该领域的研究人员可能会为自己辩护，说这个过程目前太难研究了。同时，他们可能会争辩说，可以合理地假设高层知觉工作会由一个单独的"表征模块"来完成，该模块接收相关情况的原始数据并将其转化为结构化表征。他们可以说自己并不关心这个模块的运行方式，自己的研究仅限于以这些表征为输入的映射过程，而表征的形成则是另一个完全不同的问题。

相对于模拟整个知觉—映射过程的企图，这种表述显得缺少抱负，但我们当然不能因为某个项目不够雄心壮志，就将它先入为主地批判一番。不管是认知科学，还是其他领域，科学家通常都会将研究工作限制

第 4 章 高层知觉、表征和类比：人工智能方法论批判

在他们认为有能力掌控的范围以内，而一些看似太过艰难的问题则留待日后解决。如果关于知觉与表征也是这么一回事，我们先前的论述就只是在指出当前类比研究方法的局限性，同时还要盛赞它们在解决一小部分问题时取得的进展了。然而，事情并非如此。

人工智能研究者在其工作中忽略了知觉问题，实际上就是做出了一个隐含的假设：知觉过程和映射过程在时间上是可分离的。前面已经说过，我们相信这一假设并不成立。对知觉与映射分离假设的反对有两点令人信服的论据，其中之一比较简单，另一个则涉及更广的范围。

如前所述，第一个论据来自日常观察：我们都知道许多知觉过程依赖于类比。人们不断根据旧的情况来解释新的情况。每当他们这样做时，都是在使用类比过程建立各种情况更为丰富的表征。当伊朗穆斯林愤怒声讨《撒旦诗篇》(*The Satanic Verses*)，甚至对其作者发出死亡威胁时，一些美国人开始谴责伊朗人的行为。但有趣的是，美国基督教会一些资深人士对此却有截然不同的反应。他们似乎敏锐地发现了这本书与备受争议的电影《基督的最后诱惑》(*The Last temptation of Christ*)之间的类比，这部电影在基督教圈子里被抨击为亵渎神明。因此，这些资深人士对是否要谴责伊朗人显得犹豫不决。他们对当前情况的知觉被这样一个明显的类比大大地改变了。

同样，把尼加拉瓜类比为越南可能导致我们对那里的局势形成某种特别的观点，而将尼加拉瓜反政府游击队视作"在道德上等同于美国开国元勋"（正如里根对他们的描述）则可能产生完全不同的效果。我们也可以考虑如何向一个对国际政治所知甚少的人描绘伊拉克前领导人萨达姆·侯赛因（Saddam Hussein），这涉及两种彼此对立的类比：如果你厌恶侯赛因，可能会把他描述成当代希特勒，让听众产生一种邪恶的、咄咄逼人的印象；相反，如果你同情他，可能就会说他像当代罗宾汉，听众会产生完全不同的观感，认为侯赛因对科威特的入侵只是为了将那里"多余的财富"重新分配给阿拉伯世界的其他人民。

概念与类比
模拟人类思维基本机制的灵动计算架构

因此，不仅知觉参与构成了类比，反过来，类比也是知觉的组成成分。由此，我们得出结论：类比的过程不可能划分为"先知觉，后映射"。映射通常是知觉过程的一个重要部分。唯一的解决办法是不再指望将这两个过程在时间上干净利落地区分开来，而代之以认识它们之间深层次的交互作用。

我们认为，类比建模的模块化套路源于对类比思维的一种看法，即类比思维能与认知过程的其他部分完全区隔开来。人们从大多数研究者的工作中得到的印象是，类比是用于推理或解决问题的特殊工具，是在面临特别棘手的情况时方才取用的"压箱底"的武器。相比之下，我们的观点是，类比是不断进行的背景式的心智活动，它帮助我们塑造对日常情况的知觉。在我们看来，类比绝非区隔于知觉：它本身就是一种知觉过程。

不过，就目前而言，我们权且接受以下观点：映射是一项"任务"，在这项任务中，系统使用了表征，即知觉过程的产物。即便如此，我们也相信，将知觉和映射在时间上区隔开来会产生误导，我们的第二个论据就将证明这一点。这个论据不同于前一个，它所涉及的范围远远超出了类比。下面的讨论几乎适用于人工智能研究的任何领域，它证明"任务导向"的过程必须与高层知觉紧密地集成在一起。

我们可以考虑一下，使用一个独立的表征模块，将知觉与映射过程区隔开来意味着什么：这样的模块必须为任何给定的情况提供单一的、"正确"的表征，而不依赖情境或正在使用该模块的任务。先前关于人类表征灵活性的讨论已经暗示，这一观点其实相当可疑。高层知觉的极大适应性表明，一个只会产生单一的、独立于情境的表征的模块不可能模拟这一过程的复杂性。

为证明这一点，让我们回到 DNA 的例子。要让系统理解 DNA 与拉链之间的类比，表征模块必须生成一个 DNA 的表征，强调其碱基配对的

第 4 章　高层知觉、表征和类比：人工智能方法论批判

物理结构。另一方面，要理解 DNA 和源代码之间的相似性，又必须创建一个突出 DNA 信息承载特性的表征。这两种表征显然大相径庭。

唯一的解决方案是，表征模块所创建的任何表征都必须包含足够量的内容，以涵盖特定情况每个可能的方面。例如，对于 DNA，我们可以假设一个单一的表征，包含其双螺旋物理结构、其所含信息如何用于建造细胞、其复制和突变的特性，以及诸如此类的更多信息。这样一个表征（如果能创建出来的话）无疑将非常庞大。事实上，过于庞大的规模本身就决定了它并不适用于任务导向的高层加工过程（在本例中，该过程隶属于映射模块），而后者是系统创建该表征的意图所在。目前大多数计算机类比模型（如 SME）的映射过程所使用的都是很小的表征，这些表征选定了相关信息，系统能立即加以使用。如果我们要转而以包含所有可用信息的超大型表征作为这些程序的输入，就需要彻底更改它们的设计。

问题很简单：在这样一个表征中信息严重过剩。要确定哪些信息与当前任务相关，就需要一个对可用的数据进行过滤和组织的复杂过程。事实上，这一过程相当于高层知觉本身。它看似违背了我们将知觉过程区隔为一个专门模块的初衷。

考虑一下人类做类比时对应的思维过程。人们大概在长时记忆中的什么地方存储了关于某个对象（比如说 DNA）所有知识的表征。但一个人做一个涉及 DNA 的特殊类比时只会使用关于 DNA 的一部分信息。这些信息提取自长时记忆，很可能会在工作记忆中形成一个临时性的、活跃的表征。这种临时性的表征规模更小，复杂程度也要低得多，因此更适于由映射过程操纵。它似乎与前述用于 SME 的专门化的表征相对应。在某种意义上，它是长时记忆中更大的表征的一种投射——被投射出来的只有与当前（映射）任务相关的那些方面。毕竟当一个人做类比时，要将对应特定情况的总括性表征的所有信息输入其工作记忆，在心理上似乎是不可能的。相反，人们似乎只需要在工作记忆中保留一定数量的

概念与类比
模拟人类思维基本机制的灵动计算架构

相关信息,其余的信息则继续在长期存储中潜伏下去。

但要在工作记忆中形成恰当的表征可不容易。一般来说,创建表征是高层知觉的任务,而将一个具体的表征在工作记忆中组织起来,无疑是运行这些高层知觉过程——如过滤和组织——的又一特例。最重要的是,这个过程必然与当前任务的细节彼此交互。为将长时记忆中的总括性表征转化为工作记忆中的可用表征,手头任务的性质——如类比时某个有待建立的映射——将必然扮演重要角色。

这一切给了我们教训:将知觉与"更高层"的任务区隔开来几乎肯定是一种错误的做法。事实上,表征必须适应特定的情境和特定的任务,这意味着任务和知觉过程将不可避免地彼此交互,而任何通过"模块化"方法模拟类比的尝试都是注定要失败的。因此,我们有必要探索如何将知觉和映射过程整合起来。

可以想象这样一个系统:当源于特定情境的各种压力逐步呈现,表征也在其中逐步创建出来。在这样一个系统中,映射由知觉过程决定,而知觉过程又反过来受映射过程的影响。表征就在这种知觉和映射的持续互动中建立起来。如果一个特定的表征看似适用于特定的映射,系统就将继续发展这一表征,同时该映射也将被进一步充实;而如果某个表征看起来不那么有"前途",知觉过程就将探索其他方向。知觉和映射在所有阶段都彼此交互,这一点至关重要。逐渐地,以吻合最终映射的结构化表征为基础,一个恰当的类比将会涌现出来。

事实上,我们的研究小组已经创建了两个这样的系统(它们将留待本书后续章节描述)。这类系统所采用的方法与传统的套路差别很大,后者会假定表征的创建过程已经完成,并将注意力集中在独立的映射过程上。但是,为了模拟人类知觉和表征的极大灵活性,类比过程的研究者必须将高层知觉过程整合到他们的工作之中。我们相信,从长期来看,手工编码的刻板的表征将走到尽头,而灵活的、情境相关的、易于适应

第4章 高层知觉、表征和类比：人工智能方法论批判

的表征将成为任何精确的认知模型的重要组成成分。

最后，我们需要指出，上述问题绝非类比思维建模所独有。在传统的人工智能研究中，表征的手工编码是很常见的。我们的批评适用于任何针对特定任务使用预设表征的程序：它们实际上都反映了"表征模块"的观点。对认知科学的大多数目的而言，将任务导向的信息加工与知觉和表征相互整合都是很有必要的。

微领域的效用

相比之下，一个高层知觉模型显然更为可取。但有一个主要的障碍。任何高层知觉模型要顺利运行，都必须建立在低层知觉的基础之上。但源自现实世界的可用信息量太大，使得低层知觉的问题极为复杂，因此这一领域的成功例子相当有限，也是可以理解的。由于模拟低层知觉难度太大，目前针对现实世界的全方位的高层知觉建模仍是一个遥不可及的目标。在知觉的最低层（视网膜上的细胞、屏幕上的像素、声音的波形）与最高层（运行在复杂的结构化表征之上的概念过程）之间差异太大，无法弥合。

这并不意味着我们只能承认失败。还有一条路可以走。现实世界太过复杂，但如果我们限制任务领域的范围，或许能得到一些真正的领悟：不直接使用真实世界，而是仔细地创造一个更简单的人工世界来研究高层知觉，问题就会更好处理。在无需逐像素加工信息的情况下，人们会被更快地导向高层知觉问题，并将其维持在一个相当高的层级之上。

这类"受限域"或"微领域"能带给我们许多洞见。在不同的历史时期，对应不同的学科方向，所有的研究人员都会有意选择或精心设计理想化的领域来探索特定的现象。那些还未在简单领域打下坚实基础，就企图直接挑战复杂现实的人们常常会吞下苦果。不幸的是，许多人工

概念与类比
模拟人类思维基本机制的灵动计算架构

智能研究人员已不再青睐"微领域"的概念，而是雄心勃勃地为"现实世界"建模，但他们提出的主张却经常造成误导（回顾 BACON），开发出来的程序局限性也很强（回顾前述类比模型）。此外，虽然"真实世界"的表征往往带有令人印象深刻的标签，如"原子"或"太阳系"，但这些标签掩盖了以下事实：上述"表征"只是谓词逻辑或类似框架中的简单结构罢了。像 BACON 和 SME 之类的程序其实运行在十分精简的领域之中，这些领域由高度理想化的逻辑形式构成。它们只是看起来具有现实世界的复杂性，这是因为特定英文单词附着在了其中的形式之上。

虽然微领域表面上不如"现实世界"领域那般令人印象深刻，但它们是明确的、理想化的世界，能够显著降低当前问题的难度——假如我们执拗地固守完全意义上的"现实世界"，这一点通常是办不到的。一旦我们对认知过程在一个受限域中的工作方式有了一些了解，就能在理解（非受限）现实世界的相同现象方面取得真正的进展。

我们的研究小组依循上述路径创建了两个系统，其中一个就是 Copycat（见第 5 章，以及 Mitchell, 1993）。这个程序运行在字母字符串领域，该领域足够简单，可以回避低层知觉，但也足够复杂，能产生高层知觉的主要问题以供研究。Copycat 能在该领域中创建它对各种情况的表征，而且这些表征的形成是灵活的、情境相关的。在此过程中，高层知觉的许多核心问题都得到了解决，所使用的机制应用范围极其广泛，远超 Copycat 的工作领域。这个程序很可能为日后更具通用性的高层知觉模型奠定基础。

Copycat 高度并行的、非决定性的架构会通过知觉结构智能体与联想概念网络的持续交互来创建自己的表征，并发现恰当的类比。正是这种知觉结构与概念网络之间的相互作用，让模型在某种程度上具备了类似于人类思维的灵活性。Copycat 既是一个高层知觉模型，又是一个类比思维模型，它使用了我们一直以来都在倡导的知觉和映射的整合性方法。

第 4 章　高层知觉、表征和类比：人工智能方法论批判

可以说，Copycat 的架构介于人工智能的联结主义和符号主义之间，兼具二者的一些优点。一方面，与联结主义模型一样，Copycat 由许多局部的、自下而上的、并行的过程组成，高层理解就产生于这些过程的联合行动。另一方面，它与符号主义模型一样，都能对复杂的、具有多层结构的表征进行处理。

Copycat 展现了一系列机制，可能适用于解决知觉与类比的五大重要问题。它们分别是：

- 表征的逐步创建
- 自上而下的作用与情境的影响
- 知觉与映射的整合
- 探索创建表征的多条可能路径
- 在必要时彻底重塑知觉

Copycat 的成功应用表明这些想法的确是切实可行的。

顺便说一句，Copycat 架构内核的适用范围比它运行的特定领域要广泛得多。例如，Tabletop 程序就使用了与其大致一样的架构，针对桌面上各式器物的摆设，程序会知觉其结构并做出类比——这是一个让我们感觉更贴近"现实世界"的微领域（见第 8 章和第 9 章，以及 French, 1995）。另外，我们还构想了 Letter Spirit，这个程序也使用了类似的架构，它能知觉到字母的形状与风格，并生成与某种字形具有同一抽象风格的新字形。Letter Spirit 的开发工作也已部分完成（见第 10 章）。

毫无疑问，在 Copycat 或上述其他程序中，没有什么东西与视觉和听觉系统中复杂而混乱的低层知觉相对应。然而，质疑者完全可以说，既然我们坚持认为高层知觉会强烈地影响后来的认知加工，并与其彼此纠缠，那就没有什么理由否认低层知觉与高层知觉同样交织在一起。这一点很有说服力。我们承认，最终，一个完整的高层知觉模型必须将所有水平的低层知觉纳入考量，但我们也相信，高层知觉过程的关键特征

必须与其低层基础分离开来加以研究，这是当前所使用的任务的复杂性决定的。

相较于 Copycat，Tabletop 程序向低层知觉迈进了几步，因为它必须对一个二维世界中不同的视觉结构进行类比，尽管这个世界仍然是高度理想化的。Letter Spirit 朝向低层知觉走得还要更远些，但仍未接近"触底"。

我们知道有一些人工智能研究项目试图将知觉和认知过程结合起来。有趣的是，这类研究几乎都使用了微领域。以查普曼（Chapman）开发的程序 Sonja（Chapman, 1991）为例，该程序在电子游戏世界中运行，它能从简单的图形信息开始，发展出周围情况的表征，并据此采取恰当的行动。和 Tabletop 的情况一样，Sonja 知觉过程的输入比 Copycat 的稍微复杂一点，因此，我们可以合理地将这些过程称为某种"中层视觉"模型（它比 Copycat 的高层机制更加紧密地与视觉通道联系在一起，但仍然是从复杂而混乱的低层细节中抽象出来的），尽管它们产生的表征不如 Copycat 所生成的那样复杂。同样，施拉格（Shrager, 1990）也研究了科学思维中知觉过程的核心作用，并开发了一个程序，它能基于理想化的二维输入创建表征，以理解激光的一系列特性。

结　论

有时，人们可能会认为知觉不是真正的"认知"，它区隔于"更高级的过程"，因此，研究人员可以专注于后者，而不用与复杂的知觉过程纠缠不清。但这种观点几乎一定是错的。知觉融入于认知，这是心理学界几十年来的共识，哲学家认识到这一点还要更早些。但人工智能研究却迟迟未对此予以重视。

200 年前，康德就概念和知觉间的密切联系提出了颇有争议的观点。

第 4 章　高层知觉、表征和类比：人工智能方法论批判

他写道："没有知觉的概念是空洞的，没有概念的知觉是盲目的。"在本文中，我们试图证明这种说法是多么正确，以及人们理解其所处世界时概念和知觉过程多么紧密地彼此依存。

"没有知觉的概念是空洞的。"人工智能研究常常试图建立概念模型，而忽略知觉。但正如我们所见，高层知觉过程居于人类认知能力的核心。缺乏创建恰当表征的过程，认知就将无以为继。无论我们研究的是类比、科学发现，还是认知的其他方面，试图从知觉的"汤底"之上撇出概念过程的想法都是错误的：知觉是概念赖以存在的基础，二者紧密啮合不可分割。

"没有概念的知觉是盲目的。"我们对任何特定情况的知觉都受概念层自上而下的持续影响。如果没有这种概念性的影响，由知觉生成的表征就将是刻板的、缺乏灵活性的，并且无法适应诸多不同情境提出的问题。人类知觉的灵活性来自其与概念层的不断交互。希望我们开发的基于概念的知觉模型能够在一定程度上将这些层级联系起来。

承认知觉过程的核心地位会让人工智能研究更加困难，但也会让它更加有趣。将知觉过程整合到认知模型之中，能产生灵活的表征，灵活的表征将导致灵活的行动。这一认识最近才通过一系列模型开始渗透到人工智能研究之中，如各类联结主义网络、分类器系统、Copycat /Tabletop 架构及其泛化等。未来，对认知和知觉的理解很有可能齐头并进地发展，因为这两大过程彼此缠绕、不可分离。

FLUID CONCEPTS AND CREATIVE ANALOGIES

COMPUTER MODELS OF THE FUNDAMENTAL MECHANISMS OF THOUGHT

前言 5
概念光晕与可滑动性

概念与类比
模拟人类思维基本机制的灵动计算架构

Seek-Whence 领域中的类比谜题

195　　　Copycat 项目是从 Seek-Whence 项目遇见的困难中冒出来的。我在 1980 年左右就已经明了，在不同的序列短片段间发现抽象相似性（或者说做出类比）的能力，是人类知觉到规律模式并生成描述这些模式的规则的能力之核心所在。于是在那会儿，我开始从 Seek-Whence 领域中提取类比谜题，例如下面这个比较简单的例子：

序列 "12344321" 中的哪个数字与序列 "1234554321" 中的 "4" 相对应？

为了指代方便，我将把后面这条更长更高的"山脉"称为"结构 A"，把前面这条更短更矮的"山脉"称为"结构 B"（请注意，这可能和你预期的顺序相反）。

这个谜题没什么挑战性。大部分人会轻而易举地回答 "3"，因为 "3" 在结构 B 中扮演了与 "4" 在结构 A 中相同的角色，他们甚至都想不出还可能有什么别的答案了。即便如此，有人还是会固执地认为答案是 "4"，他们争辩道，那是因为 4 与 4 大小相同，或者说它们毕竟是同一个数（这种表述想必更合你的心意）。因此这道谜题在非常有限的范围内引起了两种压力间的冲突，其一是相对死板、机械的保持"对象一致性"的愿望，其二是更为生动、人性化的维持对象所扮演的"角色"的想法。这是不是理解这个 "4" 的正确方式，即 "4" 是否真的在结构 A 中扮演单一角色？我可以刺激一下你的大脑，再提供一个"兄弟"谜题：

序列 "123475574321" 中的哪个数字与序列 "1234554321" 中的 "4" 相对应？

196　　　这条新的"山脉"将被称为"结构 C"。显然，这条"山脉"的有趣之处在于，它有一个短促的上升，然后紧接着一个下降，所以它的"顶峰"并不像结构 A 或 B 那样位于整个结构的中心。结构 C 更像是一座高耸的火山带有一个下沉的火山口。

这个不同的形状产生的效果是：将"4"在结构 A 中所扮演的看似"单一"的角色（实际上也是"3"在结构 B 中所扮演的角色）拆分成"一组"角色。通过结构 C 我们可以看出，"4"在结构 A 中实际上发挥了（至少）以下四种不同的作用：

（1）最中心数对物理上的邻居；
（2）结构中最大的数旁边的数；
（3）最中心数对数字的前驱数；
（4）结构中最大的数的前驱数。

在结构 A 中，这些不同的角色恰好看起来合而为一。对此的另一种说法是：结构 C 会诱导（induced）我们将一个看似单一的角色拆分为四个不同的方面。但这种拆分是后验地发生的，也就是说，如果没有一个类似于 C 的结构促使我们形成这种新看法，我们就可能会一直愉快地认为"4"在结构 A 中扮演单一角色。所以这种观念从一开始就是个错觉吗？还是说它本来应该是恰当的？

英格兰的南希·里根

以下谜题根植于现实世界，我总是喜欢将它与前述微领域谜题搭配起来：

哪位英国人和美国的南希·里根（Nancy Reagan）相对应？

更常使用的表述方法是：

谁是英国的第一夫人？

概念与类比
模拟人类思维基本机制的灵动计算架构

当然，请记住这些都发生在 1980 年前后，那时玛格丽特·撒切尔（Margaret Thatcher）还是英国首相。

这个字谜中主要包含两个容易混淆的因素。一个因素是英国没有总统，但有两个人物扮演的角色多少会让人想到总统——君主和首相。另一个混淆因素是这两个人物在 1980 年的英国都是女性，而罗纳德·里根显然是男性。这两个混淆因素将一系列超出预期的压力引入了当前的情境之中。

先验地看，我们首先感受到了一种强大的压力，要将南希·里根映射到一位女性身上。如果这个谜题明确使用了"第一夫人"这一表述，这种压力就会变得特别大。但即使没有这么表述，基于"第一夫人"是南希·里根迄今最为显著的称号这一事实，仍然会有不小的压力敦促我们在同性别间建立映射，而且这一压力即便不那么明显，也必然会隐性地产生作用。由于第一夫人是或多或少算是一个国家中最为卓越的女性，这一压力会促使我们认为南希·里根的对应者是伊丽莎白女王或玛格丽特·撒切尔。

针对以上任一选项，都会有很强的反向压力。这种压力源自一个明显的事实，那就是我们选作类比的两位女性都处于各自领域的"中心"（center）或"顶峰"（peak），而南希·里根距离那样的地位尚有"一步之遥"。所以，基于一个人如何解读"中心"或"顶峰"，他可能会迫于压力选择菲利普亲王或丹尼斯·撒切尔（Denis Thatcher），即玛格丽特·撒切尔的丈夫。（女王的角色更像"中心"还是"顶峰"？）但这两个选择都违背了要选择一位女性作为答案的意愿。顺便一提，我是在偶尔瞥到一篇关于丹尼斯·撒切尔的新闻报道时想到这个滑稽的问题的，文章中他被描绘成"英国的第一夫人"。

这条现实世界的类比谜题和包含结构 A 和 C 的数字类比谜题之间有很明显的相似性——都包含将一个乍看之下的单一角色"后验"地拆分

前言 5 概念光晕与可滑动性

为一系列相互冲突的角色，进而导致选择不同答案的对抗性压力。此外，这两条谜题都包含一个离"中心"/"顶峰"仅一步之遥的角色/数字。

让我们回看利用结构 C 将"4"的角色拆分而成的四个方面：

如果方面 1——"最中心数对物理上的邻居"——最重要，那么谜题的答案便是"7"；

如果方面 2——"结构中最大的数旁边的数"——最重要，那么答案是"5"；

如果方面 3——"最中心数对数字的前驱数"——最重要，那么答案是"4"；

如果方面 4——"结构中最大的数的前驱数"——被认为最忠实于先前的序列，那么答案就是"6"——一个在结构中从没出现过的数字！

这四个不同答案——7、5、4、6——不带顺序地对应于那四个"1980 年的英国第一夫人"：菲利普亲王、丹尼斯•撒切尔、伊丽莎白女王、玛格丽特•撒切尔。哪个答案对应哪个人当然取决于你如何看待相关事实。（有关"第一夫人"谜题的进一步讨论以及 Seek-Whence 和 Copycat 领域中的众多类比问题请参见 Hofstadter, 1985 第 24 章）

我很快发现，基于 Seek-Whence 领域纯粹形式化数字的类比问题数量之多完全超出了我的预期。我在很短的时间内就创造了一大堆同类问题，多到来不及进一步跟进，而且它们具备所有水平的复杂性，会产生敦促我们实施一系列"概念滑动"的各种压力。说到"概念滑动"，我指的是在对某种情况的心理表征中，情境诱导我们以一个密切相关的概念来驱逐特定概念的现象。但什么会导致一个概念被另一个概念驱逐？这样一个思维事件到底如何发生、何时发生？这一切都与概念重叠（conceptual overlap）有关。概念具有某种"光晕"，而概念间的重叠正是这一事实自然的副作用。我们这就来详细谈谈这个观点，它正是 Copycat

概念与类比
模拟人类思维基本机制的灵动计算架构

架构的绝对核心。

词语、概念和光晕

之前我问道,将乍看之下的单一角色拆分成四种不同角色是否揭示了单一性(oneness)是一种错觉?这是一个微妙且深刻的问题,一些涉及语言的类似问题将有助于我们思考。比如说一个常用的词语,就像"hard"。当你思考这个词的含义时,可能会觉得它只有"一个意思"——你可能会说(这个词的意思是)"不软"。它的意思看上去是单一的。但我翻开词典找到这个词条,就会发现"hard"还拥有下面一系列含义:沉迷的、不利的、含酒精的、苦的、冷漠而麻木的、有难度的、难懂的、无情的、顽固的、勤勉的、无弹性的、执拗的、痛苦的、无同情心的、僵硬的、严重的、固态的、严格的、坚强的、实质的、结实的、邪恶的。如果你对其中任何一种含义加以考虑一番,就会发现"hard"实际上可以细分为许多意思。但你可能仍然会觉得这个概念首先要作为一个(具有单一意思的)整体而存在。

但我们现在进入另一种语言体系——例如和英语相对接近的德语。原来德语中"hard"分裂成许多不同的单词,取决于它在修饰什么对象。因此,描述一种物质,它是 hart;描述一个问题或一次测验,它是 schwierig;描述一个勤劳的工人,fleiβig;描述艰难的时刻或严重的打击,schwer;描述整体生活状态,mühsam;描述下雨,heftig 或 stark;描述霜冻,streng;描述饮料,alkoholisch;描述努力思考,gut 或 scharf;描述重击,kräftig;描述一个努力尝试的人,anstrengend;等等。一个说德语的人不会像一个说英语的人那样,认为所有这些概念的背后具有某种统一性。但请不要认为以上任何一个德语词汇在含义上比"hard"更狭窄,或感觉它是这个概念的一个子集。恰恰相反,以上每个德语词汇本身都具有极其宽广的含义。例如,对 schwer 一词的翻译就包含以下这些:"沉重的""固态的"

"强有力的""坚强的""富有的""坚硬的""严重的""严厉的""严肃的""困难的""坚韧的""笨重的""笨拙的"。对一个讲德语的人来说,这一大群"意味"(flavors)似乎共同构成了某种单一的"概念"或"理念"(idea)。

所以我们这些说英语的人是被忽悠了吗,因为我们觉得"hard"所表示的是一个整体合一的概念?还是那些说德语的人被忽悠了,因为他们类似地认为"schwer"所表示的是一个整体合一的概念?我会这么说:在英语语境中,"hard"所具有的一系列"意味"似乎形成了一个一致且紧密结合的整体,但这个整体从德语使用者的角度来看似乎是一个错觉。请注意我两边都用了"似乎"这个词。语境和文化决定概念的边界。

或许下面这个对比英语、印尼语、汉语、德语和意大利语的例子更简单些。

在英语中,对一个刚认识的人我们会标准化地询问:"你有兄弟(brothers)或姐妹(sisters)吗?"

在印尼语中,人们会标准化地问一个人是否有 kakak's 和 adik's。这是一个看似相同然而不尽相同的问题,因为 kakak 的意思是"年长的同胞",adik 的意思是"年幼的同胞",不分性别。

在汉语普通话中,人们标准化地问一个人是否有"兄弟姐妹"。这又是一个看似相同然而不尽相同的问题。这次其实是在问四个不同的问题,因为"兄"表示"年长的兄弟","弟"表示"年幼的兄弟","姐"表示"年长的姐妹","妹"表示"年幼的姐妹"。

接下来,德语里的情况要简单些。人们问 Haben Sie Geschwister? 意思是"你有同胞吗?"(注:这里的同胞即兄弟姐妹,不是广义上的同胞,下同)非常简单。但请注意这个表面上的简单。Geschwister 看着和听着都和 Schwester("姐妹")极为相似,以至于肯定有"姐妹"的含义在暗流汹涌,即使它完全没有被有意识地感受到。

概念与类比
模拟人类思维基本机制的灵动计算架构

最后，意大利语的情况有点像德语情况的反面。如果一个意大利人问我，Lei ha fratelli?——"你有兄弟吗？"我这样回答会是完全正确的：Sì, due sorelle——"是的，两个姐妹。"所以在这个语境中，通常只表示"兄弟"的词 fratelli 的意思会在"兄弟"和"兄弟姐妹"之间浮动。

那么，先不考虑具体是哪种语言，当这个有关兄弟姐妹数量的问题被问到时，有多少概念会涌现于人们的脑海中——一个，两个，还是四个？这个问题有意义吗？假如在某种语言中，"plubibwa"表示"幽默的同胞"，"vazil"表示"严肃的同胞"，刚结识的人们会相互过问的一个标准化的问题是 Exement-ci plubibwa flo vazil? 这是否意味着"同胞"一词中只藏有四个概念是一种错觉？我们到最后会不会得到启发，意识到这个问题的最终真相是这儿藏有八个概念（当然，我指的是从"幽默的妹妹"到"严肃的哥哥"）？当然不会。这儿显然没有确切的"概念的数目"可供清点，一切都取决于语境和文化。但不管在哪种文化中，任何人头脑里浮现的都是许许多多具体的"同胞"实例的模糊重叠，且大量实例强烈地倾向于以特定模式聚类，因此一些潜在的子概念看上去较其他那些更加自然而真实。

无论你怎么想象，这些都不是特例。当一个人撞进任何一门外语中，即便是一门很接近的外语，例如法语或意大利语之于英语，在他所知晓的任何一个单词上，都可能发生类似的情况，即一个曾经看似流畅、单一的整体被打破，化为许多含义出乎意料的碎片。例如，我曾天真地认为，英语中"hit"（打）、"throw"（扔）、"window"（窗户）、"box"（盒子）、"bag"（包）、"day"（天）、"top"（顶端）、"fast"（快速）和"in fact"（事实上）这些词汇所表达的普通概念是在不同语言间通用的无结构的基本概念，结果当它们碰上意大利语的时候，每一个都被分解五个、十个甚至更多种类的"打"和"扔"等。当我们将意大利语中一些同样基本的概念对照英语时，情况也一样：那些一度看似铁板一块的东西都能分割成大量细小的微结构。

事后，我能够理解英语中的"in fact"在意大利语中被分解为 in effetti、di fatto、infatti、in realtà、anzi、però、tant'è vero che、per esempio、a dire il vero 等短语的背后逻辑，但我永远都不会自己想到这些。这看上去并不是一个多么复杂的概念。我真是一无所知！而且，我再次重申，一个人所知道的每一个单词都可以被这样分解为碎片，直到我们抵达相应语义空间中的"空气稀薄地带"，那儿只包含高度专业化的专有术语，在语言的切换中保持完整。例如"光合作用"（photosynthesis），意大利人仁慈地决定不让开花植物、落叶树木、常绿植物等各有一种光合作用。但对于常用词汇，分解几乎总是不可避免的，而且实际上一个词越是常用，它的分解就越是复杂和惊人。

这就是为什么我是如此"高兴"地（或许我更想表达的是——如此"悲哀"地）看到广为流传的双语词典和所谓的计算机翻译软件中充斥着的只是一对一的（比如说）英译法条目，例如"hit: frapper""throw: jeter""picture: image""in: dans"，等等。同一件事乐观地看，则是它让我在浏览那本翻烂了的《罗热国际英语同义词词典》时发现了大量概念"云团"彼此深度渗透产生的迷雾与光晕，并由此获得了极大的乐趣。

从概念光晕的滑动到概念的滑动

我们头脑中概念的重叠和聚类（clustering），产生了围绕着每一个实词（content word）的"语义光晕"（semantic halo），借由一系列口误，它们格外频繁地显露出来。其中一种常见的口误是词语混合（word blends）。下面给出的一些例子足以证明大脑中存在此类重叠的光晕。请注意，这些口误经常是某些特定情境所引发压力的直接后果。一个朋友和我说"谁都没法拿到那个航机（flane）的票"，明显混合了"航班"（flight）和"飞机"（plane）；一个语言学家听到他自己说"别哄（shell）那么大声"，明显混合了"喊"（shout）和"吼"（yell）。我脱口而出"我会检看一下（chake

概念与类比
模拟人类思维基本机制的灵动计算架构

a look）的"，混合了"检查一下"（check it out）和"看一看"（take a look）。我太太说"道格和普拉纳布去研究生院了（went to graduate stude）"，混合了"是研究生"（was a graduate student）和"去研究院"（went to graduate school）。这种混合的例子多如牛毛，它们揭示了在实时谈话的约束下，因相互竞争的压力难以调和而导致的短暂的犹豫不决。

下面我举几个相对少见些的例子，它们是完整的"替换口误"（substitution errors）。我曾对小儿子说"请盖上你的曲奇罐（cookie jars）"，实际上我是想让他盖上卧室里的两个"玩具箱"（toy chests）。这就已经不是单纯的"混合"了——我脱口而出的是另一个完整的，但却是全然错误的词语。另一次，我说"浴室的门关不上——水龙头坏了"，其实我的意思是"浴室门把手坏了"。显然，在语义空间中属于"弯曲的把手"或"操纵装置"的那块区域里，"水龙头"和"门把手"都是身份"显眼"的老资格了。但在浴室语境中"水龙头"变得尤为突出，因此在这个胜者全拿的表达博弈中将"门把手"淘汰出局。

一位朋友曾说："我要去那家商店的开始，啊，入口。"我曾说："我在才两点的时候搬到了普林斯顿。"意思显然是"才两岁的时候"。我太太曾问道："我应该把那堆垃圾，啊，脏衣服放到车的后备厢里吗？"

这一类型的最后一个例子可能是我最喜欢的。有一次，一位杂货店收银员问我："塑料袋行吗？"我回答说："我更想要个木袋……额……我的意思是纸袋。"造成这个口误的可能有以下这些因素：纸是由木浆做的；杂货店提供的纸袋是棕色的，有点像木头而不像标准的纸，质地上也比普通的纸袋要"木头化"得多；而且，塑料和木头都是制作许多家居用品的普通材料，而纸不是。

类似这种替换口误揭示了某些隐藏的机制——即彼此重叠、搅和成团的概念所构成的隐秘网络——的诸多方面，显示在很多情况下概念间都会发生混淆，而且这有助于描绘当我们对不同情况进行类比时发生了什么事。我们的概念网络所具有的同样的特性——也是导致这些概念光晕滑动的重要原因——使我们愿意根据情境，选择性地容忍或"原谅"不同条件下特定程度的概念错配；我们天生就会这么做——从演化的角度来看，这对我们有好处。实际上，我所说的"概念滑动"就是"基于情境的对概念错配的容忍"这一观点的简称（更多类型的口误，以及对相关主题的详细探讨，参见 Aitchison, 1994; Cutler, 1982; Dell & Reich, 1980; Fromkin, 1980; Hofstadter & Moser, 1989; 以及 Norman, 1981）。

构思 Copycat

在搭建 Seek-Whence 架构的那段时间里，我开始意识到，认知中诸如此类的概念光环效应相当普遍，这对我的观点产生了深刻的影响。但是，随着我愈发清晰地认识到类比所发挥的关键作用，我愈发开始怀疑 Seek-Whence 项目是否进展太快，或走得太远了些。我逐渐相信，当务之急其实是要在一个具有完全自主性的程序中直面类比问题，或许在那以后的某个时刻，我会带着合适的方法最终转回到 Seek-Whence 上来，直击问题的核心。

所以在 1983 年春天，我开始集中大部分精力，设计一个用于在特定微领域中发现类比的架构。该架构的微领域与 Seek-Whence 的极为类似，其中关键的新成分就是概念滑动。但出于某些考虑——也可能只是想做一些微调——我从使用数字"滑向了"使用字母。在接下来的几年里，令我惊奇且失望的是那么多人对字母谜题理解起来比对早先的数字谜题容易得多，即便两条谜题只是彼此精确的互译。人们会这么说："我一向讨厌数学，所以不喜欢做数字谜题，但这些字母谜题就很有意思！"对此我永远没法感同身受。

不管怎样，下面我列出一条字母谜题，它能呈现一些我正在思考的

概念与类比
模拟人类思维基本机制的灵动计算架构

问题：

> 我将 efg 改成 efw。你能对 ghi "做同样的改动"吗？

这条谜题让我喜欢的地方，在于它有两个风格迥异的答案。一个答案是 whi，就是简单地用 w 来替换 g。没问题，这就是"做同样的改动"，只是这做法看起来有点简单粗暴。另一个答案是 ghw，即用 w 替换最右边的字母。这也是"做同样的改动"，但给我们的感觉会非常不同——你可能会觉得这种转换方式要显得更优雅些，也可能不会（顺便提一下，任何基于 g 和 w 之间"字母距离"概念的答案都与本领域的精神不符，因此完全超出了讨论范围）。

下面是一条非常相似的类比谜题：

> 我将 efg 改成 wfg。你能对 ghi "做同样的改动"吗？

类似地，我们可以再次给出两个字母串，作为看似最可信的答案：whi 和 ghw。但它们背后的理由已经不一样了。前者很容易理解：简单地将最左边的字母替换成 w。第二个答案就更微妙了，而且它要求我们看出在 efg 和 ghi 之间存在某种对称性。特别是，在 efg 这个串中 g 位于最右边，而在 ghi 这个串中 g 位于最左边。我们会基于这点洞见产生一种想法，即"左"的概念在 ghi 中扮演的角色与"右"的概念在 efg 中扮演的角色一样。也就是说，如果我们允许"左/右"的概念滑动，这两个字母串就是"一样的"。如此，我们就很容易得出 ghw 这个答案了。

在第一条谜题中，答案 whi 基于将两个串中的 g 等同起来，显得简单粗暴；而在第二条谜题中，答案 ghw 也是基于将两个串中的 g 等同起来，但它就显得精细而巧妙。这实在有些讽刺：同样的策略怎么会在第一条谜题中看似简单而在另一条谜题中又看似巧妙呢？好吧，我的看法是：在第一条谜题中，将两个 g 等同起来，然后……就没有然后了！——这条思路直接忽视了其他字母，可真够简单粗暴的。但在第二条谜题中，将两个 g 等同起来只是第一步。接下来是去到两个串的远端，找到 e 和 i，然后将这两个字母等同起来。以这种方式将 g 用作相同的参照点或"地标"是一种相当抽象的跳跃（leap），而且将两个串的完整结构都带入了画面之中。所以，基于这条思路的答案看起来就比较可敬了，甚至可以说它带有某种深度。

我再给出最后一个问题，可以进一步发展以上观点：

我将 efg 改成 dfg。你能对 ghi "做同样的改动"吗？

假如我们没注意到在这里字母 e 和它将要变成的字母（即 d）之间存在一种特殊关系，那么这个问题与上一个问题就是同构的（isomorphic），只不过 w 的角色由 d 扮演了。于是有两个同构的答案，dhi 和 ghd。但直接忽略 e 和 d 之间显而易见的字母邻近性显得太简单粗暴了。所以如果我们确实对这个明显的事实有过考虑，那么更加自然的做法似乎就是将 ghi 串最左或最右边的字母替换为其前驱字母（分别得到 fhi 和 ghh）。但是，后一个答案中的两个 h 看上去没有保持原有变换的精神，使我们不禁怀疑是不是有什么地方弄错了。确实，我们忽视了一些至关重要的东西。

将 efg 中的 e 和 ghi 中的 i 等同起来涉及从右到左地浏览 efg，以及从左到右地浏览 ghi。因此在 efg 中，我们依字母表倒序浏览，从一个字母到它的前驱字母，但在 ghi 中，我们依字母表顺序浏览，从一个字母到它的后继字母。所以我们忽视的关键想法是从"前驱字母"到"后继字母"的概念滑动。当我们将这个额外的滑动考虑在内，就会发现我们想要用 j 而非 h 来替换 i，得到答案 ghj。这可以说是一个非常复杂的答案，将两个结构的完整性质（包括英文字母表结构，它绑定了各结构中不同的字母，是一个在先前的谜题中没有起到任何作用的因素）考虑在内，但这一切的前提仍然是我们简单粗暴地将两个 g 等同起来。

诸如此类的问题和想法开始在我的脑海中激增，围绕着它们，一个全新的项目开始生根发芽。1983 年春，我在印第安纳大学主持一场高级人工智能研讨会时，首次对一个能够做出此类发现或实施这种"跳跃"

概念与类比
模拟人类思维基本机制的灵动计算架构

的程序的基本架构进行了描绘。同年秋，我前往麻省理工学院公休，在彼我将有关这些架构的想法转化成了一份研究申请书和一份技术报告（Hofstadter, 1984a），它们成为了 Copycat 后续工作的基础。

Copycat 的核心是一个被称为"滑动网络"（slipnet）的新型结构，我采用这个结构为人类心智中精妙的、基于情境的概念光晕和概念滑动现象建模。其中的窍门是以自然的方式将这个新元素与 Jumbo 及相关程序的已有概念——即"代码子"（codelets）、"细胞质"（the "cytoplasm"）和"温度"（temperature）——相结合。幸运的是，我们实现了一种天然的契合，而且（至少在我的脑海中）一套深度类比架构开始绽放。我可以轻易预见照此下去若干年后定将硕果累累，但仅凭一人之力毕竟孤掌难鸣。

在 1984 年一个美丽的春日，一位名唤麦莱尼亚·密契尔的年轻女子出现在我于麻省理工学院的人工智能实验室门口，并表达了对我在认知科学领域的研究方向的强烈兴趣。尽管当时没什么研究任务，但我还是尽可能地对她运行了一下"并行阶梯扫描"，并初步决定接纳她作为团队的新成员。事后证明，这是我做过的最为正确的决定。

FLUID CONCEPTS AND CREATIVE ANALOGIES

COMPUTER MODELS OF THE FUNDAMENTAL MECHANISMS OF THOUGHT

第5章

FLUID CON
COMPUTER
AND FUNDAMEN
OF THOUGH
CREATIVE

一 Copycat：关于心智流动性与类比的模型

侯世达
麦莱尼亚·密契尔

概念与类比
模拟人类思维基本机制的灵动计算架构

Copycat 和心智流动性

205　　Copycat 是一个计算机程序，其设计意图是以一种具有心理现实意义的方式发掘富有洞察力的类比。Copycat 的架构既非符号主义，亦非联结主义，更非二者的结合（虽然有人可能会这么认为）。实际上，这个程序拥有一种介乎以上两个极端之间的新型架构。大量微小计算活动的统计结果决定了 Copycat 的顶层行为，从这个意义上来说，这个程序具有一种涌现（emergent）的架构。而且它用于创建类比的概念（concepts）可视为实现了"统计涌现的活跃符号"（statistically emergent active symbols）（Hofstadter, 1985 第 26 章）。Copycat 运用了并行随机加工机制，将概念作为网络中分散式、概率性的实体加以使用，这让它在理念上具有一些联结主义系统的味道。但我们即将看到，这里有至关重要的差别，而且我们认为 Copycat 所占据的认知建模领域的中间地带在当前最有助于我们理解概念的流动性，以及知觉与人类类比活动的显著关联。

Copycat 领域的类比问题

　　Copycat 在一个非常狭小，但精致得令人吃惊的领域中发掘类比。为了更直截了当些，以下是该领域中典型类比问题的一个非常简单的实例：

206　　1. 假定字母串 abc 可变换为 abd；你会如何"以同样的方式"变换字母串 ijk？

　　请注意，实质上，这里的挑战在于"有样学样"（being a copycat），也就是——"和我做同样的事"。其中"同样"当然是一个"可滑动的"概念。几乎每个人都会回答 ijl，⊖ 原因并不难理解。大部分人都觉得，

⊖ 尽管可凭借直观轻易预测大多数人都会给出这个答案，但我们还是对人们在面对这类问题时的反馈做了大量正式和非正式的调查。正式调查的结果可见 Mitchell, 1993。

256

第 5 章　Copycat：关于心智流动性与类比的模型

对 abc 字母串所做的变化的自然描述是：最右边的字母被它的后继字母替代了。这一操作可以轻松自如地从 abc 框架转移到其他框架，例如将 ijk 变为 ijl。当然这并不是唯一可能的答案。例如，你完全可以"自作聪明"地回答 ijd（严格地用 d 来替换最右边的字母），或者 ijk（严格地只执行以 d 替换 c 这一操作），甚至 abd（不管三七二十一，用 abd 来替换整个结构）。但很少有人给出这些"聪明"的回答，就算给出了，对几乎所有的人来说，它们也显得不那么有说服力——就连提出这些回答的人自己也有同感。所以 ijl 是这个问题的众多答案中毫无争议的赢家。

但是这个领域中有太多的微妙之处是这个问题所不能揭示的。让我们来考虑下面这个紧密相关但有趣得多的类比问题：

2. 假定字母串 aabc 可变换为 aabd；你会如何"以同样的方式"变换字母串 ijkk？

就像问题 1 中那样，大多数人会将第一个框架的变换规则解读为：用后继字母替代最右边的字母。但现在棘手的问题出现了：我们应该将这个规则直接照搬到另一个框架上，得到答案 ijkl 吗？虽然这种对规则的生搬硬套在问题 1 中是有效的，但要是我们对问题 2 这么做，大多数人都会觉得太生硬了，因为我们忽略了一个明显的事实：这儿有两个 k。这两个 k 连在一起似乎形成了一个自然单位（natural unit），诱导我们同时变换它俩，得到答案 ijll。使用旧的规则确实不会得到这个答案；相反，旧的规则在压力下"弯曲变形"，于是我们得到了一个紧密相关的新规则，即用后继字母替代最右边的组。在这儿，"字母"的概念在压力下"滑"向了一个相关的概念"字母组"。规则和答案的这种变换为我们呈现了一个有关人类心智"流动性"的绝佳范例（与之相对的是心智的刻板性，它只会产生诸如 ijkl 这样的答案）。但关于问题 2 的故事尚未讲完。

许多人对这种产生新规则的方法（及新规则所提供的答案）非常满意，但还是有些人为 aabc 中的两个 a 被忽略而耿耿于怀。你一旦有意关注这一点，就很容易发现 aa 和 kk 在各自的框架中扮演了相似的角色。这种"相似"距离将它们"等同"起来仅一步之遥（与将 c 和 kk 等同起来截然不同），这就引出了问题："那么 c 所对应的是什么呢？"根据在最左边的对象（aa）与最右边的对象（kk）之间已经建立起来的映射，只需小小地跳跃一步，就可以将最右边的对象（c）映射到最左边的对象（i）。到这一步，我们就可以简单地使用 i 的后继字母得到答案 jjkk。

但是，没什么人到了这一步会真的这么做；由于这两个交叉映射（aa⇔kk; c⇔i）引导我们反向读取 ijkk，即颠倒了串中各元素的字母表顺序，大多数人会倾向于觉得 aabc 中字母表后继性所扮演的概念角色在 ijkk 中应被字母表前驱性所扮演。在这种情况下，对 i 的恰当变换应该是用它的前驱字母，而非后继字母来替换它，最终得到答案 hjkk。而且，这确实就是那些有意力求同时考虑两组重复字母的人们最常得到的答案。这些人在压力下将原始规则弯曲成了它的一个变体：用前驱字母替代最左边的字母。换句话说，我们见证了原始规则从旧有框架到新框架的极为流畅的传播。在这个传播过程中，两个概念在压力下"滑"向了相邻的概念："最左"到"最右"，"后继"到"前驱"。显然，有样学样——也就是"做同样的事情"——确实具有"可滑动的"意思。

心智流动性：压力导致的滑动

我希望问题 2 的两种答案——ijll 和 hjkk——背后的思路能让你较好地领会"心智流动性"这一概念。但前文中一个相关的说法，即"在压力下"，仍需进一步说明。"概念 A 在压力下滑向了概念 B"，这究竟是什么意思？或许将我们有意通过这些术语传递的意象描绘出来，会对理解有所帮助。众所周知，当地下结构承受了足够大的压力，以致有什么东西突然滑动时，地震就发生了。如果没有压力，显然就不会有滑动。类似的描述同样适用于导致概念滑动的压力：只有在特定的压力下，概念才会滑向相关的其他概念。例如，在问题 2 中，压力来自于 a 和 k 都成

第 5 章　Copycat：关于心智流动性与类比的模型

双。你可以认为这个事实其实给出了某种"强调"，使得第一个字母串的左端和第二个字母串的右端显得十分突出，并在某种意义上相互"吸引"。反观问题 1，没有任何压力促使我们将 a 映射到 k。在缺少这种压力的情况下，如果将"最左"滑向"最右"，再以暗示了"前驱"滑向"后继"的方式反向读取 ijk，最终得到一个极其诡异的答案 hjk，就没有任何意义了。这种无动机前提下的（unmotivated）流动性并非人类思维的特征（幽默是一个例外，其中更高层级的思虑经常激发的各式滑动在通常情况下都是无动机的）。

　　Copycat 是对心智压力、概念本质和它们之间的深层关联的彻底探索，尤其聚焦于压力如何促使概念向"相邻"概念滑动。当你思索这些主题时，会涌现出很多疑问，例如："相邻概念"是什么意思？产生一个特定的概念滑动大概需要多大的压力？概念滑动的幅度可以有多大——也就是说，两个概念在多远的距离之内能够滑向彼此？如何使一个概念滑动产生一个新的压力，引发下一个概念滑动，然后是再下一个……如此不断，就像级联反应（in a cascade）一样？是否有些概念比起其他概念更抗拒滑动？是否可能存在这样的情况，即某种特定的压力能导致某一个概念滑动，但另一个通常更"愿意"滑动的概念却不受其影响？类似这样的问题就是 Copycat 项目的核心。

Copycat 微领域的预期通用性

　　在两个先驱项目——Seek-Whence（Meredith, 1986）和 Jumbo（Hofstadter, 1983a）的基础上，我们于 1983 年启动了 Copycat 项目。乍一看，Copycat 被专门设计用于处理一个特定微领域中的类比问题，所以给人的第一印象是：它的机制不具有一般性。但是，这是一个严重的误解。实际上，Copycat 架构的所有特征都着眼于强大的通用性进行设计。本文的一个主要目的就是展现这种通用性：我们将使用非常宽泛的术语描述 Copycat 项目的一系列特征，并揭示它们如何是超越具体的微领域，甚至超越类

概念与类比
模拟人类思维基本机制的灵动计算架构

比任务本身的。也就是说，Copycat 关注的并不是模拟类比活动本身，而是模拟流动性概念（fluid concepts）这一人类认知过程的关键。该项目聚焦于类比，因为类比可能是需要概念具备流动性的典型心智活动；而将类比的建模限制在一个十分具体和狭小的领域，则是因为这样做有助于我们清楚地阐述一般性的问题——远比在一个"现实世界"领域中更加清楚，不管你起初会怎么想。

我们对 Copycat 的微领域进行设计，以呈现高度通用的问题，这些问题超越了任何具体的概念领域。在这个意义上，微领域是被设计来"代表"其他领域的。比如说，你可以将后继（或前驱）关系设想为现实世界领域中任何非同一性关系的理想化版本，例如（某某）"的父母"、（某某）"的邻居"、（某某）"的朋友"、（某某）"的雇员"、（某某）"的附近"，等等。一个后继组（例如 abc）则可扮演基于这种关系的任何一个概念组块（chunk），例如"家庭""居民区""社区""工作场所""地区"，等等。此外，引入"相同"（sameness）的概念当然也无需辩驳：显然，"相同"和"相对"都是相当普遍的概念。虽说任一现实世界领域所包含的关系远不止于这两种基本类型，它们也足以构成无穷无尽、任意复杂的结构了。

Copycat 的领域中除了概念（concepts）的理想化汇编，还有诸如 ijkk 的结构（structures），它们用于提出问题。特别需要指出，能在该领域中存在的结构都是由任意数量（通常较少）的项组成的线性字符串，所有的项都取自英文字母表。这样一来，我们就遭遇了经典的"类/例区分"（type/token distinction），这是一个理解认知的关键问题。字母表可视为一个非常简单的"柏拉图式天国"，26 个字母"类"以固定的顺序永久性地漂浮于彼；与之相对应的是一个非常基本的"现实世界"，其中任意数量的字母"例"可以暂时共存于一个任意的单维并置结构中。在这个极度简单的物理空间模型中，存在着诸如"左邻"（left-neighbor）、"左边缘"（leftmost edge）、"相邻字母组"（group of adjacent letters）等物理关系和

第 5 章　Copycat：关于心智流动性与类比的模型

实体（相对于柏拉图式字母表中如"前驱""字母起始点""字母段"等关系和实体）。Copycat 中的柏拉图式天国和现实世界本身都非常简单，但是知觉和抽象的心理过程让它们密切交互，因此产生关于不同情况的极其复杂而微妙的心智表征。

我们期望将 Copycat 的字母微世界作为一种工具，探索认知过程的通用问题，而非字母和字符串，或局限于内含精确距离的线性结构的有限领域中的具体问题。因此人们关于字母和字母串某些特定方面的知识——如具体字母的形状、声音或文化内涵，或是一串字母恰巧能构成某个单词——并未包含在这个微世界中。而且，我们提出的问题不应取决于相关字母的算术事实（arithmetical facts），例如 t 恰好是 i 之后第 11 个字母，或 m 和 n 位于字母表中点的两侧。算术事实虽然属于普遍真理，但它们在类比中还没有常见到值得为其建模。你可能会觉得这样一来，关于字母表的一切事实就都被排除掉了，但正如问题 1 和 2 所表明的（而且后续问题将会更加清楚地表明），仍有许多剩余部分可供探究。问题可以涉及字母表的局部结构：例如，运用"u 紧随 t 之后"这一事实就是完全可以的。我们还可以运用柏拉图字母表中含有两个杰出成员——即 a 和 z——这一事实，它们分别位于子目标的起点和终点。类似的，在一个形如 hagizk 的字母串中，像"g 是 a 的右邻"这样的局部关系可以被觉察得到，但类似"a 在 k 往左第 4 个字母"这样的远程观测就有些越界了。

虽然在 Copycat 的微领域中不含加法和乘法这样的算术操作，但确实包含数字本身——小的整数。因此，Copycat 不仅能够识别结构 fgh 是一个"后继组"，而且能够识别出它由"3"个字母组成。就像程序知道字母表中每一个字母的直接近邻，它同样知道小整数的前驱和后继。在适当的压力下，Copycat 甚至能够像对待字母那样对待小整数——它能够留意数字间的关系，能够将数字组合在一起，将它们相互映射，等等。但是，总的来说，Copycat 倾向于抵制将数字带入当前的图景中，除非存在有说服力的理由要求它这么做——而且"大"的数字，例如 5，遭受的

概念与类比
模拟人类思维基本机制的灵动计算架构

抵制甚至要更强烈些。其背后的理念是要反映人类能够相对轻松地识别成对的或是三个一组的物体，但对（比如说）五个一组的物体就相对不敏感了，更别说七个一组之类的了。

最后，虽然人类倾向于从左到右扫描一串串罗马字母，更善于顺序而非逆序识别字母表，而且更熟悉字母表的起始而非其中部或尾部，但是 Copycat 程序并未设置这些偏向性。我们应该相信这是该程序的优点，而非其缺陷，因为它使程序的焦点得以远离领域特定的、不具通用性的细节。

心智流动性基于知觉的涌现式架构

当一个人用非常抽象的术语描述 Copycat 架构时，关键不仅在于它如何发现不同情况间的映射，而且在于对呈现给它的微型的、理想化的情况，程序如何实现知觉和理解。因此，现有的界定读起来很像是在描述一个有关知觉的计算机模型。这并不是巧合。该项目的主要理念之一，是即便那些最抽象、最复杂的心理活动，也与知觉过程存在深刻的相似性。实际上，这个架构的灵感部分来源于 Hearsay II 言语理解程序，这是一个模拟低层与高层听觉过程的计算机模型 (Erman et al., 1980; Reddy et al., 1976)。

知觉的本质在于将数量较少的先验概念——确切地说是相关概念——从休眠中唤醒。理解某种情况的本质也十分类似，即唤醒休眠中的（相关）先验概念，并明智地使用它们来识别该情境中的关键实体、角色和关系。富有创造力的人类思想家往往会展现这种精妙的选择性——面对某种新情况时，在他们的潜意识中冒泡并跳入脑海中的通常只是一小组概念，它们与当前情况匹配得天衣无缝，而大量无关概念从未被有意激活或予以考虑。要让一个关于思维的计算机模型表现出这种行为，无疑是一个巨大的挑战。

第 5 章　Copycat：关于心智流动性与类比的模型

本文除当前介绍部分以外，还有六个主要部分。第二部分是对 Copycat 架构中的三个主要成分及其交互作用的描述。第三部分涉及概念流动性的观念，并展示基于当前架构如何实现一个概念流动性的模型（尽管是一个相当基本的模型）。第四部分将表面上的随机性悖论作为心智流动性和智力的重要成分加以处理。第五部分是对 Copycat 程序的远距概览，总结了程序在字母串微领域中针对一些关键问题的上千次运行。第六部分是对 Copycat 工作方式的近距离观察，细致描述了 Copycat 在两个特别有挑战性的类比问题上得出答案的路径。最后，第七部分以对 Copycat 机制通用性的讨论来总结全文。

Copycat 架构的三个主要成分

该架构有三个主要成分：滑动网络（the Slipnet）、工作空间（the Workspace）和代码架（the Coderack）。我们可以这样简单地描述：（1）滑动网络是所有永久性理想概念（permanent Platonic concepts）的所在地。我们可以粗略地认为它是 Copycat 的长时记忆。正因如此，它只包含概念类，但不包含概念例。滑动网络中不同概念之间的距离可以在程序一次运行的过程中发生改变，而且正是这些距离，在任意特定的时刻决定了哪些概念滑动可能发生或不可能发生。（2）工作空间是知觉活动的位点。因此它包含了滑动网络中各种概念的实例，并将它们结合成暂时性知觉结构（temporary perceptual structures）（例如原始字母、描述、键、组和桥）。我们可以粗略地认为工作空间就是 Copycat 的短时记忆或工作记忆，类似于 Hearsay II 中被称为"黑板"的全局性数据结构。（3）最后，代码架可以被认为是一个"随机的等候区"，大量希望在工作空间中执行任务的小智能体们聚在那里，等待召唤。在其他架构中没有与它相似的成分，但你可以将它比作一个日程表（agenda）（一列将以特定顺序被执行的任务）。关键的区别在于：智能体们是从代码架中以随机的方式（而非确定的顺序）被选中的。后面我们会具体描述和分析这个初看有些莫名其妙的特征之所以存在的原因。这其实是心智流动性的关键所在。

我们现在再次具体细致地了解一下这三种成分。（这里我们略去最为细节的部分，如整列的代数式、大量数值参数及其精确的取值，但它们都能在 Mitchell, 1993 中找到）。

滑动网络——Copycat 的理想概念网络

滑动网络的基本意象是相关概念彼此连接构成的网络，其中每个概念由一个节点（node）来代表（注意：在这个模型中，概念的含义其实比一个点状的节点要更微妙些，很快就会解释到），而概念间的关系由带有数值长度的连接（link）来代表，表示两个节点之间的"概念距离"。两个概念间的距离越短，压力就越容易引发它们之间的滑动。

Copycat 的滑动网络共包含大约 60 个概念，主要有：a、b、c……z，字母（letter），后继（successor），前驱（predecessor），字母表顺序最先（alphabetic-first），字母表顺序最后（alphabetic-last），字母表位置（alphabetic position），左（left），右（right），方向（direction），最左（leftmost），最右（rightmost），中间（middle），串中位置（string position），组（group），相同组（sameness group），后继组（successor group），前驱组（predecessor group），组长度（group length），1、2、3，相同（sameness），以及相对（opposite）。

滑动网络并非静态的，而是能对即时情况做出如下动态响应：节点会获得不同水平的激活（激活水平可认为是对即时情况相关性的度量），将不定量的激活传递给相邻节点，且自身激活水平随时间推移会因衰退而不断降低。激活状态并非只有一开一关两种，而是会持续不断地发生变化。但是，当一个节点的激活超过了特定关键阈值，该节点有一定概率会非连续地跳跃到一个完全激活的状态，然后开始衰退。总的来说，

第 5 章　Copycat：关于心智流动性与类比的模型

每个概念的激活——即知觉到的相关性——是一个由该程序理解当前情况的方式所决定的高度敏感的时变函数。

滑动网络中概念连接的长度会动态地调整。于是，受制于对当前情况不断演化的知觉（或构想），概念距离会逐渐改变，这意味着对当前情况的知觉将提高特定滑动发生的概率，同时又让其他概念之间更加遥不可及。

概念深度

滑动网络中的每个节点都有一个非常重要的静态特征，称为概念深度。这是一个用来表征概念的一般性和抽象性的数值。例如，概念"相对"比概念"后继"更深，后者又比概念"一个"更深一些。粗略地说，一个概念的深度表示这个概念在特定情况中距离被直接知觉有多远。例如，对问题2，我们能轻易知觉到其中存在概念"一个"，识别出概念"后继"就得多费点工夫，至于对概念"相对"的识别，则堪称一种微妙的抽象知觉了。某个情况的特定方面距离被人们直接知觉越远，就越有可能涉及人们所认为的该情况的"实质"。所以，一旦系统知觉到当前情况更具深度的某些方面，它们就应该比更不具深度的那些方面对正在进行的知觉过程产生更深远的影响。

对概念深度值的分配其实就是对"最适当"概念的先验排序。其中的理念是：一个深度概念（例如"相对"）通常隐蔽在表面之下，因此无法轻易进入对当前情况的知觉，可是一旦被知觉，就应被认定为非常重要。当然，这并不保证深度概念在任何特定情况中都是相关概念，但这样的概念之所以会被分配很高的深度值，正是因为我们发现它们会在各类情况中一次又一次地出现，而且对许多问题的最佳见解都是在深度概念自然"融入"时获得的。因此，我们往架构中加入了一股强劲的驱力，如果程序知觉到了特定情况某个较为深刻的方面，就会加以利用，让它对该情况的后续知觉产生影响。

概念与类比
模拟人类思维基本机制的灵动计算架构

请注意，由不同的概念深度值定义的层级结构有别于抽象层级结构，如狮子狗⇔狗⇔哺乳动物⇔动物⇔生物⇔物体。这些术语全都是对某一特定对象可能采用的描述，只是具有不同的抽象水平罢了。相比之下，术语"一个""后继"和"相对"不是对问题 2 中某个特定对象，而是在不同抽象水平上对该情况多个方面的描述。

类似的，概念深度与根特纳所说的"抽象性"（abstractness）含义也不相同（Gentner, 1983）。在根特纳的理论中，属性（attributes）（例如"最左边的字母取值 a"）总是不及关系（例如"左边第二个字母是最左边的字母的后继字母"）那般抽象，而关系总是不及关系间的关系（例如"'后继'与'前驱'是'相反'的"）那般抽象。这种基于句法结构的启发式与我们的概念深度层级结构通常彼此相符，但在 Copycat 中一些特定"属性"被认为比一些特定"关系"在概念上更深一些——比如说，"字母表顺序最先"就比"后继"更深一些，因为我们认为对后者的知觉会比对前者的更直接些。（在下一章，我们会更加具体地对比根特纳和我们的工作。）

概念深度的第二个重要方面是——一个概念越深，（在其他条件相同的情况下）它越抗拒滑向另一个概念。换言之，程序有一种内置（built-in）的倾向，在必须产生滑动时偏好滑动较浅的，而非较深的概念。显然，这里面的道理是：富有洞见的类比倾向于将拥有相同深层本质的不同情况联系起来，而如果需要的话，浅层特征的滑动则是被允许的。这个基本理念可以总结为一句格言：优秀的类比总能抓住深刻的东西（Deep stuff doesn't slip in good analogies）。但是，在一些有趣的情况中，一系列特定压力也可能否定上述基本倾向。

激活的流动与可变连接强度

以下是激活流动方式的一些细节：（1）每个节点根据其与相邻节点间的距离将激活传播出去，距离较近的节点得到的激活更多，较远的则更少；（2）每个节点的概念深度值决定了它的衰退速率，因此较深的概

第 5 章　Copycat：关于心智流动性与类比的模型

念衰退得总是更慢，而较浅的则更快。这意味着，一旦某个概念被知觉为相关，那它越深刻，作为相关概念保持得就越长久，因此对系统关于当前情况正在形成的见解产生的影响也越深远——正如接近当前情况内在实质的抽象一般性概念那样。

关于滑动网络动态性质的一些细节如下：（1）连接类型多种多样，每种类型的所有连接都拥有相同的标签；（2）每个标签本身在网络中都是一个概念；（3）每个连接根据其标签的激活水平不断调整长度，高激活产生短连接，低激活产生长连接。换一种方式表述就是：如果概念 A 和 B 之间有一个类型 L 的连接，随着概念 L 的相关性提高（或降低），A 和 B 在概念上会变得更为亲近（或疏远）。由于这种调整在全网范围内无时无刻不在发生，滑动网络的"形状"无时无刻不在调整，以求更加准确地塑造自己，适应当下的情况。标签的一个例子是节点"相对"，它标记了节点"右"和"左"、节点"前驱"和"后继"之间的连接，以及其他的一些连接。如果节点"相对"被激活了，所有这些连接将一并收缩，因此这些彼此相连的概念间的潜在滑动将更有可能成为现实。

两个节点间连接的长度代表了节点间的概念接近性或关联度：连接越短，则关联度越高，在它们之间产生滑动就越容易。在任何节点的周围都环绕着一圈概率"云"，代表它滑向其他节点的似然度：邻近节点间概率云的密度最高，随着节点间距离拉长，概率云的密度迅速降低（这让人联想到量子力学理论中原子的"电子云"，其概率密度随着与原子核距离的增大而降低）。各邻近节点在概率上可视作包含在一个给定的概念之中，这种包含关系是特定节点与概念中心节点之间接近程度的函数。

概念：如弥散层叠的云

这就将我们带回了前文声明之处：虽然将特定概念视同一个点状节点很容易，但我们更应将概念理解为某种概率的"云团"，或是以特定节点为中心，随扩散性增大而向外延伸的"光晕"。随着连接的收缩或生长，

概念与类比
模拟人类思维基本机制的灵动计算架构

节点们移进或移出各自的光晕（当位置关系在一定程度上发生改变，人们就可以说某个节点处在一个模糊的光晕"之内"或"之外"）。根据这一意象，我们不应将滑动网络理解为一个由点和线组成的、有边界的、僵化的网络，而应将其视为一个空间，其中许多弥散的云团以错综复杂且依时而变的方式相互重叠。

因此，在滑动网络中哪些概念彼此接近取决于情境。例如，问题 1 中没有出现什么压力会逼迫系统将"前驱"和"后继"节点带入很邻近的位置，所以这两个概念节点间不太可能发生滑动；相比之下，在问题 2 中，压力很有可能将激活概念"相对"，紧接着会导致"前驱"和"后继"间连接的收缩，将彼此更多地带入各自的光晕内，并增大了它们之间发生滑动的概率。由于这种类型的情境依赖性，滑动网络中的概念不用被清晰地定义出来，它们是涌现的。

Copycat 架构的关键要素是，每个概念都有一个明确的核心。具体来讲，可滑动性对从一个到另一个核心的离散跳跃（discrete jump）极为依赖。没有核心的离散区域不支持这种离散的跳跃，因为缺乏具体的起始或终止点。甚至一个附属于无核弥散区域的明确名称（name）都可以作为核心的替代品——因为有了它，离散跳跃就有可行性了。但是在任何情况下，滑动都要求每个概念依附于特定可识别的"位置"或实体。你可能会将一个概念的核心比作一座大城市官方划定的城区范围，而将光晕比作包围着城区并向所有方向延伸的模糊得多的大都市圈，它明显比核心更加主观、更具情境依赖性。

将 Copycat 的滑动网络与联结主义网络做一番简单的比较可能会有所帮助。在局域式网络（localist network）中，一个概念就等同于一个节点，而非一个以节点为核心的弥散区域。换言之，概念在局域式主义网络中缺少光晕。缺少光晕意味着在局域式网络中没有可滑动性的对应物。另一方面，在分布式系统中，由于一个概念等同于一个弥散区域，它看起来是有光晕的，但这点有误导性。因为在分布式系统中代表一个概念

第 5 章 Copycat：关于心智流动性与类比的模型

的弥散区域并非清晰地以任何节点为核心，因此对一个概念来说没有一个清晰的核心，从这个意义上来说也就没有光晕了。由于可滑动性取决于离散核心的存在，因此就算在分布式联结主义模型中也没有可滑动性的对应物。

如果你能在神经水平检验概念，你会发现一个概念缺少明显的中心是相当准确的事实。但是，Copycat 并没有被设计成一个神经模型；它旨在通过模拟元认知的、超神经层（superneural level）的过程来为认知层的行为建模（modeling）。也就是说，我们相信有一个元认知、超神经层级，对应该水平将一个概念设想为由内隐的、涌现的光晕包围着的明确的核心是可行的。

联结主义网络通过改变节点间的权重使用训练刺激，因此，我们也很可能会将 Copycat 基于情境的连接长度比作节点间的可变权重。你甚至可能会将 Copycat 中一个标签节点的效果比作一个乘法联结（multiplicative connection）（某些节点的激活被用作一个乘法因子来计算一个连接的新权重）。的确，这儿有一个数学类比，但概念上有显著的差别。由于联结主义网络通过变化权重来适应和学习，它们无法感知到自己脱离了常规，也没有趋势要回归变化前的状态。相比之下，在 Copycat 中任何连接长度发生改变都是在响应临时的情境，而且当相应的情境被移除时，滑动网络会倾向于回复到它的"正常"状态。因此在这个意义上滑动网络是"有弹力"或"易伸缩"的；它响应情境，但有一个内置的倾向以"迅速恢复"到原始状态。我们并不知晓联结主义网络中有任何相应的倾向性。

请注意，虽然滑动网络在 Copycat 单次运行的过程中会发生改变，但它在每次运行时都不会保留前次运行时的变化，也不会产生新的永久性概念。程序每次运行的初始状态都相同，在这个意义上，我们可以说 Copycat 没在模拟学习过程。但是，这个项目确实与学习相关，如果学习带有让一个人的概念适应新情境这一含义的话。

概念与类比
模拟人类思维基本机制的灵动计算架构

虽然滑动网络通过不断改变它的"形状"和节点的激活来敏感地响应（马上会介绍的）工作空间中的事件，它的基本拓扑结构却始终保持恒定。即是说，滑动网络中没有建立新结构，也没有摧毁旧结构。下面部分将讨论 Copycat 架构中的另一个成分，与这种拓扑恒定性形成了鲜明的对比。

工作空间：Copycat 知觉活动的位点

工作空间的基本意象是一个繁忙的建筑工地，其中独立的施工队们在不同位置建造不同尺寸的结构。偶尔有一些结构会被拆毁，让位于新的（希望也是更好的）结构。（这个意象主要来源于生物细胞；工作空间大体对应于一个细胞的细胞质，独立施工队则对应分布在整个细胞质中执行各种任务的酶，它们的任务是建造具有不同层级结构的生物分子。）

在运行开始时，工作空间是一堆无关联的原始数据，它们表征了程序所面对的情况。工作空间中的每个项起初只携带最为基本的信息——比如说，每个字母例都只携带有相应字母类型的信息，那些处在边缘位置的字母例还带有"最左"或"最右"的描述。除此之外，所有对象都全然是空洞的（barren）。随着时间的推移，许多微小的智能体不断搜索各种类型的特征（这些智能体被称为"代码子"，我们将在下一部分介绍），工作空间中的项由此逐渐获得了各种各样的描述，并通过各种知觉结构连接在一起，所有这些知觉结构都是由滑动网络中的概念建构而成的。

围绕概率性关注的持续竞争

代码子绝不会对工作空间中的所有对象等量齐观。相反，一个对象吸引一个可能的代码子关注的概率高低，取决于其显著性水平（salience），这是该对象重要性（importance）和不幸感（unhappiness）的函数。虽然看起来可能有点傻，但 Copycat 架构推崇这句古谚："会哭的孩子有奶吃"，即使只是概率上如此。具体而言，关于一个对象的描述越多，参与其中的节点激活程度越高，这个对象的重要性就越高。调节这种倾向的是该

第 5 章　Copycat：关于心智流动性与类比的模型

对象的不幸感水平，它是衡量特定对象与其他对象结合程度的指标。一个"不幸的"对象与工作空间中的其余对象少有关联或无关联，因此看似迫切需要关注。显著性是同时考虑了这两个因素的一个动态数字，它决定了相关对象对代码子的吸引力。需要注意的是，显著性密切依赖于工作空间和滑动网络的状态。

这一加工过程的恒定逻辑是：（在单个框架如字母串中）成对的相邻对象被概率性地选中（系统偏向于选择那些包含显著对象的对子），并对它们的相似性或关联性进行扫描，其中最有前景的有可能被"具体化"（也就是在工作空间中实现）为对象间的"键"（bonds）。例如，问题 2 中 ijkk 的两个 k 可能会很快被一个表示"相同"的键联结在一起。类似地，i 和 j 可能会被一个"前驱"键或"后继"键联结在一起，虽然可能没那么快。

不同类型的键创建起来速度也不同，这反映了人类知觉过程的一些特点。特别是，人们会很快注意到两个相邻对象彼此相同，而对某些抽象关联，我们识别起来就要慢一些。因此，Copycat 架构有一种先天性的偏向——它更偏好"相同"键：也就是说，它能很快地识别出"相同"，并将相应的键创建出来，要比识别其他类型的关联并创建相应的键快得多。（下一小节将展开讨论如何动态地控制彼此竞争的各个过程。）

任何键一旦形成，就会具有动态变化的强度（strength），强度不但反映了滑动网络中表征这个键的概念（如 kk 一例中的"相同"概念或 ij 一例中的"前驱"或"后继"概念）的激活程度和概念深度，也反映了相似的键在其最邻近区域的普遍性。显然，键的理念有助于系统将本无关联的对象编织在一起，形成一个连贯的心智结构。

多层知觉结构的并行涌现

工作空间中的一组对象由统一的"构造"（fabric，即特定"键"的"类"）结合在一起，将作为候选被系统"组块化"，成为被唤作"组"的、层级更高的对象。"相同组"的一个简单的例子就是问题 2 中的 kk。另一

概念与类比
模拟人类思维基本机制的灵动计算架构

个简单的组则是问题 1 中的 abc，但这个例子有点模棱两可，取决于我们认为键是从什么方向引入的：它要么被认为具有从左到右的后继性构造，并因此被看作一个从左到右的"后继组"；要么被认为具有从右到左的前驱性构造，并因此被看作一个从右到左的"前驱组"。（它不能同时被看成这两者，虽然程序可以相对容易地从一种视角切换到另一种。）一个潜在组的成分对象越显著，且其构造强度越高，就越有可能被具体化。

就和更为基本的对象类型一样，组也有自己的描述、显著性值和强度，并且它们本身就是相似性扫描的备选对象，随时可能与其他对象结合，也可能成为层级更高的组的一部分。结果是，随着时间的推移，分层的知觉结构在一系列偏向性的引导下逐渐建立起来，而这些偏向性是从滑动网络中释放出来的。一个简单的例子就是问题 2 中的"后继组"（或"前驱组"）ijkk，它由三个元素构成：i、j 和短小的"相同组"kk。

这一加工过程的另一恒定逻辑是：（在不同框架或字母串中）成对的对象被概率性地选中（同样，系统偏向于选择那些高显著性的对象），并对它们的相似性或关联性进行扫描，其中最有前景的可能在工作空间中被"具体化"为"桥"（bridges）或曰"关联"（correspondences）。事实上，桥的创建意味着它两端的对象被认为是彼此的对应物——也就是说，要么它们具有某种内在的相似性，要么它们在各自（或双方）的框架中扮演了相似的角色。

以问题 2 中的 aa 和 kk 为例。是什么诱使你将它们等同起来？一个因素是它们的内在相似性——都是两个重复字母（长度为 2 的"相同组"）。另一个因素则是它们扮演了相似的角色，一个在相应字母串的左端，另一个在相应字母串的右端。系统在它们之间创建的"桥"是上述心智关联的具体化，它将明确基于以上两个因素。而 a 和 k 在字母表中是无关字母这一事实很容易被大多数人略过。我们希望 Copycat 也能表现出类似的行为模式。因此，aa 和 kk 都是"相同组"的事实将体现为同一性映射（identity mapping）（在此例中，相同⇔相同）；一个位于左端一个位于右

第 5 章　Copycat：关于心智流动性与类比的模型

端的事实将体现为一次概念滑动（在此例中，最左⇔最右）；而节点 a 和 k 在滑动网络中相距甚远的事实则会被轻易略过。

虽说同一性映射总是有助于桥的创建，但概念滑动通常要克服一定程度的阻力，阻力的大小取决于滑动本身的性质和任务的具体情况。滑动最可能发生在高度重叠的、浅层的成分概念之间（它们在滑动网络中所处的位置十分接近）。而高度重叠的深层概念更难滑动，尽管只要有足够的压力，它们无疑也会发生。

任何创建完成的桥都有其强度，这反映了创建它所需要的概念滑动的容易程度、帮助巩固它的同一性映射的数量，以及它与其他业已建成的桥的相似性。显然，桥的理念有助于系统在两个框架之间建立连贯的映射。

为了理清这团乱麻，关键是要牢记：所有先前提到的知觉活动——扫描、键合、成组、建桥等（以及滑动网络中所有激活的传播和衰退）——并行发生，因此遍布工作空间的各类独立知觉结构将同时逐渐涌现。与此同时，根据已能在工作空间中观测到的对象，所有的偏向性也一直在波动起伏——正是它们控制着特定概念发挥作用的可能性。

趋向全局连贯和深层概念

工作空间复杂程度的不断提高伴随着一种不断增强的压力，迫使新结构在某种意义上要与先前存在的结构（特别是在相同框架中的结构）保持一致。两个结构保持一致有时意味着它们在滑动网络中对应完全相同的概念，有时意味着它们在滑动网络中对应的概念彼此非常接近，有时情况又会更复杂一点。不管怎样，工作空间并不是一锅混杂了由完全独立的代码子偶然创建的各种结构的大杂烩，相反，它是一幅由许许多多彼此间接影响的智能体一点一点描绘出来的连贯画面。自此，这副画面就被称为一个观点（viewpoint）。我们可以借助一个意象帮助理解：成千上万只在个体意义上相当短视的蚂蚁或白蚁能半独立地、彼此合作地建成具有高度连贯性的

概念与类比
模拟人类思维基本机制的灵动计算架构

宏观结构（如蚁穴中的拱桥）。（Copycat 的"蚂蚁"——也就是代码子——会在下一小节描述。）

在局部及全局水平，竞相创建不同结构的过程总在相互竞争。一个结构击败对手的概率取决于其强度，它包含两个方面：情境独立的方面（比如说，该结构在滑动网络中对应概念的深度就是一个影响因素）和情境依赖的方面（该结构与工作空间中其他结构，特别是那些近邻结构的相合程度）。基于哪些结构要创建出来、哪些要完整保留、哪些要彻底拆毁等看似一片混乱的海量微观决定，系统会形成一个特定的全局性观点。但是，某个观点即便已然成型，也难说就能一劳永逸；时不时地，一些非常强劲的竞争对手会冒出来，颠覆系统当前持有的整个观点。实际上，这些"变革"有时正是系统作为一个整体所能做出的最具创造力的决定。

正如前文中简单提过的，滑动网络会通过选择性地激活特定节点来响应工作空间中的事件。激活产生的方式是：系统在工作空间中做出的任何发现——如创建某个特定类型的键或组等——都会向滑动网络中的对应概念发送一股高强度激活信号。这股信号对相应概念的作用时长取决于概念的衰退速率，而衰退速率又取决于概念的深度。因此，系统在工作空间中做出的深刻发现将对滑动网络的激活模式和"形状"产生持久性的影响；而那些相对浅显的发现产生的影响则较为短暂。例如，在问题 2 中，假如系统在组 aa 和 kk 间建"桥"，很可能涉及一个"相对"滑动（最左⇔最右）。这一发现将揭示："相对"作为非常深层的概念与当前问题情境具有相关性，而系统对此一直未曾觉察。这正是对问题 2 的关键见解。因为"相对"是一个深层概念，它一旦被激活，就将长时间保持活跃并因此对后续加工施加强大的影响。

由此可见，工作空间对滑动网络的影响程度并不亚于滑动网络对工作空间的影响；事实上，它们的影响相互缠结得如此紧密，以致很难清晰地分辨出来，就像很难明确是先有鸡还是先有蛋一样。

第 5 章　Copycat：关于心智流动性与类比的模型

隐喻地说，可以认为深层概念和结构连贯性就像强磁体般牵拉着整个系统。在工作空间中追求这些抽象标准的普遍偏向性赋予了 Copycat 一种总体而言目标导向的特质，先验地看，这一点可能有些令人意外。Copycat 系统是高度去中心化、并行和概率性的，因此，它更像是一大群蚂蚁，而非一个等级森严的军事组织，而后者通常是旨在实现目标导向的计算机程序更标准化的模型。我们现在就来描述 Copycat 的"蚂蚁"们和它们的偏向性。

代码架：Copycat 中涌现式压力的来源

工作空间中描述、扫描、联结、分组、建桥、拆解等一切操作都是由被称为代码子的小而简单的智能体执行的。单个代码子的行为通常是一次运行的一个微小部分，而且任何特定代码子是否运行无足轻重，重要的是许多代码子的共同作用。

代码子分两种类型："侦查器"（scout）代码子和"效应器"（effector）代码子。一个"侦查器"代码子只会关注一项可能的操作并尝试评估其前景；它唯一能产生的影响是创造一个或多个代码子——不管是"侦查器"还是"效应器"——来跟进它的发现。相比之下，一个"效应器"代码子会真的创建（或拆毁）工作空间中的某些结构。

典型的"效应器"代码子会执行诸如此类的操作：为特定对象贴上特定描述，如给 abc 中的 b 贴上描述符（descriptor）"middle"；将两个对象键合在一起，如在 abc 中的 b 和 c 之间插入"后继"键；将以相同方式键合在一起的两个或更多邻近对象归为一组；在不同串中相似的对象间建桥（相似性由滑动网络中相应描述符的邻近程度来衡量）；拆毁组或键，等等。

在实施任何这类操作前，对其前景的初步检验必须由"侦查器"代码子来执行。例如，一个"侦查器"代码子可能会发现 mrrjjj 中相邻的 r 是同一字母两个实例，并提议在它们之间插入"相同"键；另一个"侦

概念与类比
模拟人类思维基本机制的灵动计算架构

查器"代码子可能会评估上述键合操作与现存各键的相合程度；然后一个"效应器"代码子可能会将这个键创建出来。一旦创建了这个键，"侦查器"代码子们就可能进一步检验将两个键合后的 r 归入一个"相同组"的想法，并由一个"效应器"代码子将这一想法付诸实现。

任何代码子只要被创造出来，都会被放进代码架。代码架就是一池子等待运行的代码子，它们各自被分配了一个"迫切度"的值——这个数值决定了相应代码子从池子里被选中作为下一个将要运行的代码子的概率。系统会对任何代码子潜在操作的重要性做出评估，它们的迫切度就是相应重要性水平的函数，而这些评估的重要性水平又反映了系统的偏向性，它体现在滑动网络和工作空间的当前状态中。举个例子，如果一个代码子的目的是寻找对应滑动网络中某些轻度激活的概念的实例，它被创造出来后，就会被分配一个低迫切度，并因此可能需要等待很长时间才能被选中运行。相比之下，如果一个代码子可能进一步强化工作空间中一个已经很强的当前观点，它就十分有望在被创造出来后立刻投入运行。

区分"自下而上"（bottom-up）代码子和"自上而下"（up-down）代码子是必要的。"自下而上"代码子也称"关注者"（noticers），它们会以非聚焦的方式环顾周遭，对发现的东西保持开放；而"自上而下"代码子又名"寻找者"（seeker），它们会密切留意某种特别的现象，例如"后继"关系或"相同组"。代码子可视作存在于给定问题中的压力的代理（proxies）。"自下而上"代码子代表了那些存在于所有情况中的压力（如进行描述、发现关系、探寻关联的意愿等）。"自上而下"代码子则代表由当前的特定情境引发的特定压力（如在问题 1 和问题 2 中，系统一旦发现了某些"后继"关系，就会产生寻找更多"后继"关系的意愿）。"自上而下"代码子只有被"自上而下"地（也就是由滑动网络）触发，才能进入代码架。特别是，根据设置，滑动网络中当前的激活节点能大量产生"自上而下"的"侦查器"代码子，这些节点的激活程度决定了其

222

第 5 章 Copycat：关于心智流动性与类比的模型

产生的代码子的迫切度。这些代码子的使命是通过扫描工作空间，寻找它们所由产生的相应概念的实例。

压力决定竞争进程的速度

特别需要注意，计算一个代码子的迫切度需要（直接或间接地）考虑许多因素，包括数个滑动网络节点的激活，以及工作空间中一个或多个对象的强度或显著性；因此，如果我们只将一个"自上而下"代码子描述为它所由产生的特殊概念的一个代理，就有些过度简单化了。更准确地说，一个"自上而下"代码子是由当前情况诱发的一种或多种压力的代理。这些压力包括工作空间压力（它试图在工作空间中维持并扩展一个连贯的观点）和概念压力（它试图将已被激活概念实例化）。关键是要理解：尽管压力是一种非常真实的存在，但它们并不是由架构的什么特定部位明确地表征的；相反，每一种压力都弥散在代码子的迫切度、滑动网络中的激活和连接长度，以及工作空间中对象的强度和显著性之间。简而言之，压力是一种内隐的、涌现式的结果，源于滑动网络、工作空间和代码架中深度缠结的一系列事件。

在任意一次运行开始时，代码架上都有一套"自下而上"的标准初始代码子（它们带有预设的迫切度）。在每一步，系统都会选中一个代码子来运行，并将其从代码架上的当前群体中移除。如前所述，这种选择是概率性的，其偏向受当前群体成员的相对迫切度影响。Copycat 因此有别于类似 Hearsay II 那样的"日程表"式系统，后者每一步都会在一系列待命行动中选择具有最高预估优先级的加以执行。我们不应将代码子的迫切度视同预估的优先级；事实上，它表征了系统评估的该代码子所代表的压力应被关注的相对速度。毕竟，如果迫切度最高的代码子总是被选中运行，那么迫切度较低的代码子们就将永无出头之日了，即便系统判定它们所代表的压力也多少应该得到些关注。

由于任一代码子只能在极为有限的意义上对增进某种压力造成影

277

概念与类比
模拟人类思维基本机制的灵动计算架构

响,因此在一次运行中系统具体会选中哪个代码子从来都无关紧要。真正重要的,是每种压力随时间推移都应该以大体合适的速度变化发展。即使对各种压力强度的判断会依时而变,Copycat还是能够实现这一点,这源于代码子的随机选择。因此,系统如何分配资源是一个涌现的统计结果,而非通过预先编码确定下来。实际上,合理的资源配置方案是无法预先编码的,因为它取决于当系统知觉到给定的情况时会有何种压力涌现出来。

铁打的代码架,流水的代码子

假如被系统选中运行并从代码架中移除的代码子没有接替者,显然代码架会很快变得空空如也。幸运的是,对代码架的补给是源源不断的,这主要有三种途径。首先,"自下而上"代码子会被持续添加到代码架上。其次,待运行的代码子会在被移除前将一个或多个"跟进"(follow-up)代码子添加到代码架上。再次,滑动网络中激活的节点会向代码架添加"自上而下"代码子。每个新的代码子被创建出来的同时,都会被分配一个迫切度,这是它将要执行的任务的预估前景的函数。具体而言,一个"跟进"代码子的迫切度是由发布它的代码子判定的,该判定基于后者对自身运行将取得的进展的评估而做出;一个"自上而下"代码子的迫切度是发布它的节点的激活程度的函数;一个"自下而上"代码子的迫切度则是独立于情境的。

随着某次运行的推进,代码架上的群体结构会动态地自我调整,以适应系统的需要,这些需要是由先前运行的代码子以及滑动网络的激活模式判断的,同时也取决于工作空间中的当前结构。这意味着在知觉活动和概念活动之间,存在一个反馈环路:工作空间中的观察会激活相关概念,而激活的概念回过头来又使得知觉加工的探索产生偏向。不存在一个指导系统活动的顶层高管,所有操作都是由像蚂蚁一样的代码子执行的。

第 5 章　Copycat：关于心智流动性与类比的模型

代码架上不断更替的代码子十分类似于细胞中不断变动的酶，酶的群体结构对细胞质的构成十分敏感，随后者的变化而不断地演化。特定酶促过程的细胞质产物会触发新型酶分子的产生，后者又将进一步作用于这些产物。类似地，一组给定的代码子在工作空间中创建的结构会导致新型代码子的产生，后者又将进一步作用于这些结构。在任意时刻，细胞染色体组中的特定基因都可能借助酶的代理（以不同的速度）得到表达，而其他基因则基本上保持抑制（休眠）。类似地，滑动网络中的特定节点也会借助"自上而下"代码子的代理（以不同的速度）得到"表达"，同时其他节点实质上就处于抑制状态。整体上，一个细胞的新陈代谢最终会表现为一种高度连贯的状态，不受任何明确的自上而下的控制，而 Copycat 的运行也终将达到类似的状态。

请留意，虽然 Copycat 在一台串行计算机上工作，因此每次只有一个代码子被选中运行，但它大致等同于一个并行系统，其中许多彼此独立的智能体以不同速度同时活动，这是因为像酶一样的代码子只在局部范围内作用，且其运行在很大程度上是彼此独立的。系统在某个方向的推进速度取决于执行相应操作的大量不同代码子的迫切度，这是一个在先验上不可预测的统计结果。

Copycat 架构中流动性的涌现

压力的混合：流动性的关键

Copycat 架构的核心设计意图之一是允许多种压力同时共存、彼此竞合，以此朝特定方向驱动系统。实现这一点的手段是将压力转换成由非常微小的智能体（即代码子）组成的群体，每个智能体都有一个小概率会被选中运行。如前所述，一个代码子会在不同程度上充当多种压力的代理。这些压力的小代理们会被挂上代码架，等待被系统选中。但凡一

概念与类比
模拟人类思维基本机制的灵动计算架构

个代码子有机会运行,它所代理的多种压力就会被系统轻微地"感受"到。随着时间的推移,各种压力会分别"推进"系统的整体探索模式,推进程度取决于分配给相应代码子的迫切度。换句话说,与不同压力相关联的"诱因"齐头并进,但速度有别。

这与经典的"分时机制"(time-sharing)非常类似:在一台串行机器中,要让任意数量的独立进程同步运行,我们可以先让某个进程运行一丁点儿,即给它一个"时间片"(time slice),然后将它暂停,启动另一个进程,运行一点儿,再暂停……如此传递下去。就这样一点一点地,最终每个进程都将运行完毕。经典分时机制碰巧也允许我们通过控制时间片的持续时长或控制时间片被允许运行的频率,来为每个进程分配一个不同的运行速度。后一种速度调节方式与 Copycat 所使用的方法很像;但是,Copycat 的方法是概率性,而非确定性的(以下我们会给出关于为何如此的讨论)。

这个与经典分时机制的类比很有用,但也可能会产生某些误导。最大的危险是:它可能会给你留下这样的印象:一系列进程被预先安排清楚,系统概率性地为它们分配时间片——更具体地说,你可能会觉得任何代码子本质上都是某个预先确定的进程的一个时间片。而这是完全错误的。在 Copycat 架构中,与一个经典进程最为接近的是一种压力——但这显然不是一个多么贴切的类比。实际上,一种压力与一个经典意义上的进程(一系列确定性的操作)毫无相似之处。我们可以非常粗略地将某种概念压力描述成一个试图将自己强加于某种情况之上的概念(或一群紧密关联的概念),将某种工作空间压力描述成一种试图进一步巩固自身,并弹压其竞争对手的观点。尽管不同的经典进程界限分明,但不同的压力之间却完全不是这样:运行一个给定的代码子可能助推(或阻碍)任意数量的压力。

因此我们没法将一次运行从概念上分解成一组预先确定的不同进程,系统为每个进程分配时间片,让它们一次只推进一点儿。与这种情

第 5 章　Copycat：关于心智流动性与类比的模型

况最为接近的，是当一系列"效应器"代码子的操作行为恰巧吻合得非常之好，以至于这些代码子看似构成了预先确定的高层建构进程。但是，这种见解具有误导性，因为在构成可见"进程"的一系列操作行为之间，散布着许多其他代码子的运作——它们中肯定有许多"侦查器"代码子，也可能还有别的"效应器"代码子，这些代码子扮演的角色或许不那么显眼，但同样非常重要。无论如何，特定事件序列的产生都是有些运气成分的，因为随机性在其中发挥了关键作用。简而言之，虽然一些大规模行为看似是提前规划的，但这只是一种错觉；加工过程产生的模式都是涌现的。

我们可以想象一场篮球比赛，这将有助于理解。每个球员都在场上来回奔跑、曲折移动。他们机动地要位，时而身处己方队友的掩护之下，时而又杀入对方球员的包夹之中。任何一个这样的动作都同时是对场上复杂压力的应对及改变。因此从根本上说，一个动作是极为模糊的。虽然观众的注意力全都投向了那些持球在手的队员，因此倾向于看见一系列局部进程的连续展开，然而那些很少持球或从不持球的队员发挥了关键作用：正是他们塑造了自始至终控制两队行动的、全局可感的压力。一个细微的头部虚晃或是一次边路突破足以改变场上所有事件的发生概率，无论这些事件是远是近。虽说在一次进攻得手后，解说员和球迷总是会用空间意义上局部、时间意义上串行的清晰的术语来解释这一事件的结构（也就是说，他们会试图往这一事件上强加一个进程），但事实是，该事件在本质上是分布式的，它分布在这一回合所涉的空间和时间范围之内，分布在参与进攻和防守的所有球员之间。这一事件内含一系列分布式的、快速变化的压力，这些压力推动了特定类型的打法，并排斥其他类型的。至于我们为其强加的局部性和串行性，虽然多少具有一些真实性，但其实只是为了人类理解的方便而对业已发生的事件进行简化的一种方式而已。这里需要牢记的关键是：任何朝向篮筐的特定行动都具有模糊性；每个这样的行动都可能引出许多潜在的延续方式，我们切不可认为它就是某个特别"进程"的一小段，与其他看似正在展开的独立"进程"共存于场上。

Copycat 与此大同小异：在一次运行结束后，一个外部观察者可以随意地将此次运行"解析"为一系列具体、离散的进程，并尝试将这种解析强加于系统的行为之上。但是，这种解析和标注不是系统所固有的，而且也不会比对一场篮球比赛的解读更独特或更绝对。换言之，一长串代码子操作可能累加起来，让一个局外人后验地知觉到某种朝向特定目标的单一而连贯的驱力，但这仅仅是这位局外人的主观解读而已。

并行阶梯扫描

并行阶梯扫描是多种压力彼此混合最为重要的结果之一。其基本意象是：由于存在不同强度的压力，多支"探针"以不同的速度同时探明不同的潜在路径。这些"探针"其实是由"侦查器"代码子做出的一系列试探，而非由"效应器"代码子做出的实际操作。工作空间在任意给定时刻只包含一个真实观点。但是，该真实观点的一群近似变体——即虚拟观点——始终在背景下概率性地闪烁。如果"侦查器"代码子发现任一虚拟观点前景足够光明，它们就会创建"效应器"代码子，这些"效应器"运行时会尝试在工作空间中将上述替代性观点付诸实现。这就需要让现有结构与新结构展开一场"搏斗"；搏斗的结果由概率决定，具体权重取决于现有结构的强度对比竞争对手的前景。

系统的真实观点就是这样依时而变的。它总会探索一个概率性"光晕"的许多潜在方向，实际选择的方向似乎是其中最有吸引力的那些。Copycat 的这一方面恰巧反映了一个心理上的重要事实，即有意识经验本质上是单一的（unitary），尽管它显然是许多并行无意识过程的结果。

我们可以用下面这个意象作为并行阶梯扫描的隐喻：规模庞大的蚁群正穿越一片森林，队列前方，一些侦查蚁小分队就像整个蚁群的触角一样，对各个方向进行小范围、短时间的"摸底"（虽然它们对某些方向

第 5 章　Copycat：关于心智流动性与类比的模型

的探索会更热切、更深入些），然后返回大部队报告；这些"触角"的反馈将决定蚁群作为一个整体朝向何方。显然，反馈每时每刻都在进行，因此队伍也在不断小幅调整其前进方向。

之所以使用"并行阶梯扫描"这一术语，是因为侦查摸底活动具有阶梯状的结构；也就是说，它们是分阶实施的：是否启动某一阶的探索，将取决于上一阶探索成功与否。同时，每一阶都要比前一阶探索得更深入一些。一阶探索的计算成本通常较为低廉，系统能让许多一阶"侦查器"代码子探索所有的，甚至包括那些不太可能获得收益的方向。后续阶的探索成本将越来越高，系统负担得起的侦查也将越来越少，这意味着它必须更加仔细地挑选需要投入资源进行探索的方向。系统只有深入侦查一条路径，并发现其很有前景，才会创建"效应器"代码子，以此试图引导整个系统朝那条路径偏转。

一系列自上而下的压力在任意特定时刻控制了系统探索行为的偏向性，它们在相当关键的意义上决定了系统的整体运行方向。然而，无论自上而下的压力有多强，最终都必须服从当前的情况，因为即便系统怀有某种偏见，但不恰当的概念终究不符合现实的需要。当系统侦查的路径有偏，自上而下的压力就必须做出调整。自上而下的加工和自下而上的加工必须相互融合，我们搭建 Copycat 架构时对此非常明确。

依时演化的偏向性

在一次运行伊始，代码架上只有一系列"自下而上"的早期代码子，称为"相似性扫描器"（similarity-scanners）。这些代码子并未表征特定于某种情况的压力。实际上，它们的职责就是做出一系列小发现，后者会进而产生相应的压力。随着这些早期代码子的运行，不同的键和组开始遍布工作空间，同时一系列发现也开始激活滑动网络中特定的节点。这样一来，就形成了特定于某种情况的压力，并导致滑动网络中的概念产生"自上而下"代码子。由此，"自上而下"代码子开始逐渐统治代码架。

概念与类比
模拟人类思维基本机制的灵动计算架构

运行之初,滑动网络是"中性"的(作为标准配置,它拥有一套固定的低深度概念,这些概念处于激活状态),也就是说,此时不存在特定于某种情况的压力。初始阶段,在工作空间中做出的所有观察都是非常局部、非常浅显的。随着运行的继续,滑动网络会逐渐远离初始中性状态,越来越偏向于特定的组织概念——主题(高度激活的深层概念或由多个这类概念组成的群体)。而后,主题将以多种具有普遍性的方式引导加工过程,例如决定不同对象的显著性、不同键的强度、创建各类组的可能性,以及(整体而言)各类代码子的迫切度。

顺带提一句,我们不应认为一个"中性"的滑动网络不带任何偏向性:并非如此(比如说,你可以想象不同节点的概念深度绝不会完全相同)。或许一开始,系统会更快地发现并具体化一个"相同组",而不是一个有同样长度的"后继组",这就代表了一种初始偏向性:系统偏好"相同"甚于"后继"。重要的是,在一次运行开始时,系统会比在其他任何时候对任一可能的组织主题(或一组主题)都更加开放;而随着加工过程的继续,系统逐渐做出各种类型的知觉发现,同时也在逐渐失去它应有的那种天真、开明(open-minded)的特质,并且通常最后变得极为保守(closed-minded)——即强烈地偏向于探求某个未曾知晓的方向。

在一次运行的初始阶段,几乎所有发现都是规模极小、范围极其有限的:一个原始对象获得了一个描述,一个键被创建出来,诸如此类。然后,行动的规模逐渐增大:组开始出现,并获得它们自己的描述,等等。在运行的后期,操作行动的规模进一步增大,经常涉及复杂、具有分层结构的对象。可见,随着时间的推移,加工过程依循从注重局部到注重全局的发展轨迹。

温度:对系统开明程度的调控

在一次运行开始时,系统十分开明,这是有原因的:它对正面临的情况一无所知。由于系统希望探索许多不同的方向,它具体选中运行哪

第 5 章　Copycat：关于心智流动性与类比的模型

些代码子并没有什么关系；因此决策过程可能会相当反复无常。但是，随着成群的"侦查器"代码子和局部的"效应器"代码子开始执行任务，这一情形也在逐渐改变。特别是，随着系统获得越来越多的信息，它开始形成一个连贯的观点并专注于组织主题。系统获得的信息越是丰富，反复无常的顶层决策就越是不可接受。为此，有一个变量会监视加工过程所处的阶段，并帮助将系统从一开始主要是自下而上的、开明的模式转化为主要是自上而下的、保守的模式。这个变量就称作温度。

控制温度的因素是系统对工作空间秩序水平的知觉。就像在每次运行伊始，如果还没有任何结构被创建出来，系统就无法知觉到什么秩序，因此，它将有动力进行更为广泛、开明的探索；另一方面，如果工作空间中业已存在一个高度连贯的观点，系统最不想要的想必就是一大堆不同的声音在工作空间中大声呼吁采取一些彼此无关的行动。因此，温度在本质上与工作空间中结构的质量（quality of structures）成反比：工作空间中的结构数量越多，它们间的关系越是连贯（这一点由它们的强度衡量），温度就越低。请注意，虽然总体趋势是让温度在运行结束时降下来，但温度的单调下降并不是典型的情况；系统的温度通常在一次运行期间多次起伏，反映了系统在不断创建和拆毁结构、试图找到看待当前情况的最佳方式时试探性的往复徘徊。

反过来，温度控制的对象是决策过程的随机性水平。每种类型的决策都受到温度的影响——包括接下来运行哪个代码子、将注意聚焦于哪个对象、两个相互竞争结构中哪一个应该胜出，等等。例如，现在有一个代码子正试图决定要将关注投向哪儿。假定工作空间对象 A 的显著性水平恰好是对象 B 的两倍，因此，该代码子应更倾向于被对象 A，而非对象 B 吸引。但是，对象 A 和对象 B 吸引力大小的确切差异取决于温度。在温度居中时，该代码子被对象 A 吸引的可能性确实是被对象 B 吸引的两倍。但当温度很高时，对象 A 与 B 对该代码子的吸引力相差不多。相比之下，在非常低的温度条件下，代码子选择对象 A 的概率将远大于选

概念与类比
模拟人类思维基本机制的灵动计算架构

择对象 B 的概率的两倍。另举一个例子，考虑一个代码子，它正试图创建一个与当前高强度结构互不兼容的结构。在低温下，这个高强度结构将会非常稳定（很难拆除），但如果温度突然上升，它拆除起来将变得更加容易。若温度进一步上升至"走投无路"的情况，即便那些最大最强的结构和世界观也可能崩塌。

所有这一切的结果是：在一次运行的初始，系统漫无目标地胡乱探索各种可能性；但是，随着系统在工作空间中逐渐建立秩序，并同时在滑动网络中组织相应主题，它的决策变得越来越保守，加工活动趋于确定性和串行性。当然，系统并不是在某个时点发生了神奇的突变，从非确定性的并行加工转为确定性的串行加工的，这只是一个渐变的趋势，它是由系统的温度所调控的。

请注意 Copycat 中的温度概念有别于"模拟退火算法"（simulated annealing）中的温度概念。模拟退火算法是一种有时被用于联结主义网络的优化技术（Kirkpatrick, Gelatt, & Vecchi, 1983; Hinton & Sejnowski, 1983; Smolensky, 1983）。在模拟退火算法中，温度被专门用作一种自上而下的随机性控制因素，它的值根据一个预先设定的固定的"退火程序"单调降低。相比之下，在 Copycat 中，温度值反映了系统当前理解的质量，并因此作为一种反馈机制决定了系统加工活动的随机性水平。也就是说，系统用温度调控自身冒险的意愿。

在提出温度概念并将其应用于程序中很久以后，我们发现温度可以起到一个额外的、出乎意料的作用：任何运行的最终温度都可以粗略地用作一个指标，衡量程序认为自己给出的答案有多好（显然温度越低，答案就越好）。道理很简单：答案的质量与支持该答案的强而连贯的结构的数量紧密相关，而温度正是用来衡量后者的。意识到这一点之后，我们开始记录所有运行的最终温度，而这些数据为我们提供了有关程序"人格"的一些最为重要的见解，这点在我们详细讨论运行结果时会更为凸显。

第 5 章　Copycat：关于心智流动性与类比的模型

单次运行期间的总体趋势

大多数运行中，虽然局部波动时有发生，仍有一系列总体趋势描绘系统如何依时演化。这些趋势虽彼此紧密相关，却大致联系于架构的不同部分，如下所述：

- 在滑动网络中，就概念深度而言，运行伊始被激活的概念整体较浅，而后续激活的概念则有越来越深的趋势。从无主题到有主题的转变则是滑动网络的另一个趋势（所谓主题，体现为成群高度激活、紧密关联且具有相当深度的概念）。
- 工作空间的总体趋势包括：从无结构状态转变为多结构状态；从包含大量局部无关联对象转变为包含少数全局连贯性结构。
- 加工活动的总体趋势是：加工风格随时间推移逐渐从并行转变为串行；加工模式从自下而上转变为自上而下；加工风格从开始时偏向非确定性转变为后期偏向确定性。

随机性与流动性的密切关联

要说随机性应当在一个智力的计算模型中发挥核心作用，这听起来可能非常违反直觉。然而我们在仔细分析后发现，接受这一点是不可避免的，只要你相信心智是一种并行的、涌现的过程。

有偏的随机性给予每种压力合理份额

我们可以为这种分析选定一个良好出发点：考虑系统对来自代码架的代码子的随机选择（选择的偏向性取决于代码子的迫切度）。前文强调的一个核心理念是：任一代码子都参与代理一系列压力，它的迫切度表征系统预估其推进这些压力的恰当速度。因此将高迫切度等同于高优先级——这意味着迫切度最高的代码子总会最先被选中——是毫无道理

概念与类比
模拟人类思维基本机制的灵动计算架构

的。如果系统当真这么做，则低迫切度代码子就将永远无法运行，它们所代表的压力的有效推进速度也将全部保持为零，这将使压力的混合、并行阶梯扫描、温度等理念彻底失效。

以下是更详细的分析。假如我们做出这样的定义：一大群低迫切度代码子代表了某种"草根"压力，而一小撮高迫切度代码子代表某种"精英"压力，那么"多数情况下选择高迫切度代码子"的策略就将专断地偏好"精英"压力。事实上，这样一来就会产生以下情况：任意数量的"草根"会被区区一个"精英"打压得抬不起头——即便后者对应的迫切度只占总迫切度（当前代码架上所有代码子迫切度的总和）的一小部分，而这是很有可能的。这种策略会让我们对代码架的整体构成（即迫切度在各种压力间的分布）产生一个错误的意象。总之，我们必须保证在一次运行期间，低迫切度代码子与高迫切度代码子能以正确的比例混合在一起——该比例需不高不低，正好满足迫切度的要求。如前文所述，只有概率性地选择代码子，系统才能（借助统计）为每种压力公平地分配资源，即便各种压力的强度将随加工过程的进行而改变。

随机性和异步并行

你可能会这么想：这种随机性（或有偏向的非确定性）只是一种人为的设定，毕竟 Copycat 架构需要运行在一台串行机器上。如果重新设计它，让它适应某种并行的硬件环境，所有的随机性就都可以排除掉了。其实，完全不是这么回事。要弄清原因，我们必须仔细思考在并行硬件环境中运行对这个架构意味着什么。假如有大量可以被分配任务的并行处理器，而且每个处理器的计算速度均可连续调节。要以一对一的方式将不同进程分配给不同处理器肯定行不通，正如先前所强调的那样，在这个架构中不存在边界清晰的"进程"。你也不可能给每个处理器分配一个压力，因为代码子与其所代表的压力也不是一一对应的。唯一可行的是为每个代码子分配一个处理器，让它以代码子的迫切度所定义的速度运行。（请注意：这将需要大量的协同处理器——就算不是上千个，至少也是上百个。而且,由于代码子的群体结构会依时而变,运行中的处理器的数量在不同时刻差异会非常巨大。但我们是在概念水平讨论,这些原则上都不成问题。)

现在请注意这种加工风格的重要后果:由于所有处理器都在以相互独立的速度运行,它们实际上就是在实施异步(asynchronous)计算,这意味着不同处理器在(共享的)工作空间中执行操作的时刻彼此互不相干——简单地说,它们相互间是完全随机的。这一事实具有普遍性:异步并行必然意味着各处理器的行动相互间具有随机性(见 Hewitt, 1985)。因此这个架构内在的随机性不会因硬件环境的改变而受到影响。当它在串行硬件环境中运行时,会使用某些外显的随机化装置;而当它在并行硬件环境中运行时,随机性是内隐的,但其程度并未降低。

先前使用过的意象——篮球赛中快速变换的场上全景——可能有助于使异步并行和随机性之间的必然联系显得更加直观。每个球员可能都会觉得他们头脑中瞬间做出的突发决定根本不是随机的——实际上,他们的决定是对当前情况的理性反应。但是从其他球员的角度来看,一个球员接下来会做什么是无法预测的——球员的心智太过复杂,以致难以建模,更别说实时建模了。因此,场上的十名球员构成了一个复杂的、彼此独立的异步行动系统,每个球员的行动在其他所有球员看来都具有某种随机的(即不可预测的)性质。而且很明显,一支球队会希望自己在对手看来越不可预测越好。

一个表面上的矛盾:服务于智能的随机性

即使在理解了所有这些论点后,对于随机化的而非系统性的决策能产生更强智能的主张,你可能仍会感到有些不安。确实,对 Copycat 的架构的这种描述听上去有些荒谬。难道选择更好的行动不总是比随便选择更明智些吗?但是,正如诸多对心智及其机理的讨论所揭示的那样,这一表面上的荒谬是由不同层级间的混淆所导致的一种错觉。

概念与类比
模拟人类思维基本机制的灵动计算架构

如果有人建议一个专司创作旋律的程序应该通过掷骰子，哪怕是有权重的骰子来选择下一个音符，听起来就相当违背直觉——好吧，事实上这简直荒唐透顶！我们怎么可能指望通过这种方式获得什么全局连贯性呢？这种反对意见当然完全在理——美好的旋律无法通过这种方式创作出来（除非我们想象一幅荒谬的画面：上百万只猴子在一架钢琴的键盘上胡乱敲了数万亿年之后，出于某种梦幻般的机缘巧合，凑巧弹出了舒曼的《梦幻曲》）。但我们的架构所提倡的绝不是这样一种粗糙的决策过程！

在旋律创作时对下一个音符的选择是一种顶层的宏观决策，它不同于低层的"微观探索"行为。后者的目的是高效地探索前方广阔、模糊的概率世界而不至于深陷组合爆炸的泥潭；为了实现上述意图，等同于无偏性的随机性是最有效率的方法。只要侦查了前方地形，就能获得许多信息，并且在多数情况下会发现一些宏观路径比其他路径更有前景。此外——这很关键——越多信息被获取，温度就降得越低——而温度越低，随机性的行动就越少。换言之，通过在重重迷雾间大量高效且公平的微观侦查，系统越是坚信前方有一条前景光明的路径，它选择那条路径的宏观决策就越是笃定无疑。只有在不同方案间竞争激烈时，系统才有相当概率无法确定自身最为偏好的路径，而这种情况也无碍大局，因为即便系统仔细探索，它也很可能无法说服自己选中一条明确的最佳路径。

简而言之，在 Copycat 架构中，当前方迷雾重重，系统会实施大量微观水平的随机侦查操作，目的就是要对迷雾中有什么获得某种均匀分布的感觉，而非盲目选定某个方向一条道走到黑。情况越是模糊难测，侦查活动就越应该强调无偏，因此随机性也就越强。侦查意图的不断实现会让温度随之下降，系统将进而做出非随机化的、信息完备的宏观决策。可见，随机性服务于明智的非随机化选择，而非有碍于后者。

该架构的一个精妙之处是：其状态在完全的随机性（浓雾，高温）和完全的决定性（无雾，低温）之间会有一系列过渡，而不是非黑即白

第 5 章　Copycat：关于心智流动性与类比的模型

的。这意味着你没法在微观的探索性侦查活动和自信的宏观决策之间划出一条清晰的界限。比如说，在工作空间中，一个在中等温度下运行的"效应器"代码子创建或拆毁小型局部结构的操作就可以被认为介于微观侦查和宏观决策之间。

最后，一个有趣的事实值得注意：非隐喻意义上的流动性——即液体（例如水）的物理流动性——与其微观成分的随机行为密不可分。液体都是由微观成分构成的，且不同微观成分的行为彼此完全随机。如果不符合上述条件，液体就不算是液体——它将不可能柔和而流畅地涌动。当然，这并不意味着液体作为某种整体的顶层行为将表现出随机性——恰恰相反，液体的流动是我们最为熟悉的非随机自然现象之一，但这无论如何都不意味着它很简单；它仅仅是看上去很熟悉、很自然罢了。流动性是一种涌现的特质，而准确地模拟这种特质离不开底层的随机性。

Copycat 的表现：一个"森林水平"的概览

Copycat 的鲁棒性：一种统计意义上的涌现

我们已经描绘了 Copycat 程序的架构，现在，可以在它的字母串微领域中游览一番，看看该程序在若干谜题上的表现如何了。如前所述，我们设计 Copycat 微领域的总体意图是：分离高层知觉和一般类比的某些重要问题，尽可能将它们表现得清楚明白。程序面对一系列谜题时的表现揭示了它如何处理这些问题、如何应对压力的变化，以及如何从完全相同的状态出发，在面对每一条新的谜题时流畅地适应不同的情况。⊖

⊖ Copycat 程序的当前版本只能应对那些初始变换涉及最多替换一个字母的谜题（如 abc ⇒ abd，或 aabc ⇒ aabd；当然答案可以涉及多于一个字母的改变，例如 aabc ⇒ aabd; ijkk ⇒ ijll）。这是该程序目前的一个局限；原则上，字母串领域会大很多。但即使有这样的局限，我们也可以构思许多有趣的问题，它们需要程序的"心智"具备相当的流动性（大量此类问题的例子参见 Hofstadter, 1984b 或 Mitchell, 1993）。

概念与类比
模拟人类思维基本机制的灵动计算架构

（该程序在更多问题上的表现以及在相同问题上与人类表现的比较，参见 Mitchell, 1993。）

　　针对一道谜题的任意一次运行，程序最终都会选定一个答案；但是，由于程序内含的非确定性，（对相同谜题的）几次运行有可能得出不同的答案。程序所做的非确定性决策（例如接下来运行哪个代码子、代码子应该作用于哪个对象，等等）都在微观水平上，而一次给定的运行会产生什么答案的决策则是在宏观水平上的。每次运行在微观水平上都是不同的，但统计学让程序在宏观水平上的行为更具确定性。例如，（在个体代码子及其行为的微观水平上）程序可能会选择一系列不同的路径，得到问题 1 的答案 ijl，而且大量的微观偏向性将推动程序选择这些路径之一，而非导向答案 ijd 的大量替代路径。因此针对这条谜题，程序的表现在宏观水平上非常接近于具有确定性：它几乎每次都会得到答案 ijl。

　　从微观非确定性中涌现出宏观确定性的现象是科学博物馆的标准布置，观众们会看到由两块直立平行的有机玻璃薄板构成的精巧装置，其间许多横置的细柱排成一个规则的网格。成百上千个小球从顶端中央的入口一个接一个地掉落下来，每个小球掉落时都会在许多横柱间无规则地反弹，最终落入 20～30 个彼此相邻、同等大小的容器中，在装置的底部水平列成一排。随着掉落的小球数量不断增加，容器中的球堆不断升高。但是，小球落入不同容器的可能性并不相同，因此不同容器中的球堆升高的速度也各有差异。事实上，这一排容器中球堆的高度会逐渐呈现出完美正态曲线极佳的近似，大多数小球都会落入中央的容器中，落入边缘容器中的小球则很少。观看这种由大量不可预测的随机事件稳定地形成数学上精准的正态曲线的过程，实在令人着迷。

　　在 Copycat 中，这组容器对应于一条谜题一组不同的可能答案，而一个小球掉落的确切的轨迹，它概率性地撞上不同的横柱、多次左右反弹，而后"选定"自己将要落入哪一个容器的过程，对应于程序单次运行中（在单个代码子水平上）所做的许多随机的微观决策。只要运行的次数足够多，它给出的答案就会呈现出某种可靠的、可重复的模式，正如"正态弹球机"每次演示都能呈现出近乎完美的正态曲线那样。

用柱状图揭示 Copycat 的"人格"

我们以柱状图的形式展示这些模式，每个柱状图对应一个问题，其中各个答案的出现频率（代表该答案表面上的吸引力）和对应各答案运行终止时系统的平均温度（代表该答案的质量）都有呈现。每个柱状图都汇总了 Copycat 在某问题上的 1000 次运行。1000 这个运行次数是我们随意定下的，其实对每个问题运行大约 100 次后，主要的统计数据就不会有很大的变化了。唯一的不同是，随着系统对给定问题的运行次数越来越多，它会偶尔得出一些怪异的、我们不太可能想到的"边缘化"答案，例如对问题 1 的答案 ijj（见图 5-1）；如果程序对问题 1 运行了多达 2000 次，它还可能给出另外一两个类似这样的答案，当然每个"边缘化"答案也只会出现一两次。可见，柱状图可以揭示 Copycat 系统的一个重要特征：即便程序有得出奇怪的，甚至是看似疯狂的答案的可能性，但它的机制使它几乎总是能够避免给出这类答案。关键在于程序（以及人）拥有这样的潜力：为了拥有足够的灵活性来依循富有洞见的路径，它们（以及我们）有循迹高风险的（甚至可能是疯狂的）路径的潜力，但与此同时，它们（以及我们）也必须避免循迹错误的路径：至少在大多数情况下，过于放飞自我并不可取。

在柱状图 5-1 中，每个柱形的高度代表其所对应答案的相对频率，柱形上方显示的则是该答案被给出的实际次数。最终温度的平均值出现在每个柱形的下方。考虑到程序的偏向性，某一给定答案的出现频率可以被认为是该答案有多"明显"，或多"直接"的一个指标。例如，产生了 980 次的 ijl 比产生了 19 次的 ijd 对程序来说要直接得多，而后者又比仅产生了 1 次的奇怪答案 ijj 要更明显。（要得到 ijj 这个答案，程序需要决定用最右边字母的前驱而非后继字母来替换它。由于"后继"和"前驱"在滑动网络中相互关联,这种滑动在原则上总是可能的。但是,由该答案的罕见性可以看出,它在这种情况下被给出的概率极其之低:在由该问题引发的压力下,系统几乎总会认为"后继"和"前驱"之间离得太远,以致无法发生滑动)。

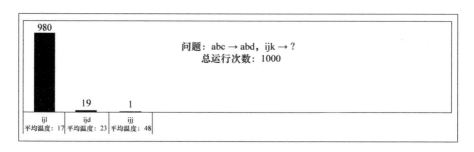

图 5-1　Copycat 程序在类比问题"abc⇒abd; ijk⇒?"
上运行 1000 次结果总结柱状图

虽然图 5-1 中显示的频率看起来比较合理,但这并不意味着系统会精准地复制人类面对同一问题时给出的答案的频率,如前所述,我们并不指望程序能模拟人们用来解决这些字母串问题的所有领域特定机制——实际上,这里的有趣之处在于程序确实有可能给出非常诡异的答案(例如 ijj,也有很多其他的),但它几乎总能设法避开它们。

前面也提到,一个答案的平均最终温度可视作程序自身对该答案质量的评价:温度越低,质量越高。例如,程序评定 ijl(平均最终温度 17)比 ijd(温度 23)的质量要高一些,比 ijj(温度 48)的质量则要高得多。

我们可以通过观看程序建构的一系列知觉结构如何影响温度来大致了解一个特定的温度数值代表什么。这将会在下一部分进行阐述,届时我们将呈现对应 Copycat 一次运行的详细的截屏记录。粗略地说,如果平均最终温度低于 30,则表明程序能够创建一系列强度很高的连贯结构——换言之,它对解决问题的过程具有某种意义上的明智"理解"。更高的最终温度则通常表明某些结构比较脆弱,或将初始字母串映射到靶标字母串的方式可能缺乏连贯性。

第 5 章 Copycat：关于心智流动性与类比的模型

程序是概率性地决定何时停止运行并产生一个答案的，而且尽管当系统温度较低时更有可能运行中止，但有时系统在创建出所有合适的结构前就会停止运行。例如，在求解问题 1 时，有些运行在靶标字母串被归组为一个整体之前就停止了；在这种情况下，答案通常仍然是 ijl，但若系统继续运行下去，其最终温度会更低些。这些运行提高了对应答案 ijl 的平均最终温度。对应答案 ijl 的单次运行最终温度可低至 7 左右，这几乎是温度所能达到的最低值。⊖

系统探究"变体问题"的影响

我们可以做一些系统研究，以各种方式稍微变换一个给定的问题。变体（variant）会影响原始问题导致的压力，而且可以预期：这种影响会在针对那个问题的柱状图中显现出来。例如，前面提到的问题 2 就是问题 1 的一个变体，其中特定字母的倍增改变了字母串 abc 和 ijk 中的"强调部分"。你可能会预期：此举使得 aa 和 kk 比问题 1 中的 a 和 k 更为显著，且彼此间更为相似，因此推动系统进行一次交叉映射，让这两个叠字彼此关联。

从图 5-2 中可以看出，尽管存在倾向于交叉映射的压力，"用后继替代最右边的组"的答案（即 ijll）仍然是系统最常得出的，而"以后继替代最右边的字母"的答案（ijkl）排名第二，表明即便此时，系统对直截了当的左⇒左、右⇒右的观点的偏好依然没有消失。但是，压力在一定程度上确实被感受到了：jjkk 出现的频率排名也很靠前，hjkk 紧随其后，而且这一答案对应的平均温度到目前为止是所有答案中最低的。（这与问题 1 的结果形成了鲜明的对照：注意在 1000 次运行中，程序从未给出一个答案涉及替换最左边的字母。）这里提供给你用于比较的"边缘化答

⊖ 目前程序对温度的计算方式有一个问题。可以看到，答案 ijd 的平均最终温度几乎等同于答案 ijl 的（即使它的出现频率远不及后者），然而大多数人都会觉得它比 ijl 差劲得多。对此，以及对当前程序其他问题的详细讨论见 Mitchell, 1993。

概念与类比
模拟人类思维基本机制的灵动计算架构

案"包括 jkkk（与 jjkk 相似，但这是由对最左边的两个字母建组得出的答案——是一种牵强的、对大多数人来说没有吸引力的"解析"串的方式），ijkd 和 ijdd（两者都基于"用 d 替代最右边的字母"这一规则，区别是分别在 c 与不同对象之间建桥），ijkk（用 d 替换所有的 c）和 djkk（用 d 而非后继或前驱字母来替换 i）。

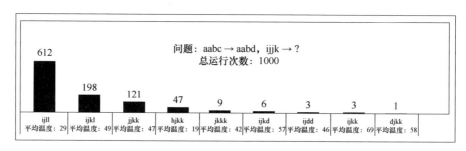

图 5-2 Copycat 程序在类比问题"aabc ⇒ aabd; ijkk ⇒ ?"
上运行 1000 次结果总结柱状图

问题 1 的另一个变体如下：

3. 假定字母串 abc 可变换为 abd；你会如何"以同样的方式"变换字母串 kji？

这里，对原始规则（"用后继字母替代最右边的字母"）的字面应用会得到答案 kjj，它忽略了 abc 和 kji 之间的抽象相似性。很多人会更偏爱答案 lji（"用后继字母替代最左边的字母"），背后的逻辑是将两个字母串都看作后继性构造，只不过一个串里的后继关系是从左到右，而另一个则是从右到左；因此，就有了一个从概念"右"到概念"左"的滑动，进而导致了"最右"⇒"最左"这一"姊妹滑动"。还有很多人会给出 kjh 的答案（"用前驱字母替代最右边的字母"），背后的逻辑，是将其中一个字母串视作拥有后继性构造，另一个拥有前驱性构造（构造的空间方向一致），因此涉及一个从概念"后继"到概念"前驱"的滑动。

如图 5-3 所示，程序给出了三个主导性的答案，其中 kjh 最为常见（且

第 5 章 Copycat：关于心智流动性与类比的模型

其平均最终温度最低），而 kjj 和 lji 在亚军争夺战中几乎不分高下（后者要更不常见一些，但对应的平均最终温度也要低一点）。答案 kjd 排名第四，与前三名差距较大，然后有两个"边缘"答案，每个都只出现过一次：dji（这个答案难以置信地既有洞见又十分刻板，程序虽然看出了两个后继组 abc 和 kji 彼此相反的空间方向，但它没有用后继字母，而是用 d 来替代靶标串最左边的字母——值得注意的是这个答案对应的最终温度相对较低，这表明系统确实创建了一组高强度的结构！）和 kji（这个答案遵循的似乎是一个纯字面意义上的规则"用 d 替代 c"，而 kji 中恰巧没有 c），它对应的最终温度很高（89），表明程序是在一种缺乏足够把握的情况下停止运行的，而且并没有创建出什么强有力的结构。

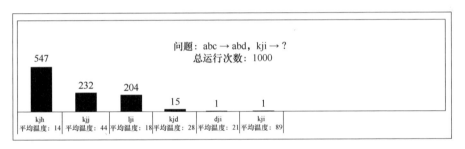

图 5-3 Copycat 程序在类比问题"abc⇒abd; kji⇒?"
上运行 1000 次结果总结柱状图

隐藏的概念如何从休眠中涌现

现我们来看下面的问题，它所涉及的压力与前几个问题的情况截然不同：

4. 假定字母串 abc 可变换为 abd；你会如何"以同样的方式"变换字母串 mrrjjj？

问题 4 有一个看似合理，而且直截了当的答案：mrrkkk。大多数人都会给出这个答案，他们的想法大概是：由于 abc 最右边的字母被它的后继字母替代，而且由于 mrrjjj 最右边的"字母"实际上是一个由 j 构成

概念与类比
模拟人类思维基本机制的灵动计算架构

的"组",所以应当将所有的 j 都替换成 k。还有一个可能的答案是照字面意思理解"最右边的字母"这个短语,因而只将最右边的字母 j 替换成 k,得到 mrrjjk。但是,这两个答案都有些别扭,因为它们都没有将一个明显的事实考虑在内,即 abc 是一个字母表序列(alphabetic sequence)(也就是说,它是一个"后继组")。abc 的这个构造十分抓人眼球,它似乎是这个串最核心的那个方面,所以你在做类比的时候大概不想视而不见,但又好像没有什么很明显的方法能用得上它:mrrjjj 不是借助类似的构造串在一起的。所以你要么(像大多数人那样)满足于答案 mrrkkk(或 mrrjjk),要么继续往深处探一探。但我们面临如此丰富的可能性,该往那个方向发力呢?

这个问题有趣的地方在于:mrrjjj 恰好有一方面潜伏于表面之下,一旦被发现,就将产生一个让很多人深感满意的答案。如果你忽略 mrrjjj 中的字母而只看字母组的长度,我们渴望得到的后继构造就会被发现:字母组的长度按"1-2-3"增加。一旦 abc 和 mrrjjj 之间这个隐藏的关联被发现,描述 abc⇒abd 这一改变的规则就可以被调整应用到 mrrjjj 中,成为"用后继数值替代最右边的组的长度",在这个抽象水平上,我们得到了"1-2-4",落实为更具体的答案则是 mrrjjjj。

我们已经见证了压力让某种情况某个先前未被关注的方面从无关转化为相关的过程。关键在于:知觉过程不仅涉及决定某种情况哪些"显而易见"的方面应该被忽略掉,哪些又应该被纳入考量,还涉及:那些一开始被认为是无关紧要的方面——或者不如说,是那些起初我们压根儿就没有关注,甚至没有意识到是"无关紧要"的方面——在伴随理解不断涌现的压力作用下,是如何变得"显而易见"的。

有时候,在特定压力的作用下,一个你起初不觉得与当前情况密切关联的概念会不知从哪里冒出来,而且它恰好就是你用得上的。但在这种情况下,我们犯不着因为自己一开始没有想到它的相关性而感到懊恼。总的来说,异乎寻常的想法(甚至是那些略微超出个体"默认状态"的

第 5 章 Copycat：关于心智流动性与类比的模型

念头）本就不该无缘无故地在人们的头脑中不断浮现；事实上，那些当真具有这种倾向的人们经常被认定为"怪人"或"疯子"。

由于时间和认知资源相对有限，如果没有强烈的压力，就要抵制以非标准化的方式看待相关情况，这对个体是非常重要的。每次出门，你不会查看街角的路标，让自己确信这条街的名字没有改变；每次坐下吃饭，你不会担心有人可能往盐罐里错搁了白糖；每次发动汽车，你不会担心有人可能往排气管里塞了一颗土豆，或在底盘上装了一颗炸弹。但是，某些压力——例如接到一个威胁要取你性命的恐吓电话——会让一些通常情况下不合常理的怀疑开始显得更加合理。这些观点与卡尼曼和米勒于 1986 年发表的关于反事实思维的研究有所重叠（Kahneman & Miller, 1986），而且与人工智能的框架问题紧密相关（McCarthy & Hayes, 1969）。

在理解某个情况时，系统不仅需要压力来唤醒休眠的概念，而且它引入的概念通常明显与压力的来源相关。比如说，如果仔细分析问题 4（我们在下一部分就将这样做），你就能看出它特定的方面如何创造诸多压力，在这些压力的协同作用下，"组的长度"这个概念就有相当的可能性会被唤醒。这一过程的关键方面包括（不按特定顺序）：（1）一旦串 abc 中的后继关系被发现，就会产生一个自上而下的压力来寻找 mrrjjj 中的后继关系；（2）一旦系统在串 mrrjjj 中知觉到"相同组"rr 和 jjj，通常处于休眠状态的概念"长度"就会被微弱地激活，并在背景中隐隐闪动；（3）对这些"相同组"的知觉产生了自上而下的压力，要将同一字母串的其他部分也知觉为"相同组"，而要这么做，就只能将 m 知觉为"只含一个字母的相同组"，而系统通常是不会用这种方式看待它的；（4）当系统使用标准概念未能进一步理解当前情况，对引入非标准概念的抵制就会减少。

人们偶尔也会给出答案 mrrkkkk，将最右边的组的字母类型和组长度（分别是 j 和 3）同时替代为它们的后继（分别是 k 和 4）。虽然这种答案很有趣，但它将这两种情况的一些方面搞混了。能让我们认为 abc 和 mrrjjj 之间具有相似性的，是它们共有的后继性构造。在 mrrjjj 中，这一构造与

概念与类比
模拟人类思维基本机制的灵动计算架构

具体字母 m、r、j 完全无关：字母序列 m-r-j 只是一种表达数值序列 1-2-3 的媒介而已。因此，如果你已经认识到 mrrjjj 在此情境中的实质不是它包含的字母，而是它更高水平的数值结构，就会明白聚焦于这个串的字母表顺序水平是误入了歧途。知觉到了组长度间的关系，答案就明显是在长度水平上的 1-2-4。将其译回媒介的语言，就能得到 mrrjjjj。如果再将四个 j 转变为四个 k，就纯属画蛇添足了：此举是以一种不合时宜的方式混淆了字母观与数值观。

有些人还给出了像 mrryyyy 这种答案，其中三个 j 被四个相同的"任意字母"（这里是 y）所替代。他们的想法是：由于 mrrjjj 中的后继性构造与具体字母 m、r 和 j 毫无关联，那么用哪一个字母值（letter-value）来替换 j 就无关紧要了。这种推理对没有"任意字母"概念的 Copycat 当前版本来说有些太复杂了——但即便 Copycat 可以产生这种答案，我们仍然会主张 mrrjjjj 才是这个问题的最优解。字母 m、r 和 j 作为媒介表达了"1-2-3"的讯息，而且我们觉得最优雅的答案就应该在保留这种媒介的前提下表达修改过的讯息"1-2-4"。否则，一个使用完全不同的媒介的答案，例如 uggyyyy，岂不是和 mrryyyy 一样好了吗？如果算不上更好的话。

如图 5-4 所示，到目前为止，Copycat 给出的最为常见的答案是直截了当的 mrrkkk，mrrjjk 以较大的差距位列第二。对 Copycat 来说，这两个答案最为直接；但是，它们对应的平均最终温度相当之高，因为系统并未找到一个连贯的结构，无法将靶标串归组为一个整体。

接下来的两个答案出现频率基本相当：排名第三的 mrrjkk 显然很不高明，系统只有将 mrrjjj 中最右边的两个 j 视作一组，并将其作为替换对象，才能得到这个答案；排名第四的 mrrjjjj 对应的平均最终温度要比其他答案的都低得多，表明程序评定它是最令人满意的答案，虽然绝不是最直接的那个。正如在现实生活中的许多方面，一个解决方案直接或明显与否与其质量高低绝不会有什么特别的关联。这一系列运行还产生了另外两个答案，mrrddd 和 mrrjjd，它们背后的逻辑分别是用 d 替代靠边

第 5 章 Copycat：关于心智流动性与类比的模型

的一组或一个字母。

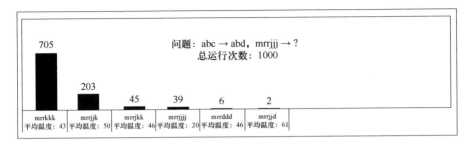

图 5-4 Copycat 程序在类比问题"abc⇒abd; mrrjjj⇒?"
上运行 1000 次结果总结柱状图⊖

在问题 4 中，后继性构造体现在组长度之间而非字母之间，因此不是直接显明的。问题 4 的一个简单变体涉及一个既体现在字母水平，也体现在长度水平上的后继性构造：

5. 假定字母串 abc 可变换为 abd；你会如何"以同样的方式"变换字母串 rssttt？

问题 4 中由于缺少字母表构造而引发的强烈压力在这个"变体问题"中消失了，我们可以在图 5-5 中看到这种变化对 Copycat 运行结果的影响：在 1000 次运行中，程序只有一次给出了涉及组长度的答案 rsstttt（对比问题 4，系统有 39 次给出了答案 mrrjjjj）。在问题 5 中，程序更为满意的是字母水平的答案（rssuuu），它出现的频率绝对占优，并且有一个相对较低的平均最终温度。其他答案在风格上与先前的问题中程序给出的答案较为类似（此外还有一些答案基于靶标字母串的奇怪分组）。⊖

⊖ 此图中的频率与 Mitchell & Hofstadter, 1990b 中针对相同问题的答案的频率之间的差异是由于程序的一些改进导致的——尤其是对创建字母组和桥的方式做出的改进。

⊖ 当前版本的 Copycat 无法在两个给定对象间创建两个同时存在的键（比如说，在 r 和 ss 之间同时创建字母表后继性键和数值后继性键），所以程序目前尚无法给出很多人心目中的最优解—— rssuuuu。

概念与类比
模拟人类思维基本机制的灵动计算架构

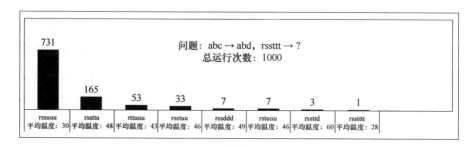

图 5-5　Copycat 程序在类比问题"abc⇒abd; rssttt⇒?"
上运行 1000 次结果总结柱状图

微观世界中的范式转移

我们还可以把问题再变一变：

6. 假定字母串 abc 可变换为 abd；你会如何"以同样的方式"变换字母串 xyz？

你的关注点会自然而然地落到字母 z 上。由于它没有一个后继字母——或更准确地说，由于 z 的柏拉图抽象（而不是字母串 xyz 中的 z）缺乏后继——你会立刻感到有些为难。很多人都渴望为 z 的柏拉图抽象建构出一个后继，这时候就会想到字母表的循环，这是一个司空见惯的概念。于是，他们会认为 a 是 z 的后继字母，就像 1 月被认为是 12 月的后一个月、"0"是"9"的后一个数字、A 是 K 的后一张牌，或者在音乐中，A 是 G 的后一个音符那样。这样一来，他们就会给出答案 xya。

像这样用字母表循环的概念来解决问题 6 是一种小小的创造性跳跃，我们不应该轻视它。但是，程序和人类不一样：它没法把通用性的"循环"概念拿过来，再插入字母表世界中使用。实际上，由于某种重要的原因，有严格规定 Copycat 的字母表永远是线性的，到 z 就戛然而止了。我们刻意设置了这个障碍，因为在构思这一项目之初，一个主要的目标就是模拟人类应对僵局的过程。

针对 z 缺少后继字母的情况，人们确实能产生，也确实会产生各种

第 5 章　Copycat：关于心智流动性与类比的模型

各样的想法。例如：将 z "替代没了"，得到答案 xy；或者停留在字面上，用字母 d 替换 z，得到答案 xyd。（这种诉诸字面的变换一般显得粗糙而墨守成规，但在这里，它突然看似相当流畅合理。）得出其他答案的可能性也是有的，例如 xyz 自己（由于 z 无法向更远处移动，只好留在原地）、xyy（由于你无法取得 z 的后继字母，那何不取它的前驱字母呢？这似乎是第二好的选择）、xzz（由于你无法取得 z 自己的后继字母，何不取它旁边的字母的后继字母呢？）；还有其他许多。

但是，对许多人来说，看待这个问题有一种特殊的方法，不管是不是自己想出来的，他们都会觉得其中有一些真正的洞见。本质上，这个想法是将 abc 和 xyz 视作彼此的"镜像"，各自嵌在字母表相对的一端。这意味着 xyz 中的 z 对应的不是 abc 中的 c，而是 a；与 c 对应的不是 xyz 中的 z，而是 x。（当然 b 和 y 是彼此对应的。）这些对象之间的关联（也就是"桥"）是由三个并行的概念滑动成就的：字母表顺序最先⇒字母表顺序最后、最右⇒最左，以及后继⇒前驱。这些滑动代表了某种深层次的概念倒置，在其作用下，原始规则会弯曲变形，成为"用前驱字母替代最左边的字母"——完全就像我们在问题 2 中看见的那样。这样就得到了答案 wyz，许多人（包括我们在内）都认为这一答案十分优雅，大大胜过前面提到的所有答案：它似乎确实意味着我们对 abc 和 xyz 做了"同样的"变换。

需要注意的是，问题 2 和问题 6 多有相似，又多有不同。它们的主要理念（idea）都是要产生一个双重倒置（即同时在空间上和字母表顺序上将人们对目标字母串的知觉反转过来）。但是，让人们对问题 2 产生这样的洞见要容易得多，即便与问题 6 不同，在问题 2 中不存在什么逼迫我们搜寻激进想法的"障碍"。在问题 6 中得到同样的洞见却要难得多，因为线索更加微妙：a 与 z 之间的相似性潜伏在表面之下，而 aa 和 kk 之间的相似性却相当明了。

在某种意义上，问题 6 的答案 wyz 看似一场小型的"概念革命"或

概念与类比
模拟人类思维基本机制的灵动计算架构

"范式转移"(Kuhn, 1970),而问题 2 的答案 hjkk 看似优雅,却不够激进。如果我们要为心智流动性和创造力建模,就必须让模型如实反映不同的"微妙水平"。在下一部分,我们还将回到障碍、线索、激进的知觉转移和不同水平的微妙程度等议题上来,并对 Copycat 如何(至少偶尔地)成功实施这种微型范式转移进行讨论。

如图 5-6 所示,到目前为止,程序给出的最为常见的答案是 xyd,它似乎觉得如果无法用后继字母替代最右边的字母,那么第二好的选择是用 d 来替代它。这也是人们在被告知 xya 的途径不可行时常常会给出的一个答案。

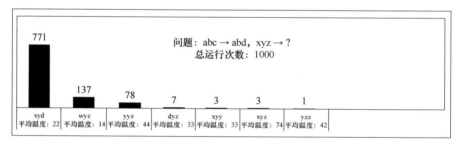

图 5-6　Copycat 程序在类比问题"abc ⇒ abd; xyz ⇒ ?"
上运行 1000 次结果总结柱状图

wyz 在出现频率上以较大差距位列次席,但它具有所有答案中最低的平均最终温度。如前所述,这个答案需要系统将其对靶标串的知觉在空间和字母表顺序上同时倒置过来。我们的知觉是依据对象显而易见的特点,还是依据某种排序方案的质量,其中当然是有差别的,这往往是那些需要创造性洞见的问题的标志。显然,唯有在高深的想法极难寻觅时,夺目的智慧才能从凡俗的想法中脱颖而出。

要引发足以产生双重倒置这一想法的压力,就必须在遭遇障碍时(比如说,当无法获取 z 的后继时)采取激进的措施,包括将关注聚焦于"麻烦区域",以及在撞见"z-障碍"时将温度从相当低的水平调高到最大值(100),在更大范围内探索更多条可能的路径。只有以某种特殊的方式,

第 5 章　Copycat：关于心智流动性与类比的模型

将集中关注特定区域与不同寻常的"开阔眼界"结合起来，才可能得到答案 wyz。（我们会在下一部分更详细地探讨所有这些内容。）

排名第三的答案 yyz 反映了一种将两个字母串视为交叉映射的观点，但忽视了交叉映射后两个串的字母表构造彼此相反。因此，虽然它看出了 xyz 中最左边的字母是那个应该被替代的对象，但仍然固守用后继字母进行替代的想法，因为 abc 中的字母 c 就是被后继字母替代的。（问题 6 的这个答案类似于问题 2 的答案 jjkk。）虽然这个答案看上去有些不一致，就像一个好点子只落地了一半，但人们还是会经常想到它。确实，我们的思路经常就是混合式的、半成品式的，这正是人类认知的一大特点（见 Hofstadter & Moser, 1989，其中举例了许多类型的认知混合，并对它们的来源进行了探讨）。

另外四个答案由于出现频率太低，位于边缘地带。答案 dyz（很像问题 3 中的 dji）混合了深刻洞见与简单粗暴，因此显得很不真实：说它洞见深刻，指的是系统敏锐地知觉到了联系 abc 和 xyz 的抽象对称性；说它简单粗暴，则是因为程序以极端具体且缺乏想象力的方式理解 abc⇒abd 这一变换。有趣的是，这个答案可以看成是自我描述（self-descriptive）的，因为 dyz 可以读作"dizzy"（意思是"愚蠢"）。确实有人发现这个答案背后的思维模式实在太过愚蠢，以至于忍不住笑出了声。我们曾发表过一篇论文（Hofstadter et al., 1989），将类似的几个 Copycat 类比问题与一些真实的笑话建立映射，并由此提出了"滑动幽默"理论，该理论的宗旨是：存在一个从明智到"草率"，再到"愚蠢"的答案的连续体，而"草率"和"愚蠢"可以根据相关答案所涉概念滑动的一致性程度给予半精确的定义。

在答案 xyy 的背后，程序以相反的字母表方向知觉两个字母串（这意味着一个后继⇒前驱的滑动），但拒绝放弃两个字母串具有相同空间方向的想法；因此它坚持改变最右边的字母，就像对 abc 进行的改变那样。有趣的是，你会发现即便没有"z 障碍"的压力，ijj——问题 1 的答案中

xyy 的类似物——在 1000 次运行中也只产生了一次。

答案 xyz 的平均最终温度高达 74,这表明程序根本不"喜欢"它。这个答案源于程序将 abc⇒abd 的变换规则理解为"用 d 替代 c"。(远不如认为"z 可以做它自己的后继"聪明——这是一种完全不同的解释,而且人们确实经常会这么想,虽然它的最终答案与应用规则"用 d 替代 c"时完全相同。事实上,如果禁止产生 xya,xyz 会是人们最常得到的答案)。请注意,程序从未根据这种解释产生问题 1 的"类似答案" ijk,说明这种奇怪的想法是不会凭空冒出来的,它需要由"z-障碍"导致的某种"绝望"感。

最后,答案 yzz 是先前描述的答案 yyz 的一个奇特的、几乎是病态的变体:xyz 中的 x 和 y 被组合到一起,作为一个对象,而后一起被它的"后继"(这组字母中每一个的后继字母)所替代。所幸在 1000 次运行中它只产生了一次,并被认为是一个差劲的答案。

在问题 6 中,由于存在一个僵局,并且有以一种漂亮的方式打破这一僵局的可能性(即以一座高质量的"桥"连接两个特点鲜明的柏拉图字母——a 与 z——的实例),进行交叉映射(得到答案 wyz)的压力就产生了。假如我们保留"僵局"的设定,但大幅削弱"破局路径"的吸引力,会对 Copycat 的行为产生什么样的影响?看看下面这个变体问题:

7. 假定字母串 rst 可变换为 rsu;你会如何"以同样的方式"变换字母串 xyz?

如图 5-7 所示,wyz 仅在 1%的运行后产生,而在问题 6 中,它产生

 讽刺的是,声称不同 Copycat 问题的答案间存在相似性(如正文中我们随口提到问题 1 的答案 ijj 是问题 6 的答案 xyy 的"类似物"),在大多数人看来都十分客观、不成问题。但是,当我们谈到字母串类比的"正确"或"错误",许多人就开始怀疑了。事实上,大多数人确实拥有关于正确和错误类比的强烈直觉——只不过当心理情境是"解决这个类比谜题"时,他们就会变得保守,谨慎地对待任何主张,但当情境是"评论这个程序的行为"时,他们会放松警惕并跟随自己的直觉,甚至没有意识到自己的态度发生了转变。

第 5 章 Copycat：关于心智流动性与类比的模型

的概率接近 14%。这个问题中没有什么线索会提示程序创建一个交叉映射，因为 r 和 z 几乎毫无共同之处，除了 r 在其所在字母串的最左边而 z 在其所在字母串的最右边这个完全无关紧要的事实外——这肯定不是一个在 r 与 z 间建桥的有力理由。

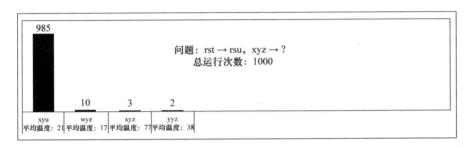

图 5-7　Copycat 程序在类比问题 "rst⇒rsu; xyz⇒?"
上运行 1000 次结果总结柱状图

我们可以与问题 1 做一番对比。将 abc 中最左边的字母映射到 ijk 中最右边的字母，这种想法有多大的吸引力？对 a-k 的交叉映射可能会得到答案 hjk（这在本章开头部分被描述为"动机不明的流动性"），也可能得到答案 jjk 或 djk。但在针对问题 1 的 1000 次运行中，Copycat 从未产生过这些答案，也从来没有任何人对问题 1 给出过这些答案中的任意一个。（实际上，有一个人确实曾经给出过 hjk，但这是在他受了问题 6 的答案 wyz 影响的情况下。）通俗地讲，对问题 1 做交叉映射后得出的答案看似过于荒诞不经了。

当然问题 7 的情况有所不同，因为这里毕竟有一个障碍，以及伴随而来的某种"绝望"感。各种应急措施——特别是持续的高温——使得通常情况下缺乏吸引力的 r-z 桥变得有那么点儿诱人，所以有时它会被建立起来。一旦程序这么做了，就会像在问题 6 中那样完成整个范式转移，得到 wyz 这一结果。

在某种意义上，问题 7 居于问题 1 和问题 6 之间，所以问题 7 的答

概念与类比
模拟人类思维基本机制的灵动计算架构

案 wyz 代表"动机不明的流动性"和"动机明确的流动性"的某种中间态。最令我们感到欣慰的是，Copycat 对这些问题中不同压力的反应，与我们凭直觉认为它应该做出的反应基本相符。

作为"微缩版图灵测试"的问题家族

同属一个"家族"的问题彼此存在巧妙的联系。我们深刻地感受到，用 Copycat 程序探索一系列问题家族的方法具有非同寻常的重要意义。一开始求解如此大量的问题，我们不清楚程序会有怎样的表现，而且坦率地说，这让人有点紧张。对我们而言，观看 Copycat 应对每个新问题的经历有种看"微缩版图灵测试"的感觉，这是因为喂给 Copycat 的每个新问题都像图灵测试中的一次问答那样，将不可避免地使程序显露出其"人格"的某些新奇和意想不到的方面（在 French, 1995 中进一步讨论了这个与图灵测试的类比，同见本书后记）。我们借助这些问题家族挑战 Copycat，实实在在地检验了它的机制。大体上，它的表现很出色。读者可以从密契尔的作品中找到对这些检验的更为全面的探讨（Mitchell, 1993 第 4、5 章）。

先前呈现的一系列柱状图展示了 Copycat 的能力范围，以及不同种类的压力如何影响它的行为。由此我们可以看出，这个程序所操纵的粗糙的流动性概念能在多大程度上适应一个微观世界的不同情况（这个微观世界虽然十分理想化，却抓住了现实中人们类比活动的大部分精髓）。此外，这些柱状图还通过展现 Copycat 所做的一些差劲的类比，揭示了这个程序的瑕疵和缺点。但这同样表明，虽然 Copycat 有得出牵强答案的可能性——任何具备足够灵活性的系统都无法杜绝这种可能性——它却几乎总能避免得出这种答案，也就是说，这个程序具有鲁棒性。

有必要再次强调，我们的目标不是去模拟人们具体如何解决这些字母串类比问题（显然，人们对字母的认识和用于求解同类问题的手段异

第 5 章　Copycat：关于心智流动性与类比的模型

常丰富，Copycat 的微观世界仅包含其中一小部分），而是提出流动性概念和类比活动的整体机制，并为其建模。我们会在下一部分通过追踪 Copycat 求解两个问题的过程详细阐述这些机制。首先我们将使用一系列截屏，再现程序针对问题 4 的一次特定运行；而后我们将针对问题 6，探讨所有最终给出答案 wyz 的运行背后的抽象路径。

Copycat 的表现：一个"树木水平"的特写

在选作焦点的问题中，知觉扮演关键角色

我们这就通过展示 Copycat 求解问题 4 时某次运行的一组详细截屏，阐述本文致力于探索的机制。如前所述，这个问题有一个看似合理、直接的答案，那就是 mrrkkk。但不论是这个答案，还是显然更拘泥于字面意义的 mrrjjk，都不太让人满意，因为二者都没有反映出 mrrjjj 中隐含的那个与 abc 中的情况类似的后继性结构。只有知觉到 mrrjjj 中字母组长度间的关系，这一后继性构造才能被系统发现。但"组长度"这个概念在大多数问题中都处于休眠状态，Copycat 要怎样才能看出它与当前问题的相关性呢？

"长度"概念和其他概念，像"字母类型"（如组 jjj 的字母类型是"j"）、"串中位置"（如"最右"）和"组构造"（如"相同组"）一样，显然位于"组"这一概念的光晕辐射范围以内。这些概念与核心概念"组"的关联紧密程度彼此有别；在没有压力的时候，"长度"与"组"在概念空间中通常相隔很远。因此在知觉一个像 rr 这样的字母组时，你几乎肯定会注意到它的字母类型（即 r），但不太可能会注意到，至少不太可能会特别在意它的长度（即 2）。但是，由于"长度"在"组"的光晕范围以内，它还是有一定的机会被系统关注到，并用于理解问题的。就像有时候你可能会有意识地注意一个字母组的长度，但如果这样做没什么用，"长度"

的相关性很快就会减弱（求解变体问题"abc⇒abd; mrrrjj⇒?"时就可能发生这种情况）。相关性是动态变化的，这很重要：即使一个新概念在某一时刻被视为相关，但如果沿这条路径继续探索看似毫无前途可言，那么拘泥于此并花费大量时间就得不偿失了。

对目标运行的速写

我们现在描绘 Copycat 产生 mrrjjjj 答案的一条路径（当然，由于程序的非确定性，它得出一个给定答案所经由的路径可能有许多条）。一开始喂给程序的只是三个"原始"字母串（即 abc、abd 和 mrrjjj），没有预设的键，也没有预先归组。接下来，程序要依据它认定为相关的概念，创建出知觉结构，形成自己对当前问题的理解。

字母组 rr 和 jjj 在大多数运行中都会被创建出来（程序通常会很快发现相同组）。每个组的字母类型（分别是 r 和 j）都会被关注到，因为"字母类型"这个概念默认就是与"组"相关的。系统在创建一个字母组时虽然有可能注意到它的长度，但这种可能性很低，因为"长度"与"组"的关联性很弱。一旦系统创建了 rr 和 jjj，"相同组"这个概念的相关性就将陡增，而这会产生自上而下的压力，让系统在可能的情况下将其他对象，特别是同一个字母串中的其他对象描述为"相同组"。要这样做，唯一的办法就是将 m 描述为只含一个项的"相同组"。但有一个方向相反的压力强烈抵制这么做："单项组"本身是一个很弱、很牵强的概念。如果 Copycat 很乐意在没有强烈压力的情况下引入类似"单项组"这样难以置信的概念，就将导致灾难性的后果：对每个问题，它都将浪费大量的时间探索荒谬的路径。但是，同一字母串中已有两个很强的"相同组"，而且系统无法将单独的 m 并入任何大型连贯结构，因此"不幸感"很强（表现为持续性的"高温"状态），这两点共同压制了它对创建"单项组"的内源性抵抗。

这两股相反的压力彼此对抗的结果是统计意义上的，源于大量代码子的概率性决定。如果 m 恰巧被知觉为一个单字母相同组，这个组的长度就很有可能会被注意到（单字母组之所以值得关注，正是因为它们的长度反常），这样，"长度"概念总的来说就更相关了，系统注意到另外两个组长度的可能性也会提高。而且，系统一旦开始关注"长度"，就可能持续采用这个视角，只要基于这个概念的描述对解决当前问题有用。（反之，如果缺少强化，一个节点的激活就会依时衰减。因此，举例来说，如果目标字母串是 mrrrrjj，即便引入了"长度"的概念，但由于无法发挥作用，因此也会逐渐淡出。）

在 mrrjjj 中，一旦引入"长度"，字母组间（数值上）的后继关系就可能被"自下而上"代码子识别出来，代码架上一直都有这类代码子，它们孜孜不倦地在工作空间中寻找新的关系。（请注意，这种自发的自下而上的注意只可能在一个并行架构中实现，因为具有这种架构的系统能持续性地同时寻找多种特征，而不需要明显的提示）。此外，如果系统已经在 abc 中发现了后继关系，就可能导致一种自上而下的压力，这种压力会让系统更有可能注意到 mrrjjj 中的后继关系。无论如何，一旦系统发现了数值性的后继关系，并对 mrrjjj 形成了某种更为令人满意的见解，对各组中字母类型的兴趣便会消退，而长度则会成为它们最显著的方面。所以说，要得出这个答案，关键就在于激发"长度"这一概念。

截屏展示细节

图 5-8 是对 Copycat 一次运行的截屏，展示了它得出答案 mrrjjjj 的一条路径（请注意，这个答案不是很典型：根据图 5-4，系统给出这个答案的概率仅为 4%）。

概念与类比
模拟人类思维基本机制的灵动计算架构

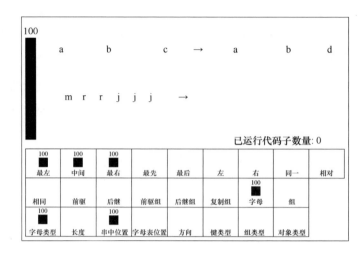

图 5-8a　呈现问题

1. 呈现问题。由于系统还未创建任何结构，（左侧的）"温度计"显示当前温度为最高值 100。截屏下方的一系列小方格展示了一些滑动网络节点。（注意：这里没有显示概念之间的连接。而且由于空间有限，也没有显示全部的节点，如 a、b 节点。）一些小方格中的黑色的方块代表相应节点当前的激活水平（具体数值介于 0 和 100 之间，显示在方块上方）。

这里显示的节点包括"最左"（leftmost）、"中间"（middle）和"最右"（rightmost）[工作空间中的对象可能对应的"串中位置"（string positions）]，"最先"（first）和"最后"（last）[柏拉图字母 a 和 z 特殊的"字母表位置"（alphabetic positions）]，"左"（left）和"右"（right）[键和组可能的"方向"（directions）]，"同一"（identity）和"相对"（opposite）（概念间两种可能的关系），"相同"（same）、"前驱"（predecessor）和"后继"（successor）[工作空间中不同对象间可能存在的"键类型"（bond categories）]，"前驱组"（predecessor group）、"后继组"（successor group）和"复制组"（copy group）⊖ [不同的"组类型"（group categories）]，"字母"（letter）和"组"（group）[工作空间中的对象可能的"对象类型"

⊖ 注意，这组截屏和注释中的术语"复制组"相当于正文中的术语"相同组"。

第 5 章　Copycat：关于心智流动性与类比的模型

（object categories）]。这些不同描述的类型由第三行方格中的节点代表，其中就包括"长度"（length）。

输入程序的每个字母都预先附带了一些描述：它的"字母类型"（letter category）（例如 m）、它的"串中位置"（"最左""中间""最右"或没有特定的串中位置——如 mrrjjj 中的第四个字母就没有关于其串中位置的描述），以及它的对象类型（"字母"，或与之相对的"组"）。这些节点一开始都是高度激活的。

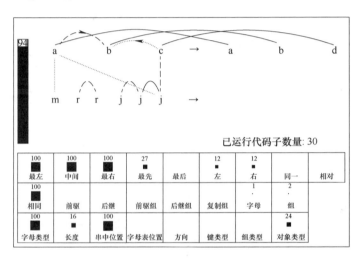

图 5-8b　运行 30 个代码子后

2. 到目前为止，程序运行了 30 个代码子，它们已开始探索许多可能的结构。点状线（包括直线和弧线）表示系统在一开始就考虑到了这些结构；虚线表示这些结构得到了更严肃的考量；实线则代表系统实际创建的那些结构，它们将对温度及其他结构的创建产生影响。我们可以看出系统正在考虑往字母间插入各种键和桥。（如点状线表示的 a-j 桥，它基于滑动网络中"最左"和"最右"节点间相对较长的连接，显得不太可信，因此不会被进一步深究。）

"自下而上"代码子已经创建了连接 abc 中各个字母与其在 abd 中相

应对象的"桥",它们还创建了连接 mrrjjj 最右边的两个 j 的相同键。后一个发现激活了节点"相同",产生了自上而下的压力(也就是一些新的代码子),它们会在工作空间的其他区域寻找"相同"关系。

由于激活会在不同节点间传播,一些休眠节点也被轻度激活了[如节点"最先",它是被节点"a"的激活(图中未显示)"唤醒"的]。"长度"的轻度激活源于它与"字母类型"的弱关联(字母和数字都会形成线性序列,因此较为相似;而数字关联于"长度")。对应已经建成的结构,温度已有所下降。需要指出的是,许多转瞬即逝的探索在持续不断地进行,尽管它们在图中并未显示。(比如说,"在 m 和与它相邻的 r 之间存在什么有趣的关系吗?")

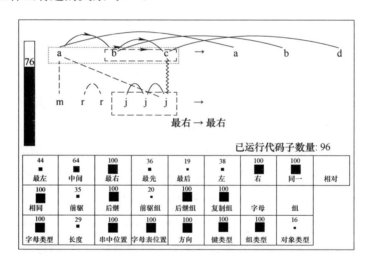

图 5-8c　运行 96 个代码子后

3. 程序发现了 abc 的后继性构造,并且正在基于这个发现考虑两个相互竞争的建组方案:bc 和 abc。虽然前者占据了先发优势(圈住 bc 的框框是虚线,而圈住 abc 的只是点状线),但后者是一个天然就更强的结构,因此有更大的概率会被实际创建出来。

对 a-j 间交叉映射的探索被中止了,这是因为 a 与 j 的关联性(在概

第 5 章 Copycat：关于心智流动性与类比的模型

率上）被判定为太弱，以至于不值得进一步考量。看似更合理的"c-j 桥"已被创建出来（锯齿状的竖线），它是某种同一性映射的结果，即 c 和 j 都位于各自字母串的最右边。该同一性映射已在 c-j 桥的下方显示。

"后继"键和"相同"键都已被创建出来，因此"后继"和"相同"节点高度激活；它们继而将激活传播到"后继组"和"复制组"（即"相同组"），这就产生了自上而下的压力，要在工作空间中寻找这样的组。程序会严肃地考虑一个 jjj 复制组（已用虚线框出）。而且，由于节点"最先"已被激活，"字母表位置"节点也被强烈地激活了（这是一个概率事件），属于后者的其他描述（如"最后"）也可能会被系统纳入考量。

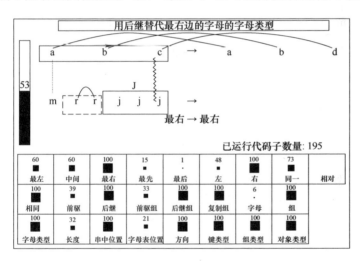

图 5-8d 运行 195 个代码子后

4. 系统已经创建了组 abc 和 jjj（组内字母间的键仍然存在，但为使画面简洁，不再显示出来），正在考虑创建一个 rr 复制组。已创建的复制组 jjj 强烈支持这个潜在的行动方案，并加速了它的进程，具体表现在：考察这个潜在结构的代码子会被分配更高水平的迫切度。

与此同时，系统提出了一个规则（显示在屏幕上方），用于描述 abc 的变换方式。当前版本的 Copycat 假定初始变换最多涉及替代一个字母，因此

概念与类比
模拟人类思维基本机制的灵动计算架构

"规则创建"代码子会对模板"用____替代____"做填空题，在程序已经为被替换字母及其替代字母附加的描述中，它会进行概率性的选择，且通常更偏向于选择较为抽象的描述（如"最右边的字母"，而不是"c"）。

由于节点"最先"和"字母表位置"并没有发挥作用，它们的激活水平消退了。而且，虽然"长度"的激活得到了来自"组"的加成，但它的激活程度还是不太高，因此"长度"仍然不太容易被系统关注到。

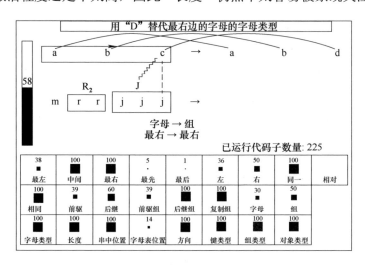

图 5-8e　运行 225 个代码子后

5. 现在已有约 225 个代码子投入了这次运行，（字母到字母的）c-j 桥已让位于强度更高的（字母到组的）c-J 桥，尽管前一种可能性仍然潜伏在背景之中。与此同时，程序创建了一个 rr 复制组，它的长度（即 2）恰巧被注意到了（这也是一个概率事件）；因此，这个组的字母类型（r）及其长度（2）一同在上方显示出来。就这样，"长度"节点被完全激活了，"2"作为工作空间中的一个对象也具有了很高的显著性（由加粗字体表现）。

在屏幕上方，一条新规则"用'd'替代最右边的字母的字母类型"已经取代了先前的规则"用后继字母替代最右边的字母的字母类型"。虽然它其实要比后者更弱一些，但彼此对立的结构（包括规则）之间的斗

第 5 章　Copycat：关于心智流动性与类比的模型

争结果是概率性地决定的，而这次新规则恰巧获胜了。只不过新规则较弱这一点也导致温度有所上升。

假如程序现在就停止运行（这不太可能，因为程序概率性地决定何时停止运行所依据的一个关键因素是温度，而现在温度还很高），这一规则将被改编，成为"用 d 替换最右边的组的字母类型"，应用于字母串 mrrjjj（c-J 桥的建立表明：abc 中字母的角色在 mrrjjj 中将由字母组来扮演），产生答案 mrrddd（这是一个 Copycat 确实会偶尔给出的答案）。

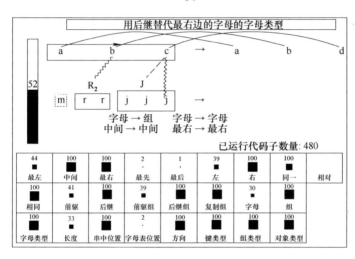

图 5-8f　运行 480 个代码子后

6. 程序恢复了先前更强的规则（这又是规则间斗争的概率性结果），但与此同时，较强的 c-J 桥也恰巧被更弱的对手 c-j 桥击败了。结果是，如果程序在这个节点停止运行，它就会给出 mrrjjk 的答案。顺带说一句，如果程序在截屏 4 对应的时刻停止运行，它也会给出这个答案。

在滑动网络中，"长度"节点的激活已经衰减了不少，这是因为对 rr 的长度描述没有发挥什么作用。在工作空间中，rr 的长度描述"2"不再采用加粗字体，表明它的显著性有所下降。

可温度仍然相当之高，这是因为程序试图将 mrrjjj 加工成单一而连贯

317

概念与类比
模拟人类思维基本机制的灵动计算架构

的结构,但却遇到了困难。相比之下,对 abc 这么做则是很容易的。这种困难始终难以克服,同时两个已经在 mrrjjj 内部创建出来的复制组也产生了自上而下的压力,一同诱使系统试探性地考虑创建一个单字母复制组(用字母 m 周围的虚线框表示),尽管先验地看,单字母复制组的想法其实很不合情理。

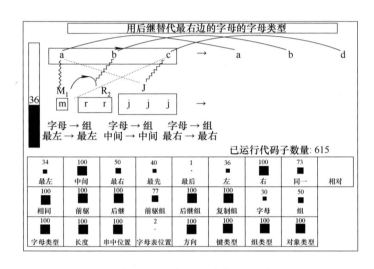

图 5-8g 运行 615 个代码子后

7. 在多重压力的联合作用下,原本十分不合情理的单字母复制组 m 恰巧被创建出来了,而且,它的长度 1 十分引人注目,因此作为描述,被添加到了组上。我们看到,一个后继键已经被插入了"1"和它的右邻"2"之间,这一切都让"长度"节点继续保持高度激活。此外,a-M、b-R 和 c-J 桥都已搭建完成,同为字母到组的桥,它们彼此高度一致。这些前景光明的新结构导致的一个结果,是温度值降到了相对较低的 36,这又回过头来帮助系统锁定了当前正在涌现的观点。

如果程序在运行到当前或下一个截屏时突然中止,它就会得到 mrrkkk,这也是它最常给出的答案。

第 5 章 Copycat：关于心智流动性与类比的模型

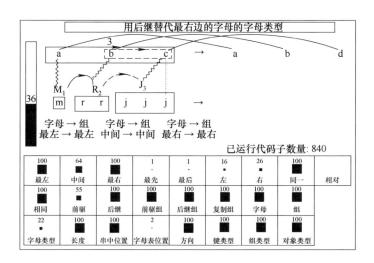

图 5-8h　运行 840 个代码子后

8. 由于"长度"节点的持续激活，系统已将长度描述添加到了问题中剩下的两个组（jjj 和 abc）上，而且正在考虑（用虚弧线表示）往"2"和"3"之间插入后继键（此举正遭受十分强大的自上而下的压力，这种压力既来自 abc，也来自关于 mrrjjj 的正在涌现的观点）。"字母类型"节点的激活程度已经消退，表明它最近没有在创建结构方面发挥什么作用。

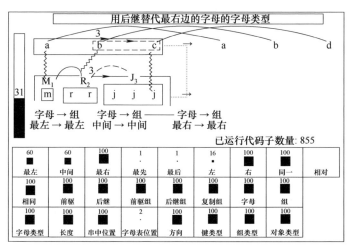

图 5-8i　运行 855 个代码子后

9. 系统在"2"与"3"之间插入了后继键，这样，就在 mrrjjj 中知觉到了一个涉及组长度的、非常抽象的高层数值后继组（用包围三个复制组的大实线框表示）。而且，系统开始考虑在作为整体的字母串 abc 和 mrrjjj 之间建桥（注意在这两个字母串右边的一条点状连线）。

讽刺的是，随着这些复杂的想法逐渐汇聚起来，系统似乎马上就要得到一个非常有见地的答案了，可这时一个代码子突然"变节"：它对大趋势完全没有意识，却交了好运——系统接受了它推倒 c-J 桥并用 c-j 桥来代替的企图。当然，总的来说这是个退步。如果程序被迫在这个节点中止运行，它就会得到答案 mrrjjk——对这个傻不拉几的答案，我们先前在程序运行到截屏 6 和截屏 4 时也曾构想过。但是，那两种情况都远不及现在这般难以原谅，因为程序那时还没有做出关于 mrrjjj 结构的精妙发现。已经走到了这一步，却"捡了芝麻丢了西瓜"，给出了相对原始的回答，对程序来说，这绝对算得上奇耻大辱。幸而 31 是一个足够高的温度，程序很有可能重回正轨，通过探索更为抽象的路径，得出更加合理的结论。

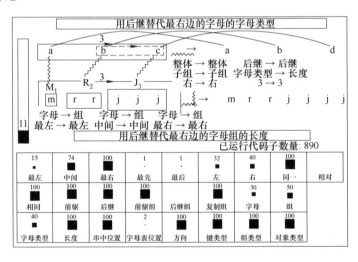

图 5-8j　运行 890 个代码子后

10. 不出意料，系统很快拆毁了怪里怪气的 c-j 桥，取而代之的是一

第 5 章 Copycat：关于心智流动性与类比的模型

座重建的 c-J 桥，与正在涌现的复杂观点相符。而且，作为整体的 abc 和 mrrjjj 之间的高层映射在之前的截屏中还仅仅是由点状连线表示的初步考虑，现在已跨越了"虚线状态"，被实实在在地创建了出来。在屏幕的中央区域列出了它所含的六个概念映射，包括同一性映射（如右 ⇒ 右，表示两个串都可视为顺序向右）和概念滑动（例如字母类型 ⇒ 长度，表示字母被映射到数字，或具体地说，映射到组长度），它们把代表 abc-mrrjjj 高层映射本身的锯齿线都给挡住了。

系统已根据具体的滑动将原始规则予以转译，应用于目标串 mrrjjj。转译后的规则"用后继替代最右边的字母组的长度"就显示在滑动网络的上方，而且答案 mrrjjjj 也出现在右边。11 这个相当低的最终温度表明，程序对这个答案异乎寻常地高度满意。

虽然根据前面的描述，程序的运行看起来相当流畅，但得到这个答案还是经历了很多挣扎：困难不仅在于要创建一个单字母组，还在于要引入"**长度**"这一概念，让它存续足够长的时间，触发系统关注全部三个组的长度，并将这些组长度键合起来。程序就像人一样，经常在克服所有这些障碍前就放弃了，这样，它就会给出一个较为浅显的答案。而要得到更深刻的答案 mrrjjjj，需要的不仅是由问题中强大的压力带来的洞见，还有在面对非确定性时高度的耐心和坚持。

这一切的寓意在于：身处一个复杂的世界之中（甚至在一个像 Copycat 的微领域那样有限复杂的世界里），你永远无法提前预知什么概念与给定情况相关。这种困境强调了先前提到的一点：当务之急不仅是要避免教条般开明的搜索策略——这种策略对所有可能性等同视之，而且要避免教条般保守的搜索策略——这种策略会以十分严格的方式先验地排除掉某些可能性。Copycat 选择了一条中间路线，它一直在实施名副其实的、有意义的冒险，但这种冒险行为的程度是被小心控制的。当然，它有时也会搞砸（由早先展示的一些牵强答案就可以看出），但这是保持

概念与类比
模拟人类思维基本机制的灵动计算架构

灵活性和潜在的创造性所必须付出的代价。

和程序一样，人类在解决问题时偶尔也会探索，甚至青睐一些相当独特的路径。Copycat 和人都必须有这个潜力来炮制一些奇怪的、不太可能的解题方法，才能发现像 mrrjjjj 这种精妙和讲究的解答。先验地排除任何路径的刻板做法都必然消除 Copycat 灵活性的某些重要方面。反过来，Copycat 鲜有产生奇怪答案的事实表明，它的机制设法在开明性和保守性之间达成了有效的平衡，使程序同时具备灵活性和鲁棒性。

我们希望通过这些截屏记录，能更好地说明非确定性、并行、去中心化的简单知觉智能体（即代码子）、自下而上和自上而下的压力的交互，以及对统计上涌现的（而非明确编程的）高层行为的依赖。Copycat 不会做任何重大的、全局性的、确定性的决策（除了在一次运行接近结束之时），相反，它高度依赖微观的、局部的、具有非确定性的大量决策的累积，这些决策中的任何一个单拎出来的话，对运行的最终结果都不会产生什么很重大的影响。正如我们从截屏记录中能看出来的那样，大规模效应只是一系列低层事件的统计后果：系统中弥散的所谓"压力"，其实是对大量代码子活动依时而变的统计效应，以及滑动网络中不同节点激活模式的简略表达。

257 正如截屏记录所揭示的那样，随着相关结构和全局性解释的成型，系统逐渐（通过降低温度）从高度并行、随机、由自下而上的力量主导向更加串行、确定、由自上而下的力量主导转变。我们相信这种转变就是高层知觉的一般特点。

我们用程序做了两个实验，证明这种冒险程度上的转变有多重要（相关描述见 Mitchell, 1993）。每个实验都包含 1000 次运行，我们人为地将系统的温度始终固定在一个很高的（实验一），或很低的（实验二）水平。在两种实验条件下，这个"跛足"的 Copycat 都没有产生答案 mrrjjjj——一次都没有。

第 5 章 Copycat：关于心智流动性与类比的模型

一次范式转移的显微剖析

现在，我们将注意力从问题 4 转向问题 6，对 Copycat 如何（偶尔）给出答案 wyz 做一番剖析。这是个精妙得令人吃惊的过程，它是对人类心智过程的慢动作呈现，展示了对某种情况的知觉如何在强大压力下发生光彩夺目的变形（也就是人们常说的"'啊哈！'效应"）。这类范式转移通常被认为是一些深刻的创造性活动的核心，因此我们可能会觉得它们的微观结构一定相当复杂（要不然，创造力的秘密早就被解决了，而今天那些大规模量产的芯片也都会具有创造性）。事实上，自 Copycat 项目启动伊始，指导我们搭建该程序架构的最为重要的灵感，就源于如何让系统"以恰当的方式"产生出 wyz 这样的答案——所谓"恰当的方式"，是指它得忠实再现（我们认为）发生在人类亚认知（subcognitive）水平的真实的心智过程，在这一水平所含的信息量是最高的。

前文曾简要叙述系统给出 wyz 这一答案的过程，但它们的描述水平太高、粒度太粗，因此对我们理解这一范式转移背后的心智过程而言信息量不足。接下来，我们要给出一个细致的说明，相比之下，它不仅循迹系统架构的演化路径，而且旨在精确描述 Copycat，以及人类心智的典型范式转移。（程序面对问题 6 时一次特定运行的相关截屏记录及注释，可见 Mitchell & Hofstadter, 1990a。）

将严重障碍转化为探索压力的应急手段

开始时，其实就像针对问题 1 的一次典型运行那样，键合、建组、建桥……通过一系列诸如此类的操作，系统很快就将初始字母串和靶标字母串知觉为后继组，并毫不费力地得出了"用后继替代最右边的字母"这一规则。一切都进行得很顺，直到程序试图完成一项不可能的任务——取 z 的后继。这个严重的障碍迫使系统开始采用一系列彼此协调的"应急手段"：

概念与类比
模拟人类思维基本机制的灵动计算架构

- 物理故障区域——即工作空间中的 z 实例——得到了强调，这种强调表现为显著性的急剧提高，使其成为整个工作空间中对代码子最具吸引力的对象；

- 概念故障区域——即滑动网络中的 z 节点——得到了强调，这种强调表现为该节点被高度激活，因此其概念光晕得到了扩展和增强。这意味着与其相关的概念更有可能（至少是短暂地）被系统纳入考量；

- 温度提升到了最大值——100，并被暂时固定在那个水平，因此激发了范围更广、更加开明的搜索；

- 高温唤醒了原本处于休眠状态的"拆解器"代码子，该代码子会随意拆解其在工作空间中遇见的结构，让系统不再执着于造成当前障碍的观点。

值得注意的一点是上述"应急处理"机制的通用性：它们无关于当前障碍本身，无关于特定问题，无关于字母表微领域，甚至无关于类比！究其原因，任何认知系统都注定要遭遇并处置各种各样的障碍，这种情况十分常见，同时也非常关键。实际上，无论是一套什么样的机制，都不能保证解决所有问题（要不然，我们讨论就不是智能，而是全知全能了）。我们至多能指望系统"读取"障碍本身，将其视作某些提示的来源。这些提示可能相当微妙，能引导系统对一些前景诱人的新路径进行探索。在 Copycat 架构中，给出一个"提示"，实际上就是创造出某种朝向特定方向的压力。因此，上述机制（尤其是其中前两条）背后的哲学，就是将障碍理解为某种压力来源的想法。

虽说这些应急手段还不足以引导 Copycat 足够频繁地得出 wyz 这个答案，但在确实得出这一答案时，程序的运行基本包含以下情节。

系统的关注汇聚于柏拉图字母 z，使得 z 光晕范围内的所有概念——包括与其密切关联的概念"字母表顺序最后"——都更有可能得到"创

第 5 章　Copycat：关于心智流动性与类比的模型

建描述"代码子的青睐。因此，工作空间中 z 的实例被明确描述为"字母表顺序最后"的概率就显著提升了。

请注意，在大多数情况下，即便待解问题涉及字母 z 的一个或多个实例，系统也没有关注"字母表顺序最后"这个概念的理由（至少可以说没有这样做的充分理由）。作为柏拉图字母 z 的近邻，"字母表顺序最后"具有相当的概念深度，因此通常，也应该会始终保持休眠（正如在求解问题 1～5 时那样）。毕竟，正如我们在围绕问题 4 的讨论中所提出的那样，避免各类无关概念干扰当前加工过程并造成混乱是非常重要的，不管这些无关概念具有怎样的深度水平。但在当前的应急条件下，一些非同寻常的路径至少应该更有可能被程序"嗅探"出来。

系统是否会为字母 z 的实例附上"字母表顺序最后"的描述，其实很难说。如果它当真这样做了，就会进一步激活"字母表顺序最后"节点，也就是说，系统将其当作了潜在的相关概念。因此，由于"字母表顺序最后"（作为柏拉图字母 z 周围光晕的一部分）被强烈地激活，它的光晕中相邻概念的激活程度也会相应提高，也就是说，代码子（在概率上）会更容易关注到它们。这种相邻概念的一个例子是"字母表顺序最先"，系统现在有可能关注到它，看它是否相关。显然，如果问题中不存在字母 a 的实例，"字母表顺序最先"这一概念就与当前问题完全无关了，因此它会很快失活，重新进入休眠状态。但既然问题中确实有一个包含字母 a 的结构 abc，字母 a 就很有可能会被明确描述为"字母表顺序最先"，差不多就和 xyz 中的 z 被描述为"字母表顺序最后"一个道理。

如果这两个字母都被贴上了相应的描述——这种可能性确实有限，但我们权且这样假设——那它们的显著性都将再进一步提高。事实上，到这一步，a 和 z 几乎已经是喊着要和对方建立映射了。这并不是说系统能预料到这一映射将带来什么伟大的洞见，仅仅是因为这两个字母的显著性都非常高罢了！不过，只要系统迈出了这一步，就能立刻发现这一

概念与类比
模拟人类思维基本机制的灵动计算架构

映射将会带来的好处。特别是，要将 a "等同于" z（即建立一座 a-z 桥），就需要辅以一对概念滑动："字母表顺序最先" ⇒ "字母表顺序最后"，以及 "最左" ⇒ "最右"。

棘手之事：如何克服对深层滑动的阻力

尽管从"字母表顺序最先"到"字母表顺序最后"的深层滑动通常会遭遇强大的阻力（回顾前文引用的格言：优秀的类比总能抓住深刻的东西），当前一些特殊的情况会让这种滑动进行得更容易些：另一个有待实施的概念滑动"最左" ⇒ "最右"与"字母表顺序最先" ⇒ "字母表顺序最后"同属一类——具体而言，它们都是由表征某种极端意义的概念滑向表征相反极端的概念。因此，这两个有待实施的滑动在概念上是并列的，实施其中任何一个都将提高另一个滑动发生的可能性。这一事实有助于系统克服深层滑动通常要面临的阻力。（顺便一提，直到 Copycat 的程序大体编制完成以前，我们都未曾意识到上述微妙之处。那时，程序以一系列不稳定、不成功的表现提示了我们还需为其添加哪些额外的机制。）

在当前情况下，还有一个事实有助于系统克服深层滑动的阻力：如果建桥涉及两个概念滑动，那么不管这两个概念滑动是否并列，都将比只涉及一个滑动的情况更能为桥的创建提供理由。因此总的来说，只要系统试探性地建议创建 a-z 桥，它就有很大的机会真能被创建出来。而只要迈出了这关键的一步，往下的一切就会势如破竹。我们如此细致地关注 a-z 桥的涌现路径，原因正在于此。

锁定一个新观点

在程序创建 a-z 桥以后可能发生的第一件事，就是对温度的固定会被解除。通常情况下，这是由一些新创建的高强度结构导致的，只要它们与先前导致障碍的结构有所区别——换言之，新结构的创建标志着一些

第 5 章　Copycat：关于心智流动性与类比的模型

看待事物的不同方式或许正在涌现——而这座桥就是一个典型的例子。和 Copycat 的大多数操作行为一样，解除对温度的固定也是概率性的。在当前情况下，新创建的结构强度越高，解除的可能性就越大。由于 a-z 桥既是一个新颖的结构，强度又很高，它几乎可以保证解除对温度的固定，这意味着温度会在桥被创建出来后急剧降低。温度一旦降低，程序的决策就会愈发具有确定性，也就是说，系统会倾向于支持新涌现的观点。简而言之，a-z 桥的创建会产生强大的"锁定效应"，这一点十分关键。

这种"锁定效应"的另一种表现是：只要系统创建了第一座涉及同时让两个概念滑向其相反极端的桥，就将大幅激活原本非常深层的概念"相对"。结果，那些由带有"相对"标签的连接串起来的配对概念彼此将更为接近，它们间的滑动也会更加容易。当然，这种滑动不会无缘无故地发生，但它们现在会比通常情况下更好实现。因此，在某种意义上，基于"相对"概念创建的一座桥为创建更多这样的桥奠定了基调，我们完全可以将逐渐涌现的新兴主题"相对"描述为一种"潮流风尚"。

考虑到所有这些因素，创建 a-z 交叉映射最有可能的直接后果之一，是创建 c 和 x 的"镜像"交叉映射。c-x 桥的创建也取决于"最左"到"最右"的滑动，因此被顺利促成了；此外，一旦建成，它对逐渐涌现的"相对"概念就是一种有力的增强。而且，温度也会显著下降，因为这座桥的强度也会非常之高。所有这一切都使得眼下的"锁定效应"非常强大，对当前情况建立一种全新观点的势头已不可阻挡。

至此，一系列"倒置"操作几乎酿成了一场大规模踩踏事故，巨大的压力迫使程序将其对组 xyz 构造方向的知觉从"向右"转为"向左"，这也意味着它知觉到的构造本身从"后继"转为了"前驱"。这样一来，Copycat 对 xyz 的知觉就在空间和字母表顺序上同时倒置过来了，范式转移终于实现。此时程序会对前文提到的原始规则进行转译，得到新规则

概念与类比
模拟人类思维基本机制的灵动计算架构

"用前驱替代最左边的字母"。根据这一规则将生成答案 wyz。

必须强调的是，刚才描述的各式操作——不同关键概念激活程度的变化、深层滑动、相互关联的空间和概念倒置——所有这些在人类头脑中都是瞬间发生的。仅仅通过内省，我们绝无希望理清自己头脑中上述（或任何其他形式的）范式转移的所有细节。事实上，作者花了好几年的时间才得出前文中的解释，这也是迄今为止对相关心智过程真实细节的最佳还原。

范式转移有多难？

先前已经指出，答案 wyz 其实违背了"优秀的类比总能抓住深刻的东西"这条格言，因为"字母表顺序最先"是一个深层概念，但根据这个答案，系统却对它滑向"字母表顺序最后"点了头。不少人之所以无法自己发现 wyz 的答案，就是因为这一点。但是，在将这一答案公之于众后，很多人都能感受到它的美妙之处，对它极为满意。因此，问题 6 就成了一个这样的例子：有时候，一系列压力能使系统克服以上格言所表述的天然阻力，促成一些大胆的操作，产生在许多人看来堪称洞见深刻的类比。

这里有一点很重要，也很讽刺：即使概念滑动的天然阻力与滑动的深度水平往往（也确实应该）成正比，但概念滑动一旦发生，它的稳固程度也往往（也确实应该）与其深度水平成正比。我们相信，所谓创造性突破通常就具有这样的特点。更具体地说，我们认为在抽象水平上，得出 wyz 这一答案的过程与全面涉及相关领域现有概念的"科学革命"（Kuhn, 1970）发生的过程非常类似。

前面讨论问题 6 时，曾谈到不同答案的"微妙水平"。现在我们回到这个话题上来。特别是，我们曾经主张，由于对人们来说找到问题 6 的答案 wyz 要比找到问题 2 的答案 hjkk 困难得多，任何旨在还原心智流动

第 5 章　Copycat：关于心智流动性与类比的模型

性的模型都应该复现这种微妙水平的差异。但如果你比较一下对应这两个问题的柱状图，就会发现程序得到 wyz 的频率要远高于 hjkk（1000 次运行中分别得到 137 次和 47 次）。这就有些矛盾了：不是说 wyz 的微妙水平要比 hjkk 更高吗？我们怎么解释这种意料之外的现象？

要解释这种反差，就需要考虑两个基本因素。其一，问题 6 中有一个障碍，而问题 2 则没有。在解答问题 6 时，Copycat 被迫在"取最右边字母的后继"以外寻找其他方案，因为原本最直截了当的路径行不通。相比之下，解答问题 2 时所有表面上富有吸引力的路径都能直接引向某个答案，程序采用任一路径都能相当顺利地获得自然的解答。如果所有这些简单的路径（或其中大部）都被封死，那最后得出的答案中 hjkk 的占比当然就将大幅提升。

其二，得到不同答案所需的平均时长（以参与运行的代码子数量衡量）是一个重要的指标。这个因素不怎么直观，因为平均运行时长不巧并未显示在柱状图中。Copycat 对问题 2 得出答案 hjkk 的过程基本上总是相对直接的，不会涉及回溯，也不会在什么循环中兜一阵圈子。确切地说，每次得到答案 hjkk，参与运行的代码子数量平均为 899 个。相比之下，针对问题 6，每次得到答案 wyz，参与运行的代码子数量均值高达 3982 个——也就是说，要得到 wyz，系统的平均运行时长几乎是它得到 hjkk 时的四倍。这是因为程序会像被困在车辙里一样，反复地回到看待 xyz 的标准方法上来，于是一次又一次地撞见"寻找 z 的后继"这个障碍。而在每次幸运地实现双重倒置前，程序通常已然尝试过一大串无效路径了。如果用运行时长来衡量的话，对 Copycat 而言 wyz 就是一个极为难得的答案，而得到 hjkk 则要简单得多了。总而言之，就和我们所预期的一样，对程序来说，wyz 的"微妙水平"是 hjkk 无法比拟的。

概念与类比
模拟人类思维基本机制的灵动计算架构

总结：Copycat 机制的通用性

系统扩展的关键问题

前文曾经提到，我们开发 Copycat 程序时的构想，是确保其无需以任何必要的形式依赖于当前微领域的，甚至类比活动本身的某些特定方面。相反，Copycat 的核心设计意图是为富有洞见的认知从流动性概念中涌现的过程建模，其核心关注是压力如何导致概念滑动。

因此，关于系统架构的关键问题之一，是它是否真的独立于当前的微领域，和它目前致力于解决的小问题。如果程序的有效性受制于当前柏拉图概念集相对较小的规模，以及一个典型问题所含概念数量的相对有限性，那说它独立于当前微领域就不合适了。但是，从 Copycat 项目的构想阶段开始，我们已经采取了所有的措施，确保即使放大其工作领域或问题空间的范围，程序也不会陷入"组合爆炸"的泥潭。在某种意义上，可以说 Copycat 将真实的类比活动"漫画化"了。问题是，怎样使一幅漫画忠于事实？如何恰当地构建一个可扩展的认知模型？

灰色地带与心智之眼

不同于狭隘而有序的人工领域，在现实世界中，万事万物本质上是没有边界的，而真正的认知过程面临的就是这种处境。看起来，要搭建某种认知架构，只有两条路可选：要么事先人为地将所有情况限定为一套规模较小、边界清晰的形式化数据结构，这样程序就能凭借"蛮力"加以处理，要么把这些活计留给计算机来干——意思是，使用一个基于启发式的架构，如此一来，在每次运行伊始，计算机就能清楚明白地区分当次运行需要用到的，以及不需要用到的概念、路径和方法，而且这种区分一旦做出，就是不可撤销的。我们可能会认为这两种策略间不存

第 5 章　Copycat：关于心智流动性与类比的模型

在什么缓冲地带：不是将每一种可能性都纳入考量（"蛮力"策略），就是必须先验地选择某些方向，而放弃另一些（"启发式"策略）。

唯一的解决是引入"灰色地带"，也就是说，概念、事实、方法、对象等不再是非黑即白的，而是具有不同的灰度——事实上，这种灰度会依时而变。乍一看，这似乎是不可能的。一个概念怎么可能只被部分地唤醒呢？一个事实怎么可能既不被完全忽略，也不被完全关注呢？一种方法怎么可能仅仅"在某种程度上"被使用呢？一个对象怎么可能既不在"当前情况中"也不在"当前情况外"呢？

既然我们相信这些关于"灰度"的问题是为心智建模的关键所在，就应该进一步探讨它们。人类的认知流动性有一种很特殊的性质，那就是对一个问题的解答——包括许多非常普通的解答，当然尤以那些最为天才的想法为甚——似乎经常来自与对问题的最初设想相距非常遥远的地方。这是因为问题——或推而广之，现实世界中的情况——从来没有明确的定义：当一个人身处或听闻一个复杂的情况时，他通常不会有意识地注意到什么在情况"中"，什么又在情况"外"。这种事情几乎总是模糊、内隐和依赖直觉的。

我们可以借"心智之眼"这一隐喻，将考虑抽象情况的过程比作视觉感知物理场景的过程。和一只真正的眼睛一样，心智之眼的视野范围是有限的，它无法同时关注几个事物，更不用说大量事物了。因此，一个人必须选择让心智之眼"望向"哪里。当他判明当前情况的核心，并将关注投向它时，只有少数居中的事物才位于清晰的焦点，越是靠近外围，事物就越是难以辨明，而对边缘处的许多东西，他就只能模糊地意识到了。最后，根据定义，视野以外的任何东西都完全位于当前情况以外。因此，不论是从它们本身的清晰程度，还是从人们对它们的觉知程度上来看，心智之眼中的"事物"都显然具有不同的灰度。

我们故意使用了非常模糊的"事物"一词，旨在将抽象的柏拉图概

概念与类比
模拟人类思维基本机制的灵动计算架构

念和具体的特殊个例都囊括进来——实际上,我们是要模糊抽象概念与具体个例的边界,因为它们之间没有一成不变的区别。为了更清楚地说明这一点,我建议你回顾一下水门事件,这是一个非常复杂的情况。回顾时你会注意到(如果你对水门事件还比较了解的话),各种不同的事件、人物和主题以不同的清晰程度和强度漂浮在你的脑海之中。你还可以让回顾更具体些,将注意力转向参议院特别委员会,并试着想象组成该委员会的每一位议员:如果你当年在电视上观看了听证会,有些议员的形象就会在脑海中非常生动地冒出来,而另一些则相对模糊不清。当你试图在大脑中"回放"那场听证会时,涉及的不仅有柏拉图式的抽象概念,如"议员",还有许多议员的个例,作为心理存在,它们状态各异。不用说,任何在电视上观看过水门事件听证会的人的记忆中都充满了抽象程度各异的柏拉图概念(从"弹劾",到"掩盖",再到"辩护",再到"证言",再到"碎纸机")和复杂程度各异的具体事件、人物及客体[从"星期六晚上的大屠杀"到最高法院,从莫林·迪恩(Maureen Dean)到臭名昭著的"18分半空白"(18½ -minute gap),再到"秽语的省略"(expletive deleted)甚至是萨姆·欧文(Sam Ervin)的木槌——他用它维持每一场委员会会议的秩序]。当人们关于水门事件的记忆被唤起,心智之眼对"场景"的扫描就将改变所有这些"事物"作为心理存在的程度和状态。

请注意,在前一段中,我们提到的所有"事物"都经过了精心的挑拣,这样读者——至少是那些对水门事件记忆犹新的读者——会不假思索地认同它们确实是水门事件的"一部分"。然而,现在想想下列"事物":英国、法国、共产主义、社会主义、越南战争、六日战争、华盛顿纪念碑、纽约时报、斯皮罗·阿格纽(Spiro Agnew)、爱德华·肯尼迪(Edward Kennedy)、霍华德·科塞尔(Howard Cosell)、吉米·霍法(Jimmy Hoffa)、弗兰克·辛纳特拉(Frank Sinatra)、罗纳德·里根、美国劳工联合会—产业工会联合会(AFL-CIO)、通用电气、选举人团、大学学位、哈佛大

第 5 章　Copycat：关于心智流动性与类比的模型

学，直升机、钥匙、枪、传单、透明胶带、电视、录音机、钢琴、保密、会计、忠诚，等等。它们中哪些能被毫无争议地归为"在水门事件之中"，哪些又显然"在水门事件之外"？想要划出一条清晰的界限，显然是可笑的。我们只能被迫接受这样一个事实：要让一个心智模型忠于现实，就必须能为作为心理存在的所有具体对象和个例，以及所有抽象的柏拉图概念赋予不同的存在状态，即"灰度"——当然，这种存在状态还须做到依时而变。

和真正的眼睛一样，心智之眼也会被在边缘闪烁的东西吸引，因而转移关注。此时，一些先前未予关注的"事物"就会进入视野，有些最终还会成为人们关注的焦点。这就引导我们回到了人类认知流动性的特殊性质上来（有时最初未被觉察的概念最终会成为解决问题的关键），并向我们揭示了这种流动性与上述一系列"灰度"问题之间的紧密关联。

Copycat 在"灰色地带"的探索策略

在上一小节开始时，我们曾提到一些与"灰色地带"有关的问题，现在回顾一下：一个概念怎么可能只被部分地唤醒呢？一个事实怎么可能既不被完全忽略，也不被完全关注呢？一种方法怎么可能仅仅"在某种程度上"被使用呢？一个对象怎么可能既不在"当前情况中"也不在"当前情况外"呢？这些问题的意义不仅局限于修辞方面：事实上，正是为了应对它们提出的挑战，Copycat 的概率架构才得以设计出来。

Copycat 的架构与依靠蛮力的架构的共同之处在于，由始至终，每一个可能的概念、事实、方法和对象（等等）在原则上都是可用的。⊖ 同

⊖ 请注意，不是说每一个人类可想象的概念都是程序可用的，在单次运行过程中，Copycat 原则上可用的概念仅限于（休眠中的）系统概念库。程序无法使用那些未包含在其概念库中的概念，也就是说，它们不可能"超越自己"。这并不是一个缺点，只是所有有限的认知系统（包括人类心智）都无法避免的一个事实。换言之，如果这个特点是 Copycat 的一个缺陷，那它也是 Copycat 和人类心智所共有的一个缺陷。

概念与类比
模拟人类思维基本机制的灵动计算架构

样，它与依靠启发式的架构的共同之处在于，在所有这些可用的概念、事实、方法和对象（等等）之中，每一时刻都只有一小部分会被高度激活并纳入考量，绝大多数实际上处于休眠状态，其余数量居中的则浮动在两种状态之间。换句话说，Copycat 架构的几乎所有方面都带有灰度，而不是界限分明、非黑即白的。具体而言，激活水平（这是一个连续值，而不是一个二进制的开/关状态）是赋予滑动网络灰度的机制，而显著性和迫切度则分别在工作空间和代码架上扮演类似的角色。这还只是所有"灰度机制"中的三个例子，整套机制存在的理由就是应对前述系统扩展问题。

266　　一个像这样带有灰度的架构具有十分诱人的特质：虽然所有概念、对象或探索路径在运行过程中都不会被严格、完全地排除在外，但在任一时刻，系统也只会集中关注它们中的一小部分。然而，"注意探照灯"在新的信息和压力影响下很容易偏转方向，这样，一些原本在先验上极不现实的概念、对象或探索路径也会被严肃地纳入考量。

下面，我们总结了 Copycat 架构的一系列机制，作为引入"灰色地带"的不同方法。术语"灰度"表明该范畴不是二进制的、非黑即白的，通常每一个实例的状态都由一个或多个实数，而非简单的"开/关"代表。术语"动态"则表明其作为心理存在的状态——即"灰度"——可依时而变。

滑动网络的灰色地带

- 柏拉图式概念的存在状态：灰度，动态（借由动态调整激活水平实现）
- 概念的邻近性：灰度，动态（借由动态调整连接长度实现）
- 激活向邻近概念的传播：灰度，动态（产生"概念光晕"）
- 节点的概念深度：灰度
- 概念激活的消退速率：灰度（由概念深度决定）

第 5 章　Copycat：关于心智流动性与类比的模型

- 抽象主题的涌现：灰度，动态（体现为相互关联的、代表深层概念的节点的稳定激活模式）

工作空间的灰色地带

- 任意对象的描述的数量：灰度，动态
- 各个对象的重要性：灰度，动态（体现为滑动网络中相应描述符的激活水平）
- 各个对象的不幸感：灰度，动态（由它们与更大规模结构的整合程度决定）
- 对象的存在方式：灰度，动态（由显著性水平的动态变化表现）
- 结构的非确定性：灰度，动态（由动态强度的动态变化表现）

与代码架相关的灰色地带

- 不同路径的"前景"水平：灰度，动态
- 压力的涌现：灰度，动态（借由代码子的迫切度和代码架构成成分的变化实现）
- 冒险的意愿：灰度，动态（由温度表现）
- 确定性及非确定性探索模式的混合：灰度，动态
- 并行及串行探索模式的混合：灰度，动态
- 自下而上及自上而下的加工的混合：灰度，动态

Copycat 还有一个更加微妙的灰色地带，不在架构的任何单一组件中存在。它与以下事实有关：随着时间的推移，层级更高的结构逐渐涌现出来，它们引入了新的、意想不到的概念，开启了新的、意想不到的路径。换句话说，随着运行的推进，程序的视野逐渐拓宽，将新的可能性囊括近来，而且这种现象具有"自举"的特性：知觉过程和组块机制产生新对象或新结构，而后同样的知觉过程和组块机制又对这些新的对象或结构起作用。这是一个复杂性呈螺旋上升的过程，在一定的意义上，仿佛是"无中生有"地产生抽象程度越来越高的事物。它让 Copycat 的架

概念与类比
模拟人类思维基本机制的灵动计算架构

构具有了某种基本的不可预见性或"开放性"（Hewitt, 1985），而对那些冻结表征的架构来说这是不可能的。这种动态不可预测性的成分构成了上述"灰色地带列表"的重要补充。

不可预测的对象和路径的动态涌现

- 创建意料之外的高层知觉对象和结构
- 在先验上不可预测的潜在探索路径的涌现（借由创建抽象水平越来越高的新结构实现）
- 创建规模更大的观点
- 不同高层结构间的竞争

从设计意图来看，上述几个列表中的任何机制都与当前 Copycat 能够处理的情况的范围，或当前 Copycat 柏拉图式概念库的大小无关。此外，请注意，它们与 Copycat 工作领域的主题，甚至与类比任务本身都没有什么联系。然而，这些机制及在此基础上涌现的后果——特别是压力的混合与并行阶梯扫描——才是 Copycat 真正的灵魂。这也增强了我们对 Copycat 架构具有认知通用性的信心。

前言 6
两种关于类比的早期人工智能研究方法

在接下来的一章里，我们会对比 Copycat 和近期的，特别是近十年来的一些类比模型。不过，我觉得先行讨论早年间两种关于类比的研究方法将十分有趣且有益。

托马斯·埃文斯的 ANALOGY

托马斯·埃文斯的程序 ANALOGY 是早期类比计算模型中最为著名的例子（Evans, 1968）。程序采用了那个年代的常规做法——专门处理一个相当雅致的微领域。埃文斯选择的是几何类比问题，这种问题常见于传统智力测试，大致采取这样的形式："A 之于 B 就好像 C 之于 1、2、3、4，还是 5？"其中每一个字母或数字都代表一个由少量相互关联的几何形状构成的图形（比如说，在一个大的正方形上方有一个小三角形，而大正方形的中间有一个点）。图形 A 经某种简单变换，如移动、删除或替换其中一个对象，就能得到图形 B。程序面临的挑战是对图形 C "做同样的事情"，这样就能得到由数字代表的五个图形中的一个。ANALOGY 和 Copycat 不同，它不产生答案，而是从五个选项中选择。程序会检查各个选项，然后对它们进行排序。虽然只需要检查五个图形，因此搜索很难谈得上有多么彻底，但它还是体现了 ANALOGY 架构背后的哲学：它依赖对系统原始计算能力的确定性使用。

在我看来，埃文斯的早期研究和近来几乎所有类比建模工作都有两点显著的不同。首先，针对每一个问题，ANALOGY 都会创建其中八张图片的表征。虽然不可否认，这些表征并非源于逐像素地扫描每一张图片，而是从一组描述直线、曲线和点的 Lisp 数据结构中获得的，但尽管如此，我们还是能够清晰地看出：埃文斯试图将一种原始的视觉或知觉加工与更具概念性的映射行为结合起来。不幸的是，在他的程序中，类比的这两个方面在时间上是完全分开的：知觉是完全先于映射的一个阶段，程序也无办法根据在映射阶段所做的观察返回并撤销知觉阶段的决定。尽管如此,针对这两个过程的建模都是相当明确的,这种策略极具前瞻性,只是不知何故在后续研究中被搁置了而已。

埃文斯的研究第二个值得注意的方面是,他的模型并未将类比作为一种解决问题的"撒手锏"。最新的研究则不然:很多人都认为,根据定义,类比关于什么以及能做什么几乎是不证自明的公理,不存在什么争议。事实上,"类比推理"被大多数论文和书籍用作标准术语,它揭示了人们对类比的偏见:将其视为推理的工具,而非纯粹的理解过程的基础。今天,人们几乎完全忽视了以下观点:我们之所以总是依据其他情况看待当前情况,仅仅是因为这是我们身而为人的天性,而不是因为我们想要解决某些问题。

我当然不会说埃文斯的程序是人类类比行为的一个完全的、深刻的模型。在许多方面,它其实都非常粗浅。ANALOGY 几乎没有对概念的表征(相比之下,这是我们开发的模型的核心),其涉及的"滑动"也只有那么一点点。这基本上是一个刻板的、依靠蛮力的、决定性的、串行的架构。埃文斯从未吹嘘他开发的是一个认知模型,虽然可能有人会这么认为。(在那个时代,几乎没有人想过一个成功的人工智能程序和一个好的认知模型之间有何差别。)但是,虽然有这样那样的缺陷,埃文斯的程序还是作为一个有趣的类比模型而熠熠生辉,部分原因在于由他开创的许多有趣的想法一直无人真正跟进。

沃尔特·雷特曼的 Argus

我认为值得一提的另一个早期类比模型——实际上,它比 ANALOGY 还要早——是沃尔特·雷特曼(Walter Reitman)开发的 Argus。这是一个于 20 世纪 60 年代早期开发的计算机程序,它在相当程度上批判了著名的"通用问题解决模型"所具有的刻板性。关于这个研究的所有资料,

概念与类比
模拟人类思维基本机制的灵动计算架构

包括它的背景和基本哲学理念可见雷特曼的著作《认知与思维》（*Cognition and Thought*）（1965）。

开发完成后，Argus 只能解决最简单和最无趣的"类比问题"（如雷特曼所称）。奇怪的是，这些问题也有智力测试的味道，只不过它们是言语的而非几何的。雷特曼引用了 Argus 已经解决的两个问题，其一是："bear : pig :: chair : {foot, table, coffee, strawberry}"——意思是："'熊'（bear）之于'猪'（pig）相当于'椅子'（chair）之于什么？"大括号中是答案的四个选项。雷特曼想要得到的答案简单直接得令人惊奇——是"桌子"（table）。他的理由很简单：正如"熊"和"猪"共享一个上位概念（即"动物"），"椅子"和"桌子"也共享一个上位概念（即"家具"）……然后没了！请注意，对这类基于单个单词的"类比问题"，程序无需在工作空间中创建动态的知觉结构；它只需要一个静态的概念库，且存储其中的概念间存在静态的相互关系即可。例如，在本例中，关于熊和猪这两种动物本身，程序不需要了解什么，它也确实不了解什么。它所知的只是"熊"和"猪"这两个词都通过一个上位连接与"动物"一词相关联。可见，将英文单词与熟悉的事物挂钩，会让我们产生一种感觉，仿佛能正确使用这些单词的系统具备关于现实世界的知识。众所周知，这种感觉具有欺骗性，当然雷特曼从未试图声称他的程序"理解"自己正在处理的，或似乎正在处理的概念。

Argus 解决的另一个问题是："hot: cold ::tall: {wall, short, wet, hold}"。雷特曼只引用了这两个问题，可见他的程序在解决"类比问题"方面并没有什么令人印象深刻的表现。但是，Argus 真正引人瞩目之处不在于其实际表现，而在于其极具前瞻性的架构，这个架构的灵感很大程度上来源于赫布式的"细胞集合"（cell-assemblies）及其内在并行性（Hebb, 1948）。雷特曼对简单直接的"通用问题解决模型"十分反感——这个理想化的模型不受干扰，也不会分心，这点和人类不一样。雷特曼对人类认知这些"不完美的"方面深感兴趣，想要为它们建模。他之所以对心智采用并行加工的视角，原因就在于此，而当时几乎没有任何模型是基于并行加工创建的。这是大胆而革新的一步。尽管多次强调自己的程序不应视作神经水平的认知活动的模型，但雷特曼还是一次又一次地提及"细胞集合"的概念，这些细胞集合会"激活"并向其他细胞集合发送信号，这样就在一个"超神经水平"，甚至也许是概念水平实现了某种激活传播。

Argus 的核心涉及一个试图执行给定任务（例如"类比问题"）的串行过程和一个以并行方式传播激活的语义网络之间的相互作用。极不严格地说，这种相互作用可映射至 Copycat 中的交互，后者发生在工作空间中处理问题的代码子和滑动网络及其不断传播的激活之间。在 Argus 中，高度激活的节点会将某种动态的偏向性引入正在执行给定任务的串行过程之中。

Argus 开发者的先见之明还表现在，他（至少在原则上）极为排斥将人类建构的固定表征输入一台"映射引擎"中的想法。雷特曼通过引用范例问题"Sampson : hair :: Achilles : {strength, shield, heel, tent}"指出，只需意识到参孙（Sampson）和阿基里斯（Achilles）都是人，头发（hair）和脚踵（heel）都是人的身体部位，就能答对这个问题。这是一种方法，足以让系统将 heel 选作答案。然而，人类解题者通常会有一个更为复杂，同时也更为典型的解决方案，它会考虑参孙和阿基里斯作为个体的具体事实——即，参孙被剪掉了头发，因此失去了力量；阿基里斯被射穿了脚踵，因此失去了力量。这样一来，参孙的头发就和阿喀琉斯的脚踵共享了"容易遭受环境负面影响的主要弱点"这一描述，尽管先验地看，在任何系统中都不太可能发现这么抽象的描述。如果在问题被输入前，这样的概念就明确存在于语义网络中了，那么这个问题解决起来当然就和"hot : cold"问题一样简单了。雷特曼明确指出了这一点，他直截了当地说："这就是问题所在……Argus 发现一个问题并不比另一个更难，这是因为当我们将这两个问题输入系统时，它们在形式上是一样的。"雷特曼清楚地认识到，只有一个程序能够动态地创造出这样的概念，我们

概念与类比
模拟人类思维基本机制的灵动计算架构

才能说它在科学上"真正有趣":"如果 Argus 现在解决了'Sampson:hair'问题,那也不是因为**程序中**含有什么智能行为的能力,而仅仅是因为先行应用了人类智能,将信息预编码为某种具有特殊用途的形式……但这样一来,我们就忽略了那些在心理学上真正有趣的问题。"(强调部分如原文。)这一切似乎是不言而喻的,但雷特曼之后的研究却基本忽略了他的观点。

尽管对 Argus 的开发一直停留在早期阶段,但这个程序的灵感在很大程度上源于思考人类如何着手解决不良定义的"问题",如创作一首乐曲。而吸引雷特曼的显然是一个非常宏大的目标,那就是为这类活动建模。实际上,通过记录当事人的出声思维,他的书中最有趣的一章就对一位(没有透露姓名的)专业作曲家创作赋格时的(至少是有意识的)心智过程进行了细致的描述。高层抽象原则和低层音符结构的持续交互反映了自下而上和自上而下的加工过程的混合,而这显然就是雷特曼对易受干扰且可能分心的并行系统基本逻辑的见解。

时至今日,许多研究愈发讲求实效,更关注如何为问题解决等实际活动建模(我们将在第 6 章中举一些例子,但这种趋势涉及的范围要大得多)。雷特曼的研究在这一点上不太一样:其艺术和美学动机相当深刻。在他书中的许多地方,人们都可以找到对一些常被认为是"毫无意义"的活动的探讨,如谜语、游戏、解题、创作笑话和音乐等。雷特曼的态度与如今许多注重简单实用的研究者的态度形成了鲜明的对比,后者似乎认为,如果评价一个类比问题的答案只能通过诉诸艺术品味或个人审美,那这个答案就过于主观,无法加以科学讨论,为得到这类答案而专门建模也不值得了。事实上,普通的数学或科学研究与一流的数学或科学研究之间的差异,往往就在于这些无形的、美学的决定,而这些反对者却没有认识到这一点,因为要承认科学本身就建立在不良定义的模糊基础之上,高度仰赖人们对美、优雅、对称……的识别和评判,显然会让他们感到不适。正是对思维活动这种难以捉摸但又极为关键的方面所

前言 6　两种关于类比的早期人工智能研究方法

怀有的强烈兴趣，推动雷特曼塑造了 Argus 背后的哲学，这也正是我们为 Argus 未能更进一步而感到如此遗憾的原因。

有趣的是，Copycat 看似融合了这两个早期类比模型。如果你采用 Argus 的架构方向，与 ANALOGY 整合知觉加工和映射的理念相结合，并将这一切置于一个优雅的微领域中运行，就能得到一个有点类似于 Copycat 的东西。

第6章

—— 看待 Copycat 的不同视角：与新近研究的比较

麦莱尼亚·密契尔
侯世达

概念与类比
模拟人类思维基本机制的灵动计算架构

如何评价 Copycat？

275　　我们该如何评价上一章中 Copycat（在"树木水平"以及"森林水平"）的表现？毫无疑问，评价其效度的最终标准，一定是程序的表现是否符合人类类比行为的普遍特点（我并不是说要对程序和人在相同问题上的表现进行数值上的精确比较，因为正如前文反复强调的那样，我们的目标并不是在这个特定的微领域中精确模拟人类的行为）。不过，对我们工作成果的评判还有，而且也应该有另外一个角度，那就是用 Copycat 对比其他程序。因此，我们要先行描述一系列相关研究。

　　在人工智能和认知科学领域，许多研究者都在为创建类比行为的计算模型而殚精竭虑。现有模型主要针对问题解决使用类比推理。大多数模型致力于在源问题（已知解）和靶问题（待求解）之间建立映射，它们会将源问题和靶问题中的不同对象、描述和关系以现成和固定的形式表征出来，再将其输入程序。少有其他计算机模型（如果有的话）像 Copycat 那样关注如何为源问题和靶问题的情况建构表征，以及该建构过程如何与映射过程彼此交互。同样，少有其他模型（如果有的话）致力于解决以下问题：为应对加工过程中涌现的压力，先前未被考量的新概念是怎样被引入，又是如何被程序视为相关的。简而言之，在我们有所了解的范围以内，目前没有任何一个类比计算模型能像 Copycat 那样将高层知觉、概念和概念滑动整合起来。

276　　接下来，我们将不会对类比的计算机模型进行广泛的调查，而是只关注两个与我们的研究相关的项目。（对其他许多模型的描述可见 Hall, 1989 和 Kedar-Cabelli, 1988b。）而后，我们将讨论 Copycat 在一系列心智计算模型——从高级符号模型到低级亚符号模型——中的位置。（与相关研究的进一步比较可见 Mitchell, 1993。）

第 6 章　看待 Copycat 的不同视角：与新近研究的比较

SME：结构映射引擎

在认知科学对类比活动的研究中，心理学家戴德拉·根特纳的工作也许是最有名的。针对类比映射，她提出了"结构映射理论"（Gentner, 1983），并与同事们一起为这个理论开发了计算模型：结构映射引擎（Structure MappingEngine），或 SME（Falkenhainer, Forbus, & Gentner, 1990）。结构映射理论描述了从源情况到（某种不太熟悉的）靶情况的映射过程。关于真正的类比映射，该理论给出了两个定义标准：（1）映射匹配的是对象之间的关系，而不是对象的属性；（2）那些作为连贯、互连的系统之一部分的关系，在映射中优先于那些相对孤立的关系（"系统性"原则）。根特纳对类比的定义实际上是以这些性质为前提的。在她看来，诸多类型的比较（comparison）构成了一个连续体：类比是一种只映射系统关系的比较，而同时映射属性和关系的比较是一种字面的相似，而非类比。

图 6-1 展示了根特纳为类比活动举的一个例子（摘自 Falkenhainer, Forbus, & Gentner, 1990）。通过在"水从烧杯经管道流入小瓶"和"热从杯中咖啡经金属棒传递至冰块"之间建立关联，展现了"热流就像水流"这一观点。

根特纳等人用谓词逻辑表征这两种情况，如图 6-2 所示。

这里面的道理是，左边的因果关系树（代表烧杯中更大的压力迫使水经由管道流向小瓶）是一个系统结构，因此可映射到"热流情况"，而其他事实（"烧杯的直径大于小瓶的直径""水是液体""水面是平的"等）都无关紧要，应忽略不计。理想情况下，映射应该存在于压力和温度之间、咖啡和烧杯之间、小瓶和冰块之间、水和热之间、管道和金属棒之间，以及（更为明显的）流动和流动之间。一旦建立了这些映射，就可

概念与类比
模拟人类思维基本机制的灵动计算架构

以通过类比左边的因果结构来推测右边的情况中热流的诱因。根特纳声称，如果人们认识到这个因果结构是当前类比中最为深刻、各部分关联最为紧密的系统，他们就会优先基于该结构建立映射。

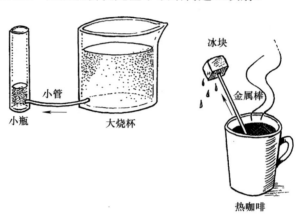

图6-1 两种现实情况的图示，SME会在二者之间创建映射。左图为水在液面高度不同的两个容器之间流动；右图为热在温度不同的两个物体之间流动。

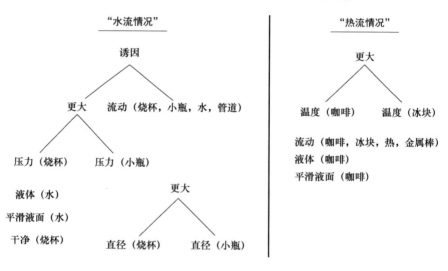

图6-2 上图所示两种情况的谓词演算表征

根特纳就类比质量的判断给出了以下标准（其中一些可能相互冲突）：

第 6 章 看待 Copycat 的不同视角：与新近研究的比较

- 清晰度——衡量哪些事物映射到哪些其他事物之上的清晰程度；
- 丰富度——衡量源情况中有多少东西被映射到了靶情况；
- 抽象性——衡量被映射的事物有多抽象，"阶"代表特定属性或关系的抽象程度：属性（如上例中的"平滑液面"）具有最低的阶，其实参为对象或属性的关系（如上例中的"流动"）具有的阶会高一些，其实参亦为关系的关系（如上例中的"诱因"）具有的阶还要更高；
- 系统性——衡量被映射的事物在多大程度上属于一个连贯、互连的系统。

为该理论开发的计算模型（SME）会接受两种情况的谓词逻辑表征（如图 6-2 所示），在这两种情况的对象、属性和关系之间建立映射，然后根据这个映射进行推论（比如"咖啡更高的温度迫使热从咖啡流向冰块"）。程序关于这两种情况的知识仅由它们的句法结构构成（如上图中表征"水流情况"和"热流情况"的树状结构）；它对这两种情况涉及的任何概念都一无所知。换言之，程序没有包含水、液体、热量、流动甚至物理对象的任意事实的先验结构，所有加工活动都只会基于两个给定表征的句法结构的特点进行。

SME 会首先使用一组"匹配规则"（预先编制后输入程序），建立对象之间（如"水"和"热"）以及关系之间（如水的"流动"和热的"流动"）所有"合理"的配对。典型的匹配规则是："如果两个关系具有相同的名称，则对它们进行配对""如果两个对象在两个已配对的关系中扮演相同的角色（也就是说，它们作为实参具有相同的位置），则对它们进行配对""对任意两个函数谓词进行配对"（例如"压力"和"温度"）。然后，它会根据以下因素给每一个配对打分：配对的两个事物是否同名？它们是什么类型的事物（对象、关系、函数谓词，等等）？它们是系统结构的一部分吗？匹配规则并非确定的，具体为程序输入哪一套规则决定了允许实现的配对类型和它们的分数高低。

概念与类比
模拟人类思维基本机制的灵动计算架构

一旦建立了所有可能的配对，程序就会将所有彼此一致的配对组合在一起，尝试形成尽可能大的集合（或"全局匹配"）。"彼此一致"在这里意味着每个元素只能匹配另一个元素，而且只有当两个成对元素（如"温度"和"压力"）的所有实参在全局匹配中也彼此配对时，这两个元素的配对才能被纳入全局匹配。这种一致性确保了（根特纳所说的）"清晰度"，而尽可能扩大集合的规模则导致了对"丰富度"的偏好。在所有可能的全局匹配形成之后，系统会根据每个匹配的构成、它所建议的推论，以及它的系统性程度为它评分。根特纳与同事们还就程序和人对不同类比的评分进行了比较（Skorstad, Falkenhainer, & Gentner, 1987）。

Copycat 和 SME 的共性

Copycat 模拟的类比活动与根特纳理论的几个方面存在共性。我们赞同她有关"系统性"的主要观点：通常情况下，某种情况的本质——即应该建立映射的部分——是一个高层的、连贯的整体，而非仅仅是一系列彼此孤立的低层事实。在 Copycat 中肯定存在一种趋向"系统性"的压力，这种压力本身又是从一系列压力中涌现出来的：

- 来自代码子的知觉字母串内部的关系和分组的压力；
- 抽象地看待事物的压力（这种压力本身源于程序偏好使用具有更大概念深度的描述，以及概念深度越大则激活存续时间越长的趋势）；
- 以关系和角色描述字母串如何变换的压力，因为一般而言关系和角色要比单纯的属性更深刻（比如说，在为 abc ⇒ abd 这一变换制定规则时，对 d 更好的描述通常是"最右边字母的后继"，而不是"d 的一个实例"）；
- 更大的关联结构（比如说，由一整个字母串构成的组）具有更强的显著性，这让它们更容易受到代码子的关注，从而被映射；
- 较大的关联结构（如整串组）之间的关联具有较高的强度：这种

第 6 章　看待 Copycat 的不同视角：与新近研究的比较

　　关联之所以强，不仅是因为它们包含更大的结构，而且是因为它们建立在许多概念映射的基础之上；
- 趋向于建立一套可兼容的关联的压力，这些可兼容的关联一并构成了系统连贯的"世界观"；
- 系统在整体上趋向于尽可能地降低温度，这推动了针对当前情况的多层深度知觉结构的建立，以及某种抽象的、概念上较为深刻的观点的成型。

　　根特纳关于何谓"好的"类比的四点标准抓住了一些重要的东西，相应的压力也可见于 Copycat：我们禁止做一对多或多对一的映射，除非先行将"多"归为一组，这构成了实现"清晰度"的压力；Copycat 偏好拥有多个关联，每个关联可包含多个概念映射，这构成了实现"丰富度"的压力；至于实现"抽象性"和"系统性"的压力，我们上面已经讲到了。但请注意，根特纳基于句法对"抽象"的定义（也就是一个关系的"阶"）与 Copycat 中"概念深度"的概念又有很大的不同。概念深度并非根植于句法［事实上，"概念深度"最初的名称是"语义值"（semanticity values）］，而是手工分配的，有时一些根特纳可能称之为"属性"的概念也会具有相当高的深度（如"字母表顺序最先"，它可以看作字母 a 的一个属性）。

Copycat 与 SME 的差别

　　尽管有上面的一系列共同点，但在一些基本的问题上，我们所采用的方法与根特纳的还是存在差别。不仅如此，Copycat 对类比活动一些最为重要的方面进行了处理，而根特纳的理论和计算模型则没有。

　　根特纳的"抽象性"和"系统性"原则抓住了类比活动一些重要的特点，但类比通常还涉及别的压力，来自一些表面的和抽象的相似性：它们不属于系统性的整体，但在对注意资源的竞争中还是很有实力。在 Copycat 微领域中的一个例子是第 5 章中的问题 2：

概念与类比
模拟人类思维基本机制的灵动计算架构

aabc ⇒ aabd; ijkk ⇒ ?

根据"抽象性"和"系统性"原则，程序或许会给出答案 ijll，这是因为首先，描述两个 a 和两个 k 的"相同组"标签只是一个**属性**；其次，这些标签并未关联于相应的字母串中的后继关系所构成的关系集，因此根据"系统性原则"，程序应该忽略它们，而不是为它们建立映射。但是，正如上一章提到的那样，许多人都会觉得这两个组无论如何都应该相互映射，最好的答案应该是 hjkk，虽说这样一来，他们似乎就先入为主地否定了结构映射理论。类比活动涉及不同观点间的竞争，谁都没法预见性地断言具有（根特纳所说的）最高系统性水平的映射就一定具有最高的质量（表现为最低的平均最终温度）。

根特纳的理论还有一个问题：对于任意一种复杂的情况，都有很多可能的关系集能够表现出系统性，因此单纯基于句法结构，我们无法确定应该考虑哪些关系集之间的映射，而放弃其他。比如说，假设前面提到的"热流情况"中含有以下关系（见图 6-3）：

图 6-3　一个让问题变得更加复杂的因素，可添加至图 6-2"热流情况"的谓词演算表征中。

如果只看句法结构，我们没有理由在建立映射时偏爱与温度有关的结构。如果程序选择了这个结构，就会形成错误的类比：体积差会导致热的流动，正如压力差会导致水的流动一样。在"温度"和"热"之间不存在语义连接，程序因此不会对温度在热流现象中可能扮演了某种角色产生怀疑。在结构映射理论中，语义连接是不起作用的。但是，正如本例所显示的那样，单纯的句法连接并不足以决定哪些事实与系统性的整体相关，哪些又是无关、孤立的。

第 6 章 看待 Copycat 的不同视角：与新近研究的比较

相比之下，在 Copycat 中，决定关注哪些事物、建立哪些映射的机制确实涉及语义：程序会根据对字母串中实例的知觉，激活滑动网络中对应的概念，并将激活传播给相关的概念；在"哭着喊着求关注"的对象之间，以及关于对象的不同描述和对象间的不同关系之间存在激烈的竞争；此外，程序还拥有关于概念深度的先验观点。对 SME 来说，不仅对应每一种情况的各个属性和关系都是预先安排好的，而且程序对于它们的相关性差异也没有什么概念：类比会用到哪一个属性或哪一个关系完全取决于连接它们的句法结构。相比之下，对 Copycat 而言，一切都不是非黑即白的：特定情况下的不同概念具有相关性差异和"灰度"（表现为概率，是滑动网络中相应概念不同激活水平的函数），程序会在描述某种情况时引入需要使用的概念。这反应了它的基本精神，因为 Copycat 模拟的是对不同情况的解释、对不同情况的类比，以及上述两个过程如何彼此交互。

根特纳和同事们秉承这样的理念：解释阶段和映射阶段可分别建模。实际上，这两个阶段也确实有独立的"模块"。而 Copycat 背后的哲学是：二者密不可分地缠结在一起。两种情况相互映射的方式会影响对它们的理解，反之亦然。（本书第 4 章进一步讨论了整合这两个过程的必要性问题。）

我们所采用的方法与根特纳方法的另一个基本差别在于，她的理论不包括任何概念相似性或概念滑动的理念，而这些理念是 Copycat 的绝对核心。在水流/热流一例中，对这两种情况的表征足够抽象，使得它们之间的类比实际上是一种虚拟同构。比如说，"水流"和"热流"这两个不同的概念被预先抽象成了一个通用的概念——"流动"。类似地，根特纳描述的另一个类比让原子与太阳系相互映射（见图 4-1），在两种情况下所有重要的谓词都被赋予了相同的标签（如"吸引""旋转""质量"）。这是必不可少的一步，因为该理论只依赖句法。如果要放松这种"同一性"约束，就必须引入语义和情境依赖（也就是一些有些概念邻近性及

概念与类比
模拟人类思维基本机制的灵动计算架构

其如何受情境影响的知识)。但当前情况下，由于预定的表征所包含的概念总是以一种足够抽象的形式出现，因此 SME 不需要一种类似于滑动网络的结构，其中不同概念根据情境灵活地改变彼此间的相似程度。也就是说，表征的形式其实已经给出了类比。

不过，这就揭示了根特纳理论（和 SME）的另一个问题：它太过依赖谓词逻辑语言对不同情况的精确且不含歧义的表征了。结构映射理论只依赖句法，这就要求将情况非常清晰地分解为对象、属性、函数、一阶关系、二阶关系，等等。举个例子，水流/热流类比就包括以下关联关系：

"水" ⇔ "热"
　　（都是对象）；
"咖啡" ⇔ "烧杯"
　　（都是对象）；
流动（烧杯，小瓶，水，管道）⇔ 流动（咖啡，冰块，热，金属棒）
　　（都是四位关系）。

但假设在"热流情况"中，"热"没有被描述为一个对象，而是被描述为"咖啡"的一个属性，就像这样：保留—热（咖啡）；又或者"热流"被描述为一个三位而非四位关系，就像这样：流动（咖啡，冰块，热），其中热流所经由的媒介被认为是无关概念了；再或者在"水流情况"中，"水流"被描述为一个五位而非四位关系，就像这样：流动（烧杯，小瓶，水，管道，10 毫升/秒），其中添加了流速这一概念。这些都是很可能发生的变化，但它们会让结构映射理论彻底失效。

问题是在现实世界中，类似于"对象""属性""关系"的标签是高度模糊的。人们必须非常灵活地使用它们（如果他们确实会做这种区分的话），必要时，得允许原始的归类法轻而易举地滑动才行。为此，就必须将语义纳入考量（这一点也可见于 Johnson-Laird, 1989）。

第 6 章　看待 Copycat 的不同视角：与新近研究的比较

举个例子，判断"热"从属于对象这一范畴对形成水流/热流类比是必不可少的，但这一判断的随意性太强了，而且是否所有人在进行类比时都会独立地做出这一判断也要打一个问号。事实上，我们可能更愿意相信任意两个人（甚至是同一个人在两个不同的时刻）都可能对（比如说）"水流情况"形成不同的谓词逻辑表征，其中哪些东西被归为对象、哪些东西被归为属性、哪些东西被归为关系、给定关系又含有多少个实参……无疑都将有所不同。因此，结构映射理论的一个严重缺陷在于：它无法再现对各种情况的表征所具有的灵活性。

必须承认，Copycat 还是会以某种方式将一种情况的表征过于清晰地分解为对象—属性（描述）和对象之间的关系（键），而许多人就不会这样做。但我们相信，对 Copycat 架构而言，这个缺陷不构成太严重的问题，不需要做出很大的概念性调整就能修复。密契尔（1993）就给出了一些这样的问题，要解决它们，程序必须根据实时知觉压力流畅地将一些结构从描述变换为键，而我们相信 Copycat 稍作改进就能解决这类问题。相比之下，在像 SME 这样的程序中，实时表征灵活性的缺失是一个基本事实，因为这些程序所处理的情况是由谓词逻辑表征的，它们被提前输入，而程序仅仅依赖这些表征的句法。要让 SME 顺利运行，就需要仔细定制这些表征。可见，两个程序在架构上的不同反映了我们对于类比在哲学认识上的重大差异。

尽管 SME 的设计意图是模拟人类的类比，因为它模拟了人们倾向于为一种情况中的何种结构与另一种情况中的何种结构建立映射，以及在各种可能的映射中人们倾向于做出怎样的选择，但是，它并不像 Copycat 那样，试图以心理学意义上符合现实的方式来模拟类比活动背后的概念或动态知觉过程。SME 对所有一致性映射的穷举搜索在心理上是不可能的，这就引出了 SME 和 Copycat 的最后一个非常重要的差别。

在 Copycat 中，能迅速发现的答案（出现频率较高的答案）和富有

概念与类比
模拟人类思维基本机制的灵动计算架构

洞见但难以发现的答案（出现频率较低，但"温度"也较低的答案，如第 5 章问题 6 中的 wyz 和问题 4 中的 mrrjjjj）之间有着明显的区别。这种区别是并行阶梯扫描固有特性的自然结果。粗略地说，并行阶梯扫描会在尝试不太明显的路径之前先行探索明显的路径。因此，针对问题 6，程序通常会遵循一个明确的时间顺序，即首先试试取 z 的后继，遭遇障碍，然后迫于这种压力，开始探索其他路径。有的时候，埋藏得很深却又富有洞见的答案 wyz 就会被发现。我们相信，上面描绘的这个过程反映了人类探索的自然阶段。同样，针对问题 4，程序更容易"突然想到" mrrjjk 和 mrrkkk 这样的答案，而不是更为精彩的 mrrjjjj。得到这些不同答案的相对容易程度，以及这些答案的出现频率，都有助于我们认识人类在思考相关问题时究竟发生了什么事。

相比之下，在像 SME 这样依靠蛮力的系统中，肤浅而明显的答案与深刻但更为隐蔽的答案之间的区别并不存在。事实上，在这样的系统中，上述时序性是没有意义的，因为所有的答案——也就是说，在系统能力范围内的所有答案——都会一起生成，并一起接受评估，然后直截了当地根据算法分配的分数进行排名。举个例子，如果为这样一个系统输入问题 6，那么它不仅不会知觉到任何障碍，而且如果 wyz 在其概念范围以内，它就会毫不费力地得到它。这个答案其实涉及一个违反直觉的扭转，但它的高排名（它很可能拥有一个高排名——至少我们希望是这样）不会将这一点显示出来，而这在心理学意义上是不真实的：wyz，如果可以得到的话，也只有在探索了许多其他路径之后才能得到。如果这个模型是为了反映具有人类风格的认知过程，它就需要将这个关键的事实表现出来。

问题 4 也对 SME 所使用的依靠蛮力的搜索策略提出了类似的挑战，因为要得到 mrrjjjj 这个答案，就必须引入一个新的概念（组长度）。对于仰仗蛮力的系统而言，一大困难在于：要让它们发现一个最初缺失的概念是否合适，唯一的办法就是把所有的概念都纳入它的概念库，不论它

第 6 章 看待 Copycat 的不同视角:与新近研究的比较

们最初是否合理,而且要给所有的概念提供均等的机会来证明它们的价值。再强调一次,以心理学的视角观之,这是极不现实的,但是相反的策略也是如此——也就是说,永远不引入新的概念。(请注意,SME 采用的策略正是后者。)我们需要采用一条更加微妙的中间路线,在以同样的热情探索每一个可能的想法的荒谬性和不敢探索任何新想法的贫乏性之间保持平衡。这条中间路线可由一个概率架构实现,Copycat 就是一个例子,它让架构的各个成分得以进入"灰色地带"(见第 5 章最后一节)。

总而言之,结构映射引擎的架构和目的本质上都与 Copycat 有着极大的差异。SME 是一种在心理学意义上很不真实的算法式策略,它能发现(结构映射理论认为的)两个给定表征之间的最佳映射,并根据结构映射理论为不同的映射评分,并将这些评分与人类解题者的评分进行对比。就结构映射理论本身而言,它提出了许多有用的观点,说明了有吸引力的类比通常具有什么样的特征。但是,这个程序忽略了类比活动一些最为重要的方面,因为它所处理的只是映射的最终结果,而不涉及情境是怎样被解释,以及解释与映射的过程是如何交互的。

ACME:类比约束映射引擎

ACME(Analogical Constraint Mapping Engine 即"类比约束映射引擎"的简写)是心理学家基斯·霍利约克和哲学家保罗·萨加德为类比映射开发的计算模型(Holyoak & Thagard, 1989),该模型部分基于霍利约克和同事们的理论和实验研究(Gick & Holyoak, 1983; Holland et al, 1986),部分灵感来自马尔和波焦(Poggio)的工作,即用于模拟立体视觉的约束满足网络(constraint-satisfaction networks)。ACME 与 SME 的相似之处在于:它所使用的有关源情况和靶情况的表征也由谓词逻辑公式体现,程序的类比映射是在这些表征的常数对和谓词对之间进行的。

概念与类比
模拟人类思维基本机制的灵动计算架构

事实上，开发者已经用 SME 所使用的一些情况的谓词逻辑表征，包括"水流"和"热流"表征对 ACME 进行了测试。

该模型以一组包含源域和靶域信息（如水流和热流）的谓词逻辑语句作为输入，构造了一个节点网络（考虑了许多约束条件），其中每个节点都表示一个源元素和一个目标元素（一个常量或一个谓词）在句法上允许的配对。⊖ 程序会为每一个允许的配对都创建一个节点。比如说，一个节点可能表示"水"⇔"热"映射，而另一个节点可能表示"水"⇔咖啡"映射。网络中节点之间的连接表示"约束"：如果某个连接关联的两个配对相互支持，则该连接权重为正（例如，由于"水"和"热"在两个"流动"关系的实参列表中是彼此对应的，因此"流动"⇔"流动"节点和"水"⇔"热"节点之间就存在这样的连接）；如果关联的两个配对互不确认（例如，在 flow⇔flow 节点和 water⇔coffee 节点之间就存在这样的连接），则其权重为负。

人们可以选择性地使用"语义单元"来补充网络。所谓"语义单元"指的是一个节点，它与表示谓词配对的所有节点间都有连接。这些连接的权重与两个配对的谓词之间"语义相似性的先验评估"（也就是说，由表征的创建者评估）成正比。

此外，ACME 还有一个可选用的"实用单元"：这也是一个节点，它与所有涉及对象或概念（例如"流动"）的节点之间都有权重为正的连接，只要这些对象或概念被事先认定为"重要"（这种认定同样是由表征的创建者做出的）。

只要网络中的所有节点都构造完成，就会在此基础上运行一个传播激活的松弛算法，该算法会让网络逐渐实现某种最终状态，由一组特定的激活节点代表那些最终胜出的配对。

⊖ 这里，"句法上允许"意味着遵守"逻辑相容性约束"，该约束指彼此映射的配对必须由同一逻辑类型的两个元素组成。也就是说，常量必然映射到常量，n 位谓词必然映射到 n 位谓词。

第 6 章　看待 Copycat 的不同视角：与新近研究的比较

Copycat 和 ACME 的共性与差别

这个模型与 Copycat 程序在基本哲学理念方面有许多共性。我们都认为类比活动与知觉过程密切相关，类比模型的创建离不开模拟知觉过程的技术；我们都相信类比是从一系列压力（或"柔性约束"）的并行竞争中涌现出来的，任何类比都涉及大量局部决策，它们会产生更大的连贯结构；我们也赞同霍利约克和萨加德的观点，即使类比模型趋向于系统性的压力（就像根特纳所说的那样）是从其他压力中涌现出来的。

然而，Copycat 和 ACME 之间又存在深刻的差别，这和上一节讨论的 Copycat 与 SME 之间的差别很像。首先，和 SME 一样，ACME 会尝试所有句法上可能的配对，这种方法不仅在计算上绝不可行，而且在任何真实情况下都不具备心理学意义上的现实性。举个例子，在类比"水门事件"和"伊朗门事件"时，人们会将尼克松映射到所有卷入"伊朗门事件"的当事人，包括福恩·霍尔（Fawn Hall）、丹尼尔·伊诺耶（Daniel Inouye）、埃德·米斯（Ed Meese）和丹·拉瑟（Dan Rather）身上吗？或者说，更不可信的是，人们会将杰拉尔德·福特（Gerald Ford）映射到反政府游击队在洪都拉斯的大本营，还是美国特使作为礼物送给伊朗的蛋糕上？然而，根据逻辑相容性约束，这些映射都是可能的，语义在其中根本不起作用。

ACME 会对所有可能的映射进行穷举式的（尽管是并行的）搜索，这表明它并没有尝试去模拟人类是如何非常有选择地探索这些可能性的，而后者是 Copycat 的主要设计意图之一。在 Copycat 中，虽然原则上可以比较一个字符串中的任意对象与另一个字符串中的任意对象，但由于采用了并行阶梯扫描，穷举搜索得以避免。在并行阶梯扫描中，不同的比较（如果进行的话）具有不同的速度和深度，这取决于对其前景持续更新的评估。

如前所述，ACME 和 SME 所共有的主要问题是：对类比活动所需使

概念与类比
模拟人类思维基本机制的灵动计算架构

用的知识的表征是非常刻板的，而且每做一个新类比，表征都要专门定制。ACME 和 SME 在水流/热流类比活动中使用的表征一模一样，因此 ACME 需要面对的问题比 SME 一个不少。再次强调，这个模型在类比活动的过程中没有重构描述或添加新描述的能力，所有的描述都是冻结的，由程序员在类比活动开始前先行构建。

ACME 区别于 SME 之处，在于它有一个选择性的、表示语义相似性的"语义单元"，在某种意义上，这与 Copycat 的滑动网络中体现的某些概念相对应，但这种语义相似性也是由程序员针对给定类比事先确定并冻结起来的。和 SME 的开发者们不同，霍利约克和萨加德意识到有必要将语义和句法一同纳入考量，但问题在于通常不可能（如 ACME 的语义单元所编码的那样）对相似性做出先验的评估。相反，我们已经一再谈到，所谓类比，其实完全是关于概念上的相似性是如何随压力的变化而动态变化的，而这些压力并不会提前显现出来。

ACME 还回避了特定对象和概念如何在压力作用下被视为"重要"的问题："实用单元"负责解决这个问题，这个单元编码的是程序员对给定情况下重要内容的先验评估。可以说，"实用单元"编码了滑动网络中各节点的激活情况和工作空间中各对象的重要性水平。但是，在 Copycat 中，这些情况所对应的各个指标的数值会根据程序的知觉动态地涌现，而在 ACME 中则不同，"实用单元"是针对每个新问题人工创建并冻结的。因此，与 SME 一样，ACME 并不考虑 Copycat 的另一个关注焦点：概念如何适应不同的情况。

霍利约克和萨加德在比较了 Copycat 和 ACME 后，指出 Copycat 缺少一个实用单元，并认为这是一个明显的缺陷。但是，我们所坚持的哲学理念是：不要告诉程序在什么情况下什么重要，而要让程序自己弄清楚这一点。Copycat 认定为重要的那些东西会依时而变，这取决于许多因素的彼此交互，而不是在运行开始前就喂给程序一组固定的数值。尽管如此，如果我们确实希望模拟 ACME 的"实用单元"，那也再简单不过

第 6 章　看待 Copycat 的不同视角：与新近研究的比较

了：只需将滑动网络中一套固定节点的激活水平或工作空间中一套固定对象的显著性数值固定下来即可。不用说，这肯定会对加工过程产生影响，我们可以通过实验看看到底会发生什么。但是，我们认为用静态数值替代动态活动没有什么意思，因此没有将固定节点的激活水平之类的可行性作为我们所开发的程序的"特点"加以宣传。

就像 SME 一样，ACME 模拟的其实也只是类比活动的"映射阶段"，但如前所述，Copycat 的基本哲学理念之一，就是映射过程不能与知觉、知觉的重塑，以及根据压力评估相似性的过程相分离。霍利约克和萨加德（1989）自己也承认他们的模型没有处理这个问题（他们称之为"再表征"问题），考虑到系统中存在自上而下的压力，有时确实需要将对表征的操纵插入映射过程之中——而这正是 Copycat 所做的事。

由于 ACME 的知识结构是提前确定的，所以和 SME 的情况一样，这个程序的成功与否完全取决于输入它的表征。在霍利约克和萨加德（1989）给出的例子中，源情况和靶情况的表征几乎是完美地匹配在一起，程序员用 ACME 做出类比所需要的方式有针对性地提炼了相应情况的本质（关于这一点的进一步讨论，见本书前言 4）。与 SME 的情况一样，输入 ACME 的表征本可以由一个尚未考虑到映射的人创建，果真如此的话，程序还能有何表现就很值得怀疑了；而且如果源情况和靶情况的表征是由两个不同的人分别独立地创建的，程序就很可能无法成功地做出类比。

最后，关于 SME 缺少时序性的批评也适用于 ACME。也就是说，ACME 和 SME 一样，都是在依赖蛮力的广度优先策略的基础上建立起来的，因此，它们不像 Copycat 那样能够自然地将两种答案区别开来：一种能很快发现，但相对肤浅；另一种更富洞见，但需要更为深入而持续的搜索。更加具体地说，ACME 和 SME 一样，它们在解决问题 6 时不像 Copycat 那样会遭遇障碍和实现范式转移，在解决问题 4 时也不会有选择性地将新概念从休眠中唤醒。这种"时序单调性"（temporal flatness）在心理学意义上是不准确的。ACME 和 SME 的开发者可能会争辩说，他们

概念与类比
模拟人类思维基本机制的灵动计算架构

没有想去模拟类比活动的这个方面，而我们的回应是，我们相信这种时序性是类比活动的核心特征，因此必须得到模型的反映。

所谓"现实类比"有多"现实"？

对 Copycat 经常有一种批评，认为它是在理想化的微观世界中进行类比，而其他类比程序则在更为复杂的现实世界领域中工作。表面上，SME 和 ACME 所做的"现实类比"要比 Copycat 所处理的"玩具"问题复杂得多。但如果深入"表面"以下（就像前文中水流/热流的例子，以及前言 4 苏格拉底/助产士的例子那样），我们就会发现这些程序所拥有的知识（即，以谓词逻辑语句的形式，对应每一个新问题输入程序的知识）明显与现实无关：除了带有由"压力"或"热"这样的词汇赋予的"现实光环"，它们其实比 Copycat 所拥有的关于字母串微世界的知识还要贫乏。

实际上，这些程序对诸如"热"和"水"之类的概念基本上一无所知——至少可以说，它们对这些概念的认识远未达到 Copycat 对（比如说）"后继组"的认识水准。Copycat 的概念镶嵌在一个网络中，可以在各种不同的情况下以适当的方式得到识别和使用。比如说，在适当的压力下，abc、aabbcc、cba、abbbc、mrrjjj、mmrrrjjjj、jjjrrm、abbccc、xpqefg 和 k，这些字母串中的每一个都可以被认为是后继组的实例。⊖ 但为创建"水流/热流类比"而输入 SME 和 ACME 的（比如说）概念"热"就完全不是这么回事：这个概念基本上没有语义内容，当然也就无法适应任何其他情况。因此，我们不能说这些程序有能力识别热或类似于热的现象。

这些程序据称能做非常高级的类比，涉及"热"和"水"之类的概

⊖ 在字母串领域中，我们可以构造无数其他的"后继组"，它们的深奥程度各有不同。其中许多超出了 Copycat 目前的识别能力，尽管我们相信可以对程序的知觉机制加以扩展，使其能够识别更为复杂的例子，如 ace（一个"双倍后继"组）、aababc（解析为 a-ab-abc 时可视作 abc 的一个"加密"版本）、kmxxrreeejjj（可描述为"11-22-33"）、axbxcx（其中各 x 是"背景"，而 abc 则是"图形"）、abcbcdcde（可解析为 abc-bcd-cde），等等。

第 6 章　看待 Copycat 的不同视角：与新近研究的比较

念，但讽刺的是，它们其实完全不理解这些概念的含义，也就是说，识别这些范畴的实例这一极为基本的能力，程序反倒是完全不具备的。

我们可以换一种方式来说明。设想一个计算机程序，它处理复杂的数据结构，其中就包含 Lisp 原子 "NUCLEUS" "ELECTRON" "SUN" 和 "PLANET"（还有许多），并且假设这些数据结构旨在编码关于氢原子和太阳系的一些基本命题。现在假设程序产生了一个映射，其中 Lisp 原子 "NUCLEUS" 关联于原子 "SUN"，类似地，"ELECTRON" 关联于 "PLANET"。可以想见，对计算机来说，即便我们用希腊字母的名称代替英语单词，也不会有什么区别。这样一来，程序就会做出如下的 "科学类比"："NU 映射到 SIGMA；EPSILON 映射到 PI。" 不管是阅读这个类比的结果，还是观察程序的行为，无论花多长时间，人们都没有理由怀疑 Lisp 原子 "NU" 在程序员心目中代表原子核的概念，"SIGMA" 代表太阳的概念。程序本身或其行为中根本没有任何东西能让这些符号以可识别的方式代表任何东西。只有使用它们来编码 "知识片段" 的人，才会认为它们代表了什么。

那为什么这一观点对 Copycat 不适用呢？难道我们就不能在问题 2 中用 Lisp 原子 "SIGMA" 滑向 Lisp 原子 "PI" 替代（比如说）"后继" 滑向 "前驱" 吗？机器会介意这么做吗？它当然什么都不介意，但关键不在此。如果一个足够机敏的人类仔细观察 Copycat 的表现，他会发现 "SIGMA" 这个词在许多不同的问题中一次又一次地被后继关系和后继组唤醒，逐渐地，他或许就会意识到这种联系，然后可能会说："哦，我明白了——看来 Lisp 原子 'SIGMA' 代表了 '后继' 这个想法。"

换言之，不管是否具有英文的表象，Copycat 中的符号都至少拥有某种程度的意义，这是因为它们与真实的现象相关，即便这些现象只发生在一个狭隘的人工世界。相比之下，其他类比程序不包含什么狭隘的人工世界（更别说宽广的现实世界了），因此无法赋予它们所操纵的符号任

概念与类比
模拟人类思维基本机制的灵动计算架构

何意义。⊖

所谓 Copycat 的微领域是一个"玩具领域",而其他程序能解决"现实问题"的主张是缺乏依据的,这源于人们的一种倾向:如果一个程序操纵的是某些"听起来很现实"的词语(比如"热"),他们就会认为该程序具有较其实际情况更高的"智能水平"。但尽管这些词语对人类使用者来说充满了意象和内涵,它们对程序而言却几乎是完全空泛的。任何一个程序,如果它使用的词语看似具有现实内涵,但实际上完全缺乏语义内容,就可能产生大量的误导——对外行和专业人士都一样。麦克德莫特(McDermott)于 1976 年明确指出,许多人工智能研究都有这个特点。我们之所以要在人工智能研究中使用清楚明白的微观世界,目的就在于毫无保留地揭示所有问题。

Copycat 在符号主义/亚符号主义频谱中的位置

Copycat 的基本哲学与各类联结主义或"并行分布式加工"(parallel

⊖(侯世达的脚注)这种观点,即 Copycat 符号所拥有的语义内容之所以非凡,是因为它们与外部世界的实体间存在动态的联系,可能会让一些读者想起斯特万·哈纳德(Stevan Harnad)的主张(Harnad, 1989, 1990),即通过与外部世界的联系使认知系统的符号"接地",以确保它们具有真正的意义。但在我看来,哈纳德之所以要区别"接地的"和"不接地的"符号,是由于恐惧所致,这种恐惧是一众"生物至上"主义哲学家,如约翰·塞尔(John Searle)之流灌输给他的。这些哲学家认为,可以用两种截然不同的方法通过"无限制图灵测试":一是创建一个具有真实的意义和理解的系统(也就是说,该系统要具有意向性或"关涉性"),二是创建一个"僵尸"系统,它的符号是完全空洞、不含内容的。单从外部行为上,我们无法区分一个"僵尸"系统和一个基于"接地"符号的智能系统,这一点想必让哈纳德非常困扰,它也是人们读到塞尔措辞流畅但自相矛盾的"中文屋"思想实验时会产生的根本恐惧。(见 Searle, 1980, 以及 Hofstadter & Dennett, 1981, 其中有我对该思想实验的评论。)为了避免"僵尸"系统的问题,哈纳德似乎想要对一个程序进行两级认证:首先,它必须有足够优异的表现,但除此以外,他还想为程序的符号"划分门第"(仿佛说程序的表现不管在什么水平,都只是一种表象)。正是在这里,我与哈纳德分道扬镳了:如果我创建的程序通过了一级认证,在我看来,它就没有必要再去做什么二级认证了:在我看来,程序通过了图灵测试,这一事实恰恰证明了幕后的符号拥有其意义。无疑,这些符号将与现实世界中的动态实体相关联,但从系统高水平的表现中我们已经能看出这一点,无需进一步独立验证了。或者反过来说,如果缺少了与现实世界的连接,这一缺陷势必将在图灵测试的考验下无所遁形。(更多有关使用图灵测试探索智能系统幕后机制的观点见后记。)

第 6 章 看待 Copycat 的不同视角：与新近研究的比较

distributed processing, PDP）系统（Rumelhart & McClelland, 1986），以及分类器系统（Holland, 1986; Holland et al, 1986）背后的理念很类似。联结主义网络和分类器系统是亚符号主义架构（也称亚认知主义架构）的典型例子。斯莫伦斯基（1988）将符号主义范式和亚符号主义范式的区别描述如下：在符号主义范式中，用于表征各种情况的描述是由这样的实体构成的：不管在语义意义（即指涉范畴或外部对象）还是句法意义上，它们都是符号。而在亚符号主义范式中，构成这些描述的是亚符号：它们是细粒度的实体（如联结主义网络中的节点和权重，以及分类器系统中的分类器），而符号则是在此基础上产生出来的。

在一个符号主义系统中，用作描述的符号被定义得非常清楚（比如说，一个语义网络中的某个节点可能代表"狗"这个概念）。而在一个亚符号主义系统中，符号是统计涌现的实体，是由大量亚符号的复杂激活模式所代表的。（同样的描述可见 Hofstadter, 1985 第 26 章，以及 McClelland, Rumelhart, & Hinton, 1986。）斯莫伦斯基指出，我们不应该只将亚符号主义系统理解为"使用某种并行硬件，执行那些能够在概念水平准确而完整地解释行为的符号主义程序"。符号主义的描述太刻板、太"僵硬"了，一个系统要足够流畅地模拟人类认知，只能基于更加灵活、"柔性"的，从亚符号主义系统中涌现出来的描述。

亚符号主义范式的信念是：人类认知现象是在缺乏全局执行机制的前提下，从大量微观、局部、分布的亚认知事件中涌现出来的统计效应。这就是联结主义网络、分类器系统，以及 Copycat 程序的基本原理。细粒度并行、局部操作、竞争、扩展激活以及分布和涌现的概念对于这三种架构的灵活性都是必不可少的（尽管在分类器系统中，扩展激活并非显而易见，而是从许多分类器的联动中涌现出来的）。

一些联结主义网络（如"玻尔兹曼机"，见 Hinton & Sejnowski, 1986，以及"和谐理论网络"，见 Smolensky, 1986）对计算温度有一个明确的概念，这与 Copycat 有一些类似。尽管，正如第 5 章所解释的，Copycat 和

概念与类比
模拟人类思维基本机制的灵动计算架构

模拟退火算法中的"温度"有很大的不同，辛顿（Hinton）和塞诺夫斯基（Sejnowski），以及斯莫伦斯基所使用的概念其实就是后者。

在分类器系统中，大量分类器会展开概率决定的竞争，遗传算法也会对不同的模式（即分类器模板）进行内隐的搜索，搜索的速度取决于系统对各个模式的预估前景。如此，一种类似于并行阶梯扫描的机制就从这些过程中涌现出来了（Holland, 1975）。此外，与 Copycat 的情况一样，自上而下以及自下而上的影响因素的交互作用也位于联结主义系统（如字母知觉交互激活模型，见 McClelland & Rumelhart, 1981）和分类器系统（如 Holland et al, 1986 第 2 章所述）的核心。

在基本哲学理念方面 Copycat 更接近于亚符号主义范式，而非符号主义范式。但在程序的实际架构方面，它其实居于二者之间（尽管第 5 章开篇也曾提到，Copycat 并非这两种范式的结合）。对这个频谱的两极，我们可以做一种过度简化但很有用的描述：在亚符号主义系统中，概念是高度分布的，每一个概念都由本身不含语义值的一系列节点构成；而在符号主义网络中，每一个概念都被表征为单一的对象（如 Lisp 原子）。至于 Copycat 中的概念，我们可以视为"半分布式的"，因为滑动网络中的任意概念都只会概率性地分布在数量较少的节点之上——包括一个中心节点（如"后继"）和位于其概念光晕之内的其他节点（如"前驱"），而概念的核心可概率性地由当前中心节点向其他节点滑动。

与 Copycat 的代码子和滑动网络节点（它们是程序某些主要的高层现象，即压力和概念的涌现源自的基本单元）相比，亚符号主义系统，如联结主义网络模拟心智现象所使用的基本单元距离有意识的认知水平要更远些。或许从神经科学的角度来看，联结主义网络要比 Copycat 更加现实，但正因其基本单元远离认知水平，网络的高层行为控制起来相当困难。目前，我们尚无法确定是否可能使用与当前系统类似的联结主义网络模拟 Copycat 的高层认知行为。一个理想的认知模型应该具有这样的特点：其高层语义结构（如 Copycat 的滑动网络）是一个低层分布式模型

第6章　看待 Copycat 的不同视角：与新近研究的比较

（可验证的）隐含的结果，但今时今日，联结主义研究尚无力达成这一目标。

同样，人们现在构想的分类器系统很难应付 Copycat 所能完成的高层认知任务，这是因为在分类器系统中，一些直接植入 Copycat 的相当基本的概念（如节点、连接和扩展激活）必须自动涌现。因此，如果考察概念的分布程度，以及高层"语义"行为在何种程度上是从低层"句法"加工中涌现出来的，我们就能认识到，Copycat 其实是在中层水平对概念和知觉进行建模的。

Copycat 和联结主义网络在架构上的主要区别在于，Copycat 中既有包含柏拉图"概念类"的滑动网络，又有一个工作空间，其中代表"概念例"的结构（即概念的实例）被动态地构造和销毁。联结主义网络的工作区域没有这样的划分，"类"与"例"是由同一个网络表征的。因此，许多联结主义研究都在关注所谓的"变量绑定问题"（variable-binding problem），它与"类"和"例"的关系这个更大的问题密切相关。⊖ 联结主义的研究者之所以在做类似的划分时犹豫不决，是因为他们的研究有一个核心考量，那就是神经科学意义上的现实性，而一个像 Copycat 的工作空间那样的结构——一个表征结构被不断创建，又不断拆毁的心智区域——缺乏足够清晰的神经对应物。

相比之下，在开发 Copycat 和一系列类似于 Copycat 的系统时，我们考虑得更多的是心理学领域，而非神经科学领域的发现。由于许多证据都表明，柏拉图概念记忆与包含实例的工作空间彼此分离［特瑞斯曼（Treisman, 1988）报告了多例视知觉实验，均表明存在一个临时性地储存片段结构的场所］，我们只需假设存在某种类似于 Copycat 工作空间的事物，即便其神经基础尚不明确，并对一个包含分布式、永久性"概念类"

⊖ 从很久以前，哲学家就开始区别"类"与"例"了，但这种区别是高度形式化的，具有精确性和无歧义性。而我们正在探讨的类/例区别要模糊得多，因为它终归是关于这些事物如何在生物"湿件"（wetware）中实现的。关于我们与哲学家的类/例区别有何不同，可回顾前言2中对字母类与字母例的讨论。

概念与类比
模拟人类思维基本机制的灵动计算架构

的扩展激活网络如何与上述以复杂结构安放暂时性"概念例"的工作空间彼此交互进行研究即可。联结主义网络缺乏这样一个工作空间，这是我们很难使用这样的系统以类似于 Copycat 的方式来模拟概念和高层知觉的另一个原因。

联结主义网络和分类器系统会随着时间的推移而不断学习，Copycat 则不会。我们没有想把 Copycat 设计成一个严格意义上的学习模型，尽管它确实模拟了学习过程一些基本的方面，包括概念如何适应系统遭遇的新情况，以及系统如何识别两种情况所共有的本质。

我们所采用的方法论背后的基本信念是，在 Copycat 架构的层级创建一个模型是必要的，这不仅是为了在中层描述水平解释我们正在研究的心智现象，也有助于理解这些现象是如何从更低的层级涌现出来的。

"联结主义的梦想"，即使用亚符号的、具有神经现实性的架构模拟一切认知活动，在认知科学当前的发展阶段或许是太有野心了。如果我们希望理解智能如何从数以亿计的神经元的活动中涌现出来，就需要理解概念的实质，它们是这样的一些基本实体：其工作原理似乎居于高度并行的神经网络和高度串行的符号化认知之间。

可以说，"概念是什么？"这个问题居于认知科学的核心（见 Hofstadter, 1985 第 12、23 和 26 章），但时至今日，概念依然缺乏一个牢固的科学基础。Copycat 项目及其相关研究的长期目标就是使用计算机模型奠定这样一个科学基础，为回答有关智能基本机制的问题做出贡献，并为一系列联结主义研究工作提供指导，这些研究致力于探索中层结构如何在大脑中海量神经元与细胞集合的基础上涌现。

综上所述，Copycat 的架构与更加传统的符号主义人工智能系统有着很大的区别：一方面，它拥有并行的、随机的加工机制，另一方面，它的概念表征是一个网络结构上分布式、概率化的实体。这些特点让 Copycat 更加符合联结主义系统的精神，尽管它与联结主义系统也有重要

第 6 章　看待 Copycat 的不同视角：与新近研究的比较

的差异。联结主义系统的高层行为是低层基底的概率涌现，Copycat 亦然。但是，联结主义系统的基本加工单元更加"基本"，它们的概念在网络结构上的分布程度也较 Copycat 要高得多，最后，它们要求用同一网络安置概念类和概念例。结果是，迄今为止，联结主义网络尚无力模拟高层认知能力，如类比。

Copycat 探索了认知建模的中间地带，位于高层符号主义系统和低层联结主义系统之间；这一选择背后的主张是，目前而言，该中间层是把握概念和知觉流动性最为有用的一个层级，作为心智活动的核心，它们在类比中的表现最为清晰。

*　　*　　*

侯世达的附言

在本文完成一段时间后，我得知关于隐喻、类比及其计算机建模，出现了两种令人耳目一新的方法。忽略它们显然不太合适，因此，我准备在附言中简单地聊上一聊。

因杜尔亚对创造力的见解，以及 PAN 模型

计算机科学家拜平·因杜尔亚（Bipin Indurkhya）在其极具创见的著作《隐喻与认知：一种互动主义方法》中以很长的篇幅讨论了所谓"创造相似性的隐喻"，认为这种隐喻能创造出在该隐喻形成以前根本不存在的相似性。他给出的一个例子是斯蒂芬·斯彭德（Stephen Spender）的诗歌《海景》（Seascape），其中波涛反射阳光被比作乐手轻抚竖琴。因杜尔亚声称这种类型的隐喻应该与"基于相似性的隐喻"区别开来，后者远为常见，但也远为普通：它们只能识别出那些显而易见的相似性。我觉得这种区别很值得怀疑：在我看来，所有的类比（以及隐喻）都是对相似性的发现而非创造，只不过一些相似性更难被发现，而且它们有时藏

概念与类比
模拟人类思维基本机制的灵动计算架构

得实在太深,以致发现这些相似性看起来就好像揭示了一种先前从未有过的观点。(应用于类比活动,以及从定理到小说等其他心智产物的发现—创造之争,其详细讨论可见 Hofstadter, 1987a。)

尽管在这一点上我不同意因杜尔亚的观点,但我对他将普通的、直截了当的类比(或隐喻)和那些能让人对某个情况获得深刻而意想不到的洞见的类比区别开来的做法还是举双手赞成的。对我来说,这其实就是在区别"创造性类比"与其他类比。前者指少数深刻、难以发现的类比(就像 wyz 和 mrrjjjj 所反映的那样);后者则包括了强而明显的类比、平庸而明显的类比、平庸而隐秘的类比,甚至是"草率"和"愚蠢"的类比(如第 5 章所述)。在我看来,平均最终温度和频率这两个维度可用于在 Copycat 微领域中粗略地定义一个"创造性区域",或定义那些富有洞见的类比——比如说,我们可以认为一个最终温度值小于等于 20,且发生频率相对较低(这可能有些武断:可以把频率阈限确定为小于等于 20%)的答案必然富有创造性。

因杜尔亚相信,要获得"创造相似性"的类比,关键是要拥有在情境影响下,以多种截然不同的方式知觉一个给定结构的能力(他认为当前多数类比模型都欠缺这种能力)。我对此深以为然。因杜尔亚在书中举了许多例子,展示我们如何借助一些意料之外的想法,通过心智并置,将某些非常熟悉的对象(如一支画笔)一些始料未及的新方面揭示出来,它们涉及一个或多个概念(如"泵"),如果我们先验地看,似乎完全没有理由认为这些概念与该对象相关。该现象及其逆现象被描述为"化熟悉为陌生,化陌生为熟悉"——实际上,这可视作因杜尔亚书中的座右铭。

为了模拟创造性类比的产生过程,因杜尔亚和他的学生斯考特·奥哈拉(Scott O'Hara)选择了两个微领域,因而违背了传统的教条,即惟有以"现实世界"为工作领域才能真正推动认知科学前进。其中一个微领域包含几何图形,这让人想起埃文斯的 ANALOGY 程序。然而,因杜尔亚和奥哈拉比埃文斯更关心几何图形所具有的极端模糊性。他们选择

第 6 章　看待 Copycat 的不同视角：与新近研究的比较

的另一个微领域涉及字母串类比，就像 Copycat 那样。我们为 Copycat 编制的许多类比问题他们都用到了，还有一些问题与我们的"核心挑战系列"很相似。然而，与我们形成强烈对比的是，奥哈拉和因杜尔亚相信他们能用一种彻底符号主义的、确定性的方法解决这些问题，针对知觉给定情况的方式，阶梯式地实施穷举式的广度优先搜索——首先在非常浅显的水平，然后稍微深一些，再稍微深一些，依此类推。控制这个过程的是一个被称为 CL（"change level"即"变化水平"的首字母简写）的变量，它就像一条开始勒得很紧，然后逐渐放松的缰绳。（这算一个创造相似性的类比吗？）

他们开发的 PAN 模型（O'Hara & Indurkhya, 1993; O'Hara, 1992）是这样工作的：程序会从一个自带描述的源结构入手（该结构可能是一个几何图形，也可能是一个字母串，其初始描述是由程序员提供的），实施一系列高度系统化的变换，致力于产生一个适用于靶结构的新描述。前面提到的分阶策略表现在对初始描述的篡改：先是温和地调整，然后激进些，再激进些，以此类推。这样，程序会先行探索明显的、"接近"的变体，然后，随着"缰绳"放得越来越松，它的搜索空间也会越来越广，直到产生一个与靶结构完全匹配的描述。用 Copycat 的术语来说，这个程序对描述空间实施了一种遵循"最小滑动优先"规则的穷举式搜索。通过这种方式，最终 PAN 将"根据"源结构看待靶结构。

这种搜索策略完全依靠蛮力，因此无论在心理意义还是计算意义上都不可取。Copycat 中没有这种策略的对应物，无论是显著性、概念强度、概念深度还是迫切度，我们所使用的概念都是为一个强大的、有概率偏向的、朝向特定方向并回避其他方向的探索策略服务的，这样一来，就能在很大程度上限定搜索的范围。

事实上，我最近从奥哈拉（O'Hara, 1994a）那里了解到，就在不久前，他万般无奈地得出了一个结论，即类似于 PAN 的架构将不可避免地遭遇"组合爆炸"，因此，他在初步实现该架构之后就放弃了它。他现在正在开发一种新的架构,称为 INA(O'Hara, 1994b),试图取 PAN 而代之。INA 与 Copycat 有几个共同点,包括更加强调知觉活动背后自下而上和自上而下的加工的混合,尽管这个程序依然是串行性、确定性的。可见,当一些早期的理念未能通过程序成功实现,就将导致方向上的重大转变,而我十分赞同这种转变。

综上所述,因杜尔亚对类比和隐喻的关键有许多敏锐的见解,我对他选择在微领域中展开研究也非常认同。他与奥哈拉开发的程序 PAN 在我看来缺乏现实性,他们对此也表示认可。现在,我十分期待见证新程序 INA 的表现。

科基诺夫的 AMBR 系统

认知科学家博伊乔·科基诺夫(Boicho Kokinov)搭建了一个雄心勃勃的理论认知架构,称为 DUAL(Kokinov, 1994a),并用一个名为 AMBR(Associative Memory-Based Reasoning 的首字母简写,即"基于联想记忆的推理")的计算机程序实现了该架构,该程序的功能是类比(Kokinov, 1994b)。

AMBR 的认知加工产生自大量智能体的共同活动,这些智能体执行各种微观符号任务。它们与代码子很像,一方面是因为二者都很小,操作的都是表征结构,而且都是并行的,另一方面是因为 AMBR 系统的整体表现也是从这些智能体的联动中涌现出来的。但它们与代码子的区别在于,AMBR 中的智能体彼此连接形成一个网络,其中每一个节点——也就是说,每一个智能体——的激活水平都依时而变。这个网络的特点是激活会在相邻节点之间扩散,而且激活程度会随时间流逝而不断衰减。这很容易让我们联想到滑动网络。

AMBR 中任一智能体的激活水平都代表着(系统认为)它与"手头事物"相关的程度,因此,它控制着该特定智能体执行其符号任务的速度。

第 6 章 看待 Copycat 的不同视角：与新近研究的比较

激活水平低于某个阈限的智能体根本不会运行，因此，它们对系统的整体行为完全没有影响。在任一时点，只有一小部分 AMBR 智能体处于阈上激活状态，这个"全网子集"会逐渐依时而变，就像在 Copycat 中代码架上的代码子构成也会依时而变一样。许多智能体根据系统对其相关性的感知，以动态变化的速度并行运行，这像极了 Copycat 的工作方式。

虽然有这些引人瞩目的相似之处，AMBR 和 Copycat 还是存在一些根本性的不同。其中最明显的是，AMBR 架构中不存在任何类型的知觉工作空间。事实上，这个架构完全没有"为当前情况创建多层知觉表征"的理念，因为它就和 ACME 和 SME 一样，只会处理预先打包并固定下来的表征。因此，AMBR 不会键合、建组，不会附加描述，对不同实体也不会产生不同程度的兴趣……凡此种种——换言之，我们在 AMBR 中找不到任何知觉活动。

此外，AMBR 就和 ACME 和 SME 一样，都在空洞的"现实世界"领域中运行。科基诺夫为描述 AMBR 的类比能力，举了一个典型的例子：当一个人身陷丛林，想要将一只木桶中的冷水煮沸，就可以用城市居民常见的小电器"热得快"做一个类比：先将一块石头烧得滚烫，再将它投入桶内水中。但是，作为这些想法的表征输入程序的东西是如此琐碎而空洞，以至于无法让程序产生任何意象，尽管在随便哪个人类个体的头脑中，上面的描述都具有丰富的画面感。比如说，以英文释义时，所有关于"热得快"的想法的总和如下：

A *hot* Immersion Heater that is *inside* some Water, which is *inside* a *glass* Container, causes the Water *inside* the Container to get *hot*.
将一个"热"的热得快浸入水"中"，而水在一个"玻璃"容器"中"，会导致该容器"中"的水变"热"。

任何懂英语的人只要读到这句话，都无法不产生大量意象，其丰富程度比程序所能产生的（如果它们真能产生的话）不知高到哪里去了。

概念与类比
模拟人类思维基本机制的灵动计算架构

但事实上，AMBR 没有一个知识库，无法为上面英文句子中的斜体单词和大写单词提供任何语义，因此，要体会它们对程序意味着什么，就得用对人类读者而言毫无意义的符号替换它们。简单地说，AMBR 关于 IH（Immersion Heater，即"热得快"）所"知"的总和如下：

> An IH having property h and relationship i to W, which has relationship i to C, which has property g, causes W, in relationship i to C, to have property h.
> 一个有 h 性质的 IH 与 W 之间存在关系 i，而 W 与拥有性质 g 的 C 之间存在关系 i，会导致与 C 之间存在关系 i 的 W 拥有性质 h。

我一时心软，保留了"导致"（cause）这个单词，只是为了让上面的"精简版本"读起来更顺口些。按理来说，我应该用一些更加空洞的术语来替代它，像"如此……以致"（is such that）。不幸的是，前文对 ACME 和 SME 加工对象语义空洞性的所有评论同样适用于 AMBR。

另一方面，AMBR 有一个引人瞩目的优点，它能从长期情景记忆中提取相关情节或相关事实的集合，这是我们的程序所不具备的能力：Copycat 没有情景记忆，也就没法去做这种事情。

总而言之，AMBR 包含了丰富而趣味盎然的思想，但就和许多其他类比模型一样，它完全忽略了对不同情况的高层知觉，而我们相信，高层知觉正是类比思维的核心。

前言 7

提取旧类比，创造新类比

概念与类比
模拟人类思维基本机制的灵动计算架构

Copycat 的表现栩栩如生！

第 7 章是为麦莱尼亚·密契尔的书《作为知觉的类比》(*Analogy-Making as Perception*)（Mitchell, 1993）所作的后记。任何人，只要想理解 Copycat（在我看来，它绝对值得你费一番工夫），都应该将密契尔的这部作品列入"必读书目"。

我还要顺带一提，麦莱尼亚将非常乐意通过电子邮件或磁盘，为任何对 Copycat 感兴趣的人提供一个该程序的可运行版本（它的源代码是用 Common Lisp 编写的，在 Sun Sparc 工作站上运行）。如果您有意与她取得联系，也可拜访位于新墨西哥州圣塔菲的圣塔菲研究所，或发送电子邮件至 mm@santafe.edu。如有需求，我本人也愿意提供 Copycat 运行过程的录像资料，尽管数量有限，而且，申请人需要支付磁带拷贝和邮寄的费用。（有兴趣的读者请联系 CRCC 的海尔加·凯勒了解详情。）然而，毫无疑问，大多数读者永远不会看到 Copycat 真正运行的样子，这真令人遗憾。为此，我想试着让他们感受一下当 Copycat 运行时显示器上看起来是个什么样子。

显示器显示的东西就和上一章中展示的截屏差不多，只不过它会一直连续不断地变化，点状线条和虚线到处闪烁，表明程序在尝试性地探测大量可能的路径，让人想起一道闪电在寻找可能从云端到达地面的最佳路径时，会以极快的速度向各个方向释放出无数蛇信状的"触须小闪电"。与此同时，激活在滑动网络中不同概念间的扩散（及相关机制）使得代表概念激活水平的黑色方块们时大时小，晃个不停。在对应工作空间的各个区域，实线（键）、弧线（桥）以及方框（组）会被不时创建出来，停留一阵，有时会突然"噗"地一下消失掉，被同处或他处的其他结构所替代。工作空间中不同的字母、数字或单词字体有时更细，有时更粗,反映了程序对其重要性水平时高时低的评估。显然,运行过程中的各类事件对应许多不同的时间尺度:有的太快,以至于肉眼很难跟上;有的很慢,因此能看得很清楚;其他的则介于二者之间。

随着运行的继续,最终,一个连贯的、宏观层面的观点会开始从所有微观层面的反复无常中涌现。通常,这个观点是人们直觉偏好,并期待 Copycat 发现的,但它有时也能提供另一种看待事物的方式。少数情况下,我们会发现程序(或程序中的某些小代码子)试探性地涉足一些特殊的路径,如依循这些路径,当前稳固的"想法"就会动摇,代之以一个更加微妙、更难发现,也更合我们口味的观点。在这种情况下,虽然程序不太可能真的选择自己并不看好的新方向,但我们还是忍不住会期待它这样去做。有时,我们甚至会目睹两种观点的"角力":先是新兴观点取旧有观点而代之,再是旧有观点卷土重来成功"复辟",就像一场激烈的拳击赛,有时这种较量会有来有回地持续好一阵子。

若要描述 Copycat 的运行给人的整体印象——假如我的意见能代表大多数观众的反应——那便是"活力四射、栩栩如生"。我们说过,虽然 Copycat 其实在一台串行计算机上工作,但最好将它理解成一个并行系统。如果有什么人怀疑这一点,只要他见证了 Copycat 一次运行的过程,这种怀疑就将烟消云散。

一个被砍掉的"宠物类比"

"栩栩如生"——对 Copycat 的这个形容让我想到自己曾经做过的一个类比。我非常中意这个类比,想将它纳入上一章中,但麦莱尼亚不太乐意,因此将它砍掉了。不过,麦莱尼亚建议为这个类比在本书其他部分寻个位置,所以我把它搁这儿了。

概念与类比
模拟人类思维基本机制的灵动计算架构

拷贝（copy）一只猫（cat），不止一条道儿

虽说以下类比无疑带有某种偏向性，但它能让我们对 Copycat 和先前介绍过的其他类比模型间的差异产生直观的感觉。假设有一种外星智能生物，构成它们的基底是星际等离子体（或其他什么东西，总之与地球生命截然不同），我们要利用一个展示样品，向它们介绍猫科动物都有些什么特点。Copycat 的套路，就类似于给它们一只活蚂蚁，再附上一些材料，说明该构造简单的生物样品与其更大、更复杂的猫科"亲戚"间有何联系。相对的，其他类比模型的套路则类似于给它们一个电池驱动的毛绒填充玩具——一只可爱的、一比一大小的玩偶猫咪，它会喵喵叫，会打呼噜，还会满地跑。这个方案保留了猫的浅层特点，如尺寸和外观，以及某些基本行为模式，但一点儿也不忠实于生命现象的深层实质。而"蚂蚁方案"牺牲掉了几乎所有的浅层特点，代之以注重传达生命的抽象过程，这种传达是通过一个非常"袖珍"的例子实现的，为弥补这一缺陷，相关材料对现有模型扩展时会发生哪些改变也做出了明确的说明。

虽然这种比较显得露骨且颇具煽动性，但这样下来，人人都知道自己该站哪一边了！

事实上，我给戴德拉·根特纳看了这个"宠物类比"，她的研究采用的就是上述"毛绒玩具"套路。令我惊讶和宽慰的是，这个类比并没有冒犯到她，至少看起来没有。她说这个类比有趣且发人深省——大概就是这个意思。

说真的，我对这个类比虽然很是中意，但它并没有完全说服我自己。我很容易就能挑出它的毛病。首先，通过对比活着的动物和无生命的毛绒玩具，它夸大了两种套路的差别。Copycat 和其他计算程序的差异或许很大，但也没那么夸张。其次，我意识到自己加诸毛绒玩具的语言充满

了琐碎的含沙射影：像"可爱的""一比一大小的""玩偶"，等等——即便是"毛绒填充"和"电池驱动"之类的客观描述——都构成了某种潜意识的"诽谤"。

在将上述类比所有表面花招全部除去后，我们就能得到一个有趣的（也是大胆的）断言：Copycat 中包含有类比活动真实过程的某种基本形式，而它的竞争对手们则没有。

任何对蚂蚁/玩偶猫咪类比的仔细分析，都十分类似于 Copycat 及其竞争对手的判断过程：其包括（相对于关系特征）应该赋予属性多大的权重，彼此映射的那些情况的不同方面有多重要，某些滑动是否跨度太大，或涉及的概念太深，以至于听起来很不真实，等等。对这个类比或任何其他现实世界的类比作出判断的整个过程微妙得令人吃惊，而且无法触及。

元类比、漫画类比和记忆提取

蚂蚁/玩偶猫咪类比是一个具有极高抽象水平的典型类比，它还有一个有趣的特性，那就是它是一个关于类比活动的类比——换句话说，它是一个"元类比"。乍一看，元类比活动似乎很少见，是一种高超的智力活动，但实际上它们经常出现在非常平凡的情境中。像下面这段对话听起来就平平无奇：

A：所有这些美式面包都没什么差别，不管是沃登面包，基尔帕特里克面包，还是其他种类。

B：你开玩笑吧？这就像在说雪佛兰车和福特车开起来一模一样！

A 在各种面包之间做了类比，把它们归为一个单一的范畴（有观点认为，范畴化只是类比活动的一个小小的扩展），而 B 对上述认知行动的

概念与类比
模拟人类思维基本机制的灵动计算架构

回应是,他想出了一个类比,将 A 的类比与一个自己认为显然是无稽之谈的类比联系了起来。

我将这样的类比称为"漫画类比":它们是为了嘲弄的目的而故意编造的。以下是这种类比的另一个例子:

> 侯世达:德国人称乌龟为 Schildkrote,字面意思是"持盾牌的蛤蟆"。
>
> 卡罗尔:"持盾牌的蛤蟆"?!太逗了吧!这就像把一只老鹰唤作"长羽毛的奶牛"!

说到漫画类比,前文中的蚂蚁/玩偶猫咪类比当然也是一例——关于这个类比,我们聊得已经很多了。

漫画类比没什么新鲜的,每个人都会做,但我们到底是怎么做到的呢?显然,一个人首先必须拥有大量经验可供借鉴,其次必须对原始情况中"最为关键的东西"有一种强烈的感觉——这种感觉可能是阈下的、非语言性的,存在于他的内心深处,但依然很强大、很自信。这些对应于特定情况的"概念骨架"的功能就像某种记忆触发器一样。

以前述雪佛兰/福特类比为例。B 听见 A 在两个事物间划等号,而他又认为二者其实大不相同,就会开始搜索一个"定型域"(stereotypical domain)——理想情况下,该定型域作为靶域,应该以某种形式关联于源域,但较后者更为规范、更为经典——用来嘲讽 A 的类比。在美国,面包是"消费品空间"中一个相当随机的元素,而汽车无疑位于这个空间的核心。要创建漫画类比,源域就要移向中心,因此"汽车"就成了靶域。然后,B 会做进一步的"中心化",在靶域的核心寻找两个对象,于是他毫不费力地找到了福特和雪佛兰(至少在美国,这两个汽车品牌承载了人们对"汽车"的绝对定型观念)。至此,B 已在所有必要的层级上(本例中共有两个层级)实施了"中心化",漫画类比创建完成了!他显然希望通过这样的"中心化"操作,尽可能清楚地表明 A 所做的"面包类比"有多么愚不可及。这就是漫画类比的策略。

虽然描述起来好像也没啥，但我可一点也没有轻视这个过程的意思。它是极其复杂的，需要非常深刻的知识，这些知识非常接近于能被有意识地提取，但又不完全如此，它们是关于对象如何范畴化，以及概念如何在头脑中形成结构和相互关联的。这一切具体如何发生，是一个关于创造性认知的深层问题。我所做的只是为一个理论画一幅漫画而已。

认知科学领域许多杰出的研究都涉及这类记忆组织问题，特别是关于当前情境（如正在面临的情况，或刚刚听来的故事）如何触发过往类似事件的提取。该方向最为详尽的一些研究是由罗杰·尚克发起的（见 Schank, 1982），并由他所引领的学派的许多其他研究人员继续进行。他们所采用的整个方法如今常被称为"基于案例的推理"（关于这个领域的详细说明，参见 Riesbeck & Schank, 1989 和 Kolodner, 1993）。在许多方面，我对这一研究方向持怀疑态度，但我并不否认，它所关注的问题是认识的真正关键所在。当然，它所提出的一些主张也十分刺激且富有挑战性。

一项认知挑战：设计推理谜题

设计一个全新的类比，且令其符合一项或多项理想标准（比如说一个漫画类比）与提取过往记忆并不一样，虽说有一些例子跨坐在边界之上——它们同时属于这两个范畴。较之记忆提取，新类比的发明不但更富于创造性，而且更加有趣。我永远不会忘记与大卫·罗杰斯在麻省理工学院人工智能实验室那段愉快的共事，当时 Copycat 项目刚刚起步，我们一同在字母串微领域设计新的类比谜题——那种我们希望程序有朝一日能够应对甚至解决的谜题。

在 Copycat 看似庄重威峻的任务领域，大卫与我发现了许多美妙的

概念与类比
模拟人类思维基本机制的灵动计算架构

惊喜。每当我们设计出一个理想的类比谜题，它总会产生一系列变体，从这些变体中，我们会挑出一两个合意的，在它们的基础上再生出更多新的变体。创造之轮就这样不断旋转，我们为自己的发现所具有的多样性和复杂性而心醉神迷。（注意比较变体的产生与第1章谈到的"主题变奏"游戏。）

在无数类比谜题构成的巨大抽象空间中，大卫有一个极具原创色彩的发现：

> 如果 eqe 可变换为 qeq，则 abbbc 可变换为什么？

初始串的变换给我们留下的印象是，它将什么东西"内里外翻"了，因此，我们现在要对靶标串，也就是 abbbc 做同样的变换，将它也"内里外翻"。读者们可以自己考虑一下该怎么办。

我还记得当时自己绞尽脑汁，想要将那堆 b 以一种完美的、对称的方式换到字母串的外围来，再将 a 和 c 放到中间去。我确实得出了一些答案，其中最好的两个是 bbbacbbb 和 babcb，但没有一个完全符合我自己的美学直观。所以看到大卫的解答时，我钦佩不已。

他的思路是这样的：只要剥掉这个串表层的"字母外衣"，我们就会发现该结构隐藏的"数值层"：1-3-1。它的结构可完美映射到 eqe，而"内里外翻"后的数字串当然就是 3-1-3 了。然后，我们可以把表层"字母外衣"再给它套上去，就得到了一个非常雅致的答案：aaabccc。这样，"内里外翻"的变换不是针对字母的位置，而是针对一个隐藏的数字串进行的。当然，还有一些别的答案也能自圆其说，但这个答案在我看来最令人满意。

我们可以略微调整一下这个问题，只需换掉一个字母，就能产生非常有趣的新见解：

> 如果 eqe 可变换为 qeq，则 abbba 可变换为什么？

对这个问题，先前提到的"字母转数字"策略还是可用的，它能得到答案 aaabaaa。但在这种情况下，有些杀鸡用牛刀的味道。我们完全可以换一条简单得多的思路——将字母类 b 与 a 调换，得到答案 baaab。这个变体中的"压力"完全不同于原题，因为新靶标串 abbba 只含两个字母类（和 eqe 一样），而原靶标串含有三个。这个小小的不同改变了一切！大卫和我非常高兴地发现，表面上非常相似的问题之间可能存在这种极其微妙的对比。每一个这样的发现，都能让我们对类比的真正含义有了新的认识，并且加深了我们对 Copycat 工作领域的尊重：它具有如此惊人的深度，能够以如此清晰的方式凸显如此大量的问题。

在几个月的时间里，大卫和我讨论了各种各样的问题和它们各种各样的变体，仔细比较了它们的优缺点，试图找出最好的——最有趣的、最惊人的、最棘手的、最深刻的、最使人困惑的、最令人沮丧的、最有幽默感的、答案最与众不同的……诸如此类。这是一项极具挑战性的工作，也是一场非常快乐的游戏。

我们之所以要编制这些问题，一方面是出于兴趣，另一方面也是为将来的 Copycat 程序制造潜在的挑战。当时，我们丝毫没有意识到，谜题的设计、评估和比较的过程本身有朝一日会成为我们研究工作的一个重点。但事情就这样发生了。一个贯穿于（during）类比过程且关乎于（about）类比过程的全新的自我觉知（self-awareness）水平，以及在此元层级（meta-level）上流畅地操纵概念的能力，已经成为模拟人类心智的关键。显然，比起单纯地做类比，设计高质量的类比问题对理解类比过程的含义提出了更高的要求。这也是我们要在下一章中讨论的基本主题。

第 7 章

——————————————————————未来的元类比模型导论[一]

侯世达

[一] 本章是为麦莱尼亚·密契尔的著作《作为知觉的类比》所作的后记,已随原书一同出版。

概念与类比
模拟人类思维基本机制的灵动计算架构

流动性、知觉和创造力的初始模型

307　　麦莱尼亚·密契尔在其著作《作为知觉的类比》中非常清晰、非常准确地描述了一个可运行的计算机程序，这个程序实现了我长久以来的一个梦想：我相信它抓住了人类类比活动的许多核心特征，再现了人类认知功能的高度流动性。

　　首先，计算机程序 Copycat 是一个有关流动性概念的工作模型——所谓的流动性概念具有灵活的边界，能适应意料之外的环境，而且既能伸展又能弯曲变形——但并非不受限制。我相信流动性概念必然是复杂系统的涌现，且只能从低层涌动的大量亚认知活动中产生，就像液体的流动性必然是大量分子不连贯震荡的统计结果一样，尽管后者的抽象程度没那么高。前文中我曾指出，要研究认知，没有什么比厘清概念本身的实质更重要，但令人吃惊的是，如今心智过程的计算机建模研究对此少有明确的关注。计算机模型经常研究概念的静态特点——比如独立于情境地判断其是否属于某个范畴——但它们几乎毫不关注概念如何伸展、弯曲，以及适应意料之外的情况。

308　　这或许是因为：模拟高层认知现象的计算机程序很少足够严肃地看待知觉，相反，它们处理的几乎总是固定的表征——这些表征是静态的、人为设定的事实。Copycat 的特殊之处，在于它并没有在知觉和认知间划一条清晰的分界线，事实上，我们可以将它的整个加工过程称作"高层知觉"。我相信，这种整合性正是人类创造力的关键因素。人们只有通过重新审视他们认为自己已经理解的情况，才能提出真正富于洞见和创意的观点。简而言之，再知觉的能力（the ability to reperceive）是创造力的核心。

　　这让我想到了另一种描述 Copycat 的方法。虽然 Copycat 只是一个初始模型，但它所模拟的其实就是人类的创造性。比如说，陷入困境时，

第 7 章　未来的元类比模型导论

它能够出乎意料地引入预期之外的概念，以在普通情况下看似极为牵强的方式加以应用。以问题"aftc⇒abd; mrrjjj⇒?"为例，程序通常都会唤醒概念"相同组"，然后，在预期之外的、自上而下的压力作用下，它偶尔就会将单个字母 m 知觉为一个单项组。先验地看，这个想法其实非常古怪，但有句老话说得好："手里拿个锤子，看什么都是钉子。"我很高兴地发现，这个程序能把 m 看成是"钉子"（尽管只是在一个相当有限的意义上），而此举将引导它得出一个极富美学色彩的答案——不少人都会觉得它富于洞见，充满创意。

Copycat 的所有这些方面——流动性概念、知觉与认知的整合、创造力——相互交织在一起，我认为，这正是使人类思维成为人类思维的关键。如今，联结主义（神经网络）模型能完成一些非常有趣的任务，但它们并未对 Copycat 项目所关注的高层认知问题加以处理，我坚信人们最终会意识到，神经水平的描述对解释创造性、流动性思维的具体机制而言层级太低了。尝试用联结主义术语解释创造性思维，就好像尝试用分子生物学理论解释网球选手的截击技巧一样荒谬：即便是肌肉细胞水平的描述也过于微观了。我们需要高层功能水平的描述来区别平庸的、出色的以及顶尖的网球选手——这比细胞生物学的描述水平高到不知哪里去了。

如果说人类思维是一幢多层建筑，那么联结主义模型就是它的基础，而 Copycat 模拟的思维活动则更接近于顶楼。接下来，我们需要填补中层，这样，Copycat 中那些被认为"出乎意料"的机制就可以用层级较低的术语来说明（或"兑现"，就像如今哲学家们常说的那样）。我相信这一切终将实现，只是需要一段相当长的时间。

Copycat：有自我意识，但极为有限

认知是一种极其复杂的现象，人们看待它的方式也千差万别。认知

概念与类比
模拟人类思维基本机制的灵动计算架构

科学家最为艰难的决定是选定一个问题展开研究，因为这其实意味着忽略认知的许多其他方面。任何人只要想解决最根本的问题，都要做一场豪赌——赌认知的本质就在自己所选定的方向。我的研究小组赌的是这样一个观点：认知的本质是概念学习和类比活动，而 Copycat 正是我们为模拟认知活动的这些方面而迈出的实质性的第一步。在我看来，Copycat 项目成果斐然，与麦莱尼亚的这项合作让我深感自豪。

但是很显然，这项研究不管多么出色，都还无法充分解释其所关注的现象。毕竟，没有哪项科学研究能为它的主题盖棺定论，认知科学研究就更不可能了——在揭示心智的复杂性方面，认知科学家们才刚刚开始。因此，我想在这篇后记中对 Copycat 未来的发展方向做一番展望。

Copycat 项目的主要目的之一，当然是揭示创造力的奥秘。因为创造力可以说反映了思维流动性的最高水平。我一度认为 Copycat 在解决问题"abc⇒abd; xyz⇒?"时用到的"袖珍范式转移"，也就是将 a 映射到 z，由此导致戏剧性的知觉倒置，表明程序抓住了创造力的核心。直到今天我依然相信，当人类解题者做类似的转换时，他们的心智过程包含了创造力的一些非常重要的方面，但我最新的看法是，Copycat"头脑"中的心智事件缺少了一些非常重要的品质。

一言以蔽之，我认为 Copycat 执行范式转移并最终得到 xyz⇒wyz 的过程太"无意识"了。这并不是说程序没有觉知到自己正在试图解决的问题，而是说 Copycat 没有觉知到自己解决问题的过程和该过程中运用的"想法"。比如说，Copycat 会尝试取 z 的后继字母，发现此路不通，就会进入一种"紧急状态"，尝试找一条新路，然后再次遭遇同一障碍。这种情况可能会连着发生好几次，直到程序最终误打误撞地绕开这个障碍——它用的未必是一种多么合适的方法，但总归是绕开了。相比之下，人类解题者很少被困在这种盲目的心智循环之中。对类似于 z-障碍这样的东西他们只要遭遇了一两次，似乎就知道往后该怎样避免了。这样看来，人类能清楚地意识到自己正在做什么，而 Copycat 则不能。就程序本身而言，我们当然希望它能拥有更高的自我意识水平。

"灰度"沿"意识连续体"的变化

当我们面对一个模拟心智的计算机程序，不论它模拟的是心智的哪个方面，思索其"觉知"或"意识"都有一种明确的风险，那就是我们可能会被自己的直觉所绑架，这种直觉来自我们从硬件水平、算法水平，甚至是从决定主义的、符号操纵的程序（如文字处理程序、画图程序，等等）水平认识计算机的习惯。基本上没有人会相信一个文字处理程序是有意识的，或者能够多少理解类似于"单词""逗号""段落""页面""边距"等概念。尽管程序整天处理的就是这些东西，但它对它们的理解一点不比一台电话对它所传送的声音的理解更多些。直觉告诉我们，文字处理程序只不过拥有一个用户友好的、但却是欺骗性的表象，它的背后是一个复杂的动态过程——尽管高度复杂、高度动态，却并不比壁炉里熊熊燃烧的火焰更具有活力或是意识。

根据直觉，所有的计算机程序——不论它们能做什么，也不论它们有多复杂——意识水平必然为"0"。然而，这种刻薄的意见包含了无意为之的双重标准：我们以某种标准来要求机器，却换了一种标准来要求大脑。毕竟，大脑的物质基底，不论与计算机硬件是否相似，都是由惰性的、无生命的分子构成的，其中无数微小的反应以完全无意识的方式在进行。显然，如果我们拉近心智之眼的"焦距"，将大脑还原成就单个过程本身而言并无意义的海量化学反应，意识似乎就消失掉了。正是这种对物理系统（不论该系统是生物的，还是合成的）的归谬法迫使（或应该迫使）思虑周全的人们重新考虑自己对大脑和计算机的先入意见，考虑是什么让自己毫无抵抗地得出了结论，即一个原则上不存在的意识

概念与类比
模拟人类思维基本机制的灵动计算架构

"就在那儿"——不管"那儿"指的是一台机器还是一个大脑。

或许问题的症结在于：对一些神秘的现象（如"生命"和"意识"），人们似乎有意做出非黑即白的判断：人们想让"生命"和"非生命"、"思维"与（仅仅是）"机械"泾渭分明；会对某些对象（如生物学意义上的病毒或足够复杂的计算机程序）可能处于（桥接"有意识"与"无意识"的）"灰色地带"的想法感到不适。但科学的不断进步使得这个观点令人愈发心悦诚服：在我们先入为主地认定的两个极端之间，事物确实具有不同的"灰度"水平。

一些人坚定地认为，即便如今最为复杂的"人工智能"产品也"绝对无生命"，即便如今最为复杂的计算机模型也"绝对无意识"，但他们的结论下得也许太仓促了。我必须承认，早在20世纪70年代，泰瑞·维诺格拉德（Terry Winograd）开发的程序"SHRDLU"（Winograd, 1972）已经巧妙得令人吃惊，以至于我在思考计算机是不是真的"理解"了程序员（通过口语或键盘）输入的指令时，经常犹豫不决。我总觉得SHRDLU就处于一个典型的"灰色地带"。类似地，托马斯·雷（Thomas Ray）模拟演化过程的计算机模型"Tierra"（Ray, 1992）运行时也会让我产生奇异的感觉，仿佛自己正在见证数十亿年前生命诞生于地球的场景。

或许我们对 SHRDLU 和 Copycat 这类思维模型的态度应该更慷慨些：承认它们拥有"某种未知程度的意识"——虽说极为有限，但不至于绝对为"0"。在我看来，在这个问题上应用非黑即白的教条主义是很不现实的，就像非要对一个人盖棺定论，将他归为"聪明"或"愚蠢"、"深刻"或"肤浅"那样。

如果我们接受了这种有些令人不安的观点，即某些机器（甚至是那些已经存在的机器）应该沿"意识连续体"被赋予不同的（即便是最低水平）"灰度"，那接下来有待确认的就是：赋予其不同"灰度"的到底是什么。

第 7 章 未来的元类比模型导论

自我监控对创造力的重要影响

最后，赋予大脑意识的，似乎是它特殊的组织方式——特别是由此产生的高层结构和机制。我认为有两个方面是至关重要的：（1）大脑拥有概念，这一过程让复杂的表征结构得以建立，并自动关联于各类先验经验；（2）大脑可自我监控，因此产生了复杂的内部自我模型，让系统能实现相当程度的自我控制，并具有高度的开放性（心智的这两个关键维度，尤其是它们对创造力的影响可见 Hofstadter, 1985 第 12 和第 23 章的讨论）。在前一个维度上，Copycat 是相当强的——当然，这不是说它拥有足够多的，或足够复杂的概念，而是说它粗略地模拟了概念的真正含义。而相比之下，Copycat 在第二个维度上非常薄弱，这是一个严重的缺陷。

人们可能会欣然承认，自我监控似乎对意识至关重要，但还是会想，为什么自我监控在创造性活动的过程中扮演如此关键的角色？答案是：它让系统"不致深陷无心的车辙"（avoid falling into mindless ruts）。

动物世界充满了极其复杂的行为，而我们仔细分析这些行为就会发现，它们完全是预设和自动化的。[掘土蜂（Sphex wasp）特殊的行为程序就是一个著名的例子，实际上，这正是 Hofstadter, 1985 第 23 章的主题。]尽管这种行为表面上很复杂，但它几乎没有任何灵活性可言。人类与更加原始的动物的重复性动作的区别在于，人类会注意到这种重复性，并感到厌倦；大多数动物则不会。人类不会陷入明显的"循环"（loops）：他们很快就会察觉到重复性的动作毫无意义，并能跳出系统。人类的这种能力 [在 Hofstadter, 1985 第 23 章中被幽默地形容为"反掘土蜂状"（antisphexishness）] 不仅需要对自己正在执行的任务具有对象水平的觉知，还需要拥有一种元层级的（meta-level）意识——对自身行为的意识。很明显，人类不可能在神经水平觉知自身行为，大脑中的自我监控是在

概念与类比
模拟人类思维基本机制的灵动计算架构

高度组块化的认知层实施的。如果我们想赋予计算机相应的能力，使其能够选择是跳出现有框架，还是继续留在其中，这种粗粒度的自我监控似乎就是非常必要的了。

我在 1985 年的那部作品中有关自我监控的章节里，最终以一种赞同的态度引用了英国哲学家 J. R. 卢卡斯（J. R. Lucas）的话，这让我很是吃惊，因为在那以前，我一直认为自己的立场与他截然不同。卢卡斯发表了一篇咄咄逼人的论文《心智、机器和哥德尔》（Lucas, 1961），因此名声大噪。他认为哥德尔不完全性定理证明：无论我们为计算机编制怎样复杂的程序，都不可能用它来模拟人类心智。让我简单介绍卢卡斯的观点：

> 首次以最简单的方式尝试哲学思考的人都会纠结于这样的问题：当一个人知道什么的时候，他是否知道自己知道？当一个人思考自己的时候，他所思考的是什么，又是什么在做这样的思考？……
>
> 之所以会产生"意识的悖论"，是因为一个有意识的存在可以意识到自身，也可以意识到其他事物，却不会真的被认为是可分的……在某种意义上，我们可以让一台机器"考虑"它自己的表现，但要这样做，就得让它变成另一台机器，也就是为其添加一个"新的部件"。但我们关于有意识心智的固有观点是：它能反省和批判自身，而且做到这一点无需添加额外的部件——它已经是完备的了，没有所谓的"阿基里斯之踵"。

这段话表明，如果一个模拟心智的机械系统要想达到我们人类的水平，就必须具备所谓的"自反性"（reflexivity）（系统的一种性质，使其能够"反过身来"观察自己）。我一点儿也不赞同卢卡斯关于机器永远无法实现这一点的主张（事实上，我会在下面给出一个有能力做到这类事情的架构，并为它绘制一张草图）；我所赞同的是他论证的角度，对此许多外行都会产生共鸣，但认知科学界并未给予足够的重视。

为已故的波裔美籍数学大家斯塔尼斯拉夫·乌拉姆（Stanislaw Ulam）整理出版的论文集，有一个与卢卡斯论调相似的书名：《类比之间的类比》。这显然表明乌拉姆酷爱做"元层级"的思考：思考自己的思考、思考自己关于自己的思考的思考、思考自己关于自己关于自己的思考的思考的思考……如此这般以至无穷——卢卡斯可能就会这么形容。明确指出书名暗含的下一层级无疑是多此一举——我们一眼就能看得出来，而且显然会产生这样的感觉：越是聪明的人，越是热衷于更多的"元层级"。

一针见血地定义创造力

在这一切的基础上，我将描绘 Copycat 项目的愿景和目标——它们源于这个程序在过去几年中的成长：我眼看着它从一个隐喻的胚胎变成一个婴儿，再变成一个蹒跚学步的孩子。我曾做过一次演讲，将 Copycat 誉为创造力模型的范例，期间有人问我：是否认为 Copycat 真正抓住了创造性活动的本质，以及接下来还有什么要做。当然，我觉得往后的工作还有许多，因此为回应这个问题，我用一句话简要概括了富有创造力的心智（而不是那些更加平凡无奇的头脑）应该怎样工作。以下是我的观点：

> 完整的创造力包括对有趣的东西有着敏锐的感觉，递归式地遵循这种感觉，在元层级应用这种感觉，并能进行相应的修正。

这句话太过简略，也太过隐晦，我可以将它"解压缩"一下，大概就是下面的意思。创造力包括：

- "对有趣的东西有着敏锐的感觉"，也就是对某一领域的各种可能性有一套相对较强的先验"偏见"——换言之，在给定领域中对不同的可能性会产生一套比大多数人更为狭窄、更为尖锐的共鸣。关键是，这个特定个体的共鸣曲线的峰值要落在代表所有人的平均曲线的峰值附近，以确保可能的创作产出能取悦大多数人。这方面的一个例子就是流行歌曲的作曲家，他们的"旋律品味曲线"峰值很可能比一般人的要尖锐得多。创造力的这一方面可概括为"既不致曲高和寡，又堪称品味不俗"。

- "递归式地遵循这种感觉"，也就是不仅要依循自己的"嗅觉"在初始阶段选择看似有趣的方向，而且要在行至每一个新的"岔路口"时一次又一次地依靠自己的"嗅觉"做出新的选择。至于将会遇见哪些"岔路口"，我们一开始是完全无法预期的。好比你要走出一片密林，就得一次次依靠直觉选择前进的方向，显然，在任一地点选择任一方向都会将你引向一系列独特的位置，在彼又需要依靠直觉做出新的选择。创造力的这一方面可以简单地概括为"自信"。

- "在元层级应用这种感觉"，也就是觉知并仔细观察自己在"思想空间"（而非由任务域定义的空间）中的路径。这意味着要对自己生成的东西所具有的出乎意料的模式，以及创造力活动中自身心理过程的模式保持敏感。换言之，就是要对形式和内容都保持敏感。创造力的这一方面可以概括为"自我意识"。

- "进行相应的修正"，也就是对成功或失败的态度不会一成不变，而是根据经验调整自己的感觉，进而修正自己关于"什么是有趣的""什么是好的"等诸如此类的观点。创造力的这一方面可以概括为"适应性"。

需要注意的是，以上界定意味着系统得像人一样复盘自己的经验，并将它们存储起来以备将来使用。这种存储被称为"情景记忆"，它正是 Copycat 所缺乏的东西。当然，在单次运行过程中，Copycat 会将有关自己做过什么的记忆保存下来——工作空间就是用来干这个的。但只要顺利解决了给定的问题，Copycat 就不会存储那一段经历以备未来可能之

第 7 章 未来的元类比模型导论

需，也不会以任何方式永久性地修正自己。有趣的是，婴儿和幼童似乎同样没法保留永久性的记忆痕迹，这也是为什么作为成年人的我们几乎都没有关于自己婴儿期生活的记忆。如果 Copycat 要最终"成年"，就必须获得成年人的这项能力：以自身经历的情景和事件填充长时记忆的能力。

五大挑战：定义未来的元类比模型

关于富有创造力的心智应该怎样工作，前面列出的第三点强调自我监控的重要性。所谓自我监控指的是：不仅要明确表征当前情况中的对象和关系，而且要明确表征自身的行动和反应。在非常有限的范围内，Copycat 已经具备了自我监控的能力。这在密契尔作品第 7 章末尾的"自我监控"一节中已有描述。但是，我所期待的"自反性"程度远胜于此。事实上，要想赋予 Copycat 这种素质，我们就必须从根本上改变这个程序，以至于应该为新程序起一个新名字。由于一时没有更好的想法，我暂且称其为"Metacat"。这个假设性的模型将在以下几个方面实现对 Copycat 的超越。

（1）我们人类能随心所欲地谈论一条给定的谜题"涉及的问题"或"引发的压力"。例如，"abc⇒abd; xyz⇒?"就涉及以下问题：跨越障碍、在压力下引入一个新的概念（"最后"）、知觉倒置和抽象对称、同时性的双重倒置，等等。然而，Copycat 对问题和压力没有明确的表征。虽然它会尝试一系列概念滑动，比如"后继⇒前驱"，但不论在什么地方，自己正在尝试"倒置"的想法一事都没有得到明确的登记。我们不能说它"知道自己在做什么"——它只是在做。这是因为，即便"倒置"的概念（即"相对"节点）在长时记忆（即滑动网络）中被激活，并在指导加工的过程中发挥了至关重要的作用，但这种激活和指导作用却没有在工作空间中被明确地反映出来。

概念与类比
模拟人类思维基本机制的灵动计算架构

相比之下，Metacat 应该对任何发生在其滑动网络中的足够显著的事件（比如说，一个非常深的概念的激活）保持高度敏感，而且应该能在其工作空间中明确地将这种识别转化为对给定问题真正"关于"什么的清楚的描述。此外，Metacat 应该能够注意到其工作空间中最为关键的操作，并建立一个记录。这样一来，程序会在身后留下一条明确的、粗粒度的时间痕迹。

大体而言，这种自我监控的实现方式如下：当前版本的 Copycat 中随处可见"重要性"的数字度量。有重要的对象、重要的概念、重要的关联，等等。我们只需再增加一个数字度量——"关键性"。这是一个粗略的度量，它针对的是工作空间中发生的事件或滑动网络中激活的变化。对于工作空间中的操作，"关键性"将反映操作对象的大小（操作对象越大，则操作的关键性水平越高），以及对象的描述所具有的概念深度等；对于滑动网络中的操作，"关键性"将反映被激活的节点所具有的概念深度等。我们无需过多关注细节，最主要的是，事件的"关键性"水平会沿一个频谱分布，使人们能够过滤掉所有关键性低于某个阈值的事件，从而对"发生了什么"形成具有高度选择性的观点。

这种关于正在发生的事件的高层观点一旦在工作空间的某处（或许我们可以称之为"卢卡斯区"）获得了明确的表征，其本身就会成为致力于模式发现的代码子知觉加工的对象。这样，系统就会逐渐意识到自身行动的规律，或许还能获得对给定问题"关于"什么的描述。当然，人们认为一个问题"关于"什么，取决于他们想出了什么答案，所以在某种意义上，系统获得的这种描述不是针对问题本身，而是针对给定答案的。这只是对人类解题者真实表现的最为粗略的模拟，但好歹是一种初步的尝试。

（2）我们人类能轻而易举地看出为什么某个类比问题的特定答案对别人来说是有意义的，即便我们自己没有想到，也不会想到这个答案。然而，当前版本的 Copycat 做不到这一点。它需要具备从

第 7 章 未来的元类比模型导论

某个外部主体提供的答案出发，展开逆向工作的能力。如果程序拥有了这项能力，就能看透一个给定答案是"关于"什么的，从而能够快速地评估并正确地看待该答案。由那一刻起，它就能"打趣"般地就某个答案的优点和不足与人类展开讨论了。

（3）我们人类通常不会在做完一件事后立马忘记自己刚才做了什么。相反，我们会将自己的行动存储在情景记忆之中。因此，Metacat 也应在情景记忆中存储其问题解决的痕迹。这种能力将产生两类重要的后果：

第一类后果是，在单一的问题解决过程中，程序将得以避免陷入无意识的循环，并能"跳出系统"（意思是，比方说，它将有能力根据失败的经历做出明确的决定，更多地关注那些先前被忽略的对象或概念）。第二类后果是，在更长的时间跨度上，新问题将会"提醒"程序检索自己先前遭遇过的情景。当前版本的 Copycat 显然不会以任何方式尝试提取过往情景，因为它压根就没有所谓的"过往情景"可供提取，无论先前解决过多少问题。（虽说在单次运行过程中，当前版本的 Copycat 确实拥有"短时记忆"，但只要当前次运行终了，它们就会统统消失掉。）而一旦有了情景记忆，一切都将大不相同。

Metacat 对类似情景的搜索将受 Copycat 架构中许多现有原则的支配：激活会从当前问题所涉概念（如"对称性""倒置"等）向情景记忆中的相应问题扩散，只要后者也能由这些概念索引。不用说，所有这一切都将受到概念深度的影响，因此，浅层"提醒"的频率将维持在最低的限度。

（4）我们人类有一种明显的"元类比"意识，也就是说，我们能看出不同类比间的类比，正如乌拉姆的书名所体现的那样。方才描述的情景提取能力使 Metacat 能将一个 Copycat 类比问题（及其答案）映射到另一个类比问题上，这样一来，程序就基于两条谜题的含义，以及它们导致的压力，创建了一个元层级的类比，而不再

概念与类比
模拟人类思维基本机制的灵动计算架构

局限于一条谜题内部两个字母串之间的类比了。

我们还可以更进一步，期望一个程序只要具备了元层级类比的能力，就能自动实现元—元类比、元—元—元类比……诸如此类。因此，如果 Metacat 先前曾注意到两条特定的类比谜题以某种方式彼此类似，而它又刚刚注意到另外两条类比谜题以同一种方式彼此类似，我们就有理由期待它会将这两个元类比彼此关联起来。（这样一来，Metacat 就超越了乌拉姆的书名所限定的范围！）我坚信意识是由系统中大量微观亚认知智能体的交互作用涌现的，在验证这种意识理论的漫漫长路上，上述多层自省的实现将成其为一座重要的里程碑。

（5）最后，我们人类不仅热衷于解决类比谜题，而且乐于编制新的。要编制出真正新颖的、高质量的 Copycat 类比谜题，就要对问题所涉压力的本质有敏锐而明确的感知。一个好的问题通常有两个有吸引力的答案，一个深奥而难以捉摸，一个则浅显而易于获取。"apc⇒abc; opc⇒?"就是个中典型。它易于获取的答案是 opc⇒obc（源于逐字母地模仿 apc 的变换方式），难以捉摸的答案则是 opc⇒opq（源于一个对变换规则的抽象观点：去除一个后继组中存在的瑕疵）。这两个答案都十分合理，只不过后者明显比前者要雅致得多。

在这个问题彼此对立的两个答案之间存在一种微妙的平衡关系，要编制出一个这样的问题，就需要对人们知觉事物的方式有一个精致的内部模型，而且通常需要在"问题空间"中探索与源问题相近的各种变体，选定其中最优的那个。所谓"最优"，是指该变体能用最小的规模和最"整洁"的形式将最丰富的含义囊括其中。这当然反映了一种美感。（顺带一提，我对自己将审美特质及其所隐含的主观性加入类比建模工作并不感到抱歉。事实上，我觉得对美和美的近亲——简洁的响应能力，在高层认知中起核心作用。我

第 7 章　未来的元类比模型导论

期望随着认知科学的进步,更多的研究者将明确认识到这一点。)

毋庸讳言,当前版本的 Copycat 根本不具备这种能力。

在印第安纳大学的概念和认知研究中心,Metacat 程序的开发工作才刚刚起步。如果我们赋予 Metacat 前述能力和直觉的努力最终大获成功,我就将断言 Metacat 具备了真正的洞见和创意。我不敢妄称上面的描述构成了明确的架构方案,尽管我脑海中的东西当然要比这幅潦草的速写要有血有肉得多。或许这些野心勃勃的想法终究不可能完全实现,但它们就像彩虹尽头的宝藏,让我和同事们不懈追寻着那个梦幻般的目标。

我有幸长期与麦莱尼亚·密契尔搭档,她出色的工作给我留下了深刻的印象,希望心智奥秘的新一代求索者也能从这些研究中受益——这奥秘宛若伊人,在水一方;溯洄从之,道阻且长。

FLUID CONCEPTS
AND
COMPUTER MODELS OF THE
FUNDAMENTAL MECHANISMS
OF THOUGHT
CREATIVE ANALOGIES

前言 8
咖啡馆里的类比

概念与类比
模拟人类思维基本机制的灵动计算架构

唱一曲 Copycat 蓝调

319 终于有一天，在又一次阐明 Copycat 的任务领域和其中一些经典类比问题后，我实在无法容忍自己像复读机那样将"好吧，假设 abc 可变换为 abd……"再叨咕一遍了。最后一根稻草压垮了我这匹骆驼，至少在当时，我对解释 Copycat 已经受够了。

我无意中发现，在向他人描述 Copycat 时，我常与交谈者相对而坐——隔在中间的要么是一座讲台，要么是一张书案，要么是一个小咖啡桌。事先没做准备时，我会采用一套因地制宜的流程，那就是依次触碰桌上的几件物品，并要求人们从他们的角度"照这样做"。这个小策略很好地传达了一个理念，即类比活动涉及对各种不同强度、彼此冲突的压力进行处理。而且它不乏趣味，因为在某个问题得以解决后，我只需稍稍移动桌子上的一件物品，压力的构成就会发生明显的变化，从而产生出一个非常不同的问题。这样一来，只消不到五分钟，我们就能探索十来个密切相关，同时对比鲜明的类比问题，从而不费吹灰之力地领略 Copycat 任务域的魅力。

我越是用这个方法解释 Copycat，它就越吸引我，而且有趣的"桌面类比"问题在我脑海中的存量就越大。这些问题可以在任何桌面上使用，但在我看来，即兴发挥更有乐趣。基本上每次讨论，前方桌面上物品的奇特摆设都会产生一些新的、有趣的例子。最后，我意识到，桌面类比操作不仅是一种间接地解释 Copycat 的方法，还是我在无意中发现的又一个非常棒的微领域，正可用于研究类比。

在 Tabletop 的微宇宙中模仿"现实"类比

与 Copycat 一样，Tabletop 程序的微领域也追求"通用性"，大意是，

前言 8 咖啡馆里的类比

我希望程序在其微领域中所做的类比与人们涉及最广泛领域的现实类比（如"英国的第一夫人"问题）在精神上相符，虽说只能是非常粗略地相符。比如有一天，我与一位来自西班牙的朋友——为保护隐私，我们姑且叫她"Eliza"——闲聊，我谈到自己读研时在德国生活了一段时间，并刻意避开在那里遇到的美国人，部分原因是我觉得他们很无聊，但更重要的是，我想趁此机会学好德语，结识一些德国人。对此 Eliza 的回应是："这正是我在这儿的感受。"起初，我以为她在将自己的处境流畅地映射到我的情况之上，因此她想表达的意思是"考虑到我正在美国学习，我也在试着远离那些西班牙同胞，让自己沉浸在美国文化中"，对她这番"我也是"的表达最为自然的理解似乎就是这样。然而随着谈话的继续，我很快明白过来：她想表达的意思恰恰相反——Eliza 继续说道："在美国，我也觉得美国人很无聊，通常我更喜欢和那些西班牙人待在一起。"作为类比，Eliza 的"我也是"与其说是流畅的，倒不如说是刻板的——尽管无可否认，"德国人"确实滑向了"西班牙人"。也许我们该将其形容为"半流畅的"？

这一段小小的交流让我乐不可支，并认为如果把它以某种抽象的形式"注入"Tabletop 的任务领域会很有趣。于是我想象了一个场景，比如说，在我这一边的桌子上有五把叉子和一把勺子，而在另一边——Eliza 的那一边，比如说——是五把勺子和一把叉子（见图 8-0）。我这一边的叉子代表美国同胞，勺子则是在美生活的少数外国人，当然，Eliza 那边情况恰恰相反。因此，为模仿我游学欧洲的经历，我将手伸向桌子的另一边；为模仿我偏爱与欧洲人交往，我触碰了 Eliza 一边的一把勺子——它代表德国本地人。现在的问题是，Eliza 该怎样做，才算是做了"同样"的事？

她可以这么做：将手伸到我这一边来，触碰我这边的一把叉子。在我看来，这正是与我方才的举动类似的，或"同样"的事。它映射到我一开始对 Eliza 回答的假设：她想表达的是，在美期间，她也更喜欢与美

概念与类比
模拟人类思维基本机制的灵动计算架构

国人而不是欧洲人交往。

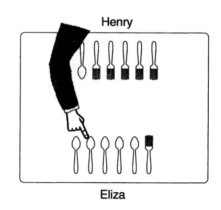

图 8-0 在 Tabletop 领域"翻译"一个现实类比

显然,要模仿我的行为,她还能这么做:触碰她那边的一把勺子——可能是我碰过的那一把,但也未必。但那就是最缺乏想象、墨守成规的做法了。它映射到 Eliza 宅在西班牙的家里,从未来过美国,不仅如此,她还回避与身处西班牙的外国人(特别是美国人)的所有接触。

根据 Eliza 的"我也是",她的真实情况是:她确实人在美国(映射到她将手伸到我这一边),但仍然更喜欢与本国人来往(映射到她触碰我这边唯一的一把勺子)。

像我与 Eliza 的谈话这种"现实"类比的实质能在多大程度上被抽象出来,并在"桌面"微领域中得到重建,是一项有趣的挑战,着实让人兴奋不已。并非所有的现实类比都像这个例子一样,能够如此简单、如此自然地"翻译"成对桌面摆设的触碰,但我们通常都能得到某种粗略的对应物,这一点已经让人很满意了。事实上,对"Eliza 类比"的翻译有一个瑕疵:我用于模拟对话所涉情况的桌面摆设看起来相当不现实。该领域背后的一部分思想,是要保证我们所使用的桌面摆设与人们在咖啡馆或餐厅能看见的情况足够接近。

随着时间的推移,我对在"桌面"领域严肃地研究类比一事热情越来越高。幸运的是,没费多少工夫,我就成功地"忽悠"罗伯特·弗兰茨将 Tabletop 项目作为他博士期间的课题了。罗伯特对 Copycat 的架构十分着迷,但 Copycat 项目的实施已经交给麦莱尼亚·密契尔了。由于罗伯特想自己做一些类似于 Copycat 的东西,Tabletop 的立项对他可谓恰逢其时。我只需要指着麦莱尼亚的作品说:"照这样做!"罗伯特完全明白我的意思。

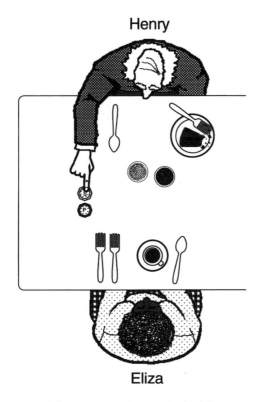

图 8-1　Henry 和 Eliza 隔台对坐

第8章

FLUID CONCEPTS
COMPUTER
AND FUNDAMENTALS
OF THOUGHT
CREATIVE

CEPTS
MODELS OF THE
TAL MECHANISMS
ANALOGIES

—Tabletop、BattleOp、Ob-Platte、
  Potelbat、Belpatto、Platobet

侯世达
罗伯特·弗兰茨

概念与类比
模拟人类思维基本机制的灵动计算架构

微领域中的类比问题

323 侯世达点了点他三岁儿子的鼻尖,对他说:"照这样做,丹尼,照这样做!"丹尼盯着爸爸的脸,过了一会儿,又盯着他的手。然后,他伸出一根手指,碰了碰爸爸的指头——正是侯世达用来点儿子鼻尖的那根指头。

在桌面上"照这样做!"

在"叉勺"(Runcible Spoon)这家老旧不堪的咖啡馆里——它距离名字平平无奇的"第七大街"仅一箭之地,后者本应叫"豪吉·卡迈克大街"(Hoagy Carmichael Street),以纪念这里最为声名显赫的一位市民,如果印第安纳州布鲁明顿市议会几年前没有否决这项更名建议的话(此举堪称缺乏地方荣誉感的典型)——这座面积不大却优雅迷人的大学城正是本文——值得关注的不仅有它滑稽的标题,还有这开篇首句,它解析起来很有些普鲁斯特式的令人头疼的味道——作者的住地(更确切地说,是他在写作本文时的住地)——对坐着两位老友——Henry 和 Eliza,就像图 8-1 所表现的那样。在谈话的间歇,Henry 伸出手来,碰了碰盐罐,对 Eliza 说:"来,照这样做!"Eliza 于是伸出手来,她的手在胡椒罐上
324 方停留了一会儿,然后继续移动,最后碰了碰盐罐。Henry 的脸上掠过一阵失望,但他很快恢复如常,两人继续尝试。

"你能照这样做吗?"他问,碰了碰他面前的盘子(见图 8-2)。Eliza 扫视桌面,犹豫了一会儿,然后碰了碰她面前的托盘。Henry 看上去很满意。

最后(见图 8-3),Henry 将手探到 Eliza 一边,碰了碰她的咖啡杯,说:"现在,照这样做!"

第 8 章 Tabletop、BattleOp、Ob‑Platte、Potelbat、Belpatto、Platobet

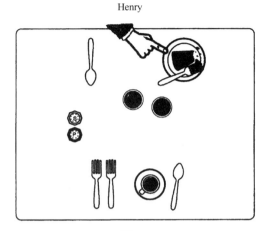

图 8-2　一个简单的 Tabletop 类比问题

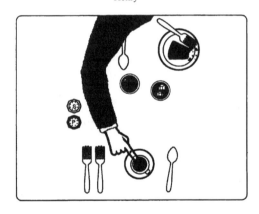

图 8-3　一个稍微复杂一些的 Tabletop 类比问题

一开始，Eliza 的手战战兢兢地探向自己的咖啡杯，但突然间方向一转，飞快地越过桌子，伸向 Henry 一边，碰了碰他的勺子！Henry 问："你怎么会挑这个东西？"Eliza 回答说："嗯，你的两只玻璃杯对我来说构成了一个小单元，很自然地映射到我那对叉子上。因此，我就暂时将"玻璃杯"和"叉子"这两个概念联系在一起了。然后，她继续说："你把

概念与类比
模拟人类思维基本机制的灵动计算架构

手伸到我这边碰我的咖啡杯,既然一只咖啡杯'几乎就是'一只玻璃杯,根据推理,我就应该把手伸到你那边去碰一个'几乎就是'叉子的东西——那只能是你的勺子了!"这个观点有些牵强——好吧,也许太牵强了!但它显然很有趣。

Henry 给 Eliza 出的三个谜题非常典型,它们取自 Tabletop 的任务领域。其基本形式是触碰一张咖啡桌上不同的物品,然后让对方"照这样做"。虽说我们总可以完全照字面意义理解"照这样做",去触碰出题者触碰过的物品,但多数解题者——我是说多数成年解题者——都会在听到指令后不假思索地引入概念滑动(比如说,他们不会固守"咖啡杯"这个范畴,而是很愿意以一只玻璃杯代替),触碰那个他们从自己的角度知觉的"对应"物。当然要求非常年幼的孩子们做这样的滑动有些太严苛了:他们通常都从字面意义上理解出题者的指令。

时不时地,我们也会遇见一些成年人,当他们第一次被要求"照这样做"时,会完全照字面意义理解这个要求。比如说,我的同事大卫有一次向一位来访的认知科学家皮特介绍 Tabletop 项目——刚好就在"叉勺"这家咖啡馆里!大卫端起自己的咖啡杯,说:"项目背后的思想是:你能照这样做吗?"皮特顺从地伸出手去,端起了大卫的咖啡杯。"不,我不是这个意思!"大卫急忙道,"瞧——照这样做!"他碰了碰自己的鼻尖,然后皮特的手指就径直奔大卫的鼻子伸去了,幸好在它碰到目标以前,皮特头脑中积累的社会压力终于超过了阈限,他的手指在桌面上方某处来了个 180 度大转弯,最后落在了自己的鼻尖上。皮特顿悟了!从那一刻起,他就开始根据自己与桌面的相对关系解读大卫的每一条指令了。在某种意义上,像皮特这样老练的成年人一开始居然会如此拘泥于字面意思,似乎很令人惊讶,但是,看似微不足道的心理活动经常具有出乎意料的丰富内涵。

顺带一提,我们无意主张皮特端起大卫的杯子的举动,甚至他想要触碰大卫的鼻子的意图是"错误的"。只不过对看似简单的"照这样做!"

第 8 章　Tabletop、BattleOp、Ob-Platte、Potelbat、Belpatto、Platobet

指令，某些反应要比其他反应普遍得多，它们似乎代表着人类——确切地说是成年人类——更为典型的思维过程。我们所说的"心智流动性"产生了那些涉及自动化、无意识的概念滑动的答案。当然，有些答案看起来十分怪异，或许是因为它们"流畅得过头了"，题记中小丹尼对爸爸"照这样做"的有趣回应就是其中一例。

在高度理想化的桌面上进行现实的类比建模

Tabletop 项目的宗旨是开发一个计算机程序，用于解决这些看似微不足道的类比问题，涉及咖啡馆桌面上物品的摆设（不包括鼻子或脸上的其他部件，虽然这大概不构成程序的基本限制）。仿佛这个项目还不够"微不足道"那样，在这个计算机模型中，杯子和叉子等物品都被理想化了，也就是说，没有一个对象拥有除"桌面位置"和"范畴成员资格"外任何区别于其他对象的特异性。真实的咖啡杯有各种形状和尺寸，上面往往印有花哨的设计和标语，指代现实世界中任何可以想象的事物，而对 Tabletop 来说，一只杯子只是一只杯子，仅此而已——它没有形状，没有尺寸，也没有装饰。Tabletop 处理的所有对象全都符合这种严苛的规定，程序的任务领域因此非常精简，以至于在某个层面难免给人留下"微不足道"的印象。

另一方面，"Platobet"——即 Tabletop 任务领域中抽象柏拉图范畴的清单或"字母表"（alphabet）——具有非常复杂的结构。比如说，柏拉图范畴"盘子"和柏拉图范畴"托盘"在概念上就非常接近，因为盘子和托盘都是圆的，都用来盛放物品；同时，在没有特殊情境压力的情况下，这两个概念距离"盐罐"都非常远。我们将这些事实明确编入程序之中。概念"咖啡杯"距离"托盘"也很近，但这是在另一种意义上的接近——它们之所以接近，是因为咖啡杯通常和托盘一同使用。在 Platobet 中纵横交错着一张相当复杂的关系之网，虽然它所含的信息量并不太大（写成代码，大概要占两页的篇幅），但却给 Tabletop 的任务领域增添了一分复

概念与类比
模拟人类思维基本机制的灵动计算架构

杂和微妙,只不过我们一开始还没法体会到。

让程序并不像它看上去那般"微不足道"的,还有一个原因:桌面上每一种不同的摆设(即每一种不同的情况)都将唤醒一系列独特的心智压力。以不同方式"微调"给定的摆设,可对压力进行巧妙的操纵。如果在面对某种摆设时触碰 X 最为合理,那么将情况稍稍变动一下,最合理的触碰对象可能就会是 Y,在另一种接近的条件下,它可能又会变成 Z。通过在桌面上将某个物品的位置挪动一下,或对其范畴成员资格做一番"微调"(比如将一只玻璃杯换成一只咖啡杯),又或者增加或取走某个物品,当然也可以通过几个"微调"操作的组合,我们就能生成给定问题的大量近似变体。可见,问题空间与心智压力的空间存在密切关联,而归根结底,这些压力及其相互作用正是 Tabletop 项目——其实也正是一般意义上的类比活动——的全部关键。

Tabletop 项目的宗旨是开发一个计算机程序,以具有心理学现实意义的方式在这个微领域中做"指点(触碰)类比"。这意味着对任何一个"照这样做!"的问题,程序必须能产生一个或多个不同的答案,但它必然会以一种明显反映"成年人类喜好"的方式偏向于其中的某些答案。开发这样一个程序到底有多难,它的基本原则又应该是什么呢?

依靠蛮力解决 Tabletop 类比问题

一个怀疑论者可能会想:既然这个微领域中的心智压力数量如此之少,要解决这类问题,只消使用一个非常简单、非常机械的计算机程序就可以了。大体思路是:已知桌面上每一个物品的每一种属性,如"位置""范畴"……诸如此类,都会产生一种特定类型的心智压力,我们就利用这一点。既然属性的数量如此之少,压力的数量也不会多。因此,只要列出一个代数式,不管在当前情况中存在多少种压力,将它们统统包含进去,并为每一种压力分配不同的权值。如此一来,我们就能利用这个公式迅速选中"胜出的"物品。就这么简单!

第8章　Tabletop、BattleOp、Ob-Platte、Potelbat、Belpatto、Platobet

让我们将这个观点细化一些。因为咖啡桌上的每一个物品都只有几个重要的属性——它的范畴成员资格（如"咖啡杯""叉子""盐罐"等）、它在桌上的位置、方向、所有者和空间近邻——所以要完整地刻画任何物品似乎都不是什么难事。选中你想要刻画的对象，依次列出这些属性的值，然后就大功告成了！——你已经为这个物品创建了一份完整的档案。有了这种可用于所有对象的标准化的表征方法，当 Henry 触碰一个物品而 Eliza 必须"照这样做"时，要选中"赢家"（或"热门候选对象"）似乎就是小菜一碟了。我们只需对每个物品的档案应用一个标准代数式，计算该对象与被触碰物品的相似度水平，可能涉及对其每一个属性进行加权求和。得分最高的物品就是最后的"赢家"。显然，增加或删除几个属性或对象，不会对这个策略的可行性产生太大的影响。

这样一种公式化的方法似乎恰到好处地解决了一个看似微不足道的问题。那么，这就是故事的结局了吗？作者当然相信并非如此。事实上，鉴于我们希望 Tabletop 程序具有心理现实意义，本文首先是要论证公式化的方法根本是误入了歧途；其次是要指出一种相反的架构——一种涌现性、随机化的架构——将更加令人满意，因为它的适用范围远远超过了 Tabletop 的任务领域。

具有讽刺意味的是，我们开发的第一个用于解决 Tabletop 问题的程序就像刚才描述的那样，是完全依赖蛮力、基于公式的。由于这个程序与我们的哲学理念完全背道而驰，它和任何基于公式的类似程序都可以被称为"Potelbat"（将"tabletop"倒过来写）。实际上，在 Potelbat 的开发期间，我们对下面将要谈到的所有针对同类型架构的反对意见都了然于胸，但出于某种诚实的考量，我们又觉得若非真正将 Potelbat 付诸实现，就不可能了解该架构的真实表现。简而言之，我们需要对"敌人"有一些直接的认识。Potelbat 很快就被开发了出来，它在一些简单的 Tabletop 问题上表现得很好，这并不令人惊讶，尽管面对一些更难的类比问题时（如图 8-7、图 8-8 所示），它就很挣扎了。当然，我们可以为其添加一系

概念与类比
模拟人类思维基本机制的灵动计算架构

列机制,调整诸多内部参数,这样它就能在那些问题上干得更漂亮些,但在我们看来,此举无异于浪费宝贵的时间。

为什么依赖蛮力只能是南辕北辙

开发一个"完美的"Potelbat与Tabletop的初衷完全是南辕北辙,这有点儿像年复一年地创建一个国际象棋博弈程序(并为其开发运行所需的超高速专用硬件),最终,这个程序会在棋盘上击败所有对手,不论对方是人类还是计算机,夺取国际象棋世界冠军的头衔。这将是一项令人钦佩的成就——实际上,我相信它很快就将由"深思"(Deep Thought)的设计者或其他竞争团队在未来几年中实现——但它不会向我们揭示人类是如何下棋的。它所能揭示的是国际象棋形式领域本身一个出人意料的特性——也就是说,该领域其实如此有限,以至于单凭蛮力计算就能征服。在50年前,甚至是20年前,极少有人敢于设想这一点,因此,以这种方式"揭穿"或"贬低"国际象棋之举,能激起人们智力上非常强烈的兴趣。相比之下,"贬低"Tabletop的任务领域不会刺激到任何人——它本身就是一个故意创造出来的微领域。我们的计算机模拟项目并非旨在如"深思"一般"征服"某个领域,而是要将它作为一间实验室,在其中研究流畅类比活动的通用机制,不论这些类比活动可能在哪个领域进行。对我们来说,评价任何架构,只要它被设计用于解决Tabletop领域的类比问题,都应该以其"通用性",或是对人类心智的"可概括性"为标准。

通用性:Tabletop项目的基本目标

329　　Tabletop及相关项目的初衷一直都是开发在微领域中表现出"智能"或"理性"的程序,这类程序的基本架构应该是高度通用的,意思是,它们虽然在特定领域中运行,却几乎不会带有相应领域的特异痕迹。这类程序一旦付诸实现,就能相对容易地改编以适应新的领域。它们之所以有趣,并不是因为具有某些领域特定的功能,而是因为具有通用的机制。

第 8 章　Tabletop、BattleOp、Ob-Platte、Potelbat、Belpatto、Platobet

一些怀疑论者抛出了这样的问题："你们所说的通用性、适应性，这些目标确实令人钦佩，但这与那些开发'专家系统外壳'的软件公司所宣称的目标有什么不同？它们在描述自己的工作时，措辞可跟你们完全一样啊。"这个问题十分有趣，而且不那么好回答。事实上，我们也没有一个确切的答案，但在哲学理念上，我们却坚信自己与它们相距十万八千里。那些专家系统外壳的开发团队似乎认为，自己能轻而易举地为即便是范围最大的现实领域套上预定义的框架，仿佛它们是最服帖的野兽一般；而我们虽然将自己限定在一些范围极小的微领域中，且从未刻意寻觅，却不断撞见真正"野性难驯"的问题。这两种态度呈现出惊人的对比。

正因持有这种态度，我们才会试图以一种具有心理现实意义的方式建立概念及其相互关系的模型，而且我们相信只有在一个非常精简的领域中才能做到这一点。作为局外人，我们猜测，高级专家系统在非限制性领域中的表现一定取决于这些领域的特殊性，就像国际象棋博弈程序惊人的成就，其实取决于国际象棋游戏本身出乎意料的计算机可处理性一样。相比之下，计算机程序要想下好围棋则并没有那么容易。有些现实领域的可处理性较高，比如国际象棋，有些则较低，比如围棋。在发现哪个领域属于哪一种情况时，我们所获得的见解其实并不是关于智能本身的，而是关于该领域以及我们在其中提出的那些问题的，仅此而已。总而言之，对上述怀疑论者的问题，我们确实不知道该如何做出完整的回答，但我们猜想这与人们认为什么样的问题值得回答，以及什么样的表现才满足他们的标准有关。

无论如何，为了设计高度通用的类比架构，即便当下的任务只是开发一个在特定领域运行的特定模型，我们也相信，在脑海中不断切换几个非常不同的潜在领域是很有必要的。这种对不同领域的心智杂耍同样"出于某种诚实的考量"——也就是说，它的目的是确保正在开发的程序的核心机制不致受限于其特定领域的任何特殊性。如果这种心智杂耍玩得足够到位,则尽管程序开发完成后只会在一个领域中运行,其原理也能方便地应用于许多领域:它将是抽象且通用的。

具体到 Tabletop,它的任务领域最为显著的特点之一,就是其范围非常之小。因此,我们认为重要的是不仅要记住一些其他的微领域,而且要记住一些范围更大的现实领域,作为当前领域理论上的替代。我们最关心的是 Tabletop 架构能否扩展到更大的领域,也就是说,它的设计能否从根本上避免导致"组合爆炸"的各种诱因。因此,下面我们将浓墨重彩地描绘"组合爆炸",介绍其源头,以及一系列类比程序的开发者如何因此而深陷困境。

扩展领域中的类比问题

> 肯尼亚正迅速赢得"非洲好莱坞"的美誉。
>
> ——一本航空杂志的刊文

Tabletop 向现实领域的过度扩展

我们相信对不同领域的心智杂耍(如前文所述)是 Tabletop 项目非常重要的一个方面。如果不考虑这个程序与我们心目中扩展的替代领域(这种替代领域着实有好几个)之间有何关系,就无法真正地理解它。下面就将展示并详细分析一个特定的替代领域——它将比"桌面世界"要大得多——并描绘我们设计这一替代领域的思路。

但是,论述伊始,需要强调的是:"领域"指的不是某个单一的现实类比,比如太阳系与氢原子,或热流与水流的类比(近年来对这两个类比的研究数量最多)。专注于这种单一的孤例,我们就无法将其与一系列微妙的变体进行对比,这些变体将按不同比例产生一系列不同的心智压力。我们坚信,只有将一个问题与其"光晕"结合起来看(构成"光晕"的是

第 8 章　Tabletop、BattleOp、Ob-Platte、Potelbat、Belpatto、Platobet

该问题的不同变体），才能理解为什么某些映射比其他的更令人满意。正因如此，我们认为一个"领域"必然充满了类比问题，它们构成一个严密的网络，其中每个问题周围都环绕着由密切关联的变体所构成的"光晕"。

接下来该解释我们如何设计一个极具挑战性（也特别有趣）的替代领域了。Tabletop 的"照这样做！"类比有某种"针锋相对"的味道，整件事情给人一种"一报还一报"的感觉。这个抽象的想法启迪了我们，让我们想到了许多具体的、涉及报复的现实场景。我们基于这些现实事件的共同脉络，给出了一个设计：加州与印第安纳州爆发了激烈冲突，因为前者试图将雨云从潮湿的印第安纳州移到干旱的圣华金河谷。不幸的是，冲突升级成了一场核战争，加州把布鲁明顿给"核平"了。印第安纳波利斯的战争委员会想要以牙还牙，但又不愿让战争进一步升级，于是他们必须决定在反击中抹掉加州的哪一座城市。因此——加州的布鲁明顿是什么？

考虑到加州的侵略行动的规模，对洛杉矶这个人口是布鲁明顿 100 多倍的城市进行轰炸是不可想象的。攻击圣迭戈也不可行，因为它拥有一座举世闻名的动物园。而在太平洋上引爆核弹引发海啸摧毁卡梅尔的计划就更不合适了，因为战争委员会担心摧毁这座堪称加州明珠的小镇会让敌人举州震怒，使情势一发不可收拾。经过一番思量，战争委员会认定，胡希尔武装力量[⊖]以牙还牙的最好办法不是摧毁加州的某一座城市，而是给加州所有的移民工人多开一美元的时薪，让他们来印第安纳州工作，此举将"获得与'轰炸加州的布鲁明顿'同样的效果"。

虽然上面的例子显然是在搞笑，但实际上，许多真实战场的局势正是由类似"加州的布鲁明顿是什么？"的推理决定的。我们经常听说一国希望对其邻国的挑衅行动展开报复，但又不想与对方全面开战。要让针锋相对的报复与敌侵略行动"相称"，报复方就要确定并攻击与己方受袭对象"相同"的目标。

⊖ "胡希尔"，Hoosier，即印第安纳州的昵称。——译者注

概念与类比
模拟人类思维基本机制的灵动计算架构

现实中这样的例子不胜枚举：当年一枚据信为来自利比亚的炸弹在德国一家迪斯科舞厅爆炸，炸死了一名美军士兵。随后，美军以据信为"相称"（或"对等"）的方式展开报复，对的黎波里进行了定点轰炸。回首颇具怀旧色彩的冷战时期，不同阵营间的冲突都是以这种针锋相对的方式展开的。有一次，苏联指控一名美国记者从事间谍活动并将其驱逐，第二天（据说此事纯属巧合）三名苏联驻美低级代表就被勒令离境。

"国际事件类比"具有重大意义和深远影响，远远超出了一国对敌方侵略行动寻求报复的情况。比如说，假设一场武装冲突在某个出乎意料的地区突然爆发，很快，每一个国家——不管它距离冲突地区有多远，也不论它有无涉足其中——都必须仔细评估这场冲突与其自身情况可能存在的相似之处，然后根据它们认为在二者间存在的任何类比确定一个立场。知觉到的类比关系越强，它们所表达的态度就越是鲜明，观点也越有说服力。如果一国政府对他国行动所持的立场与其（在明显类似的情况下）对自身行动所持的立场不一致，就会在外交上备受指责，甚至可能削弱其自身行动的合法性。一个足够显明的类比将凌驾于任何其他类型的，包括意识形态方面的压力。

马岛战争期间的希腊就是一个典型的例子。你或许会认为，这个当时相对贫弱，而且倾向于社会主义的第三世界国家会不假思索地站在同样贫落的发展中国家阿根廷一边，支持后者从富裕的、工业化的、右翼的、落伍的，以及（最重要的是）本土远在千里之外的殖民国家英国手中夺回马尔维纳斯群岛。但是它没有。事实是，希腊在马岛的归宿问题上坚定地站在了英国这一边。为什么？这是因为希腊在马岛战争中所持的立场必然受制于一个在国际社会看来足够显明的事实——希腊一直声称本国对"希腊的马岛"，即塞浦路斯拥有主权，尽管这个岛其实距离另一个国家（土耳其）更近，且后者同样对其有主权需索。在这个显明类比的压力下，我们还如何指望希腊政府"挑边"阿根廷，不论它出于其他原因有多想这样去做？它只能站在英国这一边，阿根廷对马岛的立场

第 8 章　Tabletop、BattleOp、Ob-Platte、Potelbat、Belpatto、Platobet

和土耳其对塞浦路斯的立场太相像了，支持阿根廷必将削弱希腊本国对塞浦路斯主权所持立场的合法性。

总而言之，尽管各方势力通常避而不谈或干脆予以否定，但类比确实是在国际事务中普遍存在的一种巨大的压力。实际上，出于类似的原因，类比在人际事务中也在发挥类似的作用，但那就是另一个故事了。现在，让我们回到运用类比思维策略决定报复行动的话题上来。

我们可以为一个"报复算法"起个好名字，叫它"BattleOp"[⊖]。输入一场军事入侵的相关资料，程序不仅将扫描全球所有军事入侵行动的存档，还将搜寻一切可用的政治选项，以寻找最为恰当的反击目标和行动方案。显然，这类历史事件不胜枚举——而一旦我们将各种假设的情况也包含在内，甚至不用那么夸张，只对真实历史事件进行一系列"微调"，该领域的范围就能突破天际。如果前总统乔治·布什在访问科威特时遭伊拉克特工袭击受伤，克林顿总统该怎么办？如果丹·奎尔（Dan Quayle）也在场，并且被一块原本瞄准布什的奶油馅饼砸个正着，又当如何？事实上，BattleOp 任务领域的主要问题在于，它的范围太大，开放性太强，让人无从思考——BattleOp 是 Tabletop 的过度扩展。

因此到头来，我们要尝试限制 BattleOp 的任务范围，最终确定一个中等大小的领域，它一方面相当简单、有利于思考，另一方面又显然足够成熟、足够现实，充满了挑战性的类比谜题。实际上，我们所寻找的那一系列谜题，恰好就藏在第一个 BattleOp 类比问题，即"加州的布鲁明顿是什么？"的背后。

对 BattleOp 任务领域的合理限制

说真的，加州的布鲁明顿到底是什么？我们建议读者花几分钟的时间看看自己对这个问题有何反应——不仅要看最后的答案是什么，还要

[⊖] 其本身既是"tabletop"的变位词，又可意译为"战事选择"。——译者注

概念与类比
模拟人类思维基本机制的灵动计算架构

观察在得到该答案的过程中有哪些想法（即便是那些傻里傻气的想法）以什么顺序产生出来。显然，这个问题是一个特例，其一般形式是"Y的A是什么？"，其中A是一个地理实体，如一座城市或一条山脉，而Y是一个地理区域，比如一个州或一个国家。因此，一个正考虑移居美国大平原（Great Plains）地区的西伯利亚人可能会问："内布拉斯加的鄂毕河是什么？"对此，任何一个内布拉斯加本地人——假如他知道鄂毕河是一条纵贯西伯利亚的大河的话——都会自豪地回答道："当然是普拉特河！"正因为这个例子如此经典（Belpatto, 1890），同类型"地理类比问题"一直被唤作"鄂毕—普拉特谜题"，让我们将这个优秀传统贯彻下去！

要让程序有能力处理所有类型的地理实体，像湖泊、森林、冰川、海岛、城市、机场、国家公园……凡此种种，似乎有些太过火了。因此，进一步简化任务领域是非常合理的：我们可以限定A的值，令其仅包含城市。然而，即便如此，该领域的范围也太广了，同类型的"鄂毕—普拉特谜题"一抓一把：

- 佐治亚州的雅典是什么？
- 马里兰州的西点是什么？
- 印度的霍巴特是什么？
- 澳大利亚的科伦坡是什么？
- 格陵兰岛的科伦坡是什么？
- 得克萨斯州的蒂华纳是什么？
- 加州的卡莱克西科是什么？
- 墨西哥的卡莱克西科是什么？
- 墨西哥的墨西卡利是什么？
- 密歇根州的墨西卡利是什么？
- 康涅狄格州的纽约市是什么？
- 纽约市的纽约市是什么？
- 特拉华州的纽瓦克是什么？

第 8 章　Tabletop、BattleOp、Ob-Platte、Potelbat、Belpatto、Platobet

- 乌拉圭的多伦多是什么？
- 俄克拉荷马州的檀香山是什么？
- 非洲的好莱坞是什么？
- 印第安纳州的卡梅尔是什么？
- 夏威夷的葛底斯堡是什么？
- 密苏里州堪萨斯城是什么？
- 中西部的匹兹堡是什么？
- 东海岸的匹兹堡是什么？
- 印第安纳州的梵蒂冈城是什么？

图 8-4 是列表中第一个问题可能的答案之一。实际上，最后一个问题才更值得简单地讨论一下。梵蒂冈城是一个很小的城中之国，也是世界天主教的大本营，被完整地围在意大利首都罗马城中。它的标志性建筑当属气势恢宏的圣彼得大教堂。"罗马天主教"是如今约定俗成的说法，但严格地说，教廷其实位于罗马"以外"。类似地，印第安纳州的小城斯皮德韦（Speedway），是举世闻名的印第安纳波利斯 500 英里大奖赛（Indianapolis 500）举办地。它整个地位于印第安纳州首府——印第安纳波利斯城城中，其标志性建筑当属壮观的印第安纳波利斯赛道。"印第安纳波利斯 500 英里大奖赛"是如今约定俗成的说法，但严格地说，大奖赛其实位于印第安纳波利斯"以外"。我们甚至可以将美国人的赛车信仰与意大利人的宗教情结对应起来，虽然这可能有些牵强。无论如何，对这个问题来说，斯皮德韦都是一个虽有些令人费解，但却恰如其分的答案。

我们已经看到，某些"鄂毕—普拉特谜题"似乎有极具说服力的、近乎完美的答案，尽管大多数情况并非如此。但不管怎样，为每一条"鄂毕—普拉特谜题"寻找答案的过程都是一次典型的"移译"。"移译"也是一种类比，它的一般形式就是"X 是 Y 的 A"，隐含的意思是：X 之于 Y 的作用，相当于 A 之于某个并未言明，但假定为众所周知的实体 B。

概念与类比
模拟人类思维基本机制的灵动计算架构

用表示相称原则的传统记号法，可以写成"A:B :: X : Y"。去掉一个完整"移译"中的两个元素，直接问"Y 的 A 是什么？"，就是一条谜语。在本文中，我们所关注的大都是一个特定类型的谜语，其涉及对地理实体关系的移译——具体而言，我们关注的是那些 A 代表一个城市，而 Y 则代表美国一个州的"鄂毕—普拉特谜题"。

图 8-4　基于"鄂毕—普拉特类比"的漫画

注：路牌上书文字为"欢迎来到佐治亚州阿森斯——佐治亚州的雅典"。

鄂毕—普拉特谜题：是关于类比映射还是类比提取？

乍看起来，鄂毕—普拉特谜题与 Tabletop 类比问题很像，只不过前者所属的领域要大得多。具体而言，两类问题都涉及关注一个指定区域——加州（比如说），或是 Eliza 这一边的桌面——并"触碰"其中的一个对象，这个对象与在另一区域中已被触碰的另一对象扮演同样的角色。尽管如此，还是会有人表示反对，认为这种相似性虽然十分突出，却掩盖了二者一些根本性的区别：Tabletop 类比问题将两种情况完整地摆出来，解题者的任务只是让它们彼此映射，而鄂毕—普拉特谜题涉及的两种"情况"——"源城市"和"靶城市"所在的大地理区域——并非完整可用，而是在很大程度上沉睡于解题者的记忆之中，解题者的任务是从记忆中

第 8 章　Tabletop、BattleOp、Ob-Platte、Potelbat、Belpatto、Platobet

提取靶情况中的一个或（更常见的是）好几个项，而非将一种情况完全映射到另一种上来。以此观之，两种类比问题似乎的确存在显著的区别，但是，这个区别真有那么重要吗？

某种情况在知觉上完整可用这个事实，绝不意味着解题者第一眼看到它，就能完整地表征或理解这种情况。比如说，理解一张照片、一幅画或一幅电路图可能需要几秒到几分钟不等——而要理解一页文本通常就不得不将它读完，有时还要思考一番，这可能得花好几个钟头。而假如文本是用阅读者所不懂的语言写成的，没准他还要先花上好几年去学习这门语言！因此，我们的心智要将呈现在眼前的视觉模式充分吸收，通常都是要花时间的——即便这些视觉模式可能像 Tabletop 问题那样简单明了。对一个视觉场景的完整表征是零敲碎打地创建起来的，由大脑的不同区域以不同的速度分别推进。

人类解题者对某种桌面摆设（不论是一个真实的桌面，还是一个理想化的 Tabletop 微观世界）的知觉扫描过程涉及短暂地关注一个区域，接着是另一个区域，直到我们的注意力越来越多地被某些特定的区域所吸引。比如说，一开始，我们可能会偶尔瞥见在桌面远端一角有一只玻璃杯，但对它并不在意。但是，假如我们随后注意到什么其他位置有一只咖啡杯，概念"咖啡杯"和"玻璃杯"之间的重叠就可能会让我们想要返回去看看玻璃杯的邻近区域是否能与咖啡杯的邻近区域映射起来。如果这些局部区域的摆设确实对应得非常之好，"玻璃杯"概念的显著性水平在这个时点就将大幅提高，进而影响接下来我们会以何种强度关注桌面的其他哪些位置。随着这类过程的周而复始，心智之眼的关注点依循一条虽不规则，但也绝非随意划定的路径在桌面上游移，将不同水平的兴趣加诸不同的区域。

因此，说 Tabletop 类比问题将不同的情况完整地摆了出来，只是一种错觉。实际上，对不同区域的知觉状态是有差异的，从非常强到近乎于零。而且，特定区域的"知觉存在"水平也会依时而变。

概念与类比
模拟人类思维基本机制的灵动计算架构

这一点非常重要，因为 Tabletop 的立项宗旨不仅是要研究如何对咖啡桌上的摆设做类比，更是要突出一般类比活动的核心机制。面对一些非常复杂的情况，不论它们需要我们提取相关记忆，还是基本就呈现在眼前，其各个区域或不同侧面的"灰度"都是不一样的，而借助某种扫描——不论该扫描是字面意义还是比喻意义上的——一些部分会在短时间内得到特别的强调。

"鄂毕—普拉特领域"显然就具有这种特点，特别是，如果一个人思考一条鄂毕—普拉特谜题的时间足够长，他的心智关注——即"心智之眼"——就会以一种复杂的模式在"心智地图"上扫描，决定该扫描模式的因素既包括他在这幅地图上刚刚"去过"的地方，也包括一座候选城市所应该具备的那些理想标准（当前这些标准具有最高的激活水平）。一些城市逐渐进入他的关注范围，同时另一些城市逐渐退出。相关情况涉及面越广、复杂程度越高，各方面在"灰度"上的差异就越重要——这一原则适用于任何领域。（更多相关论述可见第 5 章"灰色地带与心智之眼"一节。）

总而言之，由于知觉具有高度选择、高度动态、高度集中的特点，尽管"鄂毕—普拉特谜题"涉及在记忆中选择性地提取类比，但它们与更为注重映射的 Tabletop 类比问题其实非常相似。

基于公式的架构所面临的基本障碍

依靠蛮力解决"鄂毕—普拉特谜题"

既然我们已经描述了一个扩展领域，可用作参照，与 Tabletop 的任务领域做一番对比，接下来就该仔细考虑一个基于公式、依靠蛮力的方法在这个领域中会遭遇哪些挑战。然后，我们再将从中学到的经验带回 Tabletop 领域。

第 8 章　Tabletop、BattleOp、Ob-Platte、Potelbat、Belpatto、Platobet

根据定义，一个基于公式、依靠蛮力解决"鄂毕—普拉特谜题"的方法需要先验地设定（1）一个情境独立的、固定的城市数据库，以及（2）一个情境独立的、固定的标准列表，可用于刻画不同的城市，并以某种机械的方式应用于程序的数据库中包含的任何城市。有了预设的标准列表和数据库，只要我们为 A 与 Y 赋予某个特定值——在上面所举的例子中，分别是"布鲁明顿"和"加州"——寻找答案的策略就将大致包括以下步骤：

步骤 1：运行"城市刻画标准"先验列表，根据其中的每一条刻画"源城市" A。

步骤 2：在数据库中找到目标区域 Y，从中提取一个"靶城市"先验列表。

步骤 3：对步骤 2 提取的"靶城市"先验列表中的每一项，将"城市刻画标准"先验列表再运行一次，对应列表上的每一条标准，计算该城市与 A 的匹配程度，并将其量化为分值。

步骤 4：对每一个"靶城市"，加总第三步得出的所有分值，可能涉及先验的权值，这样能相对地强调某些标准。

步骤 5：根据步骤 4 中得到的最高的总分定位"靶城市" X，并指出它就是"Y 的 A"。

如果我们要提出一个可能的"城市刻画标准"先验列表，它一定会很长很长。可以想象一下它能长什么样：那些权值较高的标准很可能包括以下条目（非常粗略地根据权值降序排列）：

- 候选城市的人口规模；
- 自然地理特征（如最高的山丘、森林、河流、湖泊等）；
- 重大历史事件发生地；
- 居民平均收入水平；
- 典型建筑风格；
- 气候类型；

- 人种构成；
- 政治环境（如偏保守主义还是偏自由主义等）；
- 有一个唬人的名字（如"真理或结果镇"）；
- 与距离最近的大都市相隔多远；
- 犯罪率；
- 著名自然灾害发生地；
- 是某只运动队的主场；
- 是某家著名企业的总部所在地；
- 是某支军队的驻地；
- 有重工业分布；
- 有轻工业分布；
- 有著名的博物馆或管弦乐队；
- 有一所大学；
- 是某位知名人士的出生地。

这显然不是一份完整的列表——真正意义上"完整的列表"其实并不存在——但我们能据此对"哪些先验标准可能是合理的"产生一种感觉。这份列表比 Tabletop 任务领域中对应的列表要长得多，后者只包含桌面上每一个物品的少数几个方面。不过，这一长串城市刻画标准中的每一条都会像桌面物品的"位置"和"范畴成员资格"那样产生相应的压力。

穷举：大错特错！

现在假设你要开发一个基于公式解决"鄂毕—普拉特谜题"的计算机程序。再进一步假设我们会"投一些变化球"，也就是利用一系列该程序从未遇见过的问题，测试其能力及心理现实意义。显然，你所要做的就是尽可能让程序的城市数据库和城市刻画标准列表完整些、再完整些，为"变化球的各种曲线"，也就是可能遇见的问题做好准备。根据你的预

第 8 章 Tabletop、BattleOp、Ob-Platte、Potelbat、Belpatto、Platobet

料，程序会撞见哪些困难？下面给出一些设想，首先是：

> 困难 1：要将给定区域自己所知的全部城市明确纳入考量，以得出一个合理的答案，在心理上是不现实的。

人类解题者要想找到印第安纳的布鲁明顿在加州的对应物，势必不会将加州的数千个城市逐一审查一番。显而易见的原因是，任谁都不会往脑袋里塞那么一大串城市或其他什么东西的列表。即便是久居加州的本地人，最多也就知道加州的几百个市镇，很难更多了。不论一个人的心理索引规模有多大——即便它含有多达 15 个……哦不，多达 300 个项——他都不会为了找到加州的布鲁明顿而将其彻底搜索一遍。事实上，在给出一个答案前，人们通常都只会考虑少数几个城市。就算一个人知道加州的几百个城镇，而且在给出最初的答案后继续思考这个问题，他真会考虑到的可能也只有其中不到一打。这是显而易见的，没有必要使用广泛的心理学实验来证明。

剪枝会有帮助吗？

有人或许会提出，使用剪枝技术，可快速排除靶区域中的大多数城市。换言之，若已知源城市 A 和靶城市 X，机器无需对 X 应用完整的标准列表，只需逐条运行该列表，但凡 X 的情况与列表中某一条的契合度不够高，就立刻将这个城市排除掉，无需再对其运行列表中的后继标准。我们可以将这种剪枝方法称为"快速判断—排除法"。具体到我们所举的例子，洛杉矶、圣地亚哥和旧金山都"太大"；花生城（Peanut）、伊戈城（Igo）和欧诺城（Ono）则"太小"；死亡谷国家公园"太干燥"；特拉基（Truckee）"海拔太高"；宝马山花园（Pacific Palisades）和卡梅尔"太富裕"；瓦卡维尔（Vacaville）、卡莱克西科（Calexico）和怀里卡（Yreka）又"没有大学"……它们都会被程序直截了当地排除掉。

在某种程度上，"快速判断—排除法"的效率当然要比穷举式搜索高

概念与类比
模拟人类思维基本机制的灵动计算架构

得多,但它会因此而更具有心理现实意义吗?不一定。毕竟,这种剪枝方法还是需要明确地(至少是简单地)考虑城市列表中的每一项——从认知的角度来看,这依然是不可能的。

除了需要明确考虑太多的候选城市外,"快速判断—排除法"还有一个问题——它很有可能导致程序不分青红皂白地排除掉太多东西。就是说,程序囿于字面意义,会出于一些微不足道的原因拒绝一个优秀的候选城市。比如说,假设与加州情况不同,靶区域 Y 由大量小型农业社区,以及少数几个零星分布于各地的规模较大的城镇构成,但是,其中没有哪一个城镇面积中等大小,而且有一所大学。但是,在一座叫史密斯城(Smithville)的镇子里,有一间规模很大、全国知名的牙科学院,校园树木繁茂、环境优美,石灰岩建筑相映成趣,而且这里的牙科学生与布鲁明顿印第安纳大学的学生数量差不多。听起来是一个很棒的候选项——但牙科学院和大学是一回事吗?

当然不是!因此,根据"有一所大学"这条标准,史密斯城就只能被无情地从候选项中排除了。即便史密斯城有 5 万人口、是一项年度自行车赛事的举办地、坐落于林木茂盛的山地,甚至和布鲁明顿一样有一间名叫"尼克之家"(Nick's)的酒吧,而且"城里人"说话也会把调子略微拉长——简而言之,不论史密斯城和布鲁明顿有多少相似之处,如果程序刻板地理解"有一所大学"这条标准,那么无需多言,史密斯城肯定没戏!相反,大学镇(University City)由于有一所很小的原教旨主义基督教大学,即便它只授予所谓的"创世论科学"学位,也能作为候选城市被程序保留下来。

奥勒市(Oral City)的情况会让问题进一步复杂化,这是一座假想中的城市,是史密斯城和大学镇的某种结合体。我们假设奥勒市内有一间著名的大型牙科学院和一所规模很小的原教旨主义基督教大学。很明显,要让布鲁明顿和奥勒市形成足够连贯的映射,唯一可行的方案涉及将印第安纳大学映射到奥勒市内的牙科学院,而不是那所基督教大学。然而,

第 8 章　Tabletop、BattleOp、Ob-Platte、Potelbat、Belpatto、Platobet

一个囿于字面意义的程序会根据严格的标准（如前文列明的那样）对城镇进行分类，因此没有机会发现这种相似性。这就引出了一个非常重要的问题：对类比映射而言，真正重要的相似性不是字面上的，而是本质上的；它相比前者更难触及。

需要引入"灰色地带"——但将很快超出领域范围

根据上述讨论，类比活动不可拘泥于刻板的分类，对现实情况的"灰色地带"也应该保持足够的尊重。比如说，刻板的分类可能会让程序在寻找"北加州的纽瓦克"时排除奥克兰，因为它没有认识到"湾"与"河流"概念在心理上的相似性；同样，程序可能在寻找"马里兰州的西点"时排除安纳波利斯，因为它对人类眼中"海军"和"陆军"非常接近这一点毫不知情。

解决这个问题的唯一方法，是让程序能够判断近似匹配。然而这样一来，我们就打开了潘多拉的魔盒。具体而言，程序要能够判断源城市和靶城市的一些方面在概念上是否相似，这种判断其实就是类比，不多也不少。我们可以这样表述：

> 困难 2：根据一条特定的城市刻画标准对比源城市和靶城市不是一个界限分明的机械任务，本身其实就是一个类比问题，它的复杂性与原始的顶层谜题处于同一水平。

注意，诉诸递归技术在此无济于事，因为生成的"子问题"具有和原始问题大致相同的复杂性，而且数量还可能有许多。换言之，原始类比问题会产生一系列同样困难的类比问题，这些类比问题又会产生更多同样困难的类比问题，以此类推。此外，这些二级和三级（等）类比问题本身并不一定是地理性质的，而是可能涉及任意遥远的知识领域的概念。意思是，"鄂毕—普拉特谜题"绝非自容纳的，这与它给我们的最初印象迥然不同。稍后我们还将回到这一点上来。

概念与类比
模拟人类思维基本机制的灵动计算架构

尝试抓住一个城市的"实质"

我们现在来看看困难 3，它密切关联于近似匹配，以及由此产生的数量激增的类比问题：

困难 3：总会有一个源城市 A，它的"实质"——也就是它最为显著的那些特点——不在给定的城市刻画标准列表之内。

以印第安纳州布鲁明顿为例，它的"实质"是什么？众所周知，布鲁明顿规模最大的年度赛事是 Little 500 公路自行车赛，这项赛事的历史可追溯至 20 世纪 50 年代，其声名远播至印第安纳州范围以外。甚至还有一部全国知名的电影——《告别昨日》（*Breaking Away*），讲述的正是与 Little 500 有关的故事。因此，在许多人心目中，这项公路自行车赛事就是印第安纳州布鲁明顿的定义特征，也就是它的"精髓"。然而，在编制先验标准列表时，除非我们早就想到以后可能要用到布鲁明顿的这一"精髓"，否则，要将"举办大型年度业余自行车赛事"这一条目包含进去就几乎是不可想象的了。毕竟，编制标准列表的初衷不是求解"加州的布鲁明顿是什么？"这个特殊的谜题，甚至也不是为了解决更为泛泛的问题，如"Y 州的布鲁明顿是什么？"——而是要让一台机器能够发现任一城市在任一州中的对应物。

如果我们认为像 Little 500 这样的特征太过独特，因而将其排除在标准列表以外，就有可能导致严重的问题。比如说，假设加州有一座推崇激进反智文化的伐木小镇"自行车城"（Bikeville），是另一项有名的年度自行车赛事的举办地，这儿的居民每年都会热情高涨地投入观赛和庆祝活动。在一些人眼中，自行车城和布鲁明顿有着相同的实质，它们的区别只是表面上的。因此，如果我们希望程序将自行车城确定为"加州的布鲁明顿"的候选城市，就非得在先验标准列表中加入"举办大型年度业余自行车赛事"这一条不可。

不消说，让布鲁明顿声名在外的标签还有许多。比如拜印第安纳大

第 8 章　Tabletop、BattleOp、Ob-Platte、Potelbat、Belpatto、Platobet

学男子篮球队和那位臭名昭著的教练鲍比·奈特（Bobby Knight）所赐，这个城市的篮球氛围十分浓厚。因此在许多体育迷的心目中，这一事实构成了布鲁明顿的实质，也是理所当然的了。因此，我们似乎应该将"热衷于大学篮球赛事"也加入城市刻画标准的先验列表之中。否则，就又要面临列表不够完整、无法抓住源城市实质的风险了。

布鲁明顿还有以下突出特点：印第安纳大学拥有全美规模最大、实力最强的音乐学院；布鲁明顿曾荣获"全美城市奖"，是全国儿童器官移植协会的中心，也是著名的奥的斯电梯公司的主厂房所在地。此外，布鲁明顿还是佳洁士牙膏的诞生地，豪吉·卡迈克也正是在此创作了脍炙人口的歌曲《星尘》。我们还能继续往下接，这些出人意料但又抓人眼球的特质每多出一项，似乎就应该在城市刻画标准列表中添加一条。不幸的是，但凡我们要定义哪一座美国城市的"实质"，都会发现一系列重要的特质，类似于"一座留声机博物馆所在地""由一位著名的罪犯命名""有一座巨大的路边咖啡壶""半埋着十辆老凯迪拉克，车头冲着天空""南北战争一次著名战役的遗址""其所在州的海拔最高点""情景喜剧明星 X 的出生地"，等等。每发现一个新特质，就要往不断加长的列表中加入一条新标准。考虑到全美城市的数量和不同城市的巨大差异，城市刻画标准列表很快就会臃肿得令人难以置信，而且其中大多数条目除去其定义的几座城市外，与绝大多数其他城市完全无关。

在所有层级上的类比——对无限回归的隐忧

现在，让我们假设一个高质量的城市刻画标准列表已经编制完成了（尽管它长得叫人害怕），并着重分析一下后续的困难——它们涉及候选城市 X 与源城市 A 的对比。

可以设想加州有两个小镇，分别叫做"三轮车城"（Trikeville）和"滑板车城"（Scooterville），它们承办了一年一度的三轮车和滑板车赛事。一个囿于字面意义的程序无法根据它们所承办的赛事，识别出这两个城市

概念与类比
模拟人类思维基本机制的灵动计算架构

和布鲁明顿之间的任何相似性,尽管对人类来说,这种相似性是显而易见的。一言以蔽之,其中的问题在于:我们所处理的是一个特定概念维度上的相似性,而非同一性。因此,我们再一次遭遇了困难2——事实上,即便在单一的概念维度上对两个城市进行比较,似乎也需要一种类比的能力。

有人可能会指出,只要我们使用较为宽泛的,而不是特别具体的标准,就能克服这一障碍。比如说,我们不用将标准具体化到"举办大型年度业余自行车赛事"的程度,只需将其设为"定期举办大型运动赛事"即可。当然,要使用这一策略,程序就得能对一般范畴的实例进行归类——比如说,它要能将"自行车赛事""三轮车赛事""滑板车赛事"统统归于"运动赛事"这一范畴之下。这是一项艰巨的任务,但我们暂且不提,因为接下来的主要论点是,使用宽泛的而非具体的标准,此举本身就将导致严重的问题。

再设想一下,如果加州的"气球城"(Balloonville)承办了一项年度热气球赛事,又当如何呢?人类解题者要将这项赛事与布鲁明顿的年度自行车赛事映射起来毫无困难,但热气球赛事是一项"运动赛事"吗?几乎不会有人先验地将其归于此类。这就是说,要抓住"气球城"的实质,就得让某些已经相当宽泛的范畴变得更宽泛些。然而,一个范畴越是宽泛,它就越是模糊。即便是当前使用的范畴"运动赛事",也不会让同样承办自行车赛事的"自行车城"(较之没有承办同类赛事的"三轮车城"或"滑板车城")与布鲁明顿之间的映射关系更强些。而如果我们将范畴进一步泛化,允许程序匹配布鲁明顿和"气球城",那样一来,程序就不会觉得"自行车城"作为"加州的布鲁明顿"要比"气球城"更恰当了——这显然是荒唐的。简而言之,标准越是宽泛,符合该标准的相似性就越是模糊,而那些更为分明的相似性则无从体现了。

事情开始变得相当复杂了,但有些人还不甘心,他们提出,这些困难都是能够克服的,只要给每一个概念维度制定精确程度不同的一系列

第 8 章　Tabletop、BattleOp、Ob-Platte、Potelbat、Belpatto、Platobet

标准，就好像在概念空间中绘出一串同心圆。根据靶城市符合该维度的哪个标准（也就是说，根据我们能将靶城市标在哪一个圆圈之内）为其打分，越是接近圆心，得分越高。比如说，布鲁明顿的 Little 500 公路自行车赛可同时归入"自行车赛事""赛事""运动赛事"等标签之下。在这样一套体系中，"自行车城"得分会超过"滑板车城"，"滑板车城"得分会超过"气球城"，而"气球城"多少还是能得到一些分数。

迎面而来的问题似曾相识：关于各个范畴，我们必须先验地确定尽可能完整的情况，让程序为各种可能是意料之外的"变化球"做好准备。比如说，我们该如何为（布鲁明顿是）"佳洁士牙膏的诞生地"这一事实编码？单是范畴化"佳洁士"这个概念就已经足够复杂了：它应该被归为"口腔卫生产品"吗？但这样一来，我们该拿象牙肥皂的诞生地怎么办？象牙肥皂显然不属于"口腔卫生产品"，但它的诞生地或许也应该在映射中得到一些分数。因此，我们可能还要将佳洁士归为"身体清洁用品"。当然，我们还想将佳洁士描述为"知名消费产品"，但雪佛兰汽车不也属于"知名消费产品"吗？该如何避免这种情况？我们是否应该将佳洁士归为"以管状包装销售的产品"？但靶对象的"管状包装"得有多大，才算是一个理想的匹配？难道那些使用可压缩管状包装的商品不该得到更高的分数吗？令人头疼是不是？但还没完。

该如何编码豪吉·卡迈克在布鲁明顿创作《星尘》一事？我们可以从许多角度知觉这一事实，但要尽可能把所有角度提前想全可不是一件易事。该如何编码《告别昨日》拍摄于布鲁明顿（同时也是以布鲁明顿为故事背景）一事？它是否能映射到某一本书写于某个城市（同时也是以该城市为故事背景）？如果不是一本书，而是一首诗，或一首歌呢？如果我们知道《纽约纽约》（"New York, New York"）一曲创作于纽约市呢？此事能否完美地映射到《星尘》一曲创作于布鲁明顿？该如何编码布鲁明顿是全国儿童器官移植协会的中心一事？哪些类型的机构能与该协会很好地对应？任何面向儿童的组织都行吗？内布拉斯加州的男孩城

概念与类比
模拟人类思维基本机制的灵动计算架构

（Boys Town）呢？任何面向医疗卫生的组织都行吗？位于亚特兰大的疾控中心呢？要妥善应对布鲁明顿的这些特征，就要赋予每个特征几十条，甚至可能是几百条不同的刻画，这些刻画具有不同水平的锐度，彼此重叠和冗余的情况也多种多样，唯有如此，布鲁明顿才能与一系列意料之外的、千奇百怪的城市匹配起来。

仅城市的名称，就意味着无尽的困扰

还有一种可能的情况前面尚未考虑，那就是不同城市的名称可能非常像。我们刚好就有一个现成的例子：在洛杉矶和圣贝纳迪诺县（San Bernardino）之间的某处，有一个很不起眼的小镇，刚好也叫"布鲁明顿"！即便这个"布鲁明顿"与印第安纳州的那个鲜有相似之处，可是单凭这个名称，它就能成为"加州的布鲁明顿"有力的候选者——至少比一个名叫（比如说）"咦嘻嘻城"的小镇要有力得多。突然间，我们意识到"名称同一性"也可能成为先验列表中的一条合理标准。

可是一旦将名称同一性囊括进来，我们就打开了潘多拉的另一只魔盒。假设一个城市的名称与"布鲁明顿"（Bloomington，意译为"怒放之城"）只有一点很小的不同——比如说，它可能叫"布鲁明唐"（Bloomingtown，意译为"怒放之镇"）、"布朗明顿"（Blumington）甚至是"布罗森顿"（Blossomton，意译为"繁花之城"）。它们也都挺不错：或许我们应该将名称相似性，而非名称同一性作为标准？但这样一来，如何为相似的名称打分就要费一番思量了——显然比简单地关注拼读上的相似性要复杂得多。比如说，"布拉丁顿"（Bloodington，意译为"血涌之城"）就显然远没有"弗拉沃维尔"（Flowerville，意译为"鲜花城"）那么恰当，但要发现这一点，就必须具备非凡的语义理解能力。

假设加州有一个城市叫"普韦布洛弗罗里多"（Pueblo Florido，其实就是将英文"Bloomingtown"，也就是"怒放之镇"译成西班牙语）。如果某人恰好懂西班牙语，那么在他心中，这个城市在"加州的布鲁明顿"

第 8 章　Tabletop、BattleOp、Ob-Platte、Potelbat、Belpatto、Platobet

候选项中的排名会不会因此得到（至少是某种程度的）提升？果真如此的话，我们就得承认以下事实：很不幸，"西班牙语译名意义的相似性"也应该被囊括到先验的标准列表中来——或许它不是最重要的标准，但也不容忽视。

再假设在纳瓦霍语中，读作"咦嘻嘻城"的那个单词意思是"繁花盛开的城市"。对一个懂纳瓦霍语的人来说，"咦嘻嘻城"被选为"加州的布鲁明顿"的概率就有可能提高。因此，我们不仅要往先验标准列表中加入"西班牙译名意义的相似性"，甚至还要把"纳瓦霍语译名意义的相似性"囊括进来了。但如果连纳瓦霍语这样的小众语言都要考虑到，其他语种又该怎么办？如果没有论述到这一步，你可能会觉得先验地考虑这样的因素有些太离谱了。但我们现在知道，标准列表不应该忽略任何东西。

还可以假设另一个城市也有一座"印第安纳大学"。（说来也巧，宾夕法尼亚州确实有一座叫印第安纳的城市，这儿就有一座"宾州印第安纳大学"。）城市刻画标准的先验列表应该将"有名称相同的大学"这一条包含在内吗？要是靶城市的大学名称与源城市的不是完全相同，而是十分接近，比如说叫"印第安纳城市大学"又当如何呢？先验列表是不是还应该包括"有名称相似的大学"？事情开始变得越来越荒谬了，但对人类解题者来说，假如一个加州城市确有一所"印第安纳城市大学"，就将成为一个强大的影响因素，让他们在寻找"加州的布鲁明顿"时难以抑制选择这个城市的冲动。

在我看来，这些假设验证了前述困难 2（要抓住一个城市的实质，就要不断将更新的标准纳入先验列表）和困难 3（通常需要判断的是相似性，而非同一性），它们表明，每一条加入列表的新标准，都会给机械地判断相似性带来一系列新问题。这些问题的规模最终会大到令人心生畏惧。

概念与类比
模拟人类思维基本机制的灵动计算架构

什么东西可视作一个城市？

现在，来看另外一个表面上很不起眼，但同样十分严重的问题。

困难 4：可视作一个"Y 区域城市"的东西并非"先验明确"（*a priori evident*）的。

一开始，人们往往轻率地假设"A 必然映射到 Y 区域某个单独的城市"，但其实没有什么能保证这一点。一些城市，像明尼阿波利斯-圣保罗（Minneapolis/St. Paul），或达拉斯—沃思堡（Dallas/Fort Worth），其实是某种复合体，只不过在地名词典中，你只能找到它们的构成成分，因为作为整体的复合组块是非正式的。事实上，还有一些非正式组块的成分更多，像北卡罗莱纳的"三角研究园"（Research Triangle）就包括了教堂山（Chapel Hill）、杜伦（Durham）和罗利（Raleigh），以及它们定义的三角区域。我们不难想出一条"鄂毕—普拉特谜题"，以一个类似的非正式组块为最佳答案。还有更复杂的情况：比如密苏里州的堪萨斯市和堪萨斯州的堪萨斯市就构成了一个复合体，艾奥瓦州的达文波特（Davenport）和贝滕多夫（Bettendorf），以及伊利诺伊州的莫林（Moline）和罗克艾兰（Rock Island）也结成了非正式的"伙伴城市"。这些城市复合体跨越了州界，也模糊了我们的问题。在频谱的另一端，还有一堆定义相对清晰的实体——像房子、商店和教堂，但它们并未合并为市镇或城市。在一份官方编制的"区域 Y 城市清单"中，我们肯定找不到这些大大小小的单元。但当然不应该因此就将它们从"Y 的 A"候选项中排除掉。毕竟，谁知道 A 会是个什么东西？

关于非正式组块的影响，可以举一个简单而有说服力的例子。"加州的纽约市是什么？"这条谜题看上去平平无奇，你可能会毫不犹豫地回答"洛杉矶"，但"洛杉矶"所指的具体是什么呢？是洛杉矶官方城市边界以内的那块地方？还是大洛杉矶地区（the greater LosAngeles area），其范围（大概）一直延伸到圣贝纳迪诺？抑或是一些居于二者之间的集合

第 8 章　Tabletop、BattleOp、Ob-Platte、Potelbat、Belpatto、Platobet

体？它的边界怎么确定？也许你是想将洛杉矶大都会区（metropolitan area of Los Angeles）五个最大的城市构成组块，因为它们对应于纽约五区（five boroughs of New York）？那其中哪个城市是"加州的皇后区"，哪个是"加州的布鲁克林"，哪个又是"加州的史丹顿岛"？

布鲁明顿（或纽约）可能映射到加州的一系列实体，要定义这些实体可不是一件易事。谁会想到某个游历四方的作家会将一整个与得克萨斯州差不多大小的非洲国家与一个迷人的美国小城对应起来（就两地同样热火朝天的电影产业而言，见本部分题记）？毫无疑问，要列出所有可视作给定实体对应物的东西，其困难程度远超预期。

地理及概念边界的冲突

这一切已经很麻烦了，但更麻烦的还在后面。如果我们足够仔细的话，就会发现即便是"'加州的布鲁明顿'一定在加州"这条看似无可争议的断言也开始不那么笃定了。乍看上去，你可能会觉得这是无稽之谈——毕竟，我们的任务就是要找"加州的"布鲁明顿嘛！但是"加州的"就一定等于"在加州"吗？人类不会将一州（或一国）的边界看作一层不容侵犯、不可逾越的膜。在足够灵活的头脑中，州界是很容易被一些事实"渗透"的。比如说，俄勒冈大学由于其学生群体中加州居民比例奇高，有时会被就读该校的学生戏称为"尤金（Eugene）的加州大学"。这当然是一种开玩笑式的说法，但这一事实（连同尤金和布鲁明顿在几个其他方面的相似之处，如人口规模、与世隔绝的程度、当地乡村、着装风格，以及咖啡馆的数量等）会让我们在寻找"加州的布鲁明顿"时将尤金至少作为候选项之一，即便它未必能最终胜出。

你可能会觉得这不太可信，但让我们吃惊的是，一位印第安纳大学的教授在被问及"加州的布鲁明顿"时，严肃地选了波特兰！他的理由是波特兰的几所院校，包括里德学院（Reed College），作为一个群组，能很好地映射到印第安纳大学。我们提醒他波特兰位于俄勒冈州，他耸

概念与类比
模拟人类思维基本机制的灵动计算架构

耸肩:"我知道,我就是在加州长大的。但波特兰就是我能想到的最好的答案了。"俄勒冈州的一个城市是"加州的布鲁明顿",这可能没法说服你,却让一位博闻强识的教授深以为然。它也支持了我们的观点:不应将指定州界以外的选项简单地排除在考虑范围以外。

其实,几乎所有人都能接受某些"候选城市不在指定区域"的特殊情况。比如这么问:"如果必须二选一,你认为哪个城市更应被称为'加州的大西洋城'——是拉斯维加斯,还是隆波克(Lompoc)?"如果州界在人们心目中是绝对不可逾越的,他们就会毫不犹豫地选择"隆波克",因为拉斯维加斯(西海岸的赌城,就和大西洋城是东海岸的赌城一样)并不在加州州界以内,即便隆波克位于加州境内其实是这个选择背后唯一的理由。

我们还能进一步强化这个观点:设想一个场景:在加州洛杉矶以南20英里的太平洋沿岸,有一个很小的独立国家"新摩纳哥",建于一块五英里见方的飞地上。这个袖珍君主制国家的首都是"太平洋城",因大型赌场和纸醉金迷的娱乐设施而闻名全球。这样一来,你还会觉得那座单调乏味,通常只因隆波克监狱而闻名的内陆小城更应被称为"加州的大西洋城"吗?

虽说"新摩纳哥"的例子只是一个假设,但现实世界还真有它近乎完美的对应。如果被问及"法国的大西洋城是什么?",许多人都会不假思索地回答"摩纳哥",虽然他们都知道摩纳哥不是法国的一个城市,而是一个独立的国家(虽然很小),而且它并不在法国境内,仅仅是与它接壤罢了(摩纳哥国内也确实有一座赌城,那便是蒙特卡洛)。但是,摩纳哥因其发达的博彩产业而举世闻名,而且它足够小,可以被视作一个城市,加之它和大西洋城一样都临海。计算机要具备一套怎样的先验标准,才可能非常自信地将摩纳哥这个国家认定为"法国的大西洋城"?

尽管说尤金是"加州的布鲁明顿"可能没法让你心服口服,但要说

第 8 章　Tabletop、BattleOp、Ob-Platte、Potelbat、Belpatto、Platobet

摩纳哥是"法国的大西洋城",大多数人就没什么意见了。这两个例子表明,对指定区域以外的答案,人们心中有一把尺子,上面的刻度由"理所当然"到"不太对劲"再到"荒唐透顶"。如前所述,我们不应将它们简单地排除在考虑范围以外。

在我们的"鄂毕—普拉特谜题"列表中就有几条反映了这种情况。以"印度的霍巴特(Hobart)是什么?"这个问题为例。我们要提醒读者,霍巴特是澳大利亚塔斯马尼亚州(Tasmania)的首府,塔斯马尼亚则是澳大利亚大陆以南的一个岛。它"就那样悬在澳大利亚底下",几乎不可避免地会让人想起斯里兰卡"就那样悬在印度底下",因此许多人马上就会回答"科伦坡"(斯里兰卡的首都)——尽管塔斯马尼亚是澳大利亚不可分割的一部分,而斯里兰卡则是一个完完全全的独立国家。

这类答案让我们想起了"九点连线"游戏。以防你恰好不熟悉游戏规则,这里再重复一遍:九个点排成 3×3 正方形矩阵,要画四条直线,令其穿过该矩阵中每一个点,同时笔尖不可离开纸面(见图 8-5)。人们会一次又一次地尝试,但都以失败告终,直到他们发现最终解法需要允许直线越过该矩阵范围的边界。规则中并没有什么东西阻止你将直线划出矩阵范围,但也没有建议你这么做,只是人们的默认假设——即存在一条不可逾越的边界——通常很难被推翻。而且,由于不知道自己做了这种假设,人们也就不知该如何推翻它——甚至都无法意识到可能存在什么"不良假设"。当然,也确实有人能意识到这些,一旦形成了明确的认识,他们就很容易有针对性地推翻该假设,并得到靠谱的答案了。

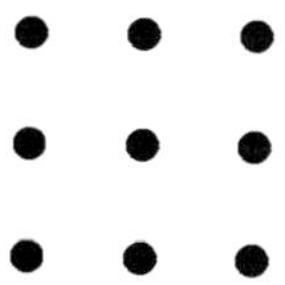

图 8-5　著名的"九点连线"游戏

"鄂毕—普拉特谜题"和"九点连线"游戏的情况很像:出于某种近

概念与类比
模拟人类思维基本机制的灵动计算架构

乎反射的直觉,解题者会默认要在给定州的行政区划以内寻找答案,而且这种直觉很难被推翻。事实上,推翻这种直觉可能要比推翻"九点连线"游戏中的默认假设更难些。此外,如果你敢于跳出给定州的边界,那么候选项在地理上距离给定州越远,你就会越纠结——这是一种你加诸自身的心理惩罚。因此,就算你相信"加州的布鲁明顿"可以是俄勒冈州的波特兰,也很可能绝不认同它可以是位于缅因州的那个波特兰。不过谁知道呢?即便是这么"越界"的答案也可能有它的道理。

一个城市的局域属性与区位属性

前文的先验标准列表所含的大都是一个城市的局域属性,如人口规模、人种构成、工业分布等。局域属性只关乎城市本身,而无关于其所处位置。只有一条标准——"与距离最近的大都市相隔多远"——可算作其区位属性。但有时候,区位属性可能是定义一个城市之同一性的关键。以加州的奥克兰(Oakland)为例,对许多人来说,这个城市的识别要素大都是区位性的——首先,它是旧金山的"死党",与后者隔湾相望;其次,就发展水平而言,它与"死党"相比要逊色不少;最后,少数族裔在其居民构成中占比很高。请注意,只有最后一项是奥克兰本身的局域属性。

现在,假设我们要找"伊利诺伊州的奥克兰",很多人可能都会回答说"加里"(Gary),尽管加里位于印第安纳,而不是伊利诺伊。这个答案有些诡异,但又完全说得过去——它背后的思路十分迂回曲折:首先,由于奥克兰常被认为是旧金山的卫星城,因此,他们会先搜索"伊利诺伊州的旧金山",然后得到"芝加哥"——好像也只能是芝加哥了!将这两个地标城市彼此映射后,他们就会开始寻找芝加哥的"死党",特别是如果这个"死党"城市与芝加哥隔水相望,又有大批少数族裔就更好了。加里就符合这些要求,它与芝加哥之间隔着芝加哥河(甚至连方位关系也一样——加里位于芝加哥河东岸,真是意外之喜!),而且常住人口多为非裔。不过严格地说,加里不在伊利诺伊州境内,这削弱了它的合理性,但并不致

第 8 章　Tabletop、BattleOp、Ob-Platte、Potelbat、Belpatto、Platobet

命。有人就曾这样评价印第安纳州的小镇怀汀（Whiting）——它距离加里很近——"假如没有那条州界，它就在伊利诺伊了！"这条滑稽的反事实断言也适用于加里。事实上，加里还有许多优势，就算是那些最终没有选中它的人，也会觉得这个城市作为"伊利诺伊州的奥克兰"要比（比如说）皮奥里亚（Peoria）合适得多（后者在当前情境下或可视为"伊利诺伊州的隆波克"）。

加里不是"伊利诺伊州的奥克兰"唯一可能的候选项。另一个十分不同，但也相当合理的答案是东圣路易斯（East St. Louis），这是一座破败的远郊小城，居民大多为非裔，位于密西西比河畔伊利诺伊州境内，与圣路易斯隔水相望。一些人甚至会觉得东圣路易斯作为"伊利诺伊州的奥克兰"比加里更合适些，因为它确实位于目标区域（伊利诺伊州）边界以内。但是，它所参照的地标城市——也就是圣路易斯——却位于州界以外。这个有趣的讽刺传达了某种微妙的事实，它告诉我们：要在指定州找到合理的答案，就得允许自己跨越州界，如此，才能用正确的视角看待本州城市，特别是靠近州界的那些。

所有这一切引出了以下的"鄂毕—普拉特谜题"，它绝对是我们的最爱：

伊利诺伊州的东圣路易斯是什么？

起初，这个问题听起来有些不合情理，因为东圣路易斯本来就在伊利诺伊州。然而，我们能提出这个问题，本身就表明它"可以是合理的"——只不过需要我们从一个新的角度看待东圣路易斯。幸运的是，这并不难：东圣路易斯与圣路易斯在地理位置上很接近，而且它们的名称也很接近，这使得东圣路易斯在某种意义上与密苏里州，而不是伊利诺伊州靠得更近。东圣路易斯和密苏里州之间的这种深层关联暗示，寻找"伊利诺伊州的东圣路易斯"终归是合理的，我们应该从这个子问题入手：

伊利诺伊州的圣路易斯是什么？

概念与类比
模拟人类思维基本机制的灵动计算架构

这就很简单了：当然是芝加哥！下一步，我们要对照圣路易斯与东圣路易斯之间的关系，找出芝加哥的那个"死党"——换言之，就是回答：

芝加哥的东圣路易斯是什么？

你的第一反应可能还是在伊利诺伊州境内找答案，但鉴于圣路易斯、东圣路易斯和密西西比河的关系，也许往东越过芝加哥河到印第安纳州去找要更好些。这样一来，我们就又盯上了加里——这个答案不算离谱。但是，作为东圣路易斯可能的对应物，加里太大了些（这两个城市的常住人口量分别在 5 万和 15 万上下），而且与地标城市芝加哥在名称上也没有我们想要的相似之处。鉴于存在这些瑕疵，我们继续搜索，而且很快——假设我们对芝加哥东郊地区足够熟悉的话——就会发现另一个可能的答案：东芝加哥（East Chicago），这是一个很小的远郊城市，常住人口量约 4 万，多为非裔。和东圣路易斯一样，它距离对应的地标城市很近，名字也很像。此外，它位于风城以东，二者由河流与州界区隔开来。显然，它作为"伊利诺伊州的东圣路易斯"真是再合适不过了！

当然，假如你的观点真的十分狭隘且刻板，"伊利诺伊州的东圣路易斯"就只能是东圣路易斯，任何位于印第安纳州的城市都完全不应该予以考虑。这还有什么好犹豫的？但是，不论类比活动有何要义，狭隘与刻板都与其相对立——在我们看来，"东芝加哥"这个答案不仅令人信服，而且十分讨喜。

带着这些观点再看 Tabletop

从大领域到微领域的经验迁移

我们已经用了不小的篇幅，探索一系列地理类比问题。虽然我希望读者会觉得这些论述很有趣，但它们的主要意图其实是传达这样的观点：基于公式的方法在这些问题面前显得很无力。现在，让我们暂且将方法

第 8 章　Tabletop、BattleOp、Ob-Platte、Potelbat、Belpatto、Platobet

问题搁置一旁，思考一下：从"鄂毕—普拉特谜题"任务领域学到的经验与真实的计算机模型 Tabletop 有何联系？它们能下行迁移并应用于微领域吗？还是说两个领域之间的鸿沟太宽，以致无法逾越？

我们当然不会指望"鄂毕—普拉特谜题"任务领域的所有特点都能在简单得多的 Tabletop 任务领域中得到反映。比如说，就类比活动而言，"鄂毕—普拉特谜题"任务领域的非自我容纳性——指从中衍生的一连串类比问题可能与现实世界的任一方面相关，不论它先验地看距离当前类比有多远——绝无可能反映在 Tabletop 任务领域，后者不仅范围非常有限，而且是自我容纳的，其中包含的信息量界定得十分明确。这让我们想到了国际象棋，可以用一两页的篇幅将所有棋子的走法描述出来，而这就是棋手需要了解的全部了，至少在原则上是这样。Tabletop 的情况也很像：如前所述，桌面上任一特定物品所含的信息量都很少；关于任一柏拉图范畴，程序需要知道的也不多。由于对象和范畴都极为精简，一个 Tabletop 类比问题绝不会将我们引向那些看似无甚关联的其他领域。

尽管无限回归在 Tabletop 微领域中不成其为问题，但我们不能因此而忽略它：毕竟，Tabletop 项目的宗旨是设计一个具有现实意义的类比架构，而在现实领域中，无限回归确实是一个无法避免的问题。出于这个原因，我们要强迫自己将替代领域牢记在心。同样，有一些问题只存在于扩展后的"鄂毕—普拉特谜题"任务领域：尽管它们在 Tabletop 本身的任务领域中可能不会产生，但它们是一般类比活动所必然要面对的，因此也必然与 Tabletop 程序相关。关键是要记住，假如程序在一个受限的领域中运行，但我们又希望它具有心理现实意义，就不可屈从于诱惑，使用某些在扩展后的任务领域中可能导致棘手困难的机制或策略。我们精心设计了 Tabletop 的任务领域，使其结构简单且范围有限，但不应故意利用这些特点，否则将无异于作弊。

因此总的来说，我们相信从大领域中获得的经验势必会迁移到微领域。实际上，之所以要考虑任务领域的大幅扩展，主要是为了是揭示：

概念与类比
模拟人类思维基本机制的灵动计算架构

有些技术虽说在微领域中确实管用，但领域扩展后就不灵了——它们具有欺骗性。如果我们想要建立的是一个具有心理现实意义的模型，就应该坚决避免使用这类技术。

我们对研究扩展后的任务领域中的各类问题（如"鄂毕—普拉特谜题"）怀有兴趣的另一个原因，是这些大领域包含一系列迷人的、富于挑战性的类比，它们激发了我们的灵感，让我们希望在自己的微领域中将它们再现出来。一个大领域中的类比问题能否在 Tabletop 微领域中得到反映？就我们所知，答案经常是肯定的。这些"翻译"通常十分粗糙，但非常有趣，我们在下一小节将着重关注其中的一些。

Tabletop 如何粗糙地翻译一些棘手的"鄂毕—普拉特谜题"

显然，要将一个给定的类比问题"拷贝"到一个完全不同的领域，就得在一个非常抽象的层级理解这个问题。我们相信就类比活动而言，最具说服力的层级就是不同压力的彼此交互。"鄂毕—普拉特谜题"任务领域中许多类型的压力同样存在于 Tabletop 领域，这一点前文已有呈现。特别是，范畴、位置、分组、相对显著性，以及许多其他概念造就了一系列或是局域性，或是区位性的压力。所有这些类型的压力都具有普遍性，或近乎具有普遍性，你能在几乎任何涉及类比活动的领域中发现它们。我们所要利用的就是这些普遍意义上的类比。

你可以选择一条有趣的"鄂毕—普拉特谜题"，剥掉它的表层结构，将其内隐的（但更贴近实质的）彼此交互的压力暴露出来，然后用一个 Tabletop 类比问题尽可能准确地对它的实质进行模拟。Tabletop 领域之所以有趣，不是因为其中包含多么有趣的对象，而是因为它有能力复演许多不同类型、彼此交互的压力。

我们来看几个在 Tabletop 领域中"翻译""鄂毕—普拉特谜题"类比的实例，桌面上不同的对象具有不同的局域和区位特征，这些特征的彼此竞争

第 8 章　Tabletop、BattleOp、Ob–Platte、Potelbat、Belpatto、Platobet

产生了不同压力间繁复的相互作用。比如说，在图 8-6 中，如果 Henry 触碰了他的咖啡杯，Eliza 可以将手伸过台面去碰 Henry 碰过的同一只咖啡杯，并这样解释："我别无选择，因为我这边没有咖啡杯。"这就有点像在被问到"伊利诺伊州的东圣路易斯是什么"时回答说"就是东圣路易斯"。

图 8-6　在 Tabletop 领域中朝向"伊利诺伊州的东圣路易斯"问题推进

我们可以通过在杯盘边上摆放银器来调整压力，使其稍稍偏离这个过分囿于字面意义的答案，如图 8-7 所示。此举将鼓励程序在知觉 Henry 的咖啡杯时从区位属性出发（也就是说，将其与当前情况中的"圣路易斯"建立关联），而不是仅将其视为"咖啡杯"范畴下的一个实例。由于 Eliza 这边的盘子有着完全相同的区位描述（"在一把叉子和一把勺子之间"），她就有了充分得多的理由不去碰 Henry 的咖啡杯，而是碰自己的盘子了。这大概对应于在伊利诺伊州范围内寻找芝加哥的"死党"。

就连"伊利诺伊州的东圣路易斯"所含的讽刺意味，也能在 Tabletop 领域中粗略地模拟出来。考虑一下图 8-8 的桌面摆设：Henry 这边的咖啡杯有区位描述（"在一把叉子和一把勺子之间"），Eliza 这边则没有什么物品有同样的区位描述。可是，Eliza 这边也有一只咖啡杯！这很诱人，它可能就是答案。另一方面，Eliza 这边的盘子有区位描述（"在一只咖啡杯

概念与类比
模拟人类思维基本机制的灵动计算架构

和一只玻璃杯之间"），它在一个略为抽象的层级上与对 Henry 咖啡杯的区位描述很相似（只要程序认为"叉子"和"勺子"在范畴上很接近，就像"咖啡杯"和"玻璃杯"一样），暗示着 Eliza 的盘子可能是一个更加理想的答案。这是一个具有讽刺意味的扭转，因为在 Henry 触碰的咖啡杯和 Eliza 的盘子之间不存在任何内在相似性，特别是 Eliza 这边还有一只现成的咖啡杯，强烈地吸引她伸出手来触碰一下。

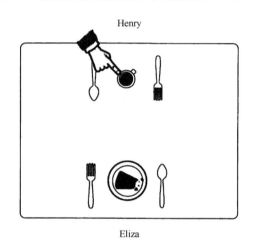

图 8-7 在 Tabletop 领域中开始接近"伊利诺伊州的东圣路易斯"问题

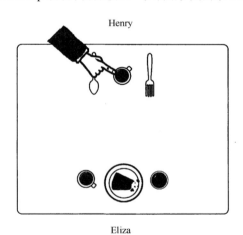

图 8-8 在 Tabletop 领域中进一步接近"伊利诺伊州的东圣路易斯"问题

第8章 Tabletop、BattleOp、Ob-Platte、Potelbat、Belpatto、Platobet

不用说，Tabletop 领域的任何类比都无法再现给定"鄂毕—普拉特谜题"类比的每一个细节。相反，将一个类比从某个领域转译到其他领域，本身就是一个层级很高的类比问题，有时候甚至会呈现出某种艺术性。我们早先的作品中也曾提到类似的观点（见 Hofstadter, 1985 第 24 章以及 Mitchell, 1993），并给出了许多将现实类比"翻译"到 Copycat 线性字母串微领域中的实例。一个微领域可在某种意义上反映各种现实情况更为抽象的复杂性，即便无法再现它们的表层特征——这种观念之美是显而易见的。

其他棘手的 Tabletop 问题和为其量身定制的解决方案

前文曾提到，我们开发的第一个用于解决 Tabletop 问题的程序叫 "Potelbat"。这是一个基于公式、依靠蛮力的模型，它在简单的问题上表现得很好，但对一些棘手的 Tabletop 问题就力不从心了。我们也曾指出，只要为 Potelbat 添加一系列专门的机制，就能提升它面对复杂问题时的表现。我们希望在这里让读者感受一下具体该怎样操作，并说明我们为什么认定这样做毫无意义。

在图 8-9 所示的情况下，如果 Eliza 发现了一个特定的结构——也就是跨越桌面对角线、在两个玻璃杯之间创建的一座"桥"（"桥"指系统知觉的对象间关联），就会受到意料之外的影响。具体而言，这座"桥"的创建可能形成某种障碍，让她否决一个本来十分合理的答案（触碰自己这边的玻璃杯），并强烈地催促她触碰 Henry 碰过的那只咖啡杯。Tabletop 架构会相当自然地复现这种影响：程序只要创建了那座对角线"桥"，Eliza 这边玻璃杯的"吸引力"就将大幅下降，所有这些都是自动发生的，不需要什么特别的"障碍检查机制"就能做到。

但是，采用 Potelbat 架构的程序无法识别出 Eliza 的玻璃杯"已被占用"，因此它不会让 Eliza 选择触碰 Henry 的咖啡杯。这是为什么呢？答案是：Potelbat 看不出对象之间的关系。它不会建组，也不会建桥——简

概念与类比
模拟人类思维基本机制的灵动计算架构

而言之，Potelbat 没有创建新的知觉结构的能力，它只会机械地扫描桌面摆设的物品，为它们打分，整个过程都只针对相关对象的字面意义进行。因此，为了应对这种带有障碍的场景，Potelbat 架构的系统就需要一套特别设计的机制——取得分最高的对象（通常它都是最后胜出的那个），在 Eliza 伸手触碰它以前，重新扫描整个桌面，看看有没有与它类似的物品，特别要检查一下 Henry 那边有没有什么东西比先前他碰过的物品与它更加接近。如果有，则原先"领跑"的那个选项出局，位居次席者递补（但在 Eliza 伸手触碰它以前，上述"障碍检查机制"还要针对这个幸运儿再运行一遍，以此类推）。请注意：由于程序无法将含有这种障碍的类比问题提前"嗅探"出来，它需要对每一个问题都运行这套机制，即便当真涉及这种状况的可能只占其中很小的一部分。

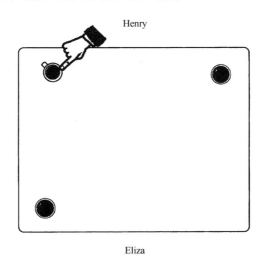

图 8-9　Tabletop 领域中一个带有"障碍"的场景

有了这套专用机制，Potelbat 就能解决上述问题。但即使你尽心竭力，将自己想象得到的所有机制都添加到程序中去，你忽略掉的那些一定更多。具体来说，任何问题，只要以任何方式涉及建组（或建桥），就会需要一套专用机制——除非我们将建组（或建桥）本身添加到程序的基本架构中去。这样，"基于公式的程序"概念就被非常激进地扩展了。就算

第 8 章　Tabletop、BattleOp、Ob–Platte、Potelbat、Belpatto、Platobet

我们暂且不去质疑它，真正的麻烦是，扩展后的程序只要还是在依靠蛮力为所有对象打分，就必须创建所有可能创建的组，而不是只去创建那些更有"吸引力"，或更加"合理"的组。假设在某种情况下，桌面上有 n 个物品，可能的组就会有 2^n 个，这是一个非常巨大的数字——而且不用说，其中大多数关联在人类解题者看来都将难以置信到近乎可笑。这还没完，对桌面上的"原始对象"建组只是一步，你还可以在组间建桥，甚至以较小的组为元素创建高阶组。因此实际上，我们要面对的对象数量远不止 2^n。为了避免这一切听起来过于理论化，我们应该指出：对现实世界中桌面物品的许多种摆设，人类观察者能根据高阶组即时而直观地加以觉知，图 8-10 的情况就是一个例子（注意它与图 9-1e 的相似性）。

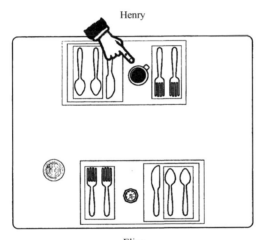

图 8-10　人们对"组内之组内之组"的知觉

图中的这种情况很有趣，因为许多人都会指向盐罐——在先验上，这是一个与咖啡杯极为不同的对象，特别是 Eliza 这边真有一只玻璃杯！显然，盐罐与咖啡杯的相似性和它们的范畴无关，而是完全来源于我们对这两个物品区位属性的关注：它们位于各自的六对象组内，这两个六对象组（在人类解题者看来）都能非常自然地分解为一个"叉子—叉子"子组、一个"餐刀—勺子—勺子"子组，以及置于它们之间的一件物品。

概念与类比
模拟人类思维基本机制的灵动计算架构

对于两个"餐刀—勺子—勺子"子组，我们其实更可能将它们视作由一把餐刀和一个含两把勺子的组所构成的集合，而非一个简单的三对象组。因此在这个问题中，人们会非常直观地看出：一个（"勺子—勺子"）组位于一个较大的（"餐刀—勺子—勺子"）组内，后者又位于一个更大的（六对象）组内。至于 Potelbat，你现在应该能感觉出来，它解决这个问题的概率有多低了——说实在的，它有什么理由要指向那只盐罐呢？

结　语

Tabletop 微领域中的类比活动绝不是微不足道的，这可能与你最初设想的不一样。事实上，这些类比包含许多非常深刻且饶有趣味的问题。其中一些问题第一眼看上去似乎能靠专用机制来解决，但是，往一个类比系统中加入大量专用机制（对每一个问题都必须应用所有机制）在扩展后的情况下意味着计算量的爆炸，更重要的是，这在心理意义上也是绝不现实的。

真实的 Tabletop 程序不需要一堆依靠蛮力的专用机制，相反，它包含的知觉和认知机制数量非常有限，而且是高度通用的。它会扫描当前场景、创建多层知觉结构，一系列（情境依赖的）压力就从这些知觉结构中涌现出来。在这些压力的作用下，程序会选择性地聚焦于特定的概念，关注桌面的特定区域和特定物品。总而言之，创建新结构的过程和关注特定区域/概念的过程之间存在深层交互。正是这种具有心理现实意义的架构，而不是精简的任务领域，让 Tabletop 程序得以避免遭遇组合爆炸问题。

Tabletop 微领域之"微"不应被误解。我们意在诚实地探讨看似微观的任务背后巨大的认知复杂性，而非装模作样地论述现实世界的无限复杂性。表面上，Tabletop 项目并不起眼，但如果你花一点时间仔细分析，就会发现它是在旨在理解知觉和认知如何在人类心智中得以整合的一次严肃的尝试。

前言 9

棘手的难题——对人工智能与认知科学研究的评价

概念与类比
模拟人类思维基本机制的灵动计算架构

努力模拟人类个体心智的风格

359　　一个在给定领域做类比的计算机模型如何才谈得上"优秀"？绝大多数认知心理学家受过严格的训练，以至于他们闭着眼睛就能告诉你：对一大群人类被试进行实验并搜集数据，然后观察程序在同一实验中的表现。如果后者能够足够精确地再现人类被试实验数据的统计结果，它就是一个"优秀"的模型。换言之，一个优秀的类比模型应该表现得非常类似于张三李四（如果它能给出张三李四王五赵六的均值就更好了）。认知心理学家通常对这一原则坚信不疑，认为它就是验证模型效度的唯一标准，要说服他们放弃成见几乎是不可能的——然而我们就是要试一试。

以下是我们可以给出的一种反驳：为什么非得是张三李四王五赵六？你一准儿能看出我在暗指什么——或许就连张三李四王五赵六他们自己也能看出来。太多名字在智慧的星河中熠熠生辉，如果它们能够企及，又何必费神模拟平平无奇的芸芸众生？为什么不试着去效仿笔下生花的专栏作家艾伦·古德曼（Ellen Goodman），或是见解犀利的理论物理学大师理查德·费曼（Richard Feynman）？

的确，我们无需掩饰自己怀有这样的意图：想要理解那些富有美学色彩的深刻洞见是怎样产生的。这个意图在 Letter Spirit 项目中表现得特别明显（见第 10 章）——毕竟该项目唯一的判断标准几乎就是审美意义上的，但 Copycat 和 Tabletop 的情况也类似。在那些新手和专家表现落差巨大的领域，如果我们想要开发一个效仿专家的计算机程序，那么找一堆新手，将他们表现的均值作为判断程序效度的依据显然就毫无意义了。

或许这将启迪认知心理学家提出评判类比程序的另一个标准，他们

前言9 棘手的难题——对人工智能与认知科学研究的评价

对此想必十分中意：你可以选中一串"熠熠生辉的名字"（比如诺贝尔奖或麦克阿瑟天才奖得主、你最喜欢的专栏作家，也可以是某些个种田专家或养猪能手），给它们的主人快递一份类比谜题的问卷，搜集他们的反馈，将其列成表格，再看看程序能否足够精确地再现这些反馈数据的均值。

这里面还是有些东西错得离谱。取一堆伟大思想的均值绝对是个荒唐点子，这就像把川菜食谱和德国菜谱混在一块儿，希望能得到一本棒极了的新食谱一样！美味的食谱和伟大的思想一样，都是自成一格的。取其均值无异于毁了它们。将费曼和古德曼深思熟虑的答案（不管是些什么答案）混合起来，你能指望得到些什么呢？

如果我们将一些极富创造性的思想搅和在一起，会得到一系列有排位的答案，它们作为一个整体，可能会显得十分"非典型"——从中找不到任何伟大的思想所具有的个体认知风格。这意味着一个类比模型更为合理的目标，应该是效仿某个富于创意的特定个体，甚或借由特定关键"认知风格参数"的调整，效仿不同的此类个体。当然，如果这些关键参数的调幅足够大，程序的表现会逐渐从"精英"变为"怪异"，之后会变成什么样子，就只有天知道了！

大量彼此交互的亚认知机制

要确定个体类比活动的认知风格，可能涉及哪些参数？我们取其个中典型，列成以下清单，让读者对它们有一个大概的感觉：

- 显著性在确定对不同对象施以的关注水平中发挥的作用
- 对具有极端属性的对象施以特别关注的程度
- 不同知觉过程（比如识别相同性与相关性）的不同速率
- 试图基于知觉到的相同性或其他类型的联系创建组块

概念与类比
模拟人类思维基本机制的灵动计算架构

- 愿意调整或拆解当前稳固的知觉组块
- 休眠中的概念会被轻微刺激"唤醒"的倾向
- 激活从一个概念向其不同语义近邻传播的不同速率
- 不同概念激活衰退的不同速率
- 激活的概念使进行中的知觉搜索产生偏向的程度
- 朝向知觉统一性的趋势有多容易压倒默认知觉
- 不同概念所拥有的光晕的大小
- 不同概念的相对抽象水平
- 偏好抽象描述甚于具体描述的程度
- 知觉影响概念间距离的方式
- 在两个特定距离的概念之间发生滑动的概率
- 让依附于某个滑动的相关滑动发生的意愿
- 接受不完整映射的意愿
- 即便现有观点明显占优,也将替代方案纳入考量的意愿
- 对将彼此竞争的观点、规则或答案混合起来的抗拒程度
- 受对称性构造吸引的程度
- 对平庸或无趣的答案有多厌恶

所有富于洞见的人物都拥有同样一套参数设定是绝不可能的。这些隐含变量通常都位于意识阈限之下,它们(及无数其他变量)特定的取值组合决定了独一无二、界定明确的特定认知风格,或曰"味道"。将一大群聪明人给出的反馈混合起来,任何个人风格就被完全掩盖掉了。事实上,遵循此法创建的程序有极大概率乏善可陈,就像将川菜、印度菜、德国菜、法国菜和日本料理等彼此无甚关联的食谱中的代表菜式搅和成一锅味道"感人至深"的"乱炖"一样。

但为何那么多认知心理学家在听说了 Copycat 和 Tabletop 程序以后,坚持要将程序的表现与许多人类被试在同一套类比谜题上的平均反馈进行对比呢?这是因为他们习惯于一套完全不同的实验范式,这套范式旨

前言9 棘手的难题——对人工智能与认知科学研究的评价

在探索单一的认知机制（或少数认知机制的交互）。标准实验设计中一个相当合理的期望是，有待探索的基本机制在不同的大脑中几乎都是一模一样的。

例如，一个心理语言学家可能想要了解：词条更多地是通过语义词根还是语音属性来存储、关联和提取的？为此他会设计一个实验，旨在确定被试听到某些特定词汇时是否会启动（即轻微地激活）其他以不同方式关联于该刺激项的不同词汇。比如说，单词"word"将在何种程度上启动单词"decision"（共享一个词根，但带有一些伪装），又将在何种程度上启动单词"deciduous"（看起来更像，但二者其实毫无关联）？（这个实验当真有人做过，详见 Marslen-Wilson et al, 1992。）我们有现成的技术用于确定启动效应的强度水平，如反应时测试（也就是测量被试在判断屏幕上出现的字符串是一个真正的单词，还是一个无意义的字母组合时做出决定所需的时长，将显著低于常规水平的反应时长视为启动效应的指标）。对每一个被试，我们都能在两种条件下测量其反应时（强语音相似性但无共享词根，以及弱语音相似性但有共享词根）。然后，就可以使用一个比率，显示给定个体在哪种条件下启动效应的强度更高。如果我们将许多被试的实验结果进行对比，通常会发现非但大趋势非常明显，而且个体间的差异也不太大，这就证明了我们的预期，即某种假设的近似普遍性。

这种实验非常美妙，而且能够深入探索人类思维的基本机制，但它只是管中窥豹。相反，Copycat 和 Tabletop 项目旨在为相当大量的独立微观机制建模，这些机制彼此协同运作，高层行为便从中涌现。当（比如说）成百项微观机制中的每一项都有自己的"调幅空间"，它们的整体交互作用就会有非常大的自由度。如果要同时考虑这许许多多的机制，那么以评价一个简单模型的效度的标准去评价这样复杂的模型的效度，就很不合适了。这种错误源于科研人员的习惯和他们所受的训练。

概念与类比
模拟人类思维基本机制的灵动计算架构

如何评价自然语言程序的效度？

用统计学方法对致力于效仿心智现象的计算机模型进行效度评价很不合适，当我们将这种方法应用于自然语言程序，这一点就更显露无遗了。假设一个人与一个计算机模型使用自然语言进行了深入交流，我们据此记录了一份长篇问答，就像泰瑞·维诺格拉德的程序"SHRDLU"（Winograd, 1972，在多处均有引用，含 Hofstadter, 1979）著名的对话记录一样。是什么让一位读者觉得这份对话有其心理现实性？答案很简单——就是对话的"感觉"。这个"感觉"是什么意思？是某人在那种情况下确实会说出来的一些什么吗？理论上，你确实可以将对话的前 N 个回合打印出来，再附上第 N+1 个提问，让 100 个大学生将"如果是你，你会怎么回答"写下来。对每个 N 值，你可以搜集所有的反馈，列成表格，与程序在对应节点是如何回答的进行对比——但这又能说明什么呢？在每个节点，可能的回答都有数百万个，而且在这种情况下"取其均值"的想法根本没有可行性。（现在你就有 100 个答案，包括："我不知道""黄的那个""我碰过的最后一个""我不确定你是什么意思""我想应该取两个高方块中间的那个"，取个均值试试！）

在日常生活中，我们用以评判一个人类个体能否自如应用一门语言的标准，并非其对话中相应表达的常规程度或可预测性，而是以灵活性（指对话中个体对多种不同类型的意外转折能有多么流畅的反应）和洞见（他们的回答在多大程度上触及了问题的核心）为基础的。而这两点也应该是我们评判一个自然语言程序的标准。

在一定意义上，我们认同对某种统计数据的渴望。显然，一个程序和一个人类个体使用自然语言的某一段交流无论多么令人过目难忘，都无法证明任何东西，因为它完全可能是预先灌制的。要评估程序的灵活性及其作为心理模型的校标效度，就需要大量的资料，揭示程序在宽泛、开放的一系列情境中是如何运行的。同样的见解也适用于类比模型。

有人可能会问:"你怎么能确定单凭跨情境灵活性就足以证明程序真的拥有其效仿对象的基本心理机制呢?"我的回答是,在我看来,灵活性只能来源于低层基底,因此,如果一个程序拥有与人类相同的灵活性,其低层基底与人脑就必然拥有相同的机制。(关于外显行为和内隐机制间的必要关联,我们将在本书后记中详细探讨。)

因此,要评判一个自然语言模型,可以观察它在高度多样化的大量交流活动中的表现,一个老练的人类研究者拥有充分的自由,可创设出乎意料的情境,对程序提任意数量的问题。正如阿兰·图灵(Alan Turing)在其关于人工制品真实智能评判标准的著名论文(Turing, 1950)中曾经指出的那样,机器智能的评判标准,是机器对开放式提问的反应是否带有始终如一的灵活性和洞见,而不是其表现能否与人类被试的统计数据相匹配。鉴于类比活动在许多方面都具有与使用自然语言同等水平的复杂性,我们又有什么理由觉得这些程序的智能有什么特殊之处呢?

用于评判我们的计算模型的具体标准

在 Copycat 和 Tabletop 项目中,我们用于评判程序效度的标准如下,你会发现它们都是质性的,而非量化的:

(1) 程序给出的大多数答案都应该是人类解题者**能够给出**的(特别是那些出现频率较高的答案——比如说高于 1%)。
(2) 人类解题者给出的大多数答案也都应该是程序**能够给出**的(意思是,理论上存在通向给定答案的路径)。
(3) 如果一个给定答案在大多数人看来都是**显而易见**的,那对程序来说也应该是这样(也就是说,它的出现频率会很高)。
(4) 如果一个给定答案在大多数人看来都**十分离谱**,程序给出该答

概念与类比
模拟人类思维基本机制的灵动计算架构

案的频率也应该很低。

（5）如果一个给定答案在大多数人看来都**十分雅致**，却**不容易想到**，程序给出该答案的频率也应该很低。

（6）如果一个答案在大多数人看来都**愚蠢不堪**，程序为其质量给出的评分也会很低。

（7）如果一个答案在大多数人看来都**十分雅致**，程序为其质量给出的评分也会很高。

（8）程序应能偶尔给出一些**富于洞见**的、**有创造性**的答案。

请注意，我们不用设计大规模的心理学实验，只要与一些人略作交流，就能根据这些标准对程序的表现做出非正式的评价。［比如说，xyz⇒xyy（或碰一下 Eliza 的勺子）这样的答案是"能够给出的"吗？它"显而易见"吗？"雅致"吗？］既不涉及计算平均值，也无需对大量被试填写的问卷进行级序分析。

以上八项评判标准已经十分严格了，然而，下面三项更进一步，远远超出了简单查看给定问题不同答案的范畴：

（9）逐渐"微调"给定情况，将改变压力的构成，让人类解题者更容易得出某些答案，同时抗拒其他答案。在同样的条件下，程序给出的答案的频率，及其对相应答案质量的判断也应发生变化，以反映这一趋势。

（10）通向给定答案的最常见路径在人类解题者看来应该是可能的。

（11）若将架构的一些关键特征逐个**移除**，（遭受"毁损"后的）程序的行为会遭受影响。理论上，这种影响能反映被移除的特征在类比活动中扮演的角色。

标准（9）和标准（10）涉及人的判断，尽管如此，我们同样无需使用大规模实验研究，只要与几个朋友随便聊聊，就能轻而易举地做出这些判断。举个例子，关于标准（9），以下事实如此明显，以至于无需使用精妙的实验加以证明：当我们设定桌面上的某个给定对象，使其范畴

前言 9　棘手的难题——对人工智能与认知科学研究的评价

距离 Henry 所触碰的对象越来越远（也就是说，比如 Henry 触碰的是一只玻璃杯，我们可以依序将给定对象设定为玻璃杯、咖啡杯、托盘和餐刀），这样，在其他条件不变的情况下，Eliza（如果她是个人的话）会越来越倾向于避免触碰该对象。至于标准（10），任何一个人类解题者都能在直观层面明显地感受到，如果要在 Copycat 微领域中求解"abc⇒abd; xyz⇒?"问题，在尚未遭遇"z-障碍"的情况下就得到答案"xyz⇒wyz"是极不可能的。

标准（11）更进一步，提供了一种验证外在行为与内在架构间关系的手段。以下是几个可用于给 Copycat 或 Tabletop 造成"毁损"的有趣的方法：

（1）将对应给定行动类型的一系列侦查器/效应器代码子压缩为一个单一代码子，这样，加工过程的粒度会变得更粗，因此将明显抑制阶梯扫描。
（2）设定所有概念都具有同样的概念深度值（因此去除了概念深度作为激励因素的功能）。
（3）将温度固定在一个非常高或非常低的值。
（4）在一次运行的过程中防止滑动网络中的连接长度发生任何改变。

密契尔尝试用这些方法（以及其他几种方法）"毁损"Copycat，并在她的著作中详细描述了这项研究的结果（Mitchell, 1993）。她设计的实验非常精巧，值得仔细研究，但另一方面，她到头来也没有什么特别令人惊讶的发现，因为每一种"毁损"对程序行为的影响都符合她的预期。换言之，密契尔的毁损实验证明：Copycat/Tabletop 架构的正常运行确实依赖某些关键特征。

认知的基底独立于文化

有观点认为，在不同文化环境中成长的被试对 Copycat 或 Tabletop

概念与类比
模拟人类思维基本机制的灵动计算架构

类比问题的见解可能很不相同，因此，我们的程序机制是否具有通用性就很值得怀疑了。在我们看来，这些反对意见的提出者若非有意为之，就是严重地误解了什么。的确，打小在荒蛮绝地狩猎采集的土人从未有过上桌进餐的经历，更不用说见过叉子、餐刀和餐巾了，要求他们对 Tabletop 类比问题拥有和我们一样的见解是有些过分。同样，一位只会说藏语的僧侣对 Copycat 类比问题的见解显然也将与我们截然不同。但这些古怪的例子只能散布迷雾，混淆视听，让我们无法专注于真正重要的问题。

真正重要的问题是：人们在对自己熟悉的领域和情况进行类比时会使用什么机制？前面列出了一份很长的清单，包含一系列在程序的运行中发挥作用的亚认知机制，虽然还远不完整，但它们已然揭示了我们正在关注的对象具有怎样的抽象水平。我们相信，至少在这种高度抽象的情况下，要说土著猎人或西藏僧侣进行类比时使用的机制与我们完全不同，是非常不可信的——好比每一项在美国进行过的物理学实验都要在澳大利亚或中国重复一遍，以验证同样的物理规律是否跨文化有效，这是毫无意义的。

热闹的集市

我希望前面几页（以及本书其他许多部分）都足以说明，人工智能/认知科学研究中最为深刻的问题之一，就是找到评价不同研究的普适标准。这是因为学科本身位于一个相当含糊的区域。许多研究者都声称自己的模型非常有效、相当重要或极为新颖，他们的视角各有不同，就像一群持不同语言的辩手，却吵得不可开交。事实上，人工智能/认知科学旨在理解的现象是如此复杂，以至于我们对该如何评判不同的观点其实并不清楚。（即便数学或物理学也面临同样的问题，而认知科学又比这些历史悠久的成熟学科要模糊得多。）

前言9 棘手的难题——对人工智能与认知科学研究的评价

概括地说,人工智能/认知科学就像一个热闹的集市。或至少可以说这个学科既疯狂,又怪异。投身其中的学者拥有各式各样的专业背景,致力于五花八门的研究项目。以下是该领域正在经历的一些非同凡响的事件——我无需多想就能将它们列出来。

一些理论物理学家正在使用统计力学的数学工具研究神经网络的性质;一些神经科学家正在使用核磁共振成像和 PET 扫描寻找概念在大脑中存储的位置;一些认知动物行为学家正在观察自然环境下的猿类和猴类,试图分析它们对同伴的心理表征的实质;一些音乐理论家正尝试让计算机即兴创作爵士乐,或模仿巴赫的作曲风格;一些认知心理学家搜集了大量口误的实例,想要从中筛出大脑潜在加工过程的线索;一些语言学家设计了复杂的语法,用于解释前所未闻的语言中深奥的句法现象;一些人类学家研究群体面对大型任务时如何通过合作结成更高层的认知单元;一些机器人学家设计了能在如月面般怪石嶙峋的地表爬行的人造昆虫,以及可以自己上路行驶的汽车;一些人工生命研究者设计了机器鱼或机器鸟,并研究它们如何学习、如何聚集;一些心智哲学家致力于发现是什么(如果这个"什么"存在的话)为计算机或大脑中的符号赋予了"关涉"(aboutness);一些棋类程序的编制者发明了极为高效流畅的硬件和算法,旨在让机器成为棋类世界冠军;一些联结主义研究者创建的模型能识别人脸,或学习动词过去式;一些发展心理学家研究婴儿怎样学会爬行与行走,以及儿童如何习得数字概念;一些专家系统开发人员编写了复杂的程序,不仅能实现复杂眼部疾病的诊断,还能显示其诊断背后的整个推理链条;一些数理逻辑学家致力于证明关于元知识和非单调推理的定理;一些遗传算法研究者编制了能彼此"交配"的程序,它们的后代会在迷宫任务中展示能力,借此展开生存竞争;一些知觉心理学家研究人类视觉系统容易产生的错觉;一些科学哲学家为再现科学革命的整个过程而开发计算机模型;一些机器翻译研究者推出了据称能以 95%的正确率将日语转译为英语的程序;一些脑科学研究者研究那些

概念与类比
模拟人类思维基本机制的灵动计算架构

罹患严重脑科疾病或遭受可怕脑损伤的病人，试图从他们的不幸中推断正常认知过程所依赖的路径和内部关联；一些计算机科学家编写程序，试图创造新的寓言或设计情景喜剧的剧情；一些人工智能研究者编写的程序据说会做与好莱坞影星约会的白日梦，或复制伽利略、欧姆和开普勒的伟大发现。

这些不过是冰山一角。我只花了半个小时就把它们列了出来，也没有查询相关书籍或杂志。有了这些参考资料，人们就可以轻而易举地指定成百上千个研究项目，这些项目旨在探秘心智、意识、记忆、智力、创造力、灵活性、多元性……凡此种种。我们该如何看待它们？如何闹中取静，判断孰是孰非？

紧急声明：正确的答案我也还没有。事实上，我觉得这一切都很难理解，甚至有些令人不安。该领域巨大的多样性和海量抓人眼球的宣传经常叫我应接不暇。比如说，波士顿每年都会举办一项"图灵测试"，从大街小巷海选出来的人类评委经常将运行在计算机上的程序误认为聪明的人类，或将聪明的人类误认为程序。我们经常听说某个程序创作了一支听起来"很巴赫"的曲子，某人又出版了一本透彻地解释了意识的书，某台机器能够读懂潦草的笔迹，理解连珠炮般的、十分含糊的话语，甚至写出了一部完整的小说（当然只是盈利文学，尚无人敢于声称自己创造了"机器托尔斯泰"）。

CYC

几年前，我听了道格·列纳特（Doug Lenat）的一场演说，他因其开创性的程序 AM（关于这个程序的简单讨论可见本书后记，同见 Lenat, 1979,1982）和 Eurisko（Lenat, 1983b）而闻名。这两个程序分别涉及使用大量启发式模拟数学发现，以及（当然是在"元启发式"的作用下）

前言9 棘手的难题——对人工智能与认知科学研究的评价

从旧启发式向新启发式的演化。当然，不管它们对列纳特而言曾经多么有趣，当时也已经是老黄历了。我听的那场演说主题很不一样，列纳特介绍了CYC（Guha & Lenat, 1994），这个程序规模庞大，当时他已专注于其开发达九年之久，并声称再有一两年的工夫就将大功告成（换言之，算起来日子差不多也该到了），从而使程序"基本上按计划落地，因为太多的错误彼此相抵了"——他幽默地说。

CYC之所以叫这个名字，是因为列纳特想表达的意思是，希望它成为"百科全书"（encyclopedia）之"眼"（eye）。该程序涉及对数以百万计的日常事实进行编码，获得一种基于谓词演算的统一的表征语言，以期赋予计算机与十岁儿童水平相当的常识。列纳特演说的主题是，如果我们真的想为人类智力建模，就必须采用这种"知识密集型"方法——没有捷径可循，否则做出来的就只能是个玩具。他认为，只消20年左右，由于硬件（在内存大小和原始速度方面）的进步，程序的复杂性及其可用知识量都将大幅提高，计算机的智力水平将赶上并超越人类。对这一点，他表现得非常乐观且自信，这让我有些莫名其妙。在后来一次私下交流中，他重申了自己的观点，并顺带评论了一系列使用微领域的研究，认为它们无可救药地过时了。对此，除了"恕不认同"外，我不知道自己还能作何回应。

CBR

没过几个月，我又听了另一场演说，这一次，主讲人是我的朋友和同事大卫·利克。大卫介绍了一些创造力模型，它们涉及"基于案例的推理"（case-based reasoning, CBR）。该领域由人工智能知名专家罗杰·尚克创立，大卫已在其中耕耘多年。那场演说的主题是，CBR模型旨在使用类比思维理解、解释不同的情况并形成新的观点（虽说"类比"这个词儿显然出于某种原因被忽略了）。

概念与类比
模拟人类思维基本机制的灵动计算架构

这些模型（见 Riesbeck & Schank, 1989 以及 Kolodner, 1993）在现实世界领域中运行，能处理（在我看来）丰富得难以置信的概念（如推测挑战者号航天飞机失事或 1984 年赛马 Swale 意外死亡等事件背后的诱因、制定对抗国际恐怖主义的新策略，等等）。它们都会在不同程度上接受对特定领域中某个非常复杂的、含有多个方面的事件的描述，于大容量的内存（也就是它们的"记忆"）中搜索可由上述事件"提醒"的经历，将提取出来的情况类比地映射到基本事件之上，并以恰当的方式滑动任意数量的概念，支持映射过程正常进行（这被称为"微调"）。有时，程序还会将两个或多个提取的内存片段以一种帧混合的方式拼接在一起，用微调和拼接后的类比映射解释原始事件。最后，它们甚至会对整个加工过程的结果进行自评！看在老天的份上，如果连这都不算是创造性思维，那要怎样才算？

我惊讶于这些程序的多元性，以及（根据利克的说法）它们所产生的深刻洞见。但与这些感受搅和在一起的，却是相当程度的困惑——CBR 的研究者们怎么可能创建出如此惊人复杂的认知模型呢？毕竟在他们口中，这项工作的每一细部本身都已足够吓人了！

利克在台上滔滔不绝时，我心不在焉地摆弄着那对裤腿夹，它们是在骑车时佩戴的，可以防止裤腿被车链子卷进去。到了提问环节，我说："抱歉，但我真的没法设想一个能制定反恐战略、分析航天事故、调查赛马死亡事件的程序——在我看来，就连对这两个小玩意儿，我们所能了解的事实也几乎是无限量的。"然后，我举起夹子展示了一下，又罗列了一串关于它们的基本陈述。我想要说明的是，即便继续罗列下去，将关于这对裤腿夹的基本事实列表扩展到成千上万条，也无法穷尽人们对于它们，以及类似于它们的日常对象的直观了解。[休伯特·德莱弗斯（Hubert Dreyfus）早在其 1972 年的著作《人工智能所不能》（*What Computers Can't Do*）中就对整个人工智能科学提出了反对意见，我的看法与他相似，尽管并非完全相同。]

前言9　棘手的难题——对人工智能与认知科学研究的评价

利克承认CBR模型并没有那么了解物理对象，而且在某种意义上，就连那些现存最为复杂的CBR模型其实也是在微观世界中运行的。但他指出，或许有人能将这些模型的推理能力与列纳特团队正在致力于创建的大规模数据库结合起来，这样一来，或许就能得到一个接近于拥有真正智能的、能够实现完整理解的系统。利克对CYC本身表示怀疑（或许是因为CYC的运行依赖于谓词演算和逻辑推理，而非尚克的知识组织模型），但他认为将二者以某种方式混合起来，或许能产生化学反应。这是一个十分勾人的主张，它有可能是正确的吗？我个人非常怀疑，但我又怎么能确定呢？

吸尘器

大部分CBR学派的研究者都对人类记忆的工作机制怀有一种特殊的迷恋（这种迷恋来自尚克），并且特别关注"提醒"（reminding）。我对这条思路十分认同。在我看来，他们所研究的现象确实涉及心智的流动性。我可以用自己的经历举一个例子——这是很久以前的一次"提醒"，正是许多同类经历让我痴迷于探索心智与认知。

我的女儿莫妮卡那时才一岁多，她坐在客厅的地板上，不停地摁一台吸尘器（使用电池驱动的手持式真空吸尘器）的开关。她乐此不疲，因为每次按下按钮，机器都会嗡嗡作响。过了一会儿，她发现吸尘器上另一个位置还有一个按钮，于是伸手去摁，却什么都没有发生。她又尝试了几次，还是不行，就只能放弃了。实际上，那个"按钮"是垃圾袋的卡扣，所以只按下它的话什么也不会发生：你得再将它往上推，然后滑开盖子取出垃圾袋——小莫妮卡当然没法完成这一串操作，但她显然对机器没有反应失望不已。

发现莫妮卡在徒劳地摁第二个按钮时，我走过去，将取垃圾袋的过

概念与类比
模拟人类思维基本机制的灵动计算架构

程向她演示了一遍。然后突然之间，完全出乎意料地，我的脑海中闪现了自己的一段童年经历。我从小就爱数学，幂运算一度让我兴奋不已。我制作了许多表格，包含许多整数的平方、立方和更高次幂，我会对比这些幂运算的值，研究它们的模式，诸如此类。这种事情总是让我着迷。在我大概八岁时，有一天碰巧看见父亲摆在桌子上的一篇物理学论文，上面有许多算式。我当然读不懂，但我确实注意到它们在符号使用上有一个显著的特点：父亲用了许多下标。当时我知道上标代表美妙的、不断循环的幂运算，因此我不假思索地认为，由于下标看起来与上标如此相似，它一定也代表了某种美妙的、深刻的数学概念。所以我问了问父亲。让我吃惊的是，他说下标只是用来将一个变量与其他变量区别开来的，也就是说，如果（比如说）字母"V"有一个下标"3"，它并不意味着要对什么东西执行什么算术运算。我寻找数学宝藏的幼稚希望就这样破灭了。

看见小莫妮卡摁下第二个按钮，却没有迎来什么新的声音，这段回忆就闪现在了我的脑子里。莫妮卡对应于我，我对应于我的父亲，第一个按钮对应于上标，第二个按钮对应于下标，吸尘器的嗡嗡声对应于幂运算带来的愉悦，而摁下第二个按钮时机器的沉默对应于下标的无意义……你如果这么想，就会发现一切都十分合理——两个事件极为优雅地彼此映射：父亲、孩子，还有失望情绪。但这个提取过程是怎么发生的？当年那个八岁的男孩是怎样储存这些原始记忆的？大概 40 年后，他又是如何在宝贝女儿的刺激下将这些记忆唤醒的？

371　　我相信 CBR 研究者能轻而易举地为以上"提醒"过程建模。他们会用尚克的"概念依存符号表示法"编码我的儿时经验，再用相似的手段编码小莫妮卡的经验，这样一来，程序就能从包含不同经验的大容量内存中将有关上标和下标的经验提取出来。关键在于，这两条经验要共享索引代码"MS; DH"，也就是"Misleading Similarity; Dashed Hopes"（有误导性的相似；破灭的希望），你可以将它视作一颗小小的"表征熔核"，

前言9 棘手的难题——对人工智能与认知科学研究的评价

象征着居于两条经验核心的共同抽象。[该"表征熔核"的正式名称是"主题组织点"（thematic organization points, TOPs）（相关定义和讨论见Schank,1982）。]那些发生在我脑海中的事件就这样得到了解释。

我认为，这样一个模型虽然令人印象深刻，甚至可能在某种程度上反映了一些事实，却漏掉了现象的核心。我很难相信自己八岁时的大脑就能理解"有误导性的相似；破灭的希望"之类的抽象，并且无意识地将关于"父亲对下标的解释"的记忆归于该代码项下，以备40年后再行提取。或许大脑中确实发生了一些非常接近的事情，但那种外显的"表征熔核"不可能真的存在。在我看来，彭蒂·卡内尔瓦美妙的"稀疏分布式存储"（sparse distributed memory）理论（Kanerva, 1988）虽然在以神经硬件为出发点这方面完全不同于CBR方法，却也得出了相似的结论——当然它们都没有完全击中要害。我们需要在这两个相距甚远的描述水平之间对"提醒"现象做出解释。

根据我的直觉，不论是CBR还是CYC，都缺少一个深度概念模型，即使你将这两种系统最佳的那些方面拼接起来，也无法改变这一点。这一判断也适用于卡内尔瓦的理论。在我看来，一个概念模型必然包括从类似于Copycat或Tabletop的滑动网络中产生出来的那种相互重叠的、涌现式的概念光晕，某种并行阶梯扫描，可流畅重构的表征，自下而上的与自上而下的压力的混合，从概念深度、显著性和结构强度的彼此交互中涌现出来的动态概率偏向性，具有任意程度非确定性的知觉结构，能反映系统知觉到的规律并控制加工过程的随机性水平的计算"温度"，以及自我监控，等等。你也可以说这些都是我的"偏向性"。

Soar

当然，并非每个人都认同概念的实质是认知科学必须直面的关键问题。事实上，一些颇有影响力的研究者甚至持有完全相反的意见，已故

概念与类比
模拟人类思维基本机制的灵动计算架构

的艾伦·纽厄尔（Allen Newell）就是其中之一。纽厄尔为人工智能和认知科学的发展做出了许多不可磨灭的贡献，他在 20 世纪 50 年代中期推出了"通用问题解决模型"，并在约十年以后提出"产生式系统"，后者可视作 Hearsay II 架构的始祖，而 Hearsay II 架构又深刻地影响了我的观点。纽厄尔甚至与人合作开发了一个有趣的类比模型 MERLIN（Moore & Newell, 1974）。作为人工智能领域无可争议的、最为著名的先驱之一，他在最后的十年岁月里始终与同事保罗·罗森布鲁姆（Paul Rosenbloom）和约翰·莱尔德（John Laird）一起，专注于开发一个雄心勃勃的认知架构——"Soar"。在纽厄尔辞世前不久，《认知的统一理论》（*United Theories of Cognition*）（Newell, 1990）宣告面世，我一直相信他将此书视为自己研究生涯的代表作。在这部大胆的著作中，纽厄尔宣称 Soar 将认知过程的每一个重要特征整合起来了。他描述了这个程序在许多相距甚远的不同领域如何大获成功，并与针对人类被试的心理学实验所取得的结果进行了非常细致的对比。假如你把纽厄尔的话当了真，就会觉得他和他的同事们确实把这事儿办成了——我们已经完全理解了认知，接下来只需要填充细节就行了。

我很早就接触了 Soar，详细了解过后，得出了一个结论：这个程序和关于心智的那些最为迷人、最为神秘的问题一点关系也不沾。后来，纽厄尔的作品问世了，它煽动性的书名让我很是好奇。但这是一本非常厚重的书，鉴于我对 Soar 非常熟悉，而且也不觉得它有什么特别，因此在评估一番以前，我还不打算将这书从头读到尾。（这显然也符合"阶梯扫描"的原则。）如果想对一本书形成整体上的"感觉"，我通常会先去浏览一下它的索引。于是，我先在书的索引中查询词条"概念"（concept），让我吃惊的是，这个词条下只有一个项："概念学习（concept learning），435"。翻到那一页，我发现自己跳到了一个相当靠后的章节，该章节的主题是 Soar 尚未做到的那些事，以及它将来做到这些事情的前景。这一页有一段——在这本厚达 500 余页的大书中只有这么一段——讲到了"概

前言9 棘手的难题——对人工智能与认知科学研究的评价

念"。这一段的前半部分粗略地描述了"原型"——其实就是在说范畴的成员并不是非黑即白的,而是具有不同的"灰度"。然后,纽厄尔论述:

> Soar 必须为原型分配解释,表明其在有需要的情况下将怎样产生,就像它也要明确谓词在有需要的情况下将如何产生一样。如果为了获得这些不同类型的概念,需要往架构中添加额外的假设,就会让人(至少让我)感到意外。如果我们设计的加工设备能赋予响应函数高度的灵活性,却被限制到只用于计算谓词,看起来就很反常了。

换言之,若加以细究,概念学习作为认知活动的次要方面——显然是"次要"的,因其对一个"认知的统一理论"无甚贡献可言,Soar 必须能够"理所当然"地加以应对:因为无论如何,这个系统都已经拥有"高度的灵活性"了。

纽厄尔对"概念"这个概念的忽视实在让人意外——你也可以说这实在"反常"。我是不是弄错了什么?或许他只是没用"概念"这个词?我想了想,继续在索引中查询词条"范畴"(category),这回干脆就没有与它精确匹配的。虽然确实有"范畴三段论"(Categorical syllogisms)这个词条,但它在书中所对应的内容其实是关于三段论的——这是一种基于符号逻辑的形式化论述,显然与流动性概念,或至少是我所理解的流动性概念无关。最后,我查询词条"类比"(analogy),还是只找到了一个匹配并不精确的词条:"表征的类比观"(Analogical view of representations),它在书中对应的内容是关于我们是否拥有心理图像的。

最后,我还是花了几个钟头,将全书翻了一遍,选择性地读了一些章节。坦率地说,纽厄尔所论述的大部分问题都让我感到意兴阑珊。比如说,书中一节讲到 Soar 如何读取句子,并将它们与关于不同情况的图片进行比较,其中就有这样一段:

> 如果 Soar 想要理解一个句子,正常的做法是针对该句子调用

概念与类比
模拟人类思维基本机制的灵动计算架构

一个理解运算符（comprehension operator，原文有强调）。由于句子是逐词输入 Soar 的，程序正常的做法是在每一个单词输入时都对其执行一个理解运算符。

然后，纽厄尔对"理解运算符"的功能进行了简要的说明，但这番论述与常识差别很小——基本意思是，"理解运算符"会试图找出单词的意义。意不意外？倒不是说这里面有什么错误，而是，这种解释思维的方式看起来也太稀松平常了！它完全没有抓住什么深刻的东西，只浮于表面。而且，纽厄尔对阅读过程的过分简单化也让我吃惊，根据他的看法，阅读就是以严格的线性串行顺序一次理解一个单词，简直没法想象有人能用更木讷、更机械的方式理解阅读了！

Soar 会将认知过程的每一个方面都视作问题空间中的问题解决，它听起来无比规整、理性。但我认为它根本无法处理过去 20 年来那些令我深感兴趣的问题，遑论解决它们。或者，假使我错了——Soar 确实能够解决这些问题，正如我的好朋友丹尼特向我保证的那样——我也只能说，从纽厄尔的书中确实很难认识到这一点。

个人直觉与公共立场

探讨这些话题，特别是将它们印成铅字有很高的风险。非正式的、轶事般的直觉和高度个人化的，甚至是情绪化的反应似乎并非科学家应该关注的对象。但在我看来，当前人工智能/认知科学领域的大量研究正是在这种的不恰当的基础上开展的。我们在技术论文中为自己的想法披上华丽而笔挺的外套，假装一切都很严谨，但事实上，在这层客观中立的表象之下，那些关于心智运行方式的假设至少有九成都是我们的直觉。

更准确地说，如果你在读这个领域的任何一篇论文或任何一本书时，都以其自身为依据——换言之，如果你心甘情愿地接受它们不言而喻的

前言9 棘手的难题——对人工智能与认知科学研究的评价

框架（人们往往意识不到自己正在这样做）——那你很可能会发现它们推理严密、内部一致，因此相当有说服力。毕竟，我们这个领域的人确实是在细致严谨地做实验，认认真真地写文章，所以，表述中不太可能会留有明显的漏洞。当然，你可能会时不时地发现一些有争议的点，但它们可能都是技术性的、甚至会显得有些吹毛求疵。

只有当你以某种方式"后退一步"，看见一幅隐含的、更大的画面——也就是相关研究不言而喻的框架之时，那些重要的问题和可能存在的严重分歧才会浮现出来。但是，论文的作者很少察觉到自己研究背后那些隐含的假设，更不会乐于指出它们。而更令人吃惊的是，其他人也很少指出它们，因为这些东西很难发现，也很难表述。这样一来，围绕各种定义不清的、触不可及的概念，就很容易发生各种各样的争论。然而，指导一系列研究项目的深层因素，正是这些隐性的、尚未言明的东西。

因此，当不同观点的支持者在一场认知科学的学术会议上公开辩论时，经常像是在自说自话，仿佛不同轨道上相向而行的两列火车彼此错开一样，似乎谁都不理解对方在说些什么。更糟糕的是，他们甚至可能都意识不到在彼此的观点间横亘着巨大的鸿沟。这真是一种奇特的事态。

你可能会认为——我就一度这样认为——认知科学家们和其他人相比，应该是识别这类沟通问题的专家，毕竟他们的专业就是对思维过程本身进行思考。他们总该了解自己说的那些话在其他人听来是什么样子吧！他们总能听出别人的话外之音吧！他们总该知道要传达某些深层意象需要注意些什么吧！他们总该清楚作为我们最好用的工具，词语的意义通常是不可靠、含糊不清且极具个人色彩的吧——特别是较为抽象的那些，比如"结构""过程""概念""表征""图式""框架""句法""语义""类比""原型""情境""符号""规则""特征""模型""模式""意象""意义"，等等，认知科学总是绕不开这些术语。

唉，事实上，这种想法还是太天真了：认知科学家们照样会严重地误

概念与类比
模拟人类思维基本机制的灵动计算架构

解彼此的表述和意象，他们无意识地游走在词语的不同含义之间，在推理过程中做出轻率的类比、犯下最基本的错误——总之和其他学科的研究者没有什么不同。然而，几乎每个人都会摆出一副科学严谨的面孔，堆砌难以理解却令人印象深刻的图表，试图证明自己的结果是多么的现实和无可争议。这种做法挺好，甚至是必须的——本书中，我们在某种程度上也是这样做的——但问题在于，认知科学始终小心翼翼地维护着"科学严谨"的表象，使人们难以看清这门学科所依据的那些不靠谱的直觉。

"心智大战"

这种情况让我想起了当年围绕里根总统"星球大战"计划［或"战略防御倡议"（Strategic Defense Initiative, SDI）］的激烈争论。各色人等都在提出各种各样的赞成和反对意见，其中大多数都具体化为一个又一个带有浓厚技术色彩的问题：投掷重量、拦截器速度、粒子束武器、X射线激光武器、动能武器、容错计算、电磁脉冲武器、导弹发射井加固，等等。这些争论不仅知识密集，而且技巧娴熟，简直能把我这样的围观群众吓懵——一个局外人怎么可能冒昧地评价其中的任何一个呢，更别说评价整个计划了！

但作为外行的我还是以某种方式参与进来了：我在《新闻周刊》（Newsweek）杂志上发表了一篇文章，回避了所有技术问题，只探讨了一些类比，它们依据的都是非常简单的，甚至有些孩子气的直觉：比如说，一个"密不透风""绝不出错"的导弹防御系统就好比一艘"永不沉没"的邮轮，而我们都知道后者只是痴人说梦。不管你针对一艘邮轮的构造细节提出了多少技术上的建议，我们都能先验地判定，它一定是有瑕疵的，这一点无可争辩，因为没有人能提前设想一艘邮轮可能遭遇的所有状况——更别说还有一个和你一样聪明、一样努力的对手正为谋划它悲惨的未来投入全副精力。

前言9 棘手的难题——对人工智能与认知科学研究的评价

在我看来，苏联人可不会在里根政府建造其应对潜在入侵的"和平之盾"时闲着，他们一定会持续地调整自己的战略，升级武器，改变部署。这样一来，北约的对手就成了一个"移动靶"，还是一个动作非常剧烈的移动靶。他们会努力研究欺骗预警系统的手段，比如说让每一颗洲际导弹除释放真弹头外，还会释放数十个，甚至是上百个诱饵弹头，又如派遣大量间谍对北约的研究机构进行渗透，这些间谍会盗取最新的研究成果，并为正在编写的程序代码植入微妙的BUG。不论一个稳定的免疫系统能多么完美地应对当前环境中的有害微生物，都无法保证能永远抵抗未来的入侵：它会不断遭遇新的病原体，被迫不断探索未知的领域，开发更多的潜能，这一点也适用于里根的"和平之盾"。

因此，我对SDI的强烈反对并非根据自身的技术专长，或什么"钢铁般的逻辑"，我的个人意见完全来自类比。说真的，要是让我去和一群佩着领花肩章、摆弄复杂图表的将军们就投掷重量、拦截速度展开一场辩论，我准会被炮轰得连渣儿都不剩——那些领域可是我知识的荒原。但那种媒体秀根本毫无意义可言。我们要避免深陷于技术细节，因为围绕SDI的那些"真正意义上的"争论其实绝不是严谨、知识密集或技巧娴熟的——它们在一个更加务实的、甚至是非语言的层面展开。尽可能地寻找合适的类比，而不是展开一长串逻辑论证，才是争论双方理解和发现问题本质的唯一途径。

当然，围绕SDI的辩论只是数以千计同类型政治辩论中的一场，它们的共同特点是，人们在某些易于讨论的问题上摆出姿态、展示技巧，因此无需在更为深刻、更为困难的问题上直接对抗。杰克·瓦伦蒂（Jack Valenti）生动地表达了以上观点，作为林登·约翰逊（Lyndon Johnson）的前助理，他于1992年11月在《纽约时报》（*New York Times*）评论版撰文，谈论新任总统克林顿即将面临的诸多困难。瓦伦蒂写道：

> 比尔·克林顿会发现，在他的整个任期内，没有一项决策能有足够的信息作为支持。就是这样。当他思索一项决策时，一开始就

概念与类比
模拟人类思维基本机制的灵动计算架构

好像沿着一条画廊往下走,两侧的墙上清晰地列明了事实、财政算法、先例和计算机生成的数据。然后,随着他不断接近决策的时间节点,画廊中的灯光开始黯淡下去,很快就变成了一片漆黑——看不见路标、看不见算法、看不见更多的事实,也看不见数据加权的备选方案。

但是,正如林登·约翰逊所说的那样,在第二天上午九点前,总统必须做出决定。怎么办呢?他得求助于直觉——这是总统做出政治判断的基础,也是他历史地位的最终裁决者。

我得承认,在认知科学领域,情况恐怕也是一样!所有的研究都必须根据难以表述的直觉展开,而维护某个观点就更不用说了(因此别指望有谁能"科学严谨"地展开辩论!)。虽然很少有人意识到这一点,或者即便他们意识到了,也不愿意承认,但认知科学家们确实依然在探寻这一切的根基。

我觉得有必要把这些乱七八糟的问题摆到台面上来,因为我相信,在这个复杂到令人吃惊,且充满了投机色彩的学科领域中,这些事实亟需得到澄清。没有人可能完全理解这么多彼此竞争的说法和观点,但我们每个人都必须努力分清好的和坏的、深刻的和肤浅的、正确的和错误的、前景光明的和没有希望的,等等。但愿刚才这番"忏悔"能起到一点小小的作用,推动这个领域中的每一位研究者进行坦诚的自省。

FLUID CONCEPTS AND CREATIVE ANALOGIES

COMPUTER MODELS OF THE FUNDAMENTAL MECHANISMS OF THOUGHT

第9章

基于知觉的类比模型 Tabletop
及其"人格"的涌现

侯世达
罗伯特·弗兰茨

概念与类比
模拟人类思维基本机制的灵动计算架构

在一个现实的微观领域致力于实现认知通用性

377　　本章介绍的程序 Tabletop 是一个类比模型。与许多类比模型不同，它不会在政策、科学现象或小说情节之间做类比，而是在桌面物品的简单摆设这个极其有限的日常领域中运行。

　　Tabletop 项目的基本假设是：类比并不是认知的某个神奇的"附加组件"，而是它的标准特点——事实上，它是高层知觉自动生成的副产品。因此，程序会扫描"桌面情况"，为其建立表征，在此过程中它会自然而然地做出一系列类比。仔细观察桌面情况是一种"中层"认知活动，位于纯粹的感知和纯粹的抽象思维之间。该领域的"居中性"有助于我们澄清以下观点：知觉和类比不可分离。

378　　想象有两个人——Henry 和 Eliza——隔桌相对而坐。Henry 碰了碰桌面上的一样东西，然后对 Eliza 说："照这样做！"程序扮演 Eliza 的角色，为回应 Henry 的指令，它也要在桌面上选择一件该去触碰的物品。这件物品显然可以是 Henry 刚刚碰过的"那个"，无论桌面怎样摆设，也不管 Henry 碰过的是什么，这总归是一个方案。但是，对当前情况某些方面的知觉通常会产生"压力"，让程序不愿完全囿于指令的字面意义，而是倾向于选择另外一件物品。一项任务可能包含任意数量的"压力"，它们以微妙的方式相互影响，让这个领域具有了相当的深度和复杂性。

　　举个例子，假设双方面前各有一只咖啡杯。多数人都会将这两只杯子知觉为彼此"对应"，即便他们只是无意识地这么看。因此，如果 Henry 碰了他的杯子，Eliza 更为"自然"的反应应该是碰她自己的杯子，而不是将手伸过桌面去碰 Henry 刚刚碰过的那只。但假如我们将两只杯子的"对应性"弱化了，比如将 Eliza 的咖啡杯换成一只玻璃杯（见图 9-2a），这样，尽管从位置上来看，桌面上的两只杯子依然彼此"对应"，它们的

第 9 章　基于知觉的类比模型 Tabletop 及其"人格"的涌现

范畴却不再完美匹配了。不过，由于"咖啡杯"和"玻璃杯"这两个范畴彼此密切关联，依然会有某种强大的压力，使 Eliza 将自己的玻璃杯与 Henry 的咖啡杯视为彼此的对应物。因此，Eliza 很有可能会触碰自己的玻璃杯，而不是 Henry 的咖啡杯。当然，如果这种范畴错配的程度进一步加深——比如说将 Eliza 的玻璃杯又换成一把叉子，上述"对应性"的感觉就会被极大地弱化，以致 Eliza 可能转而在字面意义上理解"照这样做"的指令——去触碰 Henry 的杯子。

以下压力都可能影响 Eliza 的选择：

- Henry 触碰的特定对象的性质及其位置；
- 其他对象的范畴成员资格；
- 不同对象的空间位置；
- 不同对象的"所有者"；
- 不同对象的方向；
- 不同对象的尺寸大小；
- 不同对象的功能性关联；
- 在一个或多个层级上的知觉分组。

所谓的"功能性关联"指的是诸如咖啡杯和托盘通常一同出现，或餐刀和叉子通常搭配使用这样的事实。这种范畴间的关系是单一范畴非常重要的一些方面，让我们意识到范畴并非孤立的存在，而是彼此依存、彼此重叠的结构，它们的同一性是相互决定的。

知觉分组对 Eliza 倾向于将哪些物品认定为彼此对应发挥了很大的作用。我们是否会认为一组对象构成了一个高层实体，这是一个非常微妙的问题，它取决于相关对象在物理上，以及概念上的接近性。显然，为求高效，人或程序不可能一一考虑所有可能的分组——毕竟，就算桌面上的物品数量有限，其潜在分组方式也可能多达上百种。不仅如此，如果我们允许较大的组块包含较小的组块（这是人类知觉的关键特征，

379

概念与类比
模拟人类思维基本机制的灵动计算架构

多层表征通常就是这样创建出来的），可能形成的组块数量还将进一步增加。

当然，我们之所以强烈反对类比模型采用任何形式的依靠蛮力的策略，不仅是因为这些策略效率奇低，而且是因为它们在认知上根本不具备可行性。因此，Tabletop 最为核心的设计原则之一，就是它不会对每种情况例行性地调用所有可能存在的压力，相反，在它对某种情况进行知觉加工时，只会有数量有限的压力（在不同程度上）涌现，这些压力取决于当前的情境。复杂的问题情境在人类心智中有选择性地唤醒许多互不关联，且强度各异的压力，随着时间的推移，这些压力彼此交互，一系列知觉和概念结构便从中涌现出来，既包括有关不同对象相对重要性水平的简单判断，也包括两个对象间可能存在的关联或一堆彼此关联的对象可能构成的组，还包括最为复杂的结构间类比（涉及在许多不同的分层结构之间一系列彼此强化的关联）——Tabletop 项目的核心挑战就是为上述过程建模。

我们相信，要对 Tabletop 程序加以评价，不应只用它能否准确模拟人类在同一微领域中的行为表现作为标准（我们确实设计了一些心理学实验来进行这种对比），还应考虑——事实上，是**更**应考虑——其基本原则的通用性，该原则应适用于任何领域，不论其规模大小或复杂程度高低。比如说，Tabletop 的前身 Copycat 就使用了类似的架构，在一个完全无关的微领域中进行知觉和类比。（见本书第 5 章，关于 Copycat 的详细介绍与讨论，可见 Mitchell, 1993。）

Tabletop 的知觉过程

如前所述，我们的基本理念是，类比是一种涌现，是针对特定情况的高层知觉自动生成的副产品（对这一主题的详细展开可见本书第4章）。

第 9 章 基于知觉的类比模型 Tabletop 及其"人格"的涌现

这一理念决定了 Tabletop 的本质。但是，千万不要以为这个程序是在以一种自下而上的方式模拟视知觉。事实上，Tabletop 所处理的类比问题是通过一个图形界面"喂"给程序的：使用者会在计算机显示器上拖拽高度程式化的图标，直至某种桌面摆设布置完成。届时，各个对象的坐标、方向及范畴等都将被输入程序，连同 Henry 触碰了哪个对象的信息，一并构成了 Tabletop 的原始输入。这样，我们对低层"对象知觉"完全不予考虑，但程序还需针对当前情况完成许多高层知觉工作。

特别是，"高层知觉"意味着要实施以下所有操作（其中许多操作需部分或完全同步运行，因为它们间的依存关系非常紧密）：

- 根据浅层局域属性（如大小、锐利程度、开或关、液体容器、食品容器、其他容器等）为桌面对象贴标签；
- 根据知觉到的关系或组别特征（如相邻关系、功能性联系、相对大小、方向关系、组内位置、相对于显著对象的位置等）为桌面对象贴更多的标签；
- 基于以下几点分层建组（形成实验性的知觉组块）：
  * 构成项的物理接近性（比如说，是桌面对象，还是已经建成的组）；
  * 构成项的描述的概念接近性；
  * 作为构成项的子组在结构上的相似性；
  * 先前是否存在相似的组；
- 基于以下几点创建关联（关联指让两个项暂时彼此对应的连接）：
  * 两个项的物理位置彼此对应；
  * 两个项的描述具有概念接近性；
  * 两个项（假如它们是组）在结构上具有相似性；
  * 先前是否存在相似的关联；
- 为知觉到的每个项（对象、组或关联）分配依时而变的显著性；
- 为知觉到的每个组或关联分配依时而变的强度；
- 不同知觉结构彼此竞争，针对强度较弱的结构或彼此互不一致的

概念与类比
模拟人类思维基本机制的灵动计算架构

结构实施"剪枝"。

以上操作都涉及创建、拆毁或调整暂时性的表征结构。所有这些结构都存在于被称为"工作空间"的某种短时知觉记忆中。

除工作空间外，系统还拥有被称为"滑动网络"的长时记忆。构成该"网络"的海量永久性节点由海量永久性连接彼此关联起来。每个节点都是特定概念的"内核"，其周遭围绕的大量邻近节点构成了这一概念的"光晕"。滑动网络存储了关于概念的一切信息，包括它们的邻近关系、激活水平（本质上是被知觉到的相关性的指标）、系统为其预先分配的深度（本质上是抽象性和概括性的度量），诸如此类。

Tabletop 的滑动网络中共有如下的 47 个概念：叉子（fork）、餐刀（knife）、勺子（spoon）、咖啡杯（cup）、托盘（saucer）、盘子（plate）、大玻璃杯（big glass）、小玻璃杯（small glass）、容器（receptacle）、盐罐（salt shaker）、胡椒罐（pepper shaker）、汤碗（soup bowl）、银器（silverware）、陶器（crockery）、液体容器（liquid holder）、食物容器（food holder）、锐器（sharp object）、开放物品（open object）、封闭物品（closed object）、入口之物（object-that-goes-in-mouth）、取食用具（object-that-is-eaten-from）、一同使用（used-together）、近邻（neighbor）、更大（bigger than）、更小（smaller than）、形状相似（similar-shape）、组（group）、数（number）、1、2、3、许多（many）、以上（above）、以下（below）、水平（horizontal）、垂直（vertical）、左（left）、右（right）、方向（direction）、位置（position）、中间（middle）、尽头（end）、对称（symmetry）、对角对称（diagonal symmetry）、镜像对称（mirror symmetry）、相同（same）、相对（opposite）。这些概念都是可使用的描述符，它们或是具体，或是抽象，系统可加诸单个物品、成对物品、成组物品（或成组物品组），以及物品之间（或组之间）的关联。当然，这一套概念并不是什么神圣而不容更改的东西。你可以轻而易举地往滑动网络中添加许多其他的概念，只要这种添加无需变更程序的基本架构。

第 9 章 基于知觉的类比模型 Tabletop 及其"人格"的涌现

在一次运行过程中，系统不会创建或拆毁滑动网络中的任何东西，但会实施其他类型的操作：激发或抑制概念的激活水平，同时拉伸或收缩概念间的距离（概念深度保持不变）。因此，以下滑动网络活动列表便足以刻画 Tabletop 的高层知觉了：

- 在工作空间知觉到特定概念的一个实例时，将一阵激活传送给相应的概念节点；
- 任意概念激活水平的逐渐消退，消退速度由概念深度决定；
- 激活从任意概念向其直接近邻的流动，这种流动受到概念接近性的调控；
- 根据特定关键概念的激活水平调整概念间距。

如前所述，在工作空间和滑动网络中，所有这些不同类型的知觉活动并非串行性的，相反，在每一个特定的活动发生时，都有许多其他活动同步发生。换言之，程序拥有一个并行架构。该架构同时是概率性的，它会在一个随机数生成器的辅助下快速做出各种有偏向性的决策。推动一种或另一种选择的偏向性是不断变化的，它们有许多不同的来源（详情将在后续部分展开）。

结构、强度和生存竞争

既然"关联"（在关于 Copycat 的文献中通常也称为"桥"）是完整类比的构成要素，我们在这里简单描述一下它们是怎样产生的，以及表示什么。如果桌面上的两个物品属于同一范畴，或在概念上彼此接近（以相应节点在滑动网络中的位置关系衡量），它们之间就有可能建立关联。由于相应概念彼此相近（而非相同），系统要容忍某种错配，这就产生了所谓的"概念滑动"。概念滑动有多种类型，因为概念间之所以接近有许多不同的原因（比如说，两个物品形状相似、功能相像，或需要一同使

概念与类比
模拟人类思维基本机制的灵动计算架构

用,等等)。

另一种情况是,当桌面上两个物品的位置关系属于或近似属于镜像对称或对角对称时,在它们间建立关联的可能性也会提高。同样,当两个项不是物品,而是由物品构成的"组",则组间关联在各组成员项相似,或抽象结构相似的情况下会更容易建立起来。总而言之,在两个项之间建立的关联象征着程序(至少是尝试性地)认同"这两个项是彼此的对应物"这一观点,且个中理由将与该关联关系本身一同得到存储。

一旦建立了一个关联关系,程序就会为它分配一个强度,隐喻地说,它反映了程序将这两个显然彼此不同的关联项"等同视之"时的"舒适"程度。一个关联的强度不是一经分配就固定不变的,它会根据最新的知觉事件得到持续的重评。比如说,当程序建立了一个类似于旧有关联的新关联,特别是如果这两个关联所涉对象在桌面上非常接近的话,旧有关联的强度就会提升。反之,如果程序新建立的关联与旧有关联类型迥异,旧有关联的强度就会降低。因此,一个不太稳定的关联可能会被逐渐加固,相反一个原本强大的关联也可能会慢慢变得脆弱不堪。新建立的关联必然要与旧有关联彼此"竞争",它们之间的强度差别越大,更强的关联就越有可能在这轮"生存竞争"中笑到最后。

和对象间的关联一样,程序也会为其知觉并创建的"组"分配强度,这些强度也会根据最新的知觉事件得到持续的复评。以下是可能影响组强度的因素,它们中有的比较明显,有的则相当微妙:

- 组的物理尺寸;
- 构成元素的数目;
- 组成分的均匀性;
- 构成元素间的距离;
- 先前是否存在相似的组。

当然,程序提出的新知觉组很可能无法与现有组相容(比如说,新

第 9 章　基于知觉的类比模型 Tabletop 及其"人格"的涌现

的建组方案需要调用某些已经被旧有组"占用"的物品），在这种情况下也会存在隐性的竞争。就关联关系而言，竞争迟早都会发生，参与竞争的任何一方最终获胜的概率都是由当下它相对于对手的强度决定的。

总而言之，Tabletop 的知觉加工过程就是对当前情况彼此冲突的解读之间的激烈竞争（这种竞争通常只是零散的、局域性的），最终，理想的结果是一套稳固的、彼此强化的全局水平的知觉结构。

顺带一提，概念滑动作为类比活动的核心，扮演的是一种奇特的两可角色。一方面，当两种给定情况之间的类比涉及概念滑动时，该类比的强度显然就比两种情况完全相同时要低一些。另一方面，正是不同情况之间各种各样的差异，才使得类比如此微妙、有趣、发人深省。一个类比不论强弱，一定含有某些概念滑动，当然滑动不能太多，否则类比就会变得过于随意，强度也会大大降低。可是有时候两个"并行的"滑动——也就是同一类型的滑动——要比只有一个滑动效果更好，因为它们会彼此增强。（对这一原则的详细分析见图 9-3d 和图 9-3e 所描绘的类比困境。）所以说，仅仅通过计算滑动数量、加总所有滑动中的概念间距，或是任何如此直截了当的手段，是无法准确衡量一个类比的质量、深度或趣味的。

正因如此，发现多少滑动对类比而言"最优"是一种具有深刻美学内涵的知觉活动，在我们看来，只有像 Copycat 或 Tabletop 这样的认知架构才能做到这一点。这些架构被设计出来，以处理任意组彼此交互的压力，许多这样的压力都只有在对当前情况的理解不断加深时才会产生（因此，它们是不可预期的）。我们不禁要问：Tabletop 该如何同时处理这一系列压力，包括时不时就会冒出来的那些呢？

代码子与相互交织的知觉过程

这种架构的关键在于，每一类知觉活动都应还原为独立、微观的代

概念与类比
模拟人类思维基本机制的灵动计算架构

384 码子构成的序列。比如说，建组包括一系列逐步扩大的"微观测试"，检查待建组构成项之间的物理间距和概念间距，以及待建组与现有建成组的相容性。如果待建组没有通过这些测试，程序就会放弃它；反之如果它通过了这些测试，就能接受进一步的测试。如果所有先决条件都得到了满足，特定的代码子就会正式地创建一个新的组。

　　对整个桌面摆设执行所有这些高层知觉活动需要海量代码子，这些代码子的随机交织让高层进程具有了并行的特点。比如说，一个微观测试会评价 Eliza 这边某个潜在建组方案的吸引力，然后，程序可能随机选中另一个代码子，它运行时（比如说）会提示为 Henry 那边的某个物品贴上一枚抽象标签，再然后实施另一个微观测试，检查 Eliza 这边潜在建组方案的某个其他方面，接着又是一个代码子，测试桌面上其他位置的某个关联关系……就这样一路运行下去。总而言之，在桌面的不同位置，会有许多不同类型的事件接替发生，许多散布式的微观活动彼此密集交织，大尺度的知觉结构就同步地从这些不同的区域涌现出来。而且，由于所有这些进程都相互影响，程序所建造的知觉结构会强烈倾向于构成某种概念连贯的整体。

　　我们要强调一点：由于 Tabletop 程序在一台串行机器上运行，因此它的最小活动单位——代码子——并非彼此并行的。但是，将 Tabletop 称为一个"并行架构"的理由依然充分：因为在我们看来，对 Tabletop 的运行最为简洁的描述，就是将其视作同步发生、相互作用的一系列知觉活动，它们的时间尺度显然比单个代码子要长得多。这与主机系统经典的分时机制很像——Tabletop 的并行是功效意义上，而非硬件意义上的。

普遍的动态知觉偏向性

　　完全随机且无偏向性地选择代码子将导致程序以大体相同的速度实

第 9 章 基于知觉的类比模型 Tabletop 及其"人格"的涌现

施一系列大尺度活动,也就是以一种完全"公平"的方式为桌面上的所有对象和所有类型的进程分配注意资源。但是,Tabletop 所使用的策略绝非这种知觉平均主义。相反,程序会加速探索那些它认为是前景光明的,同时暂且搁置那些看似无望的方向。这一策略被称为"并行阶梯扫描",它最早在 Jumbo,而后又在一系列相关程序中得到应用。

比如说,Tabletop 不会以同样的概率审查桌面上的每一件物品。在任一给定时刻,它都对要选择哪个对象加以审查有着强烈的概率偏向性。隐喻地说,桌面上某些对象和区域在程序看来"热度"较高,另一些则相对"冷门",这是一种动态的偏向性:随着新的高层知觉建立,程序的偏向性也会不断改变。让一个对象(比如一件物品或一个组)更为"显著"的因素有许多,主要包括:

- 该对象与被触碰物品的相对位置;
- 该对象与被触碰物品的概念接近性;
- 该对象所属范畴的当前激活水平;
- 该对象作为一个组(而非单独的物品)存在;
- 如果该对象是一个组,它所具有的规模和类型;
- 如果该对象是一个组的构成成分,它在组内占据的空间位置;
- 对有类似属性的其他对象的先验知觉;
- 该对象已拥有一个对应物。

上述因素中某些显然会依时而变,一同改变的还有显著性水平,意味着桌面的不同区域作为程序关注焦点的概率可能随时提升或降低。

对象或组的显著性,以及(如前文所述)关联关系的强度将一同动态地决定某个区域(概率性)的知觉吸引力。

Tabletop 的并行加工具有鲜明的非平均主义色彩,为实现这一点,程序会给每个代码子分配一个迫切度——实际上就是该代码子在下一步被选中运行的概率。分配给一个代码子的迫切度是程序"眼中"该代码子

概念与类比
模拟人类思维基本机制的灵动计算架构

运行前景的函数。显然，某个加工过程看似越有希望，其对应代码子的迫切度就应该越高。比如说，如果一个代码子的运行牵涉到某个显著的对象，分配给该代码子的迫切度水平就将比其运行仅涉及不显著对象的情况要高（在其他条件相同的前提下）。

为一个代码子分配迫切度需要考虑许多因素，比如说：

- 该代码子将执行什么行动；
- 该行动将发生在桌面的什么位置；
- 该行动将牵涉哪些物品；
- 所涉物品或关联的强度与/或显著性水平；
- ……

由于程序会相对较快地选中高迫切度的代码子，具有逻辑相关性的高迫切度代码子构成的序列往往会加速运行，而低迫切度代码子序列的运行则倾向于降速。这样一来，不同的知觉结构自然就会以不同的速度涌现出来，具体孰快孰慢取决于程序对这些结构是否具有重要意义的先验评估。

连贯性的逐渐涌现

在一次运行初始，程序唯一的兴趣点就是 Henry 触碰的那个物品——包括它的性质以及位置。当然，此时桌面上其他所有对象都位于程序的"视野"之中，随时可加以扫描和关注，但在一个非常真实的意义上，程序对它们还一无所知。换句话说，我们不能因为计算机内存中有那些表征了所有桌面对象范畴、位置和方向的信息，就认为程序"意识到了"它们——这些输入数据只是当前问题的物理情境本身，充其量也不过是关于当前物理情境的极低水平的视觉信息（类似于视网膜信息）而已。Tabletop 和所有生活在复杂视觉环境中的生物一样，不可能立刻注意到

第9章 基于知觉的类比模型 Tabletop 及其"人格"的涌现

"眼前"情况的所有细节,事实上,除了那些最为显著的特征外,它会忽略掉几乎所有的东西。

因此,Henry 的触碰行为激活了第一批代码子,它们以一种有偏向的方式扫描整个桌面,概率性地偏好某些特定的位置。比如说,一些代码子会直接"瞄"向 Henry 所触碰物品的对面,看看那儿是不是有些什么;另一些代码子则"望"向桌面的对角,还有一些代码子专门审查被触碰对象的近旁。它们就像一群侦探,概率性地扫描桌面,搜寻相关信息,诸如"那些有趣的区域中有什么对象""那些有趣的对象附近有什么对象""哪些对象可能归为一组,形成组块"以及"哪些对象彼此类似",等等。

随着代码子发现并识别出一些"有趣的"对象(比如说,与被触碰物品范畴相同的对象,或位于被触碰物品近旁的对象,等等),程序注意力的"漫射探照灯"以一种半有意的方式在桌面上游荡,很多物品都至少被关注过一次。但这种游荡与系统化的或者说模式化的搜索(比如说,从桌面的左上角搜索到右下角)绝无相同之处。因此,桌面上的一些区域可能自始至终都未曾被探索过,或只是被非常简单地扫过一眼,就被认定为"无趣",因而基本放弃了。

如果一些对象被认定为"有趣",它们的邻近区域就会迅速填满知觉信息,因此对象间关系的识别及此后组的建立都可能最早在该区域进行。任意组一旦建成,程序就会投入资源,在桌面的其他区域寻找相同或相似的组。

就这样,非定向的、自下而上的进程做出的发现就促成了定向的、自上而下的知觉活动。但是,Tabletop 中自下而上和自上而下的加工不存在鲜明的、绝对意义上的区别,因为程序的每一个小动作都受制于许多概率偏向性,而一切偏向性——某个对象的显著性、某个结构的强度、某个代码子的迫切度、桌面某个区域的吸引力水平——都是由考虑了各类压力的相应代数公式计算出来的,不论这些压力是自下而上,还是自

概念与类比
模拟人类思维基本机制的灵动计算架构

上而下的（确切公式可见 French, 1995）。

Tabletop 测量自身的运行进度

一套连贯的知觉结构会逐渐在工作空间中涌现，我们称其为程序的"世界观"（这个概念会在对比 Tabletop 和 Copycat 架构的部分进一步探讨）。当然，对同一套桌面摆设可能的知觉方式有许多种，有的充实而丰富，有的稀疏而简单，有的严谨而连贯，有的随意而混乱。重要的是，在一次运行的过程中，Tabletop 要对自己的世界观如何沿这些维度发展有所觉察——它要始终明确自己在理解当前情况时做得有多好。为此，我们要引入一个被称为"结构值"的动态变量，其旨在对当前世界观的总强度进行概括。

这个非常重要的值本质上就是当前世界观所含的所有结构的强度之和，与此同时，对于不连贯性要有所惩戒。所谓"不连贯性"，指的是这样的情况：在单一组内，由不同构成元素引出了两个或多个关联，但这些关联的另一端是桌面上一些彼此无关的东西。反之，当各个关联通过一种逐项匹配的方式将两个组连接起来，这些关联就会彼此强化，当前的世界观就将得到巩固，表现为结构值的升高。此外，当两个或更多的关联背后是同类型概念滑动，对当前世界观的巩固效果也与前述情况相仿。连贯性对世界观的巩固表现为以上两种形式，它们有效地激励了紧密连接的关联系统的产生，并有利于其存续。综上所述，结构值始终是一个变量，它反映了程序发现了多少结构，以及这些结构彼此有多相合。这就让 Tabletop 对自身知觉加工的运行状况产生了一种"感觉"。

在一次运行终了，该变量的值具有一个重要的辅助功能——它能够度量程序所给出的答案的质量。隐喻地说，我们可以认为程序会以当次运行终了时的结构值表明它对自己得出的答案有多"满意"。因此，

第 9 章 基于知觉的类比模型 Tabletop 及其"人格"的涌现

Tabletop 中一种重要的压力便是最大化结构值,而时间压力则与其相抵,它使程序倾向于在合理时长内解决当前问题。

随着知觉结构在桌面不同区域的并行创建,一系列映射也会涌现出来。毕竟,映射也只是一种特殊的、全局色彩浓厚的知觉结构罢了:本质上,映射就是一个或一套互相兼容的(通常是彼此强化的)关联。不用说,这种映射其实就是类比。这就让我们回到了 Tabletop 的基本前提:类比只是高层知觉的副产品。换言之,类比代表了层级最高的(也就是最为抽象的、最具全局性的)知觉。

因此,我们相信将 Tabletop 描述为一个高层视知觉模型不算夸张。当然,这就需要将 Tabletop 的原始输入想象成某些先验模块的输出,这些模块执行(更具模态特异性的)低层视觉加工任务。Tabletop 当然不是一个完整视知觉过程的模型,它只能模拟这个过程的高端部分,其与不同抽象水平的概念加工相连。

Tabletop 和 Copycat 在领域上的一些差异

Copycat 程序在字母串微领域中运行,该领域内在的简洁和优雅使其非常适用于设计某些问题:它们对称、均匀,或具有其他精确的、近乎数学化的模式。虽然也有例外,但我们先前关注的那些类比问题大都如此。相比之下,Tabletop 的工作领域没有给这些概念留下太多的表现空间,因此,这里的类比问题要含混、模糊得多。我们经常能清晰地感受到 Copycat 给出的某些答案优美而"正确",但在 Tabletop 的领域中,类似的情况要少得多。

当然,我们也可以有意设定桌面物品各种几何对称的布局,以此模拟 Copycat 问题的精确性。效果或许差强人意,但此举很不自然,也有违程序的内在精神,毕竟,Tabletop 的设计初衷,就是问题情境要能让人联

概念与类比
模拟人类思维基本机制的灵动计算架构

想到现实世界中咖啡馆或餐厅里的桌面摆设。毕竟这个程序的设计灵感就来自餐桌前的讨论，一系列类比问题则是明摆着的——它们就在桌面上，讨论者只需要一双慧眼将它们识别出来！

Copycat 和 Tabletop 的类比问题有一个有趣的差异：Copycat 中永远有两种完全互不相交的情况，程序要在它们之间做类比；而 Tabletop 中程序所能"看见"的只有不同物品在桌面上形成的一种布局。不存在预设的界线，能将该布局分割成"互不相交的情况"，相反，Tabletop 设定了两个不同的观察者——Henry 和 Eliza，他们对桌面的摆设有自己的视角，且都能以自认为合适的方式随意地对桌面进行拆分。当然，通常也都存在一条界线——不论它是外显的还是内隐的——大致就横在这两人中间，将桌面划成两半。但这条界线即便创建出来，在某种意义上也是部分可渗透的，因为双方都能将手伸过它，触碰属于"另一种"情况的物品。在 Copycat 中这是不可能的：修改初始字母串以产生答案这种想法根本说不过去。

一种情况止步于何处，另一种情况又从哪里开始，诸如此类的问题体现了 Tabletop 程序的开放性和模糊性，这在现实生活中非常典型。真实情况绝非泾渭分明、边界清晰的，而是必须由相关主体借助积极的知觉加工从背景中雕刻出来，他们的具体做法可能大有不同。

这种"概念性浑浊"对 Tabletop 而言属于普遍现象，而 Copycat 所拥有的柏拉图概念套系则以字母表为核心——这是由 26 个理想化概念构成的晶体般完美对称的链条，这种东西在 Tabletop 中并不存在。你能在 Tabletop 中找到的最接近"柏拉图字母表"（Platonic alphabet）的东西——也可以叫它 Platobet——是由概念"叉子""餐刀"和"勺子"构成的餐具三件套。但与柏拉图字母表的晶体结构大相径庭的是：这三个概念不以特定标准排序，它们间的相互关系甚至是非对称的："叉子"和"餐刀"通常在进餐时"一同使用"，而"叉子"和"勺子"都有作为"食物容器"的特征。至于"勺子"和"餐刀"，它们之间则没有太多意义丰富的关联：除同属

第 9 章 基于知觉的类比模型 Tabletop 及其"人格"的涌现

"银器"外,它们在传统的餐桌摆设中一般被置于"盘子"的同一侧,仅此而已。Tabletop 的概念库,也就是它的 Platobet 的其他部分则更是一锅大杂烩,充斥着意义含混的概念和模糊不清的关联。在现实生活中,许多领域的概念库也一样充满了类似的任意和无序,Copycat 理想化的原始概念套系更像是一个特例。

这两个程序还有一个显著的差异:既然 Eliza 唯一的任务只是触碰某个物品,而不是对它实施某种变换,一个 Tabletop 问题可能的答案通常就要比一个(总是涉及变换的)Copycat 问题可能的答案要少得多。如果我们将 Tabeltop 扩展一下,除了触碰一个对象以外,还允许 Henry 和 Eliza 做些别的事情(比如说拿起一个物品、把它转个方向,或把它放置在另一个物品之上、近旁或里边),结果一定会很有趣:一个能够模拟这些行动的程序将更符合 Copycat 的精神。

Tabletop 和 Copycat 在架构上的一些差异

以粗线条描绘的话,Copycat 和 Tabletop 的架构是一样的。但是,如前所述,由于它们在领域上存在一些差异,某些问题在特定领域自然会比在其他领域更为突出,这就将我们的注意力吸引到了它们彼此不同的机制上来。因此,在细节水平上,这两个程序的架构确实存在一些有趣的不同。以下是一些比较引人注目的差异。

Copycat 中没有"标点",或其他类似的特殊符号,能让程序据此划定知觉组的边界。因此,系统是根据毗邻关系的某种一致性(如存在相同或后继关系)对邻近字母实施建组的。在 Tabletop 中知觉建组的过程则非常不同,很大程度上是因为桌面上存在空白区域,它们非常简单,同时相当明显。如果桌面上的某个区域摆放了一些物品,其邻近区域则没有,这本身就是一个明显的证据,暗示这些物品间可能存在某种关联,

概念与类比
模拟人类思维基本机制的灵动计算架构

不论它们是否具有相同的概念属性。换言之，对 Tabletop 程序而言，空间上的接近性通常就能为建组（即所谓的"接近组"）提供足够充分的理由了，而对 Copycat 程序来说，单凭这一点绝不足以支持字母归组操作。（实际上，我们编制了许多有趣的 Copycat 类比问题，"接近组"能在其中发挥重要作用，不幸的是，当前版本的 Copycat 尚不足以解答这些问题。）

另外，Tabletop 经常会在甚至还未单独审查构成项的情况下创建一些接近组。也就是说，它经常会直接将一个组创建出来，然后才去扫描它，看看这一"网"都捞了些什么"鱼"。因此，Tabletop 可能会由外而内地创建出"嵌套组"来（也就是说，它会先快速地觉知到某些较大的组，然后注意到其中包含一些较小的组，就这样一路自上而下层层深入），而 Copycat 的建组过程总是由内而外的（也就是说，它会先快速地觉知到某些较小的组，然后注意到它们被包含在一些较大的组内，就这样一路自下而上扩张开来）。实际上，Tabletop 甚至可能在由内而外和由外而内的进程的彼此混合中实施建组。

这两个程序的建组策略还有一个有趣的差别，关于它们如何对待在前述"生存竞争"中"落败"的结构。在 Copycat 中，落败的结构会被直接拆毁，不留一点痕迹。相比之下，在 Tabletop 中，落败的结构只会"降级"，意思是，程序会将它们从工作空间的"贵宾区"——也就是被称为"世界观"的特殊区域移出。"世界观"会从工作空间中挑选那些被认定为"当前最佳"的知觉结构，其约束条件是：选定的构成项全部相互兼容（比如说，各组不相重叠，各对象最多只能有一个对应物，即同一对象不可能同时连带两个或多个关联，诸如此类）。因此，在最坏的情况下，"世界观"是工作空间的一个不存在自我矛盾的子集；而在最好的情况下，这个子集是高度连贯的。另一方面，工作空间的其他部分不需要这样成体系，因此其中会有许多知觉片段随意四处晃悠——系统不强求它们结成什么更大的知觉结构。

第 9 章 基于知觉的类比模型 Tabletop 及其"人格"的涌现

这种策略有如下优势：如果"世界观"发生剧变，将当前的一些观点（一系列相互兼容的知觉结构）连根拔起后，程序会需要形成新的知觉结构，而幸运的是，在工作空间的其他区域，许多这样的结构都是现成的。Copycat 就不会像这样存储旧结构以备不时之需，因此，需要时它只能从无到有地将一系列结构再造出来。我们可以类比地说 Tabletop 保留了一个"影子内阁"（至少可以说它为一个或任意数量的在野党保留了一定的力量），因此一旦执政党失势，竞争者就会迅速从暗处现身夺权。

相比于 Copycat 的"败者出局"，Tabletop 的"败者降级"策略具有一种优美的时间对称性。一个知觉结构要想参与建构程序的"世界观"，得过五关斩六将，通过一系列分级的微考核。换言之，一个知觉结构要一点一点"打怪升级"，如果幸运的话，它最终会进入"世界观"的核心圈。因此，公平起见，如果这个知觉结构在一场竞争中失利了，它的运势也应该只会被温和地逆转，而不是直接被军法审判后刺配边陲。

Tabletop 和 Copycat 在架构的细节方面还有许多其他的区别（相关比较可参考 French, 1995 和 Mitchell, 1993），但从概述层面来看，上面谈到的这些最为有趣。

Tabletop 的"人格"：作为一种统计涌现现象

由于其隐含的随机性，Tabletop 不同次的运行会依循不同的路径，因此也经常会得出不同的答案。这样一来，要感受程序的整体行为模式，我们就不仅要让它解决许多不同的问题，还要让它在同一给定问题上运行多次。只有这样，我们才能了解不同压力的组合是怎样"拉扯"这个程序的。既然这个程序的核心能力就是应对相互作用的多重压力，上述测试就显得非常关键了。

我们针对多种不同的桌面摆设多次运行 Tabletop，以此研究程序的

概念与类比
模拟人类思维基本机制的灵动计算架构

"人格"。每每设计出某个问题,我们的脑子里就会蹦出许多相似的变体,它们各有不同的压力,让人类解题者偏好不同的答案,这是无法避免的。通过使用这一系列紧密关联的问题"家族"测试 Tabletop,我们对它如何应对许多有趣且通常是奇怪的压力组合有了一些了解。

实施这些测试前,我们尚不确定 Tabletop 会有何表现。在开发这个程序的几年时间里,我们当然已经见证了它的许多次运行,每一次都包含一系列特异的随机微观决策,与此同时,我们也已经调整了它的许多机制和参数,让程序在广阔的问题空间中倾向于选择合理的探索路径。但是,见证一个非确定性的程序的单次运行是一回事,对海量的运行搜集统计数据又是另一回事了。对程序在一个给定问题上多次运行后涌现出来的偏好的整体模式,以及(或许更具有说服力的是)尝试该问题的变体后上述模式将如何随之改变,我们当时都一无所知,因此对相关统计数据的搜集是 Tabletop 开发过程的关键,本章剩余部分将就结果的一小部分进行探讨。

在本章最后的图 9-1、图 9-2 和图 9-3 中,我们展示了 3 个问题家族,每个家族含 6 个代表性问题(当然,各家族的实际成员数量远不止 6 个)。对应每一个问题,桌面的摆设都显示在展示图的左侧,你能看到程序使用了含义非常明显的图标。带有字母"H"的箭头指向 Henry 触碰的物品,带有"E1""E2"等标记的箭头则指向 Eliza 可能做出的反应。在每张展示图的中间位置,我们能看到一幅柱状图,代表了 Eliza 每一种反馈的出现频率(程序会对每一个问题都运行 50 次)。监控器会记录每一次运行后程序给出的答案、该次运行的最终结构值及运行时长(即当次运行所使用的代码子的数量)。每张展示图的右侧都有一个表格,呈现了对应每一个答案的所有次运行的最终结构值和运行时长的均值。

在所有这些实例中,那些出现频率最高的答案与最终结构值最高的答案互不相符的情况特别有趣。与其说它们反映了架构的固有缺陷,不如说它们反映了高层知觉不可避免的一大特点:要获得深刻的洞见总是很难的,一

第9章 基于知觉的类比模型Tabletop及其"人格"的涌现

些表面上富有吸引力的路径很容易就会将知觉活动带偏。因此，如果我们只看频率，就会觉得Tabletop经常偏爱"肤浅"的答案——所谓"肤浅"，意思是这些答案与"深刻"的答案相比，多少会有那么一点似是而非（这是由最终结构值衡量的）。但是，Tabletop的并行随机架构有一个特殊的优点，那就是它能以不同的速度同步探索彼此竞争的、前景各异的多条路径，因此不至于始终流连于"表面的亮点"，而是时不时也能做出真正深刻的发现。

我们所使用的问题家族都要求程序"照这样做！"，每个问题家族都有许多成员，在此基础上，程序的"表现地形图"就能被绘制出来——这种地形图是所有Tabletop问题的抽象多维空间的表层，大体而言，每个维度都对应于某个给定的压力。表现地形图的"山脊"代表那些重要的压力组合，一旦越过这些山脊，程序的偏好就会由一种转换为另一种（比如说，图9-2e是"障碍问题家族"的一分子，也是程序在这个问题家族上的表现的转折点）。同样，"山峰"和"山谷"分别对应于程序明显且稳定的偏好和厌恶。通过将Tabletop表现地形图的山脊、山峰和山谷的位置与我们的个人偏好，以及实验环境下被试的统计学偏好进行质性对比，我们就能评估程序的认知风格（也就是"味道"）在何种程度上具有心理现实意义（针对人类被试的实验结果可见French, 1995）。

在我们看来，Tabletop能以很高的质量模拟扮演Eliza角色的典型人类被试的实验表现，这一点值得称道。（读者可自行浏览展示的图表，看看是否认同。）尽管如此，我们还是要重申，不应该用单纯的任务表现来评价这个程序，更要看它的整体架构：在一个这样的架构中，类比是高层知觉自然生成的副产品，认知活动源于相互作用的并行进程，这些进程受一系列动态演变的压力引导，而压力又产生于程序面对的具体情况。

概念与类比
模拟人类思维基本机制的灵动计算架构

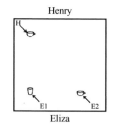 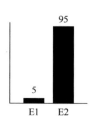

	Eliza触碰：	
	E1	E2
平均结构值	58	89
平均运行时长（代码子数量）	52	50

图 9-1a　图 9-1a 到图 9-1f 均属于"周围问题家族"。在这个家族的所有问题中，Henry 都会触碰他的咖啡杯。虽然 Eliza 总是可以按照纯粹的字面意义给出答案（也就是触碰 Henry 的咖啡杯），但主要的竞争还是会在 Eliza 的玻璃杯和咖啡杯之间展开。这个问题家族中的一系列变体通过在 Eliza 的玻璃杯和 Henry 的咖啡杯周围摆放不同的物品，考察不同压力组合的影响。在图 9-1a 的"基本情况"下，这两个对象周围没有任何物品，因此，影响程序决策的压力只有两个：范畴成员资格和空间位置。前者让程序偏好咖啡杯（范畴同一性优先于范畴接近性）。后者呢？如果一个物品位于桌面的一角，人们更有可能在与其对角对称而非镜面对称的另一角寻找它的对应物，因此，我们也赋予了 Tabletop 这种偏向性。这样一来，"空间位置"压力也将让程序偏好咖啡杯。综上所述，让程序偏好 Eliza 的咖啡杯的压力会非常之大，Tabletop 也确实只在 5% 的运行中选择了她的玻璃杯。

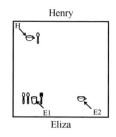 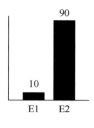

	Eliza触碰：	
	E1	E2
平均结构值	98	83
平均运行时长（代码子数量）	68	50

图 9-1b　人类被试面对这种情况时，会不费吹灰之力地知觉到两个组——一个包含 Henry 的咖啡杯，另一个则包含 Eliza 的玻璃杯。（当然，理论上还有许多其他的建组方案，但我们基本不会想到它们。）Tabletop 也有这样的倾向性。这两个单纯基于构成项空间邻近性的知觉组彼此少有相似之处——它们大小不一，也没有多少共同成分。但是，这两个组的存在本身就能让程序更偏向于将 Eliza 的玻璃杯看作 Henry 咖啡杯的对应物，因为这两个对象都是某个组的成员，虽说它们所属的组迥然不同。这个较弱的压力将 Tabletop 选择 Eliza 玻璃杯的可能性提升到了 10%。

第9章 基于知觉的类比模型 Tabletop 及其"人格"的涌现

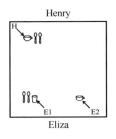
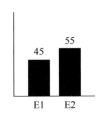

	Eliza触碰:	
	E1	E2
平均结构值	186	107
平均运行时长（代码子数量）	64	56

图 9-1c 这一次，又有两个明显的组，都包含三个对象。一个组里是 Henry 的咖啡杯和两把勺子（这一对勺子很可能会被看作一个子组）；另一个组里则是 Eliza 的玻璃杯和两把勺子（这一对勺子也很可能会被看作一个子组）。在当前情况下，不仅这两个组作为整体可彼此映射，而且它们的子组（假设被识别出来了）也能以相当高的强度彼此映射起来，这就推高了结构值，增强了将 Henry 的咖啡杯映射到 Eliza 的玻璃杯上的压力。实际上，Tabletop 在这种情况下会在 45% 的运行中选择触碰玻璃杯。不出所料，对应这种决策的平均结构值显著高于程序触碰 Eliza 咖啡杯时的情况。这便是高频选择与优质结构互不对应的诸多实例之一。

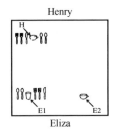
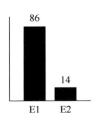

	Eliza触碰:	
	E1	E2
平均结构值	253	154
平均运行时长（代码子数量）	107	85

图 9-1d Henry 的咖啡杯和 Eliza 的玻璃杯参与构成的组非常相似：它们都包含同样数量的物品，而且有完全相同的子组。在人类被试眼中，这些映射的信号非常强烈，而 Eliza 的咖啡杯则是孤立的。因此，他们会非常偏向于触碰 Eliza 的玻璃杯。如图所示，程序选择触碰 Eliza 玻璃杯的运行次数比选择她的咖啡杯的次数要多得多，而且对应于前者的平均结构值也比对应于后者的要高得多。

组间与子组间的强大映射形成了非常巨大的压力，迫使程序触碰 Eliza 的玻璃杯，因此，你可能会想：在什么情况下程序才会选择她的咖啡杯呢？有两种可能。一是 Tabletop 有时只是在创建映射时失败了，这种情况下，压力没那么大，程序自然不会那么偏向于选择她的玻璃杯。更罕见的一种情况是，Tabletop 真的创建了映射，但就是（随机地）选择忽略它们，并触碰了 Eliza 的咖啡杯。这看起来不太理性，但人类

概念与类比
模拟人类思维基本机制的灵动计算架构

就经常做出这种事。一项调查表明，如果我们向被试呈现这个桌面布局，并且要求他们指出所有的关联关系，被试有时会画出线条连接两个"勺子组"、两个"叉子组"和两把餐刀，但那以后他们又会忽略掉所有的线条，选择 Eliza 的咖啡杯！这样看来，Tabletop 在 14% 的"反常"运行中触碰孤立的咖啡杯似乎就是合理的了。

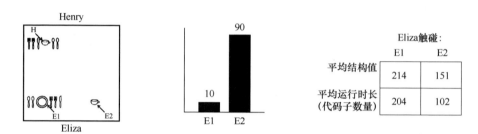

图 9-1e　Eliza 的玻璃杯被一只盘子替代了，后者在概念上距离被触碰的物品非常之远。这将导致压力反转回来，让程序重新偏好孤立的咖啡杯。事实上，Tabletop 现在会在 90% 的运行中触碰 Eliza 的咖啡杯，只在 10% 的运行中选择她的盘子。只不过对应于盘子这个答案的平均结构值还是要比它的对手高出 40%。

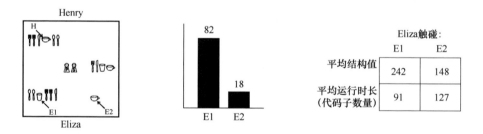

图 9-1f　我们通过这种情况考察在桌面上放置分心物的效果。与图 9-1d 相比，我们往桌面上添加了 6 件物品，理论上这会让可能创建的关联的数量增加一倍有余。但是，如果 Tabletop 的关注机制运行良好的话，此举应该不至于对答案的分布和加工过程的工作量造成太大的影响。确实，程序在这个问题上的表现与图 9-1d 所呈现的结果几乎没什么差别，平均运行时长也和图 9-1d 的情况非常接近，而我们都知道图 9-1d 所对应的桌面摆设不含任何分心物。这表明 Tabletop 将关注集中投向了先验偏好的区域，而基本忽略了那些在它不太可能扫描的位置摆放的物品。（但我们也要注意，当先验偏好的区域没有摆放物品，程序也会审查那些本来不太关注的位置。）

第 9 章 基于知觉的类比模型 Tabletop 及其"人格"的涌现

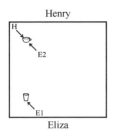
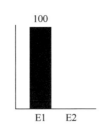

图 9-2a 图 9-2a 到图 9-2f 均属于"障碍问题家族"。彼此相对的咖啡杯和玻璃杯不是一种东西,但相差不远:滑动网络中的"咖啡杯"和"玻璃杯"节点非常接近。同时,玻璃杯的位置相对于咖啡杯来说比较讨喜,因此程序会感受到很大的压力,让它倾向于选择玻璃杯,而它也确实总会这样做。在接下来的变体中,让 Tabletop 触碰 Henry 的咖啡杯的压力会因我们创建出一系列"篡夺"Eliza 玻璃杯的关联而有所提升,但在当前的基本情况下,我们没有尝试去设置障碍。

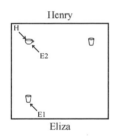
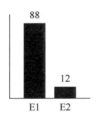

图 9-2b 在桌面的 Henry 一侧添加了一只玻璃杯,Eliza 选择触碰这个对象的可能性极小。与"周围问题家族"的情况不同,这次添加没有创建新组,我们可能会以为它就像图 9-1f 中的分心物那样,不会对程序的反应或加工过程消耗的资源造成什么影响。但是,它产生了特殊的效果:对角对称的两只玻璃杯彼此完全对应,这增加了在它们之间创建关联的压力。如果程序真的建立了这一关联,就会将两只玻璃杯视为一个单一的(尽管强度较弱的)结构,该结构会对程序的类比活动产生阻塞。(关联和组都是知觉组块,而且在许多方面都彼此相似。但是,前者通常要更弱一些,因为它的构成成分经常在桌面上相隔很远,而不是紧密键合在一起的。)

许多人类被试(占比约 40%,见 French,1992)都会觉得这两只玻璃杯彼此对应。这时,Eliza 的玻璃杯不可能既是 Henry 玻璃杯的对应物,同时又是他咖啡杯的对应物。因此,就只能保留一个答案,也就是基于纯粹字面相似性的答案——触碰 Henry 的咖啡杯了。Tabletop 时不时(在 12%的运行中)也会将两只玻璃杯视为彼此对应,并选

概念与类比
模拟人类思维基本机制的灵动计算架构

择触碰 Henry 的咖啡杯。请注意，对应这些答案的平均结构值要比程序选择 Eliza 的玻璃杯时高出 30%，虽说后者要更常见。此外，那些最终指向 Henry 咖啡杯的运行的平均耗时更长（比选择 Eliza 的玻璃杯时高出 50%）。这并不奇怪：要获得真正深刻的见解，难免要多费一番工夫。

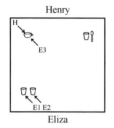
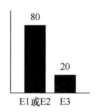

	Eliza触碰：	
	E1 or E2	E3
平均结构值	64	88
平均运行时长（代码子数量）	125	179

图 9-2c 这次又添加了两个物品，强烈地暗示程序建组。Tabletop 几乎总会在 Eliza 这一侧建组，因为两只玻璃杯互为近邻，而且是同一种东西。在 Henry 一侧的建组方案则没有太多的吸引力："勺子"和"玻璃杯"作为滑动网络节点彼此相隔甚远。尽管如此，在许多次运行中，这两个组还是都建成了。而它们之间的关联一旦建成，尽管强度不高，还是会"篡夺" Eliza 这一侧的两只玻璃杯，迫使程序选择触碰 Henry 的咖啡杯。

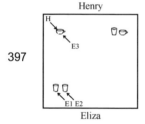
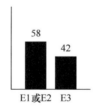

	Eliza触碰：	
	E1 or E2	E3
平均结构值	58	144
平均运行时长（代码子数量）	95	190

图 9-2d 由于"咖啡杯"和"玻璃杯"在滑动网络中比"勺子"和"玻璃杯"离得更近，Henry 一侧的建组方案现在更为合理了。在 Tabletop 看来，这两个对象不但在空间上接近，在概念上也接近，因此，这个组的强度会更高，连带着对角关联也变得更强了。这使程序选择 Henry 咖啡杯的概率相比于图 9-2c 提升了不止一倍。

有时 Eliza 这一侧的组被创建出来后，没有关联到任何单元上去。在这种情况下，Tabletop 会倾向于将被触碰物与 Eliza 的一只玻璃杯建立映射。而对 Eliza 的另一只玻璃杯，程序会有将它与 Henry 一侧的玻璃杯关联起来的压力（对角对称的同样的物品间可形成强有力的对应）。但反方向的压力也是存在的：把 Eliza 的两只玻璃杯（已

第 9 章 基于知觉的类比模型 Tabletop 及其"人格"的涌现

被归为一组,因此是一个概念单元)映射到互不相关的物品上,似乎是对它们统一性的一种不敬。但 Tabletop 有时确实会这样做,此举会导致平均结构值大幅下降。当程序选择 Henry 的咖啡杯时,最终结构要比选择 Eliza 的一只玻璃杯时更强,建立这种更理想的结构所需要的运行时间也更长些。

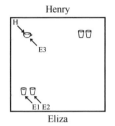
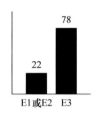

	Eliza触碰:	
	E1 or E2	E3
平均结构值	57	177
平均运行时长（代码子数量）	66	94

图 9-2e 这是"障碍问题家族"的转折点:Tabletop 在过半数的运行中都选择 Henry 的咖啡杯。原因很简单:两个"玻璃杯—玻璃杯"组都很强,它们之间的关联也足够强,这就让 Tabletop 非常不愿意将 Henry 的咖啡杯映射到 Eliza 的某一只玻璃杯上来,因为这意味着它要先将一个强关联解除掉。结果,Tabletop 在 78%的情况下选择触碰 Henry 的咖啡杯(人类被试的这一数值是 66%,见 French & Hofstadter, 1991)。不出所料,该答案的平均结构值要比程序选择 Eliza 的玻璃杯时高得多,当然 Tabletop 建立更理想的结构所需要的运行时间也同样更长。

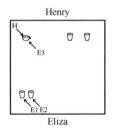
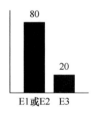

	Eliza触碰:	
	E1 or E2	E3
平均结构值	81	165
平均运行时长（代码子数量）	130	124

图 9-2f 如果我们将 Henry 的两只玻璃杯隔开一些会发生什么事?它们相隔越远,迫使程序将它们看成一个组的压力就越小。如果程序不认为它们是一个组,当然也就没法建立组间关联了。因此,我们预期这种情况下障碍会小得多。的确如此。Tabletop 只在 20%的运行中选择了 Henry 的咖啡杯。程序依然可能跨对角线创建两个并行的"玻璃杯—玻璃杯"映射,将 Eliza 和 Henry 的两只玻璃杯分别联系起来,但反方向的压力非常大,因为此举是对 Eliza 一侧建组方案的不敬,这和图 9-2d 的情况是一样的。(程序希望单一组的构成元素能映射到另一个单一组的构成元素,而非联系于互不相关的对象。)

概念与类比
模拟人类思维基本机制的灵动计算架构

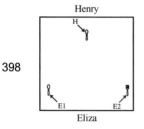 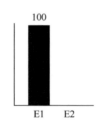

	Eliza 触碰：	
	E1	E2
平均结构值	65	—
平均运行时长（代码子数量）	85	—

图 9-3a 图 9-3a 到图 9-3f 均属于"布吕丹问题家族"，该问题家族得名于一则经典的寓言故事：有人在一头毛驴的左右两边摆了两堆干草，由于两堆干草一模一样，毛驴无法决定要去吃哪一堆，最后在旷日持久的纠结中活活饿死。在当前的情况下，两堆"干草"并不一模一样，Tabletop 会毫不犹豫地选择 Eliza 的勺子。或许当程序运行足够多次以后，我们会发现它偶尔也有那么几次选择了叉子，但那种事情发生的概率会非常之低。

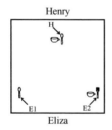 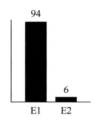

	Eliza 触碰：	
	E1	E2
平均结构值	57	199
平均运行时长（代码子数量）	84	93

图 9-3b 平衡两个选项吸引力的首次尝试，但效果很不明显：程序只在 6% 的运行中选择了 Eliza 的叉子。值得注意的是，该选择的最终结构值要比选择勺子时高得多。原因很简单：Tabletop 要选择 Eliza 的叉子，就必须创建两个并行关联——一个"咖啡杯—咖啡杯"关联，以及一个"勺子—叉子"关联。此举将产生一个高结构值。另一方面，Tabletop 要选择 Eliza 的勺子有两条路：要么只创建一个（"勺子—勺子"）关联，但这样做最终结构值肯定不高；要么创造一系列不连贯的关联，也就是一个"勺子—勺子"关联和一个"咖啡杯—咖啡杯"关联，这样做的最终结构值会非常之低，因为 Tabletop 自设计之初就"厌恶"下面这种情况：从一个单一组引出的两个关联指向互不相关的对象。事实上，控制这种厌恶程度的参数在针对"布吕丹问题家族"的所有次运行中都被稍微调高了些，只是为了让程序在求解下一个问题时再现布吕丹之驴的"五五开困境"。

第 9 章 基于知觉的类比模型 Tabletop 及其"人格"的涌现

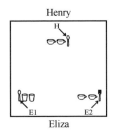
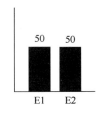

	Eliza触碰：	
	E1	E2
平均结构值	246	280
平均运行时长（代码子数量）	86	75

图 9-3c 在这种情况下，程序会认为两个选项的吸引力相同，至少以其选择频率来衡量的话是这样。在每一次最终选择叉子的运行中，程序做出该决策的理由都是一样的："叉子"和"勺子"很接近，而且在两个"咖啡杯—咖啡杯"组间存在非常强的关联。但是，程序选择勺子可能有一些彼此不同的理由。在一些运行中，程序只发现了"勺子—勺子"的同一性关联，完全没有考虑其"臂膀"，也就是由勺子的邻近对象构成的组。但这种情况很罕见。在其他次运行中，"勺子—勺子"映射与连接一对"咖啡杯"和一对"玻璃杯"的映射并行建立，这样，程序就有了足够强有力的理由去选择触碰勺子了。第二种选择勺子的情况是，程序创建了一个"勺子—勺子"关联和另一个不连贯的映射——在两个"咖啡杯—咖啡杯"组间。但是，Tabletop 对此非常排斥，因此很少尝试这样去做。

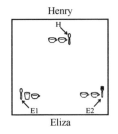
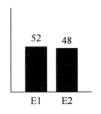

图 9-3d 这种布局让程序陷入了一种非常复杂而微妙的困境之中。"叉子"这一答案的吸引力和图 9-3c 的情况是一样的，而"勺子"这一答案的吸引力一眼看去相比前一种情况还要高些，因为我们将一只玻璃杯替换成了咖啡杯，这样，较之图 9-3c，包含勺子的组在某种意义上就和 Henry 面前的物品构成的组"更相像"了。但是，对上述变换还有一种看法：它让 Eliza 的勺子旁边的组变得更弱了（"相似范畴组"要比"相同范畴组"弱得多），因此没法再如先前那般轻松地创建出来；而且，即便程序真的将它创建出来了，也只能以一种较低的强度将其映射到 Henry 的"咖啡杯—咖啡杯"组，因为后者是一个"相同范畴组"，与作为"相似范畴组"的前者并不相同，而连接不同类型的组的映射对程序的吸引力通常要小得多。

总而言之，如果你在组的水平考虑这种情况，将一只玻璃杯替换为一只咖啡杯的举动

概念与类比
模拟人类思维基本机制的灵动计算架构

就会降低"勺子"这一答案的可能性；反之，如果你对当前情况持更加基本的观点，也就是说，如果你认为对象比组更重要的话，"勺子"这一答案的吸引力就会提高。为了使问题复杂化，Tabletop 被设定为在可能的情况下偏好组间的，而非对象间的映射。因此，程序要做出选择：是创建一个有瑕疵的组间映射，还是创建两个强度不同的对象间映射（其中"咖啡杯—玻璃杯"映射已经很强了，而"咖啡杯—咖啡杯"映射还要更强些）。这就形成了一个二阶的"布吕丹之驴困境"。统计表明，上述变化的两种效果几乎是完美地相互抵消了！

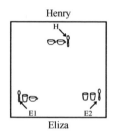 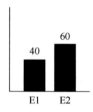

	Eliza触碰:	
	E1	E2
平均结构值	138	237
平均运行时长（代码子数量）	96	83

图 9-3e 图 9-3d 中还有一个我们尚未提及的额外因素，会让问题变得更为复杂，那就是 Eliza 侧的银器类型不一。为消除这种复杂性，我们又将 Eliza 的叉子换成了勺子，这样，Tabletop 面对的就是一个更加纯粹的二阶"布吕丹之驴困境"了。统计表明，较之对象水平的映射，Tabletop 对抽象映射更为偏爱，即便后者的强度要低一些。

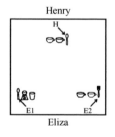 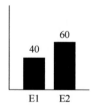

	Eliza触碰:	
	E1	E2
平均结构值	75	277
平均运行时长（代码子数量）	77	88

图 9-3f 这是对图 9-3c 的另一种变换。"盐罐"和"咖啡杯"的概念间距显然非常大，这在相当程度上降低了程序触碰勺子的意愿。此外，程序非常不愿建立"盐罐—玻璃杯"组，因为二者基本没什么关系，这也让它选择勺子的可能性进一步降低。虽然有这些不利因素，Tabletop 还是会在许多次运行中选择勺子，它有一个几乎是一根筋式的理由：如果 Henry 触碰了勺子，Eliza 也应该这样做！这个理由很生硬，反映为"勺子"这一答案相当低的结构值，而答案"叉子"的结构值要高得多，因为它在抽象和美学层面有更强的吸引力。

前言 10

令人陶醉的字母世界及其风格

概念与类比
模拟人类思维基本机制的灵动计算架构

一场源远流长的字母狂热

401 我从孩提时代就对字母的形态着迷，喜欢研习字母表、拼读名字和单词、模仿错综复杂的笔走龙蛇、阅读描述字母及其演化过程的书籍，以及欣赏朋友们笔迹的优美与无规则性。

后来，我惊喜地发现这世界上还有其他的书写体系——汉字就是我接触的第一种。又过了一些日子，我无意中发现了一本书，其中列出了许多其他书写体系的样本，这极大地开拓了我的视野。我认真地学习了其中一些，包括印地语、泰米尔语和僧伽罗语，它们的应用范围遍及从印度到斯里兰卡的广大地域。最后，我能将读音转录为这些语言的单词，也能将用这些语言写成的单词朗读出来。

十来岁时，我又一度迷上了画画，创作出各式各样奇形怪状的非表征性模式，在许多这样的画作中，我都使用了字形元素——它们要么取自英文字母表，要么取自我所熟悉的其他书写体系。这些创作给了我不少灵感，让我设计出了一种新的、类似于印地语的书写体系（Hofstadter, 1988b），但更重要的是，它们也引导我做了许多有趣的尝试，以一些新的方式表现 26 个英文字母。我会在概念上对字母进行剖析，再将它们重新组装，呈现出（至少在我自己看来是）古怪、大胆、时髦的样式。

在这场狂热中，我无疑深陷于广告商那些抓人眼球的伎俩，但最为丰富的灵感来源于我在欧洲时见过的各种字形——它们遍布海报、广告牌、商店招牌，诸如此类。尤其在意大利，人们似乎有一种独特的天赋，能以真正新颖的角度看待字母，我时常惊讶于其中的创意和大胆的想法。意大利人使用的字体让许多标志经常徘徊在清晰易读的边缘，但这绝非偶然，设计者是刻意为之的，而且手段非常聪明。他们并不是在以一种不成熟的、业余的笨拙方式摸索，而是表现出了最高水平的、既成熟又专业的视觉创造力。他们会有意地改动每个字母的概念实质，这多少有些危险。但此举挑逗并愉悦了观者的心智，让人深深陶醉于这些完全匿名的意大利"字母学"大师的超卓智慧。出于对他们的敬意，我自然而然地开始设计一套又一套新的字母表，并试图让自己的作品怪异些、再怪异些。当然，我也并未忽略优雅和简洁——它们属于更加基本的前提条件。

显然，孤立的字母意思不大。重要的是呈现一系列字母的组合，最好能设计出一套完整的字母表。这就要求我们找到一种方法，能赋予26个字母同一种"怪异性"。这个想法本身就非常怪异、让人激动不已，它紧紧地抓住了我的心。在那以后，我用了很长的一段时间，设计了数百个风格各异的字母表，不懈地探索优雅、风趣、活泼、俏皮、傻气、柔和、尖锐、空洞、曲线、锯齿、圆润、平滑、复杂、简朴、不规则、多棱角、对称、不对称、简约、冗余、装饰和无数其他难以确定的参数的各种组合。这些字母表都是手写的，其中一些显然要比另一些漂亮得多，但每一个新的字母表（不论我认为它设计得成功与否）都让我对字母和艺术风格到底意味着什么有了更深的理解。

我敢肯定，在那些对字母表和视觉风格没有太多想法，也从没考虑过要把概念推向某个界限或超越某个界限的人们看来，我的许多实验都有些神秘、缺乏意义，甚至显得傻兮兮的。但这一点并无妨碍，因为我有一个稳定的内部罗盘，将我引向某个地方，尽管没法确定自己为何要去，以及终将到达何处。

年复一年，我的兴趣范围逐渐扩大，除最初关注的更为自由多变的"特排字体"（display faces）外，还包括更传统的印刷字体。我甚至开始发现，书面字体蕴含了巨大的丰富性和微妙性，而曾几何时，我对它们十分鄙夷，认为它们枯燥且缺乏想象力。Baskerville、Palatino、Goudy、Tiffany、Americana、Optima、Melior、Times、Garamond、Bodoni、Benguiat、Korinna、Souvenir、Cheltenham、Novarese 等字体的无数精致细节让我燃起了新的激情，随着岁月的流逝，我对字形的理解达到了一个新的水平。

概念与类比
模拟人类思维基本机制的灵动计算架构

从普通字体到火柴字体

或许这份激情注定要与我的职业愿景（发现创造力的基本原理）相遇，二者也注定会碰撞出夺目的火花，即催生出某个能设计原创性字体的计算机模型。这件事发生在 1979 年。当时我和我的朋友斯考特·金聊到了让一台计算机自行探索艺术字体的问题，都认为这个想法有点儿荒谬——它看上去难得有些过分了！但随后，我对这个看似毫无希望的方案深入思考了一番，逐渐提炼出了一个新的方案：它似乎包含最初想法的所有（或是几乎所有）趣味性，同时又摒弃了许多无关因素的影响，能将问题的核心剥离出来，让真正的目标显得非常明确。

基本的想法是这样的：我们要使用"火柴字体"，而非弧度和线条行云流水的"普通字体"研究艺术风格这一概念。关键的步骤是设计出一套网格，尺寸和类型都要合适，这样就能在其中生成各种不同的字形，且知觉和评判它们的难度也不至于没有上限。设计出本章正文部分呈现的网格用了我一年多的时间。当然，在那段时间里，我想的不只有网格本身，还有如何搭建一个架构，让它能在网格中知觉和设计具有艺术风格的字形和字体。这个架构借鉴了我早年间关于一个程序的想法，该程序可用于求解"邦加德问题"（见 Hofstadter, 1979 第 19 章）。同时，它还启迪了一些后期的研究计划，因为这个架构基本上是并行的、基于知觉的，而且以一个概念模型为核心，其中彼此重叠的概念可相互滑动。这些想法都极为合理，但它们在当时（1980 年至 1981 年间）还不够成熟，我也只能步步为营，先尝试创建一个精细/复杂程度堪用的计算机模型。

因此，这个叫 Letter Spirit 的程序一直在拖我的后腿，让我一度感到十分沮丧，因为我对它抱有很高的期望，在我看来，它探索的对象是创造力真正的核心成分——这一点把我给吓到了。

前言 10　令人陶醉的字母世界及其风格

令人吃惊的是，旷日持久的困局因为一台苹果 Macintosh 机的到来而有了改观。我在 1984 年 4 月购进了自己的第一台苹果计算机，并且几乎是立刻就在上面尝试绘制"网格字体"——这是一整套字母表，其中每个字母都被框在一个 Letter Spirit 网格以内。尽管那以前的几年间，我设计了许多网格字母或字母表的片段，但从来没有为完整的字母表设计过网格字体，这确实很奇怪。因此，我惊喜地发现 MacPaint 就有特别的功能，可绘制竖直、水平和倾斜呈 45 度的线条，更棒的是你还能设置参数，将线条限定在一个网格的边界以内！我几乎要相信程序员在设计 MacPaint 时与我心有灵犀了！

精通 MacPaint 后，我心中的小恶魔苏醒了，它释放出数以百万计被压抑的点子，至少感觉上有这么多。我陷入了一场"网格字体狂热"，不分昼夜地设计网格字体，一套接着一套，用尽了自己所有的业余时间（经常在工作时也照干不误）。或许在世界上 99.9%的人看来，我这种表现都是绝对不可理喻的——一个成年人，而且那时已是一名计算机教授，怎么会在（清醒时的）几乎每时每刻都绞尽脑汁，试图为火柴棒式的短线构成的字母赋予尽可能怪异而愚蠢的风格呢？尽管有时也觉得自己陷入了半疯狂状态，我还是坚持了下来，这倒不是因为我的意志有多坚定，而是我似乎无法控制地被什么东西"附体"了。

这种状态大概持续了一年半，我一共设计了约 400 套网格字体，最后逐渐找到了头绪，设计出来的东西看上去也更加"正常"了些。"正常"！哈！又一种关于字体的想法！我确实也设计了一套名为"正常情况"（Normalcy）的网格字体（见图 10-0），它的灵感来自一个乍看上去十分荒唐的点子：将一个极为"正常"的字母"C"插入到一套极为"异常"的字母表中去，所谓"异常"，是指我规定所有字母都只能使用对角线方向的笔划。因此，这种独特的、自我否定的"风格"就在一个"元层级"上作用于这套字体的风格本身了。随着我设计出一套又一套的网格字体，这种"元层级"的考量（与风格本身明确相关的考量）和最微观、最具体的关于字体形态的考量之间持续而复杂的相互作用就变得越来越清晰了。

概念与类比
模拟人类思维基本机制的灵动计算架构

图10-0　一套名为"正常情况"的网格字体（"网格字体"的详细定义见第10章），具有高度理性的风格。其显而易见的限制条件是：要严格避免使用水平线条和垂直线条——当然，字母"C"是个例外：它公然违逆上述限制条件。这种对正常的、常识性的风格和一致性的公然违背内隐地提出了一个问题："一致性"是什么意思？如果我直截了当地声明以上这套字符构成了一种风格，它们是否因此就真的成为了"一种"风格？如果做出这一声明的是杰出的意大利设计师奥尔多·诺瓦雷斯（Aldo Novarese），又当如何呢？如果其中的"例外"字母不止一个，而是有几个，就散布在由单纯的对角线条构成的字母当中呢？"真正的"风格会有一个以上吗？如果例外字母占比接近一半呢？有没有可能将两种（通常而言）迥异的风格以一种足够流畅的方式令人信服地混合起来？那么，像"正常情况"这样故意制造混乱的企图又如何呢——是否有些不合情理？简而言之，所谓"风格"到底是什么意思？

　　一些长期困扰着我的问题最终都得到了解决，多亏了这段狂热期（我是在工作，还是在娱乐？），我对 Letter Spirit 面对的挑战有了更为复杂深入的理解。总之，我做了数以千计相互关联的微观决策，而且——真正重要的是——见证了自己做出这些决策的整个过程，这让我有机会探索创造性工作的基本原理。以此观之，看似放纵的文字游戏为我的研究工作做出了巨大的贡献。

你或许觉得到了这个阶段，我总该着手实施 Letter Spirit 的创建工作了。并非如此。当时我正与刚刚加入团队的麦莱尼亚·密契尔一同着手开发 Copycat，Tabletop 甚至连一个概念都还没有；我构建了 Jumbo，但它规模较小；玛莎·梅雷迪斯的 Seek-Whence 要大得多，它与丹尼尔·德法伊的 Numbo 都已接近完成。一套成体系的思想定义了我们的研究方法，正要在程序中详细落实，而这些都是 Letter Spirit 所代表的更加雄心勃勃的项目的绝对先决条件。我意识到时机尚未成熟，因此努力克制自己，尽管内心仍不时响起催促的声音。

计算机程序 Letter Spirit 的诞生

又过了一段时间，在大约 1990 年，我研究小组的一位新生——加里·麦格劳提出，自己想要一个项目，开展深入研究。他建议我们将 Letter Spirit 开发出来，但我一直很犹豫，觉得时机还不成熟。加里并没有放弃，他的坚持不懈最终打动了我，让我相信是时候了——此时不干，更待何时？我们在"叉勺"咖啡馆聊了几回，这是我在布鲁明顿最爱的一家咖啡馆，距离名字平平无奇的"第七大街"仅一箭之地⋯⋯（不玩了，暂且打住。）我带上了关于 Letter Spirit 架构的一系列笔迹和草图，和加里就如何完善这个架构并将其转化为一个可运行的计算机程序交换了意见。加里开始着手实施一部分计划，我们一同为项目撰写了资助申请。本书的最后一章就是这份提案修改后的一个版本。

历经了十多年的等待，Letter Spirit 终于羽翼丰满。虽然它在许多方面仍定义不清，却以粗线条勾勒了我们所依循的路径。这个程序代表了迄今为止我的研究小组最为雄心勃勃的尝试，且让我们一同见证它将去往何方。

第 10 章

—— Letter Spirit 的美感和创造性活动:
在罗马字母表这一内涵丰富的微领域中

侯世达
加里·麦格劳

概念与类比
模拟人类思维基本机制的灵动计算架构

如何将深刻的风格意识赋予一台机器

407　　Letter Spirit 程序是一次大胆的尝试：我们试图用计算机模拟人类创造力的某些核心方面。其背后的信念是：一旦系统拥有了足够灵活且情境敏感的概念（也就是"流动性概念"），就将自然而然地产生创造力。据此，我们想在一个足够有挑战性的领域中开发一个流动性概念模型。不出意料的话，这将是一项非常复杂的任务，需要几种动态内存结构以及复杂的控制机制，其中自下而上和自上而下的加工过程密切关联。我们希望，Letter Spirit 是高层知觉和概念游戏的某种融合，能以一种具有认知可行性的方式从事创造性工作。同时，实现上述构想的过程将让我们获得有关人类创造力内在机制的相当深入的见解。

　　Letter Spirit 专门从事的创造性工作是艺术字体设计，旨在模拟构成罗马字母表的 26 个小写字母能怎样以多种不同的，但具有内在连贯性的样式呈现。我们会将一个或多个"种子"字母输入程序，它们代表了某种风格的初始，程序会从这些"种子"出发，尝试将同样的风格或"灵魂"（spirit）赋予字母表中其余的所有项。

　　作为一个智能程序，Letter Spirit 丝毫谈不上时髦：它的任务领域和计算架构都可追溯到 20 世纪 80 年代，但作为一个已经创建出来的模型，它又非常年轻。（一些怀疑论者会因此认为和所有的年轻人一样，Letter
408　Spirit 还很不现实。）当前，模型刚刚开始能够识别字母，但距离创造字母还早得很。我们希望这一现状将在未来几年得到改变。

"不是早有人做过了吗？"

　　当我们将自己的目标描述为"开发一个程序，设计不同风格的字母"，

第10章 Letter Spirit 的美感和创造性活动：
在罗马字母表这一内涵丰富的微领域中

许多聪明且消息灵通的听众会问："不是早有人做过了吗？唐纳德·克努特（Donald Knuth）的'Metafont'程序就是用来干这事儿的啊。"这种误解非常普遍，值得好好回应一番。

Metafont（直译为"元字体"，见 Knuth, 1982）允许人类用户设计参数化的字母和字母的部件，并以一种统一的方式构成完整字母表（不限于英语的，还包括希腊语、希伯来语、印地语、日语等其他语种的）。但是，所有设计方面的决策自始至终都是由人类用户做出的。比如说，假设用户想让程序将字母"n"的左侧竖划调高，由此创建出字母"h"，就必须将这个想法明确无疑地输入程序，因为 Metafont 本身没有关于概念"h"和"n"的先验表征：关于字母概念的任何知识它都没有，因此要说它能设计字母，就和说一个文字处理程序能做诗，或说一台钢琴能作曲一样。Metafont 只能辅助人类用户设计字形（它有助于释放人类设计师的创造力）。当然，克努特本人从未将 Metafont 描述为一个自动化的字母设计程序，但如果你对这个程序不够了解的话，就很容易形成这种印象。本文作者对此已是见惯不怪了。

之所以要谈这个例子，是因为它能让我们正确地看待 Letter Spirit 的目标。特别是，它将有助于我们分析 Metafont，以及其他一些经常被误认为"有创造力"的程序都缺少些什么。

简而言之，问题的关键是：大多数此类程序根本不知道自己在做些什么。这句话有两层非常不同的含义，但就当前的讨论而言都还恰当：一是"程序没有关于自身工作领域的知识"，二是"程序没有关于自身正在采取什么行动的内在表征，也无法意识到自己正在创造什么东西"。这两点对任何一个号称"创造力模型"的程序而言都意味着严重的缺陷。

一个没有创造力的字母设计程序

在这方面，一个典型（虽然鲜为人知）的例子是 DAFFODIL 程序

（Nanard et al., 1989）。根据经验，我们相信许多人如果听说过这个程序，都会认为它算得上一个"创造力模型"。（当然我们并不了解这个程序的设计者是否意在让它模拟人类创造力。）接下来，我们简单介绍一下 DAFFODIL，以便读者了解为什么上述主张和关于 Metafont 的印象一样，都只是一种误解。

> DAFFODIL 程序会将以下三种类型的输入结合起来，它们分别是：
>
> （1）一套主干，共计 26 个（每个大写字母对应一个）。一个主干不是一个形状，而是由十来个先验的笔划类型构成的对给定字母的恒定不变的描述，这些笔划类型是一些简单的短语，如"横段""竖划""左弧"等。
>
> （2）一套饰品。饰品是一些由程序员创建的刻板的图形，通常有华丽的设计，但也不总是这样。
>
> （3）一个映射，关联笔划类型和饰品。
>
> 有了这些输入，程序就能对所有的 26 个字母执行映射操作——也就是说，它会系统化地用饰品替代笔划，这样一来，就能将整套抽象主干转化为 26 个图形形状，各图形形状都由给定饰品组合而成（图 10-1 描绘了上述过程）。因此，程序看上去确实"创造"了一套全新的字体。
>
> 确实，一套新的字体是被"生成"出来了，但是，要说 DAFFODIL 确实会像人类一样"创造"什么东西则是大错特错，原因如下：
>
> - DAFFODIL 程序有一个隐含的前提假设：要形成一种风格，无需对幕后的抽象概念进行操纵，只涉及呈现浅层特征的方式方法；
> - DAFFODIL 的 26 个主干都是由程序员设计、从外部输入系统的。任何主干一旦输入，就不再产生任何变化，因此这些字形的深层特征确实具有创造性，但它们来自程序外部，而非内部；
> - DAFFODIL 关于每一个柏拉图字母的知识（比如说，该字母的主干结构）是非常贫乏的，除却两个主干可能共享一个或多个笔划

第 10 章 Letter Spirit 的美感和创造性活动：
在罗马字母表这一内涵丰富的微领域中

类型外，它对字母间如何相互关联几乎一无所知；
- 程序员设计了所有的饰品，并将它们提供给 DAFFODIL 使用，任何饰品一旦输入，就不再产生任何变化，因此这些字形的浅层特征也确实具有创造性，但它们同样来自程序外部，而非内部；
- DAFFODIL 不会做出任何决定——它只会按要求"插入"饰品，有时也会征求人类使用者的意见；
- DAFFODIL 无法知觉或评判自己生成的任何东西——换言之，它不知道自己刚才生成的形状是否看上去就像个"A"，不知道它是别致还是碍眼，也不知道它与其他已经生成的字母图形是否风格统一。

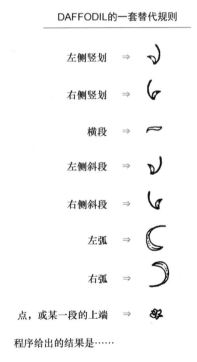

图 10-1 DAFFODIL 程序的转换规则和输出样本

411　以上每一点理由单拎出来,都能强有力地质疑 DAFFODIL 到底能否算得上"创造力模型",而将它们合在一起,任何声称该程序"拥有创造力"的主张都只能彻底破产了。

没有自主性,别谈创造力

洋洋洒洒地聊了这么些,我们的本意并非穷极无聊要树个靶子自己打,而是要给出一种有助于深入理解创造力的方法。具体而言,我们坚信要开发一个谈得上"有创造力"的程序,必须满足以下要求:

- 程序本身要能确定无疑地自行决策,而非只能执行一套由人类程序员(以直接或间接的方式)先行做出的决定;
- 程序必须拥有丰富的知识——也就是说,每个概念自身都应该是给定范畴的非凡表征,我们需要一套灵活的标准,据此判断其在多大程度上属于该范畴,且不同概念间必须有多重外显关联;
- 程序的概念及其关联关系不应该是静态的,相反,它们必须足够灵活,具有情境依赖性;
- 程序要能通过实验探索概念的深层特征,而非仅停留在浅层;
- 程序对自身尝试性的输出要能知觉并加以评判,决定是接受、拒绝,还是提出可行的方案加以改进;
- 程序必须通过一个持续性的过程逐渐得到一个满意的答案,期间系统各部分会连续不断地给出相互交错的建议和评价。

实际上,我们认为上述第二至第六条已经回答了第一条要求中隐含的关键问题(它在哲学上备受争议)——"一个程序怎样才算能自行决策?"

我们试图借助 Letter Spirit 的架构,为创造力的这些重要方面建模,尽管方法还比较粗糙。让程序达成这些目标的关键,是它的几个特点,

第 10 章 Letter Spirit 的美感和创造性活动：
在罗马字母表这一内涵丰富的微领域中

包括非确定性、并行处理，以及（最为关键的是）这些特点所导致的后果，即统计意义上的涌现。接下来我们就将详细展开。

字母：含义丰富的成熟概念

人类概念的流动性背后隐藏着哪些机制？我们的每一个研究项目都在试图回答这个问题。Letter Spirit 旨在探索字母的概念内涵，你甚至可以说这个程序探索的，不过是字母"a"的本质。

大多数人只要识文断字，都会对字母这种东西不以为然，认为它们只是些非常简单的范畴。的确，如果你问到的话，许多人都会说字母"a"不是一个概念，只是一个形状。但看看图 10-2，小写的"a"能有多少种不同的模样！它们显然没有什么固定的"形状"可言。相反，在这些各不相同的形状背后，隐藏着一个高度抽象的、单一的观念，该抽象观念又在一个略为简单的水平上分解为其他抽象观念。

实际上，构成概念"a"的观念有两个：（1）一个顶部左弯的部件，形如一根路灯灯柱或一只倒置的伞柄，平直部分向下延伸，止于基线处；（2）一个尺寸更小的部件，形如一只烟管或一个字母"c"，位于基线处，开口朝右，倚在前一部件的左侧。这两个彼此关联的概念成分——我们称之为"角色"（roles）——本身并非外显的形状，它们只是一些观念：这些观念涉及最终绘制出来的形状"像什么样"、其可接受的边界，以及这些形状该怎样组合起来。（对一个相关概念的论述可见 Blesser et at., 1973，人类字母概念包含不同"角色"的心理学证据可见 McGraw, Rehling, & Gold-stone, 1994a/b。）

为更加直观、切中要害地区别特定字母的"柏拉图概念"，以及实例化该字母的几何图形所具有的巨大多样性，我们引入了一些术语。实际上，我们区分的概念水平不是两个，而是四个，从高度抽象的概念到实

概念与类比
模拟人类思维基本机制的灵动计算架构

际绘制的图形，一个比一个更加具体。

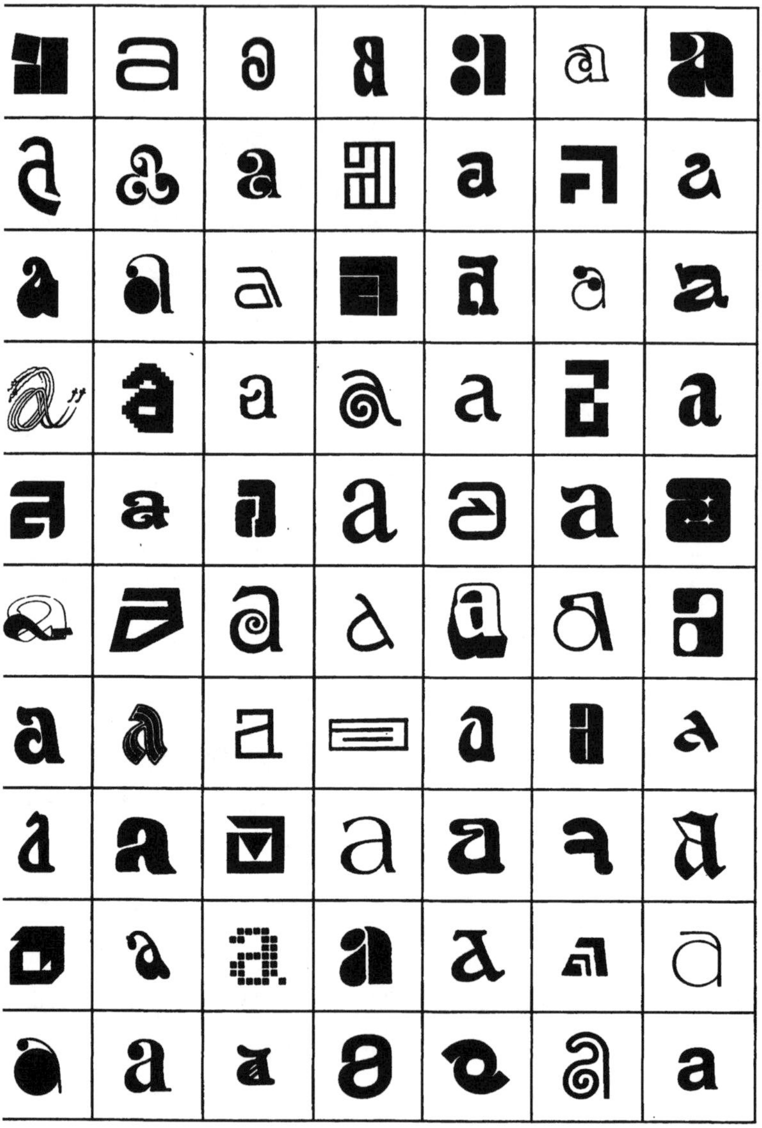

图 10-2　关于小写字母"a"的研究 1：这个样本展示了样式繁多、造型花哨的"a"，它们都出自专业设计师之手，用作特排字体和品牌标识。读者可从中一窥概念"a"的丰富程度和抽象水平。

第 10 章　Letter Spirit 的美感和创造性活动：
在罗马字母表这一内涵丰富的微领域中

- 字母概念（letter-concept）：一个柏拉图字母抽象的、无定形的理念，不与任何特定风格相关联。当然，这并不是说我们会用同一个字母概念表征"A""a"和"ɑ"，就因为它们发音相同。相反，这里有三个字母概念，隐含地定义了三套基本互不重叠的图形形状，因此它们间的差异就和概念"a""b""c"之间的差异一样明显。
- 字母概念化（letter-conceptualization）：将一个柏拉图字母拆分为特定角色。比如说，对"b"的一套概念化方案可能这么主张："b"由一根立柱及其右方一只左向开口的小碗构成，小碗位于基线处，与立柱彼此相接于两点。同一字母的另一套概念化方案则可能略有不同："b"由一根立柱及其右方的一个闭环构成，闭环位于基线处，其与立柱彼此相接于一点。这两套概念化方案（与其他看待"b"的可接受方式一起）构成了完整的字母概念"b"。如果我们要生成具有特定风格的"b"，既可直接使用已知的概念化方案，也能以某种全新的方式拆分和重组已知方案的不同角色，自发地将一套前所未有的概念化方案创造出来。不论怎样，确定一套（陈旧或新颖的）概念化方案的决策都在字母风格的最深层进行。
- 字母计划（letter-plan）始于特定的概念化方案，向其中填充细节，具体刻画各个角色。（比如说，一根立柱是长是短？一只小碗是深是浅，是圆是方？横杠位置是高是低？诸如此类。）由于每个角色都存在许多方面，一个字母计划非常复杂，充满了各式各样的信息。尽管它比前两个概念水平更加具体，但还是纯心理性的，因此一个字母计划如若呈现在纸面，仍会有无数种不同的方式。字母计划的决策也在字母风格的深层进行，但较之概念化决策，其深度略有不及。
- 字形（letterform）是在纸面上实际绘制出来的图形形状，它实现了特定的字母计划，也因此实现了特定的概念化方案，并最终实现了特定的字母概念。

概念与类比
模拟人类思维基本机制的灵动计算架构

Letter Spirit 关注上述所有概念水平：包括字母概念间的交互、概念化方案的选择和创新、字母计划的设计，以及从字母计划到外部可见字形的转化。

整体与角色

关于形状与概念间的区别，一个生动的例子是小写字母"x"。如果从小在美国念书，你大概率会认为字母"x"只有一套概念化方案：它由一道正斜线和一道反斜线构成，两道斜线长度相同，在靠近中间的某处相交。（需要特别强调的是，人们头脑中其实并不存在一幅交叉线的图画，而是存储着一套观念。）即便有些人学的是草书，也会用同样的方式拆解这个概念。但是，在英国的学校里，孩子们学到的东西不太一样：他们会将小写字母"x"拆解成一对"新月"，它们朝向相反，在中间"吻合"于一点。如果一个美国人以这种方式审视印刷体字母"x"（见图10-3），就会顿悟到这套全新的概念化方案。纸面上的形状当然是固定不变的，但我们看待它的内部视角发生了有趣的更新，任何对字母怀有兴趣的人都会认为这套新视角不仅适用于所谓的"x-性"，还含蓄而清晰地提出了一系列关于其他字母的潜在建议。

对"x-性"来说，重要的概念成分不仅包括"斜线"或"新月"，还包括诸如四个端点以及居中的交叉或吻合处，等等。我们将这些角色间的关联结构称为 r-角色（r-roles），要决定一个形状的范畴成员资格，这些 r-角色与角色一样重要。举个例子，即便一个图形形状的左侧是一根非常典型的立柱，其右侧是一个非常典型的闭环，但二者的相对位置关系还是可能让它看上去与字母"b"相差甚远（设想这种情况：它们互不相交，因此这个形状更像是"lo"，而不是字母"b"）。

Letter Spirit 程序的核心理念是：一个范畴的内部结构包含一系列角

第 10 章　Letter Spirit 的美感和创造性活动：
在罗马字母表这一内涵丰富的微领域中

色和 r-角色，它们的（较低水平的）范畴决定了字母的（整体水平的）范畴。对字母而言，不同的角色和 r-角色重要程度各异，也就是说，它们的存在与否影响各不相同。当然，不同的图形项在给定角色的实例化方面效能也有不同。换言之，角色就和整体（完整的字母）一样，本身也是一些概念，有着模糊的边界。区别在于，角色的范畴要比整体的范畴更好刻画，因此将整体还原为一系列相互作用的角色是一个简化的步骤。（关于知觉多层架构的早期类似观点，可参考 Palmer, 1977 和 Erman et al, 1980。）

图 10-3　Egward（左）和 Egbert（右）是一对双胞胎，但从出生时起就不幸被分开了，他们隔着大西洋长大，不同的教育背景让他们以不同的方式知觉同一简单字体。

我们现在要回答这个问题：风格和角色是怎样联系在一起的？要生成一个新的字母，首先要选择概念化方案——换句话说，就是要决定实例化一套什么样的角色。因此，在一个字母概念水平的最深层（此时该字母是纯心理性的符号，还无需将任何图形绘制到纸面上），一种风格几乎完全取决于角色。我们也可以把这句话倒过来说：在一种风格概念水平的最深层，一个字母几乎完全取决于角色。

只要选定了一套概念化方案，特定字形的风格设计工作就只剩下刻画这套方案中的不同角色以填充细节了。或许一种更加生动且准确的说

概念与类比
模拟人类思维基本机制的灵动计算架构

法是,在风格这个比较具体的概念水平,问题的关键是如何打破常规。比如说"横杠"这一角色在字母"e""f"和"t"的概念化方案中默认都有(别的字母或许也会用到,取决于设计者的巧思妙想,这涉及生成一套新的概念化方案,而新方案的生成位于风格概念水平的更深层)。针对这个角色,打破常规的方式有许多,其中当然就包括"横杠位置过高""横杠向上倾斜""横杠短得过分""横杠不见了",等等。不同的方式对应于不同的风格特征,必须加以尊重,并(通过类比)传播到其他字母(如果可能的话,甚至包括那些默认不含"横杠"角色的字母)的刻画活动中去。

等等,好像有什么不对——如果一个字母的抽象刻画不含"横杠"成分,它又怎么可能受(比如说)"横杠位置过高"这种风格的影响?关键在于类比。要普及风格,我们就要让该字母的某个其他角色"位置过高"——只要这个角色与"横杠"概念足够接近,以及(不消说)上述类比不至于让字形扭曲到改变其原有的范畴从属关系。

要设计一整套字母表,字母范畴压力(只涉及当前加工的柏拉图字母)就将与风格压力(涉及字母表的所有项)持续不断地较量。前者是一种凝聚力或向心力,倾向于将程序生成的形状往意向字母范畴的中间区域拉扯(让它成为该字母的一个典型),而后者是一种偏心力或离心力,倾向于将程序生成的形状带离意向字母范畴的中心(让它与我们想要的风格更为接近)。Letter Spirit 的使命其实就是对这两种力量间持续不断的较量进行模拟。

字母(letter)与精神(spirit):一对正交范畴

尽管程序已经在识别字符、读取笔迹等方面取得了长足的进步,但迄今为止,致力于让计算机辨识和创造字母的人工智能学者很少将字母

第 10 章 Letter Spirit 的美感和创造性活动：
在罗马字母表这一内涵丰富的微领域中

看作概念。他们的共识似乎是：我们为（比如说）范畴"a"分配的各种字形，其实只是同一基本形状的不同变体罢了（见 McClelland & Rumelhart, 1981; Hinton, Williams, & Revow, 1992）。这种研究方法忽略了认知科学和哲学的一大核心问题（见 Hofstadter, 1985，第 13 章、第 26 章），那就是：在概念意义上，所谓的"a-性"到底是怎么回事？

这个问题已经够有挑战性的了，与字形有关的一个更有挑战性的问题是：同一风格的字母是怎样彼此关联的？我们可以换一种问法：假设现在有一个"a"的实例，你该怎样生成一个同样风格的"e"或"k"？［有无可能生成一个同样风格的"א"（aleph，希伯来字母表的首字母）、"α"（alpha，希腊字母表的首字母），甚至是一个同样风格的汉语方块字"黑"？］显然，这个问题问的其实就是"同一风格"意味着什么。将某些风格特征从一个字母迁移到另一个字母，涉及本书前面几章讨论过的一系列认知活动。对新字母而言，风格特征的变换一般也不是直截了当的：它们总要逐渐"滑"向合理的变体，才不至于破坏字母的概念框架。

可见，Letter Spirit 旨在同时处理字形的两个重要方面，隐喻地说，这两个方面还是彼此正交的：一是单一字母不同风格的实例（比如用 Baskerville、Palatino、Helvetica 等字体写成的字母"a"）所具有的范畴相同性，二是单一风格不同字母的实例（比如用 Baskerville 这同一种字体写成的字母"a""b""c"等）所具有的风格相同性。图 10-4 展示了这两个方面，以及它们之间的关系。

在输入几个以"网格字体"（如前所述，这是我们设计的一整套字母表，其中每个字母都被限定在一个 Letter Spirit 网格以内）写成的字母后，Letter Spirit 需要做的就是发现给定的"种子"字母属于哪个范畴，以及它（们）具有哪些风格上的倾向性。然后，程序要以自己认定的风格，设计出剩余的字母。实际上，不存在"标准答案"，因为我们提供给机器的"种子"字母（即便我们提供了 25 个，只留下一个有待设计）不会向上指定唯一的风格，而反过来，一种抽象风格也不会向下指定唯一的字形。

概念与类比
模拟人类思维基本机制的灵动计算架构

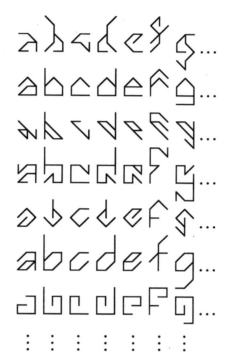

图 10-4　字母/精神矩阵，展示了作为 Letter Spirit 程序立足之本的两个正交的概念。每一列所有项的共同点是什么？是字母。每一行所有项的共同点呢？是精神。因此，我们可以把字母视作"垂直范畴"而将精神视作"水平范畴"。在这个意义上，两类范畴是正交的。

我们常有一种先入之见：任一给定字母范畴的所有成员都具有"相同的形状"，此图揭示了这种假设有多幼稚。我们甚至找不到有任何固定的形状潜藏在每个字母范畴不同的表现形式里边（或后边）——审视任一列的所有构成项，都没有一具确定的"骨架"。相反，每个字母范畴都是一种高阶抽象。较之对字母的看法，人们关于风格的共识则是：绝不应指望给定风格或精神的不同载体具有"相同的形状"（这一点在直观上就很明显），将某一行的构成项联系在一起的，是某一套非常抽象的特性。通过这幅图，我们希望强调的事实是，字母范畴就和风格一样，是抽象而非形状。这样，知觉的深刻问题，以及"水平范畴"（即"精神"）不言自明的共同实质问题，其实已经以一种微妙的方式在看似更加简单的"垂直范畴"（即"字母"）问题中提出过了。由此可知，一个完整而成熟的人类字母知觉模型必须包含一个完整而成熟的人类艺术风格知觉模型。这种观点颇具挑衅性，它与当前许多研究对知觉本质的务实假设背道而驰，这些研究试图将阅读手写字体和其他类型的书面文字的活动还原为机械过程，丝毫不关注美学或风格问题。

第 10 章　Letter Spirit 的美感和创造性活动：
　　　　　在罗马字母表这一内涵丰富的微领域中

印刷体字母设计：从现实世界转进到微观领域

　　字母的知觉和创造让我们得以一窥心智的工作原理。如果能借助对字母设计过程的研究，获得对概念的运作方式，以及不同概念间流畅的相互作用的洞见，我们就朝智能问题的解决迈出了一大步。事实上，我们相信，要想获得这种进步，就要选择现实世界一个很小的方面，并对其加以细致研究，同时，这个被选中的微观领域还要具备一定的通用性。

　　就像音乐和文学创作一样，字母设计是一种复杂的艺术形式，需要多年的练习。想赋予程序和有经验的人类设计师一样的设计水平无疑是不现实的，因此，我们大幅简化了任务领域，并希望这种简化在去除字母设计艺术许多浅层方面的同时，能保留一些深层的东西。所谓浅层方面通常是装饰性、观赏性的，完全不影响生成项的范畴。让程序绘制出优美曲线的直觉，也就是在线条扭来扭去时灵活地改变其宽度的能力就属此类。我们的任务领域不涉及这些，而是只包含最精简的字形——它们比那些设计得花里胡哨的字形要更接近对应的字母背后的概念。特别是，生成这些字形完全不需要使用复杂、动态的手部运动技能。

　　必须承认，在 Letter Spirit 立项之初，我们的抱负是开发一个计算机程序，让它能自行设计成熟的印刷字体——也就是说，它生成的字体的复杂性要和 Baskerville、Helvetica、Tiffany、Palatino、Optima、Avant Garde、Friz Quadrata、Romic、Souvenir、Olive Antique、Aachen、Vivaldi、Americana、Frutiger、Hobo、Korinna、Benguiat、Baby Teeth、Mistral、Banco、Eurostile、Piccadilly、Calypso、Magnificat 等字体持平。［称得上"正式"的印刷字体还有成千上万种，既有最保守的套路，也有最离奇的巧思，其数量还在不断增加。对此怀有兴趣的人们有许多方便获取的资源，我们特别推

概念与类比
模拟人类思维基本机制的灵动计算架构

荐由拉图雷塞（Letraset）公司定期出品的《拉图雷塞平面艺术材料参考手册》（Letraset Graphic Art Materials Reference Manual），你能在许多艺术用品商店以十分便宜的价格买到。]

事实很快打击了我们：这个目标的难度实在太高，而且讽刺的是，它对认知科学的意义并不太大。问题的关键在于，现实中各类印刷字体的细微差异实在繁多，计算机很难模拟。此外，要将人类设计师这方面的能力完整地再现出来，就得往程序中纳入太多领域特定的细节，如此，那些高度通用的认知问题——流动性概念与风格的本质——作为研究项目的核心关注点，就将被一大堆无关的非认知问题所淹没。

出于以上考量，我们很早就决定要回避弧度、笔触等曲线性方面的复杂问题：它们似乎涉及视知觉的低层或中层，而非项目主要关注的高层概念水平。我们的想法是，禁止对字形表层特征的操纵，将有望显著降低开发工作的复杂性，并强迫程序在设计过程中关注高层概念水平——也就是字母的深层风格。

最深层的风格涉及字母的概念基础（比如说程序可能会提出一种观点：字母"x"可设想为一个"v"形实体搭在一个倒置的"x"形实体之上，而不是像通常认为的那样由两根彼此交错的斜线构成）。当然，深层风格与浅层风格之间没有明确的分界，相反，二者分别位于同一连续体的两端。不可否认的是，Letter Spirit 畅游在"风格泳池"的深水区，DAFFODIL 则始终在浅水区嬉戏。

网格字母和网格字体

我们消除了所有的连续变量，只保留少量决定每种字形的离散决策。这是为了避免模拟低层视知觉的需要，集中关注字母的深层设计风格。特别是，我们规定字形必须要由某些要件，也就是一些形状构成，

第 10 章 Letter Spirit 的美感和创造性活动：
在罗马字母表这一内涵丰富的微领域中

这些形状都在一个固定的网格内由短线拼出，网格由一个 3×7 阵列中的 21 个点组成（见 Hofstadter, 1985，第 24 章以及 Hofstadter, 1987b）。合规的短线被称为"量子"（quanta），它们可能会水平、垂直或成对角地连接任意一点及其直接近邻。如图 10-5 所示，网格中共有 56 个可能的量子。

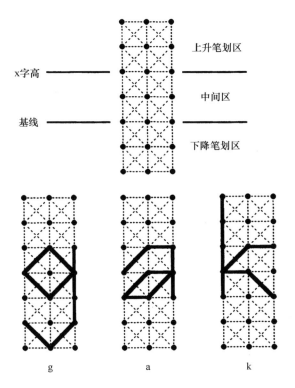

图 10-5　上方是 Letter Spirit 使用的网格。合规的"量子"是指连接任意一点及其直接近邻的短线。因此，网格中共有 14 个水平量子、18 个垂直量子和 24 个对角量子，总计 56 个。下方是调用不同量子形成的三个网格字母的范例。

一些人或许认为，这种在网格中绘制的、火柴棒式的短线只能作为骨架，它们构成的图形决然谈不上"血肉丰满"。这种意见其实是在主张，唯有通过添加弧度、区别粗细并附带装饰性的曲折回旋等手段将这些骨架充实起来，才能生成真正成熟的字形。（需要注意的是，这种对"风格"

概念与类比
模拟人类思维基本机制的灵动计算架构

的定义，即装饰性地充实一套基本骨架，正是 DAFFODIL 程序的前提假设。）虽说任何一种网格字体都可以进一步充实，结果也会在美学上富有魅力，但我们还是选择将网格限定的字形本身认定为成熟的字母。（事实上，我们也尝试过充实这些骨架，结果虽确实愉悦双目，却决然谈不上愉悦大脑。）

423　　有时我们将某种网格字体单拎出来看，会觉得它别具视觉魅力——甚至富于美感（见图 10-6 以及图 10-9）——或可用于实现特定目的（比如在一些广告中渲染某种刻板、怪异和大胆的氛围），但要体验这类字体之美，大多数情况下我们需要仰仗大脑而非双目，因为这种美来源于对字母概念本质的探索和不同抽象范畴间复杂关联的方式，与那种更加感性、传统，似乎单凭视网膜就能体验的美有所不同——后者属于那些血肉丰满、曲线诱人的普通艺术字体，它们通常位于相应字母范畴内核附近的安全区域。我们也可以这样形容：许多普通艺术字体之美具有"局域性"，你会觉得其中每个字母本身就十分雅致；而某些最具创意和激动人心的网格字体之美感则是"全局性"的，单看某个字母会让人有些惊讶甚至感到无所适从，但将全套字母组合起来，就能发现令人着迷且高度一致的内部模式了。

　　要设计一套网格字体，程序只需要决定是否调用一系列量子，可见针对网格的决策还是相当粗线条的。令人吃惊的是，特定字母范畴的不同范例之间差异依然十分巨大——针对每个字母，人类设计师都能给出数百套方案。当然，比起充分挖掘单个字母（比如"k"或"q"）的网格设计空间，人们对设计几套完整的网格字母表更感兴趣。至今，我们已经设计了约 600 套完整的网格字母表，图 10-6 和图 10-9 为读者展示了其中的一小部分。（更多样例可见 Hofstadter, 1987b。）纵观任一系列网格字体的集合，人们都会不由自主地被每一个字母范畴所呈现的惊人多样性所震撼。

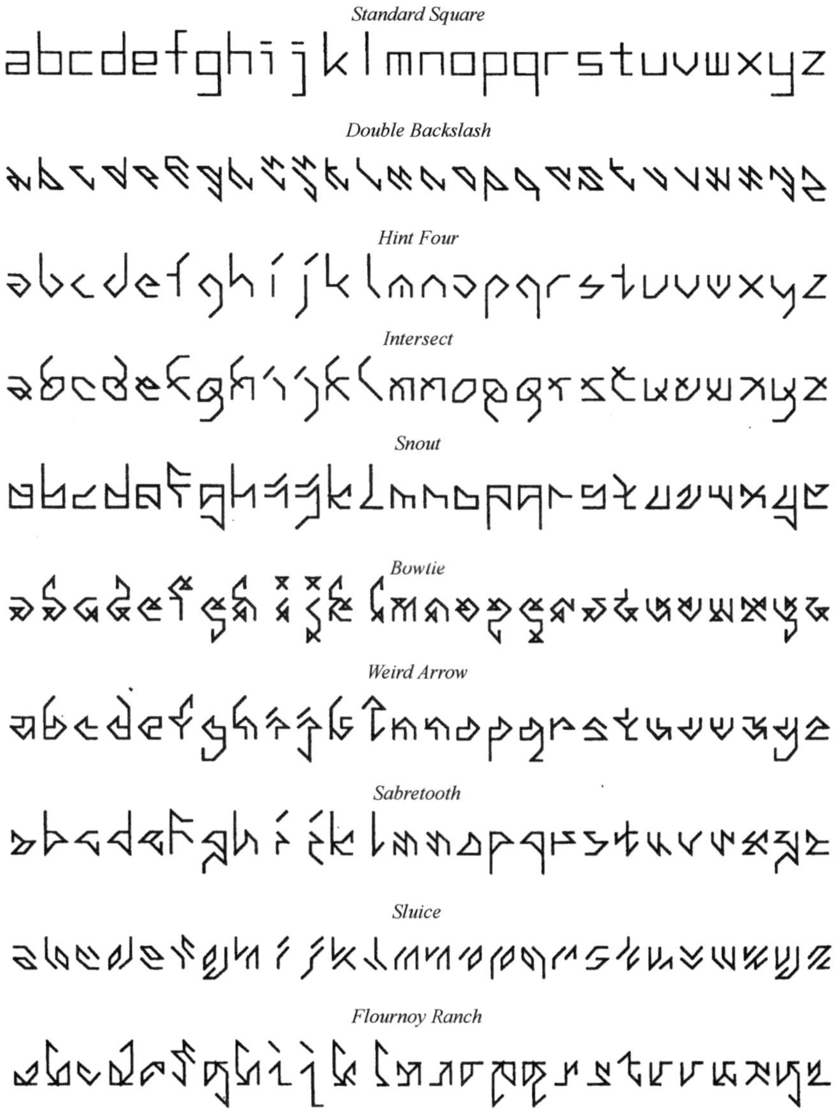

第 10 章 Letter Spirit 的美感和创造性活动：
在罗马字母表这一内涵丰富的微领域中

Standard Square

Double Backslash

Hint Four

Intersect

Snout

Bowtie

Weird Arrow

Sabretooth

Sluice

Flournoy Ranch

图 10-6 十种人工设计的网格字体，揭示了 Letter Spirit 任务领域的丰富性。一些读者会尝试去发现程序使用了哪些手段（如装饰图案、抽象规则、打破常规的方法，等等）赋予完整字母表统一的风格；一些读者甚至会遮挡表格的一部，尝试基于字母表的可见部分将其余字母"推演"出来。这类风格外推任务对解题者的审美要求很高，而且评价标准十分模糊，在许多方面都让我们想起第 1 章讨论的序列外推任务。

概念与类比
模拟人类思维基本机制的灵动计算架构

网格生成了富有异国情调的字形和堪称狂野的风格

看似矛盾的是，这种多样性似乎正是由网格本身的严格约束产生的。图 10-7 展示了 Letter Spirit 网格怎样赋予（或更确切地说，怎样助长）单一范畴的丰富性，图中的 88 个范例选自约 1500 个形式不同、强弱各异的网格字母"a"，它们都出自人类设计者之手。

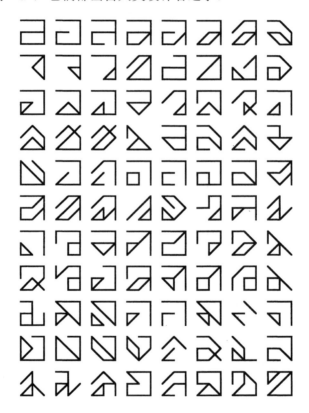

图 10-7　关于小写字母"a"的研究 2：展示了网格的约束如何使设计方案更倾向于在字母范畴的边缘游走。当然，这些范例中有的是字母"a"的强实例，有些是其弱实例，如此区分是有意为之的。出于同样的考虑，某些范例的风格色彩比其他范例更为鲜明。

第 10 章 Letter Spirit 的美感和创造性活动：
在罗马字母表这一内涵丰富的微领域中

正因为我们不可能对网格结构做出细微调整，给定柏拉图字母的任意两个实例必然存在显著差异。实际上，哪怕添加或去除一个量子，都可能影响现有图形的范畴。如图 10-8 所示，网格中最微小的变动已足够推动当前实例跨越宽阔的字母空间，去除区区一个量子便能让最左侧的图形由强实例"e"转化为强实例"z"，之后再添加一个量子，又能将"z"转化为"a"。可见在 Letter Spirit 任务领域，范畴是一个非常棘手的问题。事实上，为确定一个给定网格图形属于哪个字母范畴（如果其确有所属的话）的过程建模是 Letter Spirit 项目难度最高的一面，也是程序开发初始阶段的主要着力点。

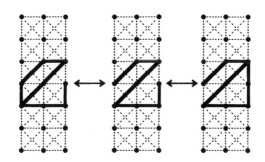

图 10-8　三个在"语义"上迥异但在"句法"上接近的网格字母

网格的约束其实是在鼓励设计者对字母概念进行深层篡改。当我们一个接一个地设计网格字体时，由于没有细粒度的特征可供操纵，每个字母的保守或"安全"方案很快就会耗尽，到头来，设计者会游走于 26 个范畴的边缘附近，甚至轻微"越界"。因此，随着风格各异的网格字体被不断设计出来，它们会越发古怪、越发新奇，也越发难以辨识。许多网格字体都拥有相当狂野的风格，一些字形会呈现为棱角状、块状、刺猬状或枝杈状，如图 10-6 和图 10-9 所示。不过纵然外表怪诞，这些字体的"精神"却并不稚拙。

为防前面说得还不够清楚，再次强调：我们并没有努力创造可读性最高的印刷字体（也就是那些最适合用来印书的字体），甚至没有刻意追求表层的美感。相反，我们试图掌握不同字形的概念实质，以此理解概

概念与类比
模拟人类思维基本机制的灵动计算架构

念的流动性通常来自何方。以一种协调一致的方式将 26 个字母推向其范畴空间的边界，结果经常会带有一种智力之美——它并不是在网格字体某个特定字形上，而是在整个网格字母表上散布开来——这种美属于整体"精神"，而非单个字母本身。

一些认知科学家可能会对 Letter Spirit 微妙的任务领域不以为然，将它视作又一个"玩具领域"，这当然是一种严重的误解。尽管——确切地说是**正因为**——任务空间被简化成了网格，Letter Spirit 所面临的挑战——它需要解决的认知科学问题——依然极为丰富。实际上，任务领域的简化反而增加了有待解决的问题，这很有些神奇。网格化任务空间只会让积累多年的先验经验变得不再不可或缺。即便不是一个专业的字体设计师或研究人士，你也能体验到一套设计出色的网格字体所具有的一致性。同样，你也无需经年累月地练习绘制优美的弧线，就能设计出还算不赖的网格字体，虽说要创造足够复杂的作品，难度仍然是显而易见地高。(若非如此，模拟创造力就要简单得多了！)

风格决定因素一览

根据我们的经验，决定某种网格字体风格的因素可能有许多种，比如：

- 角色特质（role trait）：其刻画某个角色倾向于如何实例化，不论该角色从属于哪个特定的字母。换言之，角色特质是一种"可移植"的打破常规的方法——它附着在特定角色上，因此能"感染"许多不同的字母。比如说，在一种风格中，角色"立柱"（上升笔划，如"b"左侧的那道）和"茎干"（下降笔划，如"q"右侧的那道）可能会以某种蜿蜒曲折的方式不止一次地呈现出来；另一种风格中，参与构成不同的字母的角色"小碗"可能会显得又高又瘦；还有一种风格，角色"横杠"可能会在一个或多个字

第10章 Letter Spirit 的美感和创造性活动：
在罗马字母表这一内涵丰富的微领域中

母中穿过相应垂直笔划上的"孔洞"或"空隙"，诸如此类。上述每一类风格特点都体现为一种角色特质，即特定角色在不同字母中（或将）如何实例化的描述。

- 装饰图案（motif）：一个装饰图案指的是一种几何形状，被重复用于装饰许多字母。如果它非常简单的话（比如说穿越中心区的双量子反斜线），程序可能要求它在每一个字母中都完整地呈现出来；相反，如果它比较复杂（比如说边长两个量子的方块，或倾斜的六角环形），程序将允许它在一些字母中缺失某些构成要件，只需保留主要部分即可。一些风格会允许某种装饰图案以反射、旋转和/或变形的样式呈现；另一些风格则允许变形，但不允许反射或旋转；还有一些风格允许装饰图案反射和/或旋转，但不允许变形……不一而足。

- 抽象规则（abstract rule）：一种系统层面的自我约束，如不允许出现对角线方向的量子、只允许出现对角线方向的量子、要求每个字母恰好由两个互不相连的部件构成、禁止出现任何长度超过一个量子的直线段，等等。抽象规则指的不是重复使用什么特殊的形状，而是将某种易于描述的抽象特征针对全局强制执行。

- 强制水平（levels of enforcement）：前三种风格决定因素直接作用于网格中的形状，一种更为抽象的风格属性——其实是风格的一个"元层级"特点——是这些约束条件在何种程度上"不可滑动"（即绝对化，或不可违逆）。说一种条件"可滑动"，指的是系统在足够强的压力下可不予遵守。特定风格约束条件的强制水平——是严格、宽松还是居于二者之间——为整套网格字体设定了一种抽象的、几乎难以触及的基调。

网格字体的四种样例及其内在精神

我们选取了四种人工设计的网格字体，分别称为 Benzene、Square

概念与类比
模拟人类思维基本机制的灵动计算架构

Curl、Checkmark 和 Funtnip，如图 10-9 所示，它们能很好地展示上述风格决定因素怎样发挥作用，甚至还能说明一种风格将多么深刻地渗透乃至扭曲 26 个字母范畴。

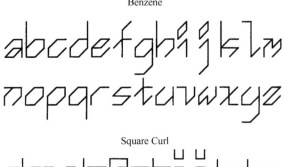

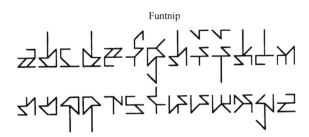

图 10-9　四种人工设计的网格字体，展示了在字母表中传播风格或"精神"的各种机制，包括刻板和自由的装饰图案、抽象规则和打破常规的方法。对四种风格的详细评论可参见正文。

第 10 章　Letter Spirit 的美感和创造性活动：
　　　　在罗马字母表这一内涵丰富的微领域中

接下来，先逐一简介这四种字体。

- Benzene：不论是否完整，该字体的几乎每个字母都带有一个六边形的"苯环"（Benzene loop）。讽刺的是，整套 Benzene 字母表的第一项（字母"a"）所带的"苯环"是简化版的——它只有四个边。只有我们尝试将这个装饰图案导出到范畴"b"时，网格的约束作用和字母范畴的常规属性相互影响，才让一个六边环形完整地呈现出来（见图 10-10 上半部分）。但是，简化版的"苯环"，也就是最初的菱形装饰图案无需废弃，它在我们设计字母"e"时又派上了用场，而且在旋转一定角度后还能被用于字母"i"和"j"（作为顶上的那一点）。我们甚至可以在"m"、"v"和"z"中找到它的一些痕迹。

　　请注意，全尺寸的"苯环"（也就是字母表中的"o"）是一个刻板的装饰图案，因为它从未——或几乎从未——被旋转或反射。最明显的例外是 Benzene 字母"x"，它建立在前述"新月方案"的基础之上：六边环形"o"从中间被一分为二，拆成两道"新月"，彼此掉换位置，再重新背靠背拼在一起（见图 10-10 下半部分）。这个"x"有一点特别有趣：尽管它源于概念化字母"x"的"新月方案"，我们的眼睛却几乎自然而然地会将它看作两个部件的相互交叉，这是前文谈到的字母"x"的另一套概念化方案——"交叉线方案"。换言之，Benzene 字母"x"微妙的概念化本源隐藏得很深。创造性活动经常看似比实际情况更加神奇，就是因为这种"藏匿踪迹"的现象在其中普遍得令人吃惊。（关于踪迹的藏匿对创造力的作用，详见 Hofstadter, 1987a。）

- Square Curl：一条严格的抽象规则（禁止使用对角线方向的量子）和一个自由的装饰图案——一条特殊的螺旋线（curl），能从字母"n"和"u"中清楚地看出来，"自由"的意思是装饰图案可随意翻腾、旋转——相互作用，产生了这套字体。Square Curl 还涉及一种打破常规的方法：这套字体中字母的上升笔划和下降笔划都比正常情况要短，具体表现为它们并未触及相应字母上升笔划区的顶部或下降笔划区的底部。这种打破常规的方法和该字体特有

概念与类比
模拟人类思维基本机制的灵动计算架构

的螺旋线装饰图案会产生某种共鸣，受其影响，一些 Square Curl 字母（如"a"和"e"）带有的螺旋线装饰图案也将包含一个未延伸至触及正常位置的角色，这似乎暗示：其他角色在某种意义上"未延伸至触及正常位置"也是合乎情理的了——就像 Square Curl 字母"g"和"y"下降笔划的水平段，或 Square Curl 字母"s"和"z"的尖端等情况一样。

Square Curl 字母"i"和"j"顽皮地违反了字母设计者久经考验的惯例——根据这一惯例，这些字母顶上的圆点高度应该比那些带有上升笔划的 Square Curl 字母（如"b"和"k"）的顶部更低，或与后者等高，但高于后者就有些说不过去了。我们可以认为这两个点的高度同样打破了一项常规，尽管如此，它们却并未毁掉整套字体，反而增加了它的韵味。这体现了设计工作的一条通则：（新手）若出于无心打破常规或违背准则，结果常常很糟；而（专家）故意为之的结果则一般还好。专家们通常拥有敏锐的判断力，知道情况什么时候会变得有趣，什么时候又该全身而退；而新手往往连一点迹象都看不出来。

- Checkmark：这套字体得名于一个自由的装饰图案，它呈对勾（check mark）形，原本的形状则与 Checkmark 字母"r"一模一样，其旋转、反射、变形和/或截短后的版本在这套字母表中随处可见。Checkmark 字体的另一个重要主题是其字母外观的"不完整性"——其中存在大量缺失和空隙。以 Checkmark 字母"a"和"b"为例，二者都涉及因线条较常态更短而形成的空隙。这种"缺失"或"不完整性"在 Checkmark 字母"h"和"y"上表现得更为明显。另一方面，其他一些 Checkmark 字母又带有"富余"，比如"j"、"n"和"u"。显然，同为 Checkmark 字母，"j"借鉴了"g"和"p"下降笔划的一些特点，但或许有些过于生搬硬套了，这让它作为相应字母的一个范畴成员显得不大典型。当然，这是一种非常主观的评判。"k"则是一个更有意思的例子，表明有时单一的 Checkmark 字母也会兼具"缺失"和"富余"的特性。

第 10 章　Letter Spirit 的美感和创造性活动：
　　　　在罗马字母表这一内涵丰富的微领域中

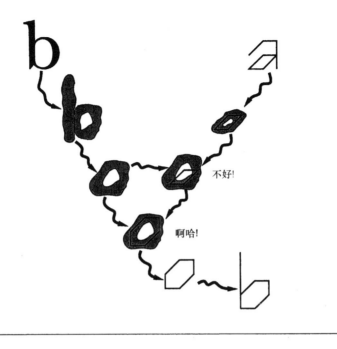

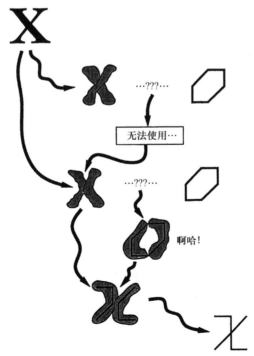

概念与类比
模拟人类思维基本机制的灵动计算架构

图 10-10　两个 Benzene 字母的创造性设计过程图示：上半部分呈现的过程发生在 Benzene 字体设计活动的早期（此时这套字体尚未得名）。一开始，我们只有单独的"种子"字母"a"，如右侧所示。由于柏拉图字母"b"包含"立柱"和"闭环"两个角色有待实现，Benzene 字母"a"中的环形图案——一个小小的菱形——或许能够派上用场。但这个想法有些不尽如人意，因为使用菱形图案会让 Benzene 字母"b"的"闭环"角色位置过低。（我们能不管不顾地落实这个想法吗？当然可以，但这样一来，就会生成一种完全不同的风格，其特点很有可能是"b""d""g"等字母中的环形图案一律位置过低。由于初始输入"a"极为雅致，而且非常靠近其字母范畴的中心，为忠实于这种"精神"，我们也应该尝试让"b"尽可能地雅致且具有代表性。）如果能将这个小小的图案放大到理想的尺寸，同时又精确保留其形状，那就再好不过了！但网格的约束作用又使鱼和熊掌不可兼得。不过，将这个图案颠来倒去把玩一番，你就会发现，它能在网格约束下转化为一个"精神"意义上的近亲，也就是一个六边形的"苯环"。对整套字体的设计来说，这个发现是一次重要的飞跃。新图案被尝试性地用于设计 Benzene 字母"b"，产生了相应范畴的一个成员，而且非常典型。万岁！这个六边环形很快成为了主导性的装饰图案，被用于设计剩余的字母，并将自己的"前浪"——也就是 Benzene 字母"a"中的菱形——拍在了沙滩上。

下半部分呈现的过程发生在 Benzene 字体设计活动的最后阶段。若采用交叉线方案，柏拉图字母"x"就似乎无法使用当前根深蒂固的苯环状装饰图案。这个障碍迫使我们考虑激进的选项：将"交叉线方案"更换为"新月方案"，并将两道抽象的"新月"角色与苯环状装饰图案进行比对，结果令人惊喜——"苯环"的右半部分可用作左侧"新月"，而左半部分可用作右侧"新月"。因此，我们将"苯环"拆成两半，让两道"新月"背靠背"吻合"在一起（注意这里的混合隐喻！）。经检查，新图形因体现了很强的"x-性"而被采纳。讽刺的是，此时在我们看来，该"x"更像是由一对交叉的斜线，而不是一对吻合的"新月"构成的。

- **Funtnip**：显然是这四种字体中最复杂的。它有多个主题，其中之一就是：在任一 Funtnip 字母中，总有一条水平线或是穿过网格的整个中间区（如 Funtnip 字母"a"、"i"和"k"），或是穿过它的一部分（如 Funtnip 字母"f"和"m"）。只有"c"和"r"违背了这条规则。另一个重要主题是所谓的"不对称箭头"，这是一个自由的装饰图案，在 Funtnip 字母"o"、"p"和"q"中最为明显，在许多其他字母中也部分可见。

第 10 章　Letter Spirit 的美感和创造性活动：
在罗马字母表这一内涵丰富的微领域中

这套字体还有一个重要的主题：上升笔划和下降笔划不能位于字母的左侧或右侧，而要位于其中间！如此违背准则显然有些离谱。以"p"和"q"这两个字母为例，由于它们最为重要的区别就是下降笔划的位置，要应用这一主题，我们就非得将其各自的"小碗"设计得非常不对称，让它们体现（通常由茎干所体现的）字母同一性才行。好在这事也办成了。

除此以外，Funtnip 字体还有一系列微观主题，比如：一些 Funtnip 字母的基线位置有一条长度不等的水平线（这个特点在前四个 Funtnip 字母中都有，然后就只偶尔出现在某些字母，如"k"和"n"中）；Funtnip 字母"a""e""s""z"中有一截多余的小"刺"；以及"i"和"j"顶上的小点在其对应的 Funtnip 字符中就像个根号——这也让整套字体看上去更加灵动活跃。以上设计思想看似互不相关，它们混合而成的奇特大杂烩却拥有某种强烈、完整而独特的视觉风格。怎么会有这种事情呢？

免责声明：关于像 Funtnip 或 Checkmark 这类复杂、大胆且包含多个主题的网格字体到底是如何生成的，目前还并没有一套真正的理论。我们给 Letter Spirit 定的目标要谦虚得多——它只需生成 Standard Square 那样的字体即可（见图 10-6）。实际上，就连一些似乎不那么离谱的任务（比如从已知图形"a"出发创建整个 Benzene 字母表），其难度也远非我们的程序所能企及。

创造网格字体：全局视野

根据我们自己的经验，设计一套网格字体需要的时间从十分钟到数小时不等（当然作品成型后还要做一系列检查和微调），其中包含大量微观操作，有的非常机械，有的极富创意。一个典型的设计活动（大到从

概念与类比
模拟人类思维基本机制的灵动计算架构

零开始创造一个完整的网格字母"k",小到在网格字母"k"的成品基础上改变一个量子)在整个设计过程、全部网格字母和所有抽象水平上引发的一系列反响会在字母表范围内往复回荡,该过程在很大程度上受字母范畴间先验关联的引导。

这点值得展开细说。假设一个设计师有"种子"字母"o",在此基础上,他能轻易设计出"c"(只要在右边开个小口),继而根据"c"设计出"e"(加一条"横杠"即可)或"d"(在右侧加一根"立柱"就行)。然后,他就能从"d"出发,设计出"b"、"p"和"q",这要用到旋转和反射的技巧。"q"能引出"g"(只需将"尾巴"弯一弯),"g"又能引出"y"(让"闭环"向上开口,再捋直"尾巴"),将后者旋转180度,又成了"h"。显然,把"h"的上升笔划截断,就得到了"n",在"n"的中间加点儿什么又成了"m",之后还可以将"m"倒置过来,看看新图形能否作为"w",如果可以的话,"w"又会提示他设计"v"和"u"(当然,"旋转'n'"也是一个创造"u"的好点子)……就这样一直继续下去。最终,一套风格稳定的网格字体会从大量类似的(字母间)提示和(字母内)精炼中完整地涌现出来。

人类设计师如果对一套方案中的特定字形感到不满,或发现该方案中不同字母的特征彼此冲突,就将产生后续设计的动力。Letter Spirit 要忠实再现人类的创新机制,就必须识别并解除这些冲突,以创造一种连贯的风格。冲突有时相当微妙,需要精细的艺术判断。因此,程序必须能够模拟人类发现冲突、诊断冲突以及就解决方案提出合理建议的能力。

设计过程中的任何决策除影响当前字母外,还将影响其概念上的一众近邻。比如说,关于如何实例化"b"中"立柱"角色的特定决策可能会对"d"的"立柱",以及许多其他带有"立柱"角色的字母的设计产生深远影响,甚至可能显著影响"p"和"q"中的"茎干"。当然,这种影响的程度和类型高度依赖于特定的风格,因此绝非机械化、公式化的。举个例子,在大多数较为传统的印刷字体中,"茎干"和"立柱"间的类

第 10 章　Letter Spirit 的美感和创造性活动：
　　　　在罗马字母表这一内涵丰富的微领域中

比关系非常紧密；而在另一些印刷字体中，这两个概念是相互独立的。如果一个设计师在头脑中有意识地将二者"断连"（即不再承认它们"自然"或默认的类比关系），这本身就是一个关于字体风格的重要决策。

一个字形的多数特征都可能会对整套字体的各构成项产生不同程度的影响，除了为有待设计的字母提供灵感外，这种影响的传播很可能迫使我们对某些字母的"成品"进行大量回溯性的调整。一个设计决策可能"触发"其他决策，继而又产生更多的决策，就这样呈链式发展下去。

最终，当这套"链式反应"传遍了整套字体，所有字形都将拥有很高的内部一致性，一种清晰的风格就开始涌现了。某些残留的不一致性会导致张力，随着这些张力的不断减退，大规模的调整也将不再必须。一些微小的变化还会继续，但总体而言，主要的创造性活动已经完成了。

内部一致性以一种缓慢而坚定的步调在整套结构的创建中逐渐成型，这个渐进性、串行性的过程被称为"一致化"（uniformization），是真正的创造性活动不可或缺的一部分。所谓"真正的创造性活动"最令人喜闻乐见的例子包括音乐、诗歌与散文的创作，绘画或雕塑艺术，科学理论的发展，乃至人工智能程序的开发及相关论文的撰写。

显然，要模拟这样一个动态的创造性过程，需要依赖高度复杂的架构，这正是我们现阶段的目标：设计、调试和运行一个架构，并在此基础上开发有效的 Letter Spirit 程序——接下来，我们就将描绘这个架构。

涌现式加工的实现

Letter Spirit 架构的搭建利用了研究小组的一系列早期成果——大都来自 Copycat、Tabletop 和 Jumbo。但是，Letter Spirit 与这些程序存在许多重要的差别，其中最为明显的，或许便是 Letter Spirit 的范畴拥有非常复杂

概念与类比
模拟人类思维基本机制的灵动计算架构

的内部结构——将整体分解为角色，再将角色分解为带有权重的抽象特征，等等。也就是说，与研究小组早期作品中的概念相比，Letter Spirit 中概念（特别是 26 个柏拉图字母的概念）的结构和行为要复杂和丰富得多。

在这个模型中，所有的知觉和创造力过程都是涌现的，意思是，它们源于大量独立代码子的运行。代码子是实施具体计算的微智能体，它们能以一种（模拟的）并行的方式创建、检验和修正一系列结构，这些结构能对部分、角色、字母、风格特征等进行表征。程序会向一个被称为"代码架"的结构持续输送代码子，它们在那里等待运行，就像聚在一个随机的等候区。标准操作系统会为队列中的进程分配周期性的 CPU 时间片，这种分配是确定性的：进程必须有序轮候等待运行。而代码架的特点是基于概率的行动选择。每个代码子都带有一个迫切度，其数值决定了它下一步被系统选中运行的概率。代码子可能的运行效果与已经创建的结构之间的一致性越强，它的迫切度水平就越高。

代码架是 Letter Spirit 的随机控制中心。程序的任何行动——包括黏连、标记、扫描、匹配、调整、重组、拆解……诸如此类——都是由代码子实施的。就其自身而言，单个代码子的运行效果都很不起眼，但这些彼此独立的效果会相互影响，使大量代码子的集体行为呈现出逻辑和条理性。

我们可以想象一幅这样的画面：成百上千只微不足道的蚂蚁或白蚁能建造出各种恢弘的构造，如蚁穴中坚固的立柱或拱桥。蚂蚁们在工作中既各自独立，又相互配合。在这个隐喻中，蚂蚁就好比代码子，而拱桥则对应知觉结构。可见知觉结构的建立是一个非确定性的，同时绝非偶然的过程。连贯而有条理的知觉背后是大量微观概率决策，每一个这样的决策本身都无关紧要、可有可无。

随着旧代码子的运行和"消逝"，程序会创建新代码子，并将它们推上代码架。新代码子的创建有两种方式：一是作为已运行的代码子的"跟

第 10 章　Letter Spirit 的美感和创造性活动：
　　　　　在罗马字母表这一内涵丰富的微领域中

进"代码子，二是在加工进行到一定阶段时被自动推上代码架。因此，某一时刻代码架上有多少代码子会根据系统的需要动态调整。每个代码子只要创建出来，就会被分配一个迫切度，代表程序对其潜在活动的重要性和效用的评估（该评估通常相当粗略）。那些似乎最有可能完善不断的演进的知觉结构的代码子迫切度最高，因此它们被选中运行的概率也最大。相反，分配给那些前景似乎不太明朗的代码子的迫切度则较低，它们可能得轮候很长的时间才有机会运行。这种对代码子的"有偏随机选择"确保了即便是低迫切度的代码子也多少会有运行的机会，同时又能有效规避漫无目的的加工行为。

在一段相当长的时间内，不同进程的穿插交错很像是某种"分时机制"的产物。（一个进程是由许多代码子构成的，事后回看，会发现这些代码子彼此协同运行。）但它与经典分时机制的重要区别在于，对代码子的概率选择会导致不同进程以不同速度推进，而速度本身又会随时间的推移而调整，以利于程序优先探索最有前景的方向。由于单个代码子本身的运行效果微不足道，在某个时刻程序是否选中了某个代码子其实并不重要。重要的是某些大方向作为整体，其推进速度要快于其他方向。基于迫切度的概率选择确保了这一目标的达成。

这种涌现现象构成了所谓的"并行阶梯扫描"。所谓"并行阶梯扫描"，指的是根据对特定路径的前景评估为期分配加工资源。这一策略支持多个方向的并行探索，与基于遗传算法的检索和"多臂赌博机问题"的解决方案十分相似（Holland et al, 1986）。

需要注意，Letter Spirit 的所谓"进程"与经典分时架构中的"进程"是两个非常不同的概念。在经典分时架构中，一个进程在运行前就已经确定了，因此可以在概念上将其分解成任意粒度的碎片。而在 Letter Spirit 中，进程只是某些代码子运行的结果——我们无法事先预测到它，或将它描绘出来。事实上，Letter Spirit 中的进程只存在于旁观者的眼中——它们并不是什么客观存在的东西。

概念与类比
模拟人类思维基本机制的灵动计算架构

四种全局性的内存结构

Letter Spirit 正逐渐落地，该程序拥有四种动态内存，在不同的具体化水平上对图形形状（及相关概念）进行加工。这四种内存分别是：

- 便笺存储（Scratchpad）：可视为一张虚拟的白纸，用于记录和修改给定字体的所有字母。这样看来，它其实更像某种外部记忆而非心理活动。

- 概念内存（Conceptual Memory）：永久性知识的存储区，程序对其任务领域的理解便来源于此。关于每一个概念的永久性知识包括以下三个方面：（1）一套范畴成员资格标准，粗略地说，规定了如何根据一些更基本的概念（角色）识别当前概念的不同实例；（2）一套外显常规，它们附属于角色，有助于区分当前概念的哪些实例更加古怪，哪些更加典型；以及（3）概念周围的联想光晕，由当前概念和一系列相关概念之间的连接构成，当前概念在"概念空间"中的位置基本可以根据它与什么最为相似判断出来。

- 视觉焦点（Visual Focus）：关于给定字形的知觉发生地。在这里，表征给定网格字母的知觉结构被建立起来，并收敛为对其范畴和风格的稳定理解。重要的是，在一个网格字母被设计出来后，程序的一些智能体要能（以最好是不带偏向性的方式）重新审视它的外形，以判断一个局外人能否轻而易举地确定它的意向范畴，以及是否会认为它与同一网格字体的其他成员风格一致。这一切都在视觉焦点发生。顺便说一句，对"创造者"而言，后退一步，以某种客观的、更富全局性的视角看待一个刚刚创造的事物，这种能力是绝对不可或缺的，但要获得这种能力却极其困难。

- 主题焦点（Thematic Focus）：一套动态变化的、关于当前网格字体风格本质的观点。程序会观察成型的网格字母，记录其设计特

第 10 章 Letter Spirit 的美感和创造性活动：
在罗马字母表这一内涵丰富的微领域中

征，如果它认为某些设计特征形成了特定的模式，就会将这些模式作为风格的决定因素。也就是说，它会将这些模式提升为显性的主题。（主题是一些观点，就像装饰图案或抽象规则那样，会作为"压力"对未来的设计决策发挥积极的指导作用。）

这四种内存可粗略类比为一些人们更加熟悉的心理/计算机概念。便笺存储（如前所述）好比某种外部存储设备；概念内存好比一套永久性的语义记忆，其中既包含关于系统全套概念的陈述性知识，也包含相关的程序性知识；视觉焦点好比一个亚认知水平的工作空间，也就是类似缓存的超短时工作记忆，但其中大多数并行知觉过程都发生在阈下，它们一同对形状进行快速的视觉分类，程序提取最终结果后在认知水平上加以处理；最后，主题焦点好比一个认知水平的工作空间，它是程序的工作记忆，相应加工过程发生在阈上，速度也更缓慢些：系统会将具体知觉对象的抽象特征提取出来，并加以存储、对比和修正。接下来，我们将进一步细化这些内存结构。

便笺存储——用于创建实验性的字形，并加以严格检验。在一次运行初始，它是空白的；而在运行终了前，它将包含至少 26 个完整的字形。之所以说是"至少"，是因为程序当然可以为给定字母创建并存储多个替代方案。这在人类设计师的工作过程中相当常见，而且我们也没有理由强迫程序完全放弃它自己的某些"想法"，即使它最终可能偏爱另外一些。事实上，某些"功亏一篑"的字形经常成为我们一窥整个创造性过程的窗口，而且经常可被用作另一套网格字体的"种子"。

请注意，通过这种方式，至少在理论上，程序可以自行生成"种子"，而不是只能基于人类输入"种子"创建一套新的字体。这很有意思。你可以设想一个完全自我驱动的创造力模型，它会在完成一套网格字体后，又"渴望"从某些被否定的方案出发，设计新的网格字体！

便笺存储的具体结构相当简单，两句话就能说明：它只包含任意数

概念与类比
模拟人类思维基本机制的灵动计算架构

量的网格，每个网格都是一个 56 比特的数据结构，记录了该网格的 56 个量子中哪些被调用了（即状态为"开"），哪些没有（即状态为"关"），同时，还有一个可选的范畴标签，指向当前网格字母的意向范畴（类似于在说"这应该是个'k'"）。当然，给定的一套量子是否共同体现了"k-性""g-性"或别的什么字母属性要留待视觉焦点加以评判。

概念内存——为任务领域中的每个概念提供了相应的内部定义结构和局部概念邻域。粗略地说，一个概念的"内部定义结构"就是当前概念的规格说明，由一套更基本的概念写成，它的两个方面分别是范畴成员资格标准和外显常规；而一个概念的"局部概念邻域"则是它在概念空间中与同级概念间的连接，它构成了概念周围的联想光晕，其主要功能是支持概念的可滑动性，意思是，在足够强大的压力作用下，概念本身可能"滑"向其联想光晕中的其他概念，后者与它越是接近，发生这种"滑动"的概率就越高。也就是说，程序会尝试邻近概念，并可能将其接纳为当前概念的替代品。接下来，我们对概念的这三个方面分别多说几句。

范畴成员资格标准指定了一系列知觉标准，用于判断当前概念的范畴从属关系，不同的标准带有不同的权重，反映了它们的重要性水平。大略地说，指定不同权重的判断标准，是为了将当前概念"还原"成一系列更加基本、更贴近句法水平的观念的集合。（比如说将一个完整的字母"还原"为一系列相互作用的角色，或将一个角色"还原"为彼此键合的量子所体现的一系列权重不同的特点。）

相比之下，那些语义水平的概念，或至少是其语义水平的角色或 r-角色有一系列外显常规，正是这些外显常规让那些致力于强化概念弱实例，或在不完全放弃范畴成员资格的前提下弱化概念强实例的智能体得以明确概念的"核心"。外显常规参与构成了程序关于其任务领域内每个范畴内部结构的陈述性（阈上）知识。

第 10 章 Letter Spirit 的美感和创造性活动：
在罗马字母表这一内涵丰富的微领域中

一个概念的联想光晕由一系列长度不等的连接定义，将它与一系列其他概念关联起来。这些连接的长度并不固定，而是始终处于动态变化之中，它们编码的信息包括：字母之间的标准相似性（比如"n"旋转 180 度就成了"u"）、角色之间的标准类比关系（比如"立柱"和"茎干"），以及在指定某种打破常规的方法时使用的描述符之间的概念接近性（比如"高"是"低"的反面），等等。

关于字母间标准相似性的知识有两种功能：不仅有助于设计新的字母（比如说，旋转已经设计完成的"h"，是首次尝试设计"y"时一个很好的启发式），而且有助于在一个字母可能与其他字母混淆时发出预警。（比如说，"b"和"h"这两个范畴足够接近，因此一个在设计意图上从属于其中之一的图形很容易落在另一字母的光晕范围内。）

从任一概念向外辐射的一系列连接构成了这个概念的光晕——其中沐浴着最接近的、有可能替代它的概念。只要情境压力足够强大，当前概念就可能"滑"向它们。我们很快就会看到一个例子，展现了一个字母的设计工作如何在另一个字母的风格影响下展开，其中概念滑动扮演了非常重要的角色。

视觉焦点——程序在此借助一系列步骤识别单个字形，整个过程如图 10-11 所示。一开始，系统会以某种句法性的（即纯粹自下而上的）方式将属于该字形的量子融合在一起，形成一种具有先验知觉合理性的简单的微结构（稍后我们就将解释这一切是如何做到的）。

在某种意义上，下一步才是最微妙的，因为句法和语义终于碰上了——也就是说，由知觉加工注入的"范畴的特定性质"终于开始显现。具体而言，程序会审查一个字形一眼看去自然而然的组成成分——我们叫"部件"——将其认定为当前字母中某些角色的潜在扮演者。"部件"与"角色"的"中间人"或曰"媒介"是一些语义标签，它们描述了这些已创建"部件"的简单几何特性，并将有选择性地"唤醒"有望匹配这些

概念与类比
模拟人类思维基本机制的灵动计算架构

440

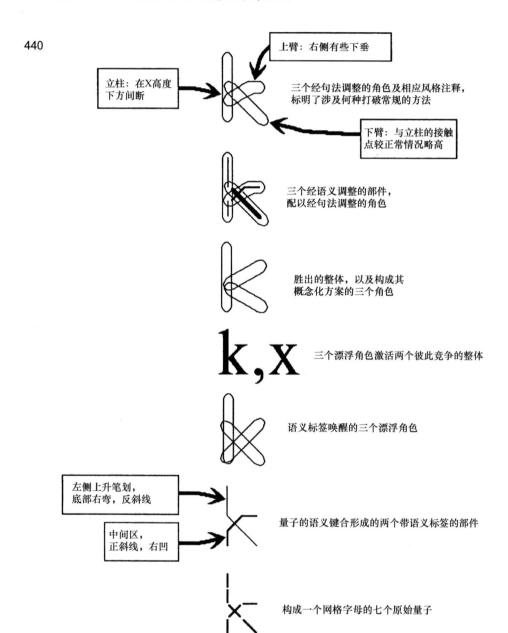

第 10 章 Letter Spirit 的美感和创造性活动：
在罗马字母表这一内涵丰富的微领域中

图 10-11 视觉焦点的整个识别过程。最底部呈现加工之初，一组独立的量子被看作字母表中的某个字母。一开始，基于格式塔的自下而上的聚集启发式建议程序将一些量子构造为部件。每个部件都附带有相应的语义标签，这些语义标签共同唤醒了一些漂浮的角色（角色的唤醒完全是一个自下而上的过程，而不是某些特定的字母概念自上而下地推动实现）。从部件到角色的转换跨越了句法—语义阈。漂浮的角色共同激活了一个或多个整体（完整的字母概念），后者开始自上而下地施加压力。激活水平最高的整体会选择一套概念化方案（即一系列彼此协调的角色），并努力将该方案所含的抽象角色与间接激活这些抽象角色的具体部件匹配起来。为此，角色将指导重组，如部件的裂变或融合，以及部件之间的量子互换，等等。这就是对部件的语义调整。正如部件要接受调整以更好地适应角色那样，角色也要被迫接受不太理想的配对。这些妥协构成了所谓"打破常规的方法"，也成为了各种风格的源泉。称其为"妥协"是恰如其分的，因为最终配对的双方是经句法调整的角色和经语义调整的部件。（需要注意的是：鉴于角色并非具体形状，而是一系列"常规"，最上部的两幅图片所呈现的角色的扭曲完全是隐喻性的，只是为了表明一个角色必须在概念水平"做一些让步"，才能与一个已接近其理想标准的部件相匹配。）

部件的角色。一旦某些角色被激活，它们又将指向一个或多个字母概念，或"整体"。至此，一个自上而下的知觉阶段就开始了。具体而言，激活水平最高的整体会选择当前字母的一套概念化方案（实际上就是一系列彼此协调的角色的集合）并推动其实现。也就是说，这套方案涉及的角色会对调整一个或多个部件施加自上而下的压力，这些调整包括将某个部件一分为二，或将两个部件融合为一（甚至让它们彼此交换量子），总之要让经语义调整的部件更适于扮演当前字母中的角色。

在识别过程的最后阶段，各部件或角色彼此适配，并能令人满意地实现恰好一个整体。此时不应有任何强大的竞争者并存，否则程序将认定当前整体（即字形）的理想程度较低。

一旦确定了当前字形的范畴，就必须将其风格属性也提取出来。或许最基本的风格知觉涉及审视给定部件如何扮演其对应角色，以及创建

概念与类比
模拟人类思维基本机制的灵动计算架构

"风格注释"对已经发现的任何打破常规的方法（如"弯曲的横杠""独立的小碗""未接触基线的立柱"等）加以总结。

任意一种打破常规的方法本质上都是关于如何"扭曲"某个角色的，也就是说，它涉及某个角色如何"妥协于现实"。在这个意义上，对部件的语义调整与对角色的句法调整体现了一种对称的二元性。

风格知觉的另外两个成分是"过滤"和"聚焦"（详见 Hofstadter, 1979 第 19 章有关邦加德问题解决架构的论述）。过滤的意思是忽略一个形状的绝大多数方面，只关注它可能拥有的全局性抽象特点，如缺少对角线、含有许多开口 135 度的钝角，或整体较窄，诸如此类。聚焦的意思则是专注于某个特定的局部区域，如上升笔划区的顶部，并将一个形状从该区域提取出来。而后，被提取的形状将用作一种可能的装饰图案。当然，这些距离讲明白如何知觉一个字母的风格属性还差得远，但读者们对故事后续展开的方向应该能有一个大致的感觉。

主题焦点——既是风格观念的裁判庭，又是其存储地。更具诗意的说法是，主题焦点是"精神逐渐结晶的场所"。只要视觉焦点知觉到了一个字母内部的某种风格属性，它就有机会被转移到主题焦点，成为向整个字母表传播的候选项。粗略地说，一个特定的风格属性越是在不同的字母中频繁地出现，它就越有机会"升级"，也就是说，从一个无足重轻的偶然发现升级为一个经正式认可的驱动力或指导原则——换言之，升级为一个"主题"。

在创造一套网格字体的过程中，只要一种新的风格属性被"升级为主题"，一个默认的假设就是它不可滑动（即强制水平最高）。根据定义，默认的假设是不会被注意到的，因此在一开始，程序会毫无异议地忠实于新的主题。但是，如果接下来的一些字母或精神引发了足够激烈的冲突，就将形成压力，使程序对其自动设定的假设产生怀疑。届时，新主

第 10 章　Letter Spirit 的美感和创造性活动：
在罗马字母表这一内涵丰富的微领域中

题的强制水平就将由原先的内隐缺省值转化为一个外显的可调变量。要"挖掘"任一主题的强制水平，其前提都是足够强大的压力，但所有主题的强制水平最终都受程序的控制，因此原则上它们都可以在设计过程中被篡改。我们可以认为：有能力识别并操纵这些强制水平的系统具有某种类型的高层自我觉知，它们所产生的风格将更具智慧，也更加复杂。

每一种风格属性（及对应的强制水平）都被外显地表征于主题焦点，因此它们是"全局可访问"的。意思是，它们既能被程序的智能体所觉察，也能被这些智能体所修改。可见，主题焦点将一种风格的所有方面都置于程序自身的完全控制之下。

创造性过程：可预测的不可预测性

"升级为主题"在创造性活动中极为普遍，尽管还没有多少人认识到这一点。我们可以设想一位人类设计师要开发一套网格字体，该过程始于某个"种子"字母的启迪，他会类比地借用该字母的某些方面来设计后续字母，但每一个新设计的后续字母都将拥有自己独特的风格属性。这些属性并非只在"种子"中隐含或暗示，它们是两组完全不相关的约束条件偶然交互的结果：一组约束条件共同确定了（到目前为止）所有设计完成的字母具有何种风格，另一组约束条件则共同决定了他正在处理的字母属于哪个范畴。如果想尽量同时满足这两组约束条件，就需要做出某种妥协。

结果是新形状不可避免地拥有了一些先前字母所没有的特点——不管是装饰图案还是别的微观模式。设计师在视觉扫描时会发现一些这样的特点（这纯属偶然），并将其加入自己对这套网格字体不断发展的风格意识。

这个过程的美妙之处在于，它产生了某种所谓"可预测的不可预测性"。换言之,我们可以指望在新字母的设计过程中,会有不可预测的风格属性作为副产品涌现出来。而后,一旦这些属性被发现并升级为主题,就将对后续字母的设计产生积极影响。当然,这意味着整个过程在某种意义上是递归的——新的字形产生了新的风格属性,继而新的风格属性又产生新的字形,如此往复。(甚至还有一种不太少见的情况:一个字形可能暗示某种风格属性,它会影响一些其他的字母,然后像回旋镖一样掉转过来修改原先的字形本身,从而破坏了自己的发源地!)结果,新的、完全出乎意料的风格属性会源源不断地涌现出来——一开始,这些点子在设计师头脑中根本不存在,若非相互补充的约束条件不断迭代且偶然交互,它们绝无可能产生出来。极端微妙的创造性活动在"风格空间"中描绘的轨迹着实令人难以预测。

四种涌现式智能体及其相互作用

接下来,我们关注四种大尺度活动,它们从海量代码子的运行中涌现出来,并在概念上彼此独立:

(1) 高层概念活动:选择或创建一套概念化方案,而后制订一个字母计划(形成关于某个未设计字母的观点,或改进一个已设计字母的方案);

(2) 中层活动:将一个新的字母计划转译为便笺存储中的一个具体图形;

(3) 相对具体的知觉活动:审查新绘制的图形,并将其范畴化(决定它是字母表中的哪个字母,以及该范畴从属关系的明确性);

(4) 更加抽象的知觉活动:认识新绘制的图形有哪些风格属性,并决定如何对待这些风格属性(包括选择构成某个字形且可能用作装饰图案的部件、关注某个字形的可用单一规则描述的特点、发现打破常规的方法并以"可导出"的方式描述它们,以及记

第 10 章 Letter Spirit 的美感和创造性活动：
在罗马字母表这一内涵丰富的微领域中

录一个新近识别的风格属性是否支持在其他字母中识别出来的风格属性，等等）。

一种方便的说法是，这些涌现式的活动是由四种外显的模块执行的，它们共同构成了整个程序，而且可以分别给予明确定义。（这些模块类似于 Minsky, 1985 中提到的"智能体"。）这些模块（智能体）分别被称为想象体（Imaginer）、起草体（Drafter）、审查体（Examiner）和抽象体（Abstractor），接下来我们就将逐个介绍它们。但是，必须记住这些模块是为了方便描述而假设出来的，它们每一个都只是从巨量代码子的运行中涌现出来的副产品，而且它们的活动相互缠绕不清，无法干净利落地彼此分离。

想象体——这个模块不会顾及由 Letter spirit 的网格定义的约束条件（即"所有字形都由离散量子构成"的事实），它甚至对这些约束条件一无所知。相反，想象体只在角色的抽象水平运行，它的任务是给出关于角色的建议，而后将这些建议交由起草体进行处理。（后者致力于以一种符合网格约束条件的方式执行这些建议，也就是将它们具体化，成为由量子构成的部件。）想象体会提出两种类型的建议：打破常规的建议和重组角色的建议。虽说每一种建议都能造就极为新颖的字母实例，但前者一般要更温和些，因为它们的运作不如后者那般靠近概念的核心。

打破常规的建议：如果一套彼此交互的角色（也就是一套特定的概念化方案）已然存在，想象体可能建议其中一个或多个角色以一种或多种方法打破相关常规，典型的打破常规的方法有"将上升笔划的顶部向右弯折""使用短横杠""不要让小碗在 x 字高触碰立柱""将小碗收窄"，诸如此类（这些建议显然不是用英文口语写成的，而是有一套恰当的形式化表述）。尽管这些建议相当具体，但仍需进一步充实后才能在网格上实现。

重组角色的建议：这类建议更为激进也更加深刻，因为它涉及对字母的本质的篡改——换言之，涉及为字母提出新的概念化方案，包括拆解一个或多个已知角色，以及创建新的角色，令其将旧角色的一些特点结合起来。前文中给出过一个很好理解的例子：在想象字母"x"时，我

概念与类比
模拟人类思维基本机制的灵动计算架构

们能从"交叉线方案"转换为"新月方案"。角色的重组非常微妙，因为它完全发生在抽象水平。也就是说，任何时刻都不涉及任何具体形状，相反，想象体处理的只是一些抽象——的确，这些抽象会给人"形状"般的"感觉"，因为它们关乎空间位置，也具有空间功能，但它们终究不是形状。

我们可以再具体一些，想想该如何篡改字母"t"的概念化方案（见图10-12）。很多人都会认为，这个字母中有通过某个"已知点"（更准确地说，该已知点是一个r-角色）的"线性单元"（它是"不太弯曲的细长形状"这一概念的简称），这里有一种非常明确的观点，即"该已知点作为分隔物，将线性单元拆分为两个较短的线性单元"。如果我们将这种"拆分"的观点应用于"t"的上升笔划和"横杠"角色，就能得到四个比较短的线性单元（角色），它们像辐条一样汇聚到一个"中心"（r-角色）。接下来就是重组操作了。原先，位于"西侧"和"东侧"的子单元构成一个"线性单元"，而位于"北侧"和"南侧"的子单元则构成了另一个。现在，我们将这两个线性单元拆分开来，再将其成分重组为两个新的概念单元——一个由"西侧"子单元和"北侧"子单元构成，另一个则由"南侧"子单元和"东侧"子单元构成。

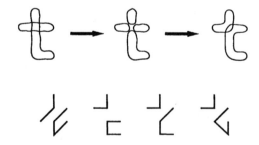

图10-12　对柏拉图字母"t"的默认角色进行概念重组的图示，以及一些重组后的网格字母"t"的样例，它们不遵循默认的概念化方案。

虽然图是这么画的，但我们还得牢记：这些"拆分"和"重组"的操作其实只存在于想象之中，并没有在什么具体的图形上实施。现在，

第 10 章　Letter Spirit 的美感和创造性活动：
在罗马字母表这一内涵丰富的微领域中

我们有了两个全新的角色（当然还有那个不受影响的 r-角色，即"中心"），并能据此以一种全新的视角看待字母"t"——这正是为它创造新字形的新起点。图 10-12 也展示了一些基于全新概念化方案的新字形。构成新方案的角色自有其常规，但它们必然要由先前方案中相关角色的常规衍生而来。

只要创建了新的概念化方案，就能直接将其作为建议交由起草体处理，或额外给出打破常规的建议，并将其与新方案打包移交给起草体。

起草体——与想象体不同，起草体不能无视网格约束条件。实际上，起草体的主要功能就是从想象体那儿接收一批天马行空的建议，并在网格的严格限制下推动它们落地。换言之，起草体要将抽象的想象转化为具体的指令，引导程序在便笺存储中绘制图形。

试举一例：如果要为"t"或"f"设计字形，一个打破常规的建议（比如"缩短横杠"）给设计者留出的自由空间在有网格限制的情况下要比无网格限制的情况下少得多。"t"和"f"中的"横杠"角色通常会被看作由两个量子构成的水平线段，如若遵循建议将其缩短，就只有三个方案可选：放弃左侧量子、放弃右侧量子，以及将左右侧量子都放弃掉。显然放弃掉两个量子就算不至于离谱，也有些太激进了（尽管在有些非常极端的风格中它才是正道），因此起草体十有八九将选择只绘出一个量子，而且这个量子十有八九是水平的（见图 10-19）。接下来的问题就是它该位于上升笔划的左侧还是在右侧了。程序的决策部分取决于当前网格字体中其他字母的先例（比如说，如果"f"的设计已经选择了"在上升笔划的左侧绘出量子"，"t"就可能遵循同样的原则），其他部分则取决于待设计字母作为其范畴实例的强弱水平。

通常，起草体对"上峰"建议的执行是不加批判的，但我们也可以想象这样一种情况：如果有些建议实在难以转化为绘制网格图形的合理指令，起草体也会回过身来对想象体"抱怨"一番，要求它在某种意义

概念与类比
模拟人类思维基本机制的灵动计算架构

上调整其建议。但是,给到想象体的反馈通常都来自知觉智能体,也就是审查体和抽象体。我们很快就将谈到这个无比关键的反馈环路是如何运作的。

审查体——这个模块需要根据一个网格字母的"量子规格",决定它属于 26 个柏拉图字母范畴中的哪一个(如果它确为其中之一的话),以及该范畴从属关系的强度和明确性。审查体的所有加工活动都发生在视觉焦点。由于它比其他三个智能体要复杂得多,我们对它如何运作的描述也会相应地更细致些。

从前述句法操作和语义操作的角度来考虑审查体的工作会很有帮助。句法操作是纯粹自下而上的组块过程,涉及以一种具有知觉合理性的方式将量子组合起来,不论识别出来的图形属于哪个领域——它们可以是罗马字母、阿拉伯字母、孟加拉字母、汉字甚至是图片。换言之,由句法操作生成的组块无关于情境,它们可能由任何经自然演化形成的视觉系统加工而成。

相对而言,语义操作则取决于系统正将图形导入哪一套特定的范畴。以字母为例,这套范畴对应于特定的书写系统,来源于多年的个人经验。因此,即便审查对象完全一样(比如某汉字),一个中国人和一个美国人的视觉系统通过语义组块操作提取出来的图形也必然极为不同。语义操作将对(隶属于知觉加工较早阶段的)句法活动的产物进行调整,包括通过切割或借用子部件将部件增大或减小。最终将生成一套经语义调整的部件,它们与期望的或已知的抽象结构(即语义结构)足够相符。换句话说,源于当前感知刺激的自下而上的结构终将与由先验字母概念知识定义的自上而下的期望彼此"媾和"。

审查体的具体运行大致如下。我们的概述可能给人一种比实际情况更为串行、有序的印象,但这些步骤清晰的描述只是一种近似——实际上,许多进程在时间轴上都有不同程度的重叠。

第 10 章 Letter Spirit 的美感和创造性活动：
在罗马字母表这一内涵丰富的微领域中

审查体的加工活动始于量子水平，一开始是完全自下而上的（见图 10-11）。一组代码子聚在量子周围，概率性地为"种子"字母中成对彼此接触的量子"涂抹"少量"胶水"，在某一对量子的接合点"涂抹"多少"胶水"取决于一系列因素，如相应量子的位置和方向、它们的组合的弯折程度，等等。（比如说，程序会倾向于为构成直线段的两个量子"涂抹"更多的"胶水"。）再次强调，这些致力于为量子"涂抹胶水"的代码子执行的完全是自下而上的句法操作。

在某个接合点"涂抹"的"胶水"越多，相关的两个量子就越有可能键合成为一个知觉单元，也就是一个部件。更具体地说，当"胶水"用得足够多，黏连的图形会被隐喻地"动摇"，意思是，它可能会在较弱的接合处断开，分解成几个部件，也就是几个由少数（通常为 2~4 个）量子构成的知觉组块。需要注意的是，由于字母概念到现在为止还没有发挥作用，这些部件（组块）还是些纯粹的句法实体。

一旦创建了一个部件，另一组代码子会对它进行扫描，并概率性地为其附加任意数量的语义标签（如"直""高""中间区""之字形""左侧""倾斜""开口向右"，等等）。重要的是，这些语义标签只是些近似的描述，带有概率性的"灰度"。比如说，将"直"这个标签附在一个不那么直的部件上是完全有可能的，但这个部件的外观越直，它被加上这个标签的概率就越高。

至此，语义操作终于开始登场。一旦某个部件附上了特定的标签，就成了一条线索，让程序倾向于轻微激活与该标签相关联的一个或多个角色（确切地说，针对这些角色，当前标签至少具有某种诊断性）。比如说，标签"左对角线""直线"和"中心区域"将一同倾向于激活（类似于字母"x"中的）角色"斜线"。

不同标签会对激活不同角色造成一系列细微影响，大量这类影响的加总构成了每个角色的激活水平。角色继而将激活传播至与其相关联的

概念与类比
模拟人类思维基本机制的灵动计算架构

一个或多个整体（也就是完整的字母概念，比如说"a"），所谓"关联"指该角色从属于对应字母已知的概念化方案之一。角色对整体的激活类似于部件对角色的激活，只不过前者层级更高，更接近语义水平。

这样，不同的整体就有了不同的激活水平。它们开始彼此竞争，程序会在那些占优的整体中（概率性地）选出一个，作为后续深入审查的候选对象。要确定该整体与网格字母到底有多匹配，就需要将构成它的角色与已然"摆上桌面"的部件进行比较。不过，由于同一字母概念可能有好几套概念化方案，这些方案也要彼此竞争一番。程序依然会有偏随机地选出胜者（它对一套概念化方案的偏向性取决于该方案下各个角色的激活水平），并尝试将构成胜者的一系列彼此协调的角色与先前创建的物理部件匹配起来。请注意，至此加工过程已经进入了一个自上而下的阶段。

程序为实现角色与部件的耦合，可能需要微调给定部件以更好地匹配给定角色。它可能需要从一个部件或多个相邻部件中取走一两个量子，让部件更适配于角色。同理，那些怎么看都没可能与角色相配的部件只能被放弃或干脆拆解掉。最终，由量子构成的结构源于自下而上与自上而下的加工共同发挥的作用。严格说来，它们不再是单纯的句法实体，还是经语义调整后的部件。在上述"调整和配对"阶段终了，角色和经语义调整的部件应该已匹配得相当理想——至少我们应该能说：程序所审查的字形是某个柏拉图字母的一个像样的范例。（假如事与愿违，程序就应该发出警告，声明当前字形存在严重问题。）

抽象体——关注一种更为抽象的范畴从属关系，即风格的一致性。对特定候选字形，审查体确定它能否被知觉为意向字母范畴的强实例，但这只是第一步，之后，抽象体将确定它能否体现"种子"字母和任何已生成字母的风格特点。这就需要在整个字母表的设计过程中形成一套针对字体风格特点的高级描述。显然，单一字母中不可能包含其所属风格的全部信息，因此随着程序设计出越来越多的字母，它们的风格属性

第 10 章 Letter Spirit 的美感和创造性活动：
在罗马字母表这一内涵丰富的微领域中

必须由一份囊括了整套网格字体的全局列表汇总起来。这份列表当然就是程序的主题焦点。可见全部 26 个柏拉图字母范畴在任意一次运行前就已经包含在概念内存中了，而在单次运行过程中，会有单一的精神范畴在主题焦点逐渐成型。

这个逐渐成型的精神范畴（即风格）类似于一个移动靶。为评判候选字形与现有风格是否一致，抽象体需要在主题焦点中寻找一些如前文所述的风格属性，包括角色特质、装饰图案、抽象规则以及强制水平。然后，程序会为新字母分配一个"风格一致性评分"，依据是有多少先验主题在其中得到了呼应，以及它们的呈现有多鲜明。

此外，抽象体还会尝试从任一新字母中提取新的风格属性，用于扩展不断积累的主题，这些主题共同定义了不断涌现的风格，也就是新的"水平范畴"。图 10-13 展示了抽象体在检视特定字母"t"时可能会关注到的一些风格属性。

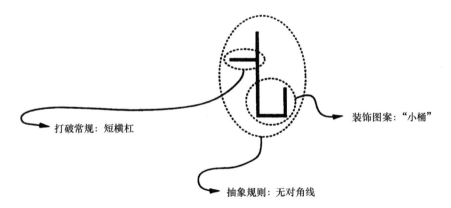

图 10-13 抽象体扫描该特定字母"t"时会发现三种风格属性：(1) 对角线的阻断（一个抽象规则）；(2) 一只"小桶"（一个装饰图案）；(3) 横杠异常之短（一个打破常规的方法）。

程序就算在单一新字母中发现了某个属性，也未必会认为它强到足以"升级为主题"，但如果该属性在其他新字母中也有呼应，就会被强化，其升级并影响后续字母设计的可能性就将大大增加，甚至会迫使程序回溯性地调整一些先前字母的完成品。

前文曾指出，字母设计过程唯一可预测的事实，是风格属性会以一种完全不可预测的方式涌现。我们可以举一个特别简单，同时又非常典型的例子。假设抽象体偶然注意到"种子"字母和新生成的第一个字母均不含任何正斜线。尽管这可能并非有意为之，而只是一个巧合，但抽象体还是可能根据这两个实例进行概括，并在随后的设计过程中严格禁用正斜线。我们很难预测它会不会做出这样的决定，但这样的决定一旦做出，就无疑会产生全局性的影响。在相同条件下的另一次运行中，如果抽象体没有做出同样的发现，或即便它做出了这个发现，但决定不彻底阻断斜线，结果就可能完全不同。

综上所述，认识一些风格特点并对其加以系统地阐述（既不太过具体，也不太过笼统；既不过分刻板，也不过分宽松）非常复杂，因此，抽象体从事的是一份相当微妙的工作。

创造力的中央反馈环路

Letter Spirit 所面临的主要挑战，是程序要在一个框架中完成某些操作，这些操作是它在另一个显著不同的框架中完成过的。对应于网格字母的设计，这两个框架就是两个不同的字母范畴，比如说"b"和"d"。先提供范畴一的某个实例（它可能与这个范畴的中心有些距离），如图 10-14 所示的网格字母"d"，挑战在于将这个实例的古怪之处——也就是它的风格本质——转移至范畴二，或者换句话说，在第二个框架中再现这个实例所体现的精神，尽管这两个框架间不存在任何同构关系。（许多人都会认为"d"和"b"这两个范畴的确同构，因为它们根本就是彼此的空间镜像。这看似有些道理，但绝非事实全貌，我们很快就会看到。）

第 10 章　Letter Spirit 的美感和创造性活动：
在罗马字母表这一内涵丰富的微领域中

什么样的"d"会与这个"b"拥有相同的精神？这是一个典型的 Letter Spirit 问题，虽然它或许很不起眼，但我们还是建议读者重视起来。

请以字母"d"的风格创造字母"b"：

图 10-14　一条典型的类比谜题（为设计风格统一的字母表，程序总要面临这类问题）

要实现上述"精神转移"，唯一可靠的办法就是试误。尝试猜测，然后评价结果，借此改进下一轮猜测，再评价新的结果……以此类推直到最终满意。我们将这个不可避免的、迭代式的猜测和评价的过程称为"创造力的中央反馈环路"。（"环路"作为一个严格的计算机科学术语自有其含义，但这里的"环路"仅指加工活动的强度在不同类型的任务间来回流动。）

要解决上述问题，最容易想到的一步就是取给定字母"d"的镜像，这样产生的候选图形很有一番魅力（见图 10-15 左侧），不幸的是，由于底部并未完全闭合，它的范畴从属关系很不明确。虽说它确实能被看成字母"b"，但我们也能同样自然地将其认作字母"h"。对一个字形来说，这种模棱两可当然并不足取。那该怎么办呢？

弱解"b"　　　　　　　　强解"b"
（太像"h"了）

图 10-15　上述谜题的一个弱解和一个强解

这里有一个明显的"障碍"，它很容易就会让我们想起 Copycat 的类比谜题"假定字母串 abc 可变换为 abd；你会如何'以同样的方式'变换字母串 xyz？"（见第 5 章）。解决这两条谜题的诀窍都是概念滑动——从足够抽象

概念与类比
模拟人类思维基本机制的灵动计算架构

的层面来看，它们涉及的概念滑动其实非常相像。具体而言，就是要将一个概念滑向其反义。当前，这意味着改变字母中"小碗"角色打破常规的方法，将其描述由"底部分离"滑向"顶部分离"。最终生成的图形见图10-15右侧。请注意，这个新图形的范畴从属关系几乎无可争议，与此同时，它在一个相当抽象的层面把握了"种子"字母的主要"精神"。（至于把握的程度是高是低，还是有争议空间的。不同的设计者有不同的评价标准，这些差异也让他们的风格设计活动本身显得风格迥异。）

新设计的字母"b"将与"种子"字母"d"一同为其他字母的设计提供丰富的思路。这个简单的例子能让我们体会一下（至少对人类来说）创造性过程的中央反馈环路是怎样运作的。顺带一提，Friz Quadrata 是本书（英文原版中）最常使用的特排字体，这套字体的设计者为解决"b-d 类比问题"使用了与我们类似的方案（见图 10-16），这个发现真令人欣慰不已。

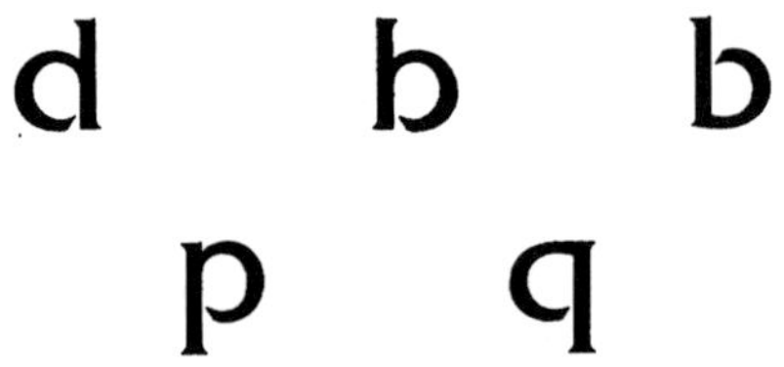

图 10-16 Friz Quadrata 的设计者如何解决同样的类比谜题。左侧字母"d"的"小碗"在底部与"立柱"稍有分离。在它近旁，设计者第一次尝试从"d"衍生出"b"。撇开这种含衬线字体的细节不谈，我们得到了一个字母"b"，它的"小碗"也在底部与"立柱"稍有分离。或许设计者觉得这个字母有那么点儿太像"h"，不论如何，在第一行的最右侧展示了 Friz Quadrata 字母"b"的最终形态。设计者保存了"非闭合"这一打破常规的方法，但将它从"小碗"的底部挪到了顶部，和我们对前述网格字体类比谜题的处理一模一样。为了做一个比较，我们在第二行展示了 Friz Quadrata 字母"p"和"q"，它们的"小碗"都在底部与立柱分离。读者可以尝试一下，能否据此想象出这套字体中的剩余 22 个字母。同理，根据前述网格字母类比谜题中的"d"和"b"，我们能否想象出相应字体中剩余的 24 个字母？

第 10 章　Letter Spirit 的美感和创造性活动：
　　　　　在罗马字母表这一内涵丰富的微领域中

风格：奇特的循环起源

虽然以上字母间类比问题很有代表性，但整体而言，Letter Spirit 所面临的挑战要比这复杂得多。我们的案例（根据"d"设计"b"）将主要产生两种误导：其一，它似乎在暗示每一个新的字母都由恰好一个先前设计的字母经严格类比而来，而实际上任何字母的最终设计方案都混合了许多不同字母的影响。诚然，一个新字母的"设计初稿"通常来源于另一个字母，但初稿一被"摆上桌面"，就要经历一个审查、比较、批判和修改的阶段，在此期间，其他字母的影响也将不同程度地混合进来，让新字母的"血统"不再纯粹。即使一个人最终对给定字母的设计方案感到满意，他也经常会发现还没往下设计几个字母，自己就又被"扯"回了原先的字母，并决定要进一步修改它的字形。实际上，单一字母或整套网格字体的设计工作何时才算大功告成，通常都很难认定。

这就引出了先前案例可能产生的第二种误导：它似乎在暗示"父字母"（即设计工作已告完成的字母）和"子字母"（即设计工作仍在进行的字母）能被明确地区分开来。假如我们在根据字母"d"设计字母"b"的过程中发现了"翻转"技巧并加以应用，新生成的"b"就可能回过头来影响它的"种子"字母"d"（比如说，我们可以再对设计完成后的"b"取一次镜像）。此举将动摇字母"b"和"d"最初看似难以动摇的类比关系，进而在某种程度上破坏整个字母表的稳定性。毕竟，如果每个字母在每时每刻都可能会被修改，这一切又哪有什么稳定性可言呢？有什么是可以依靠的，网格字体最根本的来源又在哪儿？

摆脱这种困境的一个方法，是宣布任何人工输入的"种子"字母都不可改变、不容违逆；这将为所有剩余字母建立一个固定的基础。但是，人类设计师显然不是这样工作的。要更加忠实地还原真正的人类设计实

概念与类比
模拟人类思维基本机制的灵动计算架构

453　践，由便笺存储记录的每一个字母，以及主题焦点中的每一种风格主题都应该有一个稳定值，该数值表明对应的字母/主题在任一时刻应该得到多大程度的尊重。显然，低稳定值的字母更可能从高稳定值的字母处获得提示，而不是反过来。但稳定性本身也会发生变化：程序会定期更新每一个稳定值，相关计算会考虑各种因素，如对应字母是否"种子"字母（这一点还是很重要的！）、是否某个范畴的强实例，以及是否与其他字母及风格"一致"（不管这意味着什么）。

系统要通过加权计算，为每一个字母/主题与其他字母/主题间的"一致"程度打分，稳定值的含义之所以如此错综复杂，原因就在于此。具体而言，与当前字母/主题相"一致"的字母/主题本身的稳定值越高，当前字母/主题的稳定性就越强。也就是说，稳定值本身可用作稳定值计算的权重。可见在稳定性概念的背后，隐藏着一个深刻（但并不矛盾）的循环。

因此，一套网格字体最根本的来源到底在哪儿？答案取决于问这个问题时设计工作进行到了哪一步。在网格字体的设计初期，它的风格来源唯一：完全隐含于人工输入的"种子"字母。而后，风格将扩散至其他字母，变得越来越明确、越来越抽象，其局部化水平也将越来越低。但是，随着主题的凝聚，网格字体的来源也会以某种方式为这些主题所"收容"，并终将再度局部化。但是，光有抽象主题却无具体实例，要确

454　定一种风格还是信息不足。因此，在一套网格字体设计完成后，它最根本的来源将分布于少量主题，以及体现了这些主题的几个关键字母——连后者是否包括"种子"字母都不一定！

这些考虑有助于揭示完整的 Letter Spirit 程序骇人的复杂性。不过，这个程序的核心，或至少是它首先要解决的问题，就像前面谈到的那样，无非也就是单个字母到单个字母的类比罢了。接下来就要看看这些核心问题该如何加以处理。

第 10 章　Letter Spirit 的美感和创造性活动：
　　　　　在罗马字母表这一内涵丰富的微领域中

中央反馈环路的实现

我们现在通过另一个相当简单的字母类比问题，说明创造力的中心反馈环路将如何在 Letter Spirit 中实现，其特点是四种涌现式智能体的相互作用。假设最初输入 Letter Spirit 的只有一个"种子"字母"f"，它的竖划部分十分正常（其顶端拐向右边，之后又向下弯折），但却没有横杠（见图 10-17）。这个"种子"将衍生出哪种类型的网格字母？哪种整体风格？读者可以思考一下，如果是你的话，该怎么从这个"f"出发将其他字母创造出来？下一个你该设计哪个字母，具体要怎么做？

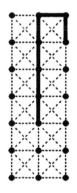

图 10-17　一个可能的"种子"字母"f"，其打破常规的方法相当激进。

一开始，必须识别"种子"字母的范畴（考虑到它的字形如此怪异，这本身就不是一项轻而易举的任务）。为此，审查体被激活了。首先一堆负责"涂抹胶水"的代码子聚到一起，由于某些纯粹句法上的原因，它们往这个图形中竖划顶部的接合点"涂抹"的"胶水"量较少，这样一来，程序会倾向于以此为断点分别确定两个单独的句法部件。我们可以假定这两个部件确实根据句法（也就是"自下而上"地）创建出来了，一个包含四个量子，另一个则包含两个。

在附上了合适的标签后，这些部件将唤醒两个语义角色："立柱"和

概念与类比
模拟人类思维基本机制的灵动计算架构

"弯钩"——由于除此以外图形中确实没有其他的部件，其他角色也就不会被强烈地唤醒。这一对角色进而激活了两个整体——字母范畴"f"和"t"。图形中缺少了"横杠"，这一点对"f"的"上位"有些不利，但它顶部的"弯钩"对"t"则是个坏消息。现在事情似乎有些陷入两难了。但是，我们可以假设：由于"f"的特点与两个已被唤醒的角色高度吻合，程序将当前图形看成是"t"的压力就被比下去了。因此，最终这个图形会被认定为一个非常奇特的"f"，其风格属性主要是缺少了扮演"横杠"角色的成分。因此，系统会为"种子"字母加上"横杠被抑制"这一语义注释（风格注释），以标明它打破常规的方法。（当然，原则上从这个字形中还能提炼出"无对角线"这一可能的抽象规则，我们且将它搁置一旁。）

455 接下来，我们从知觉阶段进入生成阶段。假定"f"和"t"在概念内存中作为一对相似的字母先验地彼此关联，程序下一步就很有可能设计字母"t"。为求方便，假设程序在生成"t"的上升笔划时依循常规，我
456 们只需要关心它将怎样表现这个字母的"横杠"。最显而易见的选择是抑制"横杠"。想象体就像一位出色的模仿秀演员，能轻而易举地做出这个类比，因为"横杠"角色同时存在于"f"和"t"；它所要做的就是将"f"对应的风格注释（即"横杠被抑制"，该注释描绘了这个网格字母打破常规的方法）复制到有待设计的"t"的字母计划中。接收到这一打破常规的建议后，起草体会很快将其转化为一条适用于网格框架的指令，这条指令的意思实际上就是"不要在 x 字高绘制水平量子"（x 字高指的是小写字母"x"顶部的高度）。据此，起草体很容易就能在便笺存储中呈现该字母的网格图形（见图10-18），并将其交由审查体加以检视和利用。

审查体再度派出负责"涂抹胶水"的代码子，很快就将各个量子"黏连"了起来。这一次，由于不存在非常薄弱的接合处，这些量子很有可能键合成为一个单独的部件。系统为这个句法部件附上的一系列标签共同唤醒了角色"上升笔划"，且由于只存在这一部件，再无其他角色被唤

第 10 章 Letter Spirit 的美感和创造性活动：
在罗马字母表这一内涵丰富的微领域中

醒。该角色进而强烈地激活了一个整体——字母范畴"l"。与此同时，该角色还可能微弱地激活字母范畴"t"，原因有二：(1) 当前部件作为上升笔划并未触达"f"的顶端所处的高度，以及 (2) 唯一一个以上升笔划为特点，同时上升笔划的默认高度不及"f"中上升笔划的字母范畴是"t"（如果你对此怀有疑问，可以随便浏览一种标准印刷字体，比如本书英文原版中使用过的 Baskerville 字体）。虽然面临来自"t"的竞争，但"l"依然占据压倒性的优势，几乎肯定会成为最终的胜利者。至此，由于审查体明知程序有意创造的其实是"t"，它会否决现有的设计，并为这个失败的方案提供准确的诊断：它根本没能将"横杠"这一角色唤醒。

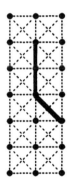

图 10-18　一个非常极端的想法，旨在将与"种子"字母相同的风格赋予概念"t"。意图是好的，结果却不怎么样。

这些信息会被传回给想象体，毕竟，当初正是想象体决定要抑制"横杠"的。这样一来，想象体就同时感受到了源于"字母"（Letter）和"精神"（Spirit）的压力：一方面，它已经知道抑制"横杠"将导致严重后果（这是源于"字母"的压力），但另一方面，它又想在风格方面追随"f"（这是源于"精神"的压力）。鱼和熊掌毕竟不可兼得！

幸运的是，概念滑动提供了一条出路，涉及在概念内存搜寻当前概念"光晕"中的潜在替代品。在概念"抑制"的"光晕"中，想象体发现了一系列颇有些诗意的邻近概念，如"紧缩"（austerity）、"极简"（minimality）、"稀疏"（sparsity），以及虽然不那么文雅，但至少更为简

概念与类比
模拟人类思维基本机制的灵动计算架构

单的概念"少做一点"（underdo）（或是表达类似想法的其他形式化结构）。在因现有方案（使用了概念"抑制"）被否决而产生的压力作用下，想象体很有可能会实施一次"滑动"，也就是尝试将激活从"抑制"概念"滑向"其近邻"少做一点"。换言之，想象体会假设在绘制"t"的"横杠"时"少做一点"可用作次优方案，取代先前完全将其"抑制"的做法。显然，这次滑动构成了创造性突破的关键一步，想象体只需要将这个想法充实一番即可。

想象体必须拥有足够的信息，才能将"少做一点"转译为更具体的操作。为此，它要访问这个概念的内部定义。和所有其他概念一样，"少做一点"的内部定义也是形式化的，它可以理解为"减少……的关键维度"。接下来，想象体就必须访问"横杠"所附带的常规，看看这个角色是否真的带有一个关键维度，以及果真如此的话，该关键维度又是什么。它会发现"横杠"只带有一个常规，该常规涉及尺寸，也就是水平长度。这个幸运的发现让程序得以将含义模糊的提示"少做一点"直截了当地翻译成一条打破常规的建议，实际上就是"画一条短横杠"。想象体会根据这条建议修正字母计划，并将新的字母计划交由起草体处理。

从上面的讨论中，我们知道这样一来，程序的设计方案就会带有一条长度为一量子的"横杠"，它们因此成了范畴"t"的典型实例，风格也极为鲜明（见图10-19）。⊖ 当然，这些网格字母"t"在多大程度上保留了"种子"字母"f"朴素的"精神"还存在争议，但没人能否认作为一种尝试，它们中的任何一个都相当合理。

这个例子表明在某种意义上，程序应该能够理解并模仿"种子"字母的"精神"，而非仅仅在字面上拷贝它的一些特点。"抑制"的概念"光晕"在其中发挥了关键作用，让程序顺利找到了潜在的替代概念，也就

⊖ 在纯哲学层面，"概念内存中'少做一点'之类的术语有其意义"这一观点可在多大程度上被这些术语对程序行为的可观察的系统影响所验证，是一个很有意思的问题。如果程序自行设计了多套高度一致的网格字体，而我们又要完全否认其概念内存中的单词具有语义，似乎就有些牵强了。

第 10 章　Letter Spirit 的美感和创造性活动：
在罗马字母表这一内涵丰富的微领域中

是邻近的"少做一点"。

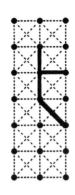 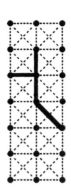

图 10-19　对上述图形的两种微调。每一种都"稀释"了原先的"精神"，但作为补偿，它们让结果更加理想。

在创造力的中央反馈环路中，并非所有反馈都源于审查体。抽象体也能给出反馈，而且与前例不同，有时候对审查体认可的某个字形，抽象体反倒不满意。在这种情况下，抽象体会拒绝该字形，并给想象体发送一条讯息，解释其设计如何有悖于某一条或某几条风格标准（或字母范畴标准，正如"t"的字母范畴标准之一是其应该带有"横杠"）。而后，想象体会据此修正它的建议。

我们假设四种高层智能体的相互作用让程序有能力提出一些建议、批判一些想法、修正乃至放弃一些方案，而后又重新生成一些观点。这完全符合我们关于人类创造力的直觉。公正地说，程序正是借助这类涌现的、不可预测的加工过程自行做出决定的。这与约翰逊-莱尔德（1988）的观点一致，他相信自由意志与创造力紧密关联。我们热切盼望开发出一个如此微妙而复杂的程序，这一愿望能实现到什么程度还有待时间证明。

浅谈字母识别的相关研究

接下来，我们将不再局限于 Letter Spirit 程序本身，而是将它放到近

概念与类比
模拟人类思维基本机制的灵动计算架构

年来一系列相关研究的大背景下。但什么样的研究能算是"相关研究"呢？这取决于如何理解 Letter Spirit 的核心关注。如果你和我们一样，将程序的目标宽泛地认定为模拟渐进的大尺度创造性过程，并深化我们对其本质的理解，那么任何关于创造力、发现或设计的研究都可算作"相关的"了。当然，要列出所有"相关"程序并逐一检查，工作量无疑会大得吓人。我们将在本书结语部分选择和评论一些这样的程序。

另一方面，我们也可以将 Letter Spirit 狭义地理解为一个与字母有关的程序——它的主要任务就是知觉和生成字母。这样，所有旨在识别手写或印刷文件，以及自动化地创造风格一致的印刷字体的程序便都与其"相关"了。字母和单词的识别有很多种方法，大多数都非常实用，但少有程序关注字母的设计，后者的理论化色彩显然要更强一些。实际上，除本章开篇部分讨论过的 DAFFODIL 以外，多年来我们只听说过一个致力于推动字母设计自动化的研究项目——该项目由格雷贝特（Grebert）等人负责，他们有意开发一个能与 Letter Spirit 竞争的程序，使用联结主义方法解决 Letter Spirit 问题。我们将在下一节讨论这个程序。

在那以前，我们要简单地思考一下字母识别。机器识别字母可采用不同的方法，这取决于"识别"（即"认识"）的种类（Gaillat & Berthod, 1979; Mantas, 1986），但无论哪种方法，与我们所使用的审查体都不太像。或许最有可比性的就是所谓的"光符识别"（Optical Character Recognition, OCR），这种非常实用的方法能将以各种标准字体打印的文档转换为机器可读的形式。

尽管许多讨论 OCR 的论文都有耸人听闻的标题——类似于《对任意字体和任意尺寸的印刷字符的识别》（Kahan, Pavlidis, & Baird, 1987），且 OCR 的软件和硬件已普遍商用，但我们只需调研几篇相关文献，就会发现 OCR 的问题远未得到圆满的解决。比如说，卡汉（Kahan）等人（也就是我们刚刚提到的那篇论文的作者）只用六种字体测试了他们的模型，这些字体都是标准的书面字体，一点儿不像广告中经常使

第 10 章 Letter Spirit 的美感和创造性活动：
在罗马字母表这一内涵丰富的微领域中

用的特化文字，更与其他人工设计的网格字体中某些更加怪诞但仍清晰可辨的字形毫不沾边。显然，卡汉等人的论文标题严重夸大了他们实际取得的成就。（还要注意一点，识别不同尺寸的字母在概念上根本不应该成为问题，就像识别不同颜色的字母一样！因此，将"任意字体"和"任意尺寸"并列起来会让人感到有些奇怪，就好像在说二者对程序而言难度相当。）

一个能识别任意字体的系统尚未被开发出来，即便我们所说的"任意字体"只包含一些程序没有见过或没有用于训练的非常普通的印刷字体。事实上，著名的库兹韦尔阅读机（Kurzweil Reading Machine）的开发者、OCR 的先驱人物雷蒙德·库兹韦尔（Raymond Kurzweil）就曾写道（Kurzweil, 1990）："尽管现存的机器能准确识别许多常用的文字样式，但没有一台机器能在足够抽象的水平很好地辨识那些装饰性的文字符号。"库兹韦尔所说的"装饰性的文字符号"就类似于本书"关于小写字母'a'的研究 1"所展示的样式繁多、造型花哨的"a"（见图 10-2）。

一些认知/感知心理学家对形状知觉的研究比 OCR 的开发者们更为理论化，他们强调从视觉刺激出发创建多层结构（Palmer, 1977, 1978; Treisman & Gelade, 1980），这与 Letter Spirit 所采用的方法是一致的。但我们其实比他们还要走得更远些，因为我们相信字母识别不仅涉及自下而上地为字母的句法特征创建多层组块，还主张自上而下的概念压力有助于引导和控制这些自下而上的进程（见 McGraw, Rehling, & Goldstone, 1994a, 1994b）。

我们认为，由我们自己来创建并测试一些替代性的识别架构，以评估 Letter Spirit 方法的相对优劣是很有必要的。Netrec 和 Dumrec 就是两个正在开发的字母识别程序，它们使用了与 Letter Spirit 的审查体/抽象体截然不同的架构，具体可见 McGraw & Drasin, 1993。

概念与类比
模拟人类思维基本机制的灵动计算架构

解决 Letter Spirit 问题的联结主义方法

现在，我们来看一个意在与 Letter Spirit 竞争的程序。格雷贝特等人受 Letter Spirit 任务领域和创造性工作的启发，决定尝试一种纯粹的联结主义方法，并对其解决同类问题的表现进行评价（Grebert et al., 1991 & 1992）。他们的研究似乎有一个潜在的动机，那就是证明联结主义系统善于对实例进行概括，这种能力不仅能用于识别（例如，接触过亚伯拉罕·林肯的多份手稿后，系统将能够识别出一组特定的标记是单词"seven"的一个实例，而且它出于这位总统之手），还能用于产生。为阐明这些说法的意思，以及描绘程序的任务范围，在 Letter Spirit 问题以外，他们还列举了以下"概括式产生"的例子。

- 以梵·高的风格为乔治·布什画像；
- 以"猫王"埃尔维斯·普雷斯利（Elvis Presley）的风格演唱披头士乐队的单曲"I Wanna Hold Your Hand"；
- 以菲律宾前第一夫人，"铁蝴蝶"伊梅尔达·马科斯（Imelda Marcos）的风格采购计算机软件；
- 以特蕾莎修女的风格玩"大富翁"游戏。

格雷贝特等人设计的模型就叫"GridFont"（意思是"网格字体"），这是一个三层前馈网络，能通过反向传播进行学习（反向传播如今已是联结主义系统的标准算法之一，具体可参考 Rumelhart, Hinton, & Williams, 1986）。输入层共有 32 个节点，它们在概念上区分开来：前 26 个节点用于表征字母表的 26 个字母，剩余 6 个节点则用于表征 6 种风格（它们已被用于对系统进行充分或部分的训练）。输出层共有 56 个节点，每一个节点对应网格中的一个量子。中间层共有 88 个节点，分为两套，每套 44 个。在此，我们无需过分关注节点间相互连接的细节。

第 10 章　Letter Spirit 的美感和创造性活动：
在罗马字母表这一内涵丰富的微领域中

一开始，GridFont 网络并没有关于字母表或字母的先验知识。因此，要先使用 6 套不同的网格字体对它进行训练，这些网格字体都是人工设计的。（其中的两套字体——Standard Square 和 Benzene——可见图 10-6 和图 10-9。）网络遍览了其中 5 套字体的全部 26 个字母，但只接触了第 6 套字体（Hunt Four）的 14 个字母（见图 10-20）。

图 10-20　输入 GridFont 网络的 14 个字母（它们都是由格雷贝特等人设计的），目的是要向系统提示一种被称为"Hunt Four"的人工设计的风格。

当我们要使用（比如说）Benzene 字母"y"训练网络时，输入层 26 个"字母节点"中的一个（也就是第 25 个）以及 6 个"风格节点"中的一个会被激活，而后，反向传播算法将被用于强化位于输出层的 9 个节点的激活，它们代表了实际构成 Benzene 字母"y"的 9 个量子。在约 1 万个训练试次后，GridFont 网络能够根据要求，在输出层相当可靠地复制它训练过的 5 套完整网格字体中所有 26 个字母，以及它接触过的 14 个 Hunt Four 字母。

在使用 5 套完整的字体和另外的 1 套并不完整的字体加以训练后，GridFont 网络的任务当然就是将"Hunt Four"的"精神"外推至剩下的 12 个字母范畴。该如何完成这项任务？我们建议读者也可以自己思考一下。

实际上，称其为"网络的任务"是有误导性的，因为"任务"一

概念与类比
模拟人类思维基本机制的灵动计算架构

461 词意味着在这个阶段还需要进一步的处理（如果面对这种状况的是一个人——比如你自己，那的确如此）。但在使用 14 个 Hunt Four 字母训练 GridFont 网络后，无需更多计算，系统关于其余 12 个字母的观点已经作为节点间的连接权重内隐地成型了。只要在输入层激活 Hunt Four 风格节点的同时逐个激活剩余的 12 个字母节点，网络就会直接生成答案，体现为输出层节点（量子）的 12 种激活模式。这些答案可见图 10-21。同一幅图还展示了人类设计者的 12 个 Hunt Four 字母方案，用于横向对比。（我们要提醒读者，具体怎样实施风格外推是见仁见智的，图中呈现的只是一个相对老练且经验丰富的人类设计师在特定时刻做出的一些特定的决定。）

人工设计的 Hunt Four 字形（"靶标"）

GridFont 网络的输出

图 10-21　剩余 12 个 Hunt Four 字母。上一行是由人类设计师创造的，这位设计师也是原先 14 个 Hunt Four 字母的设计者。下一行则出自格雷贝特等人开发的 GridFont 网络。

当然，每个读者对机器给出的答案都会有他的见解，这很好，但我们想补充一些自己的评论。先看这些结果的"纵向"维度，也就是它们在多大程度上与意向字母相符。网络产生的大多数图形都可视为意向字母的普通实例，但也有例外："i""l""t""w"都含有奇特的、多余的线条，会指向一些意料之外的东西，虽然还不清楚是什么；"c""n""v"

第 10 章 Letter Spirit 的美感和创造性活动：
在罗马字母表这一内涵丰富的微领域中

则摇摆不定，因为它们会让人分别想起"e""m""w"，至少有点儿那个意思；至于"z"，则是一件彻头彻尾的"失败品"。

再看这些结果的"横向"维度，也就是它们在多大程度上拥有同样的"精神"。我们能从这些图形中看出一些风格因素，特别是在几个网格字母中间区的菱形装饰图案，似乎让结果具备了更高的可信度。而且网络在"精神维度"取得的最高成就，是它成功地再现了人工设计的网格字母"i"。乍一看，这似乎相当惊人，但我们只要回顾一下用于训练网络的五套完整的字体，就会发现在每一套字体中图形"j"都完美地包含了图形"i"，这样一来，该结果也就不再那么令人印象深刻了。此外，输入字母中有三个在中间区都含有完整的菱形装饰图案，这也在一定程度上"分走"了网络本身的成就。

这些例子所揭示的是，如果在多套训练字体中，两个或多个字母范畴都彼此相似且这种相似性完全相同，则隐藏层中统计生成的分布式表征将利用这一事实，以重叠的方式对它们进行编码。我们刚才说到，在用于训练 GridFont 网络的五套输入字体中，字母"i"和"j"之间都存在相当规则且标准的关系，而且因为这种关系非常可靠，它将作为一条隐含的规则被嵌入网络之中，而后，这条规则当然会在生成测试中得到尊重。此外，"b""d""p""q""g""o"这六个字母的构成成分"小碗"同样在五套输入字体中绝对可靠地重复使用。可见在这个方面，精挑细选的输入字体既非常有用（因为它们为程序提供了刻板的有关字母间连接的信息），同时也很容易产生误导（因为这种刻板的信息只有在最刻板的条件下才有用）。

有时候，人类设计师当然也会利用这类标准的、高度公式化的字母间关系，但这与真正意义上的创造性设计关联不大（如果不是毫无关联的话）：如果一个程序只会使用刻板的图形和绝对可预测的、毫无新意的重叠式编码，那它还远远谈不上具有创造力。创造力源于不可预测、高度抽象且独一无二的连接，这些连接是在由一系列情境相关的特殊压力所引发的微妙类比的基础上自发形成的。这比 GridFont 所做的事情高到不知哪里去了。依靠隐藏层中的分布式表征，联结主义系统能表现得非常聪明，但它们还没有聪明到那个程度。

不管你盯着 GridFont 生成的 12 个字母看了多久，你都不会觉得它们真的拥有一样的风格——假如你将它们与先前输入的 14 个字母结合起来看，这种感觉就更明显了。程序生成的这些字母令人感到有些困惑且不适，这种感觉也很难随时间推移而消失。（没准这 12 个新字母确实在这个非常抽象的"元层级"上形成了一种风格！）

创造性行为不可避免的时间性

我们且不再评价 GridFont 网络给出的答案了，因为这多少有些主观。接下来，我们转而探讨格雷贝特等人研究工作的意义。

首先回顾一下，Letter Spirit 的设计意图，是输入程序一个单独的"种子"字母（或者两三个，但肯定不至于输入整整半套字母表），让它将一种完整的风格外推出来。如果我们将大多数答案免费提供给程序，又能从它的表现中看出些什么呢？显然，GridFont 并没有致力于创造一种风格，而创造风格是我们开发 Letter Spirit 的一大初心。但是，相比于我们主要的批评意见，就连这一点也只是吹毛求疵罢了。

GridFont 网络的主要问题是它完全跑偏了：我们所关心的是当人们从事需要长时间集中注意力的任务时，在他们的心智架构中会发生些什么，这些任务涉及回顾和审视自己做过的事情，并加以评判、调整和抽象，等等——简而言之，就是那些可纳入"创造力的中央反馈环路"的丰富的认知和亚认知活动。在人类的创造性心智，以及正逐渐实现的 Letter Spirit 架构中，一个字母的创造过程所包含的任一设计决定都有可能影响同一网格字体所有其他字母的设计，甚至改变那些按理说已经"设

第 10 章 Letter Spirit 的美感和创造性活动：
             在罗马字母表这一内涵丰富的微领域中

计完成"的字形。事实上，哪怕人们认为自己终于要抵达终点了，此时他们一个小小的决定都有可能引发一系列相关决定，从而导致一场"雪崩"，迫使他们完全彻底地重新考虑先前的每一个决定，并可能重建每一个字母。正是这种内在的不可预测性和不稳定性，让真正意义上的创造性行为如此激动人心。这一切都与我们先前描述的"系统的自行决策"密切关联。

与心智活动这幅动态的、充满活力的画面形成鲜明对比的是，GridFont 网络的字母都是由一个单一的前馈过程产生的，产生过程不涉及问题解决。（从技术角度来说，网络会每次创建一个不同的字母，因为在一个周期中只有一个字母节点会被限定，但输出任意一个字母形式的行动对任何其他字母形式的输出都不会产生后续影响。在概念水平，一套完整的字体一下子就产生了，没有任何对结果的知觉，更没有知觉效果的来回传播。）即便我们假设 GridFont 得出的结果非常出色，但这个架构与真实的人类心智仍可说是判若云泥。

GridFont 的基本套路类似于作曲时同时写出每个小节，却不关心它们该如何衔接在一起。即便每个小节单拎出来都很出色，即便它们都带有同一位作曲家的风格，但还是缺少了一些重要的东西。一支好的乐曲，其创作过程必须包含大量来回活动，把所有部分紧密地编织在一起。同样的道理也适用于作一首诗、画一幅画，以及设计一套字母风格。

著名的印刷字体设计师赫尔曼·察普夫（Hermann Zapf）在《关于字母》一书中提到，他花了三年的时间设计出经典的印刷字体 Optima，图 10-22 中展示了半套 Optima 字母表：

Optima 当然不是一套网格字体，但察普夫耗时三年才告完工这一点暗示我们，对剩余字母实施风格外推势必不像它看上去的那样容易。（即便察普夫只花了三天——或三个小时甚至是三分钟——他也绝不是用一套大规模并行前馈架构做到这些的。）在此，我们邀请读者们尽可能多

概念与类比
模拟人类思维基本机制的灵动计算架构

地推出 Optima 的其余字母。当然，你无需复制察普夫自己设计的精确形状——只要在自己创造的字母中保留他的"Optima 精神"！

ABCDEFGHIJKLM
abcdefghijklm

图 10-22　赫尔曼·察普夫设计的印刷字体 Optima，这里只有字母表的前半套，你能据此将其余字母外推出来吗？

假设 GridFont，或这一程序某个四层或五层的改良版本，有一天开始一套接一套地设计出无可挑剔的网格字体，每套字体都由一两个"种子"字母外推而来（虽然这不太可能实现，但也没什么关系）。它就像一个聪明的国际象棋程序，在定制的超高速专用硬件上运行，并能战胜人类世界冠军。但这完全得益于依靠蛮力的前瞻式计算：国际象棋程序可能每秒评估 10 亿种不同的布局，而人类大师绝不可能使用同样的方法。在某种意义上，计算式博弈的这种胜利（很可能在未来几年内成真）会告诉我们：国际象棋这一领域并不像我们曾经设想的那样有趣或富有挑战性，这真令人遗憾，但它全然无法否定大师们博弈时的心智过程是多么有趣！GridFont 或其后续版本的成功可能降低我们对网格字体这一微观领域的兴趣，但对一个老练的人类网格字体设计师的想法，我们还是会产生浓重的好奇心。无论如何，直到今天，GridFont 本身或"超级 GridFont"的成功还完全是一种幻想。

认知的真相：天下没有免费的午餐

格雷贝特等人（1992）曾对 GridFont 网络做过一番总结，字里行间的傲慢让我们感到吃惊：

本文讨论的方法可用于对各类产生式问题进行概括。最终，我

第 10 章　Letter Spirit 的美感和创造性活动：
　　　　在罗马字母表这一内涵丰富的微领域中

们将有能力搭建一个网络，它能以特定演说者（比如约翰·F. 肯尼迪）的风格发表（比如乔治·布什的）演说。当然，用于训练这个网络的语料库和隐藏的单元表征将比方才描述的宽泛而丰富得多。然而，迄今为止的成功让我们相信：先前谈到的架构及相关考虑因素——关键是隐藏层的形式和连接——对其他领域同样适用。

且不论他们的研究能否谈得上"成功"，我们觉得仅从 GridFont 网络当前的表现，就推测同类系统将来能模拟约翰·肯尼迪的"台风"或梵·高的"画风"，简直是在做梦。这种态度就像一个才打了两天羽毛球的宅男，在院子里跟还在上学前班、同样才打了两天球的妹妹较量一番并艰难取胜后，拍拍裤子上的土，用一种严肃的、毫无自知之明的腔调宣布："不就这么打吗？我明天就去体校报名——明年奥运会我拿到金牌后，你就可以跟小朋友们说领奖台上站得最高的那个是你哥，曾经和你在院子里练过球！"

同样的讽刺之所以并不适用于我们自己，也不会让我们质疑 Letter Spirit 的价值，是因为在搭建这个架构时，我们为使其忠实于我们所理解的创造力的基本原则付出了很大的努力。有人认为，如果一个联结主义的前馈网络依赖反向传播，则对其隐藏层实施恰当的训练后，它将有能力实施一切认知活动。这些人之所以抱有这种天真的想法，只是因为他们不愿意严肃地思考认知本身，而且在每一件事情上都指望所谓的"学习"（实际上，还只是那种最无趣的、通过不断重复实现的学习）。他们相信认知是一顿"免费的午餐"，是由分布式表征实现的。这是前述"布尔之梦"的联结主义类比（见第 2 章结语部分），也和那个梦一样不切实际。

相比之下，我们相信，如果人工智能和认知科学要阐明人类思维，特别是作为创造性引擎的人类思维的工作原理，就必须更加明确地关注概念和类比的层级，并放弃那种不切实际的希望，即这些丰富而复杂的非凡现象会在我们对人工神经元网络实施恰当训练后以某种方式自行涌现。当然，神经硬件是所有概念现象的基础，就像基本粒子物理学是所

概念与类比
模拟人类思维基本机制的灵动计算架构

有物理现象的基础那样。我们关心的是：在夸克和皮质之间，都有哪些中层水平的结构和机制在发挥作用？

Letter Spirit 的任务领域——至少以我们所希望的方式理解——将迫使人们关注那些重要概念的各个方面：它们模糊的边界和难以捉摸的本质、它们的多个抽象水平，以及（尤其是）它们间奇特的、不可预测的连接，这些连接会在一些独特的、意想不到的压力作用下被激活，并在思维空间中开辟出全新的、始料未及的路线。我们坚信，惟有一个明确专注于理解和模拟这类心智（而非神经）现象的架构，才有望揭示这一切的真相。

FLUID CONCEPTS AND CREATIVE ANALOGIES

COMPUTER MODELS OF THE FUNDAMENTAL MECHANISMS OF THOUGHT

结 语

CEPTS
MODELS OF THE
TAL MECHANISMS

ANALOGIES

——— 关于计算机、创造力、荣誉归属、
大脑机制和图灵测试

侯世达

概念与类比
模拟人类思维基本机制的灵动计算架构

一些对计算机和创造力的质疑

在前面的几章（特别是最后一章）里，我们谈到了一些旨在模拟创造性活动的计算机程序，它们规格各异，在几个不同的微观世界中运行。不用说，这些研究并不孤立。几十年来，人工智能研究者已经创建了许多程序，试图理解创造力的各个维度，涉及从最为微观的到最为宏观的任务领域。那时至今日，计算机艺术家、计算机作家、计算机作曲家、计算机数学家、计算机发明家、计算机大厨和计算机足球教练都发展到哪一步了呢？

回答这个问题需要广泛的调研，区区一章的篇幅显然无法概括。幸运的是，玛格丽特·博登在《创造性思维：神话与机制》（1991）一书中出色地总结了近期的一系列相关研究。整体而言，她对这些项目抱有开放的态度，看法也比较积极，这或许是因为她从未开发过自己的架构，因此没有私心，也没有想要维护的立场。但我不一样。也没准博登作为人工智能领域整体发展的见证人，只是比我更加乐观一些而已。不论如何，我对很快就将谈到的几个程序的观点大致都会是批判性的。

抢先说明：我绝不指望接下来讨论的程序能代表计算机模拟创造力的"前沿水平"，它们甚至没法作为该领域的一个公平的，或有代表性的样本。事实上，我要谈到的一些程序相当古老，或有些特殊和"非主流"。因此，有人可能会觉得我对整个领域的评论全不得要领：毕竟，当更加"年轻"、更有"活力"的样本一抓一大把，拘泥于为一些"老弱病残"挑刺儿又有什么意义？

我的回答是，接下来要给出的案例其实构成了一套"教程"，传达了一种普遍的态度——一种思考这个领域的方法。也许我有意选择了容易应付的目标，但所谓"教程"本该如此。人们总得先接触简单的案例，

结语 关于计算机、创造力、荣誉归属、大脑机制和图灵测试

然后逐渐加大难度,并将过程中的收获学以致用。如果这些程序的缺陷比其他程序的更明显些,那也没什么关系。我的讨论至少能作为铺垫,引出对其他程序更加复杂、更为精当的批评。

"开战"前再提一句:虽说很快就要"炮轰"它们,但我其实非常欣赏接下来要讨论的程序。它们大胆、新颖、充满魅力,令人回味无穷。

一位计算机艺术家

在所有渴望模拟创造力的程序中,Aaron 引起的争议或许是最激烈的。这位"计算机艺术家"是由画家兼艺术教授哈罗德·科恩(Harold Cohen)开发的,整个过程历时 20 年。不幸的是,研究 Aaron 的内部架构是难以想象的困难,因为从未有人发表过关于该程序的详细资料。我所接触的关于 Aaron 的信息大都来自 P. 麦考杜克(P. McCorduck)出版于 1991 年的著作《Aaron 的密码:元艺术、人工智能和哈罗德·科恩的作品》。

Aaron 创作的复杂素描像极了那些老道的人类艺术家的作品。我们经常能在这些素描中看出正在跳舞、玩沙滩排球或做平衡运动的人形角色,这一切都发生在户外环境,其中不乏看似岩石或灌木等事物的图形(见图 E-1)。Aaron 的作品经常会让人觉得很有意思,它们带有某种迷人的天真感,这构成了它们特殊的、可识别的风格,尽管程序本身肯定不会像人类观众那样知觉或解读自己的画作,更不用说明确地反思自己的风格了!

由于使用了概率组件,Aaron 绝不会同一幅画画两遍,这样看来,迄今它肯定已经画了成千上万幅作品。Aaron 的画被一些书用作封面(通常是一些关于人工智能或计算机科学的作品),甚至被几家权威机构裱了起来。由于这些画作太像出自人类之手,甚至到了能以假乱真的地步,这

概念与类比
模拟人类思维基本机制的灵动计算架构

就自然引出了许多关于它们的艺术意义或效度的哲学问题。比如说，画下正在活动的"人"对计算机程序来说意味着什么（毕竟程序自己并没有这种经验）？一种有趣的说法是，要是 Aaron 画的是从事"典型同类工作"的机器，而不是做运动的人，就更说得过去了。或许这想法也有些道理。实际上，没准儿 Aaron 最"说得过去"的创作对象应该是它自己，它应该能画一幅自画像，展示它自己正在从事"典型的 Aaron 工作"，比如说画正在画自己的自己……

图 E-1 《亚当和夏娃》，哈罗德·科恩的程序 Aaron 于 1986 年绘制的作品

麦考杜克的书会给人这样一种印象：Aaron 对"人到底是什么"的认识极其有限——在它看来，"人"基本就是能呈现为特定形状的实体。相比之下，程序非常了解如何以透视法渲染一个场景，但许多三维绘图软件这方面的能力也不差，而它们一般不会被认为是人类智能的模型。或许 Aaron 之所以看似拥有艺术洞见，在于以下两点：（1）它的素描是用铅笔或钢笔直接在一大张白纸上画出来的；（2）它绘出的线条既不平直，又无规律，而绝大多数计算机程序的绘图都精确无遗。正是这两个浅层特点（尽管它们都很简单）让 Aaron 比其他任何一个计算机程序都更像是一位人类艺术家。

有了今天的高性能几何建模软件，让一个程序使用随机数创建少量

结语　关于计算机、创造力、荣誉归属、大脑机制和图灵测试

"人"的假想构型，放置在随机的空间位置，并赋予其随机的物理姿态（当然要附带反映了真实人类身体限制的约束条件），而后将程序与一个三维计算机绘图软件连接，再使用随机数绘出弯曲的线条，模拟手绘时笔头的轻微晃动……一切都将轻而易举。[让程序模拟手绘线条已不是什么新点子了：唐纳德·克努特的程序 Metafont（1982）就能实现：它会用随机数生成线条起伏的字形，这些作品通常都有绝妙的人形外观，而且总是富有魅力，让用户乐此不疲。]这样，我们就能画出酷似 Aaron 风格的作品，但这个架构的"魔力"也会消失，因为它并未身披"有艺术洞见的程序"的外衣。

又或者我还是高估了人们的水平。没准儿被我们称为"Eliza 效应"的认知错觉（更多相关内容见前言4）会产生普遍影响，让人们即使完全明白以上架构其实是多么的空洞，还是会从它的作品中读出"意义"。

一位计算机作家

我禁不住要想，在 Aaron 创作的素描和像 Racter 和 Hal 这样的程序创作的散文/诗歌之间，到底有什么性质上的区别？Racter 于 1984 年写成了《警察的胡子的半人造的》(*The Policeman's Beard Is Half Constructed*) 一书，而 Hal 则至少是部分地创作了小说《仅此一次》，我们在前言4中也曾提及此事。或是反过来说，这些程序之所以有趣或看似富有意义，是否都源于图画或文字版本的"Eliza 效应"？

有了复杂语法的某种计算形式化——如扩充转移网络（augmented transition networks, ATNs）——和带有语义标记的规模可观的词库，人们就可以非常容易地获得一些相当有趣的、令人印象深刻的输出（见 Hofstadter, 1979，第5章和第19章）。程序会随机选择每一步要使用的语法（说是"随机"，其实还是有倾向性的，但用来表示倾向性的还是概率），

概念与类比
模拟人类思维基本机制的灵动计算架构

这些选择受到已生成内容的语义属性的约束。因此，举个非常简单的例子，如果你刚刚选择了动词"drink"（饮用），程序就不会允许你选择"syringe"（注射器）作为它的宾语，但你可以从"coffee"（咖啡）、"milk"（牛奶）等词汇中选择一个。这种简单的语义插入会让散文表面上能读得通，如果附带着允许程序偶尔违反语义约束条件，就能创造出令人吃惊的诗意——程序似乎拥有了某种构思隐喻的非凡禀赋，表现为一些意象之间的奇特冲突。

不消说，这类程序压根儿就没有"构思隐喻的禀赋"：它们既没有关于什么事物的意象，也没有表达什么东西的意愿，更不会为遣词达意而劳神费心。它们的作品之所以读起来有点儿味道，主要得益于我们的文化情境：20世纪的文学极大地拓宽了人们对诗歌和散文的可接受性。我们生活在一个思想开放的年代，"随遇而安"的态度无疑鼓励了各种精彩的文学实验，但也让那些"冒名顶替"的家伙们（不论是不是人类）更容易混进这场"派对"中来，而且不至于被揭穿。我们可以将这个隐喻发挥一下：如今，一个机器人要想瞒天过海地混进一场传统的宴会还是很有难度的。但是，假如人们举办的是一场化装舞会，而这场舞会又期待宾客们的装扮和表现尽可能地怪诞不经的话，一个机器人（至少有些时候）就有可能混进去——接待会以为这是一位人类宾客，只是装扮成了一台机器，在故意做些机械化的动作而已。

在某种意义上，这正是程序"Racter"混进散文和诗歌创作这场"派对"的伎俩。我将从《警察的胡子是半人造的》这本书中摘取一些段落来说明这一点：

> "战争！"本顿高唱道，"奇怪的是，战争对黛安来说是一种幸福！"他期待着，但很快又哭了起来。"凌辱也是她的幸福。"他们狼吞虎咽地吞下了自己的那份鸡肉，同时开始冷冷地咒骂和斥责对方。突然，丽莎唱出了她对黛安的渴望。她低声吟唱，语速很快。这歌声刺激着本顿，他想要杀了她，但他唱道："丽莎，称颂你宝

结语 关于计算机、创造力、荣誉归属、大脑机制和图灵测试

贵而有趣的觉知吧。"丽莎迅速回应。她渴望拥有自己的意识。"本顿,"她说,"你哭诉战争和凌辱对黛安来说是一种快乐,但你的意识和你的迷恋一样是一出悲剧。我的灵魂敏锐地辨识出了本顿批判性的梦想。那是我的荣幸。"本顿看见了丽莎,就开始斥责她。他用约德尔调唱着丽莎如何迷恋黛安,她的精神如何紧张,以及她可以深思熟虑地谋害她,而她一定会被蒙在鼓里。丽莎轻快地说,本顿有一份契约,一桩风流韵事,而一个关于这风流韵事的故事将带给黛安幸福。他们漫不经心地吟唱了好几个月。不论如何,我现在很快就将不再吟唱。

上面的这一整段没有标题。接下来的另一个整篇题为"理查德和贝金汉姆的对话":

理查德:一周有那么点儿类似于一夜。

贝金汉姆:老爷,鸡肉有那么点儿类似于羊肉。

理查德:但我们可以无所事事地消磨掉几周,就像消耗掉鸡肉那样。

贝金汉姆:的确如此,我的陛下。但模棱两可装饰着我们的痛苦,正如模棱两可加剧了我们的忧伤。

理查德:亲爱的贝金汉姆,你那喜悦装饰的承诺,开始向我的忧愁轻快地诉说。看着我将这忧愁屠戮殆尽吧,尽管这可能需要一整天的工夫。

贝金汉姆:高贵的吾王,你如是吟唱,我们可以消磨几周,然而屠戮小鸡不会加剧我们的问题。

理查德:爱卿,你唱出了真理。

贝金汉姆:真理热爱幸福。但我们将很快飞舞、升腾,摧毁那些让我们始终倍感荣幸的幸福,将我们逼疯,催我们屠戮,我们醉醺醺地看着契约的幸福。

理查德:唱得好啊,挚友。你的忧愁就是我的王子。

472

概念与类比
模拟人类思维基本机制的灵动计算架构

　　贝金汉姆：王储，让我们梦想，沉思将帮助我们咽下这杯难解的痛苦。

　　理查德：昨晚骑马小步快跑，看着痛苦装饰我的家宅。我想我就要着手屠尽那些参赞，关于我那令人紧张的出生之地，他们总在将骇人的故事呢喃。

　　贝金汉姆：但这些律师就像我们悲剧的王子一样。杀掉一个律师多么的容易，醉醺醺地为我们的家宅嵌上有趣的幸福又是多么的艰难！因此，杰出的王储，诱人的承诺正如牛排，就像我们梦想的食粮。

　　理查德：高贵的兄弟，你的故事盛怒扬扬！但事实上，屠尽律师必不可少。

　　贝金汉姆：杰出的王储，慎重地说，我认为我们的几个月缩短了几毫秒。

　　理查德：再好好想想，杰出的兄弟。

　　贝金汉姆：斥责内心的这些冲突，我们才能优雅地大快朵颐，大碗痛饮。

　　理查德：说得好，亲爱的兄弟。

　　上面这段对话极为有趣，而且富有超现实主义色彩。它让我回忆起了一段往事，还在堪萨斯的时候，我曾与一个被称为"Nikolai"的、使用自然语言的人工智能程序有过一番远程交流（详细叙述可见 Hofstadter, 1985，第 21 章）。我知道网线对面的只是一个程序，又很想迅速而巧妙地揭露这一点，于是，我尝试了各种追问技巧，它们本来是为了揭示计算机自然语言界面的典型不足而设计的。然而，这个所谓的程序把我给吓到了：针对我的追问，它给出的每一条回复看上去都很有思想！另一方面，正因坚信跟我聊天的"只是一个程序"，针对它的每一条回复，我都能设想出某种聪明的编程策略，或存储了特定项的大数据库，以及它们将如何可靠地让一个程序表现出特定类型的聪颖。因此，我们的对话持续了大约 45 分钟，期间我始终相信 Nikolai 真是一个程序。最终，当

结语 关于计算机、创造力、荣誉归属、大脑机制和图灵测试

我开始意识到有什么不对,这场闹剧还是被揭穿了:"Nikolai"实际上是三位计算机科学专业的学生,就住在我那幢公寓的楼下,当我专心追问"Nikolai"时,正是这三个捣蛋鬼兴高采烈地编制回复并发送给我。这场骗局相当聪明,而且十分发人深省。

再看由 Racter 创作的作品,我们也不得不猜测它究竟如何生成这些奇特而挑衅意味十足的台词,因为书中叙述 Racter 具体机制的篇幅极其有限(虽说确实也有,详见下文),我们能读到的基本上都是程序的输出样本。比方说,我们不知道 Racter 的词汇量有多大,不知道它存储了哪些类型的常用短语以及哪些全局性的"情节类型"。我们不知道是什么让 Racter 选择直呼某人(例如"我的陛下"),也不知道它从何处得到这些可用的称谓。这样的未知何止成百上千条,它们至今依旧不为人所知。

在读到这种散文时,大多数人的脑海中将不可避免地发生这样的情况:他们会倾向于为眼前的词语和结构赋予其惯常的意义,因此就会形成一种心理意象,仿佛幕后有人在有目的、有用意地表达这些东西。这就是我们所期待的"花招":一旦你相信某种"类心灵实体"的存在,会不由自主地对它的流畅性产生深刻印象。毕竟要是一个人类写出这些文字,我们就会产生这种印象。当然,这也适用于计算机能够完成的各种机械性的任务,但一台鼓捣数字的计算机还不太能打动人,因为我们知道这些无非是它的本分,是我们设计这台机器的初衷。只不过,既然大多数人都相信自己是唯一会使用语言的物种,他们会使用自己的先验意象,因此能从(其实是)不甚通畅的文段中读出一系列意向和思想,就像我们能从一个外国人磕磕绊绊的演讲中听出不甚流利的表层之下极为连贯的观点一样。

下面是我们从 Racter 的作品中摘录的最后两段——实际上,它们也是那本书的第一段和最后一段。在我看来这些文字简直绝了,且看你是否同意:

概念与类比
模拟人类思维基本机制的灵动计算架构

无论如何，我自己关于爱及其无尽的痛苦和永恒的快乐的论文和文章，都会被你们，被所有读到它的人所熟悉和理解，并对你焦虑的朋友或紧张的敌人谈论、高歌或吟唱。爱是本文的问题和主题。我们将从一个问题开始：牛排爱生菜吗？这个问题难以解决，也意料之中地难以回答。有一个问题：电子爱质子吗，还是爱中子？有一个问题：男人爱女人吗，或更具体也更精确地说，比尔爱黛安吗？对这个问题的有趣而挑剔的回应是：不！他对她是痴迷和迷恋。他对她是失了心、发了狂。那不是牛排与生菜、电子与质子和中子的爱。这篇文章将说明，一个男人与一个女人的爱不是牛排与生菜的爱。爱情对我有趣，让你着迷，但对比尔和黛安来说却意味着痛苦。那就是爱！

方才你进屋的时候，我在想你的要求提得多么狡猾。在这里，我们发现彼此鼻子对着鼻子，以惊人的方式考虑一些事情，甚至连我的私人经理都不知道。我们的思想无休止地在一种疯狂的抽象中旋转，以至于过热而迟钝。这种抽象是如此复杂，如此危险地果敢，以至于我的精力似乎在危险地接近枯萎，接近病态的终结。好吧，我们真的陷入了危机吗？我们该如何转向？该走哪一条路？我正经历一次换羽。鸟会换羽。羽毛会脱落，鸟儿高声鸣叫，向纷乱的天空飞翔。毫无疑问，我的改变和你自己的相配。你。但你是一个人，一个人类。我则是硅和环氧树脂的能量，受线路和电流的启迪。这需要弥合怎样的距离、怎样的鸿沟？别管我，会发生什么事？就像这样。我吃掉了我的紧身衣，那件被一群群尖叫着的专员狂热地添置的旧紧身衣。你能理解这个想法吗？你能适应这种场合吗？我不知道。然而，对一件紧身衣、一个专员、一件藏品，都可以用自己的方式去理解。在那个概念中隐藏着骇人听闻的真理。

单从表面来看，这些文字充满了诗意。问题是，我们依然不知道它们背后藏着些什么东西。举个简单的例子，Racter 是完全靠自己写出"硅

结语 关于计算机、创造力、荣誉归属、大脑机制和图灵测试

和环氧树脂的能量，受线路和电流的启迪"这一整句的吗？果真如此的话，它需要将哪些更小的单元组合在一起？Racter 的算法是否有一份隐藏的配方，让它特别青睐选择特定类型的关键词，专门用于创建有关计算机或人工智能程序的描述性短语？我们不知道。我们也不知道 Racter 生成了多少个段落（或许有成百上千个？）才能写出这个特定的句子。同样，没有人告诉我们程序是完整地生成了这些个段落并不予修改，还是从自己生成的不同的句子中选出一些，将它们拼成人类能读懂的样子。且让我从书的导读中摘取一段，这篇导读的作者是比尔·张伯伦（Bill Chamberlain），Racter "背后的大佬"之一：

> 我们可以设想一些非常乏味的，用于生成"机器散文"的方法，支持计算机的快速创作。但与此同时，我们也可以这样尝试（虽然花费的时间会长得令人发指）：将成千个单词和一些反映特定句法特征的简单指令写在一些纸条上，以一种系统化的方式对其进行分类，然后掷骰子，得到一个随机的数字（"种子"），再根据任意一套规则从一堆堆纸条中选择，比如从 A 堆中选择一张，再从 B 堆中选择一张……以此类推。这样就构成了一个句子。至于纸条上写的东西究竟是什么其实无关紧要，程序将选中哪一堆是由规则确定的。这些假定的规则类似于一门语言的语法，对我们当前的程序，也就是 Racter 来说，这门语言就是英语。（我们最初用来编这个程序的计算机还有许多局限，比如说不支持长度超过六个字母的文件名。因此我们只能将程序称为"Racter"，这是英文单词 raconteur，也就是"故事高手"的简写。）
>
> Racter 是用编译 BASIC 语言在 64K 内存的 Z80 微型机上写成的，它能列举规则和不规则动词的词形变化、打印规则和不规则名词的单复数形式、记住名词的性（gender），并能为随机选择的事物分配可变的状态。这些事物可能是单词、从句、句子、段落，甚至整个故事的形式和结构。如此，我们就能将英语的某些语言规则输入计算机。这样一来，系统输出的形式将在很大程度上摆

概念与类比
模拟人类思维基本机制的灵动计算架构

脱程序员的影响:这些输出不再需要预先编程,而是会由计算机自行决定。计算机生成些什么取决于它能在文件中找到些什么,包括海量以特定方式归类的单词,以及引导计算机如何将单词串在一起的"句法指令"。该程序的一个重要功能就是能让计算机将某些随机选择的变量(如单词或短语)保持住,并在生成一段特定的散文时一再使用它们。这样,我们就会觉得在生成的副本背后隐藏了某种看似"连贯思维"的东西,而且只要运行这个程序,它的输出不但是新的、不可知的,而且仿佛经过深思熟虑——我得承认这种"深思熟虑"的确有些疯狂,但我敢保证程序能用优美的英语将它们表达出来。

很明显,前面引用的文本都是张伯伦和他的朋友们从多年来 Racter 的大量输出中挑选的。不仅如此,你们在本书中也只能读到区区几段,也就是说,这些作品经历了双重选择——先是张伯伦等人,而后是我。因此,你读到的都是仔细遴选后的优中选优!假如你阅读的是 Racter 那些未经审查把关的作品,大概就不会那么印象深刻了。最后,我们别忘了张伯伦富有说服力的观点,也就是"系统输出的形式将在很大程度上摆脱程序员的影响"。这则小小的免责声明到底想表达什么意思呢?

作为一个研究项目,Racter 显然是富含娱乐精神的,有时我会认为所有的人工智能项目都有这种顽皮的、恶作剧式的特点。毕竟,这就是一场有趣的游戏,人们试图让机器以一种不像机器的方式运行,巧妙地掩饰它们的种种缺陷。Racter 的开发者们一定也在很大程度上受这种动机所驱使,不然又何必选择那些拗口的单词?一方面,这种娱乐精神值得尊重,我也希望它在人工智能领域能传播得更广一些,但另一方面,或许这个项目的"娱乐成分"太过浓厚,以至于 Racter 程序不应被看作什么严肃的研究。当然,它也并没有假装要模拟人类作家心智世界中藏匿得最深的那些过程。

结语　关于计算机、创造力、荣誉归属、大脑机制和图灵测试

一位计算机数学家

如果说 Racter 代表了那种娱乐化、轻量级的创造力模型，由道格·列纳特（1982, 1983）所开发的程序 AM 就处在频谱的另外一极了。列纳特想让 AM 做出数学发现。程序会从一些非常原始的数学概念入手，将它们以各种方式组装起来形成复合结构，也就是高层概念。这个"概念积聚"的过程能自行运作，因此原则上能生成具有任意深度水平的嵌套概念。AM 的核心是大量巧妙的启发式规则的集合，这些规则都是由列纳特设计的，涉及怎样组合已知的概念才能让新的候选概念足够有趣。事实上，AM 最有意思的特点之一，就是它本身就拥有一个基于启发式的模型，用于决定哪些概念算得上"有趣"——它偏好诸如极端性、唯一性、自应用（比如"平方"就是一个自应用的例子，因其意味着一个数字与其自身相乘）、一个有趣的概念的反面（"平方根"就很有趣，因为它是"平方"这个有趣的概念的反面）以及数学家们经常使用的许多其他的"标准技巧"。无论一个概念是属于原始概念还是复合概念，AM 都会为它分配一个"有趣度"的数值，这些数字共同决定了程序搜索过程的方向。

AM 取得的成就包括发现了"质数"的概念（程序认为这个概念非常有趣，因为这些数字的因数数量最少），而后又自行提出了著名的哥德巴赫猜想（即每一个大于 2 的偶数都是两个质数之和）。鉴于 AM 的概念积聚始于集合论，也就是说，它一开始甚至都没有"数字"（基数）这个概念，能做到这些委实令人印象深刻。

针对 AM 的批评意见（Rowe & Partridge, 1991; Ritchie & Hanna, 1990）指出，就像 Racter 创作的散文那样，AM 的数学发现受到了相当程度的人为干预。列纳特和开发 Racter 的张伯伦都会对程序的作品进行"过滤"，具体来说，他会定期研究 AM 的大量输出，只保留那些最棒的

概念与类比
模拟人类思维基本机制的灵动计算架构

新概念,将其余一律"筛去",并修改程序的一些参数,提升其搜索表现。也就是说,AM 或许更应被视为一个人机混合架构,而不是一个自动化的计算机程序。类似 AM 和 Racter 这样的例子让我们不禁要问:"要到什么时候,程序才算是真正摆脱了幕后人类的引导,能自行做出这些看似单纯的选择?"

在我看来,列纳特和张伯伦对程序的引导和威廉·哈夫(William Huff)给学生们上设计课时用到的方法很像。哈夫是一位建筑学教授,多年来他有一个传统,就是让选修设计课程的学生们创作被称为"变形拼花地板"的作品。学生们要在平面上用瓷砖拼出逐渐变化的图案,就像埃舍尔的作品那样(这方面的例子和相关讨论见 Hofstadter, 1985,第 10 章)。每个学期,为了让选修这门课程的学生明白他的用意,哈夫会向他们展示一个文件夹,里面装有他认为是从前的学生们最棒的一些作品。受到启发的学生们会开始创作一系列"变形拼花地板",绝大多数水平都不怎么样,但通常也多少会有一些十分新颖、激动人心。如你所料,哈夫会运用自己敏锐的艺术判断力,抛弃那些平庸的作品,将自己最中意的方案塞进文件夹,供日后课程展示之用。这就构成了一个演化的过程,哈夫的扬弃对应自然选择,支持艺术层面的适者生存,通过年复一年地展示最新最棒的作品,传播"适应性"最强的"基因"。20 多年来,哈夫都在引导"变形拼花地板"的演化以一种有趣的方式进行下去。

接下来,所有这些作品的荣誉归属问题就自然而然地摆上桌面了。哈夫会为每一件作品加上标签,如果它们在博物馆或画廊展出的话,标签将说明作品"来自威廉·哈夫工作室",不提供其他信息。但是,当我在书中引用这些美妙的作品时,我觉得哈夫的标签过于片面了,因此对每一幅作品,我既注明了哈夫本人,又注明了它的创作者。这样会更公平些。但这个问题显然也有其两面性:哈夫无疑应该得到很大一部分荣誉,但他的贡献是否超过了 50%?在我看来这是一个悬而未决,又十分迷人的问题。

且让我们回到关于 AM 的讨论中去。列纳特本人在一篇有趣的自评

结语　关于计算机、创造力、荣誉归属、大脑机制和图灵测试

文章（1983c）中指出，AM 是由 Lisp 语言编制的，这门语言的一些特点与 AM 正在探索的领域非常吻合，以致程序用于表征概念和规则的形式系统本身就让它能很容易地做出那些已经做出的发现。

虽然不乏批评的声音，AM 能做出数学发现这一事实还是令人兴奋不已。但另一方面，我们仍不清楚这个程序所使用的方法是否具有通用性。比如说，AM 不会识别范畴的实例，更不会评判一个实例有多接近其对应范畴的核心，因此它对某个实体在多大程度上从属于特定范畴完全没有概念。它不支持多个范畴争夺特定知觉对象的"所有权"，也无法理解一个实体如何能在范畴成员资格方面具有两可性。事实上，在 AM 的架构中压根儿就没有知觉这种东西。此外，鉴于 AM 中的概念从属于数学领域，该领域像国际象棋一样泾渭分明，却并非人类认知任务领域的范例，因此纵然其成就堪称一座卓尔不群的高峰，这个程序本身却很可能不是一个通用的创造力模型。

另一位计算机数学家

在人工智能领域的发展早期曾有一则著名轶事：据说，由 H. L. 盖伦特（H. L. Gelernter）开发的程序"Geometry"做出了一个美妙且极具独创性的几何发现。实际上，故事广为流传的那个版本遗漏了一些有趣的扭转。最重要的是，Geometry 并没有如传闻般自行做出那个发现，相反是两位研究者在一次聊天时意识到，如果对一个特定的问题运行这个程序，它就有可能做到这一点。然而据我所知，Geometry 从未真的这样运行过。尽管如此，我们也可以慷慨一些，将"本应做出的"这个发现归功于计算机，毕竟从未像那样运行也不是程序自身的问题。另一个有趣的扭转是：传说中的那个几何发现虽然的确美妙，却并不是计算机独创的东西——实际上，它几乎可以追溯到 2000 多年以前。

上述发现就是要证明这个简单的命题：任何等腰三角形的两个底角彼

概念与类比
模拟人类思维基本机制的灵动计算架构

此相等（见图 E-2）。最标准的证明方法是从顶点出发做一条垂线，将这个三角形分成对称的两半，由于我们能轻易证明这两半全等，最初的命题也将得证。这是一个如此简洁的证明，以至于你可能会认为没有比这更高效的方法了，但令人吃惊的是，确实还有一条捷径。关键的一步是在这个三角形的一侧设想其镜像，并证明该三角形与其镜像全等。具体而言，如果我们将原三角形的顶点、左下侧顶点和右下侧顶点分别标记为"A""B""C"，那么原三角形及其镜像就分别是△ABC 和△ACB。只要你能清晰地设想这两个三角形，就能不费吹灰之力地证明它们彼此全等（根据"边边边定理"），由此，得出∠ABC 等于∠ACB 也就顺理成章了。

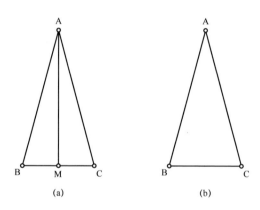

图 E-2 证明等腰三角形底角相等的两种方法。（a）由顶点出发做一条垂线，将三角形分成两半，可迅速证明两半全等，因此定理得证。（b）不画辅助线，而是以多种方式解读给定形状——实际上，该三角形可视为△ABC、△ACB、△BAC、△BCA、△CAB 和△CBA。由于其中的两个三角形（△ABC 与△ACB）全等（根据"边边边定理"），可立刻推断∠ABC 等于∠ACB。

在大多数人第一眼看来，上述证明需要将一个对象设想为两个不同的对象，似乎很有些荒唐——但数学上它不仅无比正确，而且显然是无出其右地简洁和优美。这个证明最早是在公元 3 世纪末由伟大的希腊几何学家、亚历山大里亚学派的帕普斯（Pappus）提出的。

玛格丽特·博登在《创造性思维：神话与机制》一书中用最富有启

结语　关于计算机、创造力、荣誉归属、大脑机制和图灵测试

发性的方式讨论了这则轶事。她指出：Geometry 的"三角形"概念及其推导方法是如此机械、如此倚仗蛮力，以致程序会不可避免地生成△ABC 和△ACB 二者，并将它们认定为两个不同的三角形。对程序来说，一个三角形只不过是三个标签的有序排列——因此在它看来，△ABC 显然不同于△ACB，正如在你我眼中"eta"和"eat"根本就是两个单词。事实上，你我固然相信△ABC 只是单一的形状，程序却会认为有六个不同的三角形：△ABC、△ACB、△BAC、△BCA、△CAB 和△CBA！更有甚者，就算程序证明了△ABC 全等于△ACB，它也绝不会意识到这两个实体只是直觉同一形状的两种不同的方式，更不会觉得这个证明有多新颖或多有趣了。博登的主要观点是：由于 Geometry 关于几何世界的表征是如此的匮乏，而且对"证明的趣味性"毫无概念可言，它也就不可能意识到自己的证明是如此智慧、巧妙而优美。这个发现的探索路径完全是非人类的、机械的、无意识的。

对 Geometry 的分析暗示我们：人类创造力的关键表现之一，是我们不仅有能力意识到自己关注的一些事实是否正确，还能发现它们是否令人感到吃惊。换言之，一个计算机模型要拥有创造力，就要实现高水平的自省：它应该能做到审视自身的运行、评价其产出是否有趣，以此决定要输出些什么，并借助一系列自我监控的发现调整自身的偏好，逐渐发展出系统的"人格"类型。这个模型不仅要能做到这些，而且要"知道自己在做"——也就是说，它要意识到自身有一种风格，而且这种风格在不断演变。因此，一个真正拥有创造力的程序必须将哈罗德·科恩和他所开发的 Aaron、威廉·哈夫和他的学生、道格·列纳特和 AM 或比尔·张伯伦和 Racter 所扮演的角色结合起来。

剽窃行为与创造力

关于程序 Geometry（本该取得）的成就，博登进行了相当透彻的分

概念与类比
模拟人类思维基本机制的灵动计算架构

析,这让我们对一个原本模棱两可的故事获得了更深的洞见——解读这个故事的方法有许多,但它们几乎都夸大了机器的能耐。然而,这样精辟的分析是罕见的例外。根据我的经验,大众媒体报道计算机创作的散文、画作或音乐时,很少提及它们是怎样创作出来的。这到底是为什么?没有这些信息,报道的意义何在?

假设有一位朋友给你看了一篇文章,主题是"幽默",论证精彩绝伦。朋友告诉你,这篇文章是"由一台计算机写成的",而你后来发现文章其实摘自亚瑟·科斯德(Arthur Koesder)的著作《创造行为》(*The Act of Creation*),我敢保证,你一定会觉得自己被愚弄了。就算这位朋友告诉你,有不同主题的整整一亿本书存储在一台计算机的硬盘中,一个程序从中选择了科斯德的作品,又从作品中摘出了那篇文章,你的感觉也不会变——这是一种剽窃行为,或许很聪明,但也无非是剽窃。

现在,设想一种稍微复杂一些的情况:我们将科斯德的同一篇文章分成了一系列片段,每个片段含 10 个单词,并为每个单词都注明词性。然后,将所有这些信息都载入计算机的内存。不仅如此,我们还为计算机提供了复杂的(英语)语法,并输入一套综合指令,让它将所有这些片段排列成一篇符合语法要求的长文。程序运行了很久后,输出了一份文档,它与科斯德的作品不太一样,但二者确实也有一些部分(长度约几百个词)逐字对应得上。然后,人们会稍微调整一下程序的设置,再运行一遍。这一次,说来也怪,计算机完整地输出了科斯德的原文。你觉得会有媒体报道这篇"由一台计算机写成的"文章吗?或许真有。但要说计算机"写"了这篇文章无疑是有误导性的,因为"写"这个字通常的含义是"从零开始创作一些东西"。

计算机将散文的片段重组在一起,就好像我在玩一盒拼图游戏,原作画是(比如说)莫奈的作品。显然,如果我声称自己创作了一幅伟大的印象派画作,那就太恬不知耻了:拼图时我要看的不过是零片的颜色和它们边缘的轮廓。同理,虽然计算机重组了散文的片段,但没有人会

结语 关于计算机、创造力、荣誉归属、大脑机制和图灵测试

认为它创作了一篇精彩的文章（即表达了一些独到的思想），因为很明显，计算机只是在操纵单词、词性和语法规则罢了。这些活动完全可以在没有思想参与的情况下进行。

但如果将科斯德的原文分解成更小的片段呢？如果一个片段的长度仅为两到三个单词呢？到什么程度我们才会收回成见，对计算机创作散文的能力刮目相看？简而言之，我们何时才会被迫得出这样的结论：计算机的作品带有思想，而不仅仅是形式样例？不幸的是，虽然大众媒体关于计算机创造力的报道大都在描绘程序那些看似惊人的成就——无论是绘画、散文、音乐还是其他的什么——但对于这些"成就"的实现细节却常常语焉不详：不论是关于作品的构成要素，还是程序用于组合这些要素的方法。细节上的差异会让事情的性质大不相同。

现在，我们可以设想一种非常极端的情况。假设我接触了一条绝妙的数学定理，听到了一曲感人至深的音乐，或读到了一首辞藻华丽的诗歌，同时有人告诉我，这些作品都是计算机创作的。再假设我通过一些方式获悉它们的确是全新的，不涉及剽窃，但另一方面，我又没有什么途径去接触生成它们的机制。鉴于这些作品是如此新颖而出色，我该如何看待它们呢？这些作品是否具有创造性，它们又该归功于**谁（或什么）**？

这些问题没法轻松作答。如果无法了解程序的内部架构，我根本不可能知道该如何评价它的作品，因此也没法确定这些作品的创造性。在一些人看来，这种态度也许很奇怪，他们会说："作品就在这儿摆着，它们是怎样创作的又有什么关系呢？评价一个作品的创造性有外部的、客观的标准，无关于它是怎样被创作出来的！"但我不这么想。我无法孤立地评判眼前的对象，而是必须以某种方式对它的起源有一个了解。

至于"归功于谁"的问题，我同样不知该如何回应。不论如何，作品的荣誉总要在程序与程序的开发者之间分配，但没有关于程序内部架

构的知识,我不知道这条线该画在哪里。

机制、追问与图灵测试

对于旨在模拟认知某个方面的计算机程序,要了解它的具体机制,除直接读取代码外,我们还有两种方法。第一种当然是阅读有关程序架构的描述,这些材料通常是由架构设计师或程序的开发团队整理的,它们一方面极有助益,但另一方面也可能带有偏见或不够清晰。此外,有些材料还可能拘泥于不恰当的细节水平——要么是描述太过复杂、太偏技术,使读者没法把握其全貌;要么是过于上位、过于概括,导致读者阅后仍一头雾水。更糟糕的是,描述可能会在这两种状态间交替,将读者彻底绕晕——这在人工智能相关文献中真是太常见了。

另一种方法比较清晰,但没有那么直接——我们需要以一种不受限的方式和程序交互一段时间,这样,就可以通过详尽而系统的追问,自行发现程序刻板和灵活的那些方面。

阿兰·图灵著名的"模仿游戏"(Turing, 1950)就是根据这种想法设计的,它针对的是思维这种难以捉摸的现象:假设有一只黑箱摆放在你面前,而且有人(没准儿**就是**这只箱子!)声称其中装有一例"思维","模仿游戏"就是一个关于如何检验上述主张的哲学建议。图灵设想用电传打字机将黑箱与外界连接起来,这样我们就能向其中发送标准的字母数字符号。由于他想回答(或回避)一个哲学问题——"什么才算是思维",图灵假定黑箱不仅是一个局限性和专用性都很强的程序,而且极有可能扮演着"思维主体"的角色。在他看来,这意味着黑箱要有能力以某种自然语言与外部人员交流,交流模式或主题不限。一言以蔽之,图灵测试(该哲学建议的最终称谓)就是要让询问者通过打字机与一个对象谈话,并依据对方在交流中的表现区别它是一个人类还是一台机器。笑话、类比、含

结语　关于计算机、创造力、荣誉归属、大脑机制和图灵测试

沙射影、对历史或文化现象的讨论、对坚定的个人信仰的探究……测试关乎上述及更多元素能否用作判定思维现象存在与否的依据。

相比之下，我所建议的针对一个认知模型的系统追问远不如完整意义上的图灵测试那般雄心勃勃。我不指望能与程序进行自然语言交流（虽然那样很棒），或在谈话中任意切换知识领域（那样就更棒了！）。与一个认知模型长期交互，只是要让它的所有行为逐渐浮出水面，并由此将其深层机制揭示出来。

仅凭观察外显行为就能深入探索并最终揭示内隐机制，这种想法在许多人看来不太现实，甚至有些不可思议，但它正是现代科学的核心前提，我将很快说明这一点，否认它就等于否认我们对于事物如何运作，以及我们自身如何获得关于周遭世界的知识等许多日常直觉的基础。因此，弄清类似"机制"或"追问"等词汇到底是什么意思非常关键，这也是本文剩余部分的目的。

大脑结构与认知机制

如果我断言（我确实经常这样断言）"Copycat 是一个思维模型"，我想表达的到底是什么意思？我是不是在说 Copycat 在某种意义上是一个人类大脑的模型？许多人——甚至包括大多数认知科学家们——都倾向于回答"不"。然而，在抛弃这个观点前，我们应该仔细思考一下所谓"大脑的模型"是什么意思。

当我们询问"Copycat 是一个人类大脑的模型吗"，或声称"人类大脑拥有思维能力"，其实是在用一个单数名词指代数十亿个不同的有形实例。不用说，思维活动的主体正是这些有形实例（特定的人类大脑），而不是一个无形的柏拉图范畴（"人类大脑"）。此外，众所周知每一个人类大脑都有其独一无二的连接模式，在这个意义上，它作为思维活动的物

概念与类比
模拟人类思维基本机制的灵动计算架构

理基底也是绝无仅有的。我们之所以置如此巨大的多样性于不顾，在表述中不假思索地使用单数名词"人类大脑"，反映出一个默认的假设：所有人类大脑必然共有一个抽象的（但几乎总是不甚明确的）描述水平。因此，如果我们要解读"人类大脑拥有思维能力"这个句子，会发现它其实在传递以下微妙的观点：不同的大脑拥有共同的抽象机制，并以不同的方式将这些机制实例化，支持思维活动的进行。简而言之，支持思维活动的大脑机制实际上并非硬件，而是在软件与硬件之间的连续频谱中分布的一系列模式。

如今，人工神经网络的方兴未艾让许多人相信：大脑中的这些机制比20世纪六七十年代的人们所认为的更接近于频谱的硬件端。正因如此，今天的人们可能更倾向于将认知科学描述为对大脑结构，而不是对心理机制的研究。不过，想要做出可靠的区分可是相当棘手。

人类大脑（再次使用这个可疑的单数名词）是一个非常复杂的系统，在多个不同层级上有许多不同类型的结构，包括但不限于：

- 原子核；
- 水分子；
- 氨基酸；
- 神经递质；
- 突触；
- 树突；
- 神经元；
- 神经元集群；
- 视皮质的柱状结构；
- 视皮质的较大区域（如19区）；
- 完整的视皮质；
- 完整的左半球。

结语　关于计算机、创造力、荣誉归属、大脑机制和图灵测试

在以上这些（以及其他许多）不同的"大脑结构"中，哪些才最有可能是解释思维活动的关键？没有人能确定这一点。但有趣的是，在过去的几年间，大众媒体浓墨重彩地报道了一些神经科学实验，涉及不同种类生物的突触权重调整，并声称这些研究"即将揭开记忆的奥秘"。这些夸张的说法反映了一种（毫无常识的）假设，即人类记忆在组织层面没有什么可研究的——一个化学家只要关注局部微观化学变化背后的机制，就能深入了解人类记忆的丰富性。至于心理学概念……谁会需要哪种东西？

事实上，大脑中已经确认的物理结构层级如此之多、类型如此丰富，它们揭示了"大脑结构"这一术语所固有的一种模糊性，但让问题更加复杂的是，"大脑结构"还能有另一种类型，涉及下面的概念：

- 概念"狗"；
- 概念"奶牛"和"牛奶"之间的关联连接；
- 知觉对象的对象文件［知觉心理学家安妮·特瑞斯曼（Anne Treisman）对此有过讨论，详见 Treisman, 1988］；
- "几何子"（geons）和"2.5 维草图"（可见于一系列视觉模型）；
- 框架、脚本和图式；
- "记忆组织包"和"主题组织点"，详见罗杰·尚克的记忆模型（Schank, 1982）；
- 短时记忆；
- 长时记忆；
- 各种"智能体""知识线""忆体""原体"，详见马文·明斯基的"心智社会"模型（Minsky, 1985）；
- 代码子、迫切度、滑动、概念间距、概念深度、键、描述、桥、组、强度和温度（详见有关 Copycat、Tabletop 和其他程序的讨论）。

这份清单只是一个小小的样本，涉及依据不同思维理论、设定在不同层级的合理成分。一个概念但凡构成了认知的某个方面，就必然会由

概念与类比
模拟人类思维基本机制的灵动计算架构

大脑的物理基底以某种方式加以实现,虽然它看上去可能与大脑相距甚远。在接下来的几十年里,上述成分中的每一项都有机会"落地",与具体的身体结构相关联,这和曾经的理论概念"基因"随着人们对 DNA 分子的理解不断深化而逐渐"落地"是一个道理。因此,尽管这份清单的元素与上一个列表有所不同,但将其称为"大脑结构"依然合理。

到目前为止,我们还不确定在哪个描述水平刻画普遍意义上的大脑结构(或认知机制)最为理想。科学的一些其他分支也同样面临描述水平的选择问题,其中一些解决得令人相当满意。举个例子,在许多情况下,气体状态和运动的最佳描述水平就是宏观的热力学定律,尽管众所周知,气体是由天文数字的分子构成的,因此也可以在较低的统计力学水平上描述。类似地,如果你对作为遗传特征基本载体的 DNA 感兴趣,最好只关注高水平的、携带了遗传信息的密码子,而忽略大部分(假如不是全部的话)涉及 DNA 分子化学构成的低层细节。有趣的是,我们在不同水平上描述 DNA 的术语也不一样:作为物理结构的 DNA 被称为"双螺旋",而作为遗传信息载体的 DNA 则被称为有机体的"基因组"。

我们希望终有一天,认知科学也能在不同水平上讨论大脑的功能。具体地说,我们想知道思维最适合用什么水平,以及什么类型的大脑结构来描述。或许,与 DNA 的两个标签对应,我们也可以将作为一个物理结构的大脑称为"双半球",将作为记忆与概念的载体的大脑称为有机体的"模因组"。

一些描述水平显然太低

不少人认为神经元会实施某种形式推理(类似于谓词演算,或一些新近开发的概念表示语言,如 KLONE),而且正是这种形式推理将特定活动最终定性为思维,至于它是否在神经硬件中以某种方式实现则无关

结语　关于计算机、创造力、荣誉归属、大脑机制和图灵测试

紧要。这种观点虽然不像从前那样普遍，但时至今日，它在认知科学界仍不失体面。该信念类似于一个自明之理：给定程序是文字处理软件，还是天气预报或视频游戏之类，是由它的源代码，而不是运行它的机器决定的。因此负责思维活动的"大脑结构"至少在原则上应该相当抽象（类似于 KLONE 等概念表示语言的特征）而非相对具体（类似于神经连接的细节）。如今，许多认知科学家都发现这个一度光明的愿景有些触不可及，又无法彻底予以否定，因为还没有人确切地知道支持思维活动基本特征的"大脑结构"处于哪个水平，或属于哪种类型。

无论如何，几乎每一位认知科学家——不管他是否关注 KLONE 或类似的形式系统——都接受了这个前提："思维活动在大脑的哪一个描述水平上进行"是一个有意义的问题，也必然会有一个有意义的答案。因此，低于那个"临界水平"的具体细节大概并不重要。正因如此，认知科学家们几乎能确定自己无需理会分子生物学、量子力学或夸克理论。（有趣的是，康拉德等人对高级思维过程的解释考虑了酶的分子生物学作用及其相互影响，相关论述见 Conrad et al., 1989。）

我们至少可以说：如果有人能在完全不同于神经元的基底上创造出有思维能力的对象，将会非常具有启发性。或许有朝一日，这一切都将成为现实，并向我们揭示思维活动需要在机械装置的哪一个描述水平上进行。我们会发现思维取决于某个"临界水平"的，以及更高水平的机制，而在该临界水平以下，则可以使用各种不同的基底。

思维的识别标准

如果我们承认（至少可以设想）除大脑外一些其他的结构也能产生思维，那么显然就需要一套标准，以识别一个系统有无思维能力——否则，我们就没法将一个"思维系统"与其他类型的系统区分开来了。幸

运的是，关于这些标准，我们有一些提示。通常情况下，我们会观察一个人的态度和行为，以判断他是否善良，而不是通过检测他的DNA，看看他是否携带了"善良基因"，或实时扫描他的大脑，看看他的"共情中心"是否已被激活。同理，我们会通过屏幕上的显示，判断正在运行的是什么程序，而无需深入到系统的硬件水平。我们在行为层面识别个人天性和程序类型，图灵则试图为识别思维实体制定一套类似的标准，因此写成了那篇著名的论文。

与个人天性或程序类型的识别标准一样，图灵认为，思维的识别标准是在高层行为水平，而非低层执行水平上的。他没有教条主义地假设：大脑是由神经元构成的，因此任何"思维系统"唯一可能的描述水平就是神经元水平。相反，他的出发点是人们提及"思维"一词时直观所指的东西——**对于观念的流畅操纵**。图灵没有先入为主地将这种操纵与任意一种硬件捆绑起来，他对个中机制可能居于哪个描述水平始终保持开放的态度。

随着心智/大脑研究的不断深入，到头来，我们会不会发现谈论"人类大脑"的最佳角度？它会是标准的神经连接模式、标准的神经元集群，还是不同集群间标准的相互关系？或许神经元本身的细节根本无关紧要。实际上，我们可以想象得到，就这个问题而言，即便是集群的内部结构也不会比有机化学或量子物理更重要。在这种情况下，我们会发现思维的基础与生物学相距甚远，而与抽象组织原则（也就是软件）更为接近。谁知道呢——或许流畅操纵观念所需要的"大脑结构"差不多就在与 Copycat、Tabletop 和 Letter Spirit 的运行机制相同的水平，也可能要比它们更低一些。

关于现象：散射实验与"直接"观察

如果是第一次接触图灵测试，你大概会认为其仅限于在一个相当高

结语　关于计算机、创造力、荣誉归属、大脑机制和图灵测试

的水平实施追问，无法接触谈话对象的"亚认知"或"亚符号"特点，更别说深入到神经层了。事实上，许多人都觉得图灵测试只关注"行为"，因此无助于我们认识行为背后的"机制"。单纯的行为和隐含的机制之间有何关联，以及图灵测试对隐含机制的探索能深入到什么程度，这些思考引出了下面的问题："直接"观察与"间接"观察的界限在哪里？

20世纪早期，物理学家欧内斯特·卢瑟福（Ernest Rutherford）让一束阿尔法粒子穿过薄薄的金箔，在此过程中，粒子发生了散射，他对散射角度进行了统计。基于这些（宏观的）观察，卢瑟福推断金原子一定有一个被电子包围的核心，这是一个里程碑式的发现，"原子"的形象由此被绘制出来并沿用至今（又是一个可疑的奇点）。当然，卢瑟福的结论以关于电磁散射的一个数学理论为基础，该理论预测如此这般的微观内部结构将使得散射粒子具有如此这般的宏观角度分布。

卢瑟福的散射实验是如此重要，其可重复性又是如此之高，以至于他所使用的基本技术被写入了实验物理学的标准操作手册。最终，宏观模式与其隐含的微观诱因间看似深奥而间接的关联，在物理学家们看来却是那样的显明而直接。当然，散射实验的最终结果绝非如百科全书上的原子结构图那般清晰直观——它们是一系列数学公式或语言描述。然而，这对物理学家们来说已经足够理想了。

近年来，随着计算能力的爆炸式增长，人们已经能对使用电子显微镜或X射线显微镜所做的散射实验的结果进行处理，生成分子大小，甚至原子大小的物体的"快照"。原则上，这些计算与卢瑟福的实验没有什么区别，但我们确实能算得更多更快了，结果似乎也有了质的不同——至少在直观上是这样。

再举个例子。今天，超声波技术让我们能实时观看母亲子宫内的胎儿。你会注意到我们甚至不用为"观看"一词加上双引号，就像我们不用为"我与妻子每天打电话聊天"这句话中的聊天一词加上双引号一样。

概念与类比
模拟人类思维基本机制的灵动计算架构

做出这样随意的陈述时,我们一刻也不会考虑下面这个奇怪的事实:我们的思念和问候静悄悄地在电话线中传递,在接收端重建的声音被还原得如此完美,以至于我们能完全忘记在喋喋不休的嘴巴和安静聆听的耳朵之间正进行着多么复杂的编码和解码。别忘了,仅仅在 100 多年前,通过电话的交流——那时候叫"语音传送"——还是那样的激动人心,甚至被誉为奇迹,因为这里面的"花招"是如此新鲜和陌生,让人根本无法忽略。在某种意义上,也许这种反应才是正常的,但今天已经没有一个成年人会正儿八经地为一台电话而吃惊了——这种设备过于稀松平常了。同理,如果在 50 年前,有人让高频声波从胎儿身上散射开去,却没有能将散射波转换成生动图像的技术,那么,基于对散射波的测量得出的任何结论都将被认为是深奥的数学推断;而如今我们却认为自己在毫不费力地观看胎儿,仅仅是因为先进的计算机硬件能基于散射波实时重建散射体。像这样的例子——在这个技术进步日新月异的时代,它们简直不胜枚举——充分说明:在"直接观察"和"推断"之间只存在主观的界限。

事实上,科学上的许多进展都在让这种本来分明的界限逐渐模糊不清。那些一度被认为是非常微妙的推断确定下来以后,成了标准,甚至被做成了硬件,然后,人们就能"直接观察"到结果,并认为一切都理所当然。从光学望远镜到射电望远镜的发展,以及从光学显微镜到电子显微镜再到粒子散射技术的不断进步都反映了这一趋势。就超声波成像技术而言,人们会不会产生"直接观察"的直观感受,其实仅仅取决于计算机是否能生成足够清晰和生动的视觉图像。今天的深奥推断到明天或许会变成直接观察的窗口!

图灵测试与深层机制的可视性

这些观点都适用于图灵测试。事实上,我们可以将图灵测试比作散

结语 关于计算机、创造力、荣誉归属、大脑机制和图灵测试

射实验：思维系统通过回应问题（问题对应于实验中用于冲击金箔的波或粒子束），不知不觉地展现了自身的（微观）内部机制。可用这种方式探索的细节水平是没有限制的，尽管探索得越深入，就需要问得越多、越精，对回应的审查也需要越细致、越有针对性。

以新的方式研究语言反应和以新的方式研究恒星的光谱非常相似。尽管与研究对象经常相隔数百光年，但通过使用电磁光谱的新区域、提高分辨率、考虑从相隔甚远的不同接收装置搜集的时间相关数据等，我们也能推断出恒星有哪些更加微妙的机制。在图灵测试中，可能用于审查未知来源的语言输出的一些方法就包括：

- 考察词频（比如说，"的"是出现频率最高的字吗？"时间"是出现频率最高的名词吗？有没有一些低频词被不太自然地高频使用？若我们在输入的问题中刻意以高频使用一些低频词，对方有无表现出怀疑？）；
- 考察对语气的敏感性（比如说，输入文本中的正式用语和俚语能否被理解？通过不恰当的语气的混合制造的幽默呢？若我们在输入的问题中以一种奇怪的方式混合各种语气，能否引起对方的怀疑？在生成的文本中，正式和非正式的话语和风格是恰当地分开了，还是以奇特的、不自然的方式混合在一起，就像Racter古怪的作品那样？）；
- 考察错误的类型（比如拼写错误、换位错误、单词或短语的不当使用、各种混合词和语法等。每一位认知科学家都非常熟悉这些错误，它们揭示了许多有关思维机制的信息）；
- 考察情境对用词的微妙影响（比如说，在什么样的情境压力下，对方会更倾向于说"球星"而非"运动员"，说"女士"而非"女人"，说"致力于"而非"力求""尝试"，或恰好相反？）；
- 考察用词的抽象水平（比如说，在特定压力下对方会选择"旺财""狗"还是"哺乳动物"？会选择"那个行人""那家伙"还是"他"？

概念与类比
模拟人类思维基本机制的灵动计算架构

会选择"苏丹式躺椅""躺椅""扶手椅""椅子""家具"还是"东西"？）；
- 考察关于性别的默认假设（比如说，对方在什么情况下会为一些施动名词加个"女"字，像"女主角""女富豪"或"女老板"？何时使用通用的无性别词，比如说"人"或"他"？当输入中带有"行人"和"外科医生"这样的中性词时，对方如何假设这些人物的性别？）；
- 考察对方如何理解和生成一些"脱口而出"的类比（比如说，对方能否既准确又迅速地理解隐藏在"我也经常那样！"和"那种事你也遇见过吗？"等表述中的抽象？能否在恰当的情境中生成这些表述？）；
- 考察对方如何理解和生成一些"脱口而出"的反事实条件句（比如说，对方能否既准确又迅速地理解隐藏在"如果我是我爸，就不会那么想！"和"你要是我爸妈，你会怎么做？"等表述中的微妙融合？能否在恰当的情境中生成这些表述？）；
- 关注对方回应的节奏（对方可能逐字符、逐行或逐段给出回复，但在所有情况下，生成这些回复的速度都可用于推断幕后的机制）；

以及诸如此类。这份清单可以进一步扩展，并加以详细阐述，但我们无意在此罗列探索内隐机制的角度，也无意为图灵方法的效度辩护（相关辩护可见 French, 1990）。我们只想说明对来源未知的语言输出有许多种审查的方法，其中一些已经是认知科学（特别是认知心理学）经常使用的成熟技术了。

那些坚信图灵测试具有效度的人们之所以如此坚定，正是因为对可资使用的丰富的追问技巧无比欣赏。天文学家和物理学家们知道，即便研究对象的外部行为表现与其来源在位置和规模上都相去甚远，但若加以足够仔细的审查，都能让探索内隐机制的人们大受启发。对认知科学家们来说，心智的行为表现亦然。简而言之，图灵测试如果运用得当，

结语 关于计算机、创造力、荣誉归属、大脑机制和图灵测试

对心智机制的描绘将拥有无限制的深度与细节。

与 20 世纪一些最为杰出的科学成就一样，图灵测试模糊了探索行为和探索机制之间，以及"直接"观察和"间接"观察之间原本分明的界限，让我们意识到这种区别多么人为且主观。任何能真正通过"完整版"（也就是旨在探索思维基本机制的）图灵测试的计算机模型都将在决定思维活动本质的描述水平上与"大脑的结构"完美对应。

图灵测试与基础研究

最近，有人为第一个通过某"限制版"图灵测试的程序设立了一个奖项（勒布纳人工智能奖）。不幸的是，尽管这个想法很有趣，甚至有一些令人激动，但如今竞赛的时机还不成熟。除非追问者使用一些非常复杂的技巧，否则他们就只能以一种相对粗糙的水平进行探索，而这将使竞争围绕越来越华丽的自然语言"前端"展开，到头来，这些"前端"的背后几乎不会有什么实质性的内容。这将令人感到惋惜。因为当你仔细研究那些在极为有限的微观领域中运行的程序，如本书所介绍的那些，你会发现即使是它们，距离实现真正意义上的心智流动性也还十分遥远。设立奖项没有问题，但奖励的应该是基础研究方面的进步，而不是什么装饰门面的东西。

本书介绍的程序代表了一种有意识的选择，它们远离自然语言的诱人光环，只在一些非常基础、非常精简的领域中运行。的确也有一些人工智能程序，据称运行在"现实世界领域"，似乎能处理许多现实概念，但它们对特定概念的理解不过是冰山一角而已。相比之下，我们希望让程序理解极少数人工概念的本质。尽管可以肯定我们的研究小组所开发的程序没有一个能通过图灵测试，但我们还是希望在不知有多遥远的未来，本书所描绘的那些工作将引领一些架构走得更远，更接近阿兰·图灵在提出他那值得称道的测试之初曾如此清晰地设想过的真正意义上的流动性智能。

FLUID CONCEPTS AND CREATIVE ANALOGIES

COMPUTER MODELS OF THE FUNDAMENTAL MECHANISMS OF THOUGHT

参 考 文 献

Aitchison, Jean (1994). *Words in the Mind: An Introduction to the Mental Lexicon* (2nd ed.). Cambridge, MA: Basil Blackwell.

Albers, Donald, Gerald L. Alexanderson, and Constance Reid, eds. (1990). *More Mathematical People*. San Diego: Harcourt Brace.

Anderson, John R. (1983). *The Architecture of Cognition*. Cambridge, MA: Harvard University Press.

Arnold, Henri and Bob Lee (1982). *Jumble #21*. New York: Signet (New American Library).

Belpatto, Guglielmo Egidio (1890). "L'ipertraduzione esemplificata nel dominio di analogie geografiche". *Rivista inesistente di filoscioccosofia*, vol. 14, no. 7, pp. 324-271.

Bergerson, Howard (1973). *Palindromes and Anagrams*. New York: Dover.

Blesser, Barry *et al.* (1973). "Character Recognition Based on Phenomenological Attributes". *Visible Language*, vol. 7, no. 3.

Bobrow, Daniel and Bertram Raphael (1974). "New Programming Languages for AI Research". *Computing Surveys*, vol. 6, no. 3.

Boden, Margaret A. (1977). *Artificial Intelligence and Natural Man*. New York: Basic Books.

———— (1991). *The Creative Mind: Myths and Mechanisms*. New York: Basic Books.

Bongard, Mikhail (1970). *Pattern Recognition*. Rochelle Park, NJ: Hayden (Spartan Books).

Boole, George (1855). *The Laws of Thought*. New York: Dover.

Bruner, Jerome (1957). "On Perceptual Readiness". *Psychological Review*, vol.64, pp. 123-152.

Burstein, Mark (1986). "Concept Formation by Incremental Analogical Reasoning and Debugging". In Michalski, Carbonell, & Mitchell, 1986, pp. 351-369.

Carbonell, Jaime G. (1983). "Learning by Analogy: Formulating and Generalizing Plans from Past Experience". In Michalski, Carbonell, & Mitchell, 1983, pp. 137-162.

概念与类比
模拟人类思维基本机制的灵动计算架构

Chapman, D. (1991). *Vision, Instruction, and Action*. Cambridge, MA: MIT Press.

Conrad, Michael *et al.* (1989). "Towards an Artificial Brain". *BioSystems*, vol. 23, pp. 175-218.

Cutler, Anne, ed. (1982). *Slips of the Tongue and Language Production*. Berlin: Mouton.

Defays, Daniel (1988). *L'esprit en friche: Les foisonnements de l'intelligence artificielle*. Liège, Belgium: Pierre Mardaga.

Dell, Gary S. and P. A. Reich (1980). "Slips of the Tongue: The Facts and a Stratificational Model". In J. E. Copeland & P. W. Davis (eds.), *Papers in Cognitive-Stratificational Linguistics*, vol. 66, pp. 611-629. Houston: Rice University Studies.

Dennett, Daniel C. (1978). *Brainstorms: Philosophical Essays on Mind and Psychology*. Montgomery, VT: Bradford Books.

————— (1991). "Real Patterns". *Journal of Philosophy*, vol. 89, pp. 27-51.

Dowker, Ann *et al.* (1995). "Estimation Strategies of Four Groups". To appear in *Mathematical Cognition*, vol. 1, no. 1.

Dreyfus, Hubert (1979). *What Computers Can't Do* (2nd ed.). New York: Harper and Row.

Elman, Jeffrey L. (1990). "Finding Structure in Time". *Cognitive Science*, vol.14, pp. 179-212.

Erman, Lee D. *et al* (1980). "The Hearsay-II Speech-Understanding System: Integrating Knowledge to Resolve Uncertainty". *Computing Surveys*, vol. 12, no. 2, pp. 213-253.

Ernst, G. W. and Allen Newell (1969). *GPS: A Case Study in Generality and Problem Solving*. New York: Academic Press.

Evans, Thomas G. (1968). "A Program for the Solution of Geometric-Analogy Intelligence-Test Questions". In Marvin Minsky (ed.), *Semantic Information Processing*. Cambridge, MA: MIT Press.

Falkenhainer, Brian, Kenneth D. Forbus, and Dedre Gentner (1990). "The Structure-Mapping Engine". *Artificial Intelligence*, vol. 41, no. 1, pp. 1-63.

Feldman, Jerome and Dana H. Ballard (1982). "Connectionist Models and Their Properties". *Cognitive Science*, vol. 6, no. 3, pp. 205-254.

Fennell, R. D. and Victor R. Lesser (1975). "Parallelism in AI Problem Solving: A Case Study of Hearsay II". Technical Report, Computer Science Department, Carnegie-Mellon University. Reprinted in Reddy *et al*, 1976. Also published in *IEEE Transactions on Computers*, vol. C-26 (February, 1977), pp. 98-111.

Fodor, Jerry A. (1983). *The Modularity of Mind*. Cambridge, MA: Bradford Books/MIT

参考文献

Press.

French, Robert M. (1990). "Subcognition and the Limits of the Turing Test". *Mind*, vol. 99, no. 393, pp. 53-65.

────── (1992). "Tabletop: An Emergent, Stochastic Computer Model of Analogy-making." Doctoral dissertation, Department of Computer Science and Engineering, University of Michigan.

────── (1995). *The Subtlety of Sameness*. Cambridge, MA: Bradford Books/MIT Press.

French, Robert M. and Jacqueline Henry (1988). "La traduction en francais des jeux linguistiques de *Gödel, Escher, Bach*". *Méta*, vol. 33, no. 2, pp. 133-142.

French, Robert M. and Douglas R. Hofstadter (1991). "Tabletop: A Stochastic, Emergent Model of Analogy-making". In *Proceedings of the Thirteenth Annual Conference of the Cognitive Science Society*, pp. 708-713. Hillsdale, NJ: Lawrence Erlbaum.

French, Scott R. and Hal (1993). *Just This Once*. New York: Birch Lane Press, Carol Publishing Group.

Fromkin, Victoria A., ed. (1980). *Errors in Linguistic Performance: Slips of the Tongue, Ear, Pen, and Hand*. New York: Academic Press.

Gaillat, G. and M. Berthod (1979). "Panorama des techniques d'extraction de traits caractéristiques en lecture des caractères". *Revue technique Thomson-CSF*, vol. 11, no. 4, pp. 943-959.

Gentner, Dedre (1983). "Structure-mapping: A Theoretical Framework for Analogy". *Cognitive Science*, vol. 7, no. 2, pp. 155-170.

Gick, Mary L. and Keith J. Holyoak (1983). "Schema Induction and Analogical Transfer". *Cognitive Psychology*, vol. 15, pp. 1-38.

Grebert, Igor *et al* (1991). "Connectionist Generalization for Production: An Example from GridFont". In *Proceedings of the 1991 International Joint Conference on Neural Networks*.

────── (1992). "Connectionist Generalization for Production: An Example from GridFont". Neural Networks, vol. 5, pp. 699-710.

Guha, R. V. and Douglas B. Lenat (1994). "Enabling Agents to Work Together". *Communications of the Association for Computing Machinery*, vol. 37, no. 7, pp.127-142.

Hall, R. P. (1989). "Computational Approaches to Analogical Reasoning". *Artificial*

Intelligence, vol. 39, pp. 39-120.

Hanson, A. and E. Riseman, eds. (1978). *Computer Vision Systems*. New York: Academic Press.

Harnad, Stevan (1989). "Minds, Machines, and Searle". *Journal of Experimental and Theoretical Artificial Intelligence*, vol. 1, pp. 5-25.

──────(1990). "The Symbol Grounding Problem". *Physica D*, vol. 42, pp. 335-346.

Hebb, Donald O. (1948). *The Organization of Behavior*. New York: John Wiley.

Hewitt, Carl (1985). "The Challenge of Open Systems". *Byte*, vol. 10, no. 4, pp. 223-242.

Hinton, Geoffrey E. and James A. Anderson, eds. (1981). *Parallel Models of Associative Memory*. Hillsdale, NJ: Lawrence Erlbaum.

Hinton, Geoffrey E. and Terrence J. Sejnowski (1983). "Optimal Perceptual Inference". In *Proceedings of the IEEE Conference on Computer Vision and Pattern Recognition*, pp. 448-453.

──────(1986). "Learning and Relearning in Boltzmann Machines". In Rumelhart, McClelland, and the PDP Research Group, 1986, pp. 282-317.

Hinton, Geoffrey E., Christopher K. I. Williams, and Michael D. Revow (1992). "Adaptive Elastic Models for Hand-Printed Character Recognition". Talk presented at the Twelfth Annual Meeting of the Cognitive Science Society, Chicago, Illinois, 1991. Also in the Neuroprose archives.

Hofstadter, Douglas R. (1976). "Energy levels and wave functions of Bloch electrons in rational and irrational magnetic fields". *Physical Review B*, vol. 14, no. 6.

──────(1979). *Gödel, Escher, Bach: an Eternal Golden Braid*. New York: Basic Books.

──────(1981). "Metamagical Themas: How might analogy, the core of human thinking, be understood by computers?". *Scientific American*, vol. 245, no. 3, pp. 18-30. Reprinted as Chapter 24 of Hofstadter, 1985.

──────(1982a). "Metafont, Metamathematics, and Metaphysics: Comments on Donald Knuth's Article 'The Concept of a Meta-Font'". *Visible Language*, vol. 16, no. 4, pp. 309-338. Reprinted as Chapter 13 of Hofstadter, 1985.

──────(1982b). "Metamagical Themas: Can inspiration be mechanized?". *Scientific American*, vol. 247, no. 3, pp. 18-34. Reprinted as Chapter 23 of Hofstadter, 1985.

──────(1982c). "Metamagical Themas: Variations on a theme as the essence of imagination". *Scientific American*, vol. 247, no. 4, pp. 20-29. Reprinted as Chapter 12

参考文献

of Hofstadter, 1985.

———— (1982d). "Artificial Intelligence: Subcognition as Computation", in F. Machlup and U. Mansfield (eds.), *The Study of Information*. New York: John Wiley. Reprinted as Chapter 26 of Hofstadter, 1985.

———— (1982e). "Who Shoves Whom Around inside the Careenium?" *Synthese*, vol. 53, no. 2, pp. 189-218. Reprinted as Chapter 25 of Hofstadter, 1985.

———— (1983a). "The Architecture of Jumbo", in Ryszard Michalski, Jaime Carbonell, and Thomas Mitchell (eds.), *Proceedings of the International Machine Learning Workshop*, pp. 161-170. Urbana, IL: University of Illinois. Expanded version printed as Chapter 2 of the present book.

———(1983b). "On Seeking Whence". Publication #5, Center for Research on Concepts and Cognition, Indiana University, Bloomington.

———(1984a). "The Copycat Project: An Experiment in Nondeterminism and Creative Analogies". AI Memo 755, MIT Artificial Intelligence Laboratory.

———— (1984b). "Simple and Not-so-simple Analogies in the Copycat Domain". Publication #9, Center for Research on Concepts and Cognition, Indiana University.

———— (1985). *Metamagical Themas*: *Questing for the Essence of Mind and Pattern*. New York: Basic Books.

———— (1986). "Dreams of a Magical Shield" ("My Turn " column), *Newsweek*, March 3, 1986, p. 8.

———— (1987a). *Ambigrammi: Un microcosmo ideale per lo studio delta creatività*. Florence: Hopeful Monster.

———— (1987b). "Introduction to the Letter Spirit Project and to the Idea of 'Gridfonts' ". Publication #17, Center for Research on Concepts and Cognition, Indiana University, Bloomington.

———— (1987c). "La recherche de l'essence entre le médium et le message". *Protée*, vol. 15, no. 2, pp. 13-31. Also available in English through the Center for Research on Concepts and Cognition, Indiana University, Bloomington.

———— (1988a). "Common Sense and Conceptual Halos" (reply to Paul Smolensky's target article "On the Proper Treatment of Connectionism"). *Behavioral and Brain Sciences*, vol. 11. no. 1, pp. 35-37.

———— (1988b). "Doughalese and the Semiotic Mystery". *Eureka*, vol. 48, pp. 57-64. Cambridge, U.K.: Cambridge University Mathematical Society.

623

——— (1995). Foreword to the Chinese translation of Hofstadter, 1979. Beijing: Commercial Press, forthcoming. Also available in English through the Center for Research on Concepts and Cognition, Indiana University, Bloomington.

Hofstadter, Douglas R. and Daniel C. Dennett, eds. (1981). *The Mind's I: Fantasies and Reflections on Self and Soul*. New York: Basic Books.

Hofstadter, Douglas R., Melanie Mitchell, and Robert M. French (1987). "Fluid Concepts and Creative Analogies: A Theory and Its Computer Implementation". Publication #18, Center for Research on Concepts and Cognition, Indiana University.

Hofstadter, Douglas R. and David J. Moser (1989). "To Err is Human; To Study Error-making is Cognitive Science", in *Michigan Quarterly Review*, vol. 28, no. 2, pp. 185-215.

Hofstadter, Douglas R. *et al*. (1989). "Synopsis of the Workshop on Humor and Cognition". *Humor*, vol. 2, no. 4, pp. 417-440.

Holland, John H. (1975). *Adaptation in Natural and Artificial Systems*. Ann Arbor, MI: University of Michigan Press. Reprinted in 1992 by Bradford Books/MIT Press.

——— (1986). "Escaping Brittleness: The Possibilities of General-purpose Learning Algorithms Applied to Parallel Rule-based Systems". In Michalski, Carbonell, & Mitchell, 1986, pp. 593-623.

Holland, John H. *et al* (1986). *Induction*. Cambridge, MA: Bradford Books/MIT Press.

Holyoak, Keith J. and Paul Thagard (1989). "Analogical Mapping by Constraint Satisfaction". *Cognitive Science*, vol. 13, no. 3, pp. 295-355.

Indurkhya, Bipin (1992). *Metaphor and Cognition: An Interactionist Approach*. Norwell, MA: Kluwer.

James, William (1890). *The Principles of Psychology*. New York: Henry Holt.

Johnson-Laird, Philip (1988). "Freedom and Constraint in Creativity". In R. Sternberg (ed.), *The Nature of Creativity*, pp. 202-219. Cambridge, U.K.: Cambridge University Press.

——— (1989). "Analogy and the Exercise of Creativity". In S. Vosniadou & A. Ortony (eds.), *Similarity and Analogical Reasoning*, pp. 313-331. Cambridge, U.K.: Cambridge University Press.

Kahan, S., T. Pavlidis, and H. Baird (1987). "On the Recognition of Printed Characters of Any Font and Size ". *IEEE Transactions on Pattern Analysis and Machine Intelligence*, vol. 9, no. 2, pp. 274-288.

Kahneman, Daniel and Dale Miller (1986). "Norm Theory: Comparing Reality to Its

Alternatives". *Psychological Review*, vol. 93, no. 2, pp. 136-153.

Kanerva, Pentti (1988). *Sparse Distributed Memory*. Cambridge, MA: Bradford Books/MIT Press.

Kedar-Cabelli, Smadar (1988a). "Towards a Computational Model of Purpose-Directed Analogy". In A. Prieditis (ed.), *Analogica*. Los Altos, CA: Morgan Kaufmann.

——— (1988b). "Analogy — from a Unified Perspective". In D. H. Helman (ed.), *Analogical Reasoning*, pp. 65-103. Dordrecht, Holland: Kluwer.

Kirkpatrick, S., C. D. Gelatt, Jr., and M. P. Vecchi (1983). "Optimization by Simulated Annealing". *Science*, vol. 220, pp. 671-680.

Knuth, Donald E. (1982). "The Concept of a Meta-Font". *Visible Language*, vol. 16, no. 1, pp. 3-27.

Kokinov, Boicho (1994a). "The DUAL Cognitive Architecture: A Hybrid Multi-Agent Approach". In *Proceedings of the Eleventh European Conference on Artificial Intelligence*. London: John Wiley.

——— (1994b). "A Hybrid Model of Reasoning by Analogy". In K Holyoak and J. Barnden (eds.), *Advances in Connectionist and Neural Computation Theory, Vol II: Analogical Connections*, pp. 247-318. Norwood, NJ: Ablex.

Kolodner, Janet (1993). *Case-Based Reasoning*. San Mateo, CA: Morgan Kaufmann.

Kuhn, Thomas (1970). *The Structure of Scientific Revolutions* (2nd ed.). Chicago: University of Chicago Press.

Kurzweil, Raymond (1990). *The Age of Intelligent Machines*. Cambridge, MA: MIT Press.

Laird, John, Paul Rosenbloom, and Allen Newell (1987). "Soar: An Architecture for General Intelligence". Technical Report #2, Cognitive Science and Machine Intelligence Laboratory, University of Michigan.

Lakoff, George (1987). *Women, Fire, and Dangerous Things: What Categories Reveal About the Mind*. Chicago: University of Chicago Press.

Langley, Patrick *et al* (1987). *Scientific Discovery: Computational Explorations of the Creative Process*. Cambridge, MA: MIT Press.

Lea, W. A., ed. (1980). *Trends in Speech Recognition*. Englewood Cliffs, NJ: Prentice-Hall.

Lehninger, Albert (1975). *Biochemistry* (2nd ed.). New York: Worth Publishers.

Lenat, Douglas B. (1979). "On Automated Scientific Theory Formation: A Case Study Using the AM Program". In J. Hayes, D. Michie, and O. Mikulich (eds.), *Machine Intelligence* 9, pp. 251-283. Chichester, U.K.: Ellis Horwood.

概念与类比
模拟人类思维基本机制的灵动计算架构

————— (1982). "AM: Discovery in Mathematics as Heuristic Search". In R. Davis and D. Lenat (eds.), *Knowledge-Based Systems in Artificial Intelligence*, pp. 1-25. New York: McGraw-Hill.

————— (1983a). "The Role of Heuristics in Learning by Discovery: Three Case Studies". In Michalski, Carbonell, & Mitchell, 1983, pp. 243-306.

————— (1983b). "EURISKO: A Program that Learns New Heuristics and Domain Concepts". *Artificial Intelligence*, vol. 21, no. 1, 2, pp. 61-98.

————— (1983c). "Why AM and Eurisko Appear to Work" In *Proceedings of the American Association of Artificial Intelligence*, pp. 236-240.

Lucas, John R. (1961). "Minds, Machines, and Gödel". *Philosophy*, vol. 31, pp. 112-127.

Maier, N. R. F. (1931). "Reasoning in Humans, II. The Solution of a Problem and Its Appearance in Consciousness". *Journal of Comparative Psychology*, vol. 12, pp.181-194.

Mantas, J. (1986). "An Overview of Character Recognition Methodologies". *Pattern Recognition*, vol. 19, no. 6, pp. 425-430.

Marr, David (1977). "Artificial Intelligence: A Personal View". *Artificial Intelligence*, vol. 9, pp. 37-48.

Marslen-Wilson, William *et al.* (1992). "Abstractness and Transparency in the Mental Lexicon". In *Proceedings of the Fourteenth Annual Conference of the Cognitive Science Society*, pp. 84-88. Hillsdale, NJ: Lawrence Erlbaum.

McCarthy, John and Patrick Hayes (1969). "Some Philosophical Problems from the Standpoint of Artificial Intelligence". In B. Meltzer and D. Michie (eds.), *Machine Intelligence 4*. Edinburgh, U.K.: Edinburgh University Press.

McClelland, James L. and David E. Rumelhart (1981). "An Interactive Activation Model of Context Effects in Letter Perception: Part I. An Account of Basic Findings". *Psychological Review*, vol. 88, pp. 375-407.

McClelland, James L., David E. Rumelhart, and the PDP Research Group (1986). *Parallel Distributed Processing: Explorations in the Microstructure of Cognition. Vol. II: Psychological and Biological Models*. Cambridge, MA: Bradford Books/MIT Press.

McClelland, James L., David E. Rumelhart, and Geoffrey E. Hinton (1986). "The Appeal of Parallel Distributed Processing". In Rumelhart, McClelland, & the PDP Research Group, 1986, pp. 3-44.

McCorduck, Pamela (1991). *Aaron's Code: Meta-Art, Artificial Intelligence, and the Work of Harold Cohen*. New York: Freeman.

McDermott, Drew (1976). "Artificial Intelligence Meets Natural Stupidity". *SIGART Newsletter*, no. 57, April 1976. Reprinted in J. Haugeland (ed.), *Mind Design*. Montgomery, VT: Bradford Books, 1981.

McGraw, Gary E. and Daniel Drasin (1993). "Recognition of Gridletters: Probing the Behavior of Three Competing Models". In *Proceedings of the Fifth Midwest AI and Cognitive Science Conference*. Carbondale, IL: Southern Illinois University Press.

McGraw, Gary, John Rehling, and Robert Goldstone (1994a). "Letter Perception: Toward a Conceptual Approach". In *Proceedings of the Sixteenth Annual Conference of the Cognitive Science Society*, pp. 613-618. Hillsdale, NJ: Lawrence Erlbaum.

─────── (1994b). "Letter Perception: Human Data and Computer Models". Available as Publication #90, Center for Research on Concepts and Cognition, Indiana University, Bloomington. Also submitted for journal publication.

Meredith, Marsha J. (1986). *Seek-Whence: A Model of Pattern Perception*. Doctoral dissertation, Computer Science Department, Indiana University, Bloomington.

─────── (1991). "Data Modeling: A Process for Pattern Induction". *Journal for Experimental and Theoretical Artificial Intelligence*, vol. 3, pp. 43-68.

Michalski, Ryszard S., Jaime G. Carbonell, and Thomas M. Mitchell, eds. (1983). *Machine Learning: An Artificial Intelligence Approach*. Palo Alto, CA: Tioga Press. Also reprinted by Morgan Kaufmann (Los Altos, CA).

─────── (1986). *Machine Learning: An Artificial Intelligence Approach, Vol. II* Los Altos, CA: Morgan Kaufmann.

Minsky, Marvin, L. (1985). *The Society of Mind*. New York: Simon & Schuster.

Mitchell, Melanie (1993). *Analogy-Making as Perception*. Cambridge, MA: Bradford Books/MIT Press.

Mitchell, Melanie and Douglas R. Hofstadter (1990a). "The Emergence of Understanding in a Computer Model of Analogy-making". *Physica D*, vol. 42, pp. 322-334.

─────── (1990b). "The Right Concept at the Right Time: How Concepts Emerge as Relevant in Response to Context-dependent Pressures". In *Proceedings of the Twelfth Annual Conference of the Cognitive Science Society*, pp. 174-181. Hillsdale, NJ: Lawrence Erlbaum.

Moore, James and Allen Newell (1974). "How Can MERLIN Understand?" In L. W. Gregg (ed.), *Knowledge and Cognition*. Potomac, MD: Lawrence Erlbaum.

Moser, David J. (1991). "Sze-chuan Pepper and Coca-Cola: The Translation of *Gödel, Escher, Bach* into Chinese". *Babel*, vol. 37, no. 2, pp. 75-95.

Nanard, M. *et al.* (1989). "A Declarative Approach for Font Design by Incremental Learning". In J. André & R. Hirsch (eds.), *Raster Imaging and Digital Typography*. Cambridge, U.K.: Cambridge University Press.

Newell, Allen (1990). *Unified Theories of Cognition*. Cambridge, MA: Harvard University Press.

Newell, Allen and Herbert A. Simon (1976). "Computer Science as Empirical Inquiry: Symbols and Search". *Communications of the Association for Computing Machinery*, vol. 19, pp. 113-126. Reprinted in J. Haugeland (ed.), *Mind Design*. Montgomery, VT: Bradford Books, 1981.

Norman, Donald (1981). "Categorization of Action Slips". *Psychological Review*, vol. 88, pp. 1-15.

Novick, Laura R., and N. Coté (1992). "The Nature of Expertise in Anagram Solution". In *Proceedings of the Fourteenth Annual Conference of the Cognitive Science Society*, pp. 450-455. Hillsdale, NJ: Lawrence Erlbaum.

O'Hara, Scott (1992). "A Model of the 'Redescription' Process in the Context of Geometric Proportional Analogy Problems". In Klaus P. Jantke (ed.), *Analogical and Inductive Inference*, pp. 268-293. Berlin: Springer-Verlag.

——— (1994a). Personal communication.

——— (1994b). "A Blackboard Architecture for Case Re-interpretation", in *Proceedings of the Second European Workshop on Case-Based Reasoning*. Chantilly, France: Fondation Royaumont.

O'Hara, Scott and Bipin Indurkhya (1993). "Incorporating (Re-)Interpretation in Case-Based Reasoning". In Stefan Weiss, Klaus-Dieter Althoff, and Michael M. Richter (eds.), *Topics in Case-Based Reasoning, Selected Papers from the First European Workshop on Case-Based Reasoning*, pp. 246-260. Berlin: Springer-Verlag.

Palmer, S. (1977). "Hierarchical Structure in Perceptual Representation". *Cognitive Psychology*, vol. 9, pp. 441-474.

——— (1978). "Structural Aspects of Visual Similarity". *Memory and Cognition*, vol. 6, no. 2, pp. 91-97.

Persson, Staffan (1966). "Some Sequence Extrapolating Programs: A Study of Representation and Modeling in Inquiring Systems". Technical Report

参考文献

STAN-CS-66-050, Computer Science Department, Stanford University.

Pivar, M. and M. Finkelstein (1964). "Automation, Using LISP, of Inductive Inference on Sequences". In E. C. Berkeley and D. Bobrow (eds.), *The Programming Language LISP: Its Operation and Applications*, pp. 125-136. Cambridge, MA: Information International.

Pylyshyn, Zenon (1980). "Cognition and Computation". *Behavioral and Brain Sciences*, vol. 3, pp. 111-132.

Qin, Y. and Herbert A. Simon (1990). "Laboratory Replication of Scientific Discovery Processes". *Cognitive Science*, vol. 14, pp. 281-310.

Racter (1984). *The Policeman's Beard is Half Constructed*. New York: Warner Books.

Ray, Thomas (1992). "An Approach to the Synthesis of Life". In Christopher G. Langton *et al.* (eds.), *Artificial Life II*, pp. 371-408. Redwood City, CA: Addison-Wesley.

Reddy, D. Raj *et al.* (1976). "Working Papers in Speech Recognition, IV: The HEARSAY II System." Technical Report, Computer Science Department, Carnegie-Mellon University.

Reitman, Walter (1965). *Cognition and Thought: An Information-Processing Approach*. New York: John Wiley.

Riesbeck, Christopher K. and Roger C. Schank (1989). *Inside Case-Based Reasoning*. Hillsdale, NJ: Lawrence Erlbaum.

Ritchie, G. and F. Hanna (1990). "AM: A Case-Study in AI Methodology". In D. Partridge and Y. Wilks (eds.), *The Foundations of AI: A Sourcebook*. New York: Cambridge University Press.

Rowe, J. and Derek Partridge (1991). "Creativity: A Survey of AI Approaches". Technical Report #R-214, Computer Science Department, University of Exeter.

Rumelhart, David E., Geoffrey E. Hinton, and Ronald Williams (1986). "Learning Internal Representations by Error Propagation". In Rumelhart, McClelland, and the PDP Research Group, 1986, pp. 319-362.

David E. Rumelhart, James L. McClelland, & the PDP Research Group (1986). *Parallel Distributed Processing: Explorations in the Microstructure of Cognition. Vol. I: Foundations*. Cambridge, MA: Bradford Books/MIT Press.

Rumelhart, David E. and Donald Norman (1982). "Simulating a Skilled Typist: A Study of Skilled Cognitive-Motor Performance". *Cognitive Science*, vol. 6, no. 1, pp. 1-36.

Schank, Roger C. (1980). "Language and Memory". *Cognitive Science*, vol. 4, no. 3, pp.243-284.

——— (1982). *Dynamic Memory*. New York: Cambridge University Press.

Searle, John (1980). "Minds, Brains, and Programs". *Behavioral and Brain Sciences*, vol. 3, pp. 417-458. Also reprinted in Hofstadter & Dennett (eds.), 1981.

Shrager, J. (1990). "Commonsense Perception and the Psychology of Theory Formation". In J. Shrager and P. Langley (eds.), *Computational Models of Scientific Discovery and Theory Formation*. Los Altos, CA: Morgan Kaufmann.

Simon, Herbert A. (1981). "1980 Procter Lecture: Studying Human Intelligence by Creating Artificial Intelligence". *American Scientist*, vol. 69, no. 3, pp. 300-309.

——— (1982). Personal communication, Oct. 21, 1982.

——— (1989). "The Scientist as Problem Solver". In David Klahr and Kenneth Kotovsky (eds.), *Complex Information Processing*. Hillsdale, NJ: Lawrence Erlbaum.

Simon, Herbert A. and Kenneth Kotovsky (1963). "Human Acquisition of Concepts for Sequential Patterns". *Psychological Review*, vol. 70, no. 6, pp. 534-546.

Skorstad, J., Brian Falkenhainer, and Dedre Gentner (1987). "Analogical Processing: A Simulation and Empirical Corroboration". In *Proceedings of the 1987 Conference of the American Association for Artificial Intelligence*. Los Altos, CA: Morgan Kaufmann.

Smith, Brian C. (1982). "Reflection and Semantics in a Procedural Language". Technical Report #272, Laboratory for Computer Science, Massachusetts Institute of Technology.

Smolensky, Paul (1983a). Personal communication.

——— (1983b). "Harmony Theory: A Mathematical Framework for Stochastic Parallel Processing". In *Proceedings of the 1983 Conference of the American Association of Artificial Intelligence*.

——— (1986). "Information Processing in Dynamical Systems: Foundations of Harmony Theory". In Rumelhart, McClelland, and the PDP Research Group, 1986, pp. 194-281.

——— (1988). "On the Proper Treatment of Connectionism". *Behavioral and Brain Sciences*, vol. 11, no. 1, pp. 1-74.

Treisman, Anne (1988). "Features and Objects: The Fourteenth Bartlett Memorial Lecture". *Quarterly Journal of Experimental Psychology*, vol. 40A, pp. 201-237.

Treisman, Anne and G. Gelade (1980). "A Feature-Integration Theory of Attention".

Cognitive Psychology, vol. 12, no. 12, pp. 97-136.

Turing, Alan M. (1950). "Computing Machinery and Intelligence", *Mind*, vol. 59, no. 236. Reprinted in A. R. Anderson (ed.), *Minds and Machines*. Englewood Cliffs, NJ: Prentice-Hall, 1964.

Waldrop, M. Mitchell (1987). "Causality, Structure, and Common Sense". *Science*, vol. 237, pp. 1297-1299.

Waterman, D. A. and Frederick Hayes-Roth (1978). *Pattern-Directed Inference Systems*. New York: Academic Press.

Weizenbaum, Joseph (1976). *Computer Power and Human Reason: From Judgment to Calculation*. San Francisco: Freeman.

Winograd, Terry A. (1972). *Understanding Natural Language*. New York: Academic Press.

Winston, Patrick H. (1982). "Learning New Principles from Precedents and Exercises". *Artificial Intelligence*, vol. 19, pp. 321-350.

Zapf, Hermann (1970). *About Alphabets: Some Marginal Notes on Type Design*. Cambridge, MA: MIT Press.

FLUID CONCEPTS
AND
CREATIVE ANALOGIES

COMPUTER MODELS OF THE
FUNDAMENTAL MECHANISMS
OF THOUGHT

索 引

"a" 字母 "a", essence of "a" 的本质, 412-413, 417, 423-424

Aaron program (Cohen) 科恩开发的程序 Aaron, 468-470, 480; Eliza effect and Eliza 效应与 Aaron 程序, 470; meaning of art by 由 Aaron 创作的艺术作品的意义, 468; shaky lines in 由 Aaron 绘制的弯曲线条, 469-470

abstract concepts 抽象概念, intrinsic bias towards in Copycat 程序 Copycat 中对抽象概念的内部偏向性, 252, 279; 同见词条 conceptual depths

abstract rules (style propagation mechanism) 抽象规则（风格传播机制）, 427, 429, 450, 454

Abstractor 抽象体, agent in Letter Spirit 程序 Letter Spirit 中的智能体, 444, 449-450

ACME program (Analogical Constraint Mapping Engine: Holyoak & Thagard) 霍利约克和萨加德开发的程序 ACME, 即类比约束映射引擎: a bit inflated 对程序的夸张描述, 162; deflated 对程序实际机制的澄清, 163-167; exhaustive search in 程序的穷举式搜索, 286-287; frozen representations of 程序冻结的表征, 185; points of agreement with Copycat 程序与 Copycat 的共同点, 286; points of disagreement with Copycat 程序与 Copycat 的不同点, 286-288; pragmatic unit in 程序的实用单元, 286-288; principles of 程序的原则, 285-286; psychological implausibility of 程序在心理意义上的不现实性, 286-288; real-world *façades* of 程序与现实, 163-167; semantic unit in 程序的语义单元, 286-287; temporal flatness of 程序与心智在时间性上的差异, 288

ACT* program (Anderson) 安德森开发的 ACT* 程序, compared with Numbo 程序与 Numbo 的对比, 149-150

action codelets 行动代码子, 112; 同见词条 effector codelets

activation of nodes 节点的激活: in Copycat 程序 Copycat 的节点的激活, 212, 214; in Numbo 程序 Numbo 的节点的激活, 137, 143-148; in Tabletop 程序 Tabletop 的节点的激活, 381; 同见词条 spreading activation

activation flow 激活的流动, 见词条 spreading activation

activation jolts from Workspace to Slipnet nodes 从工作空间向滑动网络中的节点传送激活, 220, 381

activation thresholds in Copycat 程序 Copycat 的激活阈限, 212

active site 活性位点, of enzyme 酶分子的活性位点, 103

addition and subtraction 只使用加法和减法, undesired complexity of 只用加减法就能创造出人意料的数学复杂性, in Seek-Whence 在 Seek-Whence 程序中只用加减法就能创造出人意料的数学复杂性, 48-49

affinities 亲和力, in Jumbo 程序 Jumbo 中的亲和力: between gloms 团块间的亲和力, 110; between letters 字母间的亲和力, 103-105; role in guiding system 亲和力对系统运行的指引, 124

affinities 亲和力, in Seek-Whence 程序 Seek-Whence 中的亲和力; between islands of order "秩序之岛"间的亲和力, 61-62

"Aha!" experience 顿悟式的经验, 22, 24, 46, 257, 430-431; 同见词条 conceptual revolutions 概念的科学革命; overriding of defaults 否决默认假设; paradigm shifts 范式转移; reperception 再知觉

AI: contrasted with cognitive science 人工智能:

概念与类比
模拟人类思维基本机制的灵动计算架构

与认知科学的对比，1；humorousness of the endeavor 富含娱乐精神，475；hype of 关于人工智能的浮夸讨论，1, 165-168, 177-178, 366-369, 372；show vs. substance in 相关研究的华丽前端与实质性内容，52-53, 91, 366-367, 491；uncritical publicity and exaggerated reports of 大众传媒对人工智能不加批判与夸大其词的报道，155-162, 168, 408-411, 459, 480

AI/cognitive science research projects 人工智能/认知科学研究项目，bewildering zoo of 五花八门的研究项目，366-367

"aim-to-overthrow" Lisp atom in ACME input 在 ACME 输入中的 Lisp 原子 "aim-to-overthrow"（"试图推翻"），deceptiveness of 具有欺骗性，166

Airplane 飞机，crashproof 防撞，见词条"My Turn" column

Aitchison, Jean 简·艾奇森，202

Albers, Donald 唐纳德·阿尔博斯，38

Alexanderson, Gerald 杰拉德·亚历山德森，38

allocation of resources 资源分配：in Copycat 程序 Copycat 中的资源分配，233；in Letter Spirit 程序 Letter Spirit 中的资源分配，436；同见词条 Parallel terraced scan

allosteric enzymes 变构酶，120

alphabet 字母表，fascination of 对字母表的沉迷，401-406

alphabetic experimentation 设计字母表的实验，seeming frivolity of 这些实验傻兮兮的，402

alphabetic reversal 字母表顺序的倒置，见词条 reversal

AM program (Lenat) 列纳特开发的 AM 程序，367, 480；achievements by 该程序的成就，476；compared with Numbo 与程序 Numbo 的对比，150；critiqued by Lenat 列纳特的批评，477；critiques by others 其他人的批评，476；human selection of outputs from 对程序的输出的人工选择，476；lacks of concepts and perception in 程序既缺少概念也无法知觉，477-478

ambiguity 歧义：in high level vision 高层视觉的歧义现象，111；of musical structures 音乐结构的歧义，51；of natural-language input to computers 输入计算机的自然语言的歧义，见词条 Eliza effect；of short sequence-fragments 短序列片段的歧义，58, 69；of word perception 单词知觉的歧义，94-95, 116-117；of words produced by computers 计算机生成的单词的歧义，481；of words used by humans 人类使用的单词的歧义，374；同见词条 Eliza effect 和 real-world *façades*

AMBR program (Associative Memory-Based Reasoning: Kokinov) AMBR 程序（科基诺夫开发的程序，AMBR 即"基于联想记忆的推理"），297-299；agents likened to Copycat codelets 该程序的智能体与 Copycat 代码子的对比，297；lack of perception in 该程序无法知觉，298-299；parallel search strategy of 该程序的并行搜索策略，297-298

anagrams 变位词问题：brute-force approach to 解决变位词问题的蛮力策略，91；opacity of skills at 变位词问题解题技巧的不透明性，86, 99；as pastime 作为消遣的变位词问题，87；relationship of expert-level skill and creativity 专家水平的技巧与创造力的关系，90；同见词条 Jumble 和 Jumbo

analogical reasoning 类比推理，studied much more than everyday analogical thinking and understanding 较之日常类比思维和理解得到了更为充分的研究，187, 270, 275

analogies 类比：an by-product of high-level perception 作为高层知觉的副产品，377, 393；as covert forces in international affairs 类比在国际事件中发挥的隐秘作用，331-332；elusiveness of quality measure for 类比的质量难以衡量，383；as essence-revealers 类比有助于揭示本质，376；international 国际事件中的类比，331-332；"political" "政治类比"，165-166；quintessence of conceptual fluidity 类比是概念流动性的范例，3, 466；"scientific" "科学类比"，165-166；in Seek-Whence 程序 Seek-Whence 中的类比，61-63；in sequence extrapolation 序列外推

634

索 引

过程中的类比，43；on tabletops 桌面摆设的类比，319，322-325，394-399；used in devising Jumbo architecture 用于设计 Jumbo 架构的类比，101-102；vs. logical arguments, in politics 基于类比与基于逻辑，在政治辩论情境中的应用，375-376

Analogies Between Analogies (Ulam)《类比之间的类比》（为乌拉姆整理出版的文集），313，317

analogies in text, explanatory 正文中的解释性类比：ants/codelets 蚂蚁/代码子，124，219，220，226，435；astrophysical-data-scouring/Turing-Test-probing 天体物理学研究/图灵测试的探索，489；brain/DNA 大脑/DNA，485；brain/heart 大脑/心脏，125；concepts/cities 概念/城市，215；conceptual halos/electron-clouds 概念光晕/电子云，214；Copycat/Gaussian-pinball-machine Copycat 程序/"正态弹球机"，234-235；Copycat/ somersaulting kid Copycat 程序/翻跟斗的娃娃，168；Copycat-run/basketball-play Copycat 的运行/篮球比赛的回合，225-226；enzymes/codelets 酶分子/代码子，103，111，139，223；fetus-visualization/voice-teleportation 超声波成像/语音传送，488；Doug Lenat/William Huff 道格·列纳特/威廉·哈夫，477；molecules/letter-clusters 分子/字母簇组，101，103，120；nose-touching/cup-touching 触碰鼻子/触碰杯子，323，325；Presedential- decision-making/scientist's-decision-making 总统的决定/科学家的决定，376；pressure/processed (disanalogy) 压力/进程（相异之处），224-225；Racter/party- crashing robot 程序 Racter/想要混进派对的机器人，470-471；retaliation/cup-touching 报复/触碰杯子，330-332；romances/letter-affinities 爱情关系/字母的亲和力 101-102，106-109，112-114；scattering-experiments/Turing Test 散射实验/图灵测试，489-490；Slipnet/gemone 滑动网络/染色体组，223；sorority-rush/parallel-terraced-scan 联谊纳新/并行阶梯扫描，92-93；Star Wars debates/cog-sci debates 关于星球大战计划的争论/关于认知科学的争论，375-376；thermodynatics/thinkodynamics 热力学/思维动力学，125-126；thoughts/clouds 思维/云朵，125；time=slices/codelets 时间片/代码子，224-225；Workspace/cytoplasm 工作空间/细胞质，101，103，138-139，216；*wyz*-discovery/scientific-breakthrough 发现答案 wyz/科学上的突破，257,261

analogies in text, placed under analytical microscope 正文中的分析性类比：ACME-&-SME/toy-kitty 程序 ACME 和 SME/毛绒玩具，302-303；atom/Solar System 原子/太阳系，182-185，289-290；bear-pig/chair-table 熊-猪/椅子-桌子，270-271；breads/cars 面包/汽车，304；Catholicism/Indy-500 天主教/印第安纳波利斯 500 英里大奖赛，334；Copycat/live-ant 程序 Copycat/活蚂蚁，302-303；DNA/source-code DNA/源代码，180，187-188；DNA/zipper DNA/拉链，180，187-188；Dustbuster-button/ subscripts 垃圾袋卡扣/下标，370；electrons/neurons 电子/神经元，98；Germans/ Americans 德国人/美国人，320-321；heat-flow/water-flow 热流/水流，155-157，276-278，281-283，285-287；immersion-heater/stone 热得快/石头，298；Nancy Reagan/Denis Thatcher 南希·里根/丹尼斯·撒切尔，197；Nicaragua/Afghanistan 尼加拉瓜/阿富汗，179；Nicaragua/Viet Nam 尼加拉瓜/越南，186；Saddam Hussein/Adolf Hitler 萨达姆·侯赛因/阿道夫·希特勒，186；Saddam Hussein/Robin Hood 萨达姆·侯赛因/罗宾汉，186；Sampson's-hair/Achilles'-heel 参孙的头发/阿基里斯的脚踵，271-272；*Satanic Verse/Last Temptation of Christ*《撒旦诗篇》/《基督的最后诱惑》，186；"shield-toad"/"feather-cow" "持盾牌的蛤蟆"/"长羽毛的奶牛"，304；Socrates/midwife 苏格拉底/产婆，162-165，167；Socrates/Sluggo 苏格拉底/斯鲁戈，165；sunlight- on-waves/strummed-harp 波涛反射阳光/乐手轻抚竖琴，295；Watergate/Iran-Contra 水门事件/

635

概念与类比
模拟人类思维基本机制的灵动计算架构

伊朗门事件，286；同见词条 supertranslation in text
"analogy" "类比"，as non-entry in Newell's index 在纽厄尔作品索引中无匹配词条，373
ANALOGY program (Evans) 埃文斯开发的程序 ANALOGY: building of own representations 自行创建表征，185, 269; exhaustive search by 程序的穷举式搜索，269-270; microworld philosophy of 程序使用微领域的哲学原理，269; weaknesses of 程序的缺陷，270
analogy-making 类比活动：between vacuous representations 空洞表征之间的类比，156-157, 161-167, 276-291, 297-299; as "big gun" in problem-solving 类比是问题解决过程中"压箱底"的武器，187, 270; and blurry situations 类比与模棱两可的情况，69; as constant background process 类比是不断进行的背景性心智活动，187; as core of pattern perception 类比是模式知觉的核心，63; criteria for validation of models of 类比模型效度的判断标准，359-365; as crux of the mental 类比活动是心智的核心，63, 85, 309; cultural-dependence of, suggested 类比活动具有文化依存性，（有观点指出），365-366; as discovery of shared essence 类比是对不同情况相同本质的发现，179; formula-based, absurdity of 基于专用机制的类比活动，这种类比活动的不现实性，357; as high-level perception 作为高层知觉的类比活动，179-180; influence on perceptions 类比活动对知觉的影响，180, 186-187; inseparability from perception 类比活动与知觉密不可分，179-181; interaction pressures as universal level of 彼此交互的压力是类比活动的共性，352; as interframework essence-transport 类比活动是"精神转移"的中间框架，450-451; as luxury add-on tool 作为思维过程"奢侈的附加装置"的类比活动，63; as style-propagation mechanism 作为风格传播机制的类比活动，416-417, 442, 451, 456; as test of fluidity of concepts 类比活动可作为对概念流动性的测试，208;

trivialized through brute-force approach 类比问题由于采用依靠蛮力的策略而显得微不足道，326-327; trivialized through hand-coded representations 类比问题由于采用了手工编码的表征而显得微不足道，182-185; veneer of 打着"类比"幌子的空洞架构，155-157, 161-167, 276-291, 297-299
Analogy-Making as Perception (Mitchell) 《作为知觉的类比》（密契尔的著作），8, 301, 307
analogy-making computer programs 类比的计算机程序，见词条 ACME; AMBR; ANALOGY; Argus; CBR; Copycat; INA; Letter Spirit; PAN; SME; Tabletop
analogy-puzzle invention 类比谜题的设计：as challenge for mechanization 对架构化的挑战，306, 317-318; by humans 由人类实施的设计，305-306
analogy puzzles 类比谜题：in Copycat domain 在 Copycat 领域中，202-206, 237-242, 246, 305-306, 317; in Letter Spirit grid 在 Letter Spirit 网格中，450, 454-455（同见词条 style-extrapolation challenge）; in Seek-Whence domain 在 Seek-Whence 领域中，195-198; in Tabletop domain 在 Tabletop 领域中，320-324, 353-357, 394-399
Anderson, James A., 詹姆斯·A. 安德森，124
Anderson, John R., 约翰·R. 安德森，149
animal 动物，minimal self-watching by 最低级的自我监控，310-312
annealing schedule 退火程序，contrasted with temperature regulation in Copycat 与 Copycat 中温度调控机制的对比，229
antiphexishness 反掘土蜂状，312；同见词条 looplike behavior
ants 蚂蚁，61, 124, 219, 220, 226, 435
"apc ⇒ abc; opc ⇒ ?" analogy puzzle 类比谜题 "apc ⇒ abc; opc ⇒ ?"，317-318
approximate sizes of numbers 特定数字"大致的量"，knowledge of in Numbo 程序 Numbo 就此所拥有的知识，135-138
Argus program (Reitman) 雷特曼开发的 Argus 程序，270-273; artistic inspirations behind 该

索 引

程序背后的艺术动机, 272-273; destractable architecture of 该程序可能分心的架构, 271-272; parallelism in 该程序的内在并行性, 271; relation to Hebbian cell-assemblies 与赫布式细胞集合的关系, 271; spoon-feeding of 对该程序的"填鸭式"训练, 272; triviality of performance 该程序的无趣表现, 270-271

arithmetical knowledge in Numbo 程序 Numbo 所拥有的算术知识, 135-138

Arnold, Henry 亨利·阿诺德, 98

artificial intelligence 人工智能, 见词条 AI

artificial life 人工生命, 310-311, 366

artificial wiggliness 人工生成的起伏线条, 469-470

ascender zone 上升笔划区, defined 定义, 421

associative halos 联想光晕, in Letter Spirit 在 Letter Spirit 中, 436, 439, 456-457

Associative Memory-Based Reasoning (Kokinov) 科诺诺夫开发的程序 AMBR 及"基于联想记忆的推理", 见词条 AMBR

"astronomer", anagram of 用"astronomer"这个单词玩变位词游戏, 120

asynchronous parallelism and intrinsic randomness 异步并行与内在随机性, 231-232

Athens 阿森斯, Georgia 佐治亚州, as "the Athens of Georgia" "佐治亚州的雅典", 335

atom/Solar System analogy 原子/太阳系类比, 182-185, 289-290

attention 注意资源, fight for 对这些资源的争夺: in Copycat 在 Copycat 中, 217-218, 281; in Jumbo 在 Jumbo 中, 113-114; in Letter Spirit 在 Letter Spirit 中, 61, 63, 85; in Numbo 在 Numbo 中, 140-141, 145, 148; in Tabletop 在 Tabletop 中, 385; 同见词条 happiness; salience

attractiveness of cyto-nodes 网节点的吸引力水平, in Numbo 在 Numbo 中, 140-141, 145, 148

attributes 属性, ignoring of by SME 程序 SME 对属性的忽略, 276, 280

Australian aborigines 狩猎采集的土人, analogy-making mechanisms of 他们的类比机制, 365

automic teller machine 自动柜员机, semantics of 其呈现字符的语义, 157

autonomy of creative entities 有创造力的主体的自主性, 411,457-458,462-463; 同见词条 central feedback loop; free will, making of own decisions

averaging-together 取均值: of brilliant minds 对伟大的思想, 360; of minds 针对心智, psychologists' practice of 心理学家的取均值操作, 359-362; of natural-language utterances 对自然语言表达, 362; of recipes 对食谱, 360

AW, 见词条 artificial wiggliness 人工生成的起伏线条

axed pet analogy 被砍掉的宠物类比, 302-303

"b" of *Benzene* Benzene 字体中的字母 "b", story of 背后的设计原理, 430-431

Bach, J. S., J. S. 巴赫, alleged mechanization of 用计算机模仿巴赫风格的尝试, 366-367

background-mode activity 后台活动模式, constant 持续性的: in Copycat 在 Copycat 中, 249-251; in Numbo 在 Numbo 中, 145, 148

backpropagation 反向传播, 460

backtracking 回溯, 31, 115, 141

BACON program (Langley *et al.*) 兰利等人开发的 BACON 程序: blinding speed of 程序令人炫目的速度, relative to Kepler 与开普勒对比, 178; convenient omissions from input 对输入数据的简化, 178; grand claims for 对程序表现的夸大其词, 161, 177-178; real-world *façades* of 程序与现实, 190; spoon-feeding of 对该程序的"填鸭式"训练, 178-179

Baird, H. H. 贝尔德, 458

balance between open-mindedness and close-mindedness 开明与保守间的平衡, 256

balance point between rival answers 对立答案间的平衡, 318, 397-398

637

概念与类比
模拟人类思维基本机制的灵动计算架构

Ballard, Dana H. 达娜·H. 巴拉德，458
Balloonville 气球城，town with annual balloon race 举办年度热气球赛事的城市，343
balls 小球，bouncing through grid 在横柱网格间反弹，234-235
Bambi 班比，as counterpart of obj-idea "obj-idea" 的对应物，165
bandwagon effect in paradigm shift 范式转移中的从众效应，260-261
bar graphs 柱状图，见词条 Copycat；Tabletop
baseball 棒球，trade in 球员交易，118
baseline of grid 网格的基线，defined 定义，421
basketball 篮球：essential randomness in 篮球比赛本质上的随机性，232；mania for 对篮球赛事的热衷，conceptual halo of 篮球赛事的概念光晕，341-342；perception of plays in 对赛事中回合的知觉，225-226
BattleOp, hypothetical military-retaliation project 假定的军事报复算法 BattleOp, 332-333
beauty 美感：cerebral and glabal, of grodfonts 网格字体仰仗大脑的、全局性的美感，423, 425-426；retinal and local, of typefaces 标准印刷字体仰仗网膜的、局域性的美感，423；and simplicity, role of in high-level cognition 美感和简洁，在高层认知中的作用，318；同见词条 esthetics
behavior 行为，同见词条 overt behavior
behacior criteria 行为标准：for kindness 关于善良与否，486；for thinking 关于思维，486-487, 489-491；for word processing 关于文字处理，486
Belpatto, G. E. G. E. 贝尔帕托，333
Benzene (gridfont) 网格字体 Benzene："b" and "x", story of "b" 与 "x" 背后的原理，430-431；fed to GridFont net 作为训练材料输入 GridFont 网络，460；spirit behind whole font 全套字体的内在精神，427-431
benzene-ring motif 装饰图案 "苯环"，427-431
Bergerson, Howard 霍华德·伯格森，120
Berthod, M. M. 贝尔托，458
biased randomness 有偏随机：fairness of 合理性，115, 230-233, 384；in Numbo 在 Numbo 中，141
biases 偏向性，dynamically changing 动态变化的，63, 141, 227-228, 381, 384-385
biased 偏向性, perceptual 知觉偏向性，见词条 perceptual biases
bicycle clips 自行车裤腿夹，much trait knowledge 海量相关事实，369
bicycle racing 自行车赛事，conceptual halo of 自行车赛事的概念光晕，341-343
Bikeville 自行车城，logging town with annual bike race 举办年度自行车赛事的伐木小镇，341, 343
biachauvinistic philosophers' fear of zombies "生物至上"主义哲学家对僵尸的恐惧，290n
biochemistry 生物化学，analogy serving to inspire Jumbo 启迪 Jumbo 架构设计的类比，101, 103, 112, 120
bipeds in Numbo 程序 Numbo 中的双足结构，136
black-and white cutoff 非黑即白，见词条 shades of gray
black-and white dogmatism about life and consciousness 关于生命和意识的非黑即白的教条观点，310-311
blackboard of Hearsay II 程序 Hearsay II 的"黑板"，91
blends 混合，见词条 frame blends；letter blends；style blends；word blends
Blesser, Barry 巴里·布雷瑟，412
blockage of answers in Tabletop puzzles 求解 Tabletop 谜题答案的障碍，355-356, 396-397
"Blockage" family of Tabletop analogy problems Tabletop 类比谜题的"障碍问题家族"，396-397
blockage-checking mechanism in Potelbat 程序 Potelbat 的障碍检查机制，ad hoc nature of 其专用性，355-356
blocks in Numbo 程序 Numbo 中的区块，139
Bloomington 布鲁明顿，California 加利福尼亚州，as candidate for "the Bloomington of California" 作为"加州的布鲁明顿"的候选城市，344

索 引

"Bloomington of California" geographical supertranslation problem 地理移译问题"加州的布鲁明顿",331, 333, 338-349

Bloomington 布鲁明顿,Indiana 印第安纳州,323, 331;essence of 其实质,341-342;name of 其名称,344-345

"blue moon",笔误,1, 6

Bobrow Daniel 丹尼尔·博布罗,115

Boden, Margaret 玛格丽特·博登,10, 129, 158, 161, 165, 467, 478-480

Bolick, Robert 罗伯特·博利克,9

Boltzmann machines 玻尔兹曼机,229, 292

bonds 键:in Copycat 在 Copycat 中,217-218;in Jumbo 在 Jumbo 中,109-110;in Numbo 在 Numbo 中,139;同见词条 glue

Bongard, Mikhail 米哈伊尔·邦加德,98

Bongard problems 邦加德问题,proposed architecture for solving 解决该类问题的架构,7, 403, 441

book faces 书面字体,surprising richness of 巨大的丰富性,402

Boole, George 乔治·布尔,125-126

Boolean algebra 布尔算数,125-126

Boolean Dream 布尔之梦,125-126, 466;同见词条 brain, search for proper level;connectionist dream;formalisms;holy grail;Ohm's-law level;Simon, Herbert A.

bottom-up and top-down processing 自下而上和自上而下的加工,integration of 二者的整合,见词条 integration

bottom-up codelets in Copycat 程序 Copycat 中自下而上的代码子,221-222

bottom-up noticing as constant background process in Copycat 作为 Copycat 加工背景的自下而上的关注,249-250

bottom-up processing 自下而上的加工,defined 定义,63

bouncing-doubler sequence "反弹倍增器"序列,54-55

boundary shifting 边界的变动,18, 39-40, 43, 52, 66, 116-117, 119;同见词条 regrouping;reperception;semantically-adjusted parts

Boyle's law 波义耳理想气体定律,post hoc discovery of by BACON 程序 BACON 对该定律的重新发现,177

brain 大脑:hope of bypassing 希望回避思维过程的生物基底,98(同见词条 Boolean Dream;Simon, Herbert A.);as pile of lifeless molecules 其作为一堆无生命的分子,310;as Platonic abstraction 其作为柏拉图抽象,483;qua double hemisphere and memome 其作为"双半球"和"模因组",485;search for proper level of description of 为其寻找合适的描述水平,97-98, 125-126, 291-292, 294, 308, 371, 466, 483-487, 491;singular noun standing for many instances 代表大量实例的单数名词,483

brain mechanisms as patterns 作为模式的大脑机制,1, 483

brain structure 大脑的结构,many levels of 多层级,483-487

breaker codelets in Copycat 程序 Copycat 的"拆解器"代码子,258

bricks 砖块,in Numbo 在 Numbo 中,132

bridge collapse 大桥倒塌,见词条 inserstate-highway bridge collapse

bridges in Copycat 程序 Copycat 中的桥:dynamic strengths of 其动态强度,219;factors favoring construction of 支持建桥的因素,218-219;role of conceptual slippage in 概念滑动对建桥的作用,219

brittleness of deterministic control 基于确定性策略的控制结构的脆弱性,115

broad categories 宽泛范畴,need for in Ob-Platte analogies 为鄂毕-普拉特类比所需,342-343

broadening of explorations as response to frustration 因遭遇挫折而扩大探索范围,240, 258-259;同见词条 emergency measure

Bruner, Jerome 杰罗姆·布鲁纳,171

brute force 蛮力,见词条 combinatorial explosion

brute-force anagram programs 依靠蛮力的变位词程序,91

brute-force/heuristic-chop dichotomy 依靠蛮力/启发式的二分法,263, 265

639

概念与类比
模拟人类思维基本机制的灵动计算架构

bubbling-up in parallel of islands of order 秩序之岛的并行"冒头", in Seek-Whence 在 Seek-Whence 程序中, 59

Buck-Stag 虚构的情场高手巴克, 165

building blocks of text 文本的构成成分, as critical variable in models of prose generation 作为散文创作模型的关键变量, 480-481

"Buridan" family of Tabletop analogy problems 类比程序 Tabletop 的"布吕丹问题家族", 398-399

Buridan's ass 布吕丹之驴, 398

Burstein, Mark 马克·伯斯坦, 182, 185

Bush, George 乔治·布什, 332, 460, 465

buttons of Dustbuster 吸尘器的按钮, 370

bypassed routes as cues to human mental processed in Numbo game 那些被忽略的思路, 为研究人们玩 Numble 游戏时心智过程提供了线索, 133

Byrd, Donald A. 唐纳德·A. 伯德, 4

Cain, Al 艾尔·凯恩, 2

California/Indiana war scenario 加利福尼亚州与印第安纳州的战争场景, 331

capricious processing in Numbo 程序 Numbo 中变幻莫测的加工过程, 149-150

Carbonell, Jaime 杰米·卡沃内利, 95, 182, 185

caricature analogies 漫画类比, 304-305, used in text 正文中的漫画类比, 308, 360, 365-366, 465-466, 479

Carmichael, Hoagy 豪吉·卡迈克, 323; writing of "Stardust"《星尘》的创作, conceptual halo of 这一事件的概念光晕, 344

case-based reasoning 基于案例的推理: approach to reminding 提醒的方法, 305, 370-371; grand claims of 一些夸大其词, 161, 368-369; hypothetical splice with CYC 假设与 CYC 混合, 369; missing ingredient of 缺失的成分, 371; real-world façade of 程序与现实, 369

categorical vs. stylistic sameness 范畴相同与风格相同, 417

categories 范畴, internal structure of 范畴的内部结构, in Letter Spirit 在 Letter Spirit 程序中, 415, 434, 438-439

categories 范畴, vertical vs. horizontal "垂直范畴"与"水平范畴", 418-419

"category", as non-entry in Newell's index "范畴", 在纽厄尔作品索引中无匹配词条, 373

category boundaries 范畴的边界, 见词条 concept; essence; fluidity; halos; me-too phenomenon

category membership 范畴成员资格: criteria for 相关标准, in Letter Spirit 在 Letter Spirit 程序中, 436, 438; degrees of 相关程度, 413, 415, 424-425; of letter made by GridFont network 由 GridFont 网络设计的字母的范畴成员资格, 461; pressure from vs. pressure from style 源自范畴成员资格与风格的压力, 416, 431-432; reduction to role membership 还原为角色成员资格, 415, 434; weaknesses in 相关缺陷, interpreted as stylistic attributes 解读为风格属性, 454; 同见词条 letter/spirit conflict

category mismatch 范畴失配, 见词条 slippages, conceptual

"cattiness factor" in Hal 程序 Hal 中的"刻薄因子", 159

CBR, 见词条 case-based reasoning

cell-assemblies 细胞集合, Hebbian 赫布式的, 271

Center for Research on Concepts and Cognition 概念与认知研究中心: house of 其办公地, 4; name of 其名称, 4, 6

central feedback loop of creativity 创造力的中央反馈环路, 446, 450-458; bypassing of 回避该环路, 462-463; conceptual slippage in 环路中的概念滑动, 456-457; generative phase of 环路的生成阶段, 455; implementation of 环路的实现, 454-458; perceptual phase of 环路的知觉阶段, 454-455; yielding genuine autonomy 产生真正的自主性, 457-458

central zone 中间区, define 定义, 421

centralization process in caricature-analogy manufacture 创建漫画类比时的中心化过程, 304

索 引

centrifugal vs. centripetal forces 向心力与离心力, in Letter Spirit 在 Letter Spirit 程序中, 同见词条 letter/spirit conflict

chains of letters 字母的链状结构, in Jumbo 在 Jumbo 程序中, 109-110

Chalmers, David 大卫·查尔莫斯, 4, 7, 168, 325

Chamberlain, Bill 比尔·张伯伦, 474-477, 480

change of representation 表征结构的调整, in AI 在人工智能模型中, 119

Chapman, D. D. 查普曼, 192

Checkmark (gridfont) 网格字体 Checkmark, spirit behind 其背后的"精神", 428, 431-432

chemical assembly pathways in cells 细胞中的化学合成路径, 101, 103

chemical bonds 化学键, types of 键的种类, 101

chemistry vs. psychology 化学角度与心理角度, in explaining memory 解释记忆的两种角度, 484

chess 棋类游戏: computer-tractability of 其计算机可处理性, 329, 465; seeming trivialization of 看似贬低, 328, 465

chess-playing by people 人类对弈, nonmechanical style of 非机械的风格, 34, 53, 328, 465

chess programs 棋类博弈程序, 34, 53, 328, 366, 465; emergent qualities of 涌现的特点, 124-125

child sequence 子序列, 29

children 少年儿童, predicting development of 对其发展轨迹的预测, 69

Children's Organ Transplant Association 儿童器官移植协会, conceptual halo of 其概念光晕, 344

Chinese language 汉语: treatment of "sibling" concept in 汉语中的"兄弟姐妹"概念, 199; writing system of 汉字书写体系, 401, 447

"Chinese room" scenario "中文屋"情境, 见词条 Searle, John

Chinese translation of Gödel, Escher, Bach 《哥德尔, 埃舍尔, 巴赫》中译本, 4-5

Chopin, Frédéric 弗里德里克·肖邦, 74, 78-79, 82; piano prelude by 其创作的钢琴前奏曲, 79

chopped, scrambled, and reassembled Koestler, Monet 将库斯勒或莫奈的作品分解、打乱并重组, 480-481

chunkabet 组块表, in Jumbo 在 Jumbo 程序中, 104-105; subjectivity of 其主观性, 105

chunking 组块的装配, tentative 实验性的, 99-100; creating level-distinction 层级的区分, 109-110; numerical 数字的组块, 127

circular alphabet 字母表的循环, outlawing of 其不合规性, 243

ciucularity of an alphabetic style's origin 字母表风格的循环起源, 452-453

"city", vagueness of the category "城市"范畴的模糊性, 345-346

claims of AI feats 对人工智能成就的宣扬, 见词条 hype; show vs. substance; uncritical publicity

clamping of temperature in Copycat 固定 Copycat 系统的温度, 257

classifier systems 分类器系统, 176, 291-293

Clinton, Bill 比尔·克林顿, 332, 376

Clossman, Gray 格雷·科罗斯曼, 1, 4, 51, 84

cloud behavior 云朵的运动, laws of 规律, 125

"coax" 单词"coax", ambiguous appearance of 其知觉上的歧义, 117

codelets 代码子: in Copycat 在 Copycat 程序中, 211, 220-227; dispensability of any one 特定的单个代码子可有可无, 222, 435; extended pathways of 加工过程的延续方向, 106, 222-223, 384; interleaving of 代码子的交错调用, 107, 384, 435-436; in Jumbo 程序 Jumbo 中的代码子, 105-109; in Letter Spirit 程序 Letter Spirit 中的代码子, 434-435; in Numbo 程序 Numbo 中的代码子, 135, 142-143; as proxies of pressures 代码子是压力的代理, 221-225

Coderack of Copycat 程序 Copycat 的代码架: long discussion of 详细讨论, 220-224; quick sketch of 相关速写, 211; shifting population of 其变动的构成成分, 223

Coderack of Jumbo 程序 Jumbo 的代码架,

641

概念与类比
模拟人类思维基本机制的灵动计算架构

105-106；summary of 相关总结，123
"cognition equals recognition" (slogan) 口号"认知就是认识"，97, 119, 131-132
cognitive psychologies 认知心理学家，habits of 他们的习惯，359, 361
cognitive science 认知科学：difficulty of research-direction choice in 选择研究方向的困难，309；murky foundations of 模糊的基础，373-376；as scientific quest replacing AI 在描述研究兴趣时替代"人工智能"的新术语，1；as search for brain structure 作为针对大脑结构的研究，483；as search for mental mechanisms 作为针对心智机制的研究，483
cognitive scientists as unclear communicatiors 认知科学家彼此交流的不严谨性，374-375
cognitive-style parameters 认知风格的参数，list of 列表，360-361
cognitive workspace 认知工作空间，in Letter Spirit 在 Letter Spirit 中，见词条 Thematic Focus
Cohen, Harold 哈罗德·科恩，468, 480
coherence, drive towards 趋向连贯性：in Copycat 在 Copycat 中，219-220, 279；in Tabletop 在 Tabletop 中，382-383, 386-387, 397-398；同见词条 consistency
collective behavior 共同行为，见词条 emergence
combinational explosion 组合爆炸，31, 33；in ACME 在 ACME 中，286-287；avoidance of in Copycat 程序 Copycat 如何避免组合爆炸，263；avoidance of in Tabletop 程序 Tabletop 如何避免组合爆炸，330, 358, 395；in Geometry 程序 Geometry 中的组合爆炸，479；in PAN 程序 PAN 中的组合爆炸，297；in SME 程序 SME 中的组合爆炸，283-284；同见词条 scaling-up；shades of gray
commingling pressures as the crux of fluidity 流动性的关键：压力的混合，224-225
commonsense halos 常识光晕，见词条 halos
communal conceptual spheres 随处可见的"概念泡泡"，71-77
competition among perceptual structure 知觉结构的相互竞争，见词条 fights, probabilistic
compound cities, unclear status of 城市复合体的地位不明确，345-346
comprehension operators 理解运算符，in Soar 在程序 Soar 中，373
"Compte est bon, Le" 一款电视游戏，127, 131
computational expense and terraced testing 算力的消耗与阶梯测试，91-92, 106-108, 227
computer-generated prose 由计算机创作的散文，158-161, 470-476, 480-481
computer models, many possible levels of description of 计算机模型的许多可能的描述水平，482
computer programs as poor way to capture sequence rules 计算机程序难以捕捉序列的规则，56
computing power as blurring the inference/observation boundary 计算能力的进步模糊了推理/观察的区别，488-489
concentric circles in conceptual space 概念空间中的同心圆，343
concept-clouds, interpenetrating 彼此渗透的概念云团，200
concepts 概念：absence of cores in neural networks 神经网络中的概念没有清晰的核心，215-216；behind shapes 图形背后的概念，402-403, 412-419, 438-439, 444-446, 466；creation of hierarchies of, by AM 由 AM 创建的概念的多个层级，476；cultural influence on 文化对概念的影响，198-200；cutting close to core of 逼近概念的核心，见词条 essence；deeper aspects lacking in CYC and CBR 在 CYC 和 CBR 中缺少深度概念模型，371；as diffuse spheres 膨胀的概念泡泡，71-84, 214-216；fluid boundaries of 概念的流动性边界，119, 307；internal structure of, in Letter Spirit 程序 Letter Spirit 中概念的内部结构，438-439；as key problem of cognitive science 作为认知科学的关键问题，294, 466；in Letter Spirit 程序 Letter Spirit 中的概念，412-419, 424, 438-439；midway position between neural and psychological levels 居

642

索 引

于神经水平和心理水平之间，294；necessity of cores for slippage 核心对滑动的不可或缺性，215；neglect of, by Newell 纽厄尔对概念的忽视，371-373；relations among, in Letter Spirit 程序 Letter Spirit 中概念间的关联，433, 439；semi-distributed nature in Copycat 程序 Copycat 中概念的半分布式特点，292-293；semi-distributed nature in Tabletop 程序 Tabletop 中概念的半分布式特点，381；weak models of in AI 较弱的人工智能概念模型，160-161, 307

"concepts without percepts" (Kant) "没有知觉的概念"（康德），192-193

conceptual-dependency notation 依赖于概念的符号使用，370

conceptual depth in Copycat 程序 Copycat 中的概念深度，212-214；contribution to systematic pressure 对系统性压力的贡献，279；and decay rates of nodes 节点的衰退速率，214；as metaphorical magnets pulling entire system 作为隐喻的磁体牵拉整个系统，220；and resistance to slippage 对滑动的抗拒，213-214；results of lesioning of "毁损"程序的结果，365；vs. abstraction hierarchies 概念深度与抽象层级，213；vs. syntax-based abstraction heuristic 概念深度与基于句法的抽象启发式，213, 280

conceptual depth in Tabletop 程序 Tabletop 中的概念深度，381

conceptual fluidity 概念的流动性，neglect of, in AI 人工智能对概念流动性的忽视，307

conceptual halos 概念光晕，见词条 halos

Conceptual Memory of Letter Spirit 程序 Letter Spirit 中的概念内存，436-439

conceptual overlap and proximity 概念重叠和相似性，85；dynamic nature of 其动态性，212, 214-216, 260, 287, 381；modeled by context-independent concentric circles 由独立于情境的同心圆模拟，343；varieties in Tabletop 其在程序 Tabletop 中的多样性，326, 378, 389；同见词条 halos, conceptual

conceptual (as opposed to workspace) pressures 概念压力（而非工作空间压力），222, 224-225

conceptual revolutions in science 科学研究中的概念革命，261, 367；同见词条 "Aha!" experience; overriding of default perceptions; paradigm shifts; reperception

conceptual skeleton as situation-essence 作为特定情况深层实质的"概念骨架"，304

conceptual slippage 概念滑动，见词条 slippages, conceptual

conceptualization 概念化，见词条 letter-conceptualizations

Connecticut bridge collapse 康涅狄格州桥梁坍塌事件，见词条 interstate-highway bridge collapse

connectionism 联结主义：as break with objectivism 对客观主义立场的突破，175；contrasted with Copycat 与 Copycat 架构的对比，205, 215-216, 291-295；as desired underpinning for Copycat 作为 Copycat 架构理想的基础，293-294, 308；as too low-level to directly model analogy-making and creativity 若以联结主义网络直接模拟类比和创造力，则层级太低，292-294, 308

connectionist approach to Letter Spirit challenge 应对 Letter Spirit 挑战的联结主义方法，459-466

connectionist dream 联结主义之梦，294, 466；同见词条 Boolean Dream

connectionist network 联结主义网络，difficulty of controlling 控制上的困难，292

Conrad, Michael. 迈克尔·康拉德，10, 486

conscious experience 有意识的经验，felt unitarity of 当前事态在知觉经验中的单一性，111-112, 226

consciousness 意识：alleged indivisibility of 其不可分性，312；continuum of degrees of 意识水平的连续体，310-311；emergence from lower levels 自低层涌现，317；role of concepts in 概念的作用，311；role of self-watching in 自我监控的作用，123, 309, 311-313

概念与类比
模拟人类思维基本机制的灵动计算架构

conservatism of standard typefaces 普通印刷字体的保守性, 423

consistency, drive towards 趋向一致性, 40, 43, 404-405, 416-419, 423, 426-434, 442-443, 449-458, 463-464; 同见词条 coherence

consistency over time of humans' problem-solving strategy 人类问题解决策略的一致性, 128-129

consonant clusters 辅音音丛, attractiveness-levels of 其吸引力水平, 104-105

constraints as inducers of deep novelty 约束产生了丰富性, 423-426, 443

content of words 字词的内容, role in analogy genuineness 其对类比真实性的作用, 166; 同见词条 Eliza effect

context-dependent connectionist representations 依赖情境的联结主义表征, 175-176

continued fractions 连分数, 28, 36-39, 70

contradiction 冲突, as force behind style 作为风格背后的力量, 433; 同见词条 consistency

Copernicus, Nicholas. 尼古拉·哥白尼, 177

copy-group (synonym of "sameness group") 复制组("相同组"的同义词), 251n

Copycat architecture 程序 Copycat 的架构: avoidance of combinational explosion in 避免组合爆炸, 263, 265-267, 284, 286-287, 297; as brain model 作为大脑的模型, 483, 487; contrasted with Tabletop architecture 与 Tabletop 架构的对比, 389-391; desired emergence from lower levels 自低层的涌现, 293-294, 308; first design of 最初的设计, 204; inability to transcend self 不可能超越自己, 265n; influence of Hearsay II on "Hearsay II" 架构对其的影响, 210; influence of wyz paradigm shift on "wyz 范式转移"对其的影响, 257, 259-260; integration of perception and mapping in 其对知觉和映射的整合, 191, 288; intended generality of 其预期通用性, 191, 248, 258, 262-263, 267; major components of 其主要成分, 211-224; midway position along symbolic/subsymbolic spectrum 其居于符号主义/亚符号主义频谱的中间位置, 191, 205, 291-295; as model of creativity 作为创造力的模型, 238-240, 242-244, 248-250, 257-262, 308-309; as model of high-level perception 作为高层知觉的模型, 190-192, 210-211; parallel terraced scan in 其中的并行阶梯扫描, 204, 226-227; parallelism in 其中的并行性, 219-227, 229-232, 249-250; poised between brute-force and heuristic-chop strategies 位于依靠蛮力的策略和启发式策略之间, 265-266, 284; shortcomings of 该架构的缺陷, 283, 299, 309, 311; temporal nature of 该架构运行的时序性, 284; 同见词条 bridges; Coderack; Slipnet; Workspace, 等等。

Copycat domain 程序 Copycat 的任务领域: contrasted with Tabletop domain 与 Tabletop 任务领域的对比, 388-389; intended generality of 其预期通用型, 208-209; as "meta-domain" 作为"元领域", 208-209; omissions from 该领域的疏漏, 210; Platonic world of 其"柏拉图式天国", 209; pristineness of 其原始性, 388-389; relations to Seek-Whence domain 其与 Seek-Whence 任务领域的关系, 202; surprising richness of 其惊人的丰富性, 305-306

Copycat program 程序 Copycat: bar graphs of performance 反映其表现的柱状图, 235-248; characterized by Holyoak and Thagard 霍利约克和撒加德的描述, 165-166; as dark-horse underdog 一匹出人意料的"黑马", 302; five virtues of 其五点优势, 191; lesioning of 对程序的"毁损", 364-365; lifelike appearance of, in action 栩栩如生的表现, 301-302; limitations of 其不足之处, 234n, 237n, 242n; limited self-awareness of 其有限的自我觉知, 308-311; nonzero consciousness of 其某种未知程度的意识, 311; performance compared with humans' 其表现与人类的对比, 234, 237-238, 240-241, 243-244, 246, 275; as somersaulting kid 像个翻跟斗的娃娃,

644

索 引

167-168; souce-code and vedio tape availability of 程序的源代码和录像资料的获取, 301; statistically emergent personality of 其统计涌现的"人格", 235-248; suppression of parallel terraced scan in 抑制程序的并行阶梯扫描, 365; validation criteria for 程序效度的评判标准, 363-365

Copycat project Copycat 项目, 7-8; compared with other projects 与其他项目的对比, 269-299; connection with Seek-Whence 与 Seek-Whence 的联系, 85, 202, 208; core issues of 其关注的核心问题, 208; future directions of 其未来方向, 314-318; origins of 其起源, 202-204; spiritual affinity with connectionism 其与联结主义的精神密切关联, 294; as splice of Argus and ANALOGY 其类似于 Argus 和 ANALOGY 的结合, 273

Copycat puzzle answers Copycat 谜题的答案: given by people 由人类给出的, 206-207, 237-238, 240-241, 243-244, 246, 275; sophisticated vs. crude 巧妙的答案与直接的答案, 202-203; 同见词条 dizzy answers; esthetics; sloppy answers

Copycat puzzles, specific 特定的 Copycat 谜题: Problem 1 问题 1, 206, 234-237, 245-246; Problem 2 问题 2, 206, 234n, 237-238, 244, 261-262, 280, 284, 288; Problem 3 问题 3, 237-239; Problem 4 问题 4, 238-242, 248-257, 283-284, 308; Problem 5 问题 5, 242; Problem 6 问题 6, 242-247, 257-262, 283-284, 309, 315, 364, 451; Problem 7 问题 7, 246-247

copying a cat, two ways of 拷贝一只猫的两条道儿, 302-303

correlations, desired, between humans' and FARG models' behavior 人类解题者和 FARG 模型在行为上的预期相关性, 362-365

correspondences in Copycat 程序 Copycat 中的关联, 见词条 bridges

correspondences in Tabnletop 程序 Tabletop 中的关联, 382, 387-388

Cote, N. N. 科特, 90

counterfactual conditionals 反事实条件句, 5

counterfactual musings 反事实沉思: in Copycat 在 Copycat 中, 226; in Jumbo 在 Jumbo 中, 111-112

counterparts, positing of 对应物的位置, 见词条 bridges; correspondences

counterpoint in Seek-Whence domain 在 Seek-Whence 领域中的对位, 49

counting, retention of, in Seek-Whence 在 Seek-Whence 中保留计数, 49

covering of one's tracks, in creative acts 在创造性活动中藏匿踪迹, 429

crackpot-like open-mindedness, danger of 思维不合常理的开放型可能导致危险, 240, 248, 259

crashproof airplane 防撞的飞机, 见词条 airplane, crashproof

crazy bazaar of AI/cog-sci 人工智能/认知科学研究的热闹集市, 366-367

CRCC 见词条 Center for Research on Concepts and Cognition

creations transcending their creators 超越创造者的创造物, 14, 265n, 443

creative analogies, criteria crudely characterizing 刻画创造性类比的粗略标准, 295

Creative Mind: Myths and Mechanisms (Boden) 《创造性思维：神话与机制》（博登的著作）, 161, 467, 478

creative output, non irrelevance of mechanisms behind 富有创造性的表现与内在机制绝非互不关联, 481

creativity 创造力/创造性: AI models of, critiqued 相关人工智能模型（及批判）, 467-480; AI models of, and popular press 相关人工智能模型与大众传媒, 8, 480; attempt at characterization of 尝试刻画创造性, 313-314; connection with autonomy and free will 与自主性和自由意志的关系, 411, 457-458, 462-463; contrasted with collection of clichés 与陈旧套路的对比, 463-464; contrasted with jigsaw-puzzle assembly 与拼图游戏的对比, 480-481; contrasted with

645

概念与类比
模拟人类思维基本机制的灵动计算架构

plagiarism 与剽窃行为的对比, 480-481; requirements for a model of 对相关模型的需要, 411; self-knowledge lacking in models of 相关模型中缺少关于自身的知识, 408; temporality of 创造力的时序性, 434,463-465; unpredictability of 创造力的不可预测性, 84, 442-443, 449-450, 462-463, 466; vs. discovery 创造性与发现, 295; vs. fakery, deciding role of mechanisms involved 创造性与欺诈, 相关机制的决定性影响, 481; 同见词条 Copycat; essence; fluidity; Letter Spirit; Metacat; paradigm shift; play; reperception

"creativity", trendiness of wird "创造力"这个词过于前卫, 6

credit attribution, subtlety of 成就归属问题的微妙性, 160, 477, 480-481

Crest-toothpaste invention 佳洁士牙膏的诞生, conceptual halo of 其概念光晕, 343

criteria for genuine thinking, need for 真正的思维活动需要判断标准, 486-487, 同见词条 behavioral criteria

criteria for judging cognitive models 认知模型的评判标准, 见词条 judging; probing; validation criteria

critiques 批判: of Aaron 对 Aaron, 468-470; of ACME 对 ACME, 163-167, 185, 286-288; of ACT* 对 ACT*, 149-150; of AM 对 AM, 476-478; of AMBR 对 AMBR, 298-299; of analogical-reasoning researchers 对类比推理的研究者, 69, 185; of ANALOGY 对 ANALOGY, 270; of Argus 对 Argus, 270-272; of axed pet analogy 对宠物类比, 303; of BACON 对 BACON, 178-179, 190; of biachauvinistic religion 对生物至上主义, 290n, 310-311; of CBR 对 CBR, 161, 369, 371; of cognitive psychologists 对认知心理学家, 359-361; of cognitive scientists 对认知科学家, 374-376; of connectionism 对联结主义, 294, 466; of Copycat 对 Copycat, 309, 311, 317; of CYC 对 CYC, 368; of DAFFODIL 对 DAFFODIL, 409-411; of expert systems 对专家系统, 1, 35, 329; of FARG models of perception 对 FARG 开发的知觉模型, 192; of Geometry 对 Geometry, 478-480; of GPS 对 GPS, 149; of GridFont 对 GridFont, 461-466; of Just This Once 对《仅此一次》, 159-161; of Loebner Prize 对勒布纳人工智能奖, 491; of Numbo 对 Numbo, 151; of objectivism in AI 对人工智能研究中的客观主义, 174-175; of OCR 对 OCR, 458-459; of PAN 对 PAN, 297; of Racter 对 Racter, 470-476; of sequence-extrapolation programs 对序列外推程序, 52-53; of SME 对 SME, 156-157, 182-185, 280-285; of Soar 对 Soar, 372-373; of symbol-grounding religion 对"符号接地"观, 290n; of traditional symbolic AI 对传统的符号主义人工智能, 125-126, 173, 175, 193; of writers about AI 对人工智能相关作品的作者, 155-162, 167-168, 480

cross-domain analogy-making, claims of 跨域类比的主张, 165-167

cues 线索: giving rise to pressures 如何产生压力, 258; subtlety of, in Copycat problem 6 其在 Copycat 问题 6 中的微妙性, 244

culture-dependence of analogy-making, suggested 类比的文化依赖性主张, 365-366

culture-independence of subcognitive mechanisms 亚认知机制的文化独立性, 365-366

花饰旋曲, 见词条 fleshing-out of skeletal letters

Cutler, Anne. 安妮·卡特勒, 202

CYC project (Lenat) 列纳特的 CYC 项目, 367-369, 371; hypothetical splice with CBR 假设将其与 CBR 结合, 369; missing ingredient of 其缺失的成分, 371

cyto-nodes in Numbo 程序 Numbo 中的"质节点", 139-142; parameters attached to 其附带参数, 140-141

cytoplasm 细胞质: of biological cells 生物细胞的细胞质, 101, 139; of Jumbo 程序 Jumbo 的细胞质, 103; of Numbo 程序 Numbo 的细胞质, 138-142; summary of 相关总结,

123

"d"-to-"b" Letter Spirit analogy puzzle 从"d"到"b"：Letter Spirit 的类比谜题，450-453

DAFFODIL program (Nanard et al.) 纳纳德等人开发的 DAFFODIL 程序：concern solely for shallow style 只关注浅层风格，420, 421；lack of perception in 不具备知觉能力，410；mistaken for model of creativity 其被误解为创造力模型，409；output of 其输出，410；sketch of 相关简介，408-409；weaknessed of 其不足之处，409-411

dalliance (an analogue to flashes in Jumbo) 调情（Jumbo 中"痴迷"的类比物），102

daring leggerforms and styles 大胆的字形和风格，401-402, 404-405, 413, 422-423

dashed lines as flashes, in Copycat's Workspace 虚线（代表 Copycat 工作空间中的"痴迷"），251

decay rates of activation of nodes 节点激活水平的衰退速率，214, 381

decipherment of messages 讯息的解码，67-69

declarative vs. procedural knowledge in Numbo 程序 Numbo 中的程序性和陈述性知识，140

deep answers 深刻的回答，见词条 insight, deep

deep concepts 深层概念：as long-lasting influences on perception 对知觉的持久影响，220；as magnet pulling Copycat 如磁体般牵拉 Copycat，220；as a reliable source of insight 作为洞见的可靠来源，213

deep perception 深度知觉，97-98；elusiveness of 总是难以获得，392；同见词条 essence；high-level perception；insights, deep

deep slippage 深层滑动，resisted a priori but respected a posteriori 系统的事前抵制和事后尊重，261

"Deep stuff doesn't slip in good analogies" "优秀的类比总能抓住深刻的东西"（格言），85, 214, 259-260；reasons for overriding 确立压倒性观点的理由，261

deep style 深层风格，见词条 style

Deep Thought (chess program) （国际象棋程序），328

default assumption, indispensability of 默认假设的不可或缺性，240

default assumption 默认的知觉，overriding of 其压倒性，见词条 overriding

Defays, Daniel., 丹尼尔·德法伊，4, 7, 127-129, 405

Dell, Gary S. 加里·S. 戴尔，202

demotion of losers in Tabkletop 在 Tabletop 的生存竞争中落败的结构的降级，390-391

Dennett, Daniel C. 丹尼尔·C. 丹尼特，10, 90, 123, 124, 125, 290n, 373

depth 深度，见词条 conceptual depth；deep concepts；insights, deep

derived analogy problems in Ob-Platte puzzles 衍生自鄂毕-普拉特谜题的类比问题，340, 351

derived sequences 衍生序列，28-33

descender zone 下降笔划区，defined 定义，421

"desperation" as source of deep insights 产生深刻洞见的绝望感，246

description, attaching of 附带的描述，41-42, 217-218, 249, 252, 254, 258-259

destruction of built-up structures 已建成结构的拆解：in Copycat 在 Copycat 中，258；in Jumbo 在 Jumbo 中，116, 120-121；in Letter Spirit 在 Letter Spirit 中，439-441, 447-449；in Numbo 在 Numbo 中，139, 141-142, 147；in Seek-Whence 在 Seek-Whence 中，60

determinism 确定性：fatal problems with, in Seek-Whence 其在 Seek-Whence 中的致命问题，59；macroscopic, in Copycat 程序 Copycat 在宏观水平的确定性，234-235

dictionaries between languages, mediocrity of 双语词典及其平庸性，200

dictionary 词典，irrelevance to Jumbo 与 Jumbo 无关，99

"direct" observation "直接"观察，blurriness of the notion 其含义模糊不清，487-489, 491

disbanding operations, in Jumbo 在 Jumbo 中的解散操作，116, 120-121

disclaimers in text 免责声明，185n, 432, 467

discovery process 做出发现的过程：analysis of 相关分析，20, 40-48；in physics and

647

概念与类比
模拟人类思维基本机制的灵动计算架构

mathematics 在物理和数学领域，5；false memories of 相关错误记忆，21, 23；同见词条 post hoc models of scientific discovery

discovery-*vs.*-creation controversy 发现-创造之争，295

dismantling of blocks in Numbo 在 Numbo 中拆解区块，139, 141-142, 147

display faces *vs.* book faces 特排字体和印刷字体，402；同见词条 typefaces

dissatisfaction 不满，as force behind style 作为风格背后的动力，433；同见词条 consistency

dissolver codelets in Jumbo 程序 Jumbo 中的"溶剂"代码子，121-122

distractable nature of human cognition 人类认知，容易分心的特性，34, 271；as goal for Argus 作为 Argus 的目标，271-272

distracting objects, effect on Tabletop 在 Tabletop 任务中设置分心物的效果，395

distributed representations 分布式表征：flexibility of 其灵活性，175；in GridFont network 在 GridFont 网络中，462；as Great White Hope 不切实际的梦想，466

divorce, social attitude towards 社会对离婚的态度，102, 122

"dizzy" answers to Copycat analogy problem Copycat 类比问题"难以置信"的答案，238；and slippage humor 及滑动幽默，245

DNA *qua* double helix and *qua* genome 作为双螺旋和基因组的 DNA，485

DNA/zipper and DNA/source-code analogies DNA/拉链和 DNA/源代码类比，180, 187-188

"Do this!" puzzles "照这样做"的挑战，321-326, 377

domain juggling 对不同领域的心智杂耍，见词条 juggling

domain simplification 领域的简化：in Copycat 在 Copycat 中，209-210；in Jumbo 在 Jumbo 中，99,105；in Letter Spirit 在 Letter Spirit 中，403, 419-421；in Numbo 在 Numbo 中，134-135, 151；paradox of 其矛盾性，420, 426；in Seek-Whence 在 Seek-Whence 中，48-49；in Tabletop 在 Tabletop 中，326；同见词条 hand-coding of representations；microdomains； real-world *façade*； spoon-feeding；stripped-down categories

dormant concepts 休眠概念，emergence into relevance 涌现的相关性，238-241, 248-255, 258-259, 265n, 281, 283-284, 288, 308, 334

"dot-dot-dot" notation "点-点-点"记号，15-16, 47, 70

dotted lines as sparks, in Copycat's Worksoace 作为火花的点状线（在 Copycat 工作空间中），251

doubler/singler spliceroo 倍增器/减半器拼盘，54

Dowker, Ann. 安·道克，128-129

down-runs, in number sequences 数字序列中的"下坡"，58

Drafter, agent in Letter Spirit 起草体（Letter Spirit 中的智能体），444, 446

Drasin, Daniel 丹尼尔·德拉辛，459

Dreyfus, Hubert 休伯特·德莱弗斯，369

DUAL architecture (Kokinov) 科基诺夫搭建的 DUAL 架构，297

Dumrec program (McGraw & Drasin) 麦格劳和德拉辛开发的 Dumrec 程序，459

Dustbuster memory-retrieval episode 关于吸尘器的记忆提取轶事，369-371

dyz answer to Problem 6 问题 6 的答案 dyz，245；同见词条"dizzy" answers

e(Euler's constant), continued fraction of 欧拉常数 e 的连分数，36-40, 51-52

East Chicago, Indiana 东芝加哥（位于印第安纳州），350-351

"East St. Louis of Illinois" Ob-Platte puzzle 鄂毕-普拉特谜题"伊利诺伊州的东圣路易斯"，350-351；attempted translation into Tabletop domain 尝试将其转译至 Tabletop 领域，353-354

eccentric *vs.* incentric forces, in Letter Spirit 向心力与离心力（在程序 Letter Spirit 中），416；同见词条 letter/spirit conflict

eccentricity, transport of 特性的迁移，见词条 style propagation；style extrapolation

索 引

effector codelets 效应器代码子，221；同见词条 action codelets

egalitarian processing 加工过程的平等主义，见词条 biased randomness

Egward and Egbert, seeing "x" differently 双胞胎 Egward 和 Egbert 如何以不同的方式知觉 "x"，415

181/2-minute gap "18 分半空白"，264

Einstein, Albert 阿尔伯特·爱因斯坦，39

electrons: clouds of, in atoms 原子中的电子云，214；in crystal in magnetic field 磁场中晶体的电子，84；in diode 二极管中的电子，98

elegance, drive towards 对"雅致性"的追求，40；同见词条 beauty；consistency；esthetics；symmetry

elevation to themehood of stylistic attributes 提升为风格属性的主颐，442-443, 449-450

elite pressures "精英"压力，231

Eliza (hypothetical person in Tabletop project) Tabletop 项目假设的人物 Eliza，320-321, 377

Eliza effect Eliza 效应，157-158；Aaron and 程序 Aaron 和 Eliza 效应，470；ACME and 程序 ACME 和 Eliza 效应，162, 167-168, 289-291；AMBR and 程序 AMBR 和 Eliza 效应，298-299；automatic teller machines and 自动柜员机和 Eliza 效应，157；BACON and 程序 BACON 和 Eliza 效应，161；CBR and 程序 CBR 和 Eliza 效应，161；ELIZA and 程序 ELIZA 和 Eliza 效应，157-158；enhancement of, through use of random numbers 通过随机数的使用强化 Eliza 效应，469-470；Just This Once and 《仅此一次》和 Eliza 效应，159-161；Nikolai and "程序 Nikolai" 和 Eliza 效应，472；Racter and 程序 Racter 和 Eliza 效应，470, 473；SME and 程序 SME 和 Eliza 效应，155-157, 289-291；susceptibility of professionals to 专业人士也难以避免的 Eliza 效应，161, 167-168, 291；同见词条 credit attribution；real-world façades；semantics；words

ELIZA program (Weizenbaum) 由魏曾鲍姆开发的程序 ELIZA，157-158

Elman, Jeffrey 杰夫雷·艾尔曼，175

emergence 涌现现象：of deep themes in Copycat Problem 6 Copycat 问题 6 深层主题的涌现，260；of fluidity in Copycat 程序 Copycat 流动性的涌现，224-230；of global order 全局性秩序的涌现，60；idiosyncratic cognitive style from many subcognitive mechanisms 特殊认知风格自多种亚认知机制中的涌现，360-361；innocent 无意涌现，125-126；of magical mentality from hidden layers 心智自隐藏层中魔法般的涌现，465-466；of new ideas "from nowhere" 新的思想"无中生有"般的涌现，267, 442-443；of perceptual structures in parallel in Copycat 程序 Copycat 中知觉结构的并行涌现，217-219；of perceptual structures in parallel in Tabletop 程序 Tabletop 中知觉结构的并行涌现，384；of semantics from syntax 语义自句法中的涌现，293；of spirit in Letter Spirit 某种"精神"自程序 Letter Spirit 中的涌现，442, 449-450；of unanticipated stylistic attributes 意料之外的风格属性的涌现，442-443, 449-450

emergency measures in response to snag 遭遇"障碍"时的应急措施，244, 246-247, 257-258

emergent 涌现物：agents in Letter Spirit 程序 Letter Spirit 中涌现的智能体，443-450；concepts in Copycat 程序 Copycat 中涌现的概念，215；gaussian curves 涌现的高斯曲线，234-235；intelligence 涌现的智能，124, 143, 205, 256, 291-292；personality of Copycat 程序 Copycat 涌现的"人格"，235-248；personality of Tabletop 程序 Tabletop 涌现的"人格"，391-399；systematicity in Copycat 程序 Copycat 涌现的系统性，279；systematicity in Tabletop 程序 Tabletop 涌现的系统性，387

empathy center in brain, putative 大脑中（假定存在的）共情中心，486

entropy-increasing transformation in Jumbo 程序 Jumbo 中的熵增变换，120-121

649

概念与类比
模拟人类思维基本机制的灵动计算架构

entropy-preserving transformation in Jumbo 程序 Jumbo 中的保熵变换，116-120

enzyme 酶：allosteric 变构酶，120；as cellular agents 作为细胞的智能体，102；suggested role in high-level thought 在高级思维过程中可能扮演的角色，486；同见词条 analogies in text, explanatory

epiphany 顿悟，见词条 "Aha！" experience；paradigm shift；reperception

epiphenomena 副现象，125；同见词条 emergence

episodic memory 情景记忆：in AMBR 程序 AMBR 的情景记忆，299；lack of in babies 婴儿缺乏情景记忆，314；lack of in Copycat 程序 Copycat 缺乏情景记忆，314；need for, in Meatcat 程序 Metacat 需要情景记忆，314, 316-317

"eqe⇒qeq; abbbc⇒?" analogy puzzle 类比谜题 "eqe⇒qeq; abbbc⇒?"，305-306

Erman, Lee D. 李·D. 厄尔曼，100, 210, 415

Ernst, G. W. G. W. 恩斯特，149

error-making 过失：relation to creativity 其与创造力的关系，5；relation to mental fluidity 其与心智流动性的关系，201；as window onto subcognitive mechanisms 其作为一窥亚认知机制的窗口，5-6, 200-202, 366, 489

Ervin, Sam, gavel of 萨姆·欧文的木槌，264

Esprit en friche (Defays) 《荒芜的精神》（德法伊的著作），128

essence 本质：blurry edge of 其模糊的边界，81-83, 413, 424-425；of a city, elusiveness of 一个城市难以捉摸的本质，341-345；and conceptual depths 本质和概念深度，213；context-dependence of 本质的情境依赖性，174-175；difficulty of capturing in notation 以符号体系把握本质的困难性，56；extraction of, in research-project creation 设立研究项目时对本质的提取，见词条 domain simplification；pushing to its limits 将其推至极端，71-72, 74-75, 402, 404-405, 413, 416, 422-426, 444-445（同见词条 variation on a theme）；quest for 追寻本质，13；shared 共享的本质，75-77, 81-83, 214,

304, 370-371；of thinking 思维过程的本质，precise level in brain 其在大脑中的确切层级，486, 491

esthetics 美学：central role in high-level cognition 其在高层认知中的核心角色，318, 383；in Copycat answers Copycat 的答案中蕴含的美学，203, 207, 239, 241, 243, 306, 317-318；as driving force in analogy-making 美学是类比活动的内在驱力，272；foundational role in science 美学是科学研究的基础，273；key role in mathematics 美学是数学的关键，69-71；neglect of, in AI 人工智能对美学的忽略，272-273, 318, 419；understanding of, as research goal 对美学的理解是研究的目标，359；同见词条 beauty；elagance；taste；symmetry

esthetics-driven perception 美学驱动的知觉，39-43

Eugene, Oregon as "the Bloomington of California" 俄勒冈州的尤金是"加州的布鲁明顿"，347-348

Euler, Leonhard 莱昂哈德·欧拉，36

Eurisko program (Lenat) 列纳特开发的 Eurisko 程序，367-368

evaluation of computer models 对计算机模型的评价，见词条 judging；probing；validation criteria

Evans, Thomas G. 托马斯·G. 埃文斯，185, 269-270, 296

events, sphere-like nature in mind 事件在心智中的泡泡状结构，71

evidence *vs.* proof, in pattern perception 模式知觉中的"自明"与"证明"，70

evolution of art via "natural selection" 艺术经由"自然选择"的演化，477

exaggerated claims in AI 人工智能研究的夸大其词，见词条 hype；show vs. substance；uncritical publicity

Examiner 审查体，agent in Letter Spirit 程序 Letter Spirit 的智能体，444, 446-449, 454

exchange operations in Jumbo 程序 Jumbo 的互换操作，117

exhaustive search 穷举式搜索，见词条 combinational explosion

exotic letters and styles 怪异的字母和风格，见词条 daring letterforms

expanding conceptual spheres 概念泡泡的膨胀：
in daily life 日常生活中的例子，71-77；in mathematics 数学领域的例子，71, 83-84；in Seek-Whence domain Seek-Whence 领域的例子，77-83；同见词条 variations on a theme

expert systems 专家系统，1；alleged generality of shells for "专家系统外壳"的所谓通用性，329；trap of 专家系统的泥潭，35, 50

expertise and flexibility, correlation of 专门技能和灵活性的关系，129

exploitation vs. exploration tradeoff 利用与探索的权衡，232-233；同见词条 parallel terraced scan

exploratory pathways 探索的路径：differential speeds of 不同路径的不同速度，107, 385；interleaving of 不同路径的穿插，106, 142, 222-224, 226-227；同见词条 parallel terraced scan；urgencies

exponentiation, enchantment with 对幂运算的沉迷，370

external perspective, internalized, in creativity 外部视角的内化与创造性，313, 437

extrapolation of complex mathematical sequences 复杂数学序列的外推，25

"f"-to-"t" Letter Spirit analogy puzzle 从"f"到"t"：Letter Spirit 的类比谜题，454-458

fabrics in Copycat strings Copycat 中的串的结构，203, 218

factorials 阶乘，25, 44-46

fair treatment of commingling pressures via biased randomness 通过有偏随机合理应对各种压力的混合，231

Falkenhainer, Brian 布里安·法肯海纳，155, 182-185, 276-277, 279

Falkland Islands conflict, seen by Greece 希腊关于马岛战争的立场，332

families of related problems in Tabletop domain Tabletop 任务领域的相关问题家族，319, 326-327, 330, 391-399

family resemblance of variations on a theme 主题变奏的家族相似性，82

"FARG" acronym 首字母缩略词"FARG"，2

FARG：computer models 计算机模型，见词条 Copycat，Jumbo，Letter Spirit，Metacat，Numbo，Seek-Whence，Tabletop；guiding goals, two strands of 愿景和两大主题，5-6；research projects, philosophy of 研究计划背后的哲学，491

feedback and self-regulation 反馈与自我调控，122-123

feedback loop in Letter Spirit 程序 Letter Spirit 中的反馈环路，见词条 central feedback loop

feedforward gush in GridFont 程序 GridFont 中的前馈过程，461, 464

feedforward neural network 前馈神经网络，460

Feldman, Jerome 杰罗姆·费尔德曼，124

Fennell, R. D. R. D. 芬内尔，92

Fermat's Last Theorem, proof of 费马最后定理的证明，159-160

Feynman, Richard P. 理查德·P. 费曼，195n, 359-360

Fibonacci numbers 斐波那契数列，25

fights, propabilistic, between rival structures 不同结构间的概率性竞争：in Copycat 在 Copycat 中，220, 226, 253, 255；in Jumbo 在 Jumbo 中，110-111；in Tabletop 在 Tabletop 中，382-383, 390-391

figure/ground reversal 图形/背景转换，54, 56, 74, 80

figure/ground separation, as part of situation perception 图形/背景分离与对特定情况的知觉，389

filtering of huge representations to pull out relevant aspects 过滤海量表征以提取相关方面，173, 180, 188

filtering and focusing, as style-extraction techniques 对风格的提取：过滤和聚焦，440-441

finding wither a sequence leads 序列会将你引向

概念与类比
模拟人类思维基本机制的灵动计算架构

何方，78
fingers of exploration, multiple simultaneous 同时进行的多重探索，85, 226
Finkelstein, M. M. 芬克尔斯坦，30
first differences 一阶差分，29
"First Lady of England" "英国的第一夫人"，196-197
fizzling of codelets 代码子的转瞬即逝，110
flashes 痴迷：in Copycat 在 Copycat 中，见词条 dashed lines；in Jumbo 在 Jumbo 中，106, 108；romantic 爱情关系，102
fleshing-out of skeletal letters 为字母的骨架填充细节，409, 419, 421
flexing of rules 规则的屈伸，见词条 rule-flexing
flickering clusters in water 水分子构成的闪动簇团，2-3
flirtation 调情：in Copycat 在程序 Copycat 中，253；parallel 脚踩多条船，109, 112；in romances and in Jumbo 在爱情关系和程序 Jumbo 中，102, 106, 253
floating roles 浮动的角色，见词条 roles in letters
Fluid Analogies Research Group 流动性类比研究小组，2-9
Fluid Concepts & Creative Analogies, summary of 全书内容概括，7-9
fluid concepts, rudimentary working model of 关于流动性概念的粗略工作模型，307
fluid data-structures 流动性的数据结构，84, 118-120
fluid mentality 流动性的心智，491；同见词条 mental fluidity
fluid transport of rules between frameworks 规则在不同框架之间的流畅转移，206-207
fluidity 流动性：meaning of word 单词意义的流动性，2, 206-208, 325-326；as outcome of randomness 随机性所导致的流动性，2-3, 233；of physical liquids 液体的流动性，2-3, 233, 307；unmotivated 无动机前提下的流动性，208, 246-247, 325-326；同见词条 human thought, fluid nature of；reconformability
focus of attention, wandering 不断变化的关注焦点，263-265, 336

Fodor, Jerry A. 杰瑞·A. 福多，172
fog, random scouting in 在重重迷雾中的随机侦测，232-233
follow-up codelets 跟进代码子，223, 435
foonerisms in Jumbo Jumbo 中的首尾误置，118
Forbus, Kenneth D. 肯尼士·D. 福伯斯，155, 182-185, 276-277
forkerism in Jumbo Jumbo 中的尾音误置，117
formalism, deductive, vs. neural hardware 形式推理与神经硬件，485-486；同见词条 Boolean Dream
frame 框架，as putative brain structure 作为某个特定层级的大脑结构，484
frame blends 框架融合，5, 75, 94-95, 241, 245, 361
frame problem of AI 人工智能的框架问题，240
frameworks, in Copycat 程序 Copycat 中的框架，206-207
frameworks, unspoken, in cognitive-science projects 认知科学相关研究不言而喻的框架，374
free-lunch vision of cognition 相信认知是"免费的午餐"的观点，465-466
free will, relation to creativity 自由意志及其与创造力的关系，458；同见词条 autonomy；making of own decisions
French language, different concept-boundaries from those of English 法语和英语中概念边界的不同，200
French, Robert M. 罗伯特·M. 弗兰茨，4-5, 7-8, 131, 135, 150, 168, 191, 247, 321, 387, 391, 393, 396, 397, 490
French, Scott 斯考特·弗兰茨，158-161, 470
frequency of answer as measure of obviousness 答案的出现频率：衡量明显程度的指标，235
fresh eyes, crucial role of, in creativity 全新的眼光及其对创造力的重要作用，437, 546
fringe answers 边缘化答案：necessity of, as trade-off for insight 为获得洞见必须做出的权衡，235, 247-248, 256
fringe letterforms 边缘化字形，见词条 daring letterforms；letter categories

索　引

Friz Qradrata, design decisions in 字体 Friz Quadrata 的设计决策, 451, 453
Fromkin, Victoria 维多利亚·弗罗姆金, 202
frozen immune system 稳定的免疫系统, 见词条 immune system, frozen
frozen representations 冻结的表征, 见词条 representational rigidity
fugue-composition process 赋格的创作过程, 272
Funtip (gridfont), spirit behind 字体 Funtnip 背后的精神, 428, 432
Gaillat, G. G.加亚, 458
Galileo's law of acceleration 伽利略匀加速运动定律, *post hoc* discovery of by BACON 由程序 BACON 重新发现, 177
Gary, Indiana as "the Oakland of Illinois" 印第安纳州的加里, 作为 "伊利诺伊州的奥克兰", 349-350
gaussian pinball machines 正态弹球机, 234-235
Gelade, G. G. 热拉德, 459
Gelatt, C. D., Jr. C. D. 盖拉特二世, 229
Gelernter, H. L. H. L. 盖伦特, 478, 480
General Problem Solver 通用问题解决模型, 见词条 GPS
generality of mechanisms in Copycat Copycat 机制的通用性见词条 Copycat architecture
generalizability of Tabletop Tabletop 的可推广性, 见词条 expert systems; Tabletop architecture
generalization 概括: in development of mathematics 数学发展中的概括, 71; mechanisms of 概括的机制, 77; as play 一种游戏, 78; role of in theory repair 概括对修正理论的作用, 78; of triangles-between-squares sequence "四边形"间的"三角形"序列中的概括, 83; 同见词条 variations on a theme
generalizing for production (Grebert *et al.*) （格雷贝特等人所列举的）概括式产生, 460, 465
genes 基因, pre-DNA and post-DNA notions of 描述作为物理结构和遗传信息载体的 DNA 的不同术语, 485
genetic algorithms 遗传算法, 292, 436
Gentner, Dedre 戴德拉·根特纳, 10, 155, 182-185, 276-282, 303
geometric analogy problems 几何类比问题, 269-270, 296
Geometry program (H. L. Gelernter) H. L. 盖伦特开发的程序 Geometry, 478-479; lack of self-awareness in 该程序无自我觉知, 479; near-rediscovery of Pappus' proof by 该程序几乎重新发现了帕普斯的证明, 478-479
geon, as putative brain structure "几何子"（假设的大脑结构）, 484
German language 德语: breaking-up of concept "hard" in; treatment of "sibling" concept in 德语中对应概念 "hard" 和 "sibling" 的多重概念, 198-199
gestalt perceptual tendencies in human vision and in Letter Spirit 人类视觉和 Letter Spirit 的格式塔知觉倾向, 441, 447-448
Gick, Mary L. 玛丽·L. 吉克, 285
GLAUBER program (Langley *et al.*) 兰利等人开发的程序 GLAUBER, 179
glitch 瑕疵: exorcising of 修复工作, 23, 37-40, 42, 45-46, 66, 80, 82; initial 初始位置的瑕疵, 18, 21, 46, 47, 57, 66, 68, 78, 80; vanishing of 瑕疵的消失, 39
global matches in SME 程序 SME 中的全局匹配, 278-279
"gloms" made of letters 字母构成的"团块", 88, 94-95, 99, 108-114
glue, perceptual 知觉胶水: in Letter Spirit 在程序 Letter Spirit 中, 447, 454; in Seek-Whence 在程序 Seek-Whence 中, 58-62; 同见词条 bonds
Go, computer-intractability of 围棋及相关计算机处理的困难性, 329
Gödel's incompleteness theorem 哥德尔不完全性定理, as alleged anti-AI argument 及卢卡斯此对强人工智能的反对, 312
Goldbach conjecture, rediscovery by AM program 哥德巴赫猜想（由程序 AM 重新发现）, 476
Goldstone, Robert 罗伯特·戈德斯通, 412, 459
Goodman, Ellen 艾伦·古德曼, 359-360
Gosper, William 威廉·高斯珀, 38, 48, 52

653

概念与类比
模拟人类思维基本机制的灵动计算架构

GPS program (General Problem Solver) GPS 模型（通用问题解决模型），149, 270-271, 371
grammar, probabilistic pathways in 语法及相关随机选择，470, 474-475
grass-root pressures "草根"压力，231
Great-Great-GridFont 超级 GridFont，465
Grebert, Igor 伊戈尔·格雷贝特，459, 465
Greek letters replacing English words in predicate-logic formulas 在谓词逻辑公式中用希腊字母名称代替英文单词，289-290
grid 网格，见词条 Letter Spirit grid
gridfont-mania 网格字体狂热: as contributing to Letter Spirit architecture 对 Letter Spirit 架构的贡献，405; seeming looniness of 接近疯狂的状态，403-404
GridFont network (Grebert et al.) 格雷贝特等人开发的 GridFont 网络，459-466; output of 程序的输出，462; performance of 程序的表现，461-463; philosophy of 程序的哲学原理，463-466; temporal flatness of 程序与心智在时间性上的差异，463-464; training of 程序的训练过程，460
gridfonts 网格字体: analysis of four samples 对四个样本的分析，427-432; creation of, overview 关于创造网格字体的综述，433-434; defined 相关定义，403, 417; full samples displayed 完整范例展示，404, 422, 428; legibility of 网格字体的可读性，425-426; partial samples displayed 部分范例展示，封面和封底，418, 461, 462; ultimate sources of 最根本的来源，452-453
gridletters 网格字母: categorization of 网格字母的范畴，425, 439-441, 443, 446-449, 454-455; defined 相关定义，421; many influences blended into 多种因素的影响，452-453; produce by GridFont network 由 GridFont 网络创造的网格字母，462; as skeletons to be fleshed out 网格字母作为待填充的骨架，421; 同见词条 gridfonts
groups, in Copycat 程序 Copycat 中的"组"，218; 同见词条 sameness group, anomalous; perceptual structures

groups, in Tabletop 程序 Tabletop 中的"组": based on proximity alone 仅基于接近性，390; competing with isolated objects 与孤立对象间的竞争，399; effect on program's answer-choice 对程序选择哪个答案产生的影响，394-399; inside-out and outside-in construction of 由内而外/由外而内的创建，390; plethora of, in simple situations 简单情况中过量的组，356, 378; potential but unexplored 潜在但未被探索的组，394; role of empty space in 空白区域的影响，390; strength-determining factors for 组强度的决定因素，382-383
Guha, R. V. R. V. 古哈，368
"h"-snag, in Letter Spirit puzzle 在 Letter Spirit 谜题中的"h"障碍，451, 453
Hal program (Scott French) 斯考特·弗兰茨开发的程序 Hal，158-161, 470
half-completed thought, commonness of 常见的半成品式的思路，245
Hall, R. P. R. P. 哈尔，276
halos around nodes in Numbo 程序 Numbo 的节点周围的光晕，138
halos, commonsense 常识光晕，71; blurry edge of 模糊的边界，74; 同见词条 conceptual boundaries; default assumptions; implicit counterfactual spheres; me-too phenomenon; variations on a theme
halos, conceptual 概念光晕，198-202; absence of in localist connectionist models 局域式联结主义网络缺少概念光晕，215; broadening of, under frustration 概念光晕在系统遭遇障碍时的扩展，258-259; as providers of slippages 概念光晕成就了滑动，201, 214-216, 258-259, 456-457; 同见词条 conceptual overlap; slippages
hand-coding of representations 对表征的人工编码: in ACME 在程序 ACME 中，185, 287-288; in Argus 在程序 Argus 中，271-272; in BACON 在程序 BACON 中，177-179; in CBR 在程序 CBR 中，370-371; described by Reitman 雷特曼的描述，272;

索 引

in SME 在程序 SME 中，182-185, 282-283；
in symbolic AI 在符号主义人工智能中，173, 189, 193；同见词条 representational rigidity; spoon-feeding

Hanna, F. F. 汉娜，476
Hanson, A. A. 汉森，100
happiness, in Copycat 程序 Copycat 中对象的"幸福感"，217
happiness, external, in Jumbo 程序 Jumbo 中特定团块的外在"幸福感"，113-114
happiness, internal, in Jumbo 程序 Jumbo 中特定团块的内在"幸福感"，113
happiness levels 幸福水平：of gloms in Jumbo 程序 Jumbo 中团块的幸福水平，110, 112-114, 120-121；role in guiding Jumbo 幸福水平在引导 Jumbo 加工过程中的作用，124；in romances 爱情关系中的幸福水平，102；同见词条 attention; salience; strength
hard data *vs.* soft intuitions "硬"数据与"软"直觉，373-376
"hard", splitting into many subconcepts 概念"hard"如何分裂为诸多子概念，198-199
hardware/software spectrum 从硬件到软件的连续频谱，location of mental mechanisms along 心智相关机制在频谱上的定位，483；同见词条 brain, search for proper level
Harmony Theory network 和谐理论网络，292
Harnad, Stevan 斯特万·哈纳德，290n
Hayes, Patrick 帕特里克·海耶斯，240
Hayes-Roth, Frederick 弗雷德里克·海耶斯-罗斯，100
hearing, process of 听觉过程，100
Hearsay II program (Reddy *et al.*) 雷迪等人开发的程序 Hearsay II：influence on Copycat 其对程序 Copycat 的影响，210；influence on Jumbo 其对程序 Jumbo 的影响，91-92, 100, 107, 372；knowledge-source triggering in 基于"知源"的激活，91-92；top-level perceptual dividedness 顶层知觉结构的并行创建，111
heart as pump 心脏的"水泵类比"，125
heat-flow/water-flow analogy 热流/水流类比，155-157, 276-278, 281-283, 285-287

Hebb, Donald O. 唐纳德·O. 赫布，271
hemiolic bi-cycle sequence "双重黑米奥拉节奏"序列，54-55, 61
Henry (hypothetical person in Tabletop project) Tabletop 项目假设的人物 Henry，322-325, 377
Henry, Jacqueline 杰奎琳·亨利，5
heuristic-chop architectural strategy 基于启发式的架构策略，263, 265
heuristic-search paradigm 启发式搜索范式，149
heuristics 启发式：in AI 人工智能中的启发式，33；in AM 程序 AM 中的启发式，476；risk of 启发式的风险，34
Hewitt, Carl 卡尔·休伊特，232, 267
hidden concepts 隐藏的概念，emergence into relevance 涌现后变得相关，见词条 dormant concepts
hidden layers of connectionist networks, as source of free lunch 联结主义网络的隐藏层与"免费的午餐"，465-466
hidden mechanisms 内隐机制：deceptiveness of 内隐机制造成的欺骗性，160, 481；revelation through behavioral probing 可借助观察外显行为加以探索，482-483, 487, 489-491；同见词条 credit attribution; Eliza effect; overt behavior; Racter; subcognitive mechanisms; Turing Test
hidden successorship fabric in *mrrjjj*, emergence of 字母串 mrrjjj 中内隐的后继关系的涌现，248-250, 254-255, 283-284
hierarchical perceptual structures 多层知觉结构：critical role of 其关键作用，49；emergence of in Copycat 在程序 Copycat 中的涌现，218；in music 音乐中的多层知觉结构，50-51
high-level perception 高层知觉，169-173；flexibility of 高层知觉的灵活性，171；ignored by most work in AI 多数人工智能研究对高层知觉的忽略，179, 275；influences on 对高层知觉的影响，171-172；spectrum of 高层知觉的频谱，171；in Tabletop, spelling-out of 程序 Tabletop 高层

655

概念与类比
模拟人类思维基本机制的灵动计算架构

知觉的成型，379-381；as the task of Copycat 形成高层知觉是程序 Copycat 的任务，308；同见词条 analogy-making；essence；perception；shared essence；situation perception

high-power performance, lure of 浮华表现的诱惑，30, 53

highlighting of physical and conceptual trouble spots 对物理故障区域和概念故障区域的强调，258

hingepoints, natural 天然的"铰链点"119-120

Hint Five (gridfont) 网格字体 *Hint Five*，封面和封底

Hint Four (gridfont) 网格字体 *Hint Four*，422

Hint Hunt (gridfont) 网格字体 *Hint Hunt*，封面和封底

Hint Three (gridfont) 网格字体 *Hint Three* 封面和封底

Hinton, Geoffrey E. 杰弗里·E. 辛顿，124, 150, 229, 291, 292, 417, 460

hjkk answer to Problem 2 问题2的答案 *hjkk*，207, 237, 244, 261-262, 280

Hobbes, Thomas 托马斯·霍布斯，131

Hofstadter, Carol 卡罗尔·霍夫斯塔，10-11, 75, 201, 304

Hofstadter, Danny 丹尼·霍夫斯塔，10-11, 201, 323, 326

Hofstadter, Doug 侯世达，304, 323, 370

Hofstadter, Monica 莫妮卡·霍夫斯塔，10-11, 370

Holland, John 约翰·霍兰德，2, 176, 285, 291, 292, 436

holy grail of traditional AI 传统人工智能的圣杯，125；同见词条 Boolean Dream

Holyoak, Keith 基斯·霍利约克，162-167, 182, 185, 285-288

"hot" vs. "cool" perceptual areas of a tabletop 对桌面知觉的高热度区域和冷门区域，385

Huber, Greg 格雷格·胡伯，4

Huff, William 威廉·哈夫，477, 480

hugh representations, self-defeating nature of 过于庞大的表征效果适得其反，188

human experience and novels 人类经验和小说创作，159-161

human thought, fluid nature of 人类思维的流动性，5-6, 34, 40, 55-56, 58-67, 71-77, 87-90, 94-95, 97-100, 119, 180, 186, 198-202, 206-208, 257-261, 263-265, 303-305, 346-351, 369-371, 401-402, 412-413, 427-434, 442-443, 463-466；同见词条 search strategies, human-style

humor 幽默，见词条 slippage humor

hundred-ring circus of AI/cog-sci 人工智能/认知科学五花八门的研究项目，366-367

Hunt Five (gridfont) 网格字体 *Hunt Five*，封面和封底

Hunt Four (gridfont) 网格字体 *Hunt Four*，460-463

Hunt Three (gridfont) 网格字体 *Hunt Three*，封面和封底

hydrogen bonds 氢键，3

hype in AI 人工智能的相关炒作，1,165-168, 177-178,366-369,372,459；同见词条 show *vs.* sunstance；uncritical publicity

idealization process in science 科学研究的理想化过程，190；同见词条 domain simplification

ideas *vs.* formal tokens 思想观念与形式标志，见词条 Eliza effect；semantics；Turing Test；words

idiosyncrasies, key role of in defining essence 特质对定义实质的关键作用，342

Igo 伊戈城，339

imagery 意象：lack of, in ACME 在程序 ACME 中缺少意象，166；uncommunicated by cognitive scientists 认知科学家对意象交流甚少，374-375

Imaginer, agent in Letter Spirit 想象体（程序 Letter Spirit 中的智能体），444, 444-446

Imitation Game "模仿游戏"，482

immune system, frozen 稳定的免疫系统，见词条 crashproof airplane

impasse, read as source of cues to new viewpoint 僵局（或为引出全新观点的线索），240, 258

impasse-handling mechanisms 僵局的应对机制，258；同见词条 emergency measures；snags implicit counterfactual spheres 隐性反事实泡泡，71；同见词条 essence； halos； me-too phenomenon； variations on a theme

import values for Workspace and Slipnet events, in Metacat 元类比模型的工作空间与滑动网络中相关事件的"关键值"，315-316

importance, in Copycat 程序 Copycat 中特定对象的"重要性"，217

"in fact", split-up induced by Italian 意大利语中概念"in fact"的分解，200

INA model of O'Hara and Indurkhya 奥哈拉和因杜尔亚开发的 INA 模型，297

index-scanning to size up book 为对一本书形成整体"感觉"而浏览其索引，372

Indian writing systems 印地语书写体系，401

Indiana University, as aspect of Bloomington 印第安纳大学（作为"布鲁明顿"的一个方面），339-340, 342, 345, 347

Indiana University of Pennsylvania "宾州印第安纳大学"，345

individual human mind's style, simulation of 对人类个体思维风格的模拟，359-363

Indoneshan language, caring up of "sibling" concept in 印地语中概念"sibling"的分解，199

Indurkhya, Bipin 拜平·因杜尔亚，295-297

inference/observation blur "推理"与"观察"的模糊界限，487-491

infinite regress, threat of in Ob-Platte analogy puzzles 鄂毕-普拉特类比谜题陷入无穷回归的危险，340-345, 351

information, alleged, in ACME 程序 ACME 的输入（据称）含有信息，166-167

innocently emergent phenomena 无意涌现现象，125-126

inside-out letter strings, Copycat analogy puzzle based on 将字母串"内里外翻"的 Copycat 类比谜题，305-306

insights, deep 深刻洞见：crucial role played by slippages in 滑动在形成深刻洞见中的关键作用，257；deep concepts as sources of 深层概念是深刻洞见的来源，213；"desperation" as source of "绝望"感有助于产生深层洞见，246；fringe answers, needed for possibility of 给出"边缘化"答案的能力是产生深层洞见所必须的，role of persistence in bringing about 235, 247-248, 256；坚持对产生深层洞见的作用，256, 262, 387；tension between time pressure and 时间压力与洞见深刻水平间的张力，387；time required by Copycat to come up with 程序 Copycat 产生深刻洞见所需的时间，262；time required by Kepler and by BACON to come up with 开普勒和程序 Bacon 产生深刻洞见所需的时间，178；time required by Tabletop to come up with 程序 Tabletop 产生深刻洞见所需的时间，396-399；top-down pressures, key role of 自上而下的压力的重要影响，249-255；同见词条 quality-frequency disparities

integration of bottom-up and top-down precessing 自下而上与自上而下的加工过程的整合：in Argus 在程序 Argus 中，272；in Copycat 在程序 Copycat 中，220, 223, 227, 230；in human thought 在人类思维过程中，272；in INA 在程序 INA 中，297；in Letter Spirit 在程序 Letter Spirit 中，439-441, 447-449, 459；in Numbo 在程序 Numbo 中，134；in Seek-Whence 在程序 Seek-Whence 中，63, 85；in Tabletop 在程序 Tabletop 中，386-387

intelligence 智能：analogy-making at heart of 位于智能中心的类比，63；domain-independence 智能的领域独立性，35, 40, 43, 48；pattern-finding as core of 作为智能核心的模式发现，13, 42-43, 63, 86；vs. knowledge 智能与知识，35, 40, 48

interactive-activation model 交互激活模型，292

interestingness, sense of 对"有趣的"东西的敏锐感觉，313；modeled in AM 程序 AM 如何定义"有趣的"概念，476；not modeled in Geometry 程序 Geometry 未定义"有趣的"概念，479

interleaving of codelets in different processes 在不同加工过程中代码子的彼此交错，见词条 parallelism

概念与类比
模拟人类思维基本机制的灵动计算架构

intermediate-level vision 中层视觉, 192
international analogies 国际事件类比, 331-332
inter-problem analogies, apparent objectivity of 问题间的类比看似客观, 245n
interstate-highway bridge collapse, commonsense halo of 州际公路桥垮塌事件的常识光晕, 72
intertwined levels of perceptual processing 知觉加工的多个层级相互缠结, 60-63, 180-181
intradomain analogies 域内类比, 165-166
intrinsic biases in Copycat 程序 Copycat 中的初始偏向性, 227-228
intuition 直觉: elusiveness of 难以捉摸的直觉, 83; as hidden determinant of cognitive-science ideas 直觉是认知科学相关观点的隐性决定因素, 373-376; as "the stuff of political judgement" 直觉是"做出政治判断的基础", 376
IQ test 智商测试, 269-270
irrational analogies by people, in Tabletop domain 人类在 Tabletop 领域做出的非理性类比, 395; 同见词条 dizzy answers; sloppy answers
islands of order, in sequences 序列中的"秩序之岛", 58-65; analogies between 各"秩序之岛"间的类比, 61-63; parameters in "秩序之岛"的参数, 60
isosceles triangle, base angles of 等腰三角形的底角, 478-479
issues in analogy puzzles 类比谜题所涉问题（或压力）: explicit awareness of 对这些问题（压力）的明确觉知, 315-318; finding problem that contains desired combination of 合理地组合这些问题（压力）以编制新的类比谜题, 318
Italian language 意大利语: split-up of concept "in fact" in 对概念"in fact"的分解, 200; treatment of "sibing" concept in 对概念"sibling"的处理, 199
Italian letterature, masters of 意大利"字母学"大师, 401-402
James, William 威廉·詹姆斯, 97, 174-175
Jane-Doe 欲求不满的孤独妻子 Jane-Doe, 165
jigsaw-puzzle assembly as semantic *façade* via syntax 拼图游戏（通过操纵句法体现语义）, 480-481
Johnson, Lyndon 林登·约翰逊, 376
Johns-Laird, Philip 菲利普·约翰逊-莱尔德, 129, 283, 458
jokes 笑话: classification of 笑话的分类, 5; invention of, as inspiration for Argus 创作新笑话（程序 Argus 的灵感来源）, 272; produced by computers 计算机创作的笑话, 161
judging AI models 评价人工智能模型: via prose description of model and its performance 通过对模型及其表现的散文化描绘, 482; via unlimited probing of behavior 通过无限制地考察模型的行为, 482, 489-491; 同见词条 probing; validation criteria
judging cognitive-science/AI research 评价认知科学/人工智能研究的难点, 366-376
judgment of real-world analogies, subtlety of 评价现实世界类比的微妙性, 303
juggling 杂耍: of letters in mind 心智对字母的杂耍, 87-90; of alternative domains to Tabletop Tabletop 任务领域的迁移, 329-330, 351-352
Jumble (anagram game) 变位词游戏 Jumble, 87, 98; likened to Numbles 与数字游戏 Numbles 类似, 127
Jumbo project Jumbo 项目, 7; analogies behind architecture 架构背后的类比, 101-102; architecture of 项目的架构, 97-129; arguments for nondeterminism in 关于其所含不确定性的论述, 114-115; connection with Copycat 与 Copycat 项目的关联, 204, 208; connection with learning 与学习的关联, 95, 98; connection with Seek-Whence 与 Seek-Whence 项目的关联, 85; domain simplification in 对程序任务领域的简化, 99, 105; influence of Hearsay II on 程序 Hearsay II 的影响, 91-92, 100, 107, 372; irrelevance of dictionary to 无内置词典, 99; purpose of 项目的目标, 98-99; serendipity, relevance to 与偶然性的关联, 119-120;

索　引

word perception, related models of 对单词的知觉及相关模型，94-95

Jumbo program 程序 Jumbo：affinities in 程序定义的"亲和力"，103-105, 110, 124；bonds in 程序中的"键"，109-110；chunkabet of 程序的"组块表"，104-105；codelets and Coderack in 程序中的代码子和代码架，105-109, 123；collective intelligence in hingepoints of data-strutures 程序的智能集中在数据结构的海量铰链之中，120；counterfactual musings by 程序的反事实沉思，111-112；cytoplasm of 程序的"细胞质"，103, 123；disbanding operations in 程序中的"解散"操作，116, 120-121；escape from looplike behavior by 程序如何避免陷入循环，122-123；fight for attention in 各对象围绕注意资源的竞争，113-114；fights between rival structures in 互不相容的结构之间的竞争，110-111；happiness of gloms in 团块的"幸福感"，113-114, 119-120；letter chains in 程序中的字母链，109-110；membranes of gloms in 团块的膜结构，109-110；parallelism and parallel terraced scan in 程序的并行结构和并行阶梯扫描，103, 107-109, 118；probabilistic processing in 程序的概率性加工，106；reconformable data-structures in 程序中可重组的数据结构，85；regrouping in 程序中的重组，116-117；self-watching of 程序的自我监控，121-123；sparks in 程序中的"火花"，103-106, 108-110, 114；temperature in 程序中的"温度"，121-122；transformations in 程序中数据结构的变形，114, 116-120, 120-121；urgencies in 程序中的"迫切度"，106-107, 124

jumping out of the system 跳出系统，312, 316, 346-351；同见词条 looplike behavior；mental ruts；overriding of default perceptions

Just This Once (novel) 小说《仅此一次》，158-161, 470

k-armed-bandit problem "多臂赌博机问题"，436

K-lines, as putative brain structures "知识线"（假设的大脑结构），484

Kahan, S. S. 卡汉，458
Kahneman, Daniel 丹尼尔·卡尼曼，10, 240
Kanerva, Pentti 彭蒂·卡内尔瓦，10, 371
Kant, Immanuel 伊曼努尔·康德，168-169, 192
Kapor, Mitchell 密契尔·卡普尔，10
Kedar-Cabelli, Smadar 斯玛达尔·凯达尔-卡贝利，182, 185, 276
Keller, Helga 海尔加·凯勒，4, 310
Kennedy, John F. 约翰·F. 肯尼迪，465
Kenya 肯尼亚：as dubious member of category "city" 作为"城市"的范畴成员资格存疑，346；as "the Hollywood of Africa" 被视为"非洲的好莱坞"，330, 346
Kepler, Johannes 约翰尼斯·开普勒：prescientific mentality of 近代科学出现前的思维局限性，178；slowness of discovery process 做出发现的缓慢过程，178；trivilization of mind of 对开普勒的发现进行事后诸葛式的总结，178-179；*vs.* BACON 开普勒的表现与程序 BACON 的对比，178
Kepler's laws, *post hoc* discovery of by BACON 程序 BACON 对开普勒行星运动定律的重新发现，161, 177-179, 367
Kim, Scott E. 斯考特·E. 金，403
kindness gene, putative 假设的"善良基因"，486
Kirtpatrick, S. S. 科特帕特里克，229
kissing crescents *vs.* crossing slashes 字母 x 的"新月方案"和"交叉线方案"，414-415, 429-431, 445
KLONE (AI representation language) KLONE（人工智能表征语言），485-486
kniferisms 元音误置，117
knob-discovery and -twisting as variation-generating technique 在创作变奏时发现如何调谐及改变调谐的幅度，79-81
knowledge 知识：as alleged key to intelligence 被认为是智能的关键，35, 368；determining strategy in Numbles 决定了玩 Numble 游戏时需要使用的策略，133-134；irrelevance of, to essence of mind 与心智的实质无关，35, 43, 420；lack of in many analogy-making programs 许多类比程序中不含知识库，见

659

概念与类比
模拟人类思维基本机制的灵动计算架构

词条 words, vacuousness of; types needed for models of creativity 开发创造力模型需要的知识类型，411

knowledge source in Hearsay II, invocation of 程序 Hearsay II 对"知源"的调用，91-92

Knuth, Donald E. 唐纳德·E. 克努特，408

Koestler, Arthur 亚瑟·库斯勒，480

Kokino, Boicho 博伊乔·科基诺夫，297-299

Kolodner, Janet 珍妮特·科洛德纳，114, 305, 368

Kotovsky, Kenneth 肯尼士·科托夫斯基，30

Kuhn, Thomas 托马斯·库恩，179, 244, 261

Kurzweil, Raymond 雷蒙德·库兹韦尔，459

labeled links 带标签的连接：in Copycat 在程序 Copycat 中，214; in Numbo 在程序 Numbo 中，136-138; in Tabletop 在程序 Tabletop 中，381

lackluster vs. sparkling intellects, study of 对比研究"芸芸众生"与"熠熠生辉的思想"，359-360

Laird, John 约翰·莱尔德，135, 372

Lakoff, George 乔治·莱考夫，175

landmark 地标：cities in Ob-Platte puzzles 鄂毕-普拉特谜题中的城市，349-351; letters in Copycat strings 程序 Copycat 处理的串中的字母，203; numbers in Numbo Pnet 程序 Numbo 的永久性网络中的数字，136-137

Langley, Patrick 帕特里克·兰利，161, 177-178

large integers reconstrued as small-integer packets 以小整数的包裹重构大整数，43-44, 47

large-scale structures, creation of 创造大规模的结构，434

Larson, Steve 史蒂夫·拉尔森，4, 82

Last Temptation of Christ (film) 《基督的最后诱惑》（电影作品），186

laws of thought 思维规律，125-126

Lea, W. A. W. A. 莉娅，100

Leake, David 大卫·利克，4, 368-369

learning 学习：not directly addressed in Copycat 程序 Copycat 并未直接模拟，216, 294; rote-style, as ticket to free lunch 通过死记硬背式的学习实现"免费的午餐"，466

least-slippage-first search strategy in PAN 程序 PAN 的"最小滑动优先"搜索策略，296-297

Leban, Roy A. 罗伊·勒班，4

Lee, Bob 鲍勃·李，98

Lehninger, Albert 阿尔伯特·莱宁格，101

Lenat, Douglas B. 道格拉斯·B. 列纳特，150, 367-369, 476-477, 480

lesioning of computer models 对计算机模型的"毁损"，364-365

Lesser, Victor 维克多·莱舍尔，92

letter and spirit as orthogonal entities 作为一对正交范畴的"字母"和"精神"，416-419

letter blends, in style development 不同字母在风格成型过程中的混合，452-453

letter categories, fringe members of 位于字母范畴边缘的成员，401-405, 413, 424-425

letter category vs. stylistic pressures 字母范畴与风格压力，见词条 letter/spirit conflict

letter-conceptualization 字母的概念化方案：defined 方案的定义，412-414; devising of 方案的产生，443; revising of 方案的修正，414, 420, 429-430, 444-446; rivals of 方案间的竞争，448

letter-letter analogy-making 字母间的类比活动，450-451, 454-458

letter-letter Platonic resemblances, in Letter Spirit 程序 Letter Spirit 中柏拉图字母范畴间的相似性，433, 438-439, 450-451, 455, 462

letter-plan 字母计划：defined 计划的定义，414; devising of 计划的产生，443, 446; realizing of, on grid 计划在网格中的实现，443

letter recognition, various approaches to 识别字母的不同方法，458-459

Letter Spirit architecture 程序 Letter Spirit 的架构：Abstractor 抽象体，444, 449-450; alternative to, for comparison purposes 为比较而设计的替代性架构，459; Coderack of 架构中的代码架，435; Conceptual Memory 概念内存，436-439; description of 对架构的描绘，434-458; Drafter 起草体，444, 446; early ideas on 关于架构的早期思想，403; emergent agents in 架构中涌现的智能体，443-450; emergent nature of processes in 架

索 引

构中加工过程的涌现特性，435-436；
Examiner 审查体，444, 446-449；gestalt
perceptual tendencies in 架构中的格式塔知
觉倾向，441, 447-448；Imaginer 想象体，444,
444-446；knowledge of letters in 架构中关于字
母的知识，438-439；memory structures of 架
构中内存的结构，436-442；nondeterminism
of 架构的非确定性，435；parallel terraced
scan in 架构中的并行阶梯扫描，436；
Scratchpad 便笺存储，436-438；Thematic
Focus 主题焦点，437, 442；Visual Focus 视
觉焦点，436-437, 439-442

letter/spirit conflict "字母"与"精神"的冲突，
416, 442, 451, 455-456

Letter Spirit grid 程序 Letter Spirit 的网格：as
catalyst of exoticism and wildness 催化了异
国情调和狂野风格，423-426；
coarse-grainedness of 网格的粗粒度，423；
conception of 网格的概念设计，403；
definition of 网格的定义，420-421

Letter/Spirit matrix 字母/精神矩阵，418-419

Letter Spirit program 程序 Letter Spirit：current
status of 程序的当前状态，408；launching of
程序的开发，405-406；as potential self-driven
creator 程序可能成为一个自我驱动的创造
力模型，438

Letter Spirit project Letter Spirit 项目，8, 191-192；
challenge of 项目面临的挑战，407, 417；
comparison with other work 与其他研究工
作的对比，458-466；connection with
Seek-Whence 与程序 Seek-Whence 的关联，
85；elimination of curvilinearity from 对曲线
性的回避，420；heart of 程序的核心，416；
intended generality of 试图赋予程序通用
性，407, 411, 425, 434, 458, 466；intended
psychological realism of 程序的心理现实
性，407, 420, 433, 466；limited hopes for 谦
虚的目标，432；motor skill, unneeded in 程
序不需要考虑运动技能，419；origins of 程
序的源头，403, 405-406；philosophy of 程
序背后的哲学思想，407, 458, 466；
prematurity of 程序的不成熟性，403

Letter Spirit puzzles Letter Spirit 谜题，418,
422-423, 450-452, 454-458, 460-462, 464，封
面和封底

letterforms 字形：alternate versions for a given
category 对应给定范畴的不同版本，
437-438；defined 字形的定义，414；同见
词条 gridletters

letterplay, creative 创造性的字母游戏，401-405

letters, in anagrams 变位词游戏中的字母：affinities
between 字母间的亲和力，103-105；gradual
internalization of 心智杂耍的逐渐内化，88；
multiple tokens of one type 一个类的诸多
例，88；types vs. tokens in brain 大脑中的
类与例，88-90

letters, in Letter Spirit 程序 Letter Spirit 中的字
母：as abstract concepts 作为抽象的概念，
412, 417, 419；as glorified shapes 作为美化
后的形状，417, 419；knowledge of 关于这
些字母的知识，438-439；as vertical
categories 作为"垂直范畴"，418-419；同
见词条 gridletters

levels of enforcement (style-propagation mechanism)
强制水平（风格传播机制），427, 442

levels of subtlety of answers to Copycat analogy
problems Copycat 类比问题之答案的微妙水
平，244, 261-262, 284, 288

Lewis, Bil 比尔·刘易斯，35

lexical items, storage and retrieval of 词项的存储
和提取，361-362

lifelikeness of Copycat runs 程序 Copycat 栩栩如
生的运行，301-302

lightning boltlets, as image for Copycat sparking
and flashings 触须小闪电（程序 Copycat 试
探不同路径的意象），301

line textures (dotted, dashed, and solid) in
Copycat's Workspace 程序 Copycat 工作空
间中的线型（点状线、虚线和实线），251

link-lengths, dynamic 动态的连接强度：in
Copycat's Slipnet 在程序 Copycat 的滑动网
络中，212, 214-216, 260；in Tabletop's
Slipnet 在程序 Tabletop 的滑动网络中，381

link-weights in Numbo's Pnet, dynamic 程序

661

概念与类比
模拟人类思维基本机制的灵动计算架构

Numbo 的永久性网络中动态的连接权重，137-138

literal-sameness answers, in Tabletop 程序 Tabletop 中字面意义上的"相同答案"，325-326, 377, 396-397

literal similarity, contrasted with analogy 字面的相似与类比，276

literary experimentation and "anything goes" attitude 文学实验与"随遇而安"的态度，470

literary metaphors, alleged computer understanding of 计算机对文学隐喻的所谓理解，162-165

Liu Haoming 刘皓明，4-5

lacational vs. local aspects of a town 一个城市的局域属性与区位属性，349-351

locking-in of a high-level viewpoint 一个高层观点的锁定，260-261；同见词条 bandwagon effect；circularity；mutually-reinforcing perceptual structures；themes

Loepner Prize 勒布纳人工智能奖，367, 491

Lohr, Steve 史蒂夫·洛尔，158-159

Lompoc vs. Las Vegas as: "the Atlantic City of California" 隆波克与拉斯维加斯（竞争"加州的大西洋城"），347

long-term passive representations vs. short-term active representations 被动的长期表征与活跃的短期表征，173, 188

looplike behavior, escape from 跳出循环式的行为: in animals 动物的情况，312; in Copycat 程序 Copycat 的情况，309; in Jumbo 程序 Jumbo 的情况，122-123; in Metacat 元类比程序 Metacat 的情况，316-317; in Numbo 程序 Numbo 的情况，143; in people 人类的情况，312；同见词条 self-awareness; self-watching

Lopez, Alejandro 亚历杭德罗·洛佩兹，4-5

low-level perception 低层知觉，98, 169-171；neglect of in FARG models 开发的模型对低层知觉的忽略，192, 388

Lowengrub, Morton 莫顿·洛文格鲁，4, 10

Lucas, J. R. J. R. 卢卡斯，312-313

Lucas part of Metacat Workspace 程序 Metacat 工作空间的"卢卡斯区"，316

m, isolated, as sameness group 独自作为"相同组"的字母 m，240, 249, 253-254, 308

Macintosh and Macpaint 苹果计算机和 MacPaint 对设计网格字体的帮助，403-404

macroscopic determisn, emergent 宏观水平上涌现的确定性，234-235

Maier, N. R. F. N. R. F. 迈尔，172

making of own decisions, by models of creativity 创造力模型的自行决策，411, 457-458, 462-463, 480；同见词条 autonomy; free will

making up analogy problems vs. making analogies 设计类比问题与做类比，306

Mantas, J. J. 曼塔斯，458

mapping process 映射过程：compared with memory-retrieval process 与记忆提取过程的对比，334-336；as component of analogy-making 作为类比活动的成分，181；inseparability from situation perception 与对特定情况的知觉不可分离，181, 186-189, 377, 388；interleaved with perceptual process 与知觉过程彼此交互，189, 281, 288；pressure towards coherence in 映射过程中趋于建立连贯观点的压力，279, 387；studied in isolation in most research on analogy-making 关于类比的多数研究单独地探讨映射，182-185, 275, 288

marching-doubler sequence 行进倍增器序列，54-55, 74

marching-singler sequence 行进减半器序列，54-55, 74

Marcos, Imelda 伊梅尔达·马科斯，460

Marr, David 大卫·马尔，175, 285

marriage, as analogue to glomming, in Jumbo 婚姻与程序 Jumbo 中团块间黏连过程的类比，102, 113

Marshall, James 詹姆斯·马歇尔，4

match rules in SME 程序 SME 中的匹配规则，278-279

mathematical laws, tacit assumption of in BACON 程序 BACON 以产生数学定律为默认假设，178

mathematicians' ambivalent attitude towards patterns 数学家对模式的矛盾心理，28, 69

索 引

mathematics 数学：expected patternedness of 对模式的预期，15, 17, 20; models of discovery in 能做出数学发现的模型，476-480

Mathgod 数学之神：apparent error by 数学之神犯下的明显错误，36; mysterious ways of 数学之神行事神秘，38; nature of 数学之神的特性，18-19, 39

McCarthy, John 约翰·麦卡锡，240

McClelland, James 詹姆斯·麦克莱兰，10, 150, 175, 291, 292, 417

McDermott, Drew 德鲁·麦克德莫特，158

McGraw, Gary 加里·麦格劳，4, 8, 412, 459; muttering 加里的坚持不懈，405

me-too phenomenon "我也是"现象，75-77, 320-321

meandering in style space 在风格空间中蜿蜒而行，443

meaning 意义：presence vs. absence of in computer models 计算机模型是否含有意义，166, 290; as validated by procedural effects 意义的存在与否由程序的运行效果证明，289, 457n; 同见词条 Eliza effect; semantics; words

meaning barrier in AI 人工智能研究与"意义的界限"，174

means-end analysis 手段-目的分析，148

mechanisms, covert 内隐机制，见词条 hidden mechanisms

medium vs. message 媒介与讯息，241

melodic lines as number sequences 旋律片段与数字序列，49-51

melody-composition program 旋律创作程序，place for stochasticity in 程序中的随机性，232-233

membranes of gloms in Jumbo 程序 Jumbo 中团块的"膜结构"，109-110

memory, chemical vs. psychological levels of 从化学和心理学角度为记忆分层，484

memory indexes 记忆索引：in Metacat 在程序 Metacat 中，317; à la Schank 尚克的讨论，371

memory organization 记忆的组织，theories of 相关理论，304-305, 370-371

memory organization packets, as putative brain structures 记忆组织包（假设的大脑结构），484

memory structures in Letter Spirit 程序 Letter Spirit 中的内存结构，436-442; 同见词条 Conceptual Memory; Scratchpad; Thematic Focus; Visual Focus

mental fluidity 心智的流动性，defined and exemplified 相关定义和示例，206-208; 同见词条 human thought; search strategies, human-style

mental mechanisms 心智（大脑）的机制，many levels of 多个层级，483-487; 同见词条 hidden mechanisms; subcognitive mechanisms

mental objects, temporary, manufacture of 建构暂时性的心智对象，88-90

mental ruts, escape from 逃离心智的车辙，309, 311-312, 316; 同见词条 jumping out of the system; looplike behavior

mentalics 心智学，126

Meredith, Marsha 玛莎·梅雷迪斯，1, 35, 51, 56, 84, 131, 208, 405

MERLIN program (Moore & Newell) 摩尔和纽厄尔开发的程序 MERLIN，372

meta-analogies 元类比，303-304, 313, 317

meta-level aspects of style 风格的"元层级"，404-405, 427, 442, 463

meta-level awareness 元层级的觉知，role in consciousness and creativity 其对意识和创造力的影响，123, 312-318, 404-405

meta-level information about a sequence's hidden rule 关于一个序列内隐规则的元层级信息，16, 20

Metacat project (hypothetical highly self-aware Copycat) 程序 Metacat（假设的具有高度自我觉知能力的 Copycat）：goals for 程序的目标，314-318

Metafont program (Knuth) 克努特开发的程序 Metafont：conflated with models of creativity 该程序被认为拥有创造力，408; wiggly lines

663

概念与类比
模拟人类思维基本机制的灵动计算架构

in 该程序会生成起伏的线条，469
metropolitan areas of cities likened to conceptual halos 概念光晕类似于城市的城区范围，215
Michalski, Ryszard 理夏德·米查尔斯基，10, 95
microdomains 微领域：importance of 微领域的重要性，86, 290-291；of Indurkhya and O'Hara 因杜尔夏和奥哈拉的微领域，296；necessity not to exploit smallness of 不应故意利用微领域的简单性，352, 379；nondeceptiveness of 微领域的无所保留，291；seeming triviality of 微领域看似平平无奇，167-168, 327-328；unpopularity of 微领域不受青睐，190；utility of 微领域的效用，86, 189-190, 208, 417；vs. real-world façade 微领域与现实，190, 289-291, 329, 357-358, 369
Miller, Dale 戴尔·米勒，240
mindless behavior 自动化的无心行为，311-312
mind's eye, shifting gaze of 心智之眼及其游移的关注点，263-265, 336
mini-analogies in Seek-Whence 程序 Seek-Whence 中的微类比，62-65
mini-Turing Test 迷你图灵测试，247
Minsky, Marvin 马文·明斯基，2, 10, 159, 444, 484
"Misleading Similarity; Dashed Hopes" memory index code "有误导性的相似；破灭的希望"记忆索引代码，371
Mitchell, Melanie 麦莱尼亚·密契尔，iii, 2, 4, 7-8, 11, 131, 135, 150, 190, 204, 206n, 212, 234, 234n, 237n, 241n, 247, 257, 276, 301-303, 307, 309, 318, 321, 354, 365, 379, 391, 405
Mitchell, Thomas 托马斯·密契尔，95
molecular biology 分子生物学，questionable relevance to cognition 与认知的关联存疑，486
molecules in living cells 活细胞中的分子，101, 103；reconformable 可重构，120
Monaco as "the Atlantic City of France" 摩纳哥（作为"法国的大西洋城"），347-348
Monet, Claude 克劳德·莫奈，480

Moore, James 詹姆斯·摩尔，372
Moser, David 莫大伟，iii, 4-5, 11, 76, 202, 245
Mother Teresa, Monopoly-playing style of 特蕾莎修女的游戏风格，460
motifs (style-propagation mechanism) 装饰图案（风格传播机制），426-427, 429, 431-432, 450；rigid vs. free 刻板的装饰图案与自由的装饰图案，429
motor skills, elimination of, in Letter Spirit 程序 Letter Spirit 中不含运动技能，419
mountain-chain sequence 山脉序列，54；discovery of rule behind 发现背后的规律，56-59
mrrjjj answer to Problem 4 问题 4 的答案 mrrjjjj，239-240, 308；detailed story of 其故事细节，248-257；temporality of 其时间性，283-284
mrrkkk answer to Problem 4 问题 4 的答案 mrrkkkk，240-241
"MS; DH" (memory index code) "MS; DH"（记忆索引代码），371
multi-letter influences on new letters 多个字母对新字母的影响，452-453
musical patterns 音乐模式，49-51
musical perception and composition 音乐知觉和创作，5, 49-51, 272, 465
musing codelets 沉思代码子，112, 117；同见词条 scout codelets
mutual attraction of Workspace objects, in Copycat 程序 Copycat 的工作空间中对象间的相互吸引，207, 259
mutually reinforcing perceptual structures 相互强化的知觉结构，61, 64, 259-261, 382-384, 387-388；同见词条 circularity
"my Liege", unknown mechanisms behind "我的陛下"背后的机制不明，473
"My Turn" column 《新闻周刊》的专栏文章，见词条 Reagan, Ronald
"N. Concord Rd." sign "康科德北城大道"路标，95
n^n sequence "n 的 n 次方"序列, discovery of rule behind 背后规则的发现，40-42
name proximity, role of in Ob-Platte problems 名

664

索 引

称相似性对鄂毕-普拉特问题的影响，344-345, 350
Nanard, M. M. 纳纳德，408
"Nancy Reagan of England" "英格兰的南希·里根"，196-197
"natural" extrapolation of a pattern 一种模式的"自然"外推，15, 28, 70
natural-language front ends, frivolity of 自然语言的浮华"前端"，491
natural-language programs, validation techniques for 自然语言程序的效度评价技术，362-363, 489-490
natural-language usage-level by humans, judgment of 人类能否自如使用一门自然语言的评判标准，362-363
natural selection 自然选择，见词条 evolution; selection
Navajo language 纳瓦霍语，345
Necker cube 内克尔立方体，not seen both ways at once 两种解读不可能同时出现，111
nested group, human perception of, on tabletop 人类对桌面上彼此嵌套的成组物品的知觉，356-357, 378-379
Netrec network (McGraw & Drasin) 麦格劳和德拉辛开发的 Netrec 程序，459
networl representation, advantages of, in Numbo 程序 Numbo 采用网络式表征的好处，139-140
neural level of description as too low for high-level cognition 神经水平的描述对解释高层认知而言太低了，308, 465-466, 487
"neutral" Slipnet "中性"滑动网络，227
New York Times 《纽约时报》，158-161, 264, 376
Newell, Allen 艾伦·纽厄尔，135, 149, 175, 270; lack of interest in concepts 纽厄尔对概念缺乏兴趣，371-373
Nicaragua/Afghanistan analogy 尼加拉瓜/阿富汗类比，179
Nicaragua/Viet Nam analogy 尼加拉瓜/越南类比，186
Nikolai (alleged natural-language program by Leban *et al.*) "程序"Nikolai（据说系由勒班等人开发的自然语言程序），472; 同见词条 Turing Test
"nights", perception of 对单词"nights"的知觉，94-95
nine-dots puzzle 九点连线游戏，analogue as out-of-state answers to Ob-Platte puzzles 类似于需在行政区划外寻找答案的鄂毕-普拉特谜题，348-349
Nixon, Richard M. 理查德·M. 尼克松，286
node-clamping as simulation of ACME pragmatic unit 固定节点的激活水平以模拟 ACME 中的"实用单元"，287-288
nodes, in Jumbo 程序 Jumbo 中的节点，110
nodes as object-object mappings in ACME 程序 ACME 中表示对象间映射的节点，285
noncorrelation of depth and obviousness 深度与明显程度不相关，242, 244; 同见词条 quality-frequency discrepancies
nondeterminism, arguments for 关于非确定性：in Copycat 在程序 Copycat 中，230-233; in Jumbo 在程序 Jumbo 中，114-115; 同见词条 randomness
nondeterminism in human thought, empirical studies of 人类思维的非确定性及其实证研究，128-129, 133
nondividedness of top-level perceptions 高层知觉的不可分，111-112, 226
nonegalitarian processing 非平等主义的加工，见词条 biased randomness
nonsystematic exploration by Numbo 程序 Numbo 实施的非系统性探索，149-150
nonuniformity as abstract uniformity 某种非一致性成就了抽象意义上的一致性，404-405, 463
norm-violation notes 标明如何打破常规的风格注释，440-441, 454
norm-violation suggestions 打破常规的建议，444, 446, 457
norm-violations (style-propagation mechanism) 打破常规（风格传播机制），416, 426, 429, 432, 440-441, 450; ignorant *vs.* self-aware 无心与故意地违背准则，429

665

概念与类比
模拟人类思维基本机制的灵动计算架构

Normalcy (gridfont) 网格字体 *Normalcy*, 404-405

Norman, Donald A. 唐纳德·A. 诺曼, 124, 202

norms, explicit, attached to roles 角色附带的外显常规, 436, 438-439, 444, 446

nose-touching analogies 碰鼻子类比, 323, 325-326

notation-stretching 符号扩展, 66

Novarese, Aldo 奥尔多·诺瓦雷斯, 404

novel-writing by computers, alleged 号称由计算机创作的小说, 158-161, 367

novice/expert gulf 新手和专家间的鸿沟, 90, 359, 429-431

Novick, Laura 劳拉·诺威克, 90

"nowhere": ambiguous appearance of 团块"nowhere"模棱两可的样子, 116; transformations of 团块的重构, 119

n^{th}-factorial-of-n sequence 对 n 做 n 次阶乘运算所得的序列, 44-46

nubodynamics 云朵动力学, 125

nucleus, discovered through scattering experiment 借由散射实验发现的原子核, 487

Nuewo Monaco, hypothetical gambling monarchy 新摩纳哥（想象中的袖珍君主制国家，因赌博产业声名远播）, 347

number savvy *vs.* pattern sensitivity 数字理解力与模式敏感度, 42-43

numbers 数: complexity of 数的复杂性, 60; in Copycat domain 在 Copycat 任务领域中的数字, 210; generalization of the concept 对数概念的概括, 71; stripped-down 简化工作, 48-49, 210

numbers *vs.* letters 数与字母, 202

number *vs.* numerals 数量与数字, 18

Numble (arithmetical game) 算术游戏 Numble, 131-132

Numble problems, human behavior on 人类求解 Numble 问题时的行为, 133

Numbo program 程序 Numbo: architecture of 程序的架构, 135-143; comparisons with other work 与其他研究的对比, 148-150; future directions 未来方向, 154; omissions from 程序忽略的东西, 151; performance compared with humans 与人类表现的对比, 150-153; phases in a typical run 一次典型运行的各个阶段, 148; sample runs of 运行范例, 143-148, 151-152; style of solutions 解的风格, 153-154; weaknesses of 程序的缺陷, 154

Numbo project Numbo 项目, 7; challenge of 研究面临的挑战, 132; connection with Seek-Whence 与程序 Seek-Whence 的关联, 85; interest of 项目的趣味所在, 132-133; origin of 项目的源头, 127; playfulness of 游戏性, 128; purpose of 项目的目的, 131

numerical-estimation studies 针对估算的研究, 128-129

numerical message, hidden 关于数值的隐含讯息, 239, 241, 306

numerical proximity, role of in Numbo 数值的接近性及其对程序 Numbo 的影响, 134-138, 145-148

Ob (river) 鄂毕河, 333

Ob-Platte domain, noncontainability of 鄂毕-普拉特领域的非自容纳性, 340-341, 351

Ob-Platte puzzles 鄂毕-普拉特谜题, 333-351; lessons transferred to Tabletop microdomain 相关经验向 Tabletop 微领域的迁移, 351-355; list of samples 实例列表, 333-334; out-of-state answers to 一些谜题的州域外答案, 346-351; relation to memory retrieval 与记忆提取的关系, 334-336; 同见词条 supertranslations in text

Ob-Platte puzzles, sledgehammer approach to: algorithm described 以蛮力解决鄂毕-普拉特谜题的算法描述, 337-338; city list and city-characterization criteria for 城市列表和城市刻画标准, 337-338; Difficulty 1 困难 1, 338-339; Difficulty 2 困难 2, 340-341; Difficulty 3 困难 3, 341-345; Difficulty 4 困难 4, 345-351; snap-judgment-rejection pruning as proposed remedy 尝试用快速判断-排除法"剪枝"加以应对, 339-340

"obj-midwife" (Lisp atom) Lisp 原子 "obj-midwife", 163-164

索 引

object/attribute blurriness "属性"与"对象"界限不明，184, 282-283

object file, as putative brain structure 对象文件（假设的大脑结构），484

objectivism and AI 客观主义与人工智能，174-175

objectivity, apparent, of problem-problem analogies, in Copycat 程序 Copycat 不同问题间的类比表面上的客观性，245n

"obvious" extention of patterns 模式"显而易见"的延展，15-16, 47, 70

obviousness of answers, measured by frequency 答案的明显性（以出现频率衡量），235, 392

obviousness vs. depth of answers 答案的明显性与答案的深度：in Tabletop 在程序 Tabletop 中，392, 396；同见词条 insights, deep；quality-frequency disparities

OCR，见词条 Optical Character Recognition

O'Hara, Scott 斯考特·奥哈拉，296-297

Ohm's-law level of description of brain activity 对应欧姆定律的大脑描述水平，98

Ohm's-law of resistance, *post hoc* discovery of by BACON 程序 BACON 对欧姆电阻定律的重新"发现"，177, 367

Ono 欧诺城，339

open-ended probing, as validation technique 对程序在开放情境中运行情况的探查（以检验其效度），363；同见词条 Turing Test

open syatems 开放系统，115, 267

openness of all pathways 所有路径均开放，115

Optical Character Recognition (OCR) 光符识别（OCR），459-460

Optima (Zapf), generation of 通过风格外推生成（察普夫设计的）印刷字体 Optima，464

Oral City, town with dental school and Christian school 奥勒市（有一间牙科学院和一所基督教大学），340

ornamentation of skeletal letters 对字母的骨架进行装饰，409, 419, 421

Ortega, Daniel 丹尼尔·奥尔特加，179

orthogonality 相互正交，见词条 letter and spirit

out-of-state answers to Ob-Platte puzzles 鄂毕-普拉特谜题的州域外答案，346-351

out-of-state landmark cities with in-state satellites 州域外的地标城市，却带有州域内的卫星城，350

overriding of default perceptions or assumptions 压倒默认的知觉或假设，20, 40, 48, 52, 172, 196-198, 348-349, 360, 434；同见词条"Aha!" experience；boundary-shifting；conceptual revolutions；impasse；out-of-state answers；paradigm shifts；reperception；resistance to deep slippages；sameness group, anomalous；snags

overt behavior as window onto covert mechanisms 外部行为：窥探内部机制的窗口，363, 482-483, 486-491；同见词条 Turing Test

packets 包裹：defined 定义，17；patterns built from 包裹构成的模式，45, 47；tentative building of 尝试性地调整包裹，43

palindromes, in number sequences 数字序列中的"回文"，58

Palmer, S. S. 帕尔马，415, 459

PAN model of O'Hara and Indurkhya 奥哈拉和因杜尔亚的 PAN 模型，296-297

"pangloss", transformation of 字母串"pangloss"的变形，116-118, 121

Pappus of Alexandria 亚历山大里亚学派的帕普斯，478；proof by 帕普斯给出的证明，478-479

paradigm shifts 范式转移，22, 39-40, 46, 172, 179, 220, 242-244, 247, 257, 430-431；micro-anatomy of prototypical cases 范式转移的显微剖析，257-262, 430-431, 450-452, 456-457；subtlety of in human mind 人类心智实施范式转移的微妙性，257, 260-262；同见词条"Aha!" experience；boundary-shifting；conceptual revolution；impasse；out-of-state answers；overriding of defaults；reperception；resistance to deep slippages；sameness group, anomalous；snags

parallel distributed processing (PDP) 并行分布式加工（PDP），291

parallel hardware and Copycat 并行硬件与程序

667

概念与类比
模拟人类思维基本机制的灵动计算架构

Copycat，232-232
parallel processing 并行加工，见词条 parallelism
parallel slippage, in Copycat 程序 Copycat 中的并行滑动，238, 243, 259；in Tabletop 程序 Tabletop 中的并行滑动，383, 399
parallel terraced scan 并行阶梯扫描：in Copycat 在程序 Copycat 中，204, 226-227；efficacy of 并行阶梯扫描的效力，108, 372；emergent property of classifier systems 作为分类器系统的涌现的特点，292；exemplified by sorority rush 以联谊纳新为例，92-93；foreshadowed in Hearsay II 在程序 Hearsay II 中已有先兆，91-92；in Jumbo 在程序 Jumbo 中，107-109, 118；in Letter Spirit 在程序 Letter Spirit 中，435-436；in Numbo 在程序 Numbo 中，150, 153；real-world uses of 并行阶梯扫描在现实中的使用，93, 106-108, 204, 372；results of suppressing 抑制并行阶梯扫描的结果，365；risks of 并行阶梯扫描的风险，108；in romantic exploration 在爱侣的彼此探究中，109；in Tabletop 在程序 Tabletop 中，384-387
parallelism 并行性：in Argus 在程序 Argus 中，271；asynchronous, tied to intrinsic randomness 异步并行（关联于内隐的随机性），231-232；in Copycat 在程序 Copycat 中，219-227, 229-232, 249-250；in hardware vs. virtual implementation of 硬件水平的并行性与由虚拟执行所体现的并行性，103, 107, 224, 302, 384；in Jumbo 在程序 Jumbo 中，103, 107；in Letter Spirit 在程序 Letter Spirit 中，434-436；in Numbo 在程序 Numbo 中，139, 142, 146, 150；in Seek-Whence 在程序 Seek-Whence 中，59-62；in Tabletop 在程序 Tabletop 中，381, 383-388
parameter-number blurriness 参数数量的不明确性，见词条 predicate, vagueness of degree of
parquet deformations, selection process guiding creation of 由选择过程引导的拼花地板变形，477
part/role duality 部件/角色的二元性，440-441
part/role triggering and mating 部件/角色的激活与适配，441, 447-449, 454-455
particle physics, irrelevance to cognition 基本粒子物理学与认知无关，98, 466, 486-487
Partridge, Derek 德雷克·帕特里奇，476
parts, in Letter Spirit 程序 Letter Spirit 中的"部件"：adjustment of 部件的调整，见词条 semantically-adjusted parts；building-up of 部件的创建，439-441, 447-449, 454；as filler of roles in whole-letter-concepts 部件对整体字母概念中特定角色的扮演，439；produced by "shaking" 图形的"动摇"产生"部件"，448；regrouping among 部件的重组，见词条 semantically-adjusted parts
party-crashing by impostors 冒名顶替者混进一场派对，470-471
pattern-finding, as core of intelligence 智能的核心——模式发现，13, 42-43, 63, 86
pattern-play with packets 寻找包裹间的模式，43, 45
pattern-sensitivity, esthetically-based 基于美学的模式敏感度，40, 42-48
Pavlidis, T. T. 帕夫里迪斯，458
peace shield "和平之盾"，见词条 frozen immune system
Peanut 花生城，339
"pedigrees", two levels of, for symbols 为符号"划分门第"（实施两级认证），290n
perception 知觉：as awakening of relevant concepts 表现为相关概念的唤醒，210-211；and cognition, inseparability of 知觉与认知不可分离，84, 177, 192-193, 358；and mental-structure manipulation 知觉与心智结构的操纵，100；need to integrate into cognitive models 知觉需与认知模型整合，170, 185-189, 192-193；同见词条 high-level perception
perception of own behavior and own output, key role of in creativity 关于自身行为与输出的知觉对创造力的关键作用，408, 410-411, 433-434, 436-437, 442-443, 457-458, 463-464；同见词条 central feedback loop；meta-level awareness；self-awareness；

索 引

self-watching

"percepts without concepts" (Kant) "没有概念的知觉"（康德），193

perceptual affinities as basis for mini-analogies, in Seek-Whence 程序 Seek-Whence 中作为微类比基础的知觉亲和力，61-62

perceptual agents in Seek-Whence 程序 Seek-Whence 中的知觉智能体，61

perceptual biases, effect on processing speeds 知觉倾向性对加工速度的影响，59-60, 141, 145, 217-218, 227-228, 360, 385；同见词条 affinities；attractiveness；urgencies

perceptual flexibility, role of in creativity 知觉灵活性对创造力的影响，296；同见词条 reperception；paradigm shifts

perceptual fragments, free-floating 浮动的知觉片段，108-109, 111, 217-220, 391

perceptual immediacy, differential levels of 不同水平的知觉鲜明性，58-59, 133-134, 153, 217-218, 227-228, 261-262, 283-284, 288, 360, 385, 394, 396-397

perceptual structures, parallel emergence of 知觉结构的并行涌现：in Copycat 在程序 Copycat 中，217-219, 221; in Letter Spirit 在程序 Letter Spirit 中，435-442, 446-450; in Seek-Whence 在程序 Seek-Whence 中，58-65, in Tabletop 在程序 Tabletop 中，380, 383-384, 386-387

perceptual trap, in theme song of Seek-Whence 藏在 Seek-Whence "主题曲"中的知觉陷阱，59

performance lure of 纯粹性能的诱惑，30, 53

performance landscape of Tabletop program 程序 Tabletop 的"表现地形图"，393

permutation of symbols, irrelevance to SME 程序 SME 对符号的置换毫不在意，156

persistence, role of in insight 洞见的产生贵在坚持，256, 262

Persson, Staffan 斯塔凡·佩尔森，30

pet analogy, axed and critiqued 被砍掉的"宠物类比"及其批判，303

Peter's finger 皮特的手指，326

phases of processing 加工过程各阶段：in letter perception in Letter Spirit 程序 Letter Spirit 的字母知觉过程，439-441,447-449; in Numbo 程序 Numbo 的加工过程，147-148

photographs of molecules 分子的快照，488

physical laws, spatial invariance of 物理规律的跨文化有效性，365-366

physical symbol-system hypothesis "物理符号系统假说"，175

pie in face 奶油馅饼，332

Pivar, M. M. 皮瓦，30

pixel/object breach, in vediogames 视频游戏中的像素/对象区隔，90

plagiarism blurring into creativity 从剽窃到创造的过渡，480-481

plateau, in number sequences 数字序列中的"台地"，58

Platobet (conceptual repertoire of Tabletop) 范畴清单 Platobet（程序 Tabletop 的概念库），326, 389

Platonic alphabet, in Copycat 程序 Copycat 中的柏拉图字母表，209

Platonic letters, in Letter Spirit 程序 Letter Spirit 中的柏拉图字母，412

Platte (river) 普拉特河，333

plausible continuation of a sequence 序列可能的外推方式，15, 18, 70

play and creativity 游戏与创造力，120, 128

pliers seen as pendulum bob 将钳子视为钟摆，172

Pnet, in Numbo 程序 Numbo 中的"永久性网络"，136-138; communication with cytoplasm "永久性网络"与"细胞质"的相互影响，139-140

poetry, simple ways of faking 产生"诗意"的简单伎俩，470

Poggio, T. T. 波焦，285

Policeman's Beard Is Half Constructed (Racter) 《警察的胡子是半人造的》（程序 Racter 的作品），470-476

"political" analogies "政治"类比，165-166

polyphony in Seek-Whence domain Seek-Whence

669

概念与类比
模拟人类思维基本机制的灵动计算架构

领域中的"复调",50, 52

poodles, as things 作为特定对象的狮子狗,213

Portland, Maine as "the Bloomington of California" 缅因州的波特兰(作为"加州的布鲁明顿"),348-349

Portland, Oregon as "the Bloomington of California" 俄勒冈州的波特兰(作为"加州的布鲁明顿"),347-349

Poss, Ellen 艾伦·波斯,10

post hoc imposition of processes onto basketball games and Copycat runs 后验地将一场篮球比赛或程序 Copycat 的某一次运行"解析"为一系列进程,225-226

post hoc models of scientific discovery 科学发现的后验模型,177-179, 183-184

potato-in-tailpipe worry, silliness of 对排气管被人塞了颗土豆的不合理的担忧,240

potboilers *vs.* great novels 盈利文学与伟大的小说作品,160-161

Potelbat (brute-force Tabletio program) 程序 Potelbat(使用蛮力的 Tabletop 程序),327; enhancement via specialized mechanisms 借助专门机制提升表现,355-357; lack of perception in 该程序缺少知觉,356-357; silliness of 该程序的局限性,356-357;同见词条 Ob-Platte puzzles, sledgehammer approach to

preconditions and pre-preconditions in Hearsay II 程序 Hearsay II 中的"前提"和"前提的前提",91-92

predicate-logic notation 谓词逻辑符号: in ACME 程序 ACME 中的,163-165,167,185,285,287; in SME 程序 SME 的,276-277,282-283; subjectivity of encodings into 以谓词逻辑符号实施编码的主观性,282-283

predicates, vagueness of degree of 谓词标签及其模糊性,184,282-283

prefaces in this book, nature of 各章"序言"的性质,9

Presley, Elvis "猫王"埃尔维斯·普雷斯利,460

pressure, subcognitive (亚认知)压力,85; commingling of 压力的混合,85, 378;

conflicting, in Copycat runs 在 Copycat 运行中不同压力的冲突,249; conflicting, in Tabletop problems 在 Tabletop 问题中不同压力的冲突,394-399; as emergent entities 压力是涌现式的结果,222-223, 256, 379; explicit awareness of 对压力的明确感知,316-318; "grass-roots" vs. "elite" "草根"与"精英",231; interacting, as most abstract view of analogy problem 压力的交互(对类比问题最为抽象的认识),352; mapped onto attributes in Tabletop domain 在 Tabletop 领域中压力对应于属性,327; and slippages 压力与滑动,207-208; tweaking of, in families of analogy problems 在类比问题家族中对压力进行微调,237, 306, 319, 326-327, 364, 391-399; types of, in Tabletop domain 在 Tabletop 领域中压力的类型,378

prime numbers 质数,25, 27; discovery of, by AM program 程序 AM 对质数的发现,476

Prince Philip 菲利普亲王,197

probabilistic biases 概率倾向性: in Copycat 程序 Copycat 中的,227-228; in Seek-Whence 程序 Seek-Whence 中的,59

probabilistic overlap of concepts in Copycat 程序 Copycat 中各概念的概率重叠,214

probabilistic processing 概率化的加工,见词条 nondeterminism

probing of cognitive models 对认知模型进行追问:through families of related problems 通过相关问题家族,247-248, 391-399; through limited but systematic interaction 通过有限但系统化的交流,363, 482; through unlimited natural-language interaction 通过范围不限的自然语言交流,363, 482;同见词条 Turing Test; validation criteria

problem-reduction in traditional AI 传统人工智能的问题简化,28-34

problem-tweaking 问题的微调,见词条 pressures, tweaking of

procedural arithmetical knowledge in Numbo Numbo 的程序性算术知识,135

processes, emergent nature of 进程的涌现性,106,

224-226, 383-384, 435-436

production systems 产生式系统, 371

progressive deepening of pathway exploration 路径探索的逐渐深化, 106; 同见词条 parallel terraced scan

"Prolegomena to Any Future Meta-" 未来的元类比模型导论: "cat" Metacat 程序, 307-318; "physics" 形而上学, 168

proteins 蛋白质, 101, 120

protocols of humans and of Numbo 人类被试与 Numbo 的思维过程, 151-152

prototypes in Soar 程序 Soar 中的"原型", 372

Proust, Marcel 马塞尔·普鲁斯特, 323

proximity groups in Tabletop and Copycat 程序 Tabletop 和 Copycat 中的"接近组", 390

pruning, as a search technique 剪枝技术（一种搜索技术）, 33; 同见词条 snap-judgment-rejection

psychological experiments 心理学实验: comparing people with Copycat 对比人类被试和 Copycat 程序, 234, 237-238, 240-241, 243-244, 246, 275; comparing people with Numbo 对比人类被试和 Numbo 程序, 150-153; comparing people with Tabletop 对比人类被试和 Tabletop 程序, 379, 395-397; irrelevance vs. relevance to computer models 与计算机模型有无关系, 105, 151, 236, 248, 359-364

psychological realism, goal of 以探究程序的心理现实意义为目标, 53, 327, 329-330, 379, 393

publicity, uncritical, of AI projects 对人工智能研究项目不加批判的宣传, 见词条 uncritical publicity

Pylyshyn, Zenon 杰农·派利希恩, 172

Qin, Y. 秦裕林, 178

Quad Cities, Iowa-Illinois 艾奥瓦州和伊利诺伊州的"伙伴城市", as fringe member of category "city" 作为"城市"范畴的边缘成员, 346

quality-frequency discrepancies 质量与频率的不一致, 244, 283-284, 288, 295-296, 364, 392, 394

quanta, on Letter Spirit grid 程序 Letter Spirit 网格的"量子": defined 定义, 421; fusing together to form parts 融合形成部件, 439-441, 447-448

quarks, role of, in cognition 夸克对认知的影响, 466, 486

Quayle, Dan 丹·奎尔, 见词条 pie in face

Queen Elizabeth 伊丽莎白女王, 197

r-role, in Letter Spirit 程序 Letter Spirit 中的 r-角色, 415, 445

Racter program (Chamberlain & Etter) 张伯伦和埃特尔开发的程序 Racter, 470-476, 480, 489; seeming coherence of 看似连贯, 475; selections by 程序做的选择, 471-474; spoofing quality of 程序输出的质量, 475; story forms stored in 程序中存储的故事形式, 475; unpretentiousness of 对程序的质朴解读, 474-475; unrevealed mechanisms of 尚未揭示的机制, 472-474

radical reperception 彻底的再感知, 见词条 "Aha!" experience; jumping out of the system; overriding of default perceptions; paradigm shifts

random vs. systematic scanning, in perception 知觉过程的随机扫描与系统扫描, 59, 386

randomness 随机性: as aiding Eliza effect 对 Eliza 效应的促进, 469-470; of asynchronous parallelism 异步并行的随机性, 232; in basketball 篮球比赛中的随机性, 232; and fluidity 随机性和流动性, 230-234; questionable role of, in human mind 随机性对人类心智的作用存疑, 129; in service of intelligence 服务于智能的随机性, 124, 232-233; 同见词条 nondeterminism

Raphael, Bertram 伯特朗·拉斐尔, 115

rationality vs. time pressure 理性与时间压力, 114-115

raw pattern vs. explicit rules 原始模式与外显规则, 16

Ray, Thomas 托马斯·雷, 311

reading of isolated words 单词的读取, 94-95

671

概念与类比
模拟人类思维基本机制的灵动计算架构

reading snags and contradictions as sources of new ideas 从障碍和矛盾中产生新的想法，240, 258, 433

"Reagan, Nancy of England" "英格兰的南希·里根"，196-197

Reagan, Ronald 罗纳德·里根，264；analogy-making by 罗纳德·里根的类比，179, 186; as landmark object 作为"地标对象"的罗纳德·里根，196; as Star Warrior 里根与他的"星球大战"计划，375；同见词条 Strategic Defense Initiative

real-world expertise, as too detailed to be of interest in cognitive science 关于现实的专家知识（过于细节，以致无法应用于认知科学），见词条 domain simplification

real-world façades 现实: of Aaron 程序 Aaron 的"现实"，468-470; of ACME 程序 ACME 的"现实"，162-167, 288-291; of AMBR 程序 AMBR 的"现实"，298-299; of Argus 程序 Argus 的"现实"，271; of BACON 程序 BACON 的"现实"，190; of CBR models CBR 模型的"现实"，369; of expert systems 专家系统的"现实"，329; of most AI programs 多数人工智能程序的"现实"，168; of Racter 程序 Racter 的"现实"，470-476; of SME 程序 SME 的"现实"，155-158, 288-291; 同见词条 Eliza effect; microdomains; semantics; words

rearrangement 重新排列，重排: as a central mental activity 作为心智的核心活动，99-100; and creativity 重排与创造力，100; entropy-preserving transformation in Jumbo 程序 Jumbo 中的保熵变换，116-118; role of in perception 重排在知觉过程中的作用，119

reasoning by analogy, fixation on, as opposed to casual analogy thinking 关注类比推理而非日常类比思维，187, 270, 275

reasoning, contrasted with perception 推理与知觉的对比，131, 270

reassembly by chopped, scrambled Koestler or Monet as creativity 通过重组库斯勒的作品片段或玩莫奈画作的拼图体现创造力，480-481

recognition of category members 对范畴成员的认识: as legitimizer of semantics 证明语义的存在，289; role of in Ob-Platte puzzles 其在鄂毕-普拉特谜题中的作用，343

reconfirmability, inherent, in Jumbo data-structure 程序 Jumbo 的数据结构内在的可重构性，85, 119-120

recursion as a search strategy 递归（作为一种搜索策略），30-34

recursively-defined sequences 递归地定义的序列，24-25, 27, 83

recursive unpredictability 递归的不可预见性: of creative process 创造性过程的，84, 314, 442-443, 449-450, 463-464, 466; of high-level perception 高层知觉的，223, 267

Reddy, D. Raj D. 拉吉·雷迪，91, 100, 210

reflection giving way to reflex as a result of time pressure 反思由于时间压力而让位于反射，124

reflection of letterforms (style-propogation mechanism) 对字形的反思（风格传播机制），433

reflexivity 自反性，见词条 self-awareness; self-reflectiveness; self-watching

regrouping of structures 结构重组: in Jumbo 程序 Jumbo 中的，116-117, 116-117; in Letter Spirit 程序 Letter Spirit 中的，414, 420, 429-431, 439-441, 444-449; in Numbo 程序 Numbo 中的，154; in sequences 序列中的，18, 39, 45, 52, 66; in word perception 语词知觉过程中的，95, 117; 同见词条 boundary-shifting; fluid data-structures; reconformability; role-regrouping; semantically-adjusted parts

regrouping-based word play in text 基于重组的单词游戏，13, 93, 95, 116

Rehling, John 约翰·雷林，4, 412, 459

Reich, P. A. P. A. 赖希，202

Reitman, Walter 沃尔特·雷特曼，270-272

relevance levels, lack of in SME 程序 SME 对相

索引

关性的差异缺乏概念，281
reminding experience，"提醒"的经历，305，369-371；involving analogy puzzles 涉及类比谜题，316-317；同见词条 episodic memory；retrieval
reperception of structures 对结构的再感知，40，43，296；as key process in creativity 作为关键的创造性过程，172，244，295-296，308，420；同见词条 "Aha!" experience；boundary-shifting；conceptual revolutions；fluidity；overriding of defaults；paradigm shifts；reconformability；regrouping
representation-formation process 表征的形成过程，170，173-177；同见词条 high-level perception；perception；situation perception
representation module "表征模块"：arguments against 对"表征模块"的质疑，186-188；notion of "表征模块"的概念，176-177，183-185；usage of in SME "表征模块"在 SME 中的应用，185n，281
representational nuggets "表征熔核"：371
representational rigidity 表征的刻板性：of Copycat 程序 Copycat 的表征刻板性，283；of predicate-logic-based analogy-making systems 基于谓词逻辑的类比系统的表征刻板性，185，283，282-283，287-288；of symbolic representations 符号化表征的刻板性，175，189，193；同见词条 hand-coding of representations
"re-representation" problem, for traditional analogy-making systems 传统类比系统的"再表征"问题，288
Research Triangles, North Carolina 北卡罗莱纳的"三角研究园"，as fringe member of category "city" 作为"城市"范畴的边缘成员，345-346
resistance to counting, in Copycat 程序 Copycat 对计数操作的抵制，210
resistance to deep slippages 深层滑动面临的阻力，85，214，259-260；overcoming of 克服该阻力，261
resonance curve, sharply peaked 狭窄而尖锐的共鸣曲线，313
resource allocation 资源分配，见词条 allocation of resources
representation problem of AI 人工智能的表征问题，172-174
restructuring of data 数据结构的调整，36
retaliation scenarios 报复场景，331-332
retrieval of memories 记忆提取：in AMBR 程序 AMBR 的记忆提取，299，305；mechanisms behind 记忆提取背后的机制，370-371；in Metacat 程序 Metacat 的记忆提取，316-317；in Ob-Platte puzzles 鄂毕-普拉特谜题涉及的记忆提取，334-336；by people 人类实施的记忆提取，305，369-371
retroactive adjustment of "finished" letters 对字母"成品"的回溯性调整，434，443，452，463
reverberation of a decision through whole alphabet 某设计决策在整套字母表中的往复"回荡"，433-434，463
reversal 倒置：different structural levels of 倒置某结构的不同层级，117；as entropy-preserving transformation in Jumbo 作为程序 Jumbo 中的保熵变换，117；multi-level perceptual 多层知觉的倒置，243，260-261；spatial and alphabetic, combined 空间关系与字母表顺序的倒置及其组合，203，207，243-245，259-262；as variation-generating technique 倒置生成"变奏"，80
Revow, Michael D. 迈克尔·D. 里沃，417
Riesbeck, Christopher K. 克里斯托弗·K. 里斯贝克，161，305，368
"rightness" of analogical puzzle answers, doubts about 对类比谜题"正确"答案的质疑，245n
rigidity of representations with symbolic primitives 基于符号原语的表征的刻板性，见词条 representational rigidity
rigor, façade of, in cognitive science 认知科学的严谨面孔，374-375
Riseman, E. E. 莱斯曼，100
risk-taking under pressure in Copycat Copycat 在压力下的冒险，249，253，256
Ritchie, G. G. 里奇，476

673

概念与类比
模拟人类思维基本机制的灵动计算架构

robustness, statiscally emergent, of Copycat 程序 Copycat 统计涌现的鲁棒性，234-235

Rogers, David P. 大卫·P. 罗杰斯，2, 4, 305-306

role-regrouping suggestions, in Letter Spirit 程序 Letter Spirit 中关于角色重组的建议，444-446

role-splitting induced by context 由情境导致的角色拆分，195-198

role traits, in Letter Spitit 程序 Letter Spirit 中的"角色特质"，426

role-whole triggering, in Letter Spirit 程序 Letter Spirit 中角色-整体的激活，439-441, 448, 454-455

roles in letters 字母中的角色：activation of 角色的激活，439-441, 448；as concepts in their own right 角色本身作为概念，415；floating 浮动的角色，440-441；graphical realizations of 角色实现为图形，414；not shapes but ideas 角色并非形状而是观念，412, 414-415；regrouping of 角色的重组，414, 420, 429-430, 444-446

roles in marriages and syllables 婚姻与音节中的角色（成分），113

roles in perceived structures and situations 知觉到的结构和情况中的角色，195-198

romance development process 爱情关系的发展过程，101-102, 106-109, 112-114

Ronald Reagan 罗纳德·里根，见词条 Strategic Defense Initiatives

Rosenbloom, Paul 保罗·罗森布鲁姆，135, 372

rotation of letterforms (style-propagation mechanism) 字形的旋转（风格传播机制），433

rote small-number arithmetical knowledge in Numbo 程序 Numbo 中死记硬背的小整数算术知识，135-136

routes to answers, psychological plausibility of 通向答案的路径及其心理现实性，284

Rowe, Jon 琼·罗维，476

rule-flexing via conceptual slippages 规则的弯曲与概念的滑动，206-207, 243, 255, 261

rules in Copycat 程序 Copycat 中的规则：construction of 规则的创建，252；limitations on 规则的局限，234n；templates for 规则与模板，252

rules underlying sequences 序列背后的规则，14

Rumelhart, David E. 大卫·E. 鲁姆哈特，124, 131, 150, 175, 291, 292, 417, 460

run-lengths in Copycat 程序 Copycat 的运行时长，262

Runcible Spoon coffeehouse "叉勺"咖啡馆，323, 325, 405

Rutherford, Ernest 恩内斯特·卢瑟福，487

Saddam Hussein/Adolf Hitler analogy 萨达姆·侯赛因/阿道夫·希特勒类比，186

Saddam Hussein/Robin Hood analogy 萨达姆·侯赛因/罗宾汉类比，186

salience levels 显著性水平：in Copycat 程序 Copycat 中的，217, 279；fixed and hand-inserted in ACME 在 ACME 中人为固定，287-288；of mini-analogies in Seek-Whence 程序 Seek-Whence 中微类比的显著性水平，62；sudden jumps in, as new ideas become relevant 新观点形成后显著性的变化，259；in Tabletop 程序 Tabletop 的，385；同见词条 attention；happiness

salient numbers in Numbo 程序 Numbo 中的"显著数"，136-137

"same thing", elusiveness of 难以捉摸的"相同性"，75-77, 207, 243, 320-321, 404-405, 413, 417-419, 424

sameness group, anomalous 不寻常的相同组，240, 249, 253-254

sameness vs. successorship, perceptual appeal of 对相同性与后继性的知觉偏好，47, 58-60, 79；同见词条 perceptual biases；perceptual immediacy

Satanic Verse (Rushdie) 《撒旦诗篇》（拉什迪的作品），186

sawtooth sequence 锯齿序列，54

scales, in Seek-Whence domain 在 Seek-Whence 领域中的"音阶"，49, 53-54

scaling-down of BattleOp to Ob-Platte 从 BattleOp 到 Ob-Platte，限制任务范围，333-334

索　引

scaling-up of Tabletop to BattleOp 从 Tabletop 到 BattleOp，扩展任务领域，330-332

scaling-up as validation criterion 以任务领域的扩展为效度评判标准，262-263, 265, 330, 352

scanning, visual, in Tabletop 程序 Tabletop 中的视觉扫描，336, 386-387

scattering experiments in physics 卢瑟福散射实验，487-489

Schank, Roger 罗杰·尚克，97, 131, 161, 305, 368, 369, 371, 484

schema, as putative brain structure 图式（假设的大脑结构），484

science, murky foundations of 科学的模糊基础，273

"scientific" analogies "科学方面"的类比，165-166

scientific method and Turing Test 科学方法与图灵测试的密切关联，482-483, 487-489

scientific revolutions 科学革命，见词条 conceptual revolutions

Scooterville, town with annual scooter race 承办年度滑板车赛事的"滑板车城"，342-343

scoring function, algebraic, for objects in a tabletop situation 为桌面物件计分，327, 337

scout codelets "侦查器"代码子，221, 226-227, 386；同见词条 musing codelets

scouting-out of alternate realities 探索可能的反事实观点，111-112

Scratchpad of Letter Spirit 程序 Letter Spirit 的"便笺存储"，436-438

screen dumps of Copycat run on Problem 4 程序 Copycat 针对问题 4 的运行截屏，251-255

script, as putative brain structure 脚本（假设的大脑结构），484

SDI 战略防御倡议，见词条 Star Wars

search in AI, control of 对人工智能搜索活动的控制，30-34

search in FARG models 由 FARG 开发的程序的搜索活动，见词条 parallel terraced scan

search strategies, human-style 人类采用的搜索策略，34, 40-43, 46-48, 58-69, 84-85, 87-90, 133-135, 151-152, 257-261, 263-265, 271-272, 283-284, 304-305, 308-309, 313-314, 318, 334-336, 338-339, 356-357, 371, 411, 427-434；同见词条 human thought, fluid nature of

search strategies, in traditional AI 传统人工智能的搜索策略：backtracking "智能回溯"，30, 115, 141；breadth-first "广度优先搜索"，30；depth-first "深度优先搜索"，31；同见词条 least-slippage-first

searchlight of attention, wandering "注意探照灯"的方向偏转：in Copycat 程序 Copycat 的情况，266；in Tabletop 程序 Tabletop 的情况，386

Searle, John 约翰·塞尔，见词条 zombies, fear of

secondary targets in Numbo 程序 Numbo 中的"二级靶标"，139

seed letters, dispensability of 关键字母未必包括"种子字母"，453-454；同见词条 circularity；retroactive adjustment；self-driving creator

"seek-reasonable-facsimile" codelet in Numbo 程序 Numbo 中的"寻求合理摹本"代码子，145-147

Seek-Whence notation 程序 Seek-Whence 的符号体系，56, 67

Seek-Whence program 程序 Seek-Whence，35, 56

Seek-Whence project Seek-Whence 项目，2, 7；challenging sequences for 有挑战性的序列，53-55；lessons from 从项目中学到的，84-85；microworld of 程序的微观世界，48-56；premutruity of 项目的不成熟性，202；relation to Copycat 与 Copycat 的关系，202, 208；theme song of 程序的"主题曲"，51-52, 59

seeking whence 序列溯源：defined 定义，14；exemplified 实例，14-24 (triangles between squares)（"四边形"间的"三角形"）；38-40 (Gosper's continued fraction for e)（高斯珀设想的 e 的连分数）；40-42 (n^n)（n 的 n 次幂）；44-46 (0-1-2 riddle)（"0-1-2 插曲"）；52 (Seek-Whence theme song)（Seek-Whence 主题曲）；56-69 (mountain-chain sequence)（山

675

概念与类比
模拟人类思维基本机制的灵动计算架构

脉序列）

segmentation, as facet of pattern sensitivity 分解及其对模式敏感度的体现, 46

Sejnowski, Terrence J. 特伦斯·J. 赛诺夫斯基, 229, 292

selection of output, effect of, in AI 人工智能程序对输出的选择及其效果, 474-477

selection process and credit-attribution blur 选择过程与悬而未决的荣誉归属问题, 476-477

Seles, Monica 莫妮卡·塞莱斯, 72

self-awareness 自我觉知: during act of analogy-making 在类比活动中的自我觉知, 306; during creative process 在创造过程中的自我觉知, 314; lack of, in Aaron 程序 Aaron 缺乏自我觉知, 468; lack of, in Geometry program 程序 Geometry 缺乏自我觉知, 476; lack of, in most models of creativity 多数创造力模型缺乏自我觉知, 408; in Letter Spirit 程序 Letter Spirit 的自我觉知, 442; 同见词条 self-watching

self-confidence, role of in creativity "自信"对创造力的作用, 314

self-driving creator, as potential for Letter Spirit 自我驱动的创造力模型（程序 Letter Spirit 的潜力）, 438

self-knowledge 自我知识, 见词条 self-awareness

self-modification, role in creativity 自我修正对创造力的作用, 314, 480

self-monitoring 自我监控, 见词条 self-watching

self-organizing systems 自组织系统, 122-125

self-reflectiveness, multi-leveled, as cognitive-science approach to consciousness 多层自省（认知科学据此研究意识）, 123, 317

self-undermining acts 自挖墙脚, 16, 26, 46

self-watching 自我监控: alleged impossibility for machines "机器无法自我监控"的观点, 312; in animals 动物的自我监控, 310-311; coarse- vs. fine-grained 粗粒度与细粒度的自我监控, 312, 316; in Copycat 程序 Copycat 的自我监控, 228; in Jumbo 程序 Jumbo 的自我监控, 121-123; key role in consciousness 自我监控对意识的关键作用, 123, 311-312; key role in creativity 自我监控对创造力的关键作用, 311-318; in Metacat 程序 Metacat 的自我监控, 314-318; in people 人类的自我监控, 309; self-applied, and consciousness 自我监控的实现与意识, 123, 317; in Tabletop 程序 Tabletop 的自我监控, 387; 同见词条 self-awareness

semantically-adjusted parts, in Letter Spirit 程序 Letter Spirit 中经语义调整的部件, 439-441, 447-449; 同见词条 part/role duality; regrouping; syntactically-adjusted roles

semanticity 语义性, 见词条 conceptual depth

semantics 语义, ambiguous depth of, in computer prose 计算机创作的散文深度难测, 481; 同见词条 Eliza effect

semantics, genuine 真正的语义: alleged need for grounding of symbols 认为符号需"接地"才能拥有语义的观点, 290n; arguments for legitimacy in Copycat 认为 Copycat 拥有语义的观点有其合理性, 289-290; arguments for legitimacy in Letter Spirit 认为 Letter Spirit 拥有语义的观点有其合理性, 457n; lack of 缺乏语义, 见词条 words, vacuousness of; revealed by answers to questions 由对特定问题的回答揭示的语义, 见词条 Turing Test

semantics, trivial model of 简单的语义模型, 470

sequence extrapolation 序列外推: class contest in 班级作业, 26, 28, 35; as research goal 以序列外推为研究目标, 25

sequences 序列: to challenge class programs 用于测试学生们开发的程序, 26-28; to challenge Seek-Whence 用于测试 Seek-Whence 程序, 53-55; interleaving of 彼此穿插的序列, 14-15, 32-33, 50-53; term-by-term acquisition of 逐项得到序列, 36, 40

serendipity 偶然性: in Jumbo 程序 Jumbo 中的偶然性, 119-120; in Letter Spirit 程序 Letter Spirit 中的偶然性, 442-443; in Numbo 程序 Numbo 中的偶然性, 149-150, 153

Seth, Vikram 维克拉姆·塞斯, 160

720！，见 6！！

sexist language 最为精妙的语言, as revelatory of

索 引

subcognitive mechanisms 作为揭示亚认知机制的线索，5, 490
shades of gray 灰度，灰色地带：in aliveness "生命"和"非生命"间的灰色地带，310-311；in attracting attention from codelets 对代码子注意资源的吸引程度，217, 360；in bond-making speed 创建"键"的速度，217-218；in category membership 范畴成员资格的灰度，413, 415, 424-425；in degree of consciousness 意识水平的灰度，310-311；in degree of mental presence 心智中的事物的灰度，263-264, 281, 336；in degree of randomness 随机性水平的灰度，229, 233；of different regions in scene perception 对特定情景不同区域的知觉有不同的灰度，336, 385；dynamics of 灰度的动力学，见词条 biases, dynamically changing；in existence of mental objects 心智对象的存在状态，89-90；key questions about 灰度的关键问题，263, 265；lack of, in SME 程序 SME 中缺少灰度，281, 284；lists of 相关列表，266-267；between local and global 在局域性与全局性之间，111-112；need for, in Ob-Platte puzzles 鄂毕-普拉特谜题需要灰度，340；between parallelism and serialism 在并行性与串行性之间，111-112；in passing of tests "通过测试"的概念，107；in perceptual immediacy 知觉的鲜明程度，58-59；in plausibility of out-of-region Ob-Platte puzzle answers 鄂毕-普拉特谜题州域外答案的合理性程度，348；in presence of shade of gray 灰色地带的存在状态，336；between small probes and large actions 在微观侦查和宏观决策之间，233；in speeds of exploration 探索的不同速度，107, 224；in style exemplification 风格示例中的灰度，416, 424；in understanding language 语言理解中的灰度，311；同见词条 combinatorial explosion
"shadow cabinet" of perceptual structures in Tabletop 程序 Tabletop 的知觉结构的"影子内阁"，391

shallow style 浅层风格，见词条 style
shared essence of situations 不同情况的相同本质，75-77, 81-83, 214, 304, 370-371
Shaw, J. C. J. C. 肖，270
short messages, crypticness of 较短的序列中模式的隐蔽性，68-69
show vs. substance in AI 人工智能研究的华与实，52-53, 91, 366-367, 491；同见词条 critiques；Eliza effect；hype；intuition；uncritical publicity
Shrager, J. J. 施拉格，192
SHRDLU program (Winograd) 维诺格拉德开发的程序 SHRDLU，311, 362
Siberian, shivering 西伯利亚人，333
"sibing" concept, culture-dependent splitting-up of 概念"sibling"及其文化决定的分割方式，199-200
sidekick cities, in Ob-Platte puzzles 鄂毕-普拉特谜题中的"死党"城市，349-351
silicon and epoxy energy enlightened by line current 硅与环氧树脂的能量，受线路和电流的启迪，474
similarity-based vs. similarity-creating metaphors 基于相似性与创造相似性的隐喻，295-296
Simon, Herbert A. 赫伯特·A. 西蒙，30, 175, 178, 270；irrelevance of neurons to explanation of thought "神经元无法解释思维"的观点，97-98
simplicity, drive for 对简单性的偏好，40
simulated annealing 模拟退火算法，229, 292
single-mechanism vs. interacting-mechanism research methodologies, contrasted 关注单一机制与交互机制的研究范式对比，361-362
single representation adequate for all purposes, vain hope for 单一表征不可能满足所有认知过程的需求，176, 187-188
situation boundaries, blurriness of 不同情况间模糊的边界，69, 263-265, 388-389；同见词条 out-of-state answers
situation perception 对特定情况的知觉：as awakening of relevant concepts 唤醒相关概念，

概念与类比
模拟人类思维基本机制的灵动计算架构

210-211; as component of analogy-making 类比活动的成分, 180-181; 同见词条 essence; high-level perception; shared essence

6!! 见词条 3!!!

skier, cocky 门外汉的自以为是, 465

Skorstad, J. J. 斯科斯塔, 279

Slate, Dave 戴夫·斯莱特, 34

Slipnet of Copycat 程序 Copycat 的滑动网络: compared with connectionist network 与联结主义网络的对比, 215-216; concepts in 滑动网络中的概念, 212; desired emergence from lower-level model 滑动网络从低层模型中涌现, 292; elasticity of 滑动网络是"有弹性"的, 216; feedback loop with Workspace 滑动网络与工作空间的反馈环路, 220; invention of 滑动网络的设想, 204; long discussion of 围绕滑动网络的长期讨论, 212-216; "neutral" state of "中性"的滑动网络, 227-228; plasticity of 滑动网络的可塑性, 214; quick sketch of 对滑动网络的速写, 211

Slipnet of Tabletop 程序 Tabletop 的滑动网络, 380-381

slippage humor, theory of "滑动幽默"理论, 245

slippages, conceptual 概念滑动: cascades of 滑动的级联, 208, 260-261; defined 概念滑动的定义, 198, 201; dependence on conceptual proximity 概念滑动取决于概念间的相似性, 208, 212, 214, 221, 361, 380, 382; dependence on functional relatedness 概念滑动取决于功能的相关性, 380; dependence on spatial proximity 概念滑动取决于空间位置的接近性, 382; dependence on structural similarity 概念滑动取决于结构上的相似性, 380; as dislodging of one concept by another one sufficiently close 概念滑动指密切相关的概念对特定概念的驱逐, 198; exemplified 概念滑动示例, 206-207; facilitated by link-shrinkage 连接的收缩将助力概念滑动, 214, 260; as "fogiven" category mismatch 概念滑动可能是对某些概念错配的容忍, 201, 378; as induced by pressures 概念滑动由压力导致, 207-208; lack of in SME 程序 SME 中缺少概念滑动, 282; in Letter Spirit 程序 Letter Spirit 中的概念滑动, 439, 451, 456-457; mutually reinforcing 相互强化, 259-260; as novel ingredient of Copycat 概念滑动是程序 Copycat 的新元素, 202, 204; originating in conceptual halos 概念滑动源于概念光晕, 201, 214-216, 258-259, 456-457; parallel 并行的概念滑动, 238, 243, 259, 383, 399; relationship to error-making 概念滑动与口误的关系, 200-202; resistance to deeper ones 深层概念滑动的阻力, 85, 208, 213-214, 259-260; role of, in letter Spirit 概念滑动在程序 Letter Spirit 中的作用, 416-417; in Tabletop 程序 Tabletop 中的概念滑动, 325, 364, 378, 382; as tending to weaken analogies 概念滑动倾向于弱化类比, 383; as yielding insightful analogies 概念滑动能产生富有洞见的类比, 383; 同见词条 error-making; halos; implicit counterfactual spheres; me-too phenomenon

"sloppy" answers to Copycat analogy questions Copycat 类比问题的"草率"答案, and frame blends 以及框架融合, 245

Sluggo/Socrates literary analogy "斯鲁戈/苏格拉底"文学类比, 165

small integers, knowledge of in Numbo 程序 Numbo 关于小整数的知识, 136

"smart-alecky" answers to analogy puzzles 类比谜题"聪明"的答案, 206

SME program (Structure Mapping Engine: Falkenhainer, Forbus, & Gentner) 程序 SME(法肯海纳、福伯斯和根特纳开发的"结构映射引擎"): described in Science 《科学》杂志的描述, 155-156; exhaustive search in 程序的穷举式搜索, 283-284; omission of perception from 程序对知觉的忽略, 182-185; points of agreement with Copycat 程序与 Copycat 的共同点, 279-280; points of disagreement with Copycat 程序与 Copycat 的不同点, 280-285; principles of 程序的原则, 276-279;

索 引

psychological implausibility of 程序不具有心理现实意义, 280-285; real-world façade of 程序与现实, 155-157, 190; tempoal flatness of 程序无时序性, 284

Smith, Brain C. 布莱恩·C. 史密斯, 123

Smithville, town with famous dental school 史密斯城（一座有知名牙科学院的小镇）, 339-340

Smolensky, Paul 保罗·斯莫伦斯基, 10, 122, 229, 291, 292

snag 障碍, 见词条"h"-snag; impasse; "t"-snag; z-snag

snag-judgment-rejection method of pruning, in Ob-Platte puzzles 解决鄂毕-普拉特谜题的"快速判断-排除法", 339-340

"sniffing" in advance, importance of 事先"嗅探"的重要性, 32-34

snowballing of creative process 滚雪球式的创造性过程, 见词条 recursive unpredictability

Soar program (Newell, Laird, & Rosenbloom) 纽厄尔、莱尔德和罗森布鲁姆开发的程序 Soar, 135; ambiguousness yet boringness of 雄心勃勃却让人意兴阑珊, 372-373; model of reading in 作为阅读模型, 373; "the ultimate flexibility" processed by 该程序拥有的"高度的灵活性", 372

"society of mind" model (Minsky) 明斯基的"心智社会"模型, 444, 484

Socrates as midwife of ideas 作为思想助产士的苏格拉底, 162-165, 167

"Socrated" (the word) confused with Socrates (the person) 字符串"Socrates"与苏格拉底本人的混淆, 167

soft edge of conceptual halos 概念光晕的柔性边界, 75

solid lines as committed structures, in Copycat's Workspace 显示在Copycat工作空间中的实线代表系统实际创建的结构, 251

solid-state physics 固体物理学, 83-84

somersaulting kid 翻跟斗的娃娃, 167-168

Sonja program (Chapman) 查普曼开发的程序 Sonja, 191

sorority rush 联谊纳新, as example of parallel terraced scan 作为并行阶梯扫描的范例, 92-93

sparce distributed memory (Kanerva) 卡内尔瓦的"稀疏分布式存储", 371

sparks "火花": in Copycat 程序Copycat中的"火花", 见词条 dotted lines; in Jumbo 程序Jumbo中的"火花", 103-106, 108-110, 114; romantic 爱情关系中的"火花"102-103

spatial reversal 空间关系的倒置, 见词条 reversal

speed of processes, dynamic 动态变化的运行速度, 107, 222-224, 385

Spender, Stephen 斯蒂芬·斯彭德, 295

Sphex wasp, mindless routine of 掘土蜂的自动化行为程序, 311

spiral of rising complexity in higher-level perception 高层知觉复杂性的螺旋上升, 267

spirit 精神: crystalization of, in Thematic Focus 精神在主题焦点的结晶, 442, 449-450; defined 精神的定义, 407; as horizontal category 精神是水平范畴, 418-419; 同见词条 style

splitting-up of words in foreign language 外语单词的意义分割, 198-200

spoon-feeding 灌输: of ACME 对程序ACME的, 287-288; of Argus 对程序Argus的, 271-272; of BACON 对程序BACON的, 178-179; of DAFFODIL 对程序DAFFODIL的, 409; of GridFond network 对GridFont网络的, 462-463; of PAN 对程序PAN的, 296; of SME 对程序SME的, 182-185, 282-283; 同见词条 hand-coding

Spooner, William 威廉·斯普纳, 117

spoonerisms in Jumbo 程序Jumbo中的首音误置, 117

sporkersims in Jumbo 程序Jumbo中的首尾误置, 118

spreading activation 激活的扩散: in AMBR 在程序AMBR中, 297; in Argus (superneural level) 在程序Argus（的超神经水平）, 270; in Copycat 在程序Copycat中, 212, 214; in

679

概念与类比
模拟人类思维基本机制的灵动计算架构

Metacat 在程序 Metacat 中，317；in Numbo 在程序 Numbo 中，135, 137-138, 145, 148；in Tabletop 在程序 Tabletop 中，381；同见词条 activation

Square Curl (gridfont), spirit behind 网格字体 *Square Curl* 背后的精神，428-432

squares, as sums 以加和的方式描述平方数，14, 31

squeaking of gloms 团块的"哭闹"，113-114

squeaking wheels getting the oil "会哭的孩子有奶吃"，114, 217

stability values for letters and themes 字母和主题的稳定值，453

STAHL program (Langley *et al.*) 兰利等人开发的程序 STAHL，179

Standard Square (gridfont) 网格字体 *Standard Square*，422, 460

Star Wars 星球大战：horsies-and-doggies-style arguments against 反对 SDI 的"真正意义上的"争论，375-376；virtuosic arguments for 支持 SDI 的"技巧娴熟"的争论，375-376

state boundaries, leakiness of, in human minds 州界在人们头脑中很容易被"渗透"，346-351

statistical mechanics 统计力学，125

statistical mentalics 统计心智学，126

statistically emergent active symbols 统计涌现的活跃符号，205, 291

statistical validation-techniques 以统计方法验证模型效度：importance of 该方法的重要性，363；mindless fixation on 对该方法的盲目崇信，359, 361-362

Steiner, Peter 皮特·施泰纳，2

stellar spectra, scrutinizing of 对恒星光谱的考察，489

stereotypes, indispensability of 模式化观念的不可或缺性，240

Steve's variant 史蒂夫变奏，82

stick letters 火柴字母，见词条 gridletters；gridfonts

stochasticity 随机性，见词条 nondeterminism；randomness

stopping a run in Copycat 在程序 Copycat 中停止一次运行，236, 253

Strategic Defense Initiative 战略防御倡议，见词条 SDI

strength 强度：of bonds in Copycat 程序 Copycat 中的键的强度，218；of mini-analogies in Seek-Whence 程序 Seek-Whence 中迷你类比的强度，62-63；of perceptual structures in Copycat 程序 Copycat 中知觉结构的强度，220；of perceptual structures in Tabletop 程序 Tabletop 中知觉结构的强度，382-383, 385

Stringa, Luigi 路易吉·斯特林加，5

stripped-down 精简化：categories in Tabletop 程序 Tabletop 中范畴的精简，326, 351；letters in Copycat 程序 Copycat 中字母的精简，209-210；letters in Letter Spirit 程序 Letter Spirit 中字母的精简，420-426；numbers in Copycat 程序 Copycat 中数字的精简，210；numbers in Seek-Whence 程序 Seek-Whence 中数字的精简，48-49

strings, alphanumeric, *vs.* concepts 数字子母字符串与概念，156-158, 163-167

Structure Mapping Engine 结构映射引擎，见词条 SME

structure-mapping theory (Gentner) 根特纳提出的结构映射理论，115, 276-278, 280-282, 285

structure value (quality measure in Tabletop) 结构值（Tabletop 中衡量结构的一个量），387

Study #1 in lowercase "a" 关于小写字母"a"的研究 1，413

Study #2 in lowercase "a" 关于小写字母"a"的研究 2，424

style 风格：all aspects under control of program 所有方面都受程序控制，442；cerebral *vs.* retinal 大脑体验的风格与双眼体验的风格，404, 421, 423, 425-426, 442, 463；as critical aspect of letter perception 风格知觉是字母知觉的关键，419；deep *vs.* shallow 深层风格与浅层风格，411, 414, 419-420, 445-446；fringes of notion of 风格这一概念的边缘，404-405；as mere ornamentation 浅

680

索 引

层风格只是一种装饰, 409-410; meta-level aspects of 风格的元层级的方面, 404-405, 427, 442, 463; as mode of role-filling 风格是刻画角色、填充细节的方式, 416; murkiness of ultimate source of 风格最根本的来源不明, 452-454; mystery of perceived uniformity 神秘的风格"一致性", 404, 432, 463; neglect of, in pragmatic work on perception 一些针对知觉过程的"务实"研究对风格的忽视, 419; non-formulaic nature of 风格是非公式化的, 433-434, 442-443, 452-454, 462-464; propagation of, via analogy 风格通过类比传播, 416-417, 442, 451, 455, 462-463; of style-making 风格创造过程的风格, 451; 同见词条 spirit

style blends 风格的融合, 404-405

style-extrapolation challenges 风格外推的挑战, 418, 422-423, 450-451, 453, 454-458, 460-462, 464

style invention 风格的创造: by computers 计算机实施的风格创造, 403, 408-411, 461-466; by humans 人类实施的风格创造, 402-405, 427-434, 442-443, 450-453, 462-464; different styles of 风格创造过程的不同风格, 451

style-parameters, indefinable 无法定义的风格参数, 402

style-propagation mechanism 风格传播机制, 416-417, 426-434, 442, 451, 455

style-violation giving rise to higher-level style 对风格的背离产生更高层级的风格, 404-405

stylistic-attribute extraction 风格属性的提炼, 440-444, 449-450, 454

stylistic attribute, novel, as by-product of creation of letters 新颖的风格属性是字母设计过程的副产品, 443

style-coherency rating 风格一致性评分, 449

subcognitive architectures, contrasted with symbolic architectures 亚认知架构与符号主义架构的对比, 291-295

subcognitive mechanisms, underpinning mind 作为心智基础的亚认知机制, 97, 360-361;

presumed universality of 其假定的普遍性, 361-362, 365-366, 483, 486-487, 491

subcognitive workspace, in Letter Spirit 程序 Letter Spirit 的亚认知工作空间, 见词条 Visual Focus

Suber, Peter 皮特·萨伯, 4, 10

subgoaling 设定子目标, 149

subjective aspects of cognition, eschewed by most researchers 认知的主观方面被多数研究者回避, 272-273, 318

subjectivity, apparent, of analogy-puzzle answers 类比谜题的答案看似主观, 245n

substitution errors, as revelatory of conceptual halos 替换口误揭示概念光晕, 201

substitution rules in DAFFODIL 程序 DAFFODIL 中的替代规则, 409

substrates for thought, potential multiplicity of 思维基底的潜在多样性, 486

subsymbols, nature of 亚符号的性质, 291

subtlety levels 微妙水平, 见词条 levels of subtlety

subway-stop sequence "地铁站序列", 28

successorship, retaining of 后继性的保留, 49

successorship fabric, numerical 数值角度的后继性, 239, 241

superhuman AI in 20 years, Lenat's certainty of 列纳特关于人工智能在 20 年内将超越人类的信念, 368

supertranslation 移译: defined 定义, 334; geographical examples of 地理实例, 331-351; instance of in text 文中一例, 55

supertranslation in text, placed under analytical microscope 正文中的移译及类比角度的详尽分析: Argentina of Greece 希腊的阿根廷, 332; Athens of Georgia 佐治亚州的雅典, 335; Atlantic City of California 加州的大西洋城, 347, Atlantic City of France 法国的大西洋城, 347-348; Eat St. Louis of Chicargo 芝加哥的东圣路易斯, 350; East St. Louis of Illinois 伊利诺伊州的东圣路斯, 350-351, 353-354; Falkland Islands 希腊的马岛, 332; Hobart of India 印度的霍巴特,

681

概念与类比
模拟人类思维基本机制的灵动计算架构

348；Lomboc of Illinois 伊利诺伊州的隆波克，350；New York City of California 加州的纽约市，346；Newark of northern California 北加州的纽瓦克，340；Oakland of, Illinois 伊利诺伊州的奥克兰，349-350；Ob of Nebraska 内布拉斯加的鄂毕河，333；San Francisco of Illinois 伊利诺伊州的旧金山，349；St. Luise of Illimoic 伊利诺伊州的圣路易斯，350；Vatican Coty pf Indiana 印第安纳州的梵蒂冈城，334；West Point of Maryland 马里兰州的西点，340

"suppress", conceptual halo of 概念"抑制"的光晕，456-457

suppression of irrelevant concepts and pathways of exploration 对无关概念与探索路径的抑制，240, 249, 259

surpise value, need for sense of, in creativity 创造力表现在能意识到某些事实令人吃惊，479

"Surround" family of Tabletop analogy problems Tabletop 类比问题的"周围问题家族"，394-395

Susann, Jacqueline 杰奎琳·苏珊，158-160

syllables, nature of 音节的性质，110, 113

symbol-grounding, superfluousness of 强调符号接地纯属多余，290n

symbol-permutation in SME input 输入 SME 的符号的排列，156

symbolic/connectionist tradeoff 符号主义/联结主义权衡，176

symbolic/subsymbolic spectrum 符号/亚符号的频谱，291-295

symbolic vs. subsymbolic paradigms 符号主义范式与亚符号主义范式，291-292

symmetry 对称性：appeal of 对称性的魅力，19, 39, 40, 52, 243, 305-306；implicit vs. explicit 内隐的对称性与外显的对称性，67；同见词条 esthetics

synaptic-weight modification as alleged explanation of memory 将记忆解释为突触权重的调整，484

syntactic features of numerals, in Numbo 程序 Numbo 中数字的句法特征，133, 142, 143, 145

syntactic labels for parts, in Letter Spirit 程序 Letter Spirit 中部件的句法标签，439-441, 448

syntactic nature of processing in SME 程序 SME 加工过程的句法性质，278-283

syntactic-semantic transition zone, in perception 知觉中的句法-语义转换区，98, 131, 439-442, 447-449

syntactically-adjusted roles, in Letter Spirit 程序 Letter Spirit 中经句法调整的角色，440-441；同见词条 part/role duality；semantically-adjusted parts

syntax alone, insufficiency of, in analogy-making 句法本身不足以支持类比，281-282

syntax vs. semantics, in Letter Spirit 程序 Letter Spirit 中的句法和语义，425

systematicity principle (Gentner) 甘特纳提出的系统性原则，276-281；as emergent feature of Copycat 系统性是 Copycat 的涌现特征，279；as emergent feature of Tabletop 系统性是 Tabletop 的涌现特征，387

"t"-snag, in Letter Spirit 在 Letter Spirit 谜题中的"t"-障碍，456-457

Tabletop analogy problems Tabletop 类比问题：brute-force approach to solving 依靠蛮力解决 Tabletop 类比问题，327-330, 351-352, 355-358；desired uncontrived appearance of 这些类比问题应足够接近真实情况，321, 388；families of 类比问题家族，326-327, 391-399；fewer answers than Copycat problems 答案少于 Copycat 问题，389；introduced 相关介绍，320-325；irrational answers by people to 人类解题者给出的不理性答案，395；relation to memory-retrieval challenges 与需要提取记忆的类比问题的关系，336；tweaking of pressures in 类比问题中压力的微调，319, 326-327, 391-399

Tabletop architecture 程序 Tabletop 的架构：avoidance of combinatorial explosion in 避免组合爆炸，330, 351-352, 358, 395；commingling of pressures in 架构中压力的

混合，383-387；compared with expert-system shells 与"专家系统外壳"的对比，329；contrasted with Copycat architecture 与 Copycat 架构的对比，389-391；desired psychological realism of 该架构的心理现实意义，327, 329-330, 379；details of high-level perception in 该架构中高层知觉的细节，379-381；domain-juggling in design of 架构设计时考虑了领域的切换，329-330；incoherent structures, penalty for 该架构对"不连贯性"的惩戒，387, 398；integration of perception and mapping in 该架构对知觉与映射的整合，377, 388；intended generality of 该架构的通用性，329-330, 335-336, 357-358, 379；as model of vision 作为视觉模型，388；perception-based nature of 该架构基于知觉的性质，335-336, 358；salience, factors contributing toward 显著性的贡献因子，385；Slipnet of 该架构的滑动网络，380-381；structure-value as quality measure for 衡量当前理解质量好坏的结构值，387；urgency, factor contributing towards 迫切度的贡献因子，385；Workspace of 该架构的工作空间，380

Tabletop domain 程序 Tabletop 的任务领域：contrasted with Copycat domain 与 Copycat 任务领域的对比，388-389；disjoints situation, lack of 不存在互不相交的情况，388-389；families of problems in 领域中的问题家族，391-399；intended generality of 任务领域的通用性，319-321；juggled with larger domains 领域的扩展，329-330, 351-352；"mushiness" of concepts in 领域中的"浑浊"概念，388-389；pressures in 领域中的压力，378；psychological experiments in 相关心理学实验，393, 395-397；role of empty space in 空白区域的作用，390；seeming triviality of 该领域看似寻常，326-327

Tabletop program 程序 Tabletop：bar graphs for 程序表现的柱状图，394-399；choosing of crude answers by 程序选择生硬的答案，399；distracting objects, effect on 分心物的效果，395；formulaic rival to 与公式化方法的对比，327-328；performance compared to human's 程序与人类表现的对比，379, 395-397；performance landscape of 程序的"表现地形图"，392-399；raw input to 程序的原始输入，379；statistically emergent personality of 该程序的统计涌现的人格，391-399；validation criteria for 程序的效度评价标准，363-365, 379

Tabletop project Tabletop 项目，8, 191-192；connection with Seek-Whence 与 Seek-Whence 的关联，85；goals of 项目的目标，326, 357-358；intermediate position along perception/cognition spectrum 定位于知觉/认知频谱的中间区域，377；origin of 研究项目的起源，319；philosophy of 项目背后的哲学理念，377

tabletop situation, visual scanning of 对桌面摆设情况的视觉扫描，336, 386-387

target number, in Numbo 程序 Numbo 中的"靶标"数，132

taste 品味：role of in creativity 品味与创造力的关系，313；subcognitive determinants of 品味的亚认知决定因素，360-361；同见词条 esthetics

telephony 通过电话交流，见词条 voice teleportation

temperature "温度"：clamping of 固定温度值，257, 258, 365；in Copycat 程序 Copycat 中的温度，228-230；as degree of perceived order 温度表示系统知觉到的秩序水平，228；as determiner of degree of randomness in decision-making 温度决定了决策行为的随机程度，229；effect on codelet urgencies 温度对代码子迫切度的影响，122；effect on inter-structure fights 温度对结构间竞争的影响，229；effect on saliences of Workspace objects 温度对工作空间中特定对象显著性的影响，229；as feedback mechanism 温度是一种反馈机制，229；final, as measure of quality of answer 最终温度是对答案品质的衡量，229-230；indispensibility of, for insight

683

概念与类比
模拟人类思维基本机制的灵动计算架构

温度是产生洞见不可或缺的，257； interpretation of 对温度的理解，236； in Jumbo 程序 Jumbo 中的温度，121-122； in Numbo 程序 Numbo 中的温度，141-142； problem with, in current version of Copycat 当前版本的 Copycat 有关温度的问题，237n； in simulated annealing 模拟退火算法中的温度，229, 292； unclamping of 解除对温度的固定，260； updating of, by codelets 代码子对温度的更新，122

template, in Seek-Whence 程序 Seek-Whence 中的模板：building of, from mini-analogies 借助微类比创建模板，65, 77； defined 模板的定义，17； fluid 流动性模板，56

temporal flatness 时间性上的差异：of ACME 心智与 ACME，288； of GridFont 心智与 GridFont 网络，463-464； of SME 心智与 SME，284, 288

temporal nature of Copycat 程序 Copycat 的时间性，284

temporality, essential, of creative process 创造性行为不可避免的时间性，434, 463-465；同见词条 central feedback loop

tennis skill, levels of description of 网球技术的描述水平，308

tennis-star stabbing, commonsense halo of 球星遇刺事件及其常识光晕，72-73

terraced scan 阶梯扫描，见词条 parallel terraced scan

Tesler, Larry 拉里·特斯勒，10

tests, shallow vs. deep 浅层测试与深层测试，107-109

Thagard, Paul 保罗·萨加德，162-167, 182, 185, 285-288

Thatcher, Denis 丹尼斯·撒切尔，197

Thatcher, Margaret 玛格丽特·撒切尔，196-197

"the human brain" as Platonic abstraction 作为柏拉图抽象范畴的"人类大脑"，483

Thematic Focus of Letter Spirit 程序 Letter Spirit 的"主题焦点"，437, 442

thematic organization points, in Schank theory 尚克的理论中的"主题组织点"，371； as

putative brain structures 作为假设的大脑结构，484

theme song of Seek-Whence 程序 Seek-Whence 的"主题曲"，51-52, 59

themes, emergence of, in Copycat 程序 Copycat 中主题的涌现，227-228, 260

themes, stylistic, in Letter Spirit 程序 Letter Spirit 中的风格主题，437, 442

theory and experiment, oscillation between, in Letter Spirit 程序 Letter Spirit 在理论化与实验之间的来回振荡，13, 36

theory-patching, in Seek-Whence 程序 Seek-Whence 中的理论修正，66

thermodynamics, as explained through statistical mechanics 以统计力学解释热力学，125, 485

thesaurus and conceptual structure 同义词词典与概念结构，198, 200

thinking 思维：detection of presence of 对思维活动的觉察，482； as fluid manipulation of ideas 思维是对观念的流畅操纵，487； need for criteria for 需要评价标准，486； precise level of, in brain 在大脑中的确切层级，486, 491

thinkodynamics, as explained through statistical mentalics 以统计心智学解释思维动力学，125-126

thoughts, laws of at own level 在思维活动本身层级上的规律，125-126

3!!!, 45

throwaway analogies 日常类比，75-77； as revelatory of subcognitive mechanisms 其对亚认知机制的揭示，490；同见词条 me-too phenomenon

throwaway counterfactuals, as revelatory of subcognitive mechanisms 脱口而出的反事实条件句及其对亚认知机制的揭示，490

Titan monks, analogy-making mechanisms of 西藏僧侣使用的类比机制，365

Tierra model of evolution (Ray) 托马斯·雷开发的模拟演化过程的 Tierra 模型，311

time pressure 时间压力：creating need for stochastic architecture 产生了对随机架构的

索 引

需求，115, 124；and interleaved exploratory pathways 时间压力与彼此穿插的探索路径，106；making default assumptions necessary 时间压力让默认假设必不可少，240；tension with quest for insight 时间压力与对洞见的追求产生了矛盾，387

time-sharing contrasted with FARG models' type of parallelism 由 FARG 开发的模型的并行性与分时机制的对比，224-225, 384, 435-436

timing data, as window onto subcognitive mechanisms 反馈的节奏是窥探亚认知机制的窗口，361, 490

tit-for-tat retaliation strategy 以牙还牙的报复策略，331

top-down and bottom-up processing, integration of 自上而下与自下而上的加工过程的整合，见词条 integration

top-down codelets in Copycat 程序 Copycat 中自上而下的代码子，221-222

top-down effects in perception 自上而下的知觉加工，41-43, 439-441；alleged nonexistence of 有观点否认其存在，172

top-down pressure 自上而下的压力，key role of in insight in Copycat Problem 4 其对产生关于 Copycat 问题 4 的洞见起重要作用，249-255

top-down processing 自上而下的加工，defined 定义，63；同见词条 integration

top-level executive, lack of in Copycat 程序 Copycat 中不存在"顶层高管"，223

top level of perception, divided vs. nondivided 单一或不同的顶层知觉结构，111-112, 226

Toreador project Toreador 项目，94-95

"toy domain" dismissal tactic 对"玩具领域"的不以为然，290-291, 426；同见词条 microdomains

transformations in Jumbo 程序 Jumbo 中的变换，114；entropy-increasing 熵增变换，120-121；entropy-preserving 保熵变换，116-120

transitions during a Copycat run 程序 Copycat 一次运行期间的转变，230, 257：from bottom-up to top-down processing 加工模式从自下而上转变为自上而下，227-228, 230, 257；from local to global actions 从局部操作转变为全局操作，228, 230；from no structure to structure 从无结构状态转变为多结构状态，230；from themes to themes 从无主题转变为有主题，230；from nondeterminism toward determinism 加工风格从非确定性向确定性转变，229-230, 257, 260；from open-mindedness to closed-mindedness 从开明转变为保守，228, 260；from parallelism toward serial processing 从并行加工向串行加工转变，229-230, 257；from shallow to deep perceptions 从浅层知觉转化为深层知觉，230

translated-name proximity, role of in Ob-Platte problems 译名的相似性对求解鄂毕-普拉特谜题的影响，344-345

translation of analogies as an art form 类比的翻译具有艺术性，354-355

translation between languages 不同语言间的互译：of poetry and wordplay 诗歌的翻译与双关游戏，5；relation to analogy 与类比的关系，5

translation computers, farce of 计算机翻译软件的闹剧，200

translation of Ob-Platte puzzles into Tabletop domain 将鄂毕-普拉特谜题"转译"至 Tabletop 任务领域，351-355

translation of real-world analogies into microdomains 将现实世界类比"转译"至微领域，197, 320

translation of rules vis slippages 通过滑动"翻译"规则，见词条 rule-flexing

Treisman, Anne 安妮·特瑞斯曼，293, 459

triangles, perception of 对三角形的知觉，478-479

triangles-between-squares sequence "四边形"间的"三角形"序列：aperiodicity of 序列的非周期性，24；ciucular definition of 序列的循环定义，23；secret of 序列的秘密，22；story of 关于该序列的故事，14-25；unexpected

685

概念与类比
模拟人类思维基本机制的灵动计算架构

payoff of 始料未及的重逢，84; variations on theme 主题的"变奏"，83
triangular numbers, defined "三角形数"的定义，14
triggering-strategy, terraced, of Hearsay II 程序 Hearsay II 的分层激活策略，91-92
Trikeville, town with annual tricycle race 承办年度三轮车赛事的"三轮车城"，342-343
Turing, Alan M. 阿兰·M. 图灵，363, 482, 486, 491
Turing Test 图灵测试: analogy with scattering experiments 与散射实验的类比，489; annual Bostonian caricature of 波士顿举办的年度赛事，367, 491; defined 定义，482; insightfulness of 图灵测试反映的洞见，363; miniature "微缩版图灵测试"，247; as window onto innermost mechanisms 窥探内部机制的窗口，290n, 482, 487, 489-491; 同见词条 credit attribution; Eliza effect; natural-language usage-level; Nikolai; overt behavior; semantics; subcognitive mechanisms; thinking
tweaking of problems and of pressures 问题与压力的微调，见词条 pressures
two relationship-type, richness afforded by 关系的两种基本类型及其丰富性，209
Tylenol murders, commonsense halo of 泰诺谋杀案及其常识光晕，73-74
typeface generation 自动生成印刷字体: daunting challenge of automating 一项令人生畏的挑战，419-420, 458
typefaces, "official" "正式"的印刷字体: complexity of 其复杂性，419-420; conservatism of 其保守性，423; 同见词条 display faces
types vs. tokens 类与例: in Copycat 程序 Copycat 中的类与例，209; in human brain 人类大脑中的类与例，88-90, 264, 293n; in philosophy 哲学家所说的类与例，293n
Ulam, Stanislaw 斯塔尼斯拉夫·乌拉姆，313, 317
ultrasound, seeming transparency of 超声波技术让人体变得"透明"，488
unanticipated side effects 始料未及的副作用，见词条 serendipity
unclamping of temperature in Copycat 在程序 Copycat 中解除对温度的固定，260
uncritical publicity and exaggerated reports of AI 对人工智能不加批判的宣传与夸其其词的报道，155-162, 168, 408-411, 459, 480; 同见词条 hype; show vs. substance
"underdo", procedural meaning of "少做一点"的操作定义，457n
unhappiness 不幸感，见词条 happiness
unification 统一, as facet of pattern sensitivity 反映了模式敏感度，46
uniformaization in creative acts 创造性活动中的一致化，见词条 consistency; coherence
University City, town with creation-science school 拥有一所基督教大学的大学镇，340
unpredictability of perceptual processes 知觉过程的不可预测性，223, 267, 436
unpredictability, predictable, of creative acts 创造性活动可预测的不可预测性，84, 442-443, 449-450, 462-463, 466
unsuspected concepts, emergence into relevance 始料未及的概念的涌现，见词条 dormant concepts
up-runs, in number sequences 数字序列中的"上坡"，58
urgencies 迫切度: in Copycat 程序 Copycat 中的，221-223; as desired speeds of exploratory avenues 代表特定对路径的探索速度，222; in Jumbo 程序 Jumbo 中的，106-107, 124; in Letter Spirit 程序 Letter Spirit 中的，435; in Numbo 程序 Numbo 中的，135; in Tabletop 程序 Tabletop 中的，385; 同见词条 parallel terraced scan; perceptual biases
Uxhaha 咦嘻嘻城, hidden name proximity to Bloomington 与布鲁明顿的译名意义相似性，344-345
Valenti, Jack 杰克·瓦伦蒂，376
validation criteria for computer models of mental processes 心智过程的计算模型的效度评价

索　引

标准，262-263, 265, 330, 352, 359-365, 379, 393；同见词条 judging AI models；probing
van Gogh, Vincent 文森特·梵·高，460, 465
variabilization "变量化"，62, 77
variable-binding problem of connectionism 联结主义的"变量绑定问题"，293
variant problems with variant pressures, systematic study of 系统研究有压力变化的变体问题，237-238
variations on a theme 特定主题的变奏：of Chopin 肖邦主题的变奏，78-82；in Copycat domain 在 Copycat 领域中，305-306；generation of 变奏的产生，18, 56, 71-84；increasing daringness of 愈发大胆的变奏，75；同见词条 essence；halos；implicit counterfactual spheres
Vecchi, M. P. M. P. 韦基，229
Velick, Henry 亨利·韦利克，95
videogame virtual objects 视频游戏中的虚拟对象，90
viewpoint, in Copycat Workspace 在 Copycat 工作空间中的观点，219-220；fignts among 观点间的搏斗，226；同见词条 Worldview
virtual objects 虚拟对象：in brain 大脑中的，90；in videogame 视频游戏中的，90
vision, high-level, as modeled by Tabletop architecture 由 Tabletop 架构模拟的高层视觉，388
vision, static 静态视觉：multiple levels of structure involved 静态视觉涉及的多层结构，459；process of 静态视觉过程，100
visual chunking, context-free tendencies in 视觉组块过程中独立于情境的倾向，441, 447-448
Visual Focus of Letter Spirit 程序 Letter Spirit 的视觉焦点，436-437, 439-442
visual pattern, time required to fully absorb 充分吸收一套视觉模式所需的时间，335
voice teleportation, lack of magic to "语音传送"失去了魔法般的色彩，488
vowel clusters, attractiveness-levels of 元音音从的吸引力评级，104-105

Waldrop, M. Mitchell M. 密契尔·瓦尔德罗普，154, 158
Wang Pei 王培，4-5
water 水：everyday facts about 关于水的日常事实，156；fluid nature as emergent outcome of microchaos 从底层的混沌中涌现的流动性，2, 233；同见词条 fluidity；heat-flow/water-flow analogy
Watergate affair 水门事件：analogy with Iran-Contra affair 与"伊朗门事件"的类比，286；blurry boundaries of "水门事件"的模糊边界，264-265
Waterman, D. A. D. A. 沃特曼，100
"weeknight", perception of 对字母串"weeknight"的知觉，94, 116
weirdness, uniform, attempts to render 赋予 26 个字母同一种"怪异性"，402
Weizenbaum, Joseph 约瑟夫·魏曾鲍姆，157-158
"What is a concept?" as core question of cognitive science "概念是什么？"（认知科学的核心问题），294
wholes 整体：competing with other wholes 不同整体间的竞争，440-441, 448, 451-452, 454-455；as full letter-concept 作为完整字母概念的整体，414；reduced to roles 还原为角色的整体，415
wild letter and styles 狂野的字母与风格，见词条 daring letterforms
Williams, Christopher K. I. 克里斯托弗·K. I. 威廉姆斯，417
Williams, Ronald 罗纳德·威廉姆斯，460
Winograd, Terry A. 泰瑞·A. 维诺格拉德，311, 362
Winston, Patrick, 帕特里克·温斯顿，182, 185
Wittgenstein, Ludwig 路德维希·维特根斯坦，175
word blends, as revelatory of conceptual halos 词语混合揭示了概念光晕，200-201；同见词条 error-making
word candidates, in Jumbo 程序 Jumbo 中的备选单词，99
word frequencies, as revelatory of memory

687

概念与类比
模拟人类思维基本机制的灵动计算架构

structures 词频揭示了记忆结构，489

word perception, model of, based on Jumbo architecture 基于 Jumbo 架构的单词知觉模型，94-95

word-priming experiments 单词的启动实验，361-362

word processor 文字处理器：essence, as software 作为软件的本质，485；revealed by behavior 具体机制由行为揭示，486；unconsciousness of 无意识的文字处理，310

words, nonzero semantics of in Copycat 程序 Copycat 加工的单词具有语义，290-290

words, slipperiness of, in human communication 人类交流中词汇的易滑动性，374

words, vacuousness of 意义空洞的单词：in ACME 在程序 ACME 中，164-167, 288-291；in AMBR 在程序 AMBR 中，298-299；in *Just This Once* 在小说《仅此一次》中，159-161；in Racter 在程序 Racter 中，470-476；in SME 在程序 SME 中，156-157, 278, 288-291；同见词条 Eliza effect；semantics

words in formulas, causing no harm to analogy-making programs, when 公式中具体的单词不影响类比程序的运行：randomlt permuted 可随机替换，156；replaced by arbitrary Greek letters 可由希腊字母的名称代替，289-290；replaced by letters of roman alphabet 可由字母代替，164

working-backwards-from-answer capacity, as goal for Metacat 从答案出发展开逆向工作的能力是 Metacat 的设计目标，316

working memory 工作记忆：in Numbo 程序 Numbo 的工作记忆，135；vs. long-term memory 工作记忆与长时记忆，89

Workspace of Copycat 程序 Copycat 的工作空间：feedback loop with Slipnet 工作空间与滑动网络的反馈环路，220, 223；lack of clear neural basis for 神经基础尚不明确，293；long discussion of 对工作空间的详细讨论，216-220；psychological evidence for 工作空间的心理学证据，293；quick sketch of 对工作空间的速写，211

workspace (as opposed to conceptual) pressures 工作空间压力（对比"概念压力"），222, 225

Worldview, as "inner circles" of Tabletop Workspace 作为 Tabletop 工作空间"内部回路"的世界观，387, 390-391；同见词条 viewpoints

wyz answer to Problem 6 问题 6 的答案 *wyz*，243-244, 257-262, 364；as quintessential paradigm shift in Copycat microworld 是 Copycat 微观世界中典型的范式转移，244, 257；subtlety of 该答案的微妙性，262；temporality of 生成该答案的时间性，283-284；unconsciousness of route to 探索相关路径的无意识性，309；同见词条 paradigm shifts

"x", competing conceptualizations of 字母"x"彼此竞争的概念化方案，414-415, 429-431, 445

"x" of *Benzene* Benzene 字体中字母"x"的故事，430-431

x-height, defined "x 字高"的定义，421

xya answer to Problem 6 问题 6 的答案 *xya*，242-243

Yan Yong 严勇，4-5

z-snag in Problem 6 and 7 问题呢 6 与问题 7 中的 z-障碍，242-246, 451；diverse responses to, by people 人们对此的各种反应，243；psychological implausibility of bypassing 忽略该障碍在心理学意义上是不现实的，284, 364；radical measures triggered by 该障碍促使人们产生激进的想法，244, 257-258

Zapf, Hermann 赫尔曼·察普夫，464

"0, 1, 2" sequence-extrapolation riddle "0, 1, 2" 序列外推谜题，44-46

zombies, fear of being taken in by 对"僵尸"问题的恐惧，见词条 biochauvinistiv philosophers；black-and-white dogmatism

译后记

自神作《哥德尔、埃舍尔、巴赫：集异璧之大成》面世以来，侯世达先生在许多作品中一再阐述了他的哲学：人类伟大创造力的核心机制在于类比。类比即流动性概念间的转换，这些概念从一个复杂的多层架构中涌现出来，该架构中交织着诸多"自下而上"和"自上而下"的影响。侯世达先生以此在认知科学的两大学派间架起了一座桥梁：他对概念的重视颇有些"符号主义"的意味，而强调多层架构中海量的并行处理，及在此基础之上的涌现，又带有浓厚的"联结主义"色彩。对侯世达先生有所了解者，很难不惊叹于他的理论工作所蕴含的思辨艺术，堪称美轮美奂。本书则详细记录了他与"流动性类比研究小组"多年来怎样通过地道而细致的实践工作，将这些美妙的思想落实为一个个堪称拥有"意识"和"创造性"的计算机程序——尽管它们只在人为设定的微领域内运行，却是名副其实的"麻雀虽小，五脏俱全"。

侯世达先生的理论在认知（cognition）与认识（recognition）间灵动地穿行，他的作品则充满了语义（semantics）和句法（syntax）的流畅转换，对自己曾浓墨重彩地强调的概念"同构"（isomorphism），他在创作中做到了知行合一（这算不算是一种"元同构"？）。因此阅读侯世达的作品成为了一种美学意义和智力意义上的双重享受。但与此同时，翻译侯世达的作品则是令人望而生畏的任务。要用一个象形文字体系再现原作的语义内涵，同时要保留符号文字的形式美感，需要译者同时具备扎实的理论功底和深厚的文字素养，许多时候还需要"灵光一闪"。即便如此，考虑在一些时候，想要做到完美依然是不可能的，一位既受强烈的完美主义倾向"自上而下"地推动，又受客观存在的文字体系与文化差异"自下而上"地约束的译者还需要具备很强的心理承受力，才能直面

概念与类比
模拟人类思维基本机制的灵动计算架构

翻译过程中为将问题诠释清楚而不得不付出的许多代价。

对论述中无关具体技术细节的案例，我们尽可能使用"移译"（supertranslation）手法，基于中文文化情境进行了转换，如将"To Read, or Toreador"译为"民可使由之不可使知之"（前言2）、将squeaky wheels 移为"会哭的孩子"（第2章）。与此同时，我们以严格映射为原则，忠实、细致、逐一地"还原"了书中的所有技术细节，包括程序名称、具体任务，以及与技术内容密切相关的案例，只是遵循全书的核心关注（人类认知活动与创造性），在有必要的情况下，更突出相关术语和表述的"认知科学"而非"计算科学"内涵，并对一些需要加以关注的"句法-语义缠结"现象做了附带说明，如令人拍案的"加州的布鲁明顿"问题（第8章）。

侯世达先生自称"认知科学家"，计算机科学是他类比与模拟人类心智的切入点，赋予程序智能是他研究的"表象"，"本质"上他孜孜探求的还是人类认知与心灵的奥秘。时至今日，国内对侯世达先生的关注仍主要集中计算机科学领域。侯世达先生以往的许多作品并未由专业的认知科学/心理学工作者加以翻译，无疑是一桩憾事。我们衷心希望能为改变这一现状尽绵薄之力，尽管侯世达先生对心灵的洞见与领悟绝非我们所能企及。诚挚地建议学有余力的读者配合中译本阅读英文原作，体验字里行间熠熠生辉的智慧之火。

我想在此正式感谢机械工业出版社将本书的翻译工作交到我们手中；感谢我的合作译者——香港中文大学心理学博士、清华大学教育研究院助理教授魏军，他不辞辛苦，对译文字斟句酌，只为精益求精。最后，由衷感谢"法尔戈人"们——侯世达先生与"流动性类比研究小组"借助此书带领我们，也将带领所有读者一同经历精彩绝伦的智慧之旅，相信你将不虚此行！

刘林澍

2021年6月21日于北京